# 中国科学院年鉴

# (2013)

中国科学院科学传播局　编

科学出版社
北京

# 内 容 简 介

《中国科学院年鉴（2013）》全面、系统反映了中国科学院2012年各方面工作，分综合情况、学部与院士工作和院直属单位情况三部分。综合情况主要记录中国科学院领导、机构变更、规划与战略、科研管理、重大科技成果、队伍建设与人才培养、基础设施与支撑条件、科技成果转移转化与院地合作、国际合作与港澳台工作、基本建设、科学传播与科学普及、2012年大事记等内容；学部与院士工作主要记录学部领导机构、院士名单、第十六次院士大会、咨询评议工作、科学道德建设、学术工作、教育工作、陈嘉庚科学奖基金会工作等内容；院直属单位情况全面介绍分院机构、科研机构、学校及公共支撑单位、新闻出版单位、其他机构以及院直接投资的控股企业情况等。

本年鉴各种资料的截止时间为2012年12月31日。

**图书在版编目(CIP)数据**

中国科学院年鉴．2013／中国科学院科学传播局编．—北京：科学出版社，2013.11

ISBN 978-7-03-039383-8

Ⅰ.①中…　Ⅱ.①中…　Ⅲ.①中国科学院-2013-年鉴　Ⅳ.①G322.21-54

中国版本图书馆CIP数据核字（2013）第304921号

责任编辑：王海光　李　悦　王　静／责任校对：李　影
责任印制：钱玉芬／封面设计：陈　敬

科学出版社 出版
北京东黄城根北街16号
邮政编码：100717
http://www.sciencep.com

中国科学院印刷厂 印刷

科学出版社发行　各地新华书店经销

*

2013年11月第　一　版　开本：787×1092 1/16
2013年11月第一次印刷　印张：25
字数：600 000

**定价：98.00元**

（如有印装质量问题，我社负责调换）

## 中国科学院年鉴（2013）编辑委员会

# 目　　录

## 综合情况

中国科学院主要领导 …………………………………………………………………… (3)
中国科学院院部机关机构 ……………………………………………………………… (4)
中国科学院院属机构变更 ……………………………………………………………… (9)
综述 ……………………………………………………………………………………… (10)
规划与战略 ……………………………………………………………………………… (18)
科研管理 ………………………………………………………………………………… (21)
重大科技成果 …………………………………………………………………………… (26)
队伍建设与人才培养 …………………………………………………………………… (60)
基础设施与支撑条件 …………………………………………………………………… (65)
科技成果转移转化与院地合作 ………………………………………………………… (78)
国际合作与港澳台工作 ………………………………………………………………… (81)
基本建设 ………………………………………………………………………………… (87)
科学传播与科学普及 …………………………………………………………………… (89)
中国科学院2012年大事记 ……………………………………………………………… (91)

## 学部与院士工作

中国科学院学部领导机构 ……………………………………………………………… (113)
2012年中国科学院院士名单 …………………………………………………………… (117)
2012年中国科学院外籍院士名单 ……………………………………………………… (121)
2012年逝世的中国科学院院士名单 …………………………………………………… (124)
中国科学院第十六次院士大会 ………………………………………………………… (125)
咨询评议工作 …………………………………………………………………………… (127)
科学道德建设 …………………………………………………………………………… (129)
学术工作 ………………………………………………………………………………… (130)
教育工作 ………………………………………………………………………………… (131)
陈嘉庚科学奖基金会工作 ……………………………………………………………… (132)

## 院直属单位情况

**分院机构** ……………………………………………………………………………… (135)
　　北京分院（筹）………………………………………………………………………… (135)
　　沈阳分院 ……………………………………………………………………………… (137)
　　长春分院 ……………………………………………………………………………… (139)

上海分院 …………………………………………………………………………（141）
南京分院 …………………………………………………………………………（144）
武汉分院 …………………………………………………………………………（146）
广州分院 …………………………………………………………………………（148）
成都分院 …………………………………………………………………………（150）
昆明分院 …………………………………………………………………………（152）
西安分院 …………………………………………………………………………（154）
兰州分院 …………………………………………………………………………（156）
新疆分院 …………………………………………………………………………（158）

**科研机构** …………………………………………………………………………（161）

数学与系统科学研究院 ……………………………………………………………（161）
物理研究所 ………………………………………………………………………（163）
理论物理研究所 …………………………………………………………………（165）
高能物理研究所 …………………………………………………………………（166）
力学研究所 ………………………………………………………………………（168）
声学研究所 ………………………………………………………………………（170）
理化技术研究所 …………………………………………………………………（172）
化学研究所 ………………………………………………………………………（174）
国家纳米科学中心 ………………………………………………………………（176）
生态环境研究中心 ………………………………………………………………（177）
过程工程研究所 …………………………………………………………………（179）
地理科学与资源研究所 …………………………………………………………（181）
国家天文台 ………………………………………………………………………（183）
遥感与数字地球研究所 …………………………………………………………（185）
地质与地球物理研究所 …………………………………………………………（187）
青藏高原研究所 …………………………………………………………………（188）
古脊椎动物与古人类研究所 ……………………………………………………（190）
大气物理研究所 …………………………………………………………………（192）
植物研究所 ………………………………………………………………………（194）
动物研究所 ………………………………………………………………………（196）
心理研究所 ………………………………………………………………………（197）
微生物研究所 ……………………………………………………………………（200）
生物物理研究所 …………………………………………………………………（201）
遗传与发育生物学研究所 ………………………………………………………（203）
北京基因组研究所 ………………………………………………………………（205）
计算技术研究所 …………………………………………………………………（207）
软件研究所 ………………………………………………………………………（209）
半导体研究所 ……………………………………………………………………（211）

微电子研究所 …… (213)
电子学研究所 …… (216)
自动化研究所 …… (217)
电工研究所 …… (218)
工程热物理研究所 …… (220)
国家空间科学中心/空间科学与应用研究中心 …… (222)
光电研究院 …… (224)
自然科学史研究所 …… (225)
科技政策与管理科学研究所 …… (227)
信息工程研究所 …… (229)
空间应用工程与技术中心 …… (230)
北京综合研究中心 …… (231)
天津工业生物技术研究所 …… (233)
大连化学物理研究所 …… (234)
金属研究所 …… (236)
沈阳应用生态研究所 …… (238)
沈阳自动化研究所 …… (239)
海洋研究所 …… (241)
青岛生物能源与过程研究所 …… (243)
烟台海岸带研究所 …… (244)
长春光学精密机械与物理研究所 …… (246)
长春应用化学研究所 …… (247)
东北地理与农业生态研究所 …… (249)
上海微系统与信息技术研究所 …… (251)
上海技术物理研究所 …… (252)
上海光学精密机械研究所 …… (254)
上海硅酸盐研究所 …… (257)
上海有机化学研究所 …… (258)
上海应用物理研究所 …… (260)
上海天文台 …… (261)
上海生命科学研究院 …… (263)
上海药物研究所 …… (267)
上海高等研究院 …… (269)
宁波材料技术与工程研究所 …… (271)
福建物质结构研究所 …… (273)
城市环境研究所 …… (275)
南京地质古生物研究所 …… (277)
南京土壤研究所 …… (278)

南京地理与湖泊研究所 ……………………………………………………………（280）
紫金山天文台……………………………………………………………………（282）
苏州纳米技术与纳米仿生研究所…………………………………………………（284）
苏州生物医学工程技术研究所……………………………………………………（285）
合肥物质科学研究院 ………………………………………………………………（286）
武汉岩土力学研究所 ………………………………………………………………（288）
武汉物理与数学研究所 ……………………………………………………………（290）
武汉病毒研究所……………………………………………………………………（291）
测量与地球物理研究所 ……………………………………………………………（293）
水生生物研究所……………………………………………………………………（295）
武汉植物园 …………………………………………………………………………（297）
南海海洋研究所……………………………………………………………………（298）
华南植物园 …………………………………………………………………………（300）
广州能源研究所……………………………………………………………………（302）
广州地球化学研究所 ………………………………………………………………（303）
广州生物医药与健康研究院 ………………………………………………………（305）
深圳先进技术研究院 ………………………………………………………………（307）
亚热带农业生态研究所 ……………………………………………………………（309）
成都生物研究所……………………………………………………………………（310）
成都山地灾害与环境研究所 ………………………………………………………（312）
光电技术研究所……………………………………………………………………（314）
重庆绿色智能技术研究院 …………………………………………………………（315）
昆明动物研究所……………………………………………………………………（318）
昆明植物研究所……………………………………………………………………（319）
西双版纳热带植物园 ………………………………………………………………（322）
地球化学研究所……………………………………………………………………（324）
西安光学精密机械研究所 …………………………………………………………（325）
国家授时中心………………………………………………………………………（327）
地球环境研究所……………………………………………………………………（329）
近代物理研究所……………………………………………………………………（331）
兰州化学物理研究所 ………………………………………………………………（332）
寒区旱区环境与工程研究所 ………………………………………………………（334）
青海盐湖研究所……………………………………………………………………（336）
西北高原生物研究所 ………………………………………………………………（337）
新疆理化技术研究所 ………………………………………………………………（339）
新疆生态与地理研究所 ……………………………………………………………（340）
山西煤炭化学研究所 ………………………………………………………………（342）

**学校及公共支撑单位** …………………………………………………… (345)
中国科学院大学 …………………………………………………… (345)
中国科学技术大学 …………………………………………………… (347)
中国科学院计算机网络信息中心 …………………………………………………… (349)
国家科学图书馆（筹） …………………………………………………… (351)
**新闻出版单位** …………………………………………………… (354)
中国科学报社 …………………………………………………… (354)
**其他机构** …………………………………………………… (357)
行政管理局 …………………………………………………… (357)
青岛疗养院 …………………………………………………… (359)
庐山疗养院 …………………………………………………… (360)
**院直接投资的控股企业** …………………………………………………… (361)
中国科学院国有资产经营有限责任公司 …………………………………………………… (361)
联想控股有限公司 …………………………………………………… (364)
中科实业集团（控股）有限公司 …………………………………………………… (366)
东方科学仪器进出口集团有限公司 …………………………………………………… (368)
中国科技出版传媒集团有限公司 …………………………………………………… (369)
中国科技产业投资管理有限公司 …………………………………………………… (370)
北京中科科仪股份有限公司 …………………………………………………… (371)
北京中科院软件中心有限公司 …………………………………………………… (372)
中科院建筑设计研究院有限公司 …………………………………………………… (373)
北京中科资源有限公司 …………………………………………………… (375)
中国科学院沈阳计算技术研究所有限公司 …………………………………………………… (376)
沈阳科学仪器股份有限公司 …………………………………………………… (378)
南京天文仪器有限公司 …………………………………………………… (379)
广州化学有限公司 …………………………………………………… (380)
广州电子技术有限公司 …………………………………………………… (382)
中国科学院成都有机化学有限公司 …………………………………………………… (383)
成都信息技术股份有限公司 …………………………………………………… (384)
成都中科唯实仪器有限责任公司 …………………………………………………… (385)
中科院科技服务有限公司 …………………………………………………… (386)
上海碧科清洁能源技术有限公司 …………………………………………………… (386)
深圳中科院知识产权投资有限公司 …………………………………………………… (387)
国科嘉和（北京）投资管理有限公司 …………………………………………………… (388)

# 综 合 情 况

# 中国科学院主要领导

（2012 年）

**院　　长**　白春礼

**副 院 长**　施尔畏　李静海　詹文龙　丁仲礼　阴和俊　张亚平[①]

**党组书记**　白春礼

**党组副书记**　方　新

**中纪委驻院纪检组组长**　李志刚

**党组成员**　施尔畏　李静海　詹文龙　阴和俊　张亚平[②]　李志刚　何　岩　邓麦村

**秘 书 长**　邓麦村

**副秘书长**　何　岩　曹效业　谭铁牛　潘教峰　邓　勇　吴建国

---

① 张亚平 2012 年 1 月任副院长

② 张亚平 2012 年 1 月任党组成员

# 中国科学院院部机关机构

## 办公厅（党组办）

**主　任**　李　婷

**副主任**　廖方宇　赵　彦①

**党组办副主任**　胥伟华②

**院安全保卫保密办公室主任**　吴立光

处　室：综合处、秘书处（院总值班室）、文书档案处、信息宣传处、安全保卫处、保密处、财务处、信息化工作处（ARP项目办公室）、机关事务管理处

## 院士工作局

**局　长**　周德进

**副局长**　刘峰松③　王敬泽④

处　室：综合处（陈嘉庚科学奖办公室）、咨询工作处、学术活动处、数理化学办公室、生命地学办公室、技术信息办公室、科学文化处

## 基础科学局

**局　长**　刘鸣华

**副局长**　黄　敏

**院大科学装置办公室副主任**　吴　钰

处　室：综合规划处、数学物理科学处、化学与交叉科学处、天文力学空间科学处、大科学工程与核科学处

下　设：香山科学会议办公室

## 生命科学与生物技术局

**局　长**　张知彬⑤　许瑞明⑥

---

① 赵　彦2012年6月任职

② 胥伟华2012年6月免职

③ 刘峰松2012年6月免职

④ 王敬泽2012年6月任职

⑤ 张知彬2012年11月免职

⑥ 许瑞明2012年11月任职

**副局长** 苏荣辉

**院农业项目办公室常务副主任** 段子渊

处　室：综合规划处、生物医学处、工业生物技术处、农业基地办公室（院农业项目办公室）、整合生物学处

下　设：人与生物圈秘书处

## 资源环境科学与技术局

**局　长** 范蔚茗

**副局长** 冯仁国　常　旭[①]　王　凡[②]

处　室：综合规划处、固体地球科学处、大气海洋科学处、国土与遥感处、生态与环境处

## 高技术研究与发展局

**局　长** 田　静[③]　王越超[④]

**副局长** 刘桂菊　戴博伟[⑤]　于英杰

处　室：综合规划处、综合技术处、信息技术处、光电空间处、材料化工处、能源处

## 院地合作局

**局　长** 戚　强[⑥]　孙殿义[⑦]

**副局长** 陈文开[⑧]

处　室：综合规划处、东北京津合作处、东部合作处、中南部合作处、西部合作处、科技副职工作办公室

## 规划战略局

**局　长** 潘教峰（兼）

---

① 常　旭 2012 年 6 月免职
② 王　凡 2012 年 6 月任职
③ 田　静 2012 年 2 月免职
④ 王越超 2012 年 2 月任副局长（正局级，主持工作），2012 年 6 月任局长
⑤ 戴博伟 2012 年 6 月任职
⑥ 戚　强 2012 年 7 月免职
⑦ 孙殿义 2012 年 7 月任职
⑧ 陈文开 2012 年 7 月任职

**副局长** 张 凤

处 室：综合处、规划处、管理创新与评估处、战略情报处、政策研究室

## 计划财务局

**局 长** 孔 力

**副局长** 潘 锋 曹 凝

处 室：综合规划处、财务制度处、预算管理处、资产财务处、项目管理处、科研基地处、科技条件处、知识产权管理处

## 人事教育局

**局 长** 李和风

**副局长** 苗 鸿 陈晓峰 王海波①

处 室：综合规划处、领导干部处、干部监督处、人才处、机构与岗位管理处、薪酬与社会保障处、教育与培训处、机关人事处（机关党委办公室）

## 基本建设局

**局 长** 孔繁文② 吴建国③（兼）

**副局长** 邢淑英④

处 室：财务综合处、投资处、规划与房地产处、计划与工程管理处

## 国际合作局

**局 长** 吕永龙⑤ 谭铁牛⑥（兼）

**副局长** 曹京华 邱华盛

处 室：综合处、国际合作规划处、国际组织处、亚非合作处、美大合作处、欧洲合作处、港澳台办公室

---

① 王海波2012年10月挂职（期限1年）

② 孔繁文2012年6月免职，转任副局长（正局级）

③ 吴建国2012年6月任职

④ 邢淑英2012年6月免职

⑤ 吕永龙2012年6月免职

⑥ 谭铁牛2012年6月任职

## 京区党委

**书　记**　何　岩（兼）

**常务副书记**　马　扬

**副书记**　肖建春　王秀琴

处　室：见北京分院（筹）内设机构

## 离退休干部工作局

**局　长**　孙建国

**副局长**　沈宏根[①]　李　杰　曹以玉[②]

处　室：综合处、组织调研处、宣教活动处、机关离休干部处、机关退休干部处

## 中央纪律检查委员会驻院纪检组

**组　长**　李志刚

**副组长**　李　定

## 监察审计局

**局　长**　李　定

**院巡视办公室主任**　郭建军

**副局长**　刘冬红[③]　孙中和　袁　东[④]

处　室：综合办公室、纪检监察一室、纪检监察二室、党风建设室、审计监察室

## 京区纪委

**书　记**　杨建国[⑤]　马　扬[⑥]

---

① 沈宏根 2012 年 6 月免职
② 曹以玉 2012 年 7 月任职
③ 刘冬红 2012 年 8 月免职
④ 袁　东 2012 年 8 月任职
⑤ 杨建国 2012 年 10 月免职
⑥ 马　扬 2012 年 10 月任职

**副书记** 肖建春

## 机关党委

**书　记** 李和风（兼）
**常务副书记** 陈　光
**副书记** 沈宏根　郭建军（兼）胥伟华[①]（兼）

## 机关纪委

**书　记** 郭建军（兼）

① 胥伟华 2012 年 6 月免职

# 中国科学院院属机构变更

截至2012年12月31日，中国科学院直属事业单位124个，包括：科学研究机构104个（含3个植物园）；学校及公共支撑机构5个（其中学校2个、技术支撑机构2个、新闻出版机构1个）；院与分院管理机构12个；其他机构3个。中国科学院直属事业单位的下属法人单位25个。中国科学院直接投资的控股企业22家。

# 综　述

2012 年，中国科学院深入推进《知识创新工程 2020：科技创新跨越发展方案》（简称“创新 2020”）。一年来，全院贯彻落实全国科技创新大会和中共中央、国务院《关于深化科技体制改革、加快国家创新体系建设的意见》精神，紧紧围绕“创新 2020”，各项工作取得新成就。

## 一、规 划 战 略

### （一）构建“创新 2020”跨越发展体系

中国科学院党组将近两年提出的新思想、新理念、新举措系统化，构建了“创新 2020”跨越发展体系，进一步明晰发展宗旨、战略定位，确立出成果出人才出思想“三位一体”的战略使命和“民主办院、开放兴院、人才强院”的发展战略，明确“一三五”（一个定位、三个重点突破、五个培育方向）的发展规划和科研院所、学部、教育机构“三位一体”的发展架构，提出重大发展举措，形成了一整套完整的改革发展思路和战略，用于指导全院工作，在全院形成广泛共识。

### （二）前瞻谋划、整体布局

中国科学院组织 200 余位高水平战略科技专家，开展面向 2020 年的科技发展新态势战略研究，提出了未来 5—10 年世界可能发生的若干重大科技事件和我国可能发生的重大科技突破，并从能源、资源、材料与制造等 10 个领域进行深入分析，提出我国需要加强或加快布局一批新的科技战略重点和若干政策措施，最终形成《科技发展新态势与面向 2020 年的战略选择》研究报告。聚焦区域和产业发展重大需求，研究提出符合区域特点的“3+5 区域创新集群”整体规划，并经院党组夏季扩大会审议原则通过，先期启动西藏区域创新平台建设和现代农业示范计划。参与国家自主创新能力、重大科技基础设施建设等规划研究，完成 13 项国家规划征求意见工作；探索完善院所“一三五”规划实施和动态调整的机制。开展国家科技体制研究，系统开展国立科研机构发展演进、管理体制的调研分析，编撰完成《世界主要国家国立科研机构概况》一书。

### （三）推进科技评价改革并开展重大政策研究

以重大项目立项评价和研究所评价为突破口，探索建立重大产出导向的科技评价体系。改革先导专项立项评价，通过加强立项遴选程序的科学严谨、民主开放、公平公正，努力探索一套从策划、立项、实施到形成重大产出的全过程管理与评价体制机制，争取为国家科技体制改革和重大任务的有效组织实施探索新路子。开展“一三五”专家诊断评估试点工作，选择数学与系统科学研究院、广州地球化学研究所、水生生物研究所、长春光学精密机械与物理研究所等4个不同类型的科研院所开展“一三五”专家诊断评估试点，探索了以诊断重点领域方向质量和水平为重点的研究所个性化评价方式，为进一步扩大试点奠定了基础。开展重大政策研究，形成中国科学院深化科技体制改革的总体思路、重点任务和工作方案，明确了探索建立协同创新的体制机制、建立“三位一体”的管理体制、建立健全现代科研院所制度3个方面32项改革发展举措。制定了《研究所学术委员会工作办法（试行）》，推进学术民主制度建设。

## 二、科研工作

### （一）承担和设立重大科技任务

2012年，国家批准立项农业、能源、信息、资源环境、人口与健康、材料、综合交叉、重要科学前沿和制造与工程科学九个领域的107个国家重点基础研究发展计划（973计划）项目（含青年科学家专题9项），其中，中国科学院作为第一承担单位或第一依托部门的项目22项，占20.56%。2012年，国家批准立项蛋白质、量子调控、纳米技术、发育与生殖、全球变化、干细胞六个领域的77项国家重大科学研究计划（含青年科学家专题10项），其中，中国科学院作为第一承担单位或第一依托部门的项目29项，占37.66%。2012年，中国科学院共获得国家自然科学基金面上项目、青年科学基金项目、重点项目和海外及港澳学者合作研究基金项目3792项，占总资助项目的12.00%，项目经费共计23.55亿元；共59人获得国家杰出青年科学基金，占全部“杰出青年”的29.5%；共7个群体获创新研究群体基金项目立项，占总数的23.33%。2012年，中国科学院牵头组织国家高技术产业化项目23项，分别属于新材料、信息安全、下一代互联网、电子信息和卫星应用等专项，获国家补助资金2.65亿元，带动投资17.78亿元。2012年，中国科学院牵头组织的17项国家科技基础性工作专项项目获得正式立项批复，专项经费约1.30亿元。

### （二）科研工作取得重要进展

1. 基础科学领域重要进展

发现新的中微子振荡模式；全超导托卡马克装置（EAST）2012年度实验创两项世界纪录；原子核同位旋对称性破缺实验研究取得重要进展；上海光源性能进一步提升，用户成果显著；“重数一猜想”取得重大突破；铁基超导体高压研究取得新进展；原子核的相对论对称性研究取得突破；“钙离子光频标”为修改国际光学频率标准作出贡献；可扩展量子信息处理获重大突破；对太阳日冕内等离子体快速喷射和奇异X射线辐射的解释；首次发现加热日冕的超精细通道；研制成功上海65米射电望远镜系统；国家授时中心时间保持（守时）水平保持国际先进；复现高超声速飞行条件激波风洞；高能量密度锂-硫电池正极材料研究取得重要进展；新型荧光技术用于结肠癌检测研究取得重要进展；高性能聚酰亚胺薄膜生产制造技术跻身国际先进行列；合成超小稀土掺杂氧化物纳米荧光标记材料；氮化镓（GaN）晶片开发及产业化取得突破；用仿生学手段揭示古细菌的酸适应机制；新型微纳加工技术取得重要进展。

2. 生命科学与生物技术领域重要进展

建立精子的替代细胞并获得转基因动物，实现孤雄生殖；水稻群体基因组变异研究揭示了栽培稻起源于中国珠江流域；发现细菌致病蛋白 AvrAC 攻击植物免疫系统的生化机理；中外科学家共同揭秘番茄果实进化和发育的基因组学基础；发现成纤维细胞生长因子 13（FGF13）调控大脑发育；植物 DNA 去甲基化调控获重要进展；发现 MiR-23b 控制白介素-17 相关自身免疫病的病理；证实麻醉和清醒状态大鼠的初级视皮层中都存在对视觉时序信息的回忆；发现神经调节素 1（NRG1）在癫痫发生过程中行使负反馈调控作用；仿生合成新型纳米肿瘤诊断试剂——铁蛋白纳米粒；超高分辨显微成像领域取得突破；发现水稻高产优质关键基因 *GW8*；大熊猫种群历史与适应研究取得突破性进展；揭示肿瘤基质干细胞促进原位肿瘤生长的机制；发现根压控制竹类植物最大高度生长；蓝藻生物合成能源化工产品取得重大进展；构建大肠杆菌细胞工厂，实现化工产品高效合成；成功研制青贮饲料复合菌剂服务农业生产；成功开发我国完全自主知识产权的氨基酸生产菌。

3. 资源环境科学与技术领域重要进展

根据我国黄土古气候记录揭示 40 万年太阳辐射变化幅度最小期北极冰盖增长滞后于全球冰期发展；发现金星磁层中存在磁重联现象，改变人们对金星大气粒子逃逸机制和过程的认识；肉鳍鱼类早期演化研究取得重要进展；发现 3 亿年前“植物庞贝城”，并实现复原研究；发现行星际空间中的大尺度超弹性碰撞现象；揭示青海湖沉积物记录的 32ka 以来西风气候与亚洲夏季风相互作用；完成牡蛎全基因组测序。

4. 高技术领域重要进展

“蛟龙号”载人潜水器关键技术保障 7000 米级海试顺利实施；圆满完成“神舟九号”与“天宫一号”交会对接相关任务；完成“嫦娥二号”规定的各项任务和拓展任务；面向感知中国的新一代信息技术取得突破；新媒体服务网络技术研究方面取得系列研究成果；东半球空间环境地基综合监测子午链（子午工程）通过国家验收；圆满完成环境一号 C 卫星相关任务；风云二号 F 星设备研制获用户好评；无人机载荷综合验证系统研制成功；稀土异戊橡胶工业生产技术取得重大突破；成功制备 900mm×2700mm×3600mm 优质宽厚板坯；高性能磷酸锰锂动力电池技术开发取得新进展；70 万千瓦蒸发冷却发电机组在三峡电站投入运行；建成我国首个兆瓦级塔式太阳能热发电实验电站；低阶煤清洁高效梯级利用研究取得新进展；电动车核心技术研发与产业化取得新进展。

5. 大科学装置开放共享重要成果

2012 运行年度，中国科学院平台型大科学装置为多学科研究提供强大支撑能力，并在开放运行中取得一批重要成果。其中，上海光源为 1217 个课题、4610 人次用户提供实验支撑，院外用户占 70%；北京同步辐射装置为 598 个课题、1565 人次用户提供实验，院外用户占 57%；合肥同步辐射装置为 165 个课题、287 人次用户提供实验，院外用户占 26%（2012 年仅开放 4 个月）；兰州重离子加速器为 130 个课题、469 人次用户提供实验，院外用户占 48%。依托上述平台型大装置，科学家们已经在国内外刊物上发表数百篇科研论文，包括多篇《科学》、《自然》、《细胞》等国际顶尖刊物文章，使我国在生命科学、凝聚态物理、化学化工、材料科学、医学等众多领域取得一批卓有影响的重要成果，促进和带动了一大批科学的发展。

6. 获2012年度国家科学技术奖励情况

中国科学院力学研究所研究员、中国科学院院士、中国工程院院士郑哲敏获2012年度国家最高科学技术奖。中国科学院作为第一完成单位或第一完成人获国家科学技术奖励共30项，其中国家自然科学奖二等奖18项，国家技术发明奖二等奖7项（含专项1），国家科技进步奖一等奖1项、二等奖4项；所推荐的4名外籍专家获中华人民共和国国际科学技术合作奖。

## 三、人力资源管理

### （一）人力资源管理研究

2012年，中国科学院开展系列调研，加强人力资源管理研究。开展了"事业单位分类及人事制度改革政策研究"、"科研人员潜心致研的环境研究"、"研究所人力资源管理标准体系研究与设计"、"新时期中国科学院用人制度政策研究"、"人力资源规划实施情况监测与评估体系研究"、"中国科学院与院外高校科教结合研究"等专题调研，为中国科学院人才战略和政策的制定提供建议和科学依据。

### （二）领导班子与干部队伍建设

中国科学院认真贯彻执行中央《党政领导干部选拔任用工作条例》，扎实做好院属单位领导班子的考核和干部选任工作。2012年，开展64个院属单位的领导班子换届（届中）考核以及4个新建机构的领导班子配备工作，对50个院属单位领导班子进行个别调整，组建3个分院直属单位党委。新提任干部69人，交流干部33人。高效、高质完成院机关14个厅局的班子换届工作，调整干部21人，推荐产生12位正局级后备干部、34位副局级后备干部。对29个院属单位进行"一报告两评议"工作，评议中层领导干部304人。采取措施推动《研究所中层干部选拔聘用与管理的指导意见》深入落实。

### （三）科技创新人才培养与引进

2012年，中国科学院通过"海外高层次人才引进计划"（"千人计划"）长期/短期项目引进海外高层次人才48人；通过"青年千人计划"引进112位海外优秀青年人才；通过"外专千人计划"引进12位外裔高层次人才。2012年，中国科学院新增"百人计划"入选者176人，其中"引进国外杰出人才"106人，国内"百人计划"51人，项目"百人计划"2人，自筹"百人计划"16人。另外对25位"国家杰出青年科学基金"获得者给予"百人计划"经费支持。对139位"百人计划"执行完毕的入选者进行终期评估，其中33人被评估为优秀。

召开首次青年创新促进会会员大会，组织首次会员学术交流及国情考察活动，成立相关分会，已吸纳优秀青年会员996名。加强对西部青年人才的培养，接收西部有关省区的“西部之光”访问学者32位。208人获得王宽诚教育基金会资助。

### （四）科教结合与教育培训

2012年，研究制定《中国科学院关于加强科教协同创新的指导意见》，与教育部联合启动“科教结合协同育人行动计划”，院属研究所和31所高校签署战略合作协议。2012年，全院共招收研究生17 446人，其中博士研究生6643人、硕士研究生10 803人。

继续实施科教结合教育创新项目，批准项目共36项。继续组织实施所（局）级领导干部培训，全年所（局）级领导干部参加国家和院的各类培训项目共计815人次。深入实施“全员能力提升计划”，完善继续教育与培训体系建设。全年共举办各类培训班近1000余期，各类参训人员累计48.6万人次。

## 四、对外交流与合作

### （一）与地方合作成效显著

2012年，中国科学院与河北、吉林、安徽、江西、河南、广西、贵州、甘肃、青海等省（自治区）续签或签署科技合作协议，院地合作促进科技成果转移转化的作用越来越显著。中国科学院转移项目在技术市场进行合同登记2308项，成交金额超过38.9亿元；通过科技成果转移转化，使地方企业当年新增销售收入3027.3亿元、利税478.4亿元。进一步明确与31个省市区的院地合作定位，确定86项重大突破任务和153项重点培育任务。与天津市、上海市、江苏省、重庆市政府共建的天津工业生物技术研究所、上海高等研究院、苏州生物医学工程技术研究所和重庆绿色智能技术研究院获中编办（中央机构编制委员会办公室）批准，与中石油、东方电气等大型国有企业签署战略合作协议，有效集聚地方、企业等各类创新资源。

建设创新联盟，促进协同创新。与地方科学院互派专、兼职挂职干部31人，为地方科学院培训科技骨干90余人，科技人员开展学术交流超过2000人次；牵头组建地理资源、软件、光学与精密机械、材料化工、生物多样性、应用微生物等6个专业领域分会，集聚43家中国科学院所属研究所、75家地方科学院研究机构和45家企业；部署合作项目47项，与地方科学院合作承担国家级项目8项、地方科技项目19项，经费累计2400余万元；与地方科学院共建科技创新平台33个，建立国家科学图书馆图书情报站6个。

### （二）深入推进国际化战略

2012年，中国科学院通过策划重大国际交流活动，全面提升国际影响力。成功举办包括“发展中国家科学院（TWAS）第23届院士大会”等在内的多个重大综合性国际会议、重要科技交流活动、高层双边论坛，有效提高中国科学院国际显示度。全院国际合作工作进展顺利，成效显著。全年出访17 116人次，来访14 132人次，举办多边和双边国际学术会议325个。新签、续签院级国际合作协议20个，审批通过重点对外合作项目30个。

评选出2012年度中国科学院国际科技合作奖和青年科学家国际合作奖，奖励3位外国科学家和12位中外青年科学家。新评出爱因斯坦讲席教授20名，外国专家特聘研究员150名、外籍青年科学家65名，其中25位外籍青年科学家获国家自然科学基金委“外国青年学者研究基金”资助。通过“中欧联合培养博士生计划”，派出80名博士生到德法等国家的科研机构进行联合培养。资助“中国科学院与俄乌白三国科技合作专项”项目50项。“中国科学院与发展中国家科学院（CAS-TWAS）院长奖学金计划”资助50名发展中国家科学家来中国科学院工作。“新疆周边地区人才引进计划”资助2位中亚国家科学家。资助8个发展中国家科技培训班。

### （三）推动与港澳台地区的科技合作

推动与港澳台地区的科技合作。全面推进中国科学院与香港各主要高校间合作；充分利用珠江三角洲地区的经济整合机会，开拓与澳门的合作；“台湾青年学者访问计划”资助5名台湾青年科学家到中国科学院工作。

### （四）院、所投资企业稳步发展

2012年，中国科学院及所属科研院所投资企业努力克服宏观经济环境的不利影响，总体保持相对平稳发展。2012年，全院纳入统计范围的440家（按集团合并数）院、所投资企业营业收入3294亿元，同比增长21.2%；利润总额113亿元，同比增长7.1%；资产总额2919亿元，同比增长23.3%；院经营性国有资产权益为209亿元，同比增长13.4%。其中，中国科学院国有资产经营有限责任公司31家持股企业实现营业收入2979亿元，同比增长19.3%；利润总额86亿元，同比增长2.2%；资产总额2330亿元，同比增长21.9%；国科控股权益138亿元，同比增长15.7%（以上数据包含神州数码）。截至2012年底，院、所投资企业中共有20家上市公司。

## 五、学部工作

2012年6月11日至6月15日，中国科学院第十六次院士大会在北京召开，胡锦涛同志出席会议并发表重要讲话，温家宝同志为两院院士作报告。会议听取了第六届学部主席团、咨询评议工作委员会、科学道德建设委员会、科普和出版工作委员会以及各学部的工作报告，颁发了2012年度陈嘉庚科学奖和陈嘉庚青年科学奖颁奖。

2012年，中国科学院学部进一步完善院士增选约束和监督机制，制订或修改完善了《中国科学院院士增选投诉信处理办法》、《中国科学院院士增选工作中院士行为规范》和《中国科学院院士增选工作中院士候选人行为守则》。学部咨询工作有效推进，2012年完成并报送咨询报告20多份，受到党中央国务院领导的高度重视和充分肯定，共收到国务院领导同志重要批示49次；新立24项咨询研究课题；编印院士建议11份。学部科普和出版工作委员会（原）以及新组建的学部学术与出版工作委员会持续开展学科发展战略研究，2012 年与国家自然科学基金委员会共同安排 13 项合作研究项目，出版“国家科学思想库–学术引领系列”的学科发展战略研究成果 3 本；科技伦理研究工作初见成效，初步形成《负责任的转基因科技研发行为准则》，成功举办“2012 科技伦理研讨会”；举办“科学与技术前沿论坛”14 场，共邀请 172 位院士专家做报告；统筹部署《中国科学》、《科学通报》两刊编委会换届工作，基本完成国际编委比例更高、更年轻的《中国科学》各辑新一届编委会的组建。

## 六、科教基础设施建设

2012 年，中国科学院实验室建设稳步推进。依托中国科学院建设的国家重点实验室共 25 个，新获批的 14 个国家重点实验室建设进展顺利，其中发光学及应用国家重点实验室（依托单位为长春光学精密机械与物理研究所）已完成建设任务并通过科技部验收。中国科学院计算光学成像技术重点实验室（依托单位为中国科学院光电研究院）获批成立，至此院级重点实验室数达到 173 个。中药标准化技术国家工程实验室、甲醇制烯烃国家工程实验室通过验收。

在 2012 年信息科学领域国家重点实验室评估中，中国科学院 11 个实验室参加评估，其中 3 个被评为优秀，8 个实验室被评为良好。10 个国家工程研究中心参加国家发展改革委组织的评估，其中 7 个被评为优秀或良好。12 个国家工程技术研究中心参加科技部组织的评估，其中 6 个被评为优秀或良好。

2012 年，中国科学院承担国家重大科技基础设施的运行、建设和管理工作均取得较大进展，大亚湾反应堆中微子实验宣布发现新的中微子振荡模式，成果入选美国《科学》杂志公布的 2012 年度十大科学突破。截至 2012 年底，中国科学院负责运行的国家重大科技基础设施有 13 个，另有在建设施 10 个、拟建设施 1 个。东半球空间环境地基综合监测子午链（子午工程）通过由国家发改委主持的国家验收。

文献情报系统建设进展顺利。重点组织开展科技发展态势研究，形成《国际科技战略与政策年度观察 2012》、《科学结构地图 2012》、《国际科学技术前沿报告 2012》等重要研究报告。组织实施院所协同的研究所文献情报服务创新行动计划，为 15 个研究所建立文献情报服务团队，11 个研究所的 90 个实验室或课题组建成个性化知识平台；79 个研究所机构知识库（IR）已开放服务，2012 年下载超 300 万篇次。推动出版单位转企改制，10 余家非时政类期刊出版单位规范转制，中国科技出版传媒股份有限公司获“全国文化体制改革先进单位”。制定实施《中国科学院科技期刊“十二五”发展规划》，将进一步提升和扩大科技期刊的学术质量和社会影响。

推动野外台站联盟建设。与国家林业局、中国农业科学院等部门签署合作框架协议，完成《野外站联盟建设实施方案》。对全院野外台站进行调查，完成《中国科学院野外台站发展状况调查报告》。

中国科学院科学植物园根据国家对植物资源的战略需求，在科学研究、物种保育与新品种培育以及植物科学知识传播等方面取得可喜进展。年内新增植物 7164 种（次），定植成活率达 88.3%。发表 SCI 收录的学术论文 513 篇，出版专著 22 部，启动《中国迁地栽培植物志》等编研工作，获得授权专利66项，审定、登录植物新品种49个。入园参观人次达661余万人次，植物资源交换遍及69个国家和地区。正式启动援建肯尼亚JKUAT植物园工作。

生物标本馆（博物馆）系统全面启动周边国家等境外生物资源收集，组织考察20余次，采集标本60余万号，馆藏总量达到近1700万号，数字化标本信息量达750多万号。出版专著12部，发表论文300余篇，记录新类群186个，标本借阅超12万份次，交换或赠送标本1.5万份次，接待各界公众近80万人次。

中国科学院“十二五”信息化发展规划“科技云”、“管理云”和“教育云”三类云集建设取得初步进展；配合国家及国家主管部门有关域名治理的部署，院域名治理取得预期目标，实名率达99.31%，CN域名的不良应用呈现显著的下降趋势。

# 规划与战略

2012 年，中国科学院认真学习贯彻党的十八大精神和全国科技创新大会精神，紧紧围绕“创新 2020”中心任务，齐心协力，开拓创新，攻坚克难，勇攀高峰，进一步明确了“创新 2020”跨越发展体系，开展面向 2020 年的科技发展新态势战略研究，推进 3+5 区域创新集群整体规划研究制定，推动“一三五”规划实施，以重大项目立项评价和研究所评价为突破口，探索建立重大产出导向的科技评价体系。

## 一、构建“创新 2020”跨越发展体系

中国科学院将近两年提出的新思想、新理念、新举措系统化，形成“创新 2020”跨越发展体系，包括发展宗旨、战略定位、战略使命、发展战略以及发展规划、发展架构、发展举措等。发展宗旨是创新科技、服务国家、造福人民，这是科技创新工作的出发点和落脚点，是科技工作者的历史使命和社会责任。战略定位是代表我国科技最高水平的“国家队”、引领我国科技创新跨越的“火车头”、推动我国科技体制改革的“先行者”、促进我国实现科学发展的“思想库”、培育我国科技骨干人才的“大学校”，这集中体现了中国科学院落实新时期国家对科技发展新要求的战略选择。战略使命是出成果出人才出思想“三位一体”，这是建设“三个基地”和“四个一流”中国科学院的根本要求，是我院的立院之本、兴业之基、发展之源。发展战略是“民主办院、开放兴院、人才强院”，广纳贤言、集思广益，开放合作、协同创新，以人为本、科教融合，这是贯穿发展全过程的基本理念和行动指南。发展规划简称“一三五”，即按照“一个定位、三个重大突破、五个培育方向”的要求，突出特色、凝练目标、明确重点、优化布局，上承国家、院重大科技项目，外连世界科技前沿研究，致力重大创新成果产出。发展架构是科研院所、学部、教育机构“三位一体”，这是实现出成果出人才出思想“三位一体”战略使命的组织与管理基础，体现了中国科学院的独特优势。发展举措是以提高自主创新能力为核心，培养和引进高水平人才，构建重大产出导向的评价体系和资源配置体系，建设充满活力、包容兼蓄、和谐有序、开放互动的创新生态系统，实施“3H”工程，即着力解决科技工作者在住房（Housing）、子女入学和配偶工作（Home）、就医（Health）等方面的实际困难，保证科研人员专心致研，为实现战略目标、履行职责使命提供有力保障。

## 二、前瞻谋划、整体布局

**开展面向 2020 年的科技发展新态势战略研究。**为抓住新科技革命机遇，加快建设创新型国家，中国科学院组织 200 余位高水平战略科技专家，在持续开展中国至 2050 年重要领域科技发展路线图战略研究的基础上，深入分析未来 10 年科技发展新趋势新

特点和我国转型发展对科技的战略需求，提出未来5—10年世界可能发生的若干重大科技事件和我国可能发生的重大科技突破，并从能源、资源、材料与制造、信息、农业、人口健康、生态与环境、空间、海洋、重大基础前沿与交叉等10个领域进行深入分析，提出了我国需要加强或加快布局一批新的科技战略重点和若干政策措施，研究形成“科技发展新态势与面向2020年的战略选择”的研究报告，即将公开出版。该研究为国家科技决策提供咨询建议，也为中国科学院战略布局和重点任务遴选提供研究支撑。

**推进3+5区域创新集群整体规划研究制定。**中国科学院聚焦区域和产业发展重大需求，研究提出了符合区域特点的整体布局，即北京集群的“核心带动两翼”、长三角集群的“燕形布局”、珠三角集群的“一园一廊一网络”、东北集群的“一轴四带”、西北集群的“两河四区”、长江中上游集群的“一江两区”、黄淮海集群的“一横一纵”等3+5区域创新集群整体规划。夏季党组扩大会审议并原则通过了创新集群整体规划及拟试点启动若干重点工作。在此基础上，凝练了20余项重点任务，经院长办公会审议，先期启动西藏区域创新平台建设和现代农业示范计划。

中国科学院参与了国家自主创新能力、重大科技基础设施建设等国家规划研究，完成13项国家规划征求意见工作。探索完善院所“一三五”规划实施和动态调整的机制。制定《中国科学院科技期刊“十二五”发展规划》。

## 三、科技评价改革与重大政策研究

以重大项目立项评价和研究所评价为突破口，探索建立重大产出导向的科技评价体系。发布了《关于改革科技评价，建立重大产出导向研究所评价体系的决定》。

**改革先导专项立项评价。**在新一批A类战略性先导科技专项策划和立项阶段，强化了独立的专家咨询评议环节，明确了函评、会评、专题院长办公会审议、国家层面咨询评议委员会评议和院长办公会审议等五个环节的先导专项策划立项机制。函评侧重小同行对科技内涵和质量的评议，会评侧重战略科技专家对项目的整体战略评估，专题院长办公会在函评、会评基础上审议整体方案，咨询评议会侧重接受国家有关部门的指导，院长办公会审议决策立项实施。通过加强立项遴选程序的科学严谨、民主开放、公平公正，努力探索一套从策划、立项、实施到形成重大产出的全过程管理与评价体制机制，争取为国家科技体制改革和重大任务的有效组织实施探索新路子。

**开展“一三五”专家诊断评估试点工作。**选择数学与系统科学研究院、广州地球化学研究所、水生生物研究所、长春光学精密机械与物理研究所等4个不同类型研究所开展“一三五”专家诊断评估试点。通过严格的专家遴选环节，共邀请了35名高水平国内外专家参加现场评估，其中95%为院外专家，57%为国外专家，包括美国工程院院士、英国皇家学会会员、第三世界科学院院士、澳大利亚科学院院士和研究机构负责人、大学校长和院系主任等。专家组对试点所开展了第三方诊断评估，包括听取所长和重点学科领域带头人报告，参观实验室和科研装备，与领导班子、科学家及学生座谈。专家向院机关和所领导班子反馈了意见，并最终形成了诊断评估报告。试点工作效果明显，探索了以诊断重点领域方向质量和水平为重点的研究所个性化评价方式，帮助试点所开阔视野、提升眼光，明晰定位、凝练目标，明确了核心竞争力，找到了差距和努力方向，为进一步扩大试点奠定了基础。

**完成对上海高等研究院、苏州生物医学工程技术研究所、天津工业生物技术研究所的验收**。2012 年 2—5 月，院地双方联合组成专项验收组，对 3 个新建所的发展规划、队伍建设、基建工程、技术平台建设、资产财务、公共事务管理、党建与创新文化建设工作等进行了验收，对研究所进行审计，并分别形成专项验收报告和专项验收总结。2012 年 11 月，中国科学院与共建地方政府共同对新建所进行了正式验收。

**开展重大政策研究**。贯彻全国科技创新大会精神，结合中国科学院实际，以提高自主创新能力和服务经济社会发展水平为目标，立足破解制约发展的深层次体制机制问题，形成中国科学院深化科技体制改革的总体思路、重点任务和工作方案，明确了探索建立协同创新的体制机制、建立“三位一体”的管理体制、建立健全现代科研院所制度 3 个方面 32 项改革发展举措。制定了《研究所学术委员会工作办法（试行）》，推进学术民主制度建设。开展国家科技体制研究，系统开展国立科研机构发展演进、管理体制的调研分析，完成《世界主要国家国立科研机构概况》报告。完成 24 项国家各类法律法规、政策文件征求意见工作。

# 科 研 管 理

## （一）国家重点基础研究发展计划（973 计划）项目

2012 年，围绕农业、能源、信息、资源环境、人口与健康、材料、综合交叉、重要科学前沿和制造与工程科学九个领域的 107 个 973 计划项目（含青年科学家专题 9 项）被科学技术部批准立项。其中，中国科学院作为第一承担单位或第一依托部门的项目共有 22 项，占全国项目的 20.56%（表 1）。

**表 1　中国科学院 2012 年 973 项目立项情况**

| 序号 | 项目名称 | 首席科学家 | 第一承担单位 | 依托部门 |
|---|---|---|---|---|
| 1 | 作物特殊营养品质的评价、形成机理与分子改良 | 黄继荣 | 上海生命科学研究院 | 中国科学院、上海市科学技术委员会 |
| 2 | 果实采后衰老的生物学基础及其调控机制 | 蒋跃明 | 华南植物园 | 中国科学院 |
| 3 | 基于周期极化铌酸锂波导的高效低噪频率转换研究及应用 | 张　强 | 中国科学技术大学 | 中国科学院 |
| 4 | 典型弧后盆地热液活动及其成矿机理 | 曾志刚 | 海洋研究所 | 中国科学院、山东省科学技术厅 |
| 5 | 植物固沙的生态-水文过程、机理及调控 | 李新荣 | 寒区旱区环境与工程研究所 | 中国科学院 |
| 6 | 我国汞污染特征、环境过程及减排技术原理 | 冯新斌 | 地球化学研究所 | 中国科学院 |
| 7 | 高性能合成润滑材料设计制备与使役的基础研究 | 刘维民 | 兰州化学物理研究所 | 中国科学院 |
| 8 | 共伴生难处理两性金属资源高效清洁转化综合利用基础研究 | 刘会洲 | 过程工程研究所 | 中国科学院 |
| 9 | 红外量子级联激光材料和探测材料基础研究 | 刘峰奇 | 半导体研究所 | 中国科学院 |
| 10 | 合成微生物体系的适配性研究 | 张立新 | 微生物研究所 | 中国科学院 |
| 11 | 大亚湾中微子实验的物理研究 | 王贻芳 | 高能物理研究所 | 中国科学院 |
| 12 | 化学反应动力学的若干前沿课题研究 | 杨学明 | 大连化学物理研究所 | 中国科学院 |

续表

| 序号 | 项目名称 | 首席科学家 | 第一承担单位 | 依托部门 |
|---|---|---|---|---|
| 13 | 利用南极巡天望远镜在超新星宇宙学及太阳系外行星方面的前沿研究 | 王力帆 | 紫金山天文台 | 中国科学院 |
| 14 | 从雪球事件到寒武纪大爆发：距今6亿年前后的生物与环境演变 | 朱茂炎 | 南京地质古生物研究所 | 中国科学院 |
| 15 | 遗忘的功能和机制研究 | 徐　林 | 昆明动物研究所 | 中国科学院、云南省科学技术厅 |
| 16 | 我国重要家养动植物在人工选择下进化的遗传和基因组机制 | 王　文 | 昆明动物研究所 | 中国科学院、云南省科学技术厅 |
| 17 | 适应性免疫的起源与演化 | 刘小龙 | 上海生命科学研究院 | 中国科学院、上海市科学技术委员会 |
| 18 | 调控生命过程的若干天然产物的合成、靶点和机制研究 | 李　昂 | 上海有机化学研究所 | 上海市科学技术委员会、中国科学院 |
| 19 | 暗物质粒子探测卫星的相关科学研究 | 范一中 | 紫金山天文台 | 中国科学院 |
| 20 | 三维微纳米生物芯片在肝癌和大肠癌肝转移中的分子机理研究及其临床应用 | 刘雳宇 | 物理研究所 | 中国科学院 |
| 21 | 大型强子对撞机CMS、ATLAS和ALICE实验物理研究 | 陈和生 | 高能物理研究所 | 中国科学院 |
| 22 | SKA建设准备阶段关键问题研究 | 彭　勃 | 国家天文台 | 中国科学院 |

## （二）国家重大科学研究计划

围绕蛋白质、量子调控、纳米技术、发育与生殖、全球变化、干细胞六个领域的77项国家重大科学研究计划（含青年科学家专题10项）被科学技术部批准立项。其中，中国科学院作为第一承担单位或第一依托部门的项目共有29项，占全国项目的37.66%（表2）。

**表2　中国科学院2012年国家重大科学研究计划项目立项情况**

| | 蛋白质研究 | 量子调控研究 | 纳米研究 | 发育与生殖研究 | 全球变化研究 | 干细胞研究 |
|---|---|---|---|---|---|---|
| 全国 | 16 | 8 | 24 | 8 | 11 | 10 |
| 中国科学院 | 7 | 3 | 9 | 2 | 5 | 3 |

### （三）国家自然科学基金、国家杰出青年科学基金、创新研究群体基金项目

国家自然科学基金项目。2012 年，在面上项目、青年科学基金项目、重点项目和海外及港澳学者合作研究基金项目四个项目方面，全院共获得资助项目 3792 项，共计 23.55 亿元，占总资助项目 31 788 项的 12.00%；占国家自然科学基金委员会总经费 174.85 亿元的 13.47%。

国家杰出青年基金项目。2012 年，全院共有 59 人获得国家杰出青年科学基金，占全部 200 位杰出青年人数的 29.5%。

创新研究群体基金项目。2012 年，国家自然科学基金委员会批准立项 30 个创新研究群体。中国科学院共有 7 个群体获准立项，占总数 23.33%。截至 2012 年底，国家自然科学基金委员会共支持创新研究群体 314（去年 284）个，其中中国科学院有 126 个，占 40.13%。

### （四）国家高技术产业化项目

2012 年，中国科学院牵头组织国家高技术产业化项目 23 项（表 3），分别属于新材料、信息安全、下一代互联网、电子信息和卫星应用等专项，获国家补助资金资金 2.65 亿元，带动投资共计 17.78 亿元。

**表 3 中国科学院 2012 年牵头组织的国家高技术产业化项目**

| 序号 | 项目名称 | 专项名称 | 批准文号 | 承担单位 |
|---|---|---|---|---|
| 1 | 超高透过率多功能低成本光伏封装玻璃减反射膜高技术产业化项目 | 中国科学院新材料产业化项目 | 发改办高技［2012］825 号 | 常州亚玛顿股份有限公司、中国科学院宁波材料技术与工程研究所 |
| 2 | 新一代绿色纳米复合涂层技术与材料高技术产业化示范工程项目 | 中国科学院新材料产业化项目 | | 中科鸿宇材料科技有限公司、中国科学院过程工程研究所 |
| 3 | 年产 2 万吨全生物降解新材料（PBS）产业化项目 | 中国科学院新材料产业化项目 | | 浙江杭州鑫富药业股份有限公司、中国科学院理化技术研究所 |
| 4 | 新一代环境友好聚丙烯发泡材料高技术产业化项目 | 中国科学院新材料产业化项目 | | 合肥会通中科材料有限公司、中国科学院宁波材料技术与工程研究所 |
| 5 | 新一代塑料光纤关键材料高技术产业化示范工程项目 | 中国科学院新材料产业化项目 | | 内蒙古金三角光纤科技有限公司、中国科学院理化技术研究所 |
| 6 | 新一代人工器官用膜分离关键材料高技术产业化示范工程项目 | 中国科学院新材料产业化项目 | | 威海威高血液净化制品有限公司、中国科学院大连化学物理研究所 |

续表

| 序号 | 项目名称 | 专项名称 | 批准文号 | 承担单位 |
|---|---|---|---|---|
| 7 | 年产 100 万片高技术人工晶体产业化项目 | 中国科学院新材料产业化项目 | 发改办高技［2012］825 号 | 上海硅酸盐研究所中试基地、中国科学院上海硅酸盐研究所 |
| 8 | 超高亮度节能照明及蓝绿光激光器用衬底材料（氮化镓晶片）产业化示范工程项目 | 中国科学院新材料产业化项目 | | 苏州维纳科技有限公司、中国科学院苏州纳米技术与纳米仿生研究所 |
| 9 | 高效 LED 照明核心材料高技术产业化项目 | 中国科学院新材料产业化项目 | | 扬州中科半导体照明有限公司、中国科学院半导体研究所 |
| 10 | 新一代激光显示用低成本高性能光电子晶体材料高技术产业化示范工程项目 | 中国科学院新材料产业化项目 | | 福建福晶科技股份有限公司、中国科学院福建物质结构研究所 |
| 11 | 高性能大色域投影显示用关键材料高技术产业化示范工程项目 | 中国科学院新材料产业化项目 | | 西安炬光科技有限公司、中国科学院西安光学精密机械研究所 |
| 12 | 科研数据资源与科研管理信息系统安全保障服务 | 2011 年信息安全专项 | 发改办高技［2012］1424 号 | 中国科学院计算机网络信息中心 |
| 13 | 面向重要用户的网络安全防护应急服务 | 2011 年信息安全专项 | | 中国科学院信息工程研究所 |
| 14 | 智能终端信息安全防护标准体系建设 | 2011 年信息安全专项 | | 中国科学院研究生院 |
| 15 | 基于云计算技术的网络信息安全防护服务 | 2011 年信息安全专项 | | 中国科学院高能物理研究所 |
| 16 | 方德方舟安全操作系统产品产业化及应用推广 | 2011 年信息安全专项 | | 中科方德软件有限公司 |
| 17 | 基于云计算技术的证券信息系统监控与安全防护服务 | 2011 年信息安全专项 | | 北京中国科学院软件中心有限公司 |
| 18 | 面向云计算中心的新型安全网关产品产业化 | 2011 年信息安全专项 | | 曙光信息产业（北京）有限公司 |
| 19 | 中国科学院计算技术研究所新型网络体系架构的技术研发和试验 | 2012 年下一代互联网技术研发、产业化和规模商用专项 | 发改办高技［2012］1763 号 | 计算技术研究所 |
| 20 | 曙光自主高端服务器研发及生产线升级改造项目 | 2012 年电子信息产业振兴和技术改造中央投资项目 | 发改办高技［2012］1959 号 | 曙光信息产业（北京）有限公司 |

续表

| 序号 | 项目名称 | 专项名称 | 批准文号 | 承担单位 |
|---|---|---|---|---|
| 21 | 水利行业遥感卫星实时主动服务系统 | 2012 年卫星应用产业发展专项 | 发改办高技［2012］2083 号 | 对地观测与数字地球科学中心 |
| 22 | 多源卫星遥感生态环境信息专题产品生产与服务 | 2012 年卫星应用产业发展专项 | | 地理科学与资源研究所 |
| 23 | 利用卫星支持规模化农业条件下的精准耕作应用示范 | 2012 年卫星应用产业发展专项 | | 遥感应用研究所 |

### （五）战略性先导科技专项

启动实施了干细胞与再生医学研究、未来先进核裂变能、空间科学、面向感知中国的新一代信息技术研究、低阶煤清洁高效梯级利用关键技术与示范等六个 A 类先导专项，启动实施了量子系统的相干控制、脑功能联结图谱研究、青藏高原多层圈相互作用及其资源环境效应、超导电子器件应用基础研究、大气灰霾追因与控制等五个 B 类先导专项。已启动实施的先导专项组织有序，总体进展良好。

结合面向 2020 年的科技发展新态势战略研究，开展第二批候选 A 类战略性先导科技专项的组织策划和遴选，函评环节邀请了 80 位国内外同行专家分别对 8 个候选专项科技内涵、科学意义和创新性进行了通讯评议；会评环节邀请了院内外战略科学家从战略层面对候选专项进行了整体评议专题院长办公会在函评、会评基础上审议了各候选专项的整体方案，初步遴选出了分子模块设计育种创新体系、个体化药物、面向国家战略性新兴产业的关键材料科学技术、变革性纳米产业制造技术聚焦、大亚湾反应堆中微子实验Ⅱ期、印太关键区域海洋系统物质能量交换及其影响等 6 个专项，将提交咨询评议委员会评，听取国家有关部门意见建议。

# 重大科技成果

## 一、2012年度获国家科技奖

根据《国务院关于2012年度国家科学技术奖励的决定》（国发［2013］3号），中国科学院2012年度获国家最高科学技术奖1人；获国家科学技术奖励共30项，其中，中国科学院作为第一完成单位或第一完成人获国家自然科学奖二等奖18项；获国家技术发明奖二等奖7项（含专项1项，略）；获国家科技进步奖一等奖1项、二等奖4项。4名与中国科学院合作的外籍专家获中华人民共和国国际科学技术合作奖。

### （一）国家最高科学技术奖获得者

**郑哲敏** 男，1924年10月出生于山东省济南市。1947年毕业于清华大学机械工程系，1948—1952年在美国加州理工学院机械工程系学习，先后获得硕士、博士学位。1955年回国后在中国科学院力学研究所工作至今，历任室主任、副所长、所长等职，现任所学术委员会名誉主任。1980年当选中国科学院院士，1993年当选美国工程院外籍院士，1994年当选中国工程院院士。

郑哲敏院士是国际著名力学家，我国爆炸力学的奠基人和开拓者之一，中国力学学科建设与发展的组织者和领导者之一。

郑哲敏院士阐明了爆炸成形的机理和模型律，解决了火箭重要部件的加工难题，发展了一门新的力学分支学科——爆炸力学。他长期主持力学学科发展规划的制定，倡导建立了多个新的力学分支学科，做出了重要的学术贡献。

在地下核爆炸效应的研究中，郑哲敏院士与合作者一起提出了流体弹塑性模型。该模型将爆炸及冲击荷载作用下介质的流体、固体特性及运动规律用统一的方程表述，堪称爆炸力学的学科标志，可准确预测地下核试验压力衰减规律，为我国首次地下核爆当量预报做出了贡献。

在穿破甲研究方面，郑哲敏院士带领团队开创性地提出了射流开坑、准定常侵彻、靶板强度作用的相关理论；得到了穿甲相似律和比国际流行的Tate公式更为有效的穿甲模型；建立了破甲弹高速流拉断的理论；建立了金属装甲破甲机理模型和破甲相似律，获得了比国际公认的Eichelberger公式更符合实际的侵彻公式。这些工作为我国相关武器的设计与效应评估提供了坚实的力学基础。

基于流体弹塑性理论，郑哲敏院士还开辟了爆炸加工、瓦斯突出、爆炸处理水下软基等关键技术领域，解决了重大工程建设中的核心难题，得到了广泛的应用。此外，在材料力学的研究中，他提出的硬度表征标度理论，在国际上有重要影响，并以他与合作者的姓氏命名为C-C方法。

作为中国力学界在国际上的代表，他积极参加和组织各方面的国际交流，促进国际合作，显著提高了中国力学在国际上的地位。

郑哲敏院士心系祖国，始终以国家需求为己任，呕心沥血，严谨创新，团结奋进，平易近人，培养了大批力学领域的杰出人才。他现在仍致力于自己喜爱的科研工作，一如既往地关心着力学学科和国家相关重大工程技术的发展。

### （二）国家自然科学奖二等奖（18 项）

项目名称：模空间退化和向量丛的稳定性

主要完成人：孙笑涛（中国科学院数学与系统科学研究院）

推荐单位：中国科学院

本项目主要研究了模空间退化、向量丛稳定性及其应用，取得如下成果：①证明了任意秩的广义 theta 函数空间的分解定理，被国际同行列为“退化技巧两个成功的应用”，称为“Narasimhan-Ramadas-Sun Approach”。论文被《美国数学评论》称为“remarkable paper”；②证明了 SL（r）-丛模空间退化的 Seshadri-Nagaraj 猜想；③发现并证明了 Frobenius 同态与稳定向量丛之间的重要联系，所得结果被国际同行称为：“一个重要公式”，“驰名的不等式”，“众所周知的不等式”；④ 证明了模空间中过一般点的极小有理曲线与 Hecke 曲线的等价性，国际同行在综述文章中用 3 个定理介绍了该结果和应用，所得到的引理成为其他研究的起点；⑤与他人合作，证明了“Arakelov-Yau 不等式等号成立”的 K3 曲面纤维化的“modularity”，被列为建立“模猜想”（modularity conjectures）的 9 种方法之一。

项目名称：低维强关联电子系统中的奇异自旋性质理论研究

主要完成人：王玉鹏（中国科学院物理研究所）

曹俊鹏（中国科学院物理研究所）

张　平（北京应用物理与计算数学研究所）

陈　澍（中国科学院物理研究所）

戴建辉（浙江大学）

推荐单位：中国科学院

现代信息科技的巨大需求以及材料科学和微加工技术的迅速发展，将低维强关联电子体系推向凝聚态物理研究的最前沿。由于维度降低和尺寸缩小，量子效应和关联效应迅速凸显，此类系统呈现出许多内涵极为丰富的新奇物理特性，而普适的低维多体理论尚未建立，因此，如何理解和刻画这类系统成为了当前凝聚态物理研究中最基本、异常困难而又亟待解决的重要问题之一。王玉鹏研究员领导的课题组对低维强关联系统中的奇异自旋性质进行了深入系统的理论研究，取得了若干有国际影响的成果。例如，建立了第一个有明确物理意义的自旋梯子模型，用于解释一大类梯形化合物中的磁化平台、比热和磁熵等典型实验现象，被国际同行称为“王氏模型”；提出了一种全新的方法，解决了不平行边界磁场中自旋链系统的严格解，这是一个困扰了人们二十多年的著名难题，他们的工作引发了国际上对扭曲边界问题的研究热潮；在严格解的基础上，系统地研究了关联系统中近藤问题，预言了后来被证实的铁磁耦合近藤屏蔽和鬼自旋等新的物理现象，进而建立了杂质附近的量子临界性质的新普适类，被国际同行称为“束缚拉亭格液体”普适类；提出了一种调控量子点中自旋输运的新方法。他们的工作从特殊到一般，为理解低维强关联电子系统探索出一条新路。

项目名称：基于核自旋的量子计算研究

主要完成人：杜江峰（中国科学技术大学）

推荐单位：教育部

该项目面向国家在量子信息科学技术领域的重大需求，围绕量子计算的能力、机理和实现途径，开展了基础性、前瞻性和战略性研究，取得了一系列国际领先的研究成果，为推动量子计算这一应用基础学科的发展做出了重要贡献。主要科学发现为：①在国际上首次实验实现了量子博弈，表明了量子计算可以解决经典计算无法处理的难题；②发展了新的实验方法，率先完成了多比特量子逻辑门和多个高效量子算法，在量子计算高效率的机理问题上提出了新的学术观点并实验验证；③实验实现了完全基于量子力学特性的两类抗噪声量子计算新模型，完成了量子绝热条件非充要性的实验证明以及量子混态几何相的首次实验观测。

该项目在《美国物理评论快报》等国际权威学术期刊上发表了一系列研究论文，受到了国际学术界的高度重视，相关成果曾被英国《自然》杂志、美国物理学会新闻以及欧洲物理学会新闻等国际学术媒体广泛报道。

项目名称：“高能电子宇宙射线能谱超出”的发现

主要完成人：常　进（中国科学院紫金山天文台）

推荐单位：中国科学院

宇宙射线是来自外太空的带电高能亚原子粒子，发现于一个世纪前的1912年，但其物理起源至今仍是重大科学前沿。近些年电子射线的研究成为一个热点，这是因为电子在太空中运动时会高效地损失能量而不能传播得太远，所以探测高能电子可以限制其辐射源与太阳系的距离；另外电子射线探测还是暗物质间接探测的重要组成部分。由于流量很低，对大于100 GeV的电子射线的探测长时期内没有大的进展，在2008年之前只有极少观测数据发表，且误差很大。经过10余年的努力，常进研究员提出了利用高能量分辨探测器来探测高能电子和伽玛射线的新方法，创新了高能电子数据分析方法，说服国际同行采用上述方法进行探测及数据处理并获得了突破性成果。美国项目“ATIC”耗资数千万美元，但其最重要科学成果发表时，由于常进研究员的重要贡献，紫金山天文台为第一完成单位。文中发现的“高能电子流量与宇宙线模型预言相比存在超出”这一现象已得到HESS，Fermi等观测组的支持，入选美国、欧洲物理协会分别评选的“2008年度世界物理学领域重大研究进展”及“2008年中国基础研究十大新闻”。常进研究员提出的探测方案及数据处理方法除已成功应用于ATIC项目，还正被应用到日本国际空间站望远镜和中国暗物质粒子探测卫星的设计中。

项目名称：基于边臂策略的立体化学控制与催化反应研究

主要完成人：唐　勇（中国科学院上海有机化学研究所）
孙秀丽（中国科学院上海有机化学研究所）
叶　松（中国科学院上海有机化学研究所）
周　剑（中国科学院上海有机化学研究所）
康彦彪（中国科学院上海有机化学研究所）
推荐单位：上海市

现代合成化学要求经济、高效、环境友好，因此，发展新型催化剂（试剂）、实现选择性控制并提高催化效率成为有机合成化学中的重要课题。该项目围绕叶立德反应和不对称催化中的选择性控制与催化，提出运用“边臂策略”设计反应试剂和催化剂，取得以下成果：①首次设计了手性假 C3-对称性噁唑啉配体（TOX）。TOX 成功应用于多个不对称催化反应中，表现出手性诱导优秀、配体加速、杂质容忍性好和催化剂用量低等优异性能；②设计了 PEG-Te 催化剂，将叶立德烯基化和环氧化反应的催化剂用量降至最低 0.5 mol%，是该类反应迄今为止催化剂用量最低的例子；利用“羟基”、“锂离子”边臂首次经叶立德途径实现了乙烯基环丙烷化合物的多样性和高选择性的直接合成；发展了新的叶立德启动的串联环化反应，为合成杂、并环化合物提供了新途径；③设计了有机小分子双功能催化剂，在环酮和 α,β-不饱和酮酸酯的串联环化反应中实现了手性中心的高效构建。所发展的催化剂和 TOX 配体被国际同行成功应用于有机合成反应和功能分子的合成，在国际重要期刊发表的 20 篇核心论文，篇均影响因子 10.1，在国际系列会议上做邀请或大会报告 16 次。本研究丰富和发展了有机合成化学中选择性调控和催化的方法和途径。

项目名称：纳米材料的安全性研究
主要完成人：赵宇亮（中国科学院高能物理研究所）
陈春英（国家纳米科学中心）
王海芳（北京大学）
丰伟悦（中国科学院高能物理研究所）
柴之芳（中国科学院高能物理研究所）
推荐单位：中国科学院

2001 年，在国际学术界关注该问题之前，该团队提出了纳米材料生物学效应与安全性问题，使中国成为世界上最早开展该领域研究的国家之一。针对这个崭新的领域，完成人提出了纳米生物效应与安全性研究的学术概念和技术路线，从科学思想的提出到研究方法的突破，开辟了创新的科研思路；针对我国大规模生产的碳纳米材料、金属及金属氧化物等十二种不同尺寸的典型纳米材料，开展了毒理学性质及其健康效应的系统研究；为阐明纳米尺度下物质的毒理学性质，建立纳米安全性的分析和检测方法，探索其安全应用途径以及创立该新兴知识体系做出了创造性贡献。

在国际上率先开展纳米毒理学知识的体系化工作：2005 年赵宇亮组织全球 11 个国家的科学家，编著该领域世界上第一本专著 *Nanotoxicology*，2007 年在美国出版；2006—2010 年编著出版 9 部《纳米安全性》系列中文著作，科学出版社出版；为建立该新兴分支学科的知识体系做出了重要贡献。

2005 年以来本成果有 21 个季度被选入世界毒理学领域 Top 25 Hottest Papers 季度排行榜；成果论文有 3 篇被美国同行选入该领域全球 60 篇代表性论文；应邀到世界著名学术机构和大型系列国际会议如美国戈登科学会议、IUPAC Congress 等做特邀报告 62 次；应邀担任联合国、WHO、ISO、OECD、欧盟、加拿大等的纳米安全专家组专家或顾问。

成果还推动了一个新兴分支学科“纳米毒理学”在我国的起步、发展与形成；建立了中国纳米毒理学专业委员会。

项目名称：复杂生物样品高效分离与表征

主要完成人：邹汉法（中国科学院大连化学物理研究所）
张丽华（中国科学院大连化学物理研究所）
叶明亮（中国科学院大连化学物理研究所）
吴仁安（中国科学院大连化学物理研究所）
张玉奎（中国科学院大连化学物理研究所）

推荐单位：辽宁省

项目系统研究了低柱压降、小传质阻力的整体分离材料的制备方法，研制成功了超长毛细管硅胶整体柱，并成功应用于复杂蛋白质组生物样品的高效分离和表征。建立了多种手性固定相的制备方法，有效提高了手性化合物的拆分能力和分离的稳定性。在国际上首次将碳纳米管作为基体应用于低分子量化合物的脱附和离子化，有效提高了低分子量化合物 MALDI 分析的能力。利用磷酸基团与锆或钛离子之间的强相互作用，在国际上首先建立以磷酸酯锆和钛离子为配体的新一代固定金属离子亲和色谱固定相，显著提高了磷酸肽的富集选择性。相关研究成果在国内外学术刊物发表 SCI 论文 230 多篇，SCI 他人引用 3300 多次。这些创新性成果的取得促进了我国分离分析化学的发展，提升了我国生物分离分析化学在国际上的学术地位。

项目名称：黄土和粉尘等气溶胶的理化特征、形成过程与气候环境变化

主要完成人：安芷生（中国科学院地球环境研究所）
张小曳（中国科学院地球环境研究所）
曹军骥（中国科学院地球环境研究所）
李顺诚（香港理工大学）
刘晓东（中国科学院地球环境研究所）

推荐单位：中国科学院

项目通过在我国西北沙漠、黄土高原、青藏高原及东部城市先后开展近 20 年的黄土、大气粉尘和碳气溶胶野外观测与实验分析，结合数值模拟和古今对比，综合研究了中国黄土、现代粉尘和碳气溶胶及其与气候环境的联系。在 JGR、GRL、QSR、AE 和《中国科学》等学术刊物上发表了一批有影响的研究论文并被广泛引用。系统揭示亚洲粉尘的源区、释放、输送、沉降和再改造的全过程，并在现代亚洲粉尘的理化特性、与

黄土的关系、与人为气溶胶混合等方面取得系统科学认识。首次提出中国黄土粉尘通量概念，指出黄土高原风成粉尘通量与源区干燥度和冬季风强度密切相关；发现现代粉尘与黄土的大气化学特征类似，证明西北内陆沙漠是黄土粉尘的源区；提出不同气候期粉尘输送的概念模型以及近源和远源粉尘的不同沉降模式；揭示了亚洲粉尘活动的控制因子及与气候环境变化的联系。阐明我国碳气溶胶排放源特征、理化特性及其时空分布。强化了人为排放占主导的PM2.5中有机碳和元素碳的观测，查明中国近地面碳气溶胶对颗粒物的相对贡献，发现我国有机碳含量水平相对较高，指出其区域致冷效应。这些研究提升了我国在粉尘及碳气溶胶与全球变化研究领域的国际地位，并为我国沙尘暴、城市颗粒物污染控制提供科学依据。

项目名称：中亚增生造山作用及其环境效应

主要完成人：肖文交（中国科学院地质与物理研究所）
孙继敏（中国科学院地质与物理研究所）
高　俊（中国科学院地质与物理研究所）

推荐单位：中国科学院

研究内容与主要成果：①解剖内蒙古地区晚古生代末增生杂岩组合，厘定增生楔-增生楔拼贴作用；剖析新疆北部大地构造相特征以及几何学、运动学特征，揭示多岛洋拼贴古地理-构造格局；②首次在我国西天山发现大洋板块俯冲形成的榴辉岩，确认其原岩为俯冲杂岩，提出“早期同俯冲逆冲-晚期同碰撞反逆冲”折返模式；③论证7百万—5百万年以来是中亚造山带发生构造复活、地壳缩短的重要时期，提出塔里木、准噶尔盆地同期开始类似现今的干旱环境，从圈层耦合的角度，论证了新生代岩石圈构造变动的环境效应。

这些创新性成果不仅解决了国际学术界关于中亚增生造山作用方式、演化时限等长期争议的重大问题，而且还为研究大陆岩石圈构造变动及其环境效应、解决构造-气候相互作用争议提供了新的思路与途径。

20篇核心论文被SCI他用1056次，其中8篇代表性论文被SCI他引727次。4篇代表作被ISI认定为Top1%论文，有关陆内变形及其环境效应成果发表在*Science*。应邀在多个国际刊物担任编委，3名主要成员进入ISI全球地学高引用率科学家排名录。2名主要骨干分别担任973计划项目首席科学家，3名主要骨干均获国家杰出青年基金资助。

项目名称：过去2000年中国气候变化研究

主要完成人：葛全胜（中国科学院地理科学与资源研究所）
王绍武（北京大学）
邵雪梅（中国科学院地理科学与资源研究所）
郑景云（中国科学院地理科学与资源研究所）
杨　保（中国科学院寒区旱区环境与工程研究所）

推荐单位：中国科学院

项目依托历史文献，集成利用自然证据，对过去2000年中国气候变化进行了深入的研究，取得了以下四方面主要科学发现和创新：①创新了温度变化重建方法，重建了过去2000年中国不同地区温度变化；②揭示了中国过去2000年温度时空变化基本特征；③创建了高分辨降水重建方法，重建了中国过去千年降水（干湿）变化及重大旱涝事件；④辨识了过去千年中国降水变化周期、突变特征及其区域差异。成果的重大科学意义体现在以下两方面：①重建的过去2000年气候变化，为深入理解增暖机制、预估气候情景提供了科学基础，对IPCC“20世纪可能是北半球过去1300年中最暖世纪”的认识作出了补充，显著提升了我国历史气候研究的国际地位；②创新了年代至百年尺度气候变化研究方法，揭示了中国过去2000年气候变化的基本规律，推动了我国历史气候学的发展。该项目的实施，发展出一条有中国特色、完全自主，并为国际同行认可的研究“过去气候变化”的途径，所形成的方法、理论和结论处于本领域的国际前沿水平。项目代表作被国外*Science*、*Nature*、*PNAS*等高影响力期刊及Bradley等知名学者所多次引证。

项目名称：水稻复杂数量性状的分子遗传调控机理

主要完成人：林鸿宣（中国科学院上海生命科学研究院）
高继平（中国科学院上海生命科学研究院）
任仲海（中国科学院上海生命科学研究院）
宋献军（中国科学院上海生命科学研究院）
金　健（中国科学院上海生命科学研究院）

推荐单位：上海市

项目属于农业领域的基础研究。大多数作物的重要农艺性状（包括耐盐性、产量）是数量性状，由多个基因协同调控。由于数量性状的遗传调控机理复杂，研究难度大，有挑战性，因此被克隆的数量性状基因座（QTL）的数目不多，人们对其遗传调控机理的了解非常有限，尤其是在项目之前有关耐盐QTL的分离克隆研究领域是个空白。项目以我国最主要的粮食作物水稻作为研究对象，结合农业生产领域的迫切需求，开展了水稻耐盐、产量等数量性状的分子遗传调控机理研究，取得了一系列创新性的成果，为作物分子育种研究奠定了基础。项目成功克隆了植物抗逆研究领域的第一个数量性状基因*SKC1*，阐明了通过调控钠离子运输提高水稻耐盐性的分子机制；首次克隆了控制水稻籽粒粒宽和粒重的主效数量性状基因*GW2*，揭示了影响水稻产量性状的遗传基础；克隆了决定水稻株型从野生稻的匍匐生长到直立生长的关键基因*PROG1*，揭示了野生稻人工驯化过程中株型改变这一标志性驯化事件的分子调控机理。项目的8篇代表性论文中有3篇研究论文先后发表于著名顶级杂志*Nature Genetics*。研究成果被*Nature Genetics*、*Nature Reviews Genetics*、*Annual Review of Plant Biology*等顶级刊物广泛引用和评述。项目的成果为作物复杂数量性状的研究提供了范例，促进了重要作物如水稻、小麦、玉米的数量性状遗传学研究的发展。本项目获得4项发明专利，为作物育种改良提供了有自主知识产权的基因专利。

项目名称：年轻新基因起源和遗传进化的机制研究

主要完成人：王　文（中国科学院昆明动物研究所）

杨　爽（中国科学院昆明动物研究所）

周　琦（中国科学院昆明动物研究所）

蔡　晶（中国科学院昆明动物研究所）

李　昕（中国科学院昆明动物研究所）

推荐单位：云南省

新基因不断产生是生物进化中的一个普遍事件，而新基因如何起源和进化是进化生物学中的重要问题。近10年来，昆明动物研究所王文研究团队通过实验生物学和生物信息学手段，开创性地发展出一整套研究新基因的体系，取得了年轻新基因起源和遗传进化机制研究的一些重要发现。首次在全基因组水平系统地揭示了新基因起源的一般模式和各种分子机制在新基因起源和遗传进化过程中的贡献，首次以实例深入证明了基因可以从头起源。开创性地对基因的基本单元-外显子的起源和进化进行了系统研究，发现大多数新外显子的起源机制为内含子的外显子化。

该项目的新发现不仅解答了新基因是如何起源这个长期悬而未决的生物学难题，而且为当前新遗传特征如家养动植物的新性状起源进化研究提供了坚实、系统的理论基础。该项目研究论文发表在 *Nature Genetics*、*Genome Research*、*PloS Genetics*、*Trends in Genetics*、Genetics 等一系列国际著名 SCI 期刊上，其中的论点和新发现对一些重要的进化生物学问题率先提出了重要阐释，在科学上有深远影响，如多篇论文被 *The Scientist*、*Nature Reviews Genetics*、*Faculty*1000 和多种媒体报道和推荐，在国际进化遗传学和进化基因组学界引起了广泛重视和关注。该项目也是该所“一三五”重大突破取得的重要成果之一。

项目名称：纳米材料若干新功能的发现及应用

主要完成人：阎锡蕴（中国科学院生物物理研究所）

梁　伟（中国科学院生物物理研究所）

汪尔康（中国科学院长春应用化学研究所）

顾　宁（东南大学）

杨东玲（中国科学院生物物理研究所）

推荐单位：北京市

项目属纳米生物医学领域，是由一批从事物理、化学、生物、医学和药学的科研人员合作完成，从发现纳米材料新功能、新机制到将其应用于疾病诊断和治疗，获得了具有国际影响的研究结果。①发现磁纳米材料的催化新功能。$Fe_3O_4$ 纳米颗粒通常被认为是一种惰性无机材料。项目组首次发现它具有类似辣根过氧化物酶的催化活性，其催化效率、专一性、催化机制和最适反应条件都与天然蛋白酶相似，然而它比天然蛋白酶稳定、经济，还可回收反复利用。这一发现在纳米催化领域具有开拓和引领作用。项目组还利用这种新功能发展了可用于疾病检测、环境治理和生物反恐等方面的多项新技术，其中新型生物传感器已通过国家食品药品研究院检定。2011 年获北京市科学技术奖一等奖。②针对药物输送载体存在的包载率低、稳定性差的主要问题，系统地研究了阿霉素等药物与 PEG-PE 胶束相互作用的规律及影响因素，构建了高效输运药物的 PEG-PE 胶束脂质纳米载体。入选 2007 年中国基础研究十大重要科学研究进展，获得 4 项国家发明专利授权、2 项国际发明专利、获第十二届中国专利优秀奖。“注射用前列地尔胶束”作为我国第一个胶束制剂获得临床试验批件。

项目名称：凹耳蛙声通讯行为与听觉基础研究

主要完成人：沈钧贤（中国科学院生物物理研究所）
徐智敏（中国科学院生物物理研究所）
余祖林（中国科学院生物物理研究所）

推荐单位：中国科学院

动物通讯是动物之间所有社会关系建立的基础。声通讯是昆虫与脊椎动物特有的行为，是动物进化的重要标志。动物声通讯及人类言语进化之谜，一直令科学界感兴趣。绝大多数雄蛙发出种属特有的叫声，叫声模式刻板，频谱窄（0.1—5kHz）。成年蛙的空气声听觉良好，可听声频率范围较窄（50—3500Hz），求偶行为简单。因此，蛙是研究声通讯的神经行为学模式动物之一。夜行动物凹耳蛙（*Odorrana tormota*）栖居在嘈杂的山涧溪流附近，雄蛙鼓膜凹陷成一外听道。雄蛙叫声多样，含超声组分，宛如鸟鸣。该项目应用系统神经生物学、生物声学与声生物物理学、动物行为学等实验技术和理论知识，探索凹耳蛙声通讯行为，取得了原创的重要科学发现，主要有：①凹耳蛙是第一个用超声通讯的非哺乳类脊椎动物；②雌凹耳蛙排卵前发出高频短声，诱发雄凹耳蛙展示高精度趋声行为，是一种新求偶方式；③雄凹耳蛙能主动关闭咽鼓管，调控超声听力。阐述这些重要发现的代表性论文先后在 *Nature*（2006，2008）、*PNAS*（2008）等发表，受到国际学术界关注。

项目名称：中药复杂体系活性成分系统分析方法及其在质量标准中的应用研究

主要完成人：果德安（北京大学、中国科学院上海药物研究所）
叶　敏（北京大学）
吴婉莹（中国科学院上海药物研究所）
关树宏（中国科学院上海药物研究所）
刘　璇（中国科学院上海药物研究所）

推荐单位：国家中医药管理局

该项目综合应用中药化学、分析化学、中药药理学及现代生物学等多学科的技术和方法，创新性地构建了“化学分析-体内代谢-生物机制”中药复杂体系活性成分的系统分析方法学体系，并在此基础上建立了中药现代质量控制标准模式并成功用于中国药典和美国药典标准中，取得了系列具有国际影响的研究成果。该项目在化学成分分析方面，在国内外率先开展中药指纹图谱研究并将 LC/MS 技术应用于中药复杂体系的分析，提出了化学指纹图谱分析结合多指标成分定量的中药质量控制新模式；在体内代谢分析方面，率先开展中药复杂体系的体内代谢及药代动力学分析研究；在中药复杂体系作用的生物学机制的系统研究方面，建立了以蛋白质组为主的系统生物学方法运用于中药生物学作用研究的新模式。本项目对“化学分析-体内代谢-生物机制”的中药现代化研究方法体系进行了10多年的研究与实践，提出了“深入研究，浅出标准”构建现代中药质量标准的基本理念。该项目发表SCI论文89篇，20篇核心论文累积SCI他引605次。中药丹参标准是第一个由我国学者完成被《美国药典》接受的中药标准，并被美国药典会认定为今后中药标准的典范和模板，也充分说明了该项目的国际影响力。

项目名称：若干新型非线性电路与系统的基础理论及其应用
主要完成人：吕金虎（中国科学院数学与系统科学研究所）
陈关荣（香港城市大学）
禹思敏（广东工业大学）
推荐单位：中国科学院

该项目主要研究若干新型非线性电路与系统的理论设计、电路实现及其应用问题，主要贡献如下：①证明了一类基本三维时滞多卷波（$n>2$）系统的混沌吸引子存在性，且该方法有普适性，可以类似拓广到其他高维系统，解决了非线性多卷波20多年来困扰理论界的基础性难题，被J. Vandewalle院士称为“里程碑”，并入选2005年IEEE电路与系统学会“电路与系统进展”；②突破传统模拟电路的设计瓶颈，首次用模拟电路物理实现了单方向14卷波、双方向14＊10卷波和三方向10＊10＊10卷波吸引子，创造了卷波数的模拟电路实验记录，解决了20多年来长期悬而未决的多方向（$d>1$）、大数量（$n\geqslant10$）多卷波物理实现的理论和技术难题；③提出了三维空间中单方向、双方向和三方向饱和函数序列多卷波的设计方法并给出了理论证明和模拟电路实现，入选2005年IEEE电路与系统学会“电路与系统进展”；④提出了广义Jerk电路、三维切换流形、多折叠环面和四维网格状多环面等一系列设计方法，相关技术获6项发明专利授权，其中关于广义Jerk电路的工作被IEEE电路与系统最高奖得主L. O. Chua院士称为给工程应用“建立了理论基础”；⑤通过引入额外爆破点，提出了一种新的系统化电路设计方法并首次用模拟电路物理实现了单方向10卷波吸引子，被J. Vandewalle院士称为“里程碑”。

项目名称：特征结构导向构筑无机纳米功能材料
主要完成人：谢　毅（中国科学技术大学）
吴长征（中国科学技术大学）
熊宇杰（中国科学技术大学）
推荐单位：中国科学院

针对无机功能材料难以实现高效可控制备与组装的问题，该项目充分利用前驱物和目标产物的特征结构来导向性实现原子分子尺度上的可控制备，并发展基于特征结构导向的纳米基元组装新策略，系统开展了材料功能性和介观尺度、微功能结构区、表面和界面、组装控制方式及系统关联性研究，深化对无机功能材料结构与物性关联性的认识，体现了纳米结构材料的优势，在无机功能纳米材料的可控制备、功能调控和应用等研究领域做出了创造性贡献。

主要科学发现如下：①提出和发展了基于特征结构的高度各向异性导向制备低维纳米结构/单元的新方法；②提出和发展了二元特征结构协同导向构筑复杂结构纳米材料体系的新方法、新策略；③系统揭示了特征功能结构区在能源存储纳米材料中对物性调控的影响规律。

该项目研究成果发表在《先进材料》等国际权威学术刊物上，被国际同行广泛引用和评述，20 篇核心论文累积被 SCI 他引 1750 次。关于 GaP 催化性能的工作被国际同行在《材料研究年度综述》中指南性综述评价为“开创了这类无机纳米粒子的一个新的应用领域”。应邀撰写了纳米领域首部百科全书《纳米科学与纳米技术百科全书》中的综述性专章以及多篇综述和展望性论文。获得 9 项授权发明专利。

项目名称：新型磁热效应材料的发现和相关科学问题研究
主要完成人：沈保根（中国科学院物理研究所）
胡凤霞（中国科学院物理研究所）
孙继荣（中国科学院物理研究所）
张西祥（香港科技大学）
吴光恒（中国科学院物理研究所）
推荐单位：中国科学院

与普通气体制冷相比，以磁热效应为基础发展起来的磁制冷技术，具有绿色环保、高效节能等优点。磁制冷技术应用关键是获得大磁热效应材料。我们以探索高效磁热效应材料及阐明磁热效应机理为目标，系统研究了 NaZn13 型 La（Fe，Si）13 基化合物、NiMnGa 基 Heusler 合金等材料的结构、磁性、磁相变、磁热效应，取得了一系列有国际影响的原创性成果，主要有：①发现了一类新型 La（Fe，Si）13 基大磁热效应材料，室温磁熵变超过传统稀土材料 Gd 的 2 倍，阐明了巨大磁热效应来源于与之相伴的晶格负热膨胀和巡游电子变磁转变行为，自我们 2000 年第一篇论文发表以来国内外已有 120 多个实验室相继开展了 La（Fe，Si）13 基材料的磁热效应研究，发表在 APL 的一篇论文是国际上 80 年来有关磁热效应论文被引用次数最高的 7 篇之一，La（Fe，Si）13 基化合物已成为目前国际上最受重视并在室温磁制冷样机上得到应用的三类材料之一。②从理论和实验上论证了 Maxwell 关系不能简单地用于计算相分离体系的熵变值，给出了相分离体系磁熵变的确定方法，解决了多年来一直有争议的重要基础性问题。③首次在 Heusler 合金 NiMnGa 中发现了室温大磁热效应，证明了大磁热效应来源于磁场对马氏体结构相变的干预，后续的研究进一步证实了结构相变和磁相变同时出现是获得大磁熵变的重要条件。

### （三）国家技术发明奖二等奖（7 项，含专项 1 项，略）

项目名称：输注与介入类医用耗材制备新技术及其大规模应用
主要完成人：殷敬华（中国科学院长春应用化学研究所）
栾世方（中国科学院长春应用化学研究所）

李忠志（威高集团有限公司）
夏欣瑞（威高集团有限公司）
王建卫（威高集团有限公司）
张　娥（威高集团有限公司）

推荐单位：山东省

输注与介入类医用耗材量大、面广，其使用安全性关系每个家庭。该领域长期存在两大难题：一是采用环氧乙烷对耗材灭菌消毒，易出现灭菌死角，残留的环氧乙烷解析不干净，危害健康。辐照灭菌法是发展趋势，然而通用耗材存在辐照老化问题。二是国内外通用耗材普遍使用添加40%—60%塑化剂的聚氯乙烯（PVC）原料使用中微量的塑化剂会进入人体，危害健康。

针对上述难题，发明了从改性α-烯烃共聚物、苯乙烯类共聚物材料制备到医用耗材制造的系列关键新技术。主要为：①发明了反应挤出接枝和原位复合新技术，制备了抗辐照老化的改性合金新材料；②发明了反应组合组装和不同官能团间耦合反应新技术，制备了具有抗溶血、凝血和抗蛋白吸附，强度、弹性、硬度和透明性等性能优良的改性合金新材料；③发明了新型模塑和工装技术，将研发的材料用于制作可辐照灭菌、不含塑化剂的系列医用耗材。

该类耗材可辐照灭菌消毒，消除了环氧乙烷灭菌的诸多问题，无抗辐照剂析出，抗辐照老化耐久性优良，各项性能优于国外同类产品；避免了PVC类产品因塑化剂进入人体而造成的潜在危害，以及对部分药物的破坏或吸附，确保了疗效。获授权美国发明专利1项，中国发明专利11项。

项目名称：复极感应电化学水处理技术

主要完成人：曲久辉（中国科学院生态环境研究中心）
刘会娟（中国科学院生态环境研究中心）
赵　旭（中国科学院生态环境研究中心）
胡承志（中国科学院生态环境研究中心）
王万寿（杭州回水科技有限公司）
肖　东（北京京润新技术发展有限责任公司）

推荐单位：中国科学院

该项目属于水污染防治工程的科学技术领域。该项目在深入研究水处理过程中电极反应及作用机制的基础上，提出了基于电极感应及粒子响应的复极感应电化学净水原理，发明了复极感应电化学净水技术。利用复极感应和电流调节定量控制铝的水解反应，实现了高活性Al13优势絮凝形态的高效原位产生，建立了一体化多效的电絮凝净水反应器。研制出具有高氧化性能的金属氧化物改性活性炭纤维电极、具有高还原性能的二元金属改性的活性炭纤维电极等电极材料，发明了催化电氧化、电还原及电生物等关键技术及一体化反应器。通过催化阴极反应强化在线产生 $H_2O_2$ 和电感应原位产生 $Fe^{2+}$，大幅提高了羟基自由基产率及利用率，发明了感应电芬顿和感应光电芬顿净水技术和高效反应器。开发出基于感应电絮凝、电氧化、电还原等过程的水处理组合工艺和设备系统，解决了络合态重金属废水、难降解有机工业废水处理等技术难题。该项目成果已在全国 50 余个工业废水达标排放与回用工程中成功应用，带动了行业废水治理的技术进步，取得了重要的社会效益和环境效益。

项目名称：多维精细超光谱遥感成像探测技术
主要完成人：王建宇（中国科学院上海技术物理研究所）
舒　嵘（中国科学院上海技术物理研究所）
胡以华（中国科学院上海技术物理研究所）
薛永祺（中国科学院上海技术物理研究所）
刘银年（中国科学院上海技术物理研究所）
何志平（中国科学院上海技术物理研究所）
推荐单位：上海市

光学遥感成像是当前航空航天遥感和测绘领域最主要的技术手段，在社会各领域得到广泛应用，超光谱成像和三维成像技术是重要组成部分。项目通过一系列发明专利，发明了以“主被动同步采集+多维度信息融合+时空维信号增强+多手段精细分光”为特色的多维精细超光谱遥感成像探测技术，解决了高空间分辨率、高光谱分辨率、高辐射灵敏度和宽视场遥感信息同时获取难题，将高分辨率超光谱遥感成像和三维激光测高有机结合，实现被测目标光谱和三维空间信息准确匹配，同时获取空间三维、光谱及灰度共五维信息，给空间遥感提供了一种综合性的高新技术手段，为我国在高分辨率光学遥感成像领域技术发展做出了重要贡献。项目主要发明点如下：①多维遥感信息的多元激光与超光谱同步采集方法。②主被动探测高分辨率超光谱遥感成像方法。③基于物像面空间分割的超光谱宽视场实现方法。④超光谱遥感成像精细分光新方法。⑤多维信息融合与精细标定方法。

围绕以上发明点，形成授权国家发明专利 20 项，出版专著 1 部，发表 SCIE、CPCI、CNKI 收录论文 163 篇次，培养硕士博士生 30 名，行业知名专家 4 人。以项目专利形成的关键技术已应用于载人航天与探月工程、国家科技重大专项和国家重大基础建设中，项目成果也同时服务于国民经济建设，研制系统先后在遥感制图、铁路勘探、考古探测以及海洋、核电站排水、农业、城市安全的监测等领域得到应用，并出口海外。基于该发明的各种成果，上海技术物理研究所通过技术转化、产品销售和争取国家重大科研、装备任务共获经费 5.59 亿元，通过技术转移创办上海航遥信息技术有限公司，近 3 年产值达 8788 万元，项目成果产生的间接经济效益达 3.1 亿元，发挥了重要的社会效益和经济效益。

项目名称：基于大形变和低质量的指纹加密方法与应用
主要完成人：田　捷（中国科学院自动化研究所）
杨　鑫（中国科学院自动化研究所）
梁继民（西安电子科技大学）
庞辽军（西安电子科技大学）

曹　凯（西安电子科技大学）
杨春林（北京天诚盛业科技有限公司）

推荐单位：中国科学院

互联网和电子商务中的安全问题越来越引起人们的重视，为了增强用户隐私信息的安全性，可将其生物特征引入通过密码方式进行认证的模式中，实现双重认证。为此，该项目研究了基于生物特征的加密技术，重点解决了对大形变、低质量指纹鲁棒，且适合于生物特征加密的指纹特征提取方法，并以这些指纹特征为基础，结合模式识别与密码技术，发明了基于大形变和低质量的安全实用的基于指纹加密方法，并在新型指纹特征提取、密钥生成算法等方面提出了系列创新方法。该项目提出的原始创新技术已在 *IEEE Trans* 系列本领域国内外主流学术期刊和会议上发表并被 SCI、EI 收录 70 余篇，被包括 IEEE 系列的国际主流期刊和会议引用 187 次，其中单篇被引用达 89 次。该项目核心发明已获得授权发明专利 12 项，软件著作权登记 12 项，并在我国信息安全、邮政、银行等多个领域得到实际应用。该项目的发明有效地提高了生物特征识别系统的安全性和隐私性，真正做到物理身份和数字身份的统一，为电子政务、电子商务以及个人信息安全提供更为安全、便捷、高效的身份认证方式。基于该项目发明点研发的银行身份认证系统，已成功应用于中国农业银行、招商银行、中国邮政储蓄银行、城市商业银行、农村信用社等，涵盖国内 100 多家银行。

项目名称：基于工艺选择性的 MEMS 三维制造关键技术与设计方法

主要完成人：王跃林（中国科学院上海微系统与信息技术研究所）
鲍敏杭（复旦大学）
李昕欣（中国科学院上海微系统与信息技术研究所）
李　铁（中国科学院上海微系统与信息技术研究所）
熊　斌（上海芯敏微系统技术有限公司）
罗　乐（中国科学院上海微系统与信息技术研究所）

推荐单位：中国科学院

该项目主要成果有：①针对 MEMS 制造一致性、重复性和可靠性的需求，发明了利用工艺选择性的系列三维加工技术，提高了制造效率和成品率：针对通常制造精度主要是通过工艺参数来控制的难题，项目组另辟蹊径，利用 MEMS 工艺的选择性来控制制造精度，有利于批量生产。采取上述思路，发明了多层三维微机械结构一次成型技术、基于 MEMS 的光器件制造技术、干法刻蚀积累电荷释放和可动结构保护技术以及基于等温凝固的圆片级封装技术等三维微机械结构制造技术，并应用于 MEMS 制造技术平台和相关传感器等产品的生产和代工服务。②针对微机械器件动力学设计问题，发明了设计新方法，简化了设计过程和提高了设计精度：针对传统机械运动的设计方法不适用 MEMS 的问题，从微机械运动的特殊性出发，发明了微机械动力学设计新方法，并已广泛用于加速度、陀螺等传感器和执行器的设计。③针对传感器的研发和批产需求，以发明的专利技术为核心，建立了 MEMS 制造技术平台，实现了批量生产：批产的压力传感器芯片成为国内第一个年销售量超过 600 万只的 MEMS 传感器，并已累计销售超过 1600 万只

MEMS 传感器，为国内和国际大公司等百余家用户提供了芯片制造和封装服务，给用户带来超过 2.2 亿元的销量额，为用户完成国家重要科研项目和生产研制重要武器装备提供了有力支撑。该项目获发明专利 15 项，发表 SCI/EI 论文 57 篇，出版英文专著 2 部，SCI 他引 571 次，单篇他引最高 150 余次，在国际上产生了重要影响。

项目名称：星载微处理器系统验证-测试-恢复技术及应用

主要完成人：李晓维（中国科学院计算技术研究所）
李华伟（中国科学院计算技术研究所）
韩银和（中国科学院计算技术研究所）
华更新（北京控制工程研究所）
严晓浪（浙江大学）
刘　波（北京控制工程研究所）

推荐单位：中国质量协会

该项目旨在构筑地面测试验证和在轨故障检测-隔离-恢复（FDIR）两道防线，来保障星载微处理器系统在轨十五年内适应复杂的空间环境、稳定可靠地工作；形成了自主知识产权的星载微处理器系统验证-测试-恢复技术体系。发明了微处理器及其目标代码的指令组合缺陷检测方法，为星载计算机“零缺陷”在轨运行提供了可靠保障；发明了微处理器单粒子效应的时序容差测试方法，解决了抗单粒子辐照的时序容差测试难题；发明了星载微处理器系统在轨 FDIR 新方法，解决了星载计算机资源受限约束下的在轨恢复难题。

该项目成果已成功应用于我国 8 颗在轨通信卫星（含 4 颗整星出口卫星）、10 颗二代导航卫星、嫦娥一号/二号卫星、新型遥感卫星、神舟八号手控线路、天宫一号、我国 CAST968 平台、CAST2000 平台和 CAST100 平台小卫星的控制计算机，以及国产自主设计的卫星控制计算机核心芯片 SoC2008 的研制。某应用卫星在轨发生预想不到的技术问题时，通过预先设计的 FDIR 机制，使卫星转危为安，挽回经济损失数亿元。2006 年以来，应用该项目成果的在轨卫星已超过 30 颗，在轨稳定工作时间最长的卫星已超过五年。

该项目获 13 项发明专利（含 2 项国防专利），对我国微处理器系统，特别是星载微处理器系统的可靠性技术的发展，具有重大促进作用。

## （四）国家科技进步奖一等奖（1 项）

项目名称：中国生态系统研究网络的创建及其观测研究和试验示范

主要完成人：孙鸿烈、陈宜瑜、沈善敏、赵士洞、赵剑平、韩兴国、张佳宝、于贵瑞、刘国彬、秦伯强、赵新全、马克平、欧阳竹、杨林章、李彦

主要完成单位：中国科学院地理科学与资源研究所、中国科学院沈阳应用生态研究所、中国科学院南京土壤研究所、中国科学院植物研究所、中国科学院水生生物研究所、中国科学院寒区旱区环境与工程研究所、中国科学院水利部水土保持研究所、中国科学院东北地理与农业生态

研究所、中国科学院华南植物园、中国科学院水利部成都山地灾害与环境研究所

推荐单位：中国科学院

中国科学院于1988年提出并创建了中国生态系统研究网络（CERN），该网络是一个涵盖中国主要区域和生态系统类型，集生态监测、科学研究与科技示范为一体的标准化、规范化和制度化的研究网络，是世界上体量最大、功能最强、运行效率最高的国家尺度生态系统观测研究的综合网络。经过21个研究所、千余位科技人员、持续20余年的艰苦努力，克服了构建跨区域、跨行业生态网络的复杂性、综合性、多学科交叉、技术集成难度大等问题，成为我国及世界长期生态网络建设、观测、研究和示范的引领者。主要成果：①采用先进的设计理念和技术方案，创建了我国第一个观测—研究—示范一体化的国家级生态研究网络，发展了完整的生态系统监测、研究与示范体系。②发展了生态恢复、全球变化、生态系统利用保护3大研究基地，产出了9项代表性成果，为农业科学施肥和节水灌溉，为草地利用管理、生物多样性保护、退化生态恢复和碳汇管理提供了科学依据。③在现代高效生态农业、草地利用管理、水土流失与沙漠化治理等领域，集成56项技术模式，代表性示范成果推广10.8亿亩，经济效益约120亿元，生态效益显著。

## （五）国家科技进步奖二等奖（4项）

项目名称：大型合金钢锭及铸锻件缺陷与组织控制

主要完成人：李殿中、李依依、王宝忠、刘志颖、彭凡、柯伟、陆善平、夏立军、康秀红、孙明月

主要完成单位：中国科学院金属研究所、中国第一重型机械股份公司、二重集团（德阳）重型装备股份有限公司、宁夏共享铸钢有限公司

推荐单位：辽宁省

该成果开展了系列管线钢的微观结构、土壤腐蚀电化学、应力腐蚀的机理研究，提出环境断裂的局部化原理并得以证实，首次发现恒载荷下管线钢可以发生应力腐蚀开裂，提出管线钢应力腐蚀是局部材料的力学-化学的交互作用的自催化过程；首次将复合微电极技术与模拟管线涂层缝隙结合，发现剥离涂层下国产X70管线钢在我国土壤溶液中能够发生穿晶应力腐蚀破裂，并在开路电位、欠保护和阴极保护断电情况下，发生近中性应力腐蚀开裂的敏感性最强；提出腐蚀裂纹当量法，并率先建立了管道腐蚀损伤评价的中国石油天然气总公司行业标准（SY/T 6151—1995）；对在役管道区域阴极保护调试与评价，提出了区域阴极保护的保护效果评价方法及指标，建立了脉冲电流阴极保护设备；采用ER技术进行基于电流密度的干扰检测，成功实现了管线所在杂散电流干扰的现场试用实验；建立了含缺陷管道的导波检测与诊断分析技术，研制了相关检测设备和配套的数据分析诊断软件；研发了管体缺陷修复技术、防腐层修复技术、超高分子量聚乙烯管作为管道不停输维抢修技术，形成了中国石油天然气总公司行业标准（SY/T 5918—2011）。该研究成果共形成了2项行业标准、6项企业标准、10项技术规程/作业指导书及管理办法，取得了2件软件著作权，申请专利23项（已授权3项），发表论

文 68 篇。这些技术和标准已经在我国长输管道的安全评价与腐蚀控制中得到实际应用，取得了显著的社会效益和经济效益。

项目名称：兰州重离子加速器冷却储存环（HIRFL-CSR）工程

主要完成单位：中国科学院近代物理研究所

推荐单位：中国科学院

兰州重离子加速器冷却储存环（HIRFL-CSR）是国家“九五”重大科学工程，是我国自行设计建造的目前规模最大、能量最高、离子种类齐全、束流品质最好的重离子加速器系统。是我国开展放射性束核物理、极端条件下核物质性质研究、高离化态原子物理、核天体物理等基础研究领域的最大实验设施，是国内目前高 LET 航天器件单粒子效应检测等国防任务唯一的研究平台，为生命科学、生物科学、材料与能源科学等应用研究提供强大的支撑条件。该项目通过对重离子冷却储存环技术的创新发展，实现了双冷却储存环与同步加速器高效组合，完成了从低能向高能的跨越；创建了独特的非对称等时性磁聚焦结构，使 CSR 在高精度测量短寿命核素领域取得重大突破，在世界上率先达到了 $10^{-7}$ 量级的相对测量精度，处于国际领先地位；首次采用回旋与同步加速器的组合模式，实现了重离子束深层治癌。研制成功空心电子束冷却装置、$10^{-12}$ 毫巴大型超高真空系统、纳秒量级大功率电源等高难度系统，形成了一系列具有自主知识产权的高新技术储备，使我国重离子加速器技术水平及重离子物理实验研究能力进入世界最前列。并带动了粒子加速器行业经济及西部区域的科技进步。该项目获 2009 年度中国科学院杰出科技成就奖。

项目名称：大规模网络信息监测与服务系统关键技术及应用

主要完成人：程学旗、王丽宏、余智华、查礼、许洪波、张瑾、廖华明、王元卓、郭嘉丰、郝晓伟

主要完成单位：中国科学院计算技术研究所、国家计算机网络与信息安全管理中心、曙光信息产业（北京）有限公司

推荐单位：工业和信息化部

针对国家级网络空间的大规模网络信息监测与服务的实际需求，本项目提出了基于高维稀疏数据精简表达的特征挖掘与内容分析方法，有效解决了数据高维稀疏、关系关联复杂、距离度量模糊所带来的网络信息内容分析难题；提出了基于多元信息融合学习模型的全视角事件发现与话题分析方法，解决了网络话题与事件分析面临的信息多源异构、结构复杂演变和领域交叉影响难题；提出了基于跨尺度演化的群体发现与聚集行为分析模型，实现了亿级节点规模的异质网络群体快速发现和聚集行为的精准分析；提出了基于布局结构优化的海量数据分布式存储与管理方法，实现了 PB 级数据离线分析处理和百亿级记录数据实时查询分析，提高了海量数据存储和处理效率。并研制了大规模网络信息监测与服务系统。

该项目已形成了较完整的自主知识产权体系，获发明专利 14 项，软件著作权 16 项，6 项核心技术在国际权威评测中排名第一。成果在国务院新闻办、公安部、工信

部、教育部等20多家国家级重要部门的舆情监测、信息分析等战略任务中得到规模化应用。在非典疫情、三聚氰胺奶粉等重大事件监测分析中准确及时，在北京奥运会、上海世博会、国庆60周年等重要时期的信息监测与安全保障中发挥了关键作用，为维护社会稳定、保障国家安全做出了突出贡献。三年来，实现规模产业化，新增销售额17.49亿元，并以技术入股方式实现知识产权转移4781.42万元。成果在华为、百度、淘宝、人民搜索等企业线上系统中广泛使用，极大地提升了知名IT企业的自主创新能力和核心竞争力，为推动我国IT产业的发展与进步做出了重要贡献。

项目名称：全国生态功能区划

主要完成人：欧阳志云、傅伯杰、高吉喜、王效科、郑华、赵同谦、肖荣波、赵景柱、肖燚、徐卫华

主要完成单位：中国科学院生态环境研究中心、中国环境科学研究院

推荐单位：中国科学技术协会

全国生态功能区划将国家生态保护战略需求与国际生态学前沿结合，针对协调开发与保护的科学基础和调控方法，以生态系统服务功能评价与应用方法为主线开展了系统研究，取得了系统性的研究成果：①在国内率先开展生态系统服务功能评估研究，建立了我国森林、草原、湿地、荒漠、农田等生态系统的服务功能及其经济价值的评价指标体系和方法，阐明了我国陆地生态系统服务功能特征。②创立了生态功能区划的理论、程序与方法，制定了《生态功能区划暂行规程》，为开展全国及省市县生态功能区划提供了方法。③揭示了我国生态系统服务功能与生态敏感性空间分布规律，奠定了全国生态功能区划的基础，为制订区域差异化的生态保护措施与政策提供了科学依据。④编制完成了全国生态功能区划，确定了50个对保障国家生态安全具有重要意义的重要生态功能区。⑤揭示了生态系统保持土壤、涵养水源、维持生物多样性等典型服务功能与生态结构-过程的关系。

全国生态功能区划是我国生态环境保护领域的基础性工作，生态功能区划方案与生态评价方法直接应用于全国与省级主体功能区规划、重点生态功能区规划、确定国家生态转移支付范围、《全国国土规划纲要》等国家与区域生态保护规划，为国家生态保护与区域可持续发展提供了基础和依据。

### （六）国际科学技术合作奖

**理查德·杰尔** 美国籍，男，1939年11月生。著名物理化学家和分析化学家，斯坦福大学化学系教授，曾获美国国家科学奖、以色列沃尔夫化学奖等多项奖项，美国科学院院士，中国科学院外籍院士。由国家自然科学基金委员会、中国科学院联合推荐。

杰尔教授长期致力于推动中美两国科学界的交流与合作，培养了一批高层次的中国科学人才。在任美国科学理事会主席期间，他积极推动两国基金会之间的合作和交流；作为中国科学院的外籍院士，他积极为中国的科技发展建言献策；作为战略科学家，他对中国化学领域的科技发展起到了重要指导作用；作为科学基金绩效国际评估专家委员会主席，成功领导了科学基金国际评估工作，为科学基金事业的长远发展做出了重要贡

献；作为一名长期从事科研、教学的大学教授，他精心而真诚地培养了一批高层次的中国籍科学人才。他多次应邀来华讲学和出席会议。他与华人作者合作撰写文章共计169篇，相当多的合作者现在中国工作。他是一位受人尊敬的中美科技外交的友好使者，对中美科技合作发挥了多方面的重要影响和独特的推动作用。

**弗莱明·贝森巴赫** 丹麦籍，男，1952年10月出生。现任丹麦奥胡斯大学交叉学科纳米科学研究中心主任，丹麦皇家科学院院士。他的研究领域涉及表面科学、分子电子学、扫描隧道显微学等领域，在物理、化学、纳米科技等多个领域做出了突出贡献。由中国科学院推荐。

自1990年起，贝森巴赫教授开始和中国科学院化学研究所等研究机构开展合作，他在推动中丹研究生联合培养、中丹联合纳米科技研究方面做出重要贡献。他倡导并推动丹麦大学联合会与中国科学院研究生院建立中丹科教中心，发起丹麦基金会与中国国家自然基金委员会设立中丹纳米科技国际合作重大项目。自2011年起，他担任丹麦嘉士伯基金会董事会主席，积极探讨与中国科学院在生物科技领域筹建联合实验室等事宜，为促进中丹纳米科技国际合作及交叉学科人才培养做出了重要贡献。

**朗尼·汤普森** 美国籍，男，1948年7月出生。世界著名的冰川环境和古气候学家，俄亥俄州立大学教授，美国科学院院士，中国科学院外籍院士。2005年获得“泰勒环境成就奖”。由中国科学院推荐。

汤普森教授开拓了山地冰心古气候重建这一新的研究领域，取得了国际一流的研究成果，仅在*Science*、*Nature*杂志上以第一作者署名发表的研究论文就多达11篇，其中多篇是与中国科学家合作撰写的，为推动青藏高原环境变化研究做出了突出贡献。他有着丰富的研究生教学经验，帮助中国地学界培养了多名杰出的科研工作者，为中国冰川和环境领域科研力量的发展壮大做出了贡献。从2003年以来兼任中国科学院青藏高原研究所学术副所长，与中国科学家一起推动“第三极环境（TPE）计划”，为中国科学家引领国际第三极环境研究做出了新的贡献。

**黑川真一** 日本籍，男，1945年6月出生。国际知名的粒子加速器专家。他曾担任多个国际加速器学术组织主席，荣获2011年粒子加速器领域的最高奖——维德奥奖等国际大奖。由中国科学院推荐。

自20世纪80年代以来，黑川真一教授先后50多次访问中国，积极推进日本加速器界与中国科学院高能物理研究所、清华大学、北京大学和中国科学技术大学等单位的合作。他大力推动日本学术振兴会和中国科学院签订在加速器相关科学领域的合作项目，并担任日方协调人。他推进中日人员互访和合作研究；推广低温超导和实验物理与工业控制系统等先进技术；组织讲习班和研讨会等培养人才；担任北京正负电子对撞机工程国际顾问委员会委员，并努力促进在上海光源上的合作。他为中国大型粒子加速器装置的建设并赶上世界先进水平做出了重要贡献。

## 二、2012年度重大科技成果

2012年，中国科学院在基础科学、生命科学与生物技术、资源环境科学与技术、高技术等领域取得了一系列重要科技创新成果。

### （一）基础科学领域

**发现新的中微子振荡模式** 中微子混合角 $\theta_{13}$ 是物理学中 28 个基本参数之一，它的大小关系到中微子物理研究未来的发展方向，并和宇宙起源中的“反物质消失之谜”相关，是国际上中微子研究的热点。高能物理研究所牵头提出了大亚湾反应堆中微子实验，其主要科学目标是通过探测来自反应堆的中微子，精确测量中微子混合角 $\theta_{13}$。该实验攻克了多项技术难关，完成样机研制、工程设计和探测器建造，于 2012 年 3 月 8 日宣布发现新的中微子振荡模式，并测得其振荡幅度为 9.2%，误差为 1.7%，无振荡的可能性只有千万分之一。该结果使人类更深入地认知中微子的基本特性，开启了未来中微子物理发展的大门。相关研究论文发表在 *Physics Review Letter* 上。同时，该科学成果被美国《科学》杂志评选为 2012 年度十大科学突破。

**EAST 2012 年度实验创两项世界纪录** 依托我国自行设计研制的国际首个全超导托卡马克装置（EAST），合肥物质科学研究院等离子体物理研究所科研人员针对等离子体精确控制、全超导磁体安全运行、有效加热与驱动等一系列关键科学技术问题，开展了全面的实验研究和集成创新，成功实现了 411 秒、中心等离子体密度约 $2\times10^{19}\,m^{-3}$、中心电子温度大于 2000 万度的高温等离子体放电，以一个数量级的提升再创国际最长时间记录，同时还获得了大于 30 秒且稳定可重复的高约束等离子体放电，标志着我国在稳态高约束等离子体研究方面已走到国际前列。相关研究成果已在第 24 届 IAEA 聚变能源大会上做综述报告，相关论文将发表在 *Nuclear Fusion* 上。

**原子核同位旋对称性破缺实验研究** 同位旋是强子的基本性质之一，是表征自旋和宇称相同、质量相近而电荷数不同的几种粒子归属性质的量子数。根据量子力学微扰理论，原子核同位旋多重态的质量满足 IMME（Isospin Multiplet Mass Equation）公式。近代物理研究所科研人员利用依托兰州重离子冷却储存环，以 20—40 keV 的精度测量了近质子滴线短寿命核素 $^{41}Ti$、$^{45}Cr$、$^{49}Fe$ 和 $^{53}Ni$ 的质量，并利用这些高精度数据首次在 fp 壳层对 IMME 公式进行了严格检验，发现对于 $A=53$、$T=3/2$ 的同位旋多重态，IMME 公式失效。这一结果表明人们对原子核同位旋对称性及其破缺的认知的不完备性，将激发更多实验核物理学家对 $A>40$ 的原子核质量以及同位旋相似态的能量进行更加精确的测量。该研究成果发表在 *Physical Review Letters*。

**上海光源性能进一步提升，用户成果显著** 上海光源于 12 月开始恒流模式运行，实现了<1%的流强变化控制，这是上海光源在性能提高方面的又一重要里程碑。在首轮 288 小时的恒流注入模式运行期间，开机率达到 99.5%，流强稳定性保持在 0.5%@200 mA。来自 47 家单位的 206 位用户在新模式下执行了 86 个课题，普遍反映光源稳定，实验结果良好。同时，在软 X 射线谱学显微光束线站上建成了软 X 射线干涉光刻分支线站，可在同一条光束线站上完成纳米结构的制备、组装和结构表征及观察，为用户提供了一个纳米材料和器件研究的一体化平台。另外，用户在新型铁基超导材料、蛋白质结构研究等方面取得重要进展，2012 年在英国《自然》和美国《科学》上发表 8 篇论文。入选《科学》“2012 年十大科学突破”的“基因组的精密改造工程”工作，

引用了在上海光源上完成的对转录激活因子样效应蛋白晶体的结构解析。

**“重数一猜想”取得重大突破** 20 世纪 80 年代，Bernstein 和 Rallis 在约化群情形提出了高阶典型群的重数一猜想；90 年代，Prasad 在雅可比群情形提出了类似猜想。在非阿基米德域约化群的情形，重数一猜想于 2007 年被证明。在更困难的阿基米德域情形，孙斌勇与合作者统一证明了约化群和雅可比群的重数一猜想；孙斌勇还独立证明了非阿基米德域雅可比群情形的重数一猜想；从而完全证明了重数一猜想。相关结果成果发表在顶级数学杂志 *Annals of Math* 和 *American J Math* 等刊物上。

**铁基超导体高压研究取得新进展** 中国科学院物理所赵忠贤院士课题组，利用该组自主研制的设备对新型铁基硫族化合物超导体进行高压下原位电阻等测量，并结合高压同步辐射 X 衍射分析等进行了系统的研究。发现由压力诱发的第二个超导相的超导转变温度高达 48K，这是已有报导的铁基硫族化合物超导体家族中最高超导转变温度。同时，第二超导相在第一超导相彻底消失以后出现，意味着它有着完全不同于后者的微观机理，为进一步的研究开辟了崭新的领域。该成果发表在 2012 年 3 月 1 日 *Nature* 杂志上，被 *Nature* 新闻网站及一些国外相关媒体报导。另外，赵忠贤课题组对其可能的机制进行了研究提出压力导致的量子相变可能是诱发超导再进入的物理机制，成果发表在 2012 年 5 月 11 日的 *Phys Rev Lett* 上。

**“原子核的相对论对称性研究”取得突破** 对称性是核物理研究的重要内容，1969 年有马朗人和赫克特等发现了原子核束缚态单粒子谱的赝自旋对称性。1997 年基诺奇奥揭示出，这种对称性是与核子狄拉克波函数的小分量相关的相对论对称性。理论物理研究所原子核理论组周善贵等通过研究共振态波函数的渐近行为，严格证明并数值验证了在原子核的单粒子共振态中，也存在赝自旋对称性：在赝自旋极限下，一对赝自旋伙伴态的能量相等，宽度相同；在真实原子核中，赝自旋对称性有一定的破缺。相关工作发表在《物理评论快报》上。

**钙离子光频标：为修改国际光学频率标准作出贡献** 武汉物理与数学研究所高克林研究组建立了单个囚禁钙离子的光频标，并基于此系统精密测量了$^{40}Ca$ 离子的光学频率，相对不确定度到达 $3.9\times10^{-15}$，系统误差进入 $10^{-16}$，结果发表于 *Phys Rev A* 上。2012 年5 月，中国科学院组织召开了“钙离子光频标”成果鉴定会，中国计量科学研究院李天初院士为主任的鉴定委员会认为，该钙离子光频标是国内第一台光频标，达到国际先进水平。9 月，向国际计量局举办的第 19 届国际时间频率咨询委员会（CCTF）会议呈报了钙离子光频标测量数据。会议采纳了该项目组的实验数据，修改了$^{40}Ca^+$跃迁谱线的光频测量推荐值，这是我国近二十年来第一次对修改光学频率标准作出的贡献。

**可扩展量子信息处理获重大突破** 量子信息科学发展的关键在于通过发展多粒子量子系统的相干操纵技术实现可扩展的量子信息处理。2012 年，中国科学技术大学潘建伟小组在该研究方向取得系列重大突破。该小组在国际上首次实现了八光子薛定谔猫态，刷新了由该小组保持的多光子纠缠态制备的世界纪录，成果发表在 *Nature Photonics* 杂志上。随后，他们利用八光子纠缠，在国际上首次实验实现了拓扑量子纠错，取得了可扩展容错性量子计算的重大突破，成果以长文的形式发表在《自然》杂志上，这是量子信息领域以中国为第一单位发表在该杂志上的首篇长文。他们还在国际上首次实现了百公里量级的自由空间量子隐形传态和双向纠缠分发，通过地基实验坚实地证明了实现基于量子卫星的全球量子通信网络的可行性，成果以封面标题的形式发表在《自然》杂志上。

**首次发现加热日冕的超精细通道** 太阳的外层大气具有反常的温度分布，加热日冕到百万度高温的能量从何而来，即是著名的“日冕加热问题”。紫金山天文台季海生研究员和美国科学家合作，在目前国际上最大的太阳望远镜（大熊湖 NST）上，利用我国自行研制的1083 纳米滤光器，首次得到了太阳在该波段的最高分辨率图像，发现了超精细（约100 公里）的磁流管结构，这些结构被认证为高温物质和能量外流的通道。该研究成果解释了加热日冕的能量究竟来自光球的何处。其可能物理过程是：光球米粒不断地对流运动，通过挤压形成米粒间小尺度强磁场，小尺度强磁场中的活动产生了高温物质和能量的外流。这一发现刊登在美国今年 5 月份出版的《天体物理快报》（*The Astrophysical Journal Letters*）杂志上。

**上海65 米射电望远镜系统研制成功** 上海 65 米射电望远镜研制项目是中国科学院和上海市的“院市合作”重大项目，计划建设一个国内领先、亚洲最大、国际先进、总体性能在国际上名列前 4 的 65 米口径全方位可动的大型射电天文望远镜系统。该望远镜自 2008 年 10 月立项，经过 4 年紧张的建设，于 2012 年 10 月 28 日落成。2012 年 10 月 26 日，上海 65 米射电望远镜成功在 18 厘米波段开展了首次试观测。2012 年 12 月 13 日，参与并成功完成嫦娥二号卫星飞越图塔蒂斯 4179 小行星成像探测扩展任务。

望远镜整体建成后，将在嫦娥探月工程中发挥重要作用，执行探月工程二期和三期的 VLBI 测轨和定位任务，以及今后我国各项深空探测任务，逐步建成国际先进水平的深空探测地面站，为更好地满足国家的战略需求做好储备。同时，该望远镜还将在天文学研究、人才培养中发挥重要作用，提升我国射电天文研究的国际地位，为进一步提升我国基础研究的实力奠定基础。

**国家授时中心时间保持水平国际先进** 2012 年 1 月—2012 年 12 月，国家授时中心的时间保持（守时）工作取得重大突破，完成的各项技术指标均排在全球守时实验室的前列。其中：国家授时中心保持的 UTC（NTSC）与国际标准时间 UTC 的差控制在±20ns以内，远远优于国际电联 ITU 要求的±100ns，国际先进；独立原子时 TA（NTSC）的中、长期稳定度指标排在全球的第 3—4 位；为国际原子时 TAI 的归算贡献了 6. 3% 的权重，排在全球第 4 位，为国际时间的维护和保持作出重大贡献。国家授时中心已成为全球最重要的时间工作单位之一，引领我国的时间工作跻身世界最重要国家之列。

**复现高超声速飞行条件激波风洞** 在国家重大科研装备研制项目“复现高超声速飞行条件激波风洞”的支持下，中国科学院力学研究所依据我国独创的反向爆轰驱动方法，进一步提出了激波管缝合运行、喷管启动、激波干扰的弱化、高压爆轰驱动、二次波的运动及其控制等系列激波风洞创新技术，研制成功了国际首座可复现 25—40 km 高空、马赫数 5—9 飞行条件、喷管出口直径 Φ2. 5/Φ1. 5m、试验气体为洁净空气、试验时间超过 100 ms 的超大型高超声速激波风洞（JF12），整体性能处于国际领先水平。该风洞同时达到了“复现气流总温和总压”、“产生纯净试验气体”、“满足基本试验时间需求”和“能够全尺寸或接近全尺寸模型试验”等四项关键技术指标，实现了高超声速飞行器地面试验的复现能力，为我国中长期重大专项的关键技术和高温气体动力学基础研究提供了不可替代的试验手段。

**高能量密度锂-硫电池正极材料研究取得重要进展** 化学研究所分子纳米结构与纳米技术院重点实验室郭玉国研究员课题组和万立骏院士课题组合作，在解决高比能锂-硫电池中多硫离子的溶出问题，提高锂-硫电池循环寿命方面取得重要突破，设计合成出具有优异电化学性能的、稳定的纳米孔道限域的链状小硫分子材料，从根本上解决了锂-硫电池中硫正极的多硫离子溶出难题，研究结果发表在近期《美国化学会会志》（*JACS*）上，并被美国化学会（ACS）的 *Chemical & Engineering News* 以“可持续的高能量电池”（*High-Energy Battery Built To Last*）为题进行了评述和报道。相关结果已申请三项 PCT 国际专利。

**新型荧光技术用于结肠癌检测研究取得重要进展** 共轭聚合物具有较强的光捕获能力，可用来放大荧光传感信号，在重大疾病早期高灵敏诊断领域具有重要应用价值。化学研究所王树研究小组在该领域取得了系列重要研究成果（*Chem. Rev.* 2012，112，4687—4735）。他们与解放军总医院附属第一医院的人员合作，利用基于阳离子共轭聚合物的新型荧光共振能量转移技术，分析了结肠癌几种相关基因的 DNA 甲基化水平。研究发现相比于单甲基化分析，积累分析多个启动子甲基化变化能较大程度的提高癌症检测的精确度和灵敏度，为结肠癌的诊断和治疗提出了一种新思路。相关研究论文发表在 *Nature Communications*。

**高性能聚酰亚胺薄膜生产制造技术跻身国际先进行列** 高性能聚酰亚胺（PI）薄膜与碳纤维和芳纶纤维一起，被认为是目前制约我国高技术产业发展的三大瓶颈性关键材料，该材料制备技术一直被国外垄断。化学研究所和深圳瑞华泰科技有限公司合作，以完全具有我国自主知识产权的高性能 PI 薄膜合成制备为基础，在国家高新技术产业化示范性工程项目支持下，2003 年开始致力于我国高性能 PI 薄膜产业化工作，2010 年建成 3 条高性能 PI 薄膜连续化生产线，年生产能力达 350 吨。2012 年，实现了电工级和电子级两类薄膜产品的稳定生产，年销售收入达 1. 15 亿元，这为 PI 薄膜的高性能化、功能化和系列化奠定了扎实的基础，标志着我国在高性能 PI 薄膜材料的制造技术方面跻身于国际先进水平行列。

**超小稀土掺杂氧化物纳米荧光标记材料** 福建物质结构研究所陈学元和黄明东研究小组合作，合成了具有良好生物相容性的四方相 $ZrO_2$:Tb 超小纳米晶（约 5 nm）。该纳米晶经表面修饰后作为时间分辨荧光共振能量传递（TR-FRET）生物探针可实现对生物分子如亲和素蛋白的高灵敏检测，检测限可低至 3 nmol，为目前已报道同法最低纪录。纳米颗粒表面偶联上对肿瘤标志物尿激酶受体有特异性识别作用的片段分子后，成功实现其在人体肺腺癌细胞的靶向荧光成像。结果发表在《美国化学会志》（*JACS*）上。美国《化学化工新闻》以“*Tiny, Brightly Glowing Nanoparticles Could Detect Disease Biomarkers*”为题进行了专门报道和评述。

**氮化镓（GaN）晶片开发及产业化取得突破** 氮化镓晶片是第三代半导体产业的核心材料，在节能照明、平板显示、激光投影显示、智能电网等领域将形成万亿美元以上的市场。苏州纳米技术与纳米仿生研究所徐科研究组通过自主原始创新，从设备研发开始，攻克产品全工艺开发关键难题，实现了产品的规模量产。成立的苏州纳维科技有限公司已成为国内第1家、国际第7家可提供氮化镓晶片产品的单位，其中厚膜晶片和自支撑晶片的位错密度分别低于$5\times10^{7}cm^{-2}$和$5\times10^{6}cm^{-2}$。2012年，研发团队进一步将缺陷密度降低到$10^{4}cm^{-2}$，已经进入国际氮化镓晶片研发进度的前3名。产品已被欧洲、美国、日本的著名公司应用并得到一致好评。

**用仿生学手段揭示古细菌的酸适应机制** 在嗜酸古细菌表面，高比例的糖脂形成了一层富含羟基（OH）的糖被。苏州纳米技术与纳米仿生研究所马宏伟课题组首次成功构建了同样富含OH的纳米仿生高分子层，从而定量研究OH基团在嗜酸古细菌酸耐受机制中的作用。通过使用纳克级灵敏度的实时监测设备——石英晶体微天平（QCM），证实了该仿生高分子层具有显著的质子屏蔽作用，可在$pH = 1.0$的酸性液体环境中长期维持$pH \geq 5.0$的局部微环境。该仿生研究定量揭示了嗜酸古细菌的低pH适应机理，其成果可应用于防酸材料的开发。相关结果发表于*Scientific Reports*上。

**新型微纳加工技术取得重要进展** 微纳结构的宏观化制备和高成本一直制约其实际应用，发展新的加工技术对于突破这一瓶颈十分重要。近年来，易于实现大面积、低成本的褶皱制备方法受到了人们的广泛关注。然而，褶皱的不可控、不可设计、缺陷多、周期和振幅不可调、低深宽比等是阻碍其应用几个巨大的障碍。国家纳米科学中心刘前研究组经多年研究探索，发展了一种激光诱导路径制备新方法，成功克服了上述困难，实现1∶3的深宽比、可套刻等技术目标，提供了一种新的微纳加工手段，尤其适合表面波形结构的制备。该成果获得国家发明专利（ZL201010135681.4）并于2012年5月作为封底文章发表在*Adv Mater*上，《中国科学报》（2012-5-18）头版作了相应报道。

### （二）生命科学与生物技术领域

**建立精子的替代细胞并获得转基因动物，实现孤雄生殖** 上海生命科学研究院生物化学与细胞生物学研究所李劲松研究组和徐国良研究组合作团队以及动物研究所周琪研究组和赵小阳研究组合作团队，分别将小鼠精子注入去核卵母细胞后获得孤雄单倍体的囊胚，从这些囊胚中建立了具有多能性的孤雄单倍体胚胎干细胞系。他们证明这些细胞保持了一定的精子特性，能代替精子注入卵母细胞（半克隆技术）后产生健康小鼠（半克隆小鼠）。研究还发现，单倍体胚胎干细胞可通过基因打靶和转基因技术进行遗传改造，进而获得携带不同遗传性状的存活的基因改造小鼠。两篇论文在*Cell*和*Nature*发表。

**水稻群体基因组变异研究揭示了栽培稻起源于中国珠江流域** 国家基因研究中心深入分析栽培稻的遗传多样性，构建了一张精确的水稻高密度基因型图谱，并将其用于水稻复杂性状的全基因组关联分析；进一步选取了四百余份覆盖全球全生态区的普通野生稻株系进行基因组重测序、序列变异鉴定和基因分型，最终构建出一张水稻全基因组遗传变异的精细图谱；发现水稻由中国南方地区的普通野生稻经过漫长的人工选择形成了粳稻；对驯化位点的进一步分析发现，广西（珠江流域）是最初的驯化地点，而非之前考古学研究认为的长江中下游区域，而籼稻则是由处于半驯化中的粳稻与东南亚（与广西接壤）、南亚的普通野生稻杂交，经过不断地自然选择和人工选择而形成的。论文

在 *Nature* 发表。

**细菌致病蛋白 AvrAC 攻击植物免疫系统的生化机理** 遗传与发育生物学研究所周俭民研究组与海南大学的何朝族研究组合作，发现了 Xcc 细菌效应蛋白 AvrAC 干扰植物免疫系统的分子机理。该蛋白进入植物细胞内能够特异攻击两个关键的植物免疫激酶蛋白 BIK1 和 RIPK，同时抑制两条植物天然免疫途径，增强病原细菌在宿主植物上的致病性。结果表明 AvrAC 是一个尿苷 5′-单磷酸转移酶，通过对 BIK1 和 RIPK 功能至关重要的激活环区保守的丝、苏氨酸进行尿苷单磷酸修饰来掩盖这两个位点，阻止它们的磷酸化，从而抑制这两个激酶活性、抑制植物免疫反应。论文在 *Nature* 发表。

**中外科学家揭秘番茄果实进化和发育的基因组学基础** 遗传与发育生物学研究所和中国农业科学院蔬菜花卉研究所组织国内 60 多位科学家参与了由来自 14 个国家的 300 多位科学家组成的“番茄基因组研究国际协作组”对栽培番茄及其近缘野生种醋栗番茄全基因组的精细序列分析工作，高质量地完成了番茄基因组测序任务的 1/6，标志着我国是番茄基因组学研究的强国之一。在解码的番茄基因组中共鉴定出约 34 727 个基因，其中 97.4% 的基因已经精确定位到染色体上。比较基因组分析发现了番茄果实进化和发育的基因组学基础，番茄基因组经历的两次三倍化使基因家族产生了特异控制果实发育及营养品质的新成员。论文在 *Nature* 发表。

**发现成纤维细胞生长因子 13（Fibroblast growth factor 13，FGF13）调控大脑发育** 上海生命科学研究院神经科学研究所张旭研究组的研究显示，在脑发育过程中 *Fgf13* 表达于大脑皮层和海马神经元中，它的剪接异构体 FGF13B 蛋白在神经元生长锥中富集，并且与微管相互作用。进一步的研究表明 FGF13B 是微管稳定蛋白，不仅可以与微管结合，具有微管结合结构域，而且可以聚合微管蛋白和稳定微管，保护微管免受降解。他们还发现 FGF13B 在大脑皮层中调节轴突或前导突起的发育，因而调节神经元迁移，FGF13B 缺失会阻碍神经元从多极性向双极性转化，还导致轴突或前导突起的过度分支，从而减缓神经元的迁移。这些结果提示 FGF13B 通过聚合与稳定微管来调控神经元发育。*Fgf13* 基因敲除小鼠由于神经元迁移迟滞造成大脑皮层和海马结构分层异常，学习记忆能力受到明显损害。因此，该基因的缺失可以导致大脑皮层和海马发育迟滞以及个体智力障碍。论文在 *Cell* 发表。

**植物 DNA 去甲基化调控获重要进展** 上海植物逆境生物学研究中心朱健康研究组在前期 DNA 去甲基化酶 ROS1 研究的基础上，通过 *ros1* 突变体全基因组甲基化分析和 CHOP PCR 分子标记的应用建立起一种新的突变体筛选方法，研究发现一个组蛋白的乙酰化酶 IDM1 对调控 ROS1 的去甲基化具有重要作用。IDM1 能识别多个表观遗传学的标志，包括组蛋白的甲基化以及 DNA 的甲基化等，同时能对相应位点的组蛋白进行乙酰化，从而改变这个特定的区域的染色体的结构。研究还表明很多 ROS1 的靶位点基因的表达也受去甲基化途经的调控。这一研究工作填补了植物去甲基化调控机制的一个重要空白，为进一步研究 ROS1 在植物生长发育及对环境响应过程中的作用奠定了基础。论文在 *Science* 发表。

**MiR-23b 控制白介素-17 相关自身免疫病的病理** 上海生命科学研究院健康科学研究所钱友存研究组和上海交通大学医学院仁济医院沈南研究组进行基础与临床研究的密

切合作，发现 microRNA-23b（MiR-23b）在多种自身免疫病的病理组织中普遍下调，并证实其调控是 IL-17 所致。进一步小鼠疾病模型发现 MiR-23b 有效抑制了多种自身免疫病（多样性硬化、类风湿性关节炎、红斑狼疮）的炎症性发病病理。机制研究发现 MiR-23b 靶向 TAB2、TAB3、IKK α，从而抑制了炎症性细胞因子（TNF α、IL-β、IL-17）介导的下游信号转导和基因诱导表达，进而抑制自身免疫病的炎症性病理。该研究发现了 microRNA 在原位炎症病理组织中对自身免疫病的病理发挥了重要作用，并且发现 IL-17 通过调控 microRNA 参与自身免疫病病理的新机制。论文在 *Nature Medicine* 发表。

**关于视觉时序回忆的研究成果** 上海生命科学研究院神经科学研究所蒲慕明研究组及其合作者运用多道电极阵列记录，证实了无论是在麻醉还是清醒大鼠的初级视皮层中都存在对视觉时序信息的回忆。研究人员用一个单方向直线运动的光点作为视觉训练刺激，这种刺激能够有效地引起感受野排布在此运动轨迹上的初级视皮层神经元的顺序放电。给大鼠反复地呈现视觉训练刺激，训练后，即使仅在运动光点的起始位置闪现一个提示性静止光点也能更频繁地诱发出类似于运动光点所引起的全序列放电。在清醒大鼠中，这种时序回忆现象能在局部场电位为高幅低频的同步化脑状态（安静清醒态）下观察到，而不能在局部场电位为低幅高频的非同步化脑状态（活跃警觉态）下观察到。论文在 *Nature Neuroscience* 发表。

**神经调节素1（Neuregulin-1，NRG1）在癫痫发生过程中行使负反馈调控作用** 上海生命科学研究院神经科学研究所熊志奇研究组与美国 Georgia Health Sciences University 分子医学研究所的梅林教授实验室合作，发现在不同的癫痫模型、不同种属的啮齿类动物中癫痫发作都可以上调脑内 *Nrg1* 基因的表达及其受体 ErbB4 的酪氨酸磷酸化。通过结合药理学和基因操作的手段，发现 NRG1 是颞叶癫痫病理进程中的一个关键的内源性抑制性因子，它通过激活小清蛋白阳性中间神经元上的 ErbB4 受体，对癫痫发生起到重要的负反馈调节作用。论文在 *Nature Neuroscience* 发表。

**肿瘤诊断新型纳米材料** 生物物理研究所阎锡蕴研究组与地质与地球物理研究所潘永信研究组合作，仿生合成了一种新型纳米肿瘤诊断试剂——铁蛋白纳米粒，它是由氧化铁纳米内核及铁蛋白外壳两部分组成的双功能纳米小体，蛋白壳能够特异识别肿瘤细胞，氧化铁纳米内核能够催化底物使肿瘤显色，区分正常细胞和肿瘤细胞。通过对九种474 例临床常见肿瘤标本的筛查，发现这种新型铁蛋白纳米粒肿瘤诊断的灵敏度为98%，特异性为95%，均高于目前临床常用的基于抗体的免疫组化方法。论文在 *Nature Nanotechnology* 发表。

**超高分辨显微成像** 生物物理研究所徐涛研究员和徐平勇研究员及其合作者首先解析了 mEos2 的晶体结构，找到了引起 mEos2 在高浓度下寡聚的关键性氨基酸位点，然后对 mEos2 进行定点突变筛选，最终获得了两个真正单体荧光蛋白：mEos3.1 和 mEos3.2。进一步的研究显示，mEos3 具有成熟时间短、亮度高的特性。用于单分子定位时具有很高的标记密度和光子产出，在超高分辨成像中比当前所有 PAFPs 都表现出色。该研究工作为我国科研工作者在超高分辨显微成像领域中荧光蛋白改造方向的首创研究成果。论文在 *Nature Methods* 发表。

**发现水稻高产优质关键基因 *GW8*** 遗传与发育生物学研究所傅向东研究组与合作者，研究发现了一个可以同时影响水稻品质和产量的重要基因 *GW8*，将它应用到新品种水稻的培育中，有望获得既优质又高产的水稻品种。*GW8* 基因是控制水稻种子大小的正调控因子，该基因表达水平高低与稻米品质和产量密切相关。在优质 Basmati 水稻中，*GW8* 基因存在自然变异使该基因表达下降，导致稻米籽粒变细长，影响色泽和淀粉粒结构等方面，提升稻米品质；而我国大面积种植的高产水稻品种含有的是 *GW8* 基因的另一变异类型，它能促进细胞分裂和增加稻米粒重，显著提高水稻产量。该研究团队还发现了一个新的等位变异同时兼具优质和高产两个优异特性，导入优质 Basmati 水稻品种后，在保证优质的基础上可使其产量增加 14%；将它引入我国高产水稻品种，在保证产量不减的基础上可显著提升稻米品质。论文在 *Nature Genetics* 发表。

**大熊猫种群历史与适应研究取得突破性进展** 动物研究所魏辅文研究组与深圳华大基因研究院等多家单位研究发现，现生大熊猫可分为三个遗传种群（秦岭、岷山和邛崃·相岭·凉山种群），每个种群均具有较高的遗传多样性。在进化的历史长河中，大熊猫种群表现为两次显著的扩张和收缩，而现存的三个遗传种群则是由两次种群分化而得以形成。大熊猫种群的两次扩张和两次收缩与古气候动荡密切相关，表现为由冰期气候寒冷而导致的种群缩小甚至到瓶颈，而间冰期气候回暖为大熊猫种群扩张提供了有利条件，近三千年以来的人类活动则是导致大熊猫近期种群变化的主要因素。独特的秦岭种群大约在 30 万年前开始分化，与第四纪倒数第二个冰期的发生相一致；而岷山和其他种群的分化大约在 2 800 年前，可能与人类活动相关。在现存大熊猫种群中，研究者检测到了受到自然选择的基因，其中在秦岭和其他大熊猫种群之间，两个苦味受体基因受到正选择作用，可能与秦岭大熊猫取食更多的含苦味物质的竹叶有关。论文在 *Nature Genetics* 发表。

**揭示肿瘤基质干细胞促进原位肿瘤生长的机制** 上海生命科学研究院健康研究所时玉舫研究组与美国新泽西儿童健康研究所和罗格斯大学团队合作，从小鼠自发性肿瘤组织中分离出多个间充质干细胞（MSCs）细胞系，详细比较了这些肿瘤基质 MSCs 与健康组织 MSCs 的功能性差别。研究结果表明，相对于健康组织 MSCs，肿瘤基质 MSCs 高表达多种细胞因子及趋化因子，尤其是 CCR2 家族的趋化因子 CCL-2、CCL-7 和 CCL-12。这些趋化因子介导肿瘤基质 MSCs 特异性招募巨噬细胞及单核细胞到肿瘤局部，通过促进新血管生成及免疫抑制达到促进肿瘤生长的目的。论文在 *Cell Stem Cell* 发表。

**根压控制竹类植物最大高度生长** 西双版纳热带植物园曹坤芳等通过对版纳植物园和浙江安吉竹博园收集的竹类植物研究发现，竹类植物冠层小枝及其叶片因蒸腾失水容易发生气栓，进而使气孔导度和光合作用降低。但它们的地下茎即根系在夜间能够产生强烈的根压，使水分在夜间被输送到冠层，将输道组织气栓的管道重新注入水，恢复运输功能，保证白天水分运输、光合作用的正常进行。他们通过对 59 个种共 67 个竹丛的测定发现，不管是热带丛生竹还是亚热带散生竹，竹丛的最大高度与根压呈很强的正相关。说明根压是竹类植物输道组织气栓修复的主要机制，进而控制它们最大生长高度。这是新发现的一种控制植物生长的新机制。论文在 *Ecology Letters* 发表。

**蓝藻生物合成能源化工产品** 青岛生物能源与过程研究所吕雪峰研究组开展了生物

合成乙醇、脂肪烃等能源化工产品人工蓝藻细胞的设计与构建。通过筛选乙醇生物合成关键基因元件丙酮酸脱羧酶与乙醇脱氢酶及基因组多拷贝整合优化表达，构建了高效生物合成乙醇的人工蓝藻细胞，达到了目前文献报道的蓝藻乙醇最高产量；系统研究了蓝藻脂肪烃生物合成关键基因元件脂酰-ACP/CoA 合成酶的生理生化功能，并已构建多株修饰蓝藻脂肪烃生物合成关键基因元件的工程藻株，脂肪烃产量最高可达到野生型的9倍。微生物研究所李寅研究组通过构建高效稳定的蓝藻表达体系，实现了丙酮、丁醇和光学纯D-乳酸等大宗化学品的蓝藻工程细胞合成，其中生物合成丙酮人工蓝藻细胞构建的研究工作为首创性研究。

**大肠杆菌细胞工厂实现化工产品高效合成** 天津工业生物技术研究所张学礼研究组采用合成生物学技术对大肠杆菌进行改造，通过对目标产品合成途径的设计、创建、精确调控以及对细胞性能的系统优化，构建出一系列高效的大肠杆菌细胞工厂，实现了L-丙氨酸、丁二酸、D-乳酸、异丁醇等重要石油化工产品的高效合成。其中L-丙氨酸100立方米发酵罐规模生产产量达115 g/L，产率达0.95 g/g，生产速度达2.4 g/(L·h)；丁二酸200升中试发酵产量达100 g/L，产率达0.9 g/g，生产速率达到1.2g/(L·h)；D-乳酸发酵产量达121 g/L，产率达0.95 g/g，生产速度达2.5 g/(L·h)，光学纯度达99.5%；好氧发酵异丁醇产量达20 g/L，产率达0.25 g/g，厌氧发酵异丁醇产率达0.38 g/g。发酵指标达到国际领先水平，已申请多项国家专利。其中，L-丙氨酸细胞工厂生产技术已完成产业化前期试验，并转让安徽华恒生物工程有限公司。通过细胞工厂生产L-丙氨酸，能够以可再生生物质为原料，生产过程实现二氧化碳的零排放，生产成本降低了40%。

**成功研制青贮饲料复合菌剂，科技服务农业生产** 微生物研究所应用微生物网络总中心集成菌种资源、乳酸细菌功能研究、微生物酶研究、发酵工艺研究等相关研究组，与青海省畜牧科学研究院联合攻关，开展高寒地区青贮微生物研究和菌剂开发，成功研制出了适合青海地区的“微青一号”青贮饲料复合菌剂，通过草料青贮，调节夏秋草料过剩、解决牛羊冬春草料不足且营养匮乏的问题。“微青一号”具有在低温环境中生长快、产酸多、抑制杂菌能力强的特性，整体功能指标达到或优于当地使用的美、日等国生产的同类产品，而生产成本则远低于进口产品。该复合菌剂能够显著改善牧草的青贮加工品质，使牧草利用率提高30%左右。据测算，采用0.1公斤“微青一号”菌剂，可生产80吨青贮饲料，为70头牦牛或300只藏羊提供120天的合理搭配补饲、保持牲畜体重，可为牧民增加收益20万元。“十二五”期间，青海省计划人工种植650万亩牧草，“微青一号”的推广应用，将为牧民增加收入，为促进青海省畜牧业的发展作出重要贡献。

**开发我国完全自主知识产权的氨基酸生产菌** 天津工业生物技术研究所孙际宾研究组构建了谷氨酸棒杆菌基因组完成图，通过基因组深度解析，初步揭示了这些工业菌种高产、抗逆的分子基础。通过三维结构模型构建、分子对接、序列共进化分析、分子动力学模拟等理性设计方法寻找酶催化活性区域关键氨基酸，最终解除了产物对酶的反馈抑制，大幅提高酶在体内的酶活，相关研究成果取得了重要知识产权。上海生命科学研究院植物生理生态研究所开发了56种不同来源的非天然氨基酸催化用酶及突变体，其中9种酶可实现了高效固定化。在催化工艺开发方面，已建立了海因酶法，转氨酶法、脱氢酶法等6种通用的非天然氨基酸生物催化生产途径，完成了13种非天然手性氨基酸的催化制备实验，与企业合作实现了L-叔亮氨酸和D-丝氨酸等6个产品的规模化生产。

### （三）资源环境科学与技术领域

**我国黄土古气候记录揭示40万年太阳辐射变化幅度最小期北极冰盖增长滞后于全球冰期发展** 第四纪北极冰盖的增长与消融主导了海平面的升降和全球冰期-间冰期气候的交替出现。中国科学院地质与地球物理研究所郝青振研究小组发挥我国黄土记录的优势，根据黄土粒度变化研究了90万年以来不同冰期北极冰盖增长的规律，发现北极冰盖的增长明显滞后于全球冰期发展，滞后时间最长约达到2万年，表明全球进入“冰期”后，北半球继续处于气候温暖的间冰期状态。北半球目前温暖的间冰期气候可能至少还会持续约4万年的时间。相关研究论文发表在*Nature*上。

**发现金星磁层中存在磁重联现象** 改变了人们对金星大气粒子逃逸机制和过程的认识太阳风携带的行星际磁场和金星电离层相互作用可以在金星外围产生诱导磁层，其中是否存在磁重联，直接关系到金星大气粒子的逃逸机制和过程。中国科学技术大学张铁龙教授等利用欧洲金星快车的磁场探测数据，首次发现了金星诱导磁层中存在磁重联现象。这一重大科学发现根本性地改变了人们对金星大气粒子逃逸机制和过程的认识，将进一步推动金星大气演化和气候变化的研究。相关论文发表于*Science*上。

**肉鳍鱼类早期演化研究取得重要进展** 空棘鱼作为现生肉鳍鱼类的代表，与陆生脊椎动物有着密切的亲缘关系，在四足动物起源研究中扮演着着关键的角色。中国科学院古脊椎动物与古人类研究所朱敏研究小组报道了最早的空棘鱼头颅化石，这一发现将“解剖学意义上的现代型空棘鱼”记录前推了约1700万年，为研究空棘鱼的早期快速分化以及随后的演化停滞现象提供了更为准确的参照时间。相关研究论文发表在*Nature Communications*上。

**3亿年前“植物庞贝城”的发现和复原研究——迄今世界上唯一的远古陆地景观实际复原图** 中国科学院南京地质古生物研究所王军研究小组，在内蒙古乌达发现了一距今约三亿年的成煤沼泽森林，被火山喷发所埋藏，可以说是地球生物界的一个“植物庞贝城”。相关研究采用类似于现代考古的埋藏学方法，实现了世界上迄今为止对地史时期陆地景观的，最大面积的植被实际复原研究。同时，由于植物群所处的环境是地球处于冰室-温室过渡的气候背景，对探测现代植被随气候变换的趋势也具有重要参考价值。相关研究论文发表在美国科学院院报*PANS*上。

**发现行星际空间中的大尺度超弹性碰撞现象** 日冕物质抛射是太阳大气中最剧烈的爆发现象之一，是灾害性空间天气事件的最重要的驱动源。中国科学技术大学汪毓明研究小组利用STEREO卫星的行星际空间成像观测数据，发现日冕物质抛射之间的碰撞类似于弹性球之间的碰撞，且碰撞之后系统总动能增加了7%。该研究首次发现了日冕物质抛射之间的超弹性碰撞现象，对深入理解大尺度磁化等离子体团的动力学行为，建立更为准确的空间天气预报模式以保障航空航天安全等具有重要意义。该研究发表在

*Nature Physics* 上。

**青海湖沉积物记录的 32ka 以来西风气候与亚洲夏季风相互作用** 中纬度西风和亚洲夏季风这两个大气环流系统对北半球气候变化起到重要作用。地球环境研究所安芷生研究小组研究了青藏高原东北部青海湖中至今最长、分辨率最高的钻探岩心，结果表明，这一独特的沉积物记录了 32ka 以来亚洲夏季风和西风气候的变化历史，在冰期-间冰期和冰期千年时间尺度上，西风气候和亚洲夏季风表现为反相位关系。西风气候和亚洲夏季风的交替影响可能是青藏高原大部分地区第四纪以来主要的气候变化模式。该研究发表在 *Scientific Reports* 上。

**完成牡蛎全基因组测序** 由海洋研究所张国范研究员牵头，联合国内外相关实验室，采用多组学技术对牡蛎的潮间带逆境适应的分子机制开展了深入系统地研究并取得重要进展。该项目构建了世界上第一张养殖贝类的全基因组序列精细图谱，利用转录组、蛋白谱等最新组学技术，证实牡蛎具有极高的多态性、较高比例的重复序列和活跃的转座子，发现热激蛋白 70（HSP70）和凋亡抑制蛋白（IAP）等防御关键基因高度扩张，在牡蛎适应潮间带高胁迫环境的基因调控网络中可能发挥了核心作用，揭示了在逆境适应中发挥重要作用的贝壳的形成复杂性。这是我国水产养殖生物相关成果以学术论文形式第一次发表在 *Nature* 上。

### （四）高技术领域

**“蛟龙号”载人潜水器关键技术保障 7000 米级海试顺利实施** 2012 年 6 月 3 日至 7 月 16 日，“蛟龙号”载人潜水器圆满完成 7000 米级海试，最大下潜深度达到 7062 米，刷新我国载人深潜纪录。在“蛟龙号”载人潜水器三项重大技术突破中，“高速数字化水声通信”和“近底自动巡航与定位”两项技术分别由中国科学院声学研究所和沈阳自动化研究所研究开发，为海试成功发挥了重要作用。党中央、国务院授予 96 人海试团队“载人深潜英雄集体”荣誉称号，授予 7 名潜航员“载人深潜英雄”荣誉称号，其中中国科学院 10 人入选“载人深潜英雄集体”，杨波、刘开周、张东升 3 人被授予“载人深潜英雄”荣誉称号。“蛟龙号”载人潜水器 7000 米级海试的成功，实现了我国深海技术发展的新突破和重大跨越，使我国具备了在全球 99.8% 以上的海洋深处开展科学研究、资源勘探的能力，标志着我国成为少数掌握大深度载人深潜关键技术的国家之一。

**神舟九号与天宫一号交会对接任务圆满完成** 2012 年 6 月 18 日，“神舟九号”与“天宫一号”成功完成首次载人交会对接。本次对接使用的照明、光学成像、激光导引等关键配套技术设备由中国科学院长春光学精密机械与物理研究所、西安光学精密机械研究所、上海技术物理研究所、光电技术研究所等单位研制。中国科学院空间科学与应用研究中心承担空间环境保障任务，发布各类空间环境预报产品 204 份，实时监控并准确预报了飞船射前两天日冕抛射现象，为任务成功实施提供了有力保障。“天宫一号”在轨运行继续开展试应用研究，中国科学院空间应用工程与技术中心扎实推进载人航天工程空间应用系统任务，在国土资源、海洋、林业等方面取得了一批应用成果。“神舟八号”中德合作空间生命科学样品分析研究工作已全面完成，产出了一批重要的科学成果，为后续空间科学领域国际合作积累了宝贵的经验。

**探月工程取得新进展**　中国科学院承担的“嫦娥二号”任务地面应用系统、有效载荷分系统、VLBI测轨分系统已完成工程规定的各项任务和拓展任务。2012年12月13日，由中国科学院提出的观测图塔蒂斯小行星任务顺利完成，这是我国首次实现对距地球700万公里的小行星进行飞越探测。此外，采用“嫦娥二号”获取的全月球原始影像数据制作的7米分辨率全月球影像图于2012年2月6日正式发布，这是迄今国际上覆盖全月面分辨率最高的影像图，影像图的空间分辨率、影像质量、镶嵌精度、数据一致性和完整性等达到国际领先水平。“嫦娥二号”工程获得2012年国家科技进步奖特等奖。中国科学院5家单位、9名个人获奖。

**面向感知中国的新一代信息技术**　中国科学院信息工程研究所等单位针对新一代信息技术所面临的性能、规模、能耗、安全等四大挑战，提出“海-网-云”协同计算的技术架构、“人-机-物”三元融合条件下信息感知的技术体系，以及“感知中国”若干重要应用领域的技术解决方案。2012年完成了海云计算、未来网络等相关原型系统的研制；初步构建了具有12个骨干节点、2000计算核与PB级存储能力的海云创新试验环境；完成了物理信息压缩感知器及功能感知器、认知计算终端、海云互联网关的原型设计，构建了物理信息海云协同传输半实物仿真实验平台；开展了海云环境下的语音搜索和人机语音交互验证系统、融合视觉感知和语义推理的计算大脑概念系统等研制工作。

**新媒体服务网络技术**　中国科学院声学研究所在新媒体服务网络技术研究方面取得系列研究成果，完成了智能电视操作系统的软件体系架构设计和原型系统研制，以智能终端技术成果为基础的数字流动电影机累计销售超过10 000台套，全国市场占有率超过35%；国家直播卫星机顶盒整机方案已被多个厂家采用；设计并研制了高性能多核嵌入式服务平台，掌握了基于核内、核间、处理器间的三层任务调度、混合多级流水线处理等多项关键技术；完成了新一代业务运行管控协同支撑环境的成套装备研制及国家试验床部署，包括京、沪2个互备运行管控中心和21个分布于全国的服务运行节点，建立了覆盖上海、东莞、海南三地10万用户的新一代广播电视服务系统示范区，开展了新媒体服务网络组网及示范，实现了互动电视业务的互联互通和跨域提供。

**子午工程通过国家验收**　中国科学院空间科学与应用研究中心牵头负责的国家重大科技基础设施——东半球空间环境地基综合监测子午链（子午工程）完成全部建设任务，工程性能指标均达到或优于初步设计指标，于2012年10月23日顺利通过了由国家发改委组织的验收。子午工程建成了23种95台套监测设备，形成了东经120°和北纬30°我国区域上空的地磁电、中高层大气、电离层和行星际四条监测链，实现了区域性空间天气连锁变化的全过程监测，可获取太阳风、电离层、中高层大气、地磁电等30余种空间环境参数。子午工程是迄今为止监测空间范围最广、地域跨度最大、监测方法和手段最全、监测参数最多、综合性最强的大科学装置，在国际同类装置中水平先进、规模最大。利用子午工程获取数据已开展了我国区域上空空间环境变化的特征、空间天气子午线扰动现象、地球空间不同层次的耦合等三个研究方向的研究，取得了系列原创性的研究成果。

**圆满完成“环境一号”C 卫星相关任务** 2012 年 11 月 19 日，“环境一号”C 卫星成功发射并准确入轨。中国科学院电子学研究所承担了卫星 SAR 分系统任务，中国科学院遥感与数字地球研究所承担了数据接收任务。该卫星是我国环境与灾害监测预报小卫星星座中的第三颗卫星，其在轨运行实现了我国民用雷达卫星和 S 波段合成孔径雷达卫星零的突破，填补了我国环境和减灾部门全天时、全天候天基遥感监测手段的空白，对推动我国星载合成孔径雷达技术发展具有重要作用。

**“风云二号”F 星设备研制获用户好评** 2012 年 1 月 13 日“风云二号”F 星发射入轨，1 月 18 日卫星获取首幅气象云图。中国科学院上海技术物理研究所研制的扫描辐射计在 E 星基础上，通过杂光抑制、相应光谱谱型控制等技术，使图像质量、区域观测等性能大幅提升。国家卫星气象中心的使用评价认为：扫描辐射计获取的图像质量与日本、美国、欧洲目前正在使用的静止气象卫星相当，图像空间分辨率与美国正在使用的 GOES-9 相当，主要性能达到了国际同类气象卫星的先进水平。

**无人机载荷综合验证系统研制成功** 中国科学院光电研究院承担的 863 计划重大项目——“无人机遥感载荷综合验证系统研究”通过验收。该项目完成了技术研究、平台改造、设备研制、系统集成和南北两个验证场建设，以及多次飞行验证试验，取得了一批重要成果，为后续相关技术的持续发展奠定了坚实基础。已初步具备可支持光学、SAR 载荷飞行测试及性能检测的人工靶标、数据处理与分析能力。

**稀土异戊橡胶工业生产技术取得重大突破** 2012 年 9 月 13 日，采用中国科学院长春应用化学研究所成套橡胶制备生产工艺技术建成的山东神驰石化“年产三万吨稀土异戊橡胶工业化生产装置”一次投料试车成功，开创了我国万吨级异戊橡胶生产装置建设周期最短、一次试车成功的先河。目前，该装置运行平稳，关键技术指标达到国际先进水平，聚合效率已经稳定达到 $10^6$g/molcat，在 3 万吨/年的规模顺式含量已达到 97%，与国外先进技术同步。标志着我国具有了高性能大品种合成橡胶的成套生产技术开发能力，在我国合成橡胶新胶种、新技术、新牌号的研发等方面具有重要的引领和示范作用。

**成功制备 900mm×2700mm×3600mm 优质宽厚板坯** 厚度大于 200mm 的宽厚钢板广泛应用于大型船舶、远洋平台、压力容器、输送管线和高端模具等装备制造领域。中国科学院金属研究所开发了经纯净化、低偏析、近终形和自补缩等系列核心技术，成功制备出厚度 900mm，单重 60t 的宽厚板坯，铸态无 Φ5mm 以上当量缺陷。该类板坯经鞍钢鲅鱼圈分公司 5500mm 轧机轧制成厚度为制成厚度为 240mm 的宽厚板后，满足 GB/T2970 一级和 ASTM-A578 C 级探伤要求，达到了国际先进水平。

**新一代动力电池材料技术开发取得新进展** 中国科学院宁波材料技术与工程研究所研发出高性能磷酸锰锂纳米正极材料的规模化制备技术，建立了百公斤级中试实验线。采用该材料制作的 18650 圆柱电池，工作电压达 3.9 V，能量密度比磷酸铁锂电池高 20%，同时具有较高的循环寿命、高倍率放电性能、优异的高低温性能和安全性能；可 40C 倍率连续放电，1C 常温循环 2500 次后电池容量保持率达 80%，在-20℃下 0.2C 放电容量为常温（25℃）的 97.6%，60℃下循环 550 次后容量保持率达 80%。突破了石墨烯低成本规模化制备技术系统研究了石墨烯导电剂在油系和水系锂电池工艺中的性能表现，经国内锂电池企业的检测评估，验证了石墨烯导电剂可全面提升动力电池综合性能，具有重要的应用前景。

**70万千瓦蒸发冷却发电机组在三峡电站投入运行** 中国科学院电工研究所联合东方电气、三峡集团和葛洲坝集团建设的两台70万千瓦蒸发冷却发电机组分别于2011年12月和2012年7月在三峡地下电站开始入网稳定运行。这是当前世界上已投产运行的单机容量最大的水轮发电机机组。

**建成我国首个兆瓦级塔式太阳能热发电实验电站** 2012年8月，中国科学院电工研究所在北京延庆研究建设的八达岭太阳能热发电实验电站全系统贯通发电，其太阳岛产出的320—370℃、1.5—1.8MPa的蒸汽驱动汽轮机发电140分钟。该站是亚洲首个兆瓦级太阳能塔式热发电站，由10 000$m^2$定日镜场、64m高太阳吸热塔、7MWt水/水蒸气吸热器、导热油/饱和蒸汽两级储热系统，汽轮发电机，电站DCS和电站辅机等组成。电站的建成标志着我国已全面掌握塔式太阳能热发电站核心装备技术及系统集成技术，使我国太阳能热发电技术步入世界先进行列。

**低阶煤清洁高效梯级利用研究取得新进展** 中国科学院山西煤炭化学研究所、过程工程研究所、工程热物理研究所、兰州化学物理研究所和大连化学物理研究所在煤的热解、气化、燃烧、合成等示范工程和关键技术等方面取得重大进展，其中3000吨/年固体热载体中试装置完成安装，正在进行单机调试；万吨级加氢热解建成并进行了低负荷试验运行；0.3MW热解燃烧试验完成；1万吨/年甲醇合成多醚类含氧化物的工业试验装置建设基本完成；3万吨/年醋酸加氢制乙醇工业性中试装置开始建设。

**电动车核心技术研发与产业化** 中国科学院深圳先进技术研究院的产业化平台-上海中科深江电动车辆有限公司在电动车核心技术研发与产业化取得新进展。该公司联合力帆集团开发出LF620CEV电动轿车，该车型搭载了自主研发的30/60kW的电驱系统，0—50km/h加速时间为5秒，实现了底盘换电，换电时间仅需2分半钟，入选成都市公务车采购目录并且入驻中央党校新能源汽车体验中心；联合上饶客车开发了7米增程式中巴车和11米插电式混动动力公交巴士，并完成公告申请，其中11米插电式混合动力公交巴士动力系统设计新颖，节油率超过45%；联合一汽（四川）专用汽车有限公司共同开发了电动高压洒水车，并成功中标成都市水务局的采购订单；联合海马（郑州）汽车有限公司开发海马小王子电动轿车样车，并进入调试优化阶段。

## 三、科技论文与著作

### （一）科技论文、专利与成果情况

科技论文发表质量不断提升。利用国际三大检索工具，于2012年对2011年度科技论文进行检索，中国科学院科技人员作为第一作者被国际三大检索系统收录的论文29 440篇。其中，被SCI（扩展版）收录论文16 550篇，比2010年增加895篇；被EI收录论文10 804篇，比2010年增加337篇；被CPCIS收录论文2086篇，比2010年减少2378篇。

SCI（光盘版）被引论文29 456篇，比2010年增加3852篇，被引次数达113 802次（2006—2010年SCI收录中国科学院论文在2011年被引用情况），比2010年增加39.7%。我院被引用论文平均被引证次数为3.86次。

中国科学院科技人员被1998种国内科技期刊收录论文10 774篇，比2010年减少2072篇。

专利申请量持续增长。2012年度，中国科学院专利申请11 032件（含国外专利申请612件），专利申请总量比上年增长16.29%。其中，国内发明专利申请9644件，比上年增长17.93%，实用新型专利申请745件，外观设计专利申请31件。

专利授权5974件（含国外专利授权99件），专利授权总量比上年增长32.11%。其中，国内发明专利授权5017件，实用新型专利授权825件，外观设计专利授权33件。

### （二）专著情况

2012年，科研机构出版科技专著356种，达15 749万字，其中译成外文65种，达747万字。出版大专院校教科书6种，达62万字。出版科普著作22种，达1107万字。

# 队伍建设与人才培养

2012 年，中国科学院进一步践行“人才强院”的发展理念，坚持以人为本，全面深入实施“创新 2020 人才发展战略”，落实“十二五”人才发展规划提出的各项任务，围绕研究所“一三五”规划建设一流人才队伍，各项事业取得新进展。

## 一、人力资源管理研究

2012 年，中国科学院依托人力资源管理研究会开展了系列调研，加强人力资源管理研究。开展了“事业单位分类及人事制度改革政策研究”、“科研人员潜心致研的环境研究”、“研究所人力资源管理标准体系研究与设计”、“新时期我院用人制度政策研究”、“人力资源规划实施情况监测与评估体系研究”、“高校和同类科研机构高层次人才薪酬调研”、“我院与院外高校科教结合研究”等专题调研，为全院人才战略和政策的制定提供建议和科学依据。

## 二、领导班子与干部队伍建设

认真贯彻执行中央《党政领导干部选拔任用工作条例》，坚持德才兼备、以德为先、群众公认、注重实绩等干部选任原则，严格按照干部选任条件和工作程序，加强流程管理，扎实做好院属单位领导班子的考核和干部选任工作。2012 年，开展了 64 个院属单位的领导班子换届（届中）考核以及 4 个新建机构的领导班子配备工作，对 50 个院属单位领导班子进行了个别调整，组建了 3 个分院直属单位党委。新提任干部 69 人，交流干部 33 人。

在领导班子考核中，强化对研究所“一三五”执行情况的检查。完善干部提任考察、拟提任干部廉政鉴定等环节，严格干部选任程序，加大竞争性选拔干部力度，积极推进干部交流。加强后备干部的选拔、培养和实践锻炼。全院所局级后备干部达到 508 人。

制定《关于做好院机关各部门领导班子换届和干部管理工作的实施意见》，并组织召开动员会，明确具体原则和要求。完成了院机关 14 个厅局的班子换届工作，调整干部 21 人，推荐产生 12 位正局级后备干部、34 位副局级后备干部，确保机关各部门领导班子平稳过渡。

按照中组部的要求，完成了 8 位博士服务团成员的任期满考核和新一批 4 位博士服务团成员的选派工作。为推进科学院联盟建设，推荐 3 名干部到相关省科学院担任副院长。

坚持和进一步完善党委（党组）中心组学习制度；规范和严格执行民主生活会制度，加强对分院民主生活会的参与和指导。重视干部日常管理和监督工作，加大对有关意见反映的调查处理力度。严格执行领导干部个人有关事项报告制度，所局级领导干部个人有关事项报告率达100%。继续贯彻实施“四项监督制度”，共对29个院属单位进行了“一报告两评议”工作，评议中层领导干部304人；严格执行研究所“干部选拔任用工作有关事项报告”制度，不断规范中层干部选拔任用行为；结合换届考核在27个单位开展“所长履行干部选拔任用工作职责离任检查”。组织完成领导干部管理平台建设，进一步提高干部工作信息化水平。参与完成10个单位的巡视工作。采取措施推动《研究所中层干部选拔聘用与管理的指导意见》的进一步落实。

## 三、机构编制与岗位管理

顺利完成事业单位清理规范工作，中国科学院向中央编办报送了《关于中国科学院所属事业单位清理规范的意见》，并得到中央编办批复。同时，邀请相关部委到院开展分类政策专题调研，研讨中国科学院事业单位分类改革问题。

经中央编办批复同意，新成立了中国科学院天津工业生物技术研究所、中国科学院上海高等研究院、中国科学院苏州生物医学工程技术研究所、中国科学院重庆绿色智能技术研究院、中国科学院空间应用工程与技术中心、中国科学院北京综合研究中心等科研机构。中国科学院研究生院更名为中国科学院大学，中国科学院遥感应用研究所更名为中国科学院遥感与数字地球研究所。

规范院非法人单元机构和人员管理，印发了《中国科学院非法人单元机构和人员管理办法》。组织了院设非法人单元首次登记备案工作，经院长办公会审议通过，对111个非法人单元准予登记。2012年，中国科学院新成立了中国科学院核能安全技术研究所、中国科学院科学新闻中心、中国科学院新一代信息技术先导研究中心、中国科学院低阶煤利用先导专项管理中心、中国科学院上海超导中心、中国科学院上海植物逆境生物学研究中心、中国科学院蛋白质科学中心等院设非法人单元。

为保证中国科学院“创新2020”对人力资源的需求，核定并下达了院属事业单位2012—2013年度事业编制；修订了《中国科学院岗位管理实施办法》；研究并出台了《关于开展高级业务主管四级职员岗位聘用工作的通知》。

## 四、薪酬与福利管理

深入贯彻落实中国科学院《关于进一步深化收入分配制度改革的意见》，通过工资总额的宏观调控和对全院ARP薪酬系统发放工资的监督检查，规范全院职工收入分配秩序。加强对法定代表人年薪执行情况和所领导兼职取薪情况的督查力度，进一步规范法定代表人年薪和所领导兼职取薪的管理。结合“创新2020”的实施，核定院属单位工资总额和法定代表人年薪。

按照属地化政策，对山西、上海、南京、武汉、合肥、贵阳、新疆、广州、兰州等地55个单位的1.98万退休人员津贴补贴进行了清理规范；对石家庄、沈阳、福建、成都等18个单位3535名离退休人员补贴标准进行了调整。至此，历时2年，全院4.5万离退休人员补贴清理规范工作顺利完成。经多方沟通和积极推进，妥善解决沈阳地区科技奖获奖人员退休提高退休费比例的问题。

稳步推进全院社会保障体系的建设。推动各单位为引进的外籍人才建立基本养老、基本医疗、失业、工伤和生育等社会保险，推动京区单位参加工伤和生育保险。

## 五、科技创新人才培养与引进

### （一）高层次人才培养引进工作

1. 稳步推进“千人计划”

2012 年，通过“千人计划”长期/短期项目引进海外高层次人才 48 人；通过“青年千人计划”引进 111 位海外优秀青年人才；通过“外专千人计划”引进 12 位外裔高层次人才；落实了对“千人计划”顶尖人才及创新团队的支持，设立了相应的非法人研究单元。

2. 大力实施“百人计划”

2012 年，中国科学院新增“百人计划”入选者 176 人，其中“引进国外杰出人才”106 人，国内“百人计划”52 人，项目“百人计划”2 人，自筹“百人计划”16 人。另外对 25 位“国家杰出青年科学基金”获得者给予“百人计划”经费支持。对 139 位计划执行完毕的入选者进行终期评估，其中 33 人被评估为优秀。组织了第十届“百人计划”入选者国情、院情学习研讨班，共有 228 位入选者参加了研讨班学习。

截至 2012 年底，中国科学院共有 2048 人入选“百人计划”，其中“引进国外杰出人才”入选者 1568 人，国内“百人计划”入选者 307 人，项目“百人计划”入选者 142 人，自筹“百人计划”入选者 31 人，另有 294 位“国家杰出青年科学基金”获得者获得“百人计划”经费支持。

### （二）青年人才培养与支持

1. 加强“中国科学院青年创新促进会”工作

召开首次青年创新促进会会员大会，组织首次会员学术交流及国情考察活动，成立相关分会与活动小组，加强网站建设，为青年科技人才加强学术交流与合作、开阔视野、提高能力创造条件和机会。截至目前，已吸纳优秀青年会员 996 名，并给予了近 2 亿元的专项经费支持。

2. “西部之光”人才培养工作

进一步增加对“西部之光”的经费投入，加强对西部青年人才的培养。全年落实“西部之光”人才专项经费 3700 万元。接收西部有关省区的“西部之光”访问学者 32 位，匹配支持经费 96 万元。

3. 王宽诚教育基金项目资助情况

修订王宽诚教育基金管理办法，调整了有关项目。2012 年，中国科学院获得王宽诚教育基金会资助共计 208 人。其中资助了 50 名科技骨干出国参加重要国际会议或访问进修；资助了38名海外优秀人才来中国科学院短期工作和交流；20名西部学者获得西部学者突出贡献奖，50名优秀青年人才获得卢嘉锡青年人才奖，50名到中国科学院从事博士后研究工作的优秀博士获得博士后工作奖励基金。

### （三）加强技术支撑人才队伍建设

加强技术支撑人才队伍建设，引进国外杰出技术人才7人，支持现有关键技术人才16人。为彰显中国科学院鼓励各类人才“竞相展现、百花齐放”的政策导向，表彰了10位技艺精湛、做出突出贡献的技术能手，这是中国科学院第4次对技术能手进行表彰。

### （四）系统加强对外宣传和交流

举办“中国科学院人才发展主题活动日”，集中邀请了来自不同国家的47位获“国家优秀自费留学生奖学金”海外人才代表及海外评审专家访问中国科学院有关研究所，并与中国科学院优秀青年人才交流和座谈。集中宣传国家、院重大人才战略和政策举措，编印《人才强院——中国科学院人才工作巡礼》宣传册，树立良好舆论导向，让社会各界、海外学者更多了解科学院、走进科学院，使中国科学院成为更多优秀人才交流合作、创新发展的首选之所。

通过“创新团队国际合作伙伴计划”，新组建了20个创新团队；建立了200多人的海外评审专家库，与海外人才建立起交流密切的联络机制。

## 六、科教结合与研究生教育

2012年，研究制定了《中国科学院关于加强科教协同创新的指导意见》和中国科学院教育委员会的组建方案，提出落实“三位一体”发展构架、促进科教融合的3项重点任务。推进教育机构与研究所的深度融合，积极探索“三位一体”示范中心建设，进一步支持合肥物质科学技术中心的组建，实现双方人员互聘、联合承担科技项目的突破，共建创新平台；中国科学院与安徽省、中国科学技术大学与合肥市四方共建中国科学技术大学先进技术研究院；与教育部联合启动“科教结合协同育人行动计划”，31所高校和院属研究所签署了战略合作协议。进一步实施科教结合教育创新项目，批准项目共36项，研究建立相应的评估机制。科技英才班项目取得新的实效。

2012年，全院共招收研究生17 446人，其中博士研究生6643人，硕士研究生10 803人。截至2012年底，全院共有119个研究生培养单位，在学研究生5万余人，其中博士生2.2万人，硕士生2.8万人。全院在站博士后3933人，其中外籍博士后126人。

2012年共评选出99篇中国科学院优秀博士学位论文和97位院优秀研究生指导教师。评选出中国科学院院长特别奖50名、院长优秀奖300名，中国科学院优秀导师奖49名。评选出朱李月华优秀博士生奖、宝洁优秀研究生奖学金、地奥奖学金和超导奖学金获奖学生共506名，评选出中国科学院朱李月华优秀教师奖、宝洁优秀导师奖获得者共 100 名。

2012 年，中国科学院继续实施“中欧联合培养博士研究生计划”，向德国、法国共派出博士研究生 73 人。

## 七、继续教育与培训

紧密围绕中国科学院“创新 2020”人才队伍建设的需要，完善继续教育与培训体系，创新体制机制，建立继续教育与培训质量评估制度，充分利用继续教育与培训网络平台等多种方式开展科研、技术技能及管理理论知识培训。

继续组织实施所（局）级领导干部培训，针对以往培训中存在的问题，调整各培训项目的教学计划，改进教学方式，优化课程设置，提高培训实效。全年所（局）级领导干部参加国家和院的各类培训项目共计 815 人次。

出台了新的《中国科学院公派留学管理办法》，调整院公派留学项目的类型，规范了申请项目的基本准入条件和要求，对公派留学管理进行了相应的调整和完善。2012 年，遴选出院公派留学计划资助人选共 289 人，其中高级研究访问学者项目 76 人，访问学者项目 203 人，成组配套项目 2 组共计 10 人。为进一步提高公派留学效益，加强重点领域人才培养力度，中国科学院与美国加州大学洛杉矶分校（以下简称 UCLA）签署了《访问学者联合培养协议》，从 2012 年起，根据 UCLA 的重点学科领域并结合中国科学院发展需要，每年遴选资助中国科学院 10 名优秀青年科研骨干，赴加州大学洛杉矶分校访学 1 年。

深入实施“全员能力提升计划”，加强监督检查与评估，完善继续教育与培训体系建设。全年共举办各类培训班 1000 余期，各类参训人员累计 48.6 万人次。经国家批准，中国科学院第一个国家级专业技术人员继续教育基地在北京分院正式成立。为加大骨干人才国际化培养力度，2012 年 5 月，中国科学院与外国专家局出国培训管理司签署了共同实施《“创新人才培训计划”合作备忘录》，该计划将充分发挥双方在出国（境）培训管理、科技创新人才培养等方面的优势，结合国家重大人才工程建设需求和科技创新队伍建设需要，加快培养中国科学院高层次科技创新人才和科技管理骨干。2012 年，中国科学院启动“创新人才培训计划”领军人才研修项目和技术人才技能提高项目，共资助 7 个专业技术类小团组赴境外培训，取得了良好的效果。

# 基础设施与支撑条件

## 一、实验室、工程中心建设与管理

### （一）实验室建设与管理

1. 重点实验室建设

**国家重点实验室建设** 2011 年 10 月 13 日，科技部下发《关于批准建设心血管疾病等 49 个国家重点实验室的通知》（国科发基〔2011〕517 号），正式批准中国科学院建设 14 个国家重点实验室，建设期一般不超过两年。2012 年，我院这 14 个国家重点实验室建设进展顺利，其中发光学及应用国家重点实验室（长春光学精密机械与物理研究所）已完成建设任务，并于 2012 年 12 月 21 日通过了科技部组织的专家验收。

**院重点实验室建设** 为加强中国科学院科研基地建设，促进新建研究所科研工作开展和人才队伍建设，根据院长办公会议精神，中国科学院于 2012 年 12 月 13 日批准成立中国科学院计算光学成像技术重点实验室（光电研究院）。至此，中国科学院院级重点实验室数达到 173 个。

2. 重点实验室评估

**国家重点实验室评估** 2012 年 11 月 29 日，科技部公布了 2012 年信息科学领域国家重点实验室评估结果。

信息科学领域参加评估的国家重点实验室共 31 个，其中 8 个实验室被评为优秀，20 个被评为良好，3 个整改后确定评估结果。

中国科学院 11 个实验室参加评估，其中红外物理国家重点实验室（上海技术物理研究所）、瞬态光学与光子技术国家重点实验室（西安光学精密机械研究所）、与教育部联合的集成光电子学国家重点实验室（吉林大学、中国科学院半导体研究所）被评为优秀。传感技术国家重点实验室等 8 个实验室被评为良好。计算机科学国家重点实验室被要求整改，2 年后再考核确定评估结果。

**院重点实验室评估** 2012 年是材料与工程领域院重点实验室的评估年。材料领域共有 12 个院重点实验室参加了本次评估，评出 A 类实验室 2 个、B 类实验室 8 个、C 类实验室 2 个（表 4）。工程领域共有 9 个院重点实验室参加了本次评估，评出 A 类实验室 2 个、B 类实验室 5 个、C 类实验室 2 个（表 5）。

**表 4　2012 年材料领域院重点实验室评估结果**

| 序号 | 院重点实验室名称 | 依托单位 | 结果建议 |
|---|---|---|---|
| 1 | 光电材料化学与物理重点实验室 | 福建物质结构研究所 | A |
| 2 | 能量转换材料重点实验室 | 中国科学技术大学、上海硅酸盐研究所 | A |

续表

| 序号 | 院重点实验室名称 | 依托单位 | 结果建议 |
| --- | --- | --- | --- |
| 3 | 生态环境高分子材料重点实验室 | 长春应用化学研究所 | B |
| 4 | 特种无机涂层研究重点实验室 | 上海硅酸盐研究所 | B |
| 5 | 工程塑料重点实验室 | 化学研究所 | B |
| 6 | 功能晶体与激光技术重点实验室 | 理化技术研究所 | B |
| 7 | 半导体材料重点实验室 | 半导体研究所 | B |
| 8 | 强激光材料重点实验室 | 上海光学精密机械研究所 | B |
| 9 | 透明光功能无机材料重点实验室 | 上海硅酸盐研究所 | B |
| 10 | 无机功能材料与器件重点实验室 | 上海硅酸盐研究所 | B |
| 11 | 炭材料重点实验室 | 山西煤炭化学研究所 | C |
| 12 | 新型薄膜太阳电池重点实验室 | 合肥物质科学研究院 | C |

**表5　2012年工程领域院重点实验室评估结果**

| 序号 | 院重点实验室名称 | 依托单位 | 结果建议 |
| --- | --- | --- | --- |
| 1 | 绿色过程与工程重点实验室 | 过程工程研究所 | A |
| 2 | 应用超导重点实验室 | 电工研究所 | A |
| 3 | 低温工程学重点实验室 | 理化技术研究所 | B |
| 4 | 可再生能源与天然气水合物重点实验室 | 广州能源研究所 | B |
| 5 | 煤制乙二醇及相关技术重点实验室 | 福建物质结构研究所 | B |
| 6 | 先进能源动力技术重点实验室 | 工程热物理研究所 | B |
| 7 | 太阳能热利用及光伏系统重点实验室 | 电工研究所 | B |
| 8 | 风能利用重点实验室 | 电工研究所、工程热物理研究所 | C |
| 9 | 电力电子与电气驱动重点实验室 | 电工研究所 | C |

## （二）国家工程实验室和国家工程中心建设

1. 国家工程实验室

2012年5月，受国家发改委委托，中国科学院组织专家对上海药物研究所承担的中药标准化技术国家工程实验室进行了验收。

2012年6月，受国家发改委委托，中国科学院组织专家对大连化学物理研究所承担的甲醇制烯烃国家工程实验室进行了验收。

2012 年 11 月，中国科学院网络中心申报的互联网域名管理国家工程实验室通过专家评审（表 6）。

**表 6　中国科学院国家工程实验室名单**

| 国家工程实验室名称 | 项目法人单位名称 | 批准时间 |
|---|---|---|
| 甲醇制烯烃 | 大连化学物理研究所 | 2008-06-06 |
| 中药标准化技术 | 上海药物研究所 | 2008-06-13 |
| 工业酶 | 微生物研究所 | 2008-06-13 |
| 煤炭间接液化 | 山西煤炭化学研究所 | 2008-07-04 |
| 湿法冶金清洁生产技术 | 过程工程研究所 | 2008-11-28 |
| 遥感卫星应用 | 遥感应用研究所 | 2008-11-28 |
| 信息内容安全技术 | 计算技术研究所 | 2008-11-28 |
| 真空技术装备 | 沈阳科学仪器研制中心有限公司 | 2008-11-29 |
| 碳纤维制备技术 | 山西煤炭化学研究所 | 2009-02-26 |
| 土壤养分管理 | 南京土壤研究所 | 2011-08-17 |

2. 国家工程中心建设

2012 年，中国科学院 10 个国家工程研究中心参加国家发改委组织的评估，优秀和良好的有 7 个，其中光电子器件和工程塑料 2 个国家工程研究中心获得了国家发改委的创新能力项目支持。

2012 年，中国科学院 12 个国家工程技术研究中心参加科技部组织的评估，优秀和良好的有 6 个，其中并行计算机工程、催化工程、真空仪器装置 3 个国家工程技术研究中心获得了科技部的科技支撑项目支持。

2012 年 3 月，中国科学院光盘及其应用国家工程研究中心已完成了其历史使命，被国家发改委批复撤销（表 7）。

**表 7　2012 中国科学院国家工程中心名单**

| 序号 | 依托单位 | 工程中心名称 | 批准部门 |
|---|---|---|---|
| 1 | 理化技术研究所 | 工程塑料国家工程研究中心 | 国家发改委 |
| 2 | 软件研究所 | 基础软件国家工程研究中心 | 国家发改委 |
| 3 | 软件研究所 | 信息安全共性技术国家工程研究中心 | 国家发改委 |
| 4 | 半导体研究所 | 光电子器件国家工程研究中心 | 国家发改委 |
| 5 | 金属研究所 | 高性能均质合金国家工程研究中心 | 国家发改委 |
| 6 | 沈阳自动化研究所 | 机器人技术国家工程研究中心 | 国家发改委 |
| 7 | 沈阳计算技术研究所 | 高档数控国家工程研究中心 | 国家发改委 |
| 8 | 大连化学物理研究所 | 膜技术国家工程研究中心 | 国家发改委 |

续表

| 序号 | 依托单位 | 工程中心名称 | 批准部门 |
|---|---|---|---|
| 9 | 兰州化学物理研究所 | 精细石油化工中间体国家工程研究中心 | 国家发改委 |
| 10 | 成都有机化学有限公司 | 手性药物国家工程研究中心 | 国家发改委 |
| 11 | 大连化学物理研究所 | 燃料电池及氢源技术国家工程研究中心 | 国家发改委 |
| 12 | 声学研究所 | 国家网络新媒体工程技术研究中心 | 科技部 |
| 13 | 过程工程研究所 | 国家生化工程技术研究中心 | 科技部 |
| 14 | 遥感应用研究所 | 国家遥感应用工程技术研究中心 | 科技部 |
| 15 | 计算技术研究所 | 国家并行机工程技术研究中心 | 科技部 |
| 16 | 计算技术研究所 | 国家高性能计算机工程技术研究中心 | 科技部 |
| 17 | 自动化研究所 | 国家专用集成电路设计工程技术研究中心 | 科技部 |
| 18 | 武汉岩土力学研究所 | 中国岩土工程研究中心 | 科技部 |
| 19 | 测量与地球物理研究所 | 国家卫星定位系统工程技术研究中心 | 科技部 |
| 20 | 水生生物研究所 | 国家淡水渔业工程技术研究中心 | 科技部 |
| 21 | 金属研究所 | 国家金属腐蚀控制工程技术研究中心 | 科技部 |
| 22 | 沈阳科学仪器中心 | 国家真空仪器装置工程技术研究中心 | 科技部 |
| 23 | 大连化学物理研究所 | 国家催化工程技术研究中心 | 科技部 |
| 24 | 长春光学精密机械与物理研究所 | 国家光栅制造与应用工程技术研究中心 | 科技部 |
| 25 | 水土保持与生态环境研究中心 | 国家节水灌溉工程技术研究中心 | 科技部 |
| 26 | 成都生物研究所 | 国家天然药物工程技术研究中心 | 科技部 |
| 27 | 福建物质结构研究所 | 国家光电子晶体材料工程研究中心 | 科技部 |
| 28 | 合肥物质院安光所 | 国家环境光学监测仪器中心 | 科技部 |
| 29 | 新疆生态与地理研究所 | 国家荒漠-绿洲生态建设工程技术研究中心 | 科技部 |
| 30 | 光电研究院 | 国家半导体泵浦激光工程技术研究中心 | 科技部 |
| 31 | 海洋研究所 | 国家海洋腐蚀防护工程技术研究中心 | 科技部 |

## 二、重大科技基础设施建设与管理

2012 年，中国科学院重大科技基础设施的运行、建设和管理工作均取得了可喜进展，获得了较高的显示度。2012 年 3 月 8 日，大亚湾反应堆中微子实验宣布发现新的中微子振荡模式，精确测量到中微子混合角 $\theta_{13}$，在国际高能物理界引起热烈反响，被评价为中微子物理的一个里程碑，该成果入选美国 *Science* 杂志公布的 2012 年度十大科学突破，并入选 2012 年度国际、国内十大科技新闻。由中国科学院近代物理研究所负责设计建造的“九五”重大科学工程——兰州重离子加速器冷却储存环工程（HIRFL-CSR）荣获 2012 年度国家科技进步二等奖。上海光源工程荣获国家档案局首批“全国建设项目档案管理示范工程”称号。

### （一）重大科技基础设施基本情况

截至 2012 年底，中国科学院负责运行的设施有 13 个，在建设施 10 个、拟建设施 1 个（表 8）。

**表 8　中国科学院重大科技基础设施**

| 运行 | 在建 | 将建 |
| --- | --- | --- |
| 北京正负电子对撞机 | 500 米口径球面射电望远镜 | X 射线自由电子激光试验装置 |
| 兰州重离子研究装置 | 稳态强磁场实验装置（部分运行） | |
| 郭守敬望远镜（LAMOST） | 陆地观测卫星数据全国接收站网 | |
| 合肥同步辐射装置 | 海洋科学综合考察船 | |
| 超导托卡马克核聚变实验装置 EAST、HT-7 | 武汉国家生物安全实验室 | |
| 遥感飞机 | 航空遥感系统 | |
| 中国遥感卫星地面站 | 国家蛋白质科学研究（上海）设施 | |
| 长短波授时系统 | 散裂中子源 | |
| 神光高功率激光实验装置 | EAST 辅助加热系统 | |
| 中国西南野生生物种质资源库 | 大亚湾反应堆中微子实验 | |
| 上海光源 | | |
| “实验 1”科学考察船<br>东半球空间环境地基综合监测子午链（子午工程） | | |

### （二）子午工程通过国家验收

东半球空间环境地基综合监测子午链（子午工程）是我国空间天气和空间环境领域第一个国家重大科技基础设施项目，工程总投资 1.67 亿，由中国科学院牵头，联合教育部、工业和信息化部等 7 个部委的 12 家法人单位共同建设，项目法人为中国科学院国家空间科学中心。项目于 2008 年开工建设，2012 年 10 月 23 日，子午工程通过由国家发展改革委主持的国家验收，转入正式运行。子午工程是目前地域跨度最大、监测手段最多、综合性最强的空间环境地基监测系统，将对我国空间科学的发展和空间环境业务预报能力的提升发挥重要作用。

### （三）运行设施获丰硕成果

2012 年上海光源用户成果稳步增加，用户利用上海光源进行科学研究共发表论文 320 余篇，其中在国际顶级刊物 *Nature*、*Science* 上发表论文 8 篇。上海光源已成为提升我国原始创新能力和培养凝聚优秀人才的重要多学科实验研究平台。

2012 年，北京正负电子对撞机（BEPCII）在超过 60 个能量点上运行，为各项高能物理实验提供正负电子对撞束流。北京谱仪 III 对粲偶素基态粒子$\eta_c$(1S）和它的第一径向激发态$\eta_c$(2S）进行了细致研究，相关研究结果发表在国际权威学术刊物 *Physical Review Letters*。依托北京同步辐射装置开展的多学科研究取得多项成果，在压力诱导镧基金属玻璃非晶多形态相变及电子结构的遗传研究等方面成果显著。

兰州重离子研究装置开展的核物理实验和辐射生物医学研究取得了重要进展，基于 HIRFL-CSR 在原子核同位旋对称性破缺实验研究方面发现新现象，研究结果发表在 *Physical Review Letters*。

合肥同步辐射装置瞄准国际前沿和国家需求，联合高水平用户，在材料、能源、环境等基础研究和应用研究方面取得了一系列重要成果，2012 年共发表论文 227 篇，其中 SCI-1 区论文 23 篇。2012 年 5 月 1 日，合肥光源按计划停机，进行升级改造。

神光Ⅱ装置是我国目前及今后更长时间内在惯性约束聚变、X 光激光和高能量密度物理等前沿科技基础领域开展研究工作的重要实验平台之一。2012 年，依托神光Ⅱ装置进行的强激光高能量密度物理研究获得新进展，在实验室中利用强激光成功模拟对日地磁场活动。

郭守敬望远镜（LAMOST）先导巡天工作于 2012 年 6 月 24 日结束，此次先导巡天观测了 401 个天区，发布光谱数据 48 万余条，累计释放 64 万光谱，充分验证了 LAMOST 是世界上光谱获取率最高的望远镜。

超导托卡马克核聚变实验装置 EAST 实现超过 400 秒的高参数偏滤器和长脉冲高约束等离子体放电，再创纪录。HT-7 装置历经多年的运行，2012 年度开展了最后一轮实验，已申请退役。

国家授时中心 BPL、BPM 长短波授时系统时间基准继续保持国际先进水平，保持的地方原子时 TA（NTSC）中、长期稳定度综合指标排在前 4 位。2012 年执行国家空间火箭、卫星发射和试验授时保障任务 17 次（其中包括神舟九号载人飞船发射任务）。

2012 年，中国遥感卫星地面站成功实现资源三号卫星、实践九号 A/B 卫星、环境一号 C 星等国产民用新遥感卫星的数据接收和业务运行；面向全国用户实施的对地观测数据共享计划实施效果显著，引起了社会各界的广泛关注和强烈反响。

两架遥感飞机于 2012 年进行了全面的检查维修工作，11 月完成检修，经地面测试和空中试飞，飞机技术状态良好，符合适航要求。

截至 2012 年底，中国西南野生生物种质资源库已收集保存野生植物种子 8141 种

(占我国野生植物物种的28%), 57 618 份。共收集保存包括植物种子、植物离体材料、DNA、动物细胞系、微生物菌株等各类种质资源 14 006 种 165 390 份 (株)。

"实验 1" 科学考察船 2012 年共承担了 8 个航次的院内、外海洋考察及海上科学试验, 在航作业 189 天, 海上安全航行 23 330 海里, 收集了大量重要的原始数据, 有力支持了在海洋声学、海洋物理、海洋生物、地质等领域的研究。

### (四) 在建及拟建设施进展顺利

500 米口径球面射电望远镜各项建设进展顺利, 1 月 20 日, 贵州省机构编制委员会办公室正式批复成立贵州射电天文台。贵州射电天文台的成立, 将有力地加快 FAST 工程的建设, 保障工程现场建设的需求。12 月 30 日, 历时近两年的台址开挖工程完成并通过验收。

稳态强磁场实验装置先期投入试运行的超导磁体 SM2、SM3 和各实验测试系统运行状况良好, 并取得了一系列重要成果。2012 年, 自行研制的第一台高场水冷磁体 WM4、超导磁体 SM4 和各技术装备系统建成。

陆地观测卫星数据全国接收站网项目规划建设的五套天线系统 2012 年已全部投入运行, 形成了以北京密云、新疆喀什、海南三亚三站组成覆盖全国的民用卫星地面接收站网格局, 实现了覆盖我国全部领土的数据接收。

"科学" 号海洋科学综合考察船于 2012 年 6 月 28 日取得中国船级社船检技术证书, 由建造方交付项目法人单位中国科学院海洋研究所; 9 月 5 日, "科学" 号获海事部门所有权登记确认并通过所有适航审验手续, 具备出航能力; 9 月 29 日, "科学" 号海洋科学综合考察船交接仪式在青岛奥帆基地举行, 标志着 "科学" 号正式入列我国海洋科学考察船队列。

航空遥感系统 2012 年努力推进飞行平台解决方案, 自研设备按计划正常进展, 3 月 1 日, 航空遥感综合楼正式投入使用。

国家蛋白质科学研究 (上海) 设施工程建设各项工作有序推进。2012 年, 全面完成年度科研设备采购任务, 技术系统大型设备招标及合同签订任务及相关技术系统优化设计调整。12 月 26 日, 中国科学院蛋白质科学研究中心获批, 正式启动建设运行。

托卡马克核聚变实验装置辅助加热系统项目 2012 年进展顺利, 4.6GHz 低杂波电流驱动系统已经完成低功率微波源的研发及其采集、控制系统的调试; 中性束注入系统深入进行了样机测试和物理分析, 初步证实可满足设计使用要求,

散裂中子源工程 2012 年取得了阶段性的重要进展, 5 月 5 日, 土建工程开工仪式在东莞市大朗镇施工现场举行, 标志着土建工程的正式开始; 9 月 22—24 日, CSNS 工程经理部在高能物理所组织召开了 CSNS 国际顾问委员会第四次评审会, 对 CSNS 工程的设计和建设进展进行了评审。

X 射线自由电子激光试验装置 (SXFEL) 于 2012 年 1 月 4 日通过了由中国科学院和教育部共同组织的 "X 射线自由电子激光试验装置可行性研究报告评审会" 评审。5 月, SXFEL 完成设计招标; 6 月, 环保部正式批复 SXFEL 环境影响报告书; 7 月, 上海市卫生局正式批复 SXFEL 卫生评价报告。

2012 年 3 月 8 日，大亚湾反应堆中微子实验宣布利用 6 个探测器运行 55 天观测到的中微子事例，发现了一种新的中微子振荡模式（对应中微子混合角 $\theta_{13}$），该结果使人类更深入地认知中微子的基本特性，打开了理解“反物质消失之谜”的大门。10 月 19 日，大亚湾反应堆中微子实验远、近点共 8 个探测器开始联合取数。

### （五）管理工作再上新台阶

为提高在建重大科技基础设施的管理水平，做到不超预算、保质保量按时完成工程建设，4 月 10—12 日，召开了中国科学院重大科技基础设施建设年会，加强各设施交流，检查工程进展，进一步推动重大科技基础设施工程的建设进程。

3 月底至 5 月初，组织专家对 10 个运行设施的 2011 年度运行经费决算、2012 年度运行经费预算进行了实地审核。6 月 19 日，召开了 2012 年重大科技基础设施基本运行经费实地审核工作总结会，听取了基本运行经费实地审核工作汇报，讨论运行经费实地审核中存在的问题，以进一步完善经费审核制度。

为规范管理重大科技基础设施维修改造项目，2012 年陆续完成了 12 项维修改造项目的验收，涉及 7 个运行设施。7 月 18—19 日，召开了重大科技基础设施 2013 年维修改造项目立项评审会，对 16 个维修改造项目进行了评审。

9 月 16—18 日，2012 年度中国科学院重大科技基础设施运行年会在云南召开，评选出本年度综合运行奖获奖设施 6 个，并对设施维修改造项目进行了复评。

9 月 13 日和 26 日，受国家发改委委托，上海投资咨询公司两次召开会议组织相关专家对北京正负电子对撞机重大改造工程（BEPCII）进行了后评价。

为充分展示中国科学院重大科技基础设施的风貌，大科学装置办公室举办了重大科技基础设施主题摄影大赛，经过初评，遴选出 18 幅作品，并在 2012 年度重大科技基础设施运行年会上进行终评投票，最终评选出一等奖 1 幅，二等奖 2 幅，三等奖 3 幅。

中国科学院重大科技基础设施网页内容丰富、信息及时，起到了很好的宣传作用。中国科学院重大科技基础设施网络管理平台。大科学装置办公室编印了《中国科学院大科学装置 2011 年度报告》（中英文版）、《中国科学院大科学装置成果汇编（2011）》。

## 三、科技基础设施

### （一）信息化建设

2012 年是中国科学院“十二五”信息化各项工作承上启下的重要一年，紧密结合院“一三五”规划的实施，以支撑一流管理，服务一流成果、培养一流人才，促进一流效益为目标，以抓应用、抓安全、抓服务为原则，以“十二五”信息化发展规划落地和“三类云集”的建设为抓手，以信息化红利惠及全院上下为己任，努力做好院信息化各项工作的组织管理和支撑服务。2012 年中国科学院研究所信息化评估，与 2011 年相比，总分在 80 分以上的单位由 2011 年的 5 家增长到 11 家，A 类研究所有 32 家（70 分以上）、B 类研究所 51 家（60—70 分）。

1. 中国科学院“十二五”信息化发展规划“三类云集”建设取得初步进展

**科技数据云已初具雏形，“科技云”整体框架正在按计划建设** 完善中国科技网络建设，连接新建园区、新建研究所，进一步提升网络带宽，实现骨干网带宽达到10 Gbps以上，总出口带宽达到20 Gbps以上，将网络延伸到全院的大科学装置、野外台站等数据获取现场。形成由总中心、8家分中心、17家所级中心组成的三层架构式超级计算网格环境，聚合了超过300万亿次的CPU通用计算能力；同时，超算环境还接入了院内11家单位的GPU计算集群，聚合近3000万亿次的GPU计算能力，对外提供机时服务4126万多CPU小时，服务用户数近228个，已封装网格应用81个。分布式存储环境建设已顺利推进，完成12个存储节点部署，建成设备容量13 PB，各区域存储节点通过1Gbps高速科技网络互联。协同工作环境“科研在线”平台用户已达3.7万个，服务860个科研团队，在线共享的资源数量达11 623个。

**“管理云”的规划和建设工作已经全面开始实施** 已形成技术解决方案，搭建虚拟化资源环境，完成云平台管理软件选型和产品采购工作，并开始部署。ARP系统在应用领域和应用深度上进一步拓展，在提高管理工作效率和促进管理方式变革等方面发挥着越来越重要的作用。截至2012年底，ARP实施单位已经达到132家，各应用系统相关岗位的关键用户已超过四千人，使用系统的最终用户约三万人。ARP系统应用案例入选国家行政学院组织评选的“中国电子政务最佳实践案例”。中国科学院网站群中文网站2009—2012年连续四年获得中国政府网站优秀奖，英文网站在首次开展的全国政府网站外文版评估中，荣获“中国外文版政府网站优秀奖”。截至2012年10月，网络化科学传播平台门户平台资源积累总数达2500 GB，上线资源量达245GB。

**“教育云”按计划推进建设实施** 搭建了云开发测试环境，完成了统一数据平台方案选型。在院机关继续教育平台试运行的基础上，启动了全院继续教育培训平台总体UI优化和功能升级，院机关网络学习平台已有90个课件资源。实现了全院用户的单点登录及教师、学生和课程等所有数据在整个教育信息化平台中的关联统一。

2. 提升院机关信息化服务水平和能力

中国科学院综合信息服务平台2012年12月1日上线运行，该平台基于地理信息系统，以简洁美观、结构层次扁平的图形式界面和各类图表数据形式，直观展示了全院研究所的人员、机构、经费、项目、成果、“一三五”规划等综合信息。移动终端会议平台进入试运行阶段，平台针对“会前”、“会中”、“会后”阶段，实现了会议全过程信息化管理，有效精减会议纸质材料，提升了会议组织效率。

3. 域名治理专项行动取得预期目标

配合国家及国家主管部门有关域名治理的部署，积极采取各种必要措施并建立长效机制。截至2012年12月31日，中国科学院域名治理取得预期目标，实名率达99.31%%，CN域名的不良应用呈现出显著的下降趋势。

4. 持续开展网络信息安全工作

针对中国科学院网站群主站、ARP院级系统、中国科学院邮件系统等9个重要信息化应用开展了安全测评和整改；对2700个院属网站进行了扫描，共发现271个网站存在中危以上漏洞；检查扫描主机19 070台，形成了全院主机/网站系统的安全检查报告，并及时组织157家相关单位对问题主机进行整改处理。实行网络安全“零报告”制度，坚持每月发布我院网络与信息安全情况通报。

5. 发布《中国科学院信息化发展报告2013》

报告以中国科学院“十二五”信息化发展规划为导向，结合国内外信息化发展现状和我院信息化评估结果，以“三类云集”为视角，对2011—2012年期间全院信息化工作进展进行较为全面的分析和总结。

### （二）野外台站网络

在开放联合、优势互补，协同创新、合作共赢的原则下，中国科学院与国家林业局、中国农科院等部门联合召开协同创新研讨会，签署了“国家林业局科技司-中国科学院资环局生态系统定位观测研究合作框架协议”、“中国农业科学院科技局-中国科学院资环局中国农业生态系统观测研究网络联盟协议”等。在此基础上，完成了《野外站联盟建设实施方案》，初步设计建设森林生态系统、荒漠-草地生态系统、湿地生态系统、农田生态系统和高寒区地表过程与环境监测等5个观测研究野外站联盟，由国家林业局、中国农科院、西藏自治区、中国气象局、中国农大、武汉大学等，以及我院相关野外站组成。在联盟的规划指导下，进行规范观测，实现数据共享，并针对共同关心的科技问题进行联合研究。

资环局会同基础局、生物局和高技术局对全院野外台站进行了调查，完成了《中国科学院野外台站发展状况调查报告》。调查显示，中国科学院45个研究所先后建立了212个野外台站，主要在生态、环境、农业、海洋、地球物理、天文、空间、金属腐蚀等研究领域，其中国家级野外站47个，院级野外站40个，所级野外站站99个。野外站建设用地近32万亩，大型仪器设备近500台（套），约20亿元，在站工作的科研、管理、技术人员3300余人。国家野外站数量占全国总数的近一半，是国家野外科学观测研究网络的骨干成员，在相关学科领域发挥着重要作用。

### （三）植物园、标本馆（博物馆）

2012年，中国科学院科学植物园根据国家对植物资源的战略需求，在科学研究、物种保育与新品种培育以及植物科学知识传播等方面取得了可喜的进展。年内新增植物7164种（次），定植成活率达到88.3%。发表SCI收录的学术论文513篇，出版专著22部，启动了《中国迁地栽培植物志》等的编研工作，依托植物园竹专类园区发现了一种控制植物生长的新机制，结果发表于*Ecology Letters*。获得授权专利66项，审定、登录植物新品种49个。各植物园精心策划并开展了丰富多彩的科学知识宣传与教育活动，吸引了661余万人次进入植物园游览参观。通过对东非、东南亚及南美等国内外重点地区的生物多样性调查，植物资源交换遍及69个国家和地区。正式启动了援建肯尼亚JKUAT植物园工作。

生物标本馆（博物馆）系统全面启动周边国家等境外生物资源收集，同时关注青藏高原等国内多样性热点地区，组织考察20余次，采集标本60余万号，馆藏总量达到近1700万号，数字化标本信息量达750多万号。出版专著12部，发表论文300余篇，记录新类群186个。依托馆藏资源支撑先导性专项、科技基础专项、基金重大研究计划等项目180余项，举办相关重要会议21次；标本借阅超过12万份次，交换或赠送标本1.5万份次。组织特色明显的科普活动百余项，接待各界公众近80万人次；充分发挥了标本馆平台的科研支撑与科普宣传职能。

## （四）文献情报与出版

1. 文献情报

2012年，持续推动院文献情报系统向知识服务转型，推进院所协同服务，加强数字资源保障与服务平台建设，不断提高文献情报工作对科技创新的支撑力度。

战略情报研究工作紧密围绕国家、院和科研一线情报需求，与科研、决策耦合互动，发展和集成利用情报研究新方法、新工具和新平台，持续跟踪分析我院各学科领域和研究所发展方向国际动态、计划、关键技术和竞争态势，完善服务领域、专项、决策的系列情报产品，工作模式从一般综合向内容挖掘转变，产品质量不断提高。重点组织开展科技发展态势研究，形成了《国际科技战略与政策年度观察2012》、《科学结构地图2012》、《国际科学技术前沿报告2012》等重要研究报告。跟踪重要领域战略计划和动态等，编发《科学研究动态监测快报》（13个专辑）282期，《国际重要科技信息专报》和特刊共42期，并报送院、局领导参阅，若干重要特刊呈报国家和有关部门。

组织实施院所协同的研究所文献情报服务创新行动计划，培育研究所一线的情报分析研究服务能力，建设支持课题组的个性化知识平台服务能力，持续推进研究所机构知识库建设与服务。15个研究所建立文献情报服务团队，跟踪科技趋势、分析竞争合作态势等。11个研究所的90个实验室或课题组建成个性化知识平台。79个研究所机构知识库（IR）已开放服务，2012年下载超300万篇次。组织开展第一次院文献情报高级专业岗位任职能力认证，打通一线文献情报人员的职业晋升通道。全面落实支持省级科学院共享我院文献情报服务的措施，与6家省级科学院和新疆生产建设兵团“两校一院”建立密切协同服务关系，取得明显成效。

截至2012年12月31日，共引进数据库150个，全院相关研究所共享的外文期刊16 259种（包含集成开放获取期刊8360种），外文图书39 748卷/册，外文工具书5102卷/册，外文会议录31 841卷/册，外文学位论文404 206篇，外文行业报告1 665 530篇；中文图书411 199种/426 250册，中文期刊14 000种，中文学位论文1 836 385篇。2012年全院全文数据库和二次文摘数据库的使用量分别为3680万次和1181万次。

2. 科技期刊与图书出版

按照国家文化体制改革部署，稳妥有序推进首批和第二批非时政类报刊出版单位转企改制，推动10余家非时政类期刊出版单位规范转制。中国科技出版传媒股份有限公司荣获“全国文化体制改革先进单位”。

积极推进精品期刊建设。制定《中国科学院科技期刊“十二五”发展规划》，致力于提升和扩大中国科学院科技期刊的学术质量和社会影响；会同有关单位组织召开“精品国际科技期刊建设与发展座谈会”，总结和交流国内优秀科技期刊办刊经验与亮点，探讨科技期刊发展的创新思路、发展战略和政策要求。

报刊与图书出版取得丰硕成果。中国科技出版传媒股份有限公司出版的《中国科学技术史·数学卷》荣获第四届郭沫若中国历史学奖一等奖，《贪玩的人类》和《大熊猫的起源》荣获第二届中国科普作协优秀科普作品奖。中国科学院37种图书项目增补进入“十二五”国家重点图书出版规划，其中《科技革命与国家现代化研究丛书》等16种图书入选“中国科学技术研究领域高端学术成果出版工程”，占该出版工程项目总数的43%。《中国科学报》“文化周刊·读书版”被评为新闻出版总署“全民阅读报刊行”优秀栏目。

中国科技出版传媒股份有限公司向安全同志荣获“第十一届韬奋出版奖”。决定对期刊出版领域引进人才王久丽（物理研究所）、宋冠群（《中国科学》杂志社）、胡芳芳（上海生命科学研究院）等3位同志予以择优支持。新创办《国家科学评论（英文）》、《高功率激光科学与工程（英文）》、《建筑遗产》等3种科技期刊。

## 四、科技装备与技术监督

### （一）科研装备建设工作

1. 积极落实修缮购置专项

2012年，根据创新2020发展需要，组织研究所紧密结合本单位“十二五”发展规划，尤其是“一三五”发展需求，统筹规划、合理布局，按照整合、共享、完善、提高的要求，完成了修购专项2013—2015年规划调整工作，为中国科学院重要布局和重大成果产出提供了保障。调整后的规划中仪器设备经费需求总量为70.9亿元，其中支撑“一三五”需求的58.5亿元（占82.5%）。

在修购专项规划指导下，经院所两级共同努力，精心组织，完成了2013年修缮购置专项资金的申报及争取工作，落实财政部修购专项经费17.3亿元。其中，仪器购置和仪器改造经费13.4亿元。大型仪器区域中心共申报项目经费6.7亿元，获得支持4.9亿元（占申报经费的73%）；围绕两个“顶尖千人计划”装备建设共申报项目经费1.7亿元，获得支持1.2亿元（占申报经费的70%）。

加强修购专项执行过程管理，为进一步争取和落实专项资金提供保障。建立修购专项管理体制，完善从项目实施、设备运行到项目验收系列管理流程，为修购专项顺利实施提供保障；强化工作组作用，严格执行财政部月度进度报告制度，督促研究所按计划逐步推进专项实施，2012年修购专项预算完成98.7%；以修购专项管理办公室为依托，加强项目的验收管理。全年共完成2011年度154个项目的验收工作，占2011年下达项目的90%。

2. 深入推进技术支撑系统建设

继续推进全院大型仪器共享网的建设。完成智能卡系统的改进，并与研究所管理紧密结合，推动共享网智能卡系统建设。进一步完善和发展共享服务网络，结合院所两级中心建设，加强培训与交流，及时总结开放情况，推动上网仪器的开放共享工作。为进一步完善区域布局，2012年进一步组织新建了“广州生命科学大型仪器区域中心”、

“兰州资源环境科学大型仪器区域中心”、“武汉生命科学大型仪器区域中心” 和 “新疆资源环境科学大型仪器区域中心” 等四个大型仪器区域中心。

根据《中国科学院技术支撑系统建设实施方案》的有关要求，为推动仪器设备新功能、新方法的研究，提高中国科学院大型仪器区域中心和所级公共技术服务中心技术人员的水平，2012 年共支持院仪器设备功能开发技术创新项目 126 个，院资助经费为 3770 万元。

继续推进所级公共技术服务中心的建设工作。2012 年，按照成熟一批启动一批的原则，组织专家对 9 个所级中心进行了现场评估，择优支持了 6 个所级公共技术服务中心，使中国科学院择优支持的所级中心数量达到了 61 个。

跟踪支持北京机加工服务平台、北京中科科仪仪器研制服务平台和 EDA 中心三个工艺服务型区域中心，为中国科学院仪器设备研制、功能开发、技术改造提供重要支撑。

3. 推进重大科研装备自主研制

积极组织策划，争取财政部重大科研装备研制项目。2012 年，组织完成了 “深部资源探测核心装备研发”、“深紫外固态激光源前沿装备研制（二期）” 和 “全自动干细胞诱导培养设备研制” 实施方案编制及立项评审等工作，并获得财政部支持，项目总经费 6. 365 亿元。加强国家重大研制项目过程管理，促进成果产出，组织完成 “复现高超速条件激波风洞”、“同步辐射纳米成像设备”、“综合极端条件试验系统” 等项目的验收工作。

2012 年，继续积极组织国家自然科学基金委、科技部重大仪器设备研制专项项目推荐工作。在院重大科研装备研制专项领导小组的领导下，经过全院上下共同努力，我院 7 个项目获得基金委支持，获专项经费 5. 5 亿元；8 个项目获科技部支持，获专项经费 3. 8 亿元。

加强院级研制项目的组织工作。继续推进生命科学、资源环境科学领域的科研装备研制工作。继续鼓励跨研究所合作研制。2012 年，全院共受理院级研制项目 256 个，申请院资助约 7. 9 亿元；批准 66 个项目，涉及 47 个院属单位，项目总经费 26 689 万元，院资助经费 16 770 万元。

### （二）技术监督工作

由中国科学院分管承担的国际、全国专业技术标准化技术委员会（ISO/TC202，微束、声学、超导、纳米、空间、遥感、光电测量）秘书处，根据国家标准化管理委员会的工作部署，继续开展相关领域的标准化工作。

“国家计量认证中国科学院评审组” 依据国家认证认可监督管理委员会的年度计划，于 2012 年对全院 9 个单一计量认证机构的复查评审，1 个单一计量认证机构扩项评审，完成了 10 个二合一（实验室认可/计量认证）机构的复查评审。

# 科技成果转移转化与院地合作

2012年，中国科学院院地合作工作以制定院地合作“一三五”战略规划为抓手，聚焦区域重大需求，通过整合院地合作资源，集聚全院优势力量，大力推进协同创新，不断促进重大产出。中国科学院服务区域经济社会发展能力不断增强，加快了科技成果转移转化，促进了战略性新兴产业发展。

## 一、院地合作工作成效显著

2012年，中国科学院与国家发改委联合印发《中国科学院科技服务东北老工业基地振兴行动计划（2012—2015年）》，与工信部签署《工业和信息化部中国科学院协同创新推进工业转型升级战略合作协议》，编制专项计划，服务东北振兴、西部大开发、东部率先发展等国家区域发展战略。

按照企业为主体、市场为导向、产学研结合的技术创新体系建设要求，中国科学院与企业开展了多种形式的产学研合作。2012年，中国科学院转移项目在技术市场进行合同登记2308项，比上年增加30%，成交金额超过38.9亿元，比上年增加132%；通过科技成果转移转化，使地方企业当年新增销售收入达到3027.3亿元，利税478.4亿元，分别比上年增长15.2%和15.6%。院地合作促进科技成果转移转化的作用越来越显著（图1）。

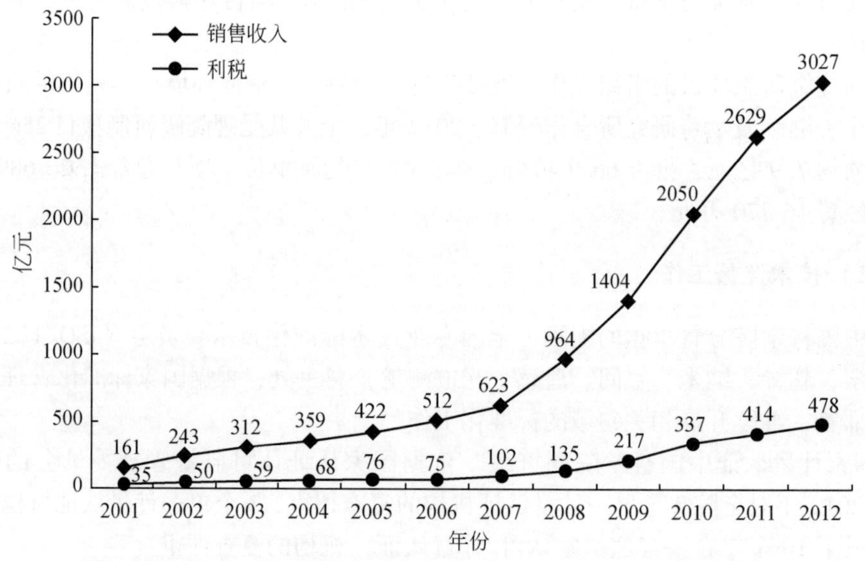


图1 中国科学院2001—2012年科技成果转移转化使社会企业当年增加销售收入情况

2012年，中国科学院与河北、吉林、安徽、江西、河南、广西、贵州、甘肃、青海等省（自治区）续签或签署了科技合作协议，与中国石油天然气集团公司、中国东方电气集团有限公司等大型国有企业签署了战略合作协议，有效地集聚了地方、企业的各类创新资源。

## 二、凝练院地合作“一三五”战略规划

2012年，中国科学院与31个省（市、区）开展了院地合作“一三五”战略规划研究，编制了规划纲要，对31个省（市、区）院地合作的定位、重大突破和重点培育进行了凝练，进一步聚焦区域重大科技需求，发挥地方特色资源优势和中国科学院的科技、人才优势，共同促进重大产出。

**定位** 面向区域经济社会发展重大需求，聚焦区域重点突破的领域和方向，充分依托该区域的院地合作布局和创新力量，进一步明确31个省（市、区）的院地合作定位。

**重大突破** 瞄准关系区域经济社会发展、关系民生和地方党委政府关注的重大问题、“牛鼻子”问题和“卡脖子”问题，确定了86项重大突破任务。

**重点培育** 针对区域经济社会“中长期”发展的重大科技问题，凝练主题和方向，确定了153项重点培育任务，以形成新的突破增长点。

## 三、建设创新联盟，促进协同创新

2012年，中国科学院着力推进院属单位与地方政府、企业、大学、地方科学院及其他科研机构的合作，牵头组织成立了全国科学院联盟、生物识别产业技术创新战略联盟、文物保护领域物联网建设技术创新联盟等多种形式的创新联盟。面向区域经济社会发展的重大需求，围绕产业技术创新的关键问题，开展协同创新，突破核心技术，形成技术标准，提升服务经济社会创新发展的能力。

全国科学院联盟建设有效推动了中国科学院与地方科学院的联合合作，在共同承担科学任务，开展合作研究，促进科技成果转化，培养创新创业人才，探索和实践科技与经济结合、协同创新的体制机制等方面取得积极进展。2012年，与地方科学院互派专、兼职挂职干部31人，为地方科学院培训科技骨干90余人，科技人员开展学术交流超过2000人次；牵头组建了地理资源、软件、光学与精密机械、材料化工、生物多样性、应用微生物等6个专业领域分会，集聚了43家中国科学院属研究所、75家地方科学院研究机构和45家企业；部署合作项目47项，与地方科学院合作承担国家级项目8项、地方科技项目19项，经费累计2400余万元；与地方科学院共建科技创新平台33个，建立国家科学图书馆图书情报站6个。

## 四、夯实工作基础，推进共建机构建设

中国科学院联合地方政府，以促进成果转移转化为核心，集聚技术、成果、项目和人才等创新资源，通过共建研究所、院级转化型单元、所级转化机构等形式的转化平

台，夯实工作基础、优化体制、建设队伍、规范管理，提升服务能力、促进重大产出。

2012 年，中国科学院与天津市、上海市、江苏省、重庆市政府共建的天津工业生物技术研究所、上海高等研究院、苏州生物医学工程技术研究所和重庆绿色智能技术研究院获中编办批准。天津工业生物技术研究所、上海高等研究院、苏州生物医学工程技术研究所顺利完成验收，重庆绿色智能技术研究院、海西研究院（筹）的建设工作稳步推进。

截至 2012 年，中国科学院先后与地方政府合作共建了 29 个产业技术创新与育成中心、8 个技术转移中心、5 个科技园。2012 年，42 个院级转化型非法人单元登记工作顺利完成并稳步健康发展，年度转化项目 910 个，实现销售收入 880 亿元，孵化企业 511 个，为社会培训 17 671 人次。

# 国际合作与港澳台工作

2012 年，中国科学院的国际合作工作深入贯彻“民主办院、开放兴院、人才强院”发展战略，围绕“创新 2020”的中心任务和“一三五”规划目标，策划重大国际合作交流活动，认真谋划我院国际化推进战略，持续推进与发达国家的科技合作，全面开拓与发展中国家的合作。全院国际合作工作进展顺利，成效显著。

全年出访 17 116 人次，来访 14 132 人次，举办多边和双边国际学术会议 325 个。新签、续签 20 个院级国际合作协议（表 9），审批通过 30 个重点对外合作项目。

**表 9　2012 年新签续签国际合作协议**

| 序号 | 协议名称 | 签署时间 | 签署地点 |
| --- | --- | --- | --- |
| 1 | 中国科学院和加拿大自然资源部关于资源可持续发展合作谅解备忘录 | 2012 年 2 月 8 日 | 北京 |
| 2 | 中国科学院与美国能源部首届能源科学协调委员会会议纪要 | 2012 年 4 月 20 日 | 北京 |
| 3 | 中国科学院和伊朗科研创新中心交流备忘录 | 2012 年 4 月 24 日 | 北京 |
| 4 | 中国科学院和英国伦敦大学学院科研合作框架协议 | 2012 年 6 月 1 日 | 伦敦 |
| 5 | 中国科学院和日本产业综合技术研究机构交流备忘录 | 2012 年 6 月 5 日 | 北京 |
| 6 | 中国科学院和独立行政法人日本学术振兴会学术交流备忘录实施细则 | 2012 年 6 月 8 日 | 北京 |
| 7 | 中国科学院和独立行政法人日本学术振兴会关于修改学术交流备忘录的意向书 | 2012 年 6 月 8 日 | 北京 |
| 8 | 中国科学院和意大利研究理事会谅解备忘录 | 2012 年 6 月 18 日 | 北京 |
| 9 | 中国科学院与马普学会高端青年科研人才引进计划（“骏马计划”）谅解备忘录 | 2012 年 6 月 26 日 | 慕尼黑 |
| 10 | 中国科学院与澳大利亚阿德莱德大学谅解备忘录 | 2012 年 7 月 13 日 | 北京 |
| 11 | 中国科学院和巴基斯坦科学院科学合作执行协议 | 2012 年 7 月 16 日 | 伊斯兰堡 |
| 12 | 中国科学院与澳大利亚联邦科工组织 2012 联合声明 | 2012 年 8 月 14 日 | 北京 |
| 13 | 中华人民共和国中国科学院与智利共和国国家科学技术研究委员会关于科学与技术合作谅解备忘录 | 2012 年 8 月 24 日 | 北京 |
| 14 | 中国科学院与澳大利亚天文联合组织关于南极天文合作的谅解备忘录 | 2012 年 8 月 24 日 | 北京 |

续表

| 序号 | 协议名称 | 签署时间 | 签署地点 |
| --- | --- | --- | --- |
| 15 | 中国科学院和俄罗斯科学院二零一二年至二零一六年科学合作议定书 | 2012 年 9 月 4 日 | 莫斯科 |
| 16 | 中国科学院和尼泊尔科学院交流合作备忘录 | 2012 年 10 月 10 日 | 加德满都 |
| 17 | 中国科学院和喀山国立技术大学合作谅解备忘录 | 2012 年 11 月 19 日 | 北京 |
| 18 | 中国科学院和澳大利亚卧龙岗大学合作谅解备忘录 | 2012 年 11 月 22 日 | 卧龙岗 |
| 19 | 中国科学院-国际山地中心关于青年科技人员挂职交流合作备忘录 | 2012 年 11 月 22 日 | 北京 |
| 20 | 中国科学院和摩洛哥哈桑二世科学院合作备忘录 | 2012 年 12 月 17 日 | 北京 |

### （一）策划重大国际交流活动，全面提升我院国际影响力

成功举办包括“发展中国家科学院（TWAS）第 23 届院士大会”等在内的多个重大综合性国际会议、重要科技交流活动、高层双边论坛，有效提高我院国际显示度和话语权。

由中国科学院牵头组织的发展中国家科学院（TWAS）第23 届院士大会9 月在天津举行，国家主席胡锦涛出席开幕式并发表重要讲话。白春礼当选 TWAS 新一任院长，成为该组织自 1983 年成立以来首次当选院长的中国科学家，为依托 TWAS 平台、加强与发展中国家的科技合作奠定了坚实的基础、提供了良好的契机。

积极筹划与国外伙伴机构及国际组织的高层战略研讨和双边论坛，组织中美、中澳、中德、中日、中巴、中以等高层国际战略发展研讨会，参与“妇女与创新”国际研讨会、IAP“青年科学家论坛”等。全年组织召开高层国际研讨会 15 个。

2012 年，围绕我院重大战略部署继续推动高层交流互访，积极与发达国家搭建长效战略合作平台，与发展中国家积极拓展合作领域，创新合作模式。全年策划组织高层出访 31 批次，协调接待高层来访 74 批次。

### （二）系统谋划我院国际战略与政策，为国际化发展打开新局面

抓住成功举办 TWAS 大会的契机，主动谋划并制定与发展中国家专项合作计划，提出了为发展中国家培养人才、加强与发展中国家双边和多边合作、建设中国科学院海外科教机构、建立 TWAS 中国中心等工作计划，获国家领导人首肯，为争取国际合作资源奠定基础。

与商务部联手建设肯尼亚植物园及中非科研中心，项目顺利进入预研立项阶段。适时召开“实施走出去发展战略，推进新时期创新跨越”专题研讨会，白春礼出席会议并发表重要讲话，率先进行我院海外布局的探索与实践，为深化与发展中国家合作，加快“走出去”步伐确立基调和思路。

在党中央国务院高度重视我国科技创新和科技“走出去”战略的背景下，深入思

考，全面分析我院“走出去”发展的现实需求与挑战，系统谋划有中国科学院特色的国际化推进战略，为加速中国科学院国际化进程奠定了基础。

充分利用国际合作战略研究与体系，研讨分析国际科技战略、创新体系发展态势，统筹协调国际合作工作部署，开展战略政策咨询：发布中国科学院2012年对外合作要点和2011年国际合作述评，开展国际合作知识产权研究。

### （三）积极拓展“项目–人才–基地”合作网络，为创新发展获取新动力

围绕我院“创新2020”总体目标、重点工作和中心任务，推进双边合作项目、拓展高端人才引进渠道、加快海外科教基地建设。

我院与德国马普学会签订“骏马”计划合作备忘录，结合“海外千人计划”建立德国高端青年科研人才引进机制，为下一步引进高端人才打下基础，与“外专千人计划”等国家外国优秀科学家引进计划形成有效衔接。同时积极参与并争取国家外专局“外专千人”项目，为引进高端科技人才开辟渠道。我院推荐的14名外国专家获准“外专千人计划”。

评选出2012年度中国科学院国际科技合作奖和青年科学家国际合作奖，3位外国科学家和12位中外青年科学家分别获奖。新评出“爱因斯坦讲席教授”20名，“外国专家特聘研究员”150名和“外籍青年科学家”65名。25位“外籍青年科学家”获基金委“外国青年学者研究基金”资助。通过“中欧联合培养博士生计划”，全院派出80名博士生到德法等国家的科研机构进行联合培养。俄乌白专项资助计划50项。

CAS-TWAS奖学金计划资助50名发展中国家科学家来院工作。“新疆周边地区人才引进计划”资助2位中亚国家科学家。资助8个发展中国家科技培训班。

通过“国际科技组织中国委员会及人才团队支持计划”资助4个中委会。组织国际组织任职及后备人员高级培训班，派遣科技人员到国际组织挂职。

继续以“种子基金”方式，在前沿交叉及战略领域支持与发达国家开展对外合作项目，努力推动并帮助协调我院研究所与发展中国家开展实质性合作研究。全年资助对外合作重点项目30项（表10）。

**表10　2012年资助的对外科技合作项目**

| 序号 | 项目名称 | 承担单位 |
|---|---|---|
| 1 | 中法莱曼轨道望远镜样机关键技术合作研究 | 紫金山天文台 |
| 2 | 中挪合作：全氟化合物：点源排放是造成中国和挪威食品污染的原因 | 生态环境研究中心 |
| 3 | 中挪合作：中国流域富营养化所带来的压力、影响以及缓解措施的管理过程模拟研究 | 生态环境研究中心 |
| 4 | 中挪合作：气候变化与中国农业：对粮食生产的影响评估和适应性对策研究 | 大气物理研究所 |

续表

| 序号 | 项目名称 | 承担单位 |
| --- | --- | --- |
| 5 | 中挪合作：中国南方森林作为活性氮汇合氧化亚氮区域排放源的研究 | 生态环境研究中心 |
| 6 | 中挪合作：人工纳米材料的吸附及其对化石燃料源碳氢化合物的水生物有效性、毒性的影响 | 生态环境研究中心 |
| 7 | 中挪合作：卫星遥感大气-地球表面耦合系统的新反演方法、地基验证及应用 | 大气物理研究所 |
| 8 | 发展中国家女性投入科技创新活动模式比较与政策研究 | 科技政策与管理科学研究所 |
| 9 | 中荷合作：针对帕金森病的改进的深部脑刺激 | 自动化研究所 |
| 10 | 中荷合作：磁共振脑影像的特征提取与分类方法及其在退行性脑疾病研究中的应用 | 自动化研究所 |
| 11 | 中荷合作：新型可降解生物活性骨内固定复合材料研究 | 上海硅酸盐研究所 |
| 12 | 中荷合作：Smart MeDiCa：适用于老年人的智能化穿戴式心血管疾病家庭监测仪器 | 深圳先进技术研究院 |
| 13 | 中芬合作：气候变化对富营养化湖泊生态系统及其生态服务价值的影响研究 | 南京地理与湖泊研究所 |
| 14 | 中芬合作：气候变化对生态系统服务功能的影响：景观尺度的过程与适应性 | 生态环境研究中心 |
| 15 | 中瑞合作：铁基高温超导体联合研究 | 物理研究所 |
| 16 | 中瑞合作：有机共轭分子的1D纳米结构的可控制备与应用 | 化学研究所 |
| 17 | 中瑞合作：一种大气环境下原位检测纳米材料物理和化学特性的方法研究 | 合肥物质科学研究院 |
| 18 | 中瑞合作：自组装单分子层场效应晶体管的材料合成与器件研究 | 宁波材料技术与工程研究所 |
| 19 | 中瑞合作：基于薄膜掺杂与能级调控的高性能染料敏化太阳电池研究 | 合肥物质科学研究院 |
| 20 | 中瑞合作：新型锂电池界面材料及界面结构研究 | 紫金山天文台 |
| 21 | 中澳合作：利用全基因测序策略发掘小麦基因 | 上海生命科学研究院 |
| 22 | 中澳合作：季风系统及气候变化对水资源的影响 | 大气物理研究所 |
| 23 | 中澳合作：用于去除饮用水中重金属离子的纳米复合结构材料研究 | 化学研究所 |

续表

| 序号 | 项目名称 | 承担单位 |
|---|---|---|
| 24 | 中澳合作：胚胎干细胞来源心肌细胞和生物材料构建心肌补片的研究 | 上海生命科学研究院 |
| 25 | 国际组织合作：国际空间研究委员会中委会 | 国家空间科学中心 |
| 26 | 国际组织合作：国际数据科学委员会中委会 | 计算机网络信息中心 |
| 27 | 国际组织合作：国际环境问题科学委员会中委会 | 生态环境研究中心 |
| 28 | 国际组织合作：国际生物多样性中委会 | 植物研究所 |
| 29 | 中芬合作：农田、湖泊和湿地生态系统温室气体通量观测和湿地甲烷产生的过程模型研究 | 大气物理研究所 |
| 30 | 利用东南亚和南亚的资源开展天文合作与研究 | 云南天文台 |

### （四）注重强化管理工作与对外宣传，提升国际合作管理水平

统筹协调各相关部委协同做好 TWAS 大会、对外高层交流、高端外国专家引进等重大国际合作工作。组织 2012 年中国科学院国际合作协调小组会议、国际合作工作会议、外事管理培训班、对外宣传培训班等。

继续完善 ARP 国际合作管理系统，新建外籍专家人事管理系统，提高外事管理水平。编制出台《2001—2011 年中国科学院国际合作管理文件材料汇编》、《所级人员执行院级项目经费管理办法》。

与《科学》杂志首次合作出版中国科学院副刊，宣传中国科学院创新人才、科学思想和我院的开放政策、条件及环境设施等。继续出版各类外宣英文刊物，做好对外宣传工作。

### （五）2012 年度中国科学院国际科技合作奖获得者

**拉奥** 印度贾瓦哈拉尔·尼赫鲁先进科学研究中心教授，美国普渡大学博士，主要致力于固态和材料化学以及结构化学方面的研究，是公认的国际顶级固态化学研究领域的学者。他是第一位印度科学奖获得者；1996 年获联合国教科文组织艾伯特爱因斯坦金奖；1998 年被剑桥大学授予琳奈特教授荣誉称号；2005 年被美国化学学会授予“化学先锋”称号。

拉奥教授曾任发展中国家科学院院长，曾多次访华并被中国科学院授予“爱因斯坦讲席教授”称号。他为加强我院和发展中国家科学院的合作，中印两国的科技合作和人才培养以及提升发展中国家科技能力建设做出重要贡献。

**赫伯特·雅克勒** 国际著名发育生物学家，德国马普学会副主席，生物物理化学研究所兼职所长，欧洲科学院院士、德国科学院院士、德国哥廷根科学院院士、德国哥廷根大学荣誉教授，曾获德国科学界最高荣誉 Gottfried Wilhelm Leibniz 奖、德国细胞生物学学会奖、Feldberg 奖、Otto Bayer 奖、德国动物学会科学奖、卡尔·冯·弗里希骑士勋章、

德国 NaturforscherLeopoldina 科学院 Mendel 奖章、Louis Jeantet 药物奖、Stifterverband 科学奖、德国联邦总统创新奖和 Land Lower Saxony 合作奖等。

雅克勒教授积极推动中德科技合作，在中国科学院与德国马普学会的科技合作中发挥了举足轻重的作用。他为推动中国科学院-马普学会计算生物学伙伴研究所的成立做出了重要努力。

**日列布佐夫**　俄罗斯科学院院士，空间物理学家，俄罗斯空间天气领域的奠基人之一。获俄罗斯祖国服务奖、俄罗斯政府荣誉奖以及列宁 100 周年劳动英雄奖等多项荣誉，曾任俄罗斯伊尔库茨克州主管科技工作的副州长。

在担任俄罗斯科学院西伯利亚分院日地物理所所长期间，他积极推动与中国科学院的合作，共同建立了中俄空间天气联合研究中心，并签署了第三期中俄空间天气研究联合中心合作协议与大纲，为未来五年双方合作奠定了基础。此外，他还积极促进双方在地基观测设备方面的数据交换，支持中国科学院“子午圈计划”向北延伸，并在国际上率先与中国科学院签署了“国际子午圈计划”。目前，日列布佐夫教授致力于推动俄方参与中国科学院空间科学先导专项中“夸父计划”的国际合作。

加强与香港主要大学和裘槎基金的合作，积极吸引香港科学家参与中国科学院大科学工程的合作，不断完善合作机制，推动长期、互利、实质性合作。白春礼院长率团访问香港主要高等院校，全面推进中国科学院与香港各主要高校间的合作关系，为中国科学院对港科技合作开启了新的历史阶段。

充分利用珠江三角洲地区的经济整合机会，开拓与澳门的合作。

台湾“中研院”翁启惠院长率团来京出席“海峡两岸生命科学论坛”，白春礼院长出席论坛开幕式并会见来访台湾客人。此次“破冰之旅”实现了两院最高学术机构领导人具有历史意义的会面，在两岸科技合作与交流中具有极其重大的意义。实施“台湾青年学者访问计划”，资助 5 名台湾青年科学家到中国科学院工作。

# 基 本 建 设

## 一、基本建设项目批复情况

2012 年，全院批复项目建议书 7 项，总建筑面积 17. 83 万平方米，总投资 7. 63 亿元，投资均由研究所多渠道筹措资金。

2012 年，全院批复建设项目可行性研究报告 76 项，总建筑面积 44. 79 万平方米，其中新建面积 25. 78 万平方米，改造面积 19. 01 万平方米；总投资 17. 09 亿元，其中国家及院投资 2. 81 亿元，研究所多渠道筹措资金 14. 28 亿元。

2012 年，全院批复建设项目初步设计及概算 48 项，总建筑面积 65. 43 万平方米，其中新建面积 55. 63 万平方米，改造面积 9. 80 万平方米；总投资 27. 79 亿元，其中国家及院投资 6. 32 亿元，研究所多渠道筹措资金 21. 47 亿元。

## 二、落实“十二五”建设投资及财政部修购专项工作

2012 年，根据国家批准中国科学院的“十二五”科教基础设施建设规划实施方案，组织项目单位编报可行性研究报告。全年共编报完成 14 个整体项目、(包括 58 个子项目)，其中 22 个子项目顺利通过专家的现场评估。同时，结合院“一三五”规划和先导性科技专项的部署，对实施方案进行了调整优化。

2012 年，编报完成 2013 年修购项目的申报计划，上报的 2013 年 86 个项目中，77 项得到了财政修购专项的支持，财政部安排的预算经费额度为 4. 05 亿元。

## 三、基本建设投资计划

2012 年，编制年度基本建设投资计划 4 批，涉及建设单位 72 个，建设项目 135 项。共计安排资金 19. 63 亿元，其中：院投资 1. 4 亿元，预算内投资（大科学工程等）14. 27 亿元，引进人才专项 0. 52 亿元，自筹 3. 44 亿元。

## 四、基本建设投资完成情况

2012 年，基本建设完成投资 44. 24 亿元。其中：国家拨款资金 24. 24 亿元，院投资 2. 74 亿元，研究所多渠道筹措资金 17. 26 亿元。

完成的国家拨款资金中，包括科教基础设施改造建设项目投资 4. 51 亿元，大科学工程专项投资 5. 66 亿元，引进人才项目投资 0. 62 亿元，修购专项投资 2. 73 亿元，其他专项投资 10. 72 亿元。

## 五、工程建设及竣工情况

2012 年，新开工项目 41 项，其中科研及辅助用房改造建设项目 15 个，园区基础设施改造建设项目 20 个，“3H 工程”人才周转公寓项目 6 个。新开工项目总建筑面积 39.27 万平方米，其中科研及辅助用房改造建设项目的改造面积 12.47 万平方米，“3H 工程”人才周转公寓项目建筑面积 26.8 万平方米。总投资 13.57 亿元，国家投资 2.87 亿元，院投资 0.24 亿元，院所自筹 10.46 亿元。

2012 年，新竣工项目 15 个，其中科研及辅助用房改造建设项目 13 个，教育设施及流动人员公寓改造建设项目 2 个。新竣工项目总建筑面积 56.89 万平方米，新建面积 46.28 万平方米，改造面积 10.61 万平方米；其中科研及辅助用房改造建设项目新建面积 28.68 万平方米，改造面积 1.64 万平方米；教育设施及流动人员公寓改造建设项目新建面积 17.59 万平方米，改造面积 8.98 万平方米。总投资 19.42 亿元，国家投资 12.55 亿元，院所自筹 6.87 亿元。

## 六、工程验收情况

2012 年，组织并完成了北京、沈阳、上海、南京、成都 5 个地区的 25 个建设单位，27 个基本建设项目验收工作个基本建设项目验收工作，其中：新建所 3 项、创新二期 3 项、创新三期 9 项，地震灾后恢复重建等项目 12 项。

# 科学传播与科学普及

2012 年，中国科学院科学传播工作坚持围绕院中心工作，按照“着眼长远、注重实效、协同发展、全面提升”的原则，策划实施重大品牌活动，夯实科学传播场馆、科学传播队伍、科学传播媒体等工作基础，有力地推动了体现“三位一体”优势和特色的科学传播体系建设。

## 一、加强科学传播体系研究部署

6—9 月，在北京、上海等五地 31 个研究所开展科学传播工作调研，全面深入地研究了全院科学传播工作现状和存在的问题，提出了解决科学传播工作问题的建议，初步明晰了全院科学传播体系的框架。

12 月 3 日，科学传播工作领导小组会议深入探讨全院科学传播工作面临的新形势、新要求和新问题，并就加快建设体现“三位一体”优势和特色的科学传播体系建设工作做了总体部署。中国科学院副院长李静海、党组副书记方新、副秘书长曹效业及中国科学院科学传播工作领导小组其他成员参加会议。

## 二、深化科学传播活动品牌

9—12 月，“科学与中国”院士专家巡讲团举办十周年纪念报告主题活动，卫生部部长陈竺院士做了题为《深化医药卫生体制改革的进展和展望》的专场报告。此后在武汉、广州、杭州等地开展十周年巡讲活动，童庆禧、郭光灿等院士开展主题报告。2012 年，巡讲团开展 140 余场系列报告活动，直接听众达 25 000 余人。

“科学讲坛”每周定期在中国科技馆开讲，全年举办高水平科学传播报告 50 余场，已成院士专家向社会公众传授前沿科学知识和科学文化的重要阵地。

中国科学院第八届公众科学日在近百个研究院所举行，15 名院士、820 余名科学家、700 余名科普工作者、2000 余名科普志愿者参与活动，吸引 26 余万社会公众的积极参与，取得了良好的社会效果。

“中国科学院老科学家科普演讲团”全年开展科学传播报告 1800 余场，受众 50 余万人次；院老科技工作者协会组织 44 位专家开展 101 场报告，听众约 7 万人次；武汉科学家科普演讲团开展 60 场讲座，受众 2 万余人次。

在大庆市举行“院士专家科技东北行”活动，结合地方需求开展专题讲座、科技咨询、技术服务、科技合作和决策咨询等活动。

## 三、拓展科学传播工作方式

首届“创新驱动发展　科技引领未来—中国科学院科技创新年度系列巡展”活动是中国科学院开展科学传播工作的有益尝试，白春礼院长为巡展题词。自9月14日起，先后在北京、兰州、成都、武汉、广东、上海、合肥进行巡展，累计参观人数10万余人次。

开拓“科学思维与决策”科普讲坛、“中央国家机关公务员心理素质培训”等公务员科学传播活动。其中，“科学思维与决策”科普讲坛将有关内容设计成系统关联课程，植入到党校教学中，在湖北省委党校、广东省委党校开展3期15个专题讲座，共培训600余名各级领导干部。

此外，首届植物园“名园名花展”、首届博物馆“名馆精品展”、首届“中国动物标本大赛暨动物标本展”等活动有效探索了开展科学传播活动的新形式，赢得公众的认可。

## 四、开展特色鲜明的科学传播活动

院属各分院、各研究所结合本单位优势和特色，开展“人类亲缘”、“中国人从哪里来?”等各种展览20余场，共吸引10余万公众的积极参与。

全院各单位开展科学传播论坛30余多种。其中，上海“科普大讲坛”、“东方科学讲坛”、“天之文科普讲坛”，北京“科学与人文论坛”、“高端科普课堂”，合肥“科学家报告团”，武汉“小洪山讲坛”，兰州“绿洲论坛”等已成为区域性科学传播活动品牌，影响力和参与人数均大幅提高。

在院士群体的支持下，“院士与中学生面对面”、“大手拉小手”、“几何动艺”实践课等科技教育活动向青少年学生传播科学知识，弘扬科学精神，受到中小学师生的欢迎。

## 五、提升科学传播工作能力

推进科学传播队伍与组织建设。举办科学与艺术研讨会、数字科普研讨会、植物园科普网络联盟研讨会、天文科普网络联盟研讨会、网络科普联盟委员会等培训交流活动，提升专兼职科学传播工作人员的理论水平和实践能力。

加强原创科学传播产品研发能力。全年共创作科学传播图书30余种，发行量近70万册，其中3本著作荣获国家级奖项；制作科学传播视频片60余部，总时长为300余小时；50余件科学传播展品在各种国家科学传播活动中展示。

发挥科学传播媒体平台作用。《中国科学报》、《中国科学》、《科学通报》、中国科普博览等科学传播报刊、网站系统及时地开展科学传播工作。全院科普期刊出版种类和出版总数分别达到26种、1600余万册，现有的24个科学传播网站业已形成良性互动态势。

# 中国科学院 2012 年大事记

## 一　月

1. 16—18　中国科学院 2012 年度工作会议在京召开。会议主要任务是：以邓小平理论和“三个代表”重要思想为指导，深入贯彻落实科学发展观，贯彻落实十七大、十七届六中全会和中央经济工作会议精神，落实“民主办院、开放兴院、人才强院”发展战略，坚持出成果出人才出思想，总结 2011 年工作，推进“一三五”规划实施，部署 2012 年重点工作，把“创新 2020”推向重点跨越新阶段。会议期间，颁发了 2011 年“中国科学院国际科技合作奖”和“中国科学院杰出科技成就奖”。

## 二　月

2. 8　在国务院总理温家宝和加拿大总理哈珀的见证下，中国科学院院长白春礼与加拿大自然资源部部长乔·奥利弗（Joe Oliver）签署关于自然资源可持续发展合作的谅解备忘录。

2. 14　在国家科学技术奖励大会上，中国科学院院士郑哲敏获 2012 年度国家最高科学技术奖。作为第一完成人或完成单位，中国科学院获 2012 年国家科技奖 22 项，其中自然科学二等奖 18 项，占全国颁奖总数的 43.9%；国家技术发明奖二等奖 7 项；科技进步奖一等奖 1 项、二等奖 4 项。

2. 15　中国科学院院长白春礼作为全球研究理事会指导委员会委员，应邀参加全球主要科研机构和研究资助机构领导人电话会议。此次电话会议由美国国家科学基金会主席召集，参加会议的全球主要科研机构和研究机构的领导人包括：巴西国家科学技术发展委员会主席、加拿大国家科学与工程研究理事会主席、南非国家研究基金会主席、印度科技部部长助理、德国科学基金会主席、欧洲科学基金及研究理事会主席。全球研究理事会将关注全球科技界发展的共性问题，此次会议讨论了发起全球研究理事会的相应事宜。

2. 17　中共中央政治局常委、国务院副总理李克强在上海考察工作期间，在中共中央政治局委员、上海市委书记俞正声等陪同下，来到中国科学院上海应用物理研究所张江园区，视察上海同步辐射光源。

2.21 中共中央政治局委员、国务委员刘延东出席中国科学技术大学与新华社共同建设的“金融信息量子通信验证网”开通仪式，并发表重要讲话。

2.22 中国科学院副院长李静海会见来华访问的法国科技创新特使、法兰西科学院终身秘书卡特琳娜·布瑞希涅克（Catherine Bréchignac）教授和法国工程院名誉院长弗朗索瓦·吉诺（François Guinot）教授。双方就全球性重大科学问题交换了看法，并一致同意将科学教育、复杂性科学以及核能等洁净能源领域研究作为今后合作重点。

2.23 《自然》（*Nature*）杂志第482卷以长文（article）形式发表中国科学技术大学潘建伟团队在可扩展量子信息处理方面取得的重大突破。他们利用八光子纠缠，在国际上首次实验实现了拓扑量子纠错，取得了可扩展容错性量子计算的重大突破，这是量子信息领域以中国为第一单位发表在该杂志上的首篇长文。

## 三　月

3.1 《自然》（*Nature*）杂志第483卷第7387期发表中国科学院物理研究所赵忠贤课题组铁基超导体高压研究取得新进展。该课题组研究了高压对新型铁基硫族化合物超导体的超导转变温度的影响，发现压力诱发的第二个超导相的超导转变温度高达48K，是已报道的铁基硫族化合物超导体家族中最高的。同时，第二超导相在第一超导相彻底消失以后出现，意味着它有着完全不同于后者的微观机理，为进一步研究开辟了崭新领域。

3.8 以中国科学院高能物理研究所为主的研究团队向世界宣布发现新的中微子振荡模式。该成果被美国《科学》杂志评为2012年度世界十大科学突破之一。

3.9 中国科学院与青海省人民政府在京举行科技合作座谈会暨签约仪式。中国科学院院长、党组书记白春礼，青海省委书记、省人大常委会主任强卫，青海省委副书记、省长骆惠宁，中国科学院副院长詹文龙、阴和俊、张亚平等出席，中国科学院副院长施尔畏和青海省副省长高云龙分别代表双方签署科技合作协议。

3.9 中国科学院与甘肃省人民政府在北京签署《共同支持甘肃省科学院发展协议》。中国科学院副院长施尔畏、甘肃省副省长郝远出席仪式并代表双方在协议书上签字。

3.11　中国科学院院士、化学家、南开大学教授陈茹玉先生因病在天津逝世，享年93岁。

3.15　印发《关于印发〈中国科学院行政纪律处分暂行办法〉及〈中国科学院查办行政纪律案件暂行办法〉的通知》（科发纪监审字〔2012〕39号）。

3.21　中国科学院院士、中国工程院院士、冶金学家、冶金工程专家、中国钢研科技集团有限公司技术顾问邵象华先生因病在北京逝世，享年99岁。

3.26—4.3　应以色列人文与自然科学研究院、肯尼亚高等教育与科技部的邀请，中国科学院院长白春礼率团访问以色列、肯尼亚。在以色列访问期间，白春礼出席第三届国际纳米技术大会暨展览会，并作了题为“中国纳米技术——从基础研究到应用研究”的主旨报告。以色列总统西蒙·佩雷斯出席开幕式并发表演讲，随后会见了白春礼，双方就加强中以科技合作事宜交换了意见。

3.29　在丹麦皇家文理科学院院士大会上，中国科学院院长白春礼被推选为该院外籍院士。

3.30　中央机构编制委员会办公室批复（中央编办复字〔2012〕46号），同意成立中国科学院天津工业生物技术研究所。

3.31　在第二次全国环保科技大会上，中国科学院水生生物研究所水环境工程研究中心主任吴振斌研究员荣获“十一五”全国环境保护科技工作先进个人称号。

## 四　月

4.5　第六届中国科学院学部主席团第十五次会议在京举行。中国科学院院长、中国科学院学部主席团执行主席白春礼主持会议。会议听取了中国科学院第十六次院士大会筹备工作有关进展的汇报，审议修订了专门委员会换届办法，审议了中国科学院第十六次院士大会学术年会组织工作建议方案，听取了生命科学和医学学部关于推进成立中国科学院医学学部进展情况的报告。会议还听取了学部2011年经费使用情况及2012年经费预算情况的汇报。

4.4　《自然》（*Nature*）杂志第484卷第7392期发表中国科学院古脊椎动物与古人类研究所研究员徐星及其团队在我国辽宁省西部早白垩世地层中发现一种新的暴龙类恐龙。这种被命名为华丽羽王龙的食肉恐龙是我国辽西热河生物群迄今发现的体型最大的恐龙之一。华丽羽王龙的发现说明羽毛并非只出现在体型较小的恐龙身上，一些大型恐龙同样具有羽毛，进一步证实了早期羽毛演化的复杂性。

4.10 《自然·通讯》（*Nature Communications*）第3卷第772期发表中国科学院古脊椎动物与古人类研究所研究员朱敏等在古生物学与演化生物学领域取得的新进展。他们报道了最早的空棘鱼头颅化石，这一发现将“解剖学意义上的现代型空棘鱼”记录前推了约1700万年，为研究空棘鱼类的早期快速分化以及随后的演化停滞现象提供了更为准确的参照时间，进一步支持了肉鳍鱼类起源于中国南方古地理区域的假说。

4.10 中国科学院院长白春礼会见巴基斯坦科学院院长 Atta Ur Rahman 一行。白春礼希望中国科学院与巴基斯坦科学院今后不仅能通过召开学术研讨会、学者与学生交流、联合项目等多种形式积极推动双边交流，还可在国际科技组织中共同发挥积极作用。Rahman 向白春礼当选巴基斯坦科学院外籍院士表示祝贺，并建议巴基斯坦的杰出研究中心与中国科学院下属研究所加强机构间合作，围绕生物医药、纳米科学、能源、信息网络技术等重点领域开展访问学者交流、博士生联合培养及合作研究项目。

4.12 中国科学院院士、物理学家、南开大学原校长母国光先生因病在天津逝世，享年81岁。

4.15 《自然》（*Nature*）杂志第485卷发表中国科学院遗传与发育生物学研究所周俭民研究组关于细菌致病蛋白 AvrAC 攻击植物免疫系统的生化机理的研究，发现了 Xcc 细菌效应蛋白 AvrAC 干扰植物免疫系统的分子机理。

4.16 第五次发展中国家科学院（TWAS）中国院士大会在京举行，近60位中国 TWAS 院士出席大会。TWAS 副院长、中国科学院院长白春礼在会上作工作报告，会议由中国科学院副院长张亚平主持。白春礼在工作报告中指出，进一步加强与 TWAS 的交流与合作，有利于增进我国与发展中国家的友谊，也有利于推动我国与发展中国家开展形式多样、互惠互利的合作。

4.18 中国科学院在京举行新闻发布会，宣布中国科学院成都地奥制药集团有限公司研制生产的地奥心血康胶囊已获准欧盟注册上市，实现了我国具有自主知识产权治疗性药品进入发达国家主流市场零的突破。全国人大常委会副委员长桑国卫、中国科学院院长白春礼、卫生部部长陈竺出席新闻发布会并讲话。发布会由中国科学院副院长张亚平主持。作为国家二类中药新药，地奥心血康胶囊先后获得国家科技进步奖三等奖、中国科学院科技进步奖一等奖、四川省科技进步奖一等奖，收载于《中国药典》2010年版正式中成药品种，上市至今累计服用患者数亿人次，实现累计销售金额超过100亿元人民币，上缴税金20多亿元。

4.19—20 中国科学院-美国能源部（DOE）首届协调委员会会议召开。受中国科学院院长白春礼委托，中国科学院上海分院院长江绵恒代表中国科学院与DOE科学办公室主任William Brinkman共同主持会议。会议期间，白春礼会见了美国代表团部分成员。双方均表示，将继续以不同形式进一步沟通交流，发挥科学家的积极性以及协调委员会这一合作机制的平台作用，推动在能源和基础科学方面更多的合作，并在适当时候推动附属机制的建立。会后，江绵恒与William Brinkman共同签署《中国科学院-美国能源部首届协调委员会会议纪要》。

4.20 中国科学院院士、爆炸力学和高压物理学家、中国工程物理研究院专家委员会成员经福谦先生，因工受伤，医治无效，在上海逝世，享年83岁。

4.24 中国科学院副院长张亚平在京会见伊朗总统办公室科技与创新合作中心（CITC）主任Hamid Reza Amiri-Nia一行。双方签署合作谅解备忘录。

4.27 《细胞》（*Cell*）杂志第149卷第3期发表中国科学院上海生命科学研究院生物化学与细胞生物学研究所李劲松研究组和徐国良研究组的一项合作研究。该研究建立了来自孤雄囊胚的单倍体胚胎干细胞系，证明这些细胞保持了一定水平的雄性印记，进一步验证这些细胞能够代替精子在注入卵母细胞后产生健康的小鼠。单倍体胚胎干细胞系的建立为获取遗传操作的动物模型提供了一种新的手段，也为细胞重编程研究提供了一种新的系统。

4.28 亚热带农业生态研究所研究员印遇龙被中华全国总工会授予“全国五一劳动奖章”荣誉称号。

## 五　月

5.1 中国科学院院长白春礼应邀出席在京举行的第14届中美科技合作联委会闭幕式，并参加相关活动。会上，中共中央政治局委员、国务委员刘延东会见了由美国总统科技事务助理、白宫科技政策办公室主任霍尔德伦率领的美国政府科技代表团，宣读了中华人民共和国主席胡锦涛的贺信，并就中美科技合作的重要意义和未来发展发表了重要讲话。此外，中美双方还签署了农业研究旗舰项目议定书和国际科技合作伙伴计划合作谅解备忘录等文件。

5.3 第十六届“中国青年五四奖章”评选揭晓，中国科学院西安光学精密机械研究所国家重点实验室副主任李学龙获第十六届“中国青年五四奖章”称号，中国科学院大气物理研究所大气边界层物理和大气化学国家重点实验室主任王自发获“中国青年五四奖章”提名奖。

5.11　第六届中国科学院学部主席团第十六次会议在京举行，中国科学院院长、中国科学院学部主席团执行主席白春礼主持会议。会议听取了中国科学院第十六次院士大会各项准备工作情况汇报，审议了中国科学院第十六次院士大会学部主席团工作报告和各专门委员会工作办法，审议了《中国科学院院士增选工作中院士候选人行为守则》，听取了“改进完善院士制度”重点任务研究报告的汇报，会议还审议了其他有关事项。

5.17　党中央、国务院授予“蛟龙号”7000米级海试团队“载人深潜英雄集体”荣誉称号，中国科学院10人入选。

5.24—27　中国科学院院长白春礼率团访问日本，期间出席中国科学院与日本理化学研究所（简称RIKEN）合作30周年纪念活动及中国科学院-RIKEN青年科学家研讨会，并与日本文部科学大臣进行了会谈。25日，白春礼与RIKEN理事长野依良治共同出席纪念庆典活动并致辞。纪念仪式上，白春礼与野依良治代表双方签署共同声明。

5.25　中共中央政治局委员、国务委员刘延东在甘肃调研期间视察中国科学院近代物理研究所。

5.28　由中国科学院国家天文台BATC课题组于1997年1月23日发现的国际永久编号第10611号小行星，经国际天文学联合会小天体命名委员会同意，正式命名为“严济慈星”，以纪念这位著名物理学家和教育家。命名仪式由中国科学院副院长李静海院士主持，中国科学院国家天文台台长严俊宣读“严济慈星”命名证书和公报。全国人大常委会副委员长韩启德院士向严济慈亲属赠送了“严济慈星”命名证书和轨道运行图。

5.31　《自然》（*Nature*）杂志第485卷发表中国科学院遗传与发育生物学研究所李传友研究组关于番茄果实进化和发育的基因组学基础的研究。该研究高质量地完成了番茄基因组测序任务的1/6，标志着我国是番茄基因组学研究的强国之一。在解码的番茄基因组中共鉴定出约34 727个基因，其中97.4%的基因已经精确定位到染色体上。比较基因组分析发现番茄果实进化和发育的基因组学基础，番茄基因组经历的两次三倍化使基因家族产生了特异控制果实发育及营养品质的新成员。

## 六　月

6.3—4　由发展中国家妇女科学组织（OWSD）和发展中国家科学院

(TWAS) 联合举办的妇女与创新国际研讨会在意大利里雅斯特市(TRIESTE, TWAS 总部) 举行。来自联合国教科文组织(UNESCO)、国际科学院组织 (IAP)、发展中国家科学院(TWAS)、美国科学促进会 (AAAS)、瑞典国家发展合作部(SIDA)、中国科学院等单位共15人出席会议。中国科学院党组副书记、OWSD主席方新代表OWSD在研讨会开幕式上致辞。

6.4 国家最高科学技术奖获奖者吴征镒、王忠诚、孙家栋、师昌绪和王振义小行星命名仪式在京举行。全国政协副主席、科学技术部部长万钢, 中国科学院副院长詹文龙等出席命名仪式。命名仪式由科学技术部副部长陈小娅主持。

6.6 中国科学院院长白春礼在京会见日本产业技术综合研究机构(AIST) 理事长野间口有一行。此前的6月5日, 中国科学院副院长阴和俊与野间口有代表双方机构续签了合作协议。

6.10 中国科学院第十六次院士大会外籍院士座谈会在京召开。中国科学院院长白春礼发表讲话, 并为外籍院士钱煦 (Shu hien)、弗朗斯瓦·马蒂 (Francois Mathey)、野依良治 (RyojiNoyori)、蒲慕明(Muming Poo)、罗伯塔·鲁德尼克 (Roberta L. Rudnick)、罗格·欧文 (Roger J. Owen) 和饭岛澄男 (SumioIijima) 颁发外籍院士证书。

6.11—15 中国科学院第十六次院士大会、中国工程院第十一次院士大会在北京人民大会堂隆重举行。中共中央总书记、国家主席、中央军委主席胡锦涛出席开幕式并发表重要讲话, 吴邦国、温家宝、贾庆林、李长春、习近平、李克强、周永康等中央领导同志及中央和国家有关部门负责人出席开幕式。11日下午, 中共中央政治局常委、国务院总理温家宝为两院院士作报告。中国科学院院长、中国科学院学部主席团执行主席白春礼代表两院致开幕词, 并在会议期间向大会作了题为《建设国家科学思想库, 开创学部工作新局面》的报告。

6.13 2012年度陈嘉庚科学奖和陈嘉庚青年科学奖颁奖仪式在京举行。中共中央政治局委员、国务委员刘延东出席, 并为中国科学院第十六次院士大会、中国工程院第十一次院士大会作专题报告。

6.14 第六届中国科学院学部主席团第十七次暨第七届一次会议在京举行。中国科学院院长、中国科学院学部主席团执行主席白春礼主持会议。会议听取了各学部学习党和国家领导人在中国科学院第十六次院士大会、中国工程院第十一次院士大会上的重要讲话有关情况的汇报。审议并通过了各学部第十五届常务委员会和学部各专门委员会组成人员名单、第七届中国科学院学部主席团及学部主席团执行委员会组成人员名单。会议还讨论了其他事项。

6.15　《科学》（*Science*）第336卷第6087期发表中国科学院上海植物逆境生物学研究中心、中国科学院上海生命科学研究院植物生理生态研究所朱健康课题组的研究论文“A Histone Acetyltransferase Regulates Active DNA Demethylation in Arabidopsis”。该研究揭示了编码一个组蛋白的乙酰化酶IDM1在植物去甲基化作用机制中的重要作用，填补了植物去甲基化调控机制的一个重要空白，为进一步研究ROS1在植物生长发育及对环境响应过程中的作用奠定了基础。

6.18　中共中央政治局常委、国务院副总理李克强考察中国科学院半导体研究所。

6.18　中国科学院院长白春礼会见来访的意大利教育、大学和科研部部长弗朗西斯科·普罗夫莫一行，与其就双方合作现状和未来合作前景交换了意见。会谈结束后，中国科学院副秘书长谭铁牛与意大利国家研究理事会代表签署谅解备忘录，中国科学院高能物理研究所所长王贻芳与意大利国家核物理研究所代表签署共建联合实验室的合作协议。

6.18　《自然·医学》（*Nature Medicine*）杂志第18卷第7期发表中国科学院上海生命科学研究院/上海交通大学医学院健康科学研究所钱友存研究组和上海交通大学医学院附属仁济医院风湿病学研究所所长沈南研究组的共同研究成果：miR-23b抑制IL-17相关的自身免疫疾病。该工作首次阐述了非免疫细胞来源的miRNA参与免疫性疾病的机制，认为miR-23b可以成为治疗自身免疫病的一个新靶点，将有可能开发成为有效缓解甚至治愈病症的新药。

6.19—30　中国科学院院长白春礼一行对丹麦、德国、冰岛三国相关科研机构和单位进行访问。在丹麦期间，白春礼访问了哥本哈根近郊诺和诺德公司Favrhom园区，并与丹方主席、丹麦科教部常务副部长Uffe Toudal Pedersen共同出席第二届中丹科教中心联合管理委员会会议，还接受了丹麦皇家文理学院院长Kirsten Hastrup教授授予的该院外籍院士证书。6月26日，白春礼访问马普学会总部并与Gruss主席进行工作会谈，并分别代表两家科研机构共同签署“中国科学院与马普学会高端青年科研人才引进计划”（骏马计划）。同日，德国国家工程院院长Reinhard F. Hüttl教授为白春礼举行院士证书授予仪式。在冰岛期间，白春礼一行访问了碳循环国际公司（CRI）。

6.20　中国科学院第二届人才发展主题活动日暨海外人才走进科学院活动周在京举行。中国科学院副院长詹文龙、阴和俊、张亚平，秘书长邓麦村，副秘书长潘教峰出席活动并回答媒体提问。同时，印发由中国科学院院长白春礼题写书名的《人才强院——中国科学院人才工作巡礼》一书。

6.22 《细胞》（*Cell*）第149卷第7期发表中国科学院上海生命科学研究院神经科学研究所张旭研究组题为“成纤维细胞生长因子13作为微管稳定蛋白调控神经元极性化与迁移”的研究论文。论文报道了非分泌型成纤维细胞生长因子13（Fibroblast growth factor 13，FGF13）在神经元轴突的生长锥中具有聚合和稳定微管的功能，影响轴突和前导突起的生长；在脑发育过程中FGF13调控神经元的迁移、大脑皮层和海马组织结构的形成，从而影响学习与记忆等脑功能。该研究阐述了FGF13B对大脑发育的调控作用及其机理，为智力障碍综合征提供了新的分子细胞机制。

6.24 中国科学院院士、著名数学家、国家最高科技奖获得者、复旦大学数学研究所名誉所长谷超豪先生因病医治无效，于上海逝世，享年87岁。

6.24 《自然·遗传学》（*Nature Genetics*）杂志第44卷第8期发表了中国科学院遗传与发育生物学研究所傅向东研究组关于水稻高产优质关键基因*GW8*的研究。*GW8*基因是控制水稻种子大小的正调控因子，该基因表达水平高低与稻米品质和产量密切相关。将它应用到新品种水稻的培育中，有望获得既优质又高产的水稻品种。

## 七　月

7.1 《自然·遗传学》（*Nature Genetics*）杂志在线发表中国科学院昆明动物研究所施鹏研究组与兰州大学、深圳华大基因研究院等多家单位联合完成的牦牛基因组研究成果，发现了其与高原适应性相关的重要遗传机制。这项研究不仅揭示了高海拔地区动物重要生理性状背后的遗传特征，也将有助于进一步揭示人类所出现的各种高原不适症，促进对缺氧相关疾病的认识、预防和治疗。

7.2 中国科学院院长白春礼向丹麦奥胡斯大学交叉学科纳米科学研究中心主任、丹麦皇家科学院院士、丹麦技术科学院院士、丹麦自然科学院院士、丹麦自然科学研究委员会委员、丹麦皇家嘉士伯基金会董事长、欧共体第六框架纳米技术专家委员奥胡斯大学弗莱明·贝森巴赫（Flemming Besenbacher）教授颁发中国科学院国际科技合作奖，以表彰他在国际科技合作中做出的突出贡献。

7.2 中国科学院与中国航天科技集团公司在京签署战略合作框架协议。中国科学院院长白春礼，中国航天科技集团公司党组书记、总经理马兴瑞等领导出席签约仪式。中国科学院副院长阴和俊与中国航天科技集团公司副总经理袁洁代表双方签署协议。双方将在已有合作的基础上加强战略合作的技术领域，深入沟通，在空间科学及其前沿领域、空间技术及其前沿领域、对地观测卫星地面系统及应用领域、航天核心电子元器件及航天材料研制等方面，共同凝练重大科技问题，开展有针对性的基础研究。充分发挥各自优势，力争在成果产出、人才培养和联合研究平台建设等方面取得新突破。

7. 4　中国科学院电工研究所研制的三峡地下电站第二台70万千瓦蒸发冷却水轮发电机，即三峡发电工程最后一台机组成功通过72小时试运行考核，正式投入商业运行。这标志着该所自主研发的蒸发冷却技术在大型水轮发电机领域取得重大突破。表明我国大型电力装备自主创新技术达到世界领先水平，同时为百万千瓦蒸发冷却水轮发电机在我国西南地区水电工程中的应用打下坚实基础。

7. 4　中国科学院与国家林业局签署全面战略合作框架协议。双方将围绕我国林业生态安全领域重大战略需求和科技前沿，按照“开放联合、优势互补、协同创新、合作共赢”的原则，依托各自优势，通过多种形式和渠道开展全面战略合作，以强有力的科技支撑引领现代林业发展。中国科学院院长白春礼、国家林业局局长赵树丛代表双方签署合作协议。

7. 9　中国科学院与中国航天科工集团公司在京签署战略合作框架协议。中国科学院院长白春礼、中国航天科工集团公司总经理许达哲出席签约仪式并讲话。中国科学院副院长阴和俊、中国航天科工集团公司副总经理承文代表双方签署协议。双方将深入交流研讨，在空间探测、空间环境、新材料应用、电子元器件、基础技术及自动化、信息、应急救援、电动汽车等领域方向深化合作。共同凝练重大科技目标，加强核心技术、专项技术联合攻关，支撑航天事业发展；重视新概念、新原理、新方法的基础研究，以及新技术、新工艺、新产品的研发；携手并进，力争在成果产出、人才培养和联合研究平台建设等方面取得新突破。

7. 9　印发《中国科学院王宽诚教育基金项目管理办法》（科发人教字〔2012〕95号）的通知。

7. 10　东方超环（EAST）超导托卡马克在2012年度物理实验中创造了两项托卡马克运行的世界纪录：获得超过400秒的两千万度高参数偏滤器等离子体；获得稳定重复超过30秒的高约束等离子体放电。

7. 13　中国科学院院士、中国工程院院士、水利水电工程专家、中国工程院原副院长潘家铮先生，因病在北京逝世，享年85岁。

7. 14—22　第39届世界空间科学大会（39th COSPAR Assembly）在印度迈索

尔举行，来自54个国家和地区的2000名代表参加会议。中国科学院副院长阴和俊率中国科学家代表团赴会，并在开幕式上颁发了由中国科学院院长白春礼和国际空间研究委员会主席联合签发的CAS/COSPAR赵九章科学奖奖牌与奖状。

7.15—23 中国科学院院长白春礼率团访问巴基斯坦和澳大利亚。访问巴基斯坦期间，白春礼与巴基斯坦科学院院长阿塔·拉赫曼（Atta-ur-Rahman）共同出席7月15日第一届中巴两国科学院研讨会开幕式。拉赫曼在开幕式上代表巴基斯坦科学院向白春礼正式颁发外籍院士证书和纪念章。白春礼代表中国化学会向拉赫曼颁发中国化学会荣誉会士证书。两院院长还代表中巴两国科学院签署科技合作执行协议。访问澳大利亚期间，白春礼会晤了澳大利亚昆士兰州科学、信息技术、创新与艺术部部长Ros Bates女士，并与其一同为第二届中国科学院—昆士兰州生物技术基金的合作项目获奖者颁奖。白春礼还应邀在澳大利亚首届生物纳米创新大会上作关于中国纳米科技发展的主旨报告，并访问了多所大学及相关研究机构。

7.16 中国科学院院士、海洋生物学家、甲壳动物学家、中国科学院海洋研究所研究员刘瑞玉先生因病在青岛逝世，享年90岁。

7.17 中国科学院院士、物理学家、中国科学院电子学研究所和声学研究所的创建者之一马大猷先生因病在北京逝世，享年97岁。

7.21 中国科学院院士、地球物理学家、浙江大学教授徐世浙先生因病在杭州逝世，享年76岁。

7.25 中国科学院与黑龙江省人民政府在哈尔滨举行合作座谈会，中国科学院副院长张亚平和黑龙江省副省长张建星签署《中国科学院与黑龙江省人民政府深度推动现代农业科技合作框架协议》，双方将合作开展东北主要农业作物的分子改良、信息化精准农业、病虫害防控、家猪育种的基础理论和技术研发工作。

7.27 中央机构编制委员会办公室批复（中央编办复字〔2012〕174号），同意成立中国科学院上海高等研究院、中国科学院苏州生物医学工程技术研究所、中国科学院重庆绿色智能技术研究院、中国科学院空间应用工程与技术中心、中国科学院北京综合研究中心等5个事业法人单位。

7.27 中国科学院副院长李静海在京会见来访的厄瓜多尔总统府高等教育、科技与创新国务秘书René Ramirez一行，双方就互派科研人员、培养研究生、建设高科技园区等共同感兴趣的议题进行了交流，并讨论了厄瓜多尔创办科学院的问题。

7.30—8.2 中共中国科学院党组2012年夏季扩大会议在京召开。会议研究确定了进一步推进实施“创新2020”的部署和措施；邀请中央政治局委员、中央书记处书记、中组部部长李源潮为中国科学院在京所局级领导作人才工作报告；审议通过关于推进全国科学院联盟、科教融合创新联盟、行业企业协同创新联盟、野外站联盟、中国植物园联盟、3+5 区域创新集群建设，以及深化科技体制改革工作方案，深入实施战略性先导科技专项、全面推进廉洁从业风险防控工作、后勤支撑体系规划等报告，明确了下阶段的目标任务、政策措施和重点工作。

## 八　月

8.7　中国科学院院长白春礼会见台湾工业技术研究院院长徐爵民一行。

8.9　中国科学院电工研究所延庆八达岭太阳能热发电实验电站全系统贯通，成功完成首次发电实验。这是我国在北京延庆八达岭建成的亚洲第一个兆瓦级塔式太阳能热发电实验电站，标志着我国完全掌握了具有自主知识产权的太阳能塔式热发电技术，使我国太阳能热发电技术步入世界先进行列。

8.10　中国科学院院士、有机化学家、中国科学院上海有机化学研究所研究员周维善先生因病在上海逝世，享年 90 岁。

8.13—14　由中国科学院与澳大利亚联邦科学与工业研究组织（CSIRO）联合组织的中澳战略研讨会暨第三届联合指导委员会会议在京召开。中国科学院院长白春礼、CSIRO 总干事梅根·克拉克（Megan Clark）、澳大利亚驻华大使孙芳安（Frances Adamson）等出席研讨会。联合指导委员会就 2012 — 2013 年度 CAS-CSIRO 合作计划达成共识并签署声明。

8.14　印发《中国科学院非法人单元机构和人员管理办法》（科发人教字〔2012〕113 号）的通知。

8.21—31　由中国天文学会主办、中国科学院国家天文台承办的第 28 届国际天文学联合会大会在京举行。中共中央政治局常委、国家副主席习近平出席开幕式并致辞。中国科学院院长白春礼、中国科学技术协会常务副主席陈希等出席开幕式。会议期间，来自 88 个国家和地区的 2000 余名代表，就天文学领域一系列重要议题展开交流和探讨。

8.24　中国科学院与智利国家科学技术研究委员会科学与技术合作谅解备忘录签约仪式在京举行，双方将在包括天文学在内的多个领域开展合作，在未来三年内共同资助双方优秀研究团队和研究中心之间的合作、联合研究计划，推动建立国际协作实验室，以及可能出现的新的合作机遇。签字仪式结束后，中智两国相关天文学家召开了第二届中智天文合作研讨会。

8.25 中国科学院与澳大利亚天文联合组织在京签署关于南极天文合作的谅解备忘录。中国科学院副院长詹文龙出席签字仪式，并会见澳大利亚天文联合组织非执行董事、2011年诺贝尔物理学奖获得者Brian Schmidt。中国科学院基础科学局局长刘鸣华与Schmidt分别代表双方签署谅解备忘录。根据该谅解备忘录，中国科学院与澳大利亚天文联合组织将在南极天文领域开展合作，在未来四年内共同利用中国南极昆仑站和澳大利亚的天文设备进行天文学研究。

8.29 教育部、中国科学院在京联合启动实施“科教结合协同育人行动计划”。首批有80余家中国科学院研究所、50余家高校参加，每年约有15万名研究生、本科生参与其中，有1800多人次院士、科学家、教授到高校授课，到中学开设科普讲座。

8.30 中国科学院与英国皇家工程院在伦敦联合发布《未来储能：储能技术与政策》研究报告。中国科学院副院长李静海率团出席该发布活动。

8.30—9.4 中国科学院副院长张亚平一行访问俄罗斯科学院。代表团参观了俄罗斯科学院有关研究机构，并顺访了莫斯科大学。9月4日，张亚平与俄罗斯科学院副院长阿·安德列耶夫在俄罗斯科学院主席团签署《中国科学院和俄罗斯科学院2012年至2016年科学合作议定书》。

8.31 人力资源和社会保障部发布《关于新设和确认博士后科研流动站的通知》（人社部发〔2012〕48号），批准中国科学院新增设博士后科研流动站34个，至此，中国科学院博士后科研流动站规模达到189个。

## 九　月

9.7 中国科学院近代物理研究所科研人员利用在国家大科学装置“兰州重离子冷却存储环（CSR）”上获得的高精度原子核质量数据，首次在中重质量区发现同位旋破缺新现象。该现象用现有的核理论无法解释，将吸引理论核物理学家对核层次中的同位旋对称性及其破缺的物理原理进行研究，是我国在原子核质量精确测量方面的又一重要突破。

9.10 丹麦首相赫勒·托宁-施密特女士访问中国科学院大学，出席中丹学院首次开学典礼并发表讲话。中国科学院院长、中国科学院大学校长白春礼会见赫勒·托宁-施密特一行，并向300余位中丹学院师生及国内外来宾致辞。

9.18　中国科学院傅伯杰、郭华东、江桂斌、康乐、江雷、高鸿钧、潘建伟、吕永龙等8人当选发展中国家科学院院士。

9.18—21　发展中国家科学院第二十三届院士大会在天津举行。中共中央总书记、国家主席、中央军委主席胡锦涛出席大会开幕式并发表主旨演讲。本届大会选举产生发展中国家科学院新一届领导机构，中国科学院院长白春礼当选为发展中国家科学院新任院长。这是发展中国家科学院成立近30年来首位中国籍科学家担任院长。

9.25　中国科学院学部主席团七届二次会议在京举行，中国科学院院长、学部主席团执行主席白春礼主持会议。会议审议了《中国科学院学部主席团会议议事规则》和《中国科学院学部常务委员会工作办法》，听取了学部各专门委员会和各学部常委会未来四年工作思路和未来两年工作重点的汇报，审议了“外籍院士选举和学部国际合作调研报告”、《中国科学》与《科学通报》总主编人选及编委会成员名单、“关于改进完善院士制度的建议报告”。

9.25　中国科学院人才工作领导小组办公室组织召开全院国家重大人才工程推进工作视频会议，全面部署中国科学院“高层次人才特殊支持计划”（简称“国家特支计划”，也称“万人计划”）实施工作。

9.26　印发《中国科学院海外评审专家项目实施办法》（科发人教字〔2012〕137号）的通知。

9.28　中国科学院电工研究所承担的“十一五”863计划“太阳能热发电技术及系统示范”重点项目顺利通过验收。该项目成功实现了利用太阳能产生的蒸汽驱动汽轮发电机进行发电，建成了具有完全自主知识产权的塔式太阳能热发电示范电站；编制了太阳能热发电第一部国家标准；建立了太阳能热发电技术产业体系。目前，我国已经成为世界上第4个掌握自主知识产权的太阳能热发电技术国家，在太阳能热发电领域发表的SCI文章总数居世界第2位。

9.30　《自然》（*Nature*）杂志在线发表中国科学院动物研究所周琪研究组和赵小阳研究组合作完成的一项研究工作。该研究首次实现了利用基因修饰的单倍体胚胎干细胞获得健康成活的转基因哺乳动物。

## 十　月

10.8　印发《中共中国科学院党组关于全面推进廉洁从业风险防控的实施意见》（科发党字〔2012〕16号）。

10.10 中国科学院与国务院国有资产监督管理委员会在京签署战略合作协议。中国科学院院长白春礼和国务院国有资产监督管理委员会主任王勇出席签约仪式并讲话，中国科学院副院长阴和俊、国资委副主任黄丹华代表双方签署战略合作协议。双方将以此次战略合作协议签署为契机，大力推进协同创新，建立优势互补、开放共享、互利共赢的长效合作机制，突破创新主体间的界限，实现知识创新体系与技术创新体系的紧密融合，加快科技成果向现实生产力转化，促进产业结构调整升级，促进战略性新兴产业培育发展，联合实施人才发展战略，积极开展学术交流、科技咨询与需求对接活动，推动中央企业与中国科学院联合建设研发中心和重大成果转移转化平台等，为国家转变经济发展方式做出扎实贡献。

10.10 中国科学院水利部成都山地灾害与环境研究所研究员张文敬主编的两部科普作品获得国内科普创作领域最高荣誉奖“中国科普作家协会优秀科普作品奖”优秀奖。

10.12 中国科学院院士、著名植物细胞生物学家、兰州大学生物系原系主任郑国锠因病在兰州逝世，享年99岁。

10.13 中国科学院、国家林业局、住房与城乡建设部联合发布《关于加强植物园在野生植物迁地保护中重要作用的指导意见》，指导全国植物园规范化建设。

10.23 中国科学院空间科学与应用研究中心牵头负责的国家重大科技基础设施——东半球空间环境地基综合监测子午链（简称子午工程）完成全部建设任务，工程性能指标均达到或优于初步设计指标，在京顺利通过国家验收。子午工程建成了23种95台套监测设备，形成了东经120°和北纬30°我国区域上空的地磁电、中高层大气、电离层和行星际四条监测链，实现了区域性空间天气连锁变化的全过程监测，可获取太阳风、电离层、中高层大气、地磁电等30余种空间环境参数。子午工程是迄今为止监测空间范围最广、地域跨度最大、监测方法和手段最全、监测参数最多、综合性最强的大科学装置，在国际同类装置中水平先进、规模最大。

10.23 《自然·通讯》（*Nature Communications*）杂志第3卷第1160期发表中国科学院古脊椎动物与古人类研究所研究员朱敏及其团队对迄今最古老的基干四足动物——奇异东生鱼（*Tungsenia paradoxa*）的研究成果。东生鱼化石发现于云南昭通早泥盆世地层中，距今约4.09亿年，这将四足动物支系的演化历史前推了1千万年。利用高精度X射线断层扫描和计算机三维虚拟重建技术复原了东生鱼的颅腔以及相关的神经、血管等结构，揭示了基干四足动物脑的基本形态，为研究四足动物的脑演化提供了最早的参考点。

10.25　中国科学院院长、党组书记白春礼在长春与吉林省委书记、省人大常委会主任孙政才以及省长王儒林举行工作会谈，并代表中国科学院与吉林省人民政府共同签署《共建国家重大科技创新基地协议》。根据协议，双方将充分发挥各自优势，以中国科学院长春光学精密机械研究所为依托，以产权联结为主要纽带，以引领国家创新需求和产业发展为努力方向，加快建设四大公共技术平台和七大专业研发基地，建成具有完整创新价值链、研产学一体化、集团式运作、国际一流的科技创新基地，为我国科技发展、国防建设、国家重大专项和战略性新兴产业发展提供支撑。

10.25　《自然》（*Nature*）第490卷第7421期发表中国科学院上海生命科学研究院植物生理生态研究所国家基因研究中心韩斌课题组与中国水稻研究所及日本国立遗传所等单位合作的题为“水稻全基因组遗传变异图谱的构建及驯化起源”的论文。该研究通过对水稻遗传多样性的分析、驯化起源的探索及驯化位点的鉴定，将便于高效地利用水稻野生资源中丰富的遗传资源，有助于水稻的育种改良。

10.26　印发《中国科学院岗位管理实施办法》（科发人教字〔2012〕146号）的通知。

10.30　印发《中国科学院公派留学管理办法》（科发人教字〔2012〕151号）的通知。

## 十一月

11.11　由农业部牵头，中国科学院水生生物研究所、世界自然基金会和武汉白鱀豚保护基金会共同组织的2012年长江淡水豚考察在武汉正式起航。本次考察是继2006年长江白鱀豚考察后，又一次大规模长江江豚全流域种群生态考察活动。

11.13　中国科学院院士、著名分子遗传学家、中国科学院上海生命科学研究院植物生理生态研究所研究员洪孟民先生因病在上海逝世，享年82岁。

11.14　中国共产党第十八次全国代表大会选举产生新一届中央委员会。中国科学院院长、党组书记白春礼当选第十八届中央委员会委员，中国科学院副院长、党组成员詹文龙，中国科学院院士、中国科学院化学研究所研究员万立骏当选第十八届中央委员会候补委员。

11.16　中共中国科学院党组学习贯彻十七届七中全会和十八大精神会议在京召开。中国科学院院长、党组书记白春礼主持会议，并就学习贯彻十七届七中全会和十八大精神提出要求，副院长、党组成员詹文龙传达了十七届七中全会精神和十八大报告精神，党组副书记方新传达了中纪委工作报告精神、党章修正案的说明和十八大选举情况。

11.19　中国科学院院长白春礼会见俄罗斯喀山国立技术大学校长 G. Dyakonov一行。双方希望在研究生交换培养、邀请中国科学院科学家赴俄讲学以及科技成果转移转化方面开展合作。随后，白春礼代表中国科学院与 G. Dyakonov 签署《中国科学院与喀山国立技术大学谅解备忘录》。

11.19　中共中国科学院党组举行专题学习会，深入学习贯彻党的十八大精神。第十八届中央委员会委员、中国科学院院长、党组书记白春礼主持学习会。第十八届中央委员会候补委员、中国科学院副院长、党组成员詹文龙，党组副书记方新，党组成员、副秘书长何岩，副秘书长谭铁牛等参加党的十八大的院领导分别作专题发言。

11.20　中国科学院院士、著名化学工程学家、中国科学院过程工程研究所名誉所长郭慕孙先生因病在北京逝世，享年 92 岁。

11.20　印发《中共中国科学院党组关于学习贯彻党的十八大精神的通知》（科发党字〔2012〕18 号），就全院学习贯彻党的十八大精神提出具体要求并进行工作部署。

11.20—24　中国科学院院长白春礼应邀访问香港。白春礼访问了香港城市大学、香港理工大学、香港科技大学、香港浸会大学、香港中文大学和香港大学，并会见了香港王宽诚基金会董事会的主要成员。香港城市大学举行了隆重的学位颁授仪式，向白春礼授予该校荣誉理学博士学位。白春礼还邀请了在港中国科学院院士座谈，在港院士、部分香港高校校长参加了座谈活动。

11.22—23　中国科学院副院长李静海于访问澳大利亚，出席在墨尔本举行的澳大利亚技术科学与工程院第 37 届年会，在该会的能源论坛上做了题为《中国的可持续能源系统之路》的报告，并接受了澳大利亚技术科学与工程院外籍院士证书。访澳期间李静海与卧龙岗大学校长签署了机构间合作谅解备忘录，会见了澳大利亚联邦科工组织首席执行官 Megan Clark，与其就双方在能源和材料领域的合作、科研机构的国际化等进行了讨论。

11.27　中国科学院上海应用物理研究所承担的上海光源工程荣获国家档案局首批“全国建设项目档案管理示范工程”称号。

11.29　中国科学院天津工业生物技术研究所正式通过专家组验收。中国科学院院长白春礼为研究所揭牌。

## 十二月

12. 2　《自然·遗传学》（*Nature Genetics*）杂志在线发表中国科学院广州生物医药与健康研究院研究员裴端卿、陈捷凯的研究论文“H3K9 甲基化阻碍诱导多功能干细胞形成”。

12. 3　《自然》（*Nature*）第 493 卷第 7430 期在线发表中国科学院上海生命科学研究院生物化学与细胞生物学研究所/国家蛋白质科学中心（上海）许琛琦研究组最新成果，首次证明钙离子能够改变脂分子功能来帮助 T 淋巴细胞活化，提高 T 淋巴细胞对外来抗原的敏感性，从而帮助机体清除病原体。该研究揭示了钙离子对 TCR 活化及其 T 细胞生理功能的重要作用，解决了 T 细胞活化的一个关键性问题。

12. 4　第七届中国科学院学部主席团第三次会议在京举行，中国科学院院长、学部主席团执行主席白春礼主持会议。会议审议了关于 2013 年院士增选工作有关安排的建议和进一步健全完善院士增选工作相关规章制度的建议，听取了学部学科发展战略研究工作情况汇报。

12. 9　《自然·方法学》（*Nature Methods*）杂志在线发表中国科学院广州生物医药与健康研究院研究员裴端卿、潘光锦的研究论文“利用人尿液细胞获得神经干细胞”。

12. 12　印发《中共中国科学院党组关于加强和改进督促检查工作的实施意见》（科发党字〔2012〕19 号），就加强和改进督促检查工作进行部署。

12. 13　国务院总理温家宝在北京市委书记郭金龙、科技部部长万钢、国务院研究室主任谢伏瞻陪同下到联想集团考察。

12. 14　在中国科学技术协会会员日暨第五届“全国优秀科技工作者”颁奖大会上，中国科学院物理研究所院士赵忠贤被授予“十佳全国优秀科技工作者”称号。中国科学院物理研究所研究员方忠，中国科学院地理科学与资源研究所研究员周成虎、刘彦随，中国科学院上海药物研究所院士丁健、研究员王明伟，中国科学院国家空间科学中心研究员孟新，中国科学院上海硅酸盐研究所研究员温兆银，中国科学院近代物理研究所研究员肖国青，中国科学院亚热带农业生态研究所研究员王克林被授予“全国优秀科技工作者”称号。

12. 15　中国科学院院士、著名导弹和火箭专家、中国航天科技集团公司和中国航天科工集团公司高级技术顾问屠守锷先生因病在北京逝世，享年95岁。

12.16 《自然》（*Nature*）杂志在线发表中国科学院上海生命科学研究院神经科学研究所神经科学国家重点实验室研究员周嘉伟课题组的题为“星形胶质细胞表达的多巴胺D2受体通过调控aB-晶状体蛋白抑制神经炎症反应”的论文。该研究对进一步理解多巴胺受体的生理功能，拓展人们对星形胶质细胞在脑衰老中作用的认识，并为今后选择合适靶点，有效延缓脑衰老乃至干预神经退行性疾病提供了有价值的信息。

12.16 《自然·遗传学》（*Nature Genetics*）杂志在线发表中国科学院动物研究所魏辅文研究组与深圳华大基因研究院、卧龙大熊猫研究中心等多家单位关于大熊猫种群历史和种群适应的研究成果，重建了从始熊猫起源到大熊猫现生种的种群动态和种群分化历史及现生种群形成的历史原因。该研究为大熊猫的保护提供了种群基因组水平上的科学依据，也为其他濒危动物保护提供了研究范例。

12.17 中国科学院副院长张亚平在京会见来访的摩洛哥哈桑二世科学院院长Omar Fassi Fehri教授一行。张亚平与Fehri举行了会谈，并分别代表两院共同签署《中国科学院和摩洛哥哈桑二世科学院合作备忘录》。

12.17 中国科学院在京召开会议传达学习2012年中央经济工作会议精神。

12.17 中国科学院院士、著名气象学家、中国科学院大气物理研究所研究员陶诗言因病在北京逝世，享年95岁。

12.19 中国科学院与中国航空工业集团公司在北京签署战略合作框架协议。中国科学院院长白春礼、中国航空工业集团公司董事长林左鸣出席签约仪式并讲话，中国科学院副院长阴和俊、张亚平，中国航空工业集团公司副总经理徐占斌出席签约仪式。双方将围绕航空材料、航空发动机和燃气轮机、电子信息、转化医学等重点合作技术领域，充分发挥各自优势，联合建议承担国家重大任务，部署前沿技术研究，推进技术验证和转化应用，实现重大创新成果产出，培养高水平人才。

12.20 中国科学院与中国电子科技集团公司在北京签署战略合作框架协议。中国科学院院长白春礼和中国电子科技集团公司总经理熊群力出席签约仪式并讲话，中国科学院副院长阴和俊、中国电子科技集团公司副总经理毛远建代表双方签署协议。双方以协议签署为契机，发挥各自优势，在战略顶层、前沿和基础技术、人才培养和学术交流等方面开展全方位合作，大力推进协同创新。

12.21 中国科学院理化技术研究所深冷混合工质制冷研究中心团队被中华全国总工会授予2012年度“全国工人先锋号”荣誉称号。

12. 23　　中国科学院院士、著名神经生理学家、中国科学院上海生命科学研究院神经科学研究所研究员吴建屏先生因病在上海逝世，享年78岁。

12. 24—27　　中共中国科学院党组在京召开2012年冬季扩大会议。会议主题是：以邓小平理论、“三个代表”重要思想和科学发展观为指导，认真学习贯彻十八大精神，深入学习贯彻中央领导同志关于科技创新系列讲话和对中国科学院工作指示精神。认真分析国际、国内科技发展的新形势、新要求，紧密围绕“创新2020”跨越发展体系总体布局，深入研究推进院层面重大产出、深化与发展中国家科技合作、加强党建和领导班子建设等重点工作，全面总结2012年工作，研究提出2013年重点工作任务。

12. 28　　中国科学院院士、著名水文地质学家、国土资源部咨询研究中心咨询委员陈梦熊先生因病在北京逝世，享年96岁。

# 学部与院士工作

# 中国科学院学部领导机构

**第七届中国科学院学部主席团**

名誉主席　周光召　路甬祥

**第七届中国科学院学部主席团**

执行主席　白春礼

成　　员　（按姓氏笔画排列）

| | | | | | |
|---|---|---|---|---|---|
| 丁仲礼 | 马志明 | 王占国 | 叶培建 | 白春礼 | 朱作言 |
| 朱道本 | 许智宏 | 李　未 | 李衍达 | 李静海 | 杨　卫 |
| 何鸣元 | 沈文庆 | 陈　颙 | 陈运泰 | 陈宜瑜 | 林其谁 |
| 周其凤 | 赵忠贤 | 秦大河 | 顾秉林 | 程津培 | 詹文龙 |

**第七届中国科学院学部主席团执行委员会**

执行主席　白春礼

成　　员　（按姓氏笔画排列）

| | | | | | |
|---|---|---|---|---|---|
| 白春礼 | 朱道本 | 许智宏 | 李　未 | 李静海 | 沈文庆 |
| 陈　颙 | 陈宜瑜 | 周其凤 | 秦大河 | 顾秉林 | 詹文龙 |

秘 书 长　曹效业

**第七届中国科学院学部主席团顾问**（按姓氏笔画排列）

| | | | | | |
|---|---|---|---|---|---|
| 万　钢 | 马建堂 | 朱之鑫 | 李　伟 | 李安东 | 陈求发 |
| 陈宜瑜 | 陈奎元 | 周　济 | 袁贵仁 | 韩启德 | 谢伏瞻 |
| 谢旭人 | | | | | |

**中国科学院学部第五届咨询评议工作委员会**

主　　任　沈文庆

副 主 任　吴国雄　周孝信　潘云鹤

委　　员　（按姓氏笔画排列）

| | | | | | |
|---|---|---|---|---|---|
| 王恩哥 | 方精云 | 安芷生 | 李家春 | 杨学军 | 吴国雄 |
| 吴培亨 | 吴硕贤 | 沈　岩 | 沈文庆 | 沈保根 | 陈晓亚 |
| 周孝信 | 段　雪 | 侯建国 | 高　松 | 郭华东 | 褚君浩 |
| 潘云鹤 | | | | | |

**中国科学院学部第五届咨询评议工作委员会顾问**（按姓氏笔画排列）

王延觉　王春法　王淀佐　叶玉江　师昌绪　吕　薇
朱道本　邬贺铨　何鸣鸿　赵　路　赵忠贤　姜静波
晋保平　谢伏瞻　谢冰玉　綦成元　蔡　润

**中国科学院学部第五届科学道德建设委员会**

主　　任　许智宏
副 主 任　周　远　欧阳钟灿
委　　员　（按姓氏笔画排列）
方荣祥　冯守华　孙义燧　朱作言　江桂斌　许智宏
怀进鹏　李启虎　李德仁　陈木法　林国强　林惠民
周　远　周卫健（女）　祝世宁　翟明国　薛其坤
欧阳钟灿

**中国科学院学部第三届学术与出版工作委员会**

主　　任　秦大河
副 主 任　郑兰荪　饶子和
委　　员　（按姓氏笔画排列）
于起峰　王　曦　朱作言　许宁生　李　林　李树深
杨玉良　郑兰荪　郑厚植　饶子和　洪茂椿　贺福初
秦大河　梅　宏　崔向群（女）　彭实戈　程时杰
傅伯杰　焦念志

**中国科学院学部第一届科学普及与教育工作委员会**

主　　任　周其凤
副 主 任　石耀霖　何积丰
委　　员　（按姓氏笔画排列）
石耀霖　叶培建　戎嘉余　朱　荻　朱邦芬　刘嘉麒
李　灿　吴一戎　何积丰　张　杰　张启发　陈凯先
陈建生　周其凤　南策文　侯凡凡（女）　郭光灿
康　乐

**中国科学院数学物理学部第十五届常务委员会**

主　　任　詹文龙
副 主 任　李家春　陈建生　彭实戈　欧阳钟灿
委　　员　（按姓氏笔画排列）
王恩哥　文　兰　邢定钰　朱邦芬　孙昌璞　李邦河
李家春　张伟平　陈和生　陈建生　欧阳钟灿　郑晓静（女）

洪家兴　徐至展　崔向群（女）　彭实戈　詹文龙

## 中国科学院化学部第十五届常务委员会

主　　任　朱道本

副 主 任　江桂斌　周其凤　郑兰荪　侯建国

委　　员（按姓氏笔画排列）

万立骏　田中群　包信和　朱道本　江桂斌　李静海

张　希　张玉奎　陈小明　周其凤　周其林　郑兰荪

赵玉芬（女）　侯建国　姚建年　柴之芳　高　松

## 中国科学院生命科学和医学学部第十五届常务委员会

主　　任　陈宜瑜

副 主 任　朱作言　陈晓亚　侯凡凡（女）　贺福初

委　　员（按姓氏笔画排列）

邓子新　朱作言　许智宏　沈　岩　张启发　陈　竺

陈宜瑜　陈晓亚　武维华　孟安明　赵国屏　侯凡凡（女）

饶子和　贺福初　郭爱克　韩启德　裴　钢

## 中国科学院地学部第十五届常务委员会

主　　任　陈　颙

副 主 任　石耀霖　戎嘉余　吴国雄　周卫健（女）　傅伯杰

委　　员（按姓氏笔画排列）

石耀霖　戎嘉余　刘丛强　刘嘉麒　杨元喜　吴国雄

张　经　陈　颙　周卫健（女）　郑永飞　姚檀栋

贾承造　郭华东　陶澍符　湶　斌　傅伯杰　焦念志

翟明国　穆　穆

## 中国科学院信息技术科学部第十五届常务委员会

主　　任　李　未

副 主 任　何积丰　李启虎　李树深　褚君浩

委　　员（按姓氏笔画排列）

王家骐　刘国治　许宁生　何积丰　吴一戎　怀进鹏

李　未　李启虎　李树深　杨学军　徐宗本　梅　宏

黄　维　黄民强　褚君浩

## 中国科学院技术科学部第十五届常务委员会

主　　任　顾秉林

副 主 任　叶培建　吴硕贤　祝世宁　胡海岩　程时杰

委　　员　（按姓氏笔画排列）

于起峰　王　曦　王光谦　叶培建　任露泉　朱　荻
李　天　吴硕贤　沈保根　张　泽　南策文　祝世宁
胡海岩　顾秉林　顾逸东　程时杰　赖远明

**中国科学院学部国际合作和外籍院士工作小组**

组　　长　李静海

成　　员　（按姓氏笔画排列）

于　渌　戎嘉余　李　未　吴培亨　张　泽　陈运泰
欧阳钟灿　侯建国　饶子和　费维扬　曾益新　薛其坤

# 2012 年中国科学院院士名单

（2012 年 12 月 31 日统计，710 人。分学部按姓氏笔画排序）

## 数学物理学部（136 人）

丁伟岳　丁夏畦　于　敏　于　渌　万哲先　马志明　王　元
王　迅　王乃彦　王广厚　王世绩　王业宁（女）　王诗宬
王恩哥　王梓坤　王绶琯　王鼎盛　文　兰　方　成　方守贤
甘子钊　艾国祥　石钟慈　龙以明　叶叔华（女）　叶朝辉
田　刚　白以龙　邝宇平　冯　端　邢定钰　曲钦岳　吕　敏
朱邦芬　刘应明　汤定元　孙义燧　孙昌璞　严加安　苏定强
苏肇冰　李大潜　李方华（女）　李正武　李邦河　李安民
李荫远　李家明　李家春　李惕碚　李德平　杨　乐　杨应昌
杨国桢　杨福家　吴文俊　吴岳良　何祚庥　邹广田　闵乃本
汪承灏　沈文庆　沈学础　张　杰　张仁和　张伟平　张宗烨（女）
张恭庆　张家铝　张焕乔　张淑仪（女）　张涵信　张维岩
张裕恒　张殿琳　张肇西　陆启铿　陆　埮　陈　彪　陈木法
陈永川　陈式刚　陈和生　陈佳洱　陈建生　陈难先　武向平
范海福　林　群　欧阳钟灿　罗　俊　周　恒　周又元　周光召
周毓麟　冼鼎昌　郑厚植　郑晓静（女）　赵光达　赵忠贤
郝柏林　胡仁宇　胡和生（女）　俞昌旋　姜伯驹　洪家兴
洪朝生　贺贤土　袁亚湘　夏道行　徐至展　徐叙瑢　高鸿钧
郭尚平　郭柏灵　席南华　唐孝威　陶瑞宝　黄祖洽　黄润乾
龚昌德　鄂维南　崔向群（女）　章　综　彭实戈　葛墨林
程开甲　童秉纲　谢家麟　詹文龙　解思深　熊大闰　潘建伟
霍裕平　戴元本　魏宝文

## 化学部（123 人）

万立骏　万惠霖　王　夔　王方定　王佛松　支志明　计亮年
卢佩章　申泮文　田　禾　田中群　田昭武　白春礼　包信和
冯守华　朱起鹤　朱清时　朱道本　任詠华（女）　刘元方
刘有成　刘若庄　刘忠范　江　龙　江　明　江　雷　江元生
江桂斌　孙家钟　麦松威　严东生　严纯华　苏　锵　李　灿
李亚栋　李洪钟　李静海　杨玉良　杨学明　吴　奇　吴云东

吴养洁　吴新涛　何国钟　何鸣元　佟振合　余国琮　闵恩泽
汪尔康　沙国河　沈之荃（女）　沈家骢　宋礼成　张　希
张玉奎　张礼和　张存浩　张俐娜　张乾二　陆婉珍（女）
陆熙炎　陈　懿　陈小明　陈庆云　陈凯先　陈俊武　陈洪渊
陈家镛　陈新滋　林励吾　林国强　卓仁禧　周同惠　周其凤
周其林　郑兰荪　赵玉芬（女）　赵东元　赵进才　胡　英
胡宏纹　查全性　段　雪　侯建国　俞汝勤　洪茂椿　费维扬
姚守拙　姚建年　袁　权　袁承业　柴之芳　钱逸泰　倪嘉缵
徐　僖　徐光宪　徐如人　徐晓白（女）　高　松　高　鸿
郭景坤　唐本忠　唐有祺　涂永强　黄　量（女）　黄乃正
黄本立　黄志镗　黄春辉（女）　黄维垣　曹　镛　麻生明
梁敬魁　彭少逸　蒋锡夔　程津培　程镕时　游效曾　谢毓元
蔡启瑞　黎乐民　颜德岳　戴立信

## 生命科学和医学学部（124 人）

王大成　王文采　王正敏　王世真　王志珍（女）　王志新
王恩多（女）　毛江森　方荣祥　方精云　尹文英（女）
孔祥复　邓子新　石元春　卢永根　叶玉如（女）　田　波
印象初　匡廷云（女）　朱玉贤　朱兆良　朱作言　庄文颖（女）
庄巧生　刘以训　刘允怡　刘建康　刘新垣　许智宏　孙大业
孙汉董　孙曼霁　孙儒泳　苏国辉　李　林　李季伦　李振声
李家洋　李朝义　杨焕明　杨雄里　杨福愉　吴　旻　吴征镒
吴孟超　吴祖泽　吴常信　汪忠镐　沈　岩　沈允钢　沈自尹
沈善炯　张永莲（女）　张友尚　张亚平　张启发　张明杰
张学敏　张春霆　张树政（女）　张新时　陆士新　陈　竺
陈　霖　陈子元　陈文新（女）　陈可冀　陈宜张　陈宜瑜
陈晓亚　陈润生　武维华　林其谁　林鸿宣　尚永丰　金国章
周　俊　郑光美　郑守仪（女）　郑儒永（女）　孟安明
赵玉沛　赵尔宓　赵进东　赵国屏　段树民　侯凡凡（女）
饶子和　施教耐　施蕴渝（女）　洪国藩　洪德元　姚开泰
贺　林　贺福初　郭爱克　唐崇惕（女）　唐守正　黄路生
曹文宣　戚正武　龚岳亭　常文瑞　康　乐　梁栋材　梁智仁
隋森芳　葛均波　蒋有绪　韩启德　韩济生　舒红兵　童坦君
曾　毅　曾益新　谢华安　谢联辉　强伯勤　裴　钢　翟中和
薛社普　鞠　躬　魏于全　魏江春

## 地学部（116 人）

丁仲礼　丁国瑜　万卫星　马　瑾（女）　马宗晋　王　水
王　颖（女）　王铁冠　王德滋　文圣常　丑纪范　邓起东
石广玉　石耀霖　叶　笃　叶大年　叶嘉安　田在艺　冯士筰
戎嘉余　吕达仁　朱日祥　朱显谟　伍荣生　任纪舜　刘丛强
刘光鼎　刘昌明　刘宝珺　刘振兴　刘嘉麒　安芷生　许志琴（女）
许厚泽　孙　枢　孙鸿烈　苏纪兰　李小文　李吉均　李廷栋
李崇银　李德仁　李德生　李曙光　杨元喜　杨文采　肖序常
吴国雄　吴新智　邱占祥　汪品先　汪集旸　沈其韩　张本仁
张国伟　张宗祜　张弥曼（女）　张　经　张彭熹　陆大道
陈　旭　陈　颙　陈运泰　陈俊勇　林学钰（女）　欧阳自远
金振民　周卫健（女）　周志炎　周秀骥　周忠和　於崇文
郑　度　郑永飞　赵其国　赵柏林　赵鹏大　胡敦欣　钟大赉
侯仁之　姚振兴　姚檀栋　秦大河　秦蕴珊　袁道先　莫宣学
贾承造　徐冠华　殷鸿福　高　山　高　俊　郭令智　郭华东
涂传诒　陶　澍　黄荣辉　龚键雅　常印佛　符淙斌　巢纪平
程国栋　傅伯杰　傅家谟　焦念志　舒德干　童庆禧　曾庆存
曾融生　谢学锦　翟明国　翟裕生　滕吉文　薛禹群　穆　穆
戴金星　魏奉思

## 信息技术科学部（82 人）

干福熹　王　圩　王　越　王之江　王占国　王守武　王守觉
王阳元　王启明　王育竹　王家骐　包为民　匡定波　朱中梁
刘永坦　刘国治　刘颂豪　刘盛纲　许宁生　孙钟秀　李　未
李启虎　李树深　李衍达　杨芙清（女）　杨学军　吴一戎
吴宏鑫　吴培亨　吴德馨（女）　何积丰　沈绪榜　怀进鹏
宋　健　张　钹　张　煦　张效祥　张景中　张嗣瀛　陆元九
陆汝钤　陈国良　陈定昌　陈星旦　陈星弼　陈俊亮　陈桂林
陈翰馥　林为干　林惠民　林尊琪　金亚秋　周兴铭　周炳琨
周巢尘　郑有炓　郑建华　郑耀宗　保　铮　侯　洵　侯朝焕
姚建铨　秦国刚　夏建白　夏培肃（女）　徐宗本　郭光灿
郭　雷　黄　维　黄　琳　黄民强　黄宏嘉　梅　宏　梁思礼
彭堃墀　董韫美　雷啸霖　简水生　阙端麟　褚君浩　薛永祺
戴汝为

## 技术科学部（129 人）

于起峰 王 曦 王大中 王立鼎 王光谦 王自强 王克明
王希季 王补宣 王崇愚 王淀佐 王锡凡 卢 柯 卢 强
叶恒强 叶培建 申长雨 邢球痕 过增元 师昌绪 朱 荻
朱 静（女） 朱位秋 朱森元 伍小平（女） 任新民
任露泉 庄逢辰 刘广均 刘竹生 刘宝镛 齐 康 许学彦
孙 钧 孙家栋 严陆光 李 天 李依依（女） 李述汤
李济生 李敏华（女） 杨 卫 杨叔子 杨 槱 肖纪美
吴良镛 吴承康 吴硕贤 邱大洪 余梦伦 邹世昌 闵桂荣
汪 耕 沈志云 沈保根 宋玉泉 宋振骐 宋家树 张 泽
张光斗 张兴钤 张佑启 张统一 张楚汉 陈 达 陈创天
陈学俊 陈祖煜 陈能宽 范守善 林 皋 林秉南 欧阳予
金展鹏 周 远 周干峙 周尧和 周孝信 周国治 郑 平
郑时龄 郑哲敏 赵淳生 胡文瑞 胡聿贤 胡海岩 南策文
柯 俊 柳百新 钟万勰 钟香崇 俞鸿儒 闻邦椿 姜中宏
祝世宁 姚 熹 都有为 顾秉林 顾诵芬 顾逸东 徐采栋
徐性初 徐建中 徐祖耀 高镇同 唐叔贤 陶文铨 黄克智
曹春晓 曹楚南 彭一刚 葛昌纯 韩祯祥 程时杰 程耿东
温诗铸 谢光选 赖远明 路甬祥 蔡其巩 蔡睿贤 雒建斌
翟婉明 熊有伦 颜鸣皋 潘际銮 薛其坤 魏寿昆 魏炳波

# 2012 年中国科学院外籍院士名单

（2012 年 12 月 31 日统计，64 人。按英文姓氏排序）

| 中文姓名 | 英文姓名 | 当选年份 | 国籍 |
|---|---|---|---|
| 若列斯·阿尔费罗夫 | Zhores I. Alferov | 2006 | 俄罗斯 |
| 伯奇费尔 | Burrell Clark Burchfiel | 1998 | 美国 |
| 钱煦 | Shu Chien | 2006 | 美国 |
| 卓以和 | Alfred Y. Cho | 1996 | 美国 |
| 朱棣文 | Steven Chu | 1998 | 美国 |
| 朱经武 | Paul Ching-Wu Chu | 1996 | 美国 |
| 蔡南海 | Nam-Hai Chua | 2006 | 新加坡 |
| 菲立普·希阿雷 | Philippe G. Ciarlet | 2009 | 法国 |
| 万森·库尔提欧 | Vincent Courtillot | 2007 | 法国 |
| 盖伊·德泰 | Guy Blaudin de Thé | 2004 | 法国 |
| 罗伯特·迪金森 | Robert E. Dickinson | 2006 | 美国 |
| 法捷耶夫 | Ludwig D. Faddeev | 2007 | 俄罗斯 |
| 傅睿思（女） | Else Marie Friis | 2002 | 丹麦 |
| 冯元桢 | Yuan-Cheng Fung | 1994 | 美国 |
| 萨姆韦尔·格里戈良 | Samvel S. Grigorian | 2006 | 俄罗斯 |
| 戴维·格罗斯 | David Gross | 2011 | 美国 |
| 艾伦·黑格 | Alan J. Heeger | 2007 | 美国 |
| 阿夫拉姆·赫什科 | Avram Hershko | 2011 | 以色列 |
| 何毓琦 | Yu-Chi Ho | 2000 | 美国 |
| 霍克弗尔特 | Tomas Hökfelt | 2000 | 瑞典 |
| 霍西金斯 | Brian John Hoskins | 2002 | 英国 |
| 胡正明 | Chenming Calvin Hu | 2007 | 美国 |
| 黄煦涛 | Thomas S. Huang | 2002 | 美国 |
| 饭岛澄男 | Sumio Iijima | 2011 | 日本 |
| 井口洋夫 | Hiroo Inokuchi | 2000 | 日本 |
| 简悦威 | Yuet Wai Kan | 1996 | 美国 |

续表

| 中文姓名 | 英文姓名 | 当选年份 | 国籍 |
| --- | --- | --- | --- |
| 高锟 | Charles K. Kao | 1996 | 美国 |
| 库什 | Gurdev S. Khush | 2002 | 印度 |
| 克劳斯·冯·克利钦 | Klaus Von Klitzing | 2006 | 德国 |
| 葛守仁 | Ernest Shiu-Jen Kuh | 1998 | 美国 |
| 李政道 | Tsung-Dao Lee | 1994 | 美国 |
| 杰马里·莱恩 | Jean-Marie Lehn | 2004 | 法国 |
| 黎念之 | Norman N. Li | 1998 | 美国 |
| 林家翘 | Chia-Chiao Lin | 1994 | 美国 |
| 刘必治 | Bede Liu | 2011 | 美国 |
| 马佐平 | Tso-Ping Ma | 2009 | 美国 |
| 毛河光 | Ho-kwang David Mao | 1996 | 美国 |
| 马库斯 | Rudolph A. Marcus | 1998 | 美国 |
| 弗朗斯瓦·马蒂 | Francois Mathey | 2011 | 法国 |
| 米歇尔 | Hartmut Michiel | 2000 | 德国 |
| 莫里茨 | Helmut Moritz | 1998 | 奥地利 |
| 弗里德·穆拉德 | Ferid Murad | 2007 | 美国 |
| 野依良治 | Ryoji Noyori | 2011 | 日本 |
| 罗格·欧文 | D. Roger J. Owen | 2011 | 英国 |
| 蒲慕明 | Muming Poo | 2011 | 美国 |
| 雷文 | Peter H. Raven | 1994 | 美国 |
| 罗伯塔·鲁德尼克 | Roberta L. Rudnick | 2011 | 美国 |
| 萨支唐 | Chih-Tang Sah | 2000 | 美国 |
| 沈元壤 | Yuen-Ron Shen | 1996 | 澳大利亚 |
| 肖荫堂 | Yum-Tong Siu | 2004 | 美国 |
| 彼得·史唐 | Peter J. Stang | 2006 | 美国 |
| 郎尼·汤姆森 | Lonnie Thompson | 2009 | 美国 |
| 丁肇中 | Samuel C. C. Ting | 1994 | 美国 |
| 徐立之 | Lap-Chee Tsui | 2009 | 加拿大 |
| 崔琦 | Daniel Chee Tsui | 2000 | 美国 |
| 王中林 | Zhong Lin Wang | 2009 | 美国 |
| 托斯登·威塞尔 | Torsten N. Wiesel | 2004 | 美国 |

续表

| 中文姓名 | 英文姓名 | 当选年份 | 国籍 |
|---|---|---|---|
| 吴耀祖 | Theodore Yao-Tsu WU | 2002 | 美国 |
| 威利 | Peter J. Wyllie | 1996 | 英国 |
| 杨振宁 | Chen Ning Yang | 1994 | 美国 |
| 姚期智 | Andrew Chi-Chih Yao | 2004 | 美国 |
| 丘成桐 | Shing-Tung Yau | 1994 | 美国 |
| 理查德·杰尔 | Richard N. Zare | 2004 | 美国 |
| 哈迈德·泽维尔 | Ahmed H. Zewail | 2009 | 美国 |

# 2012年逝世的中国科学院院士名单

| 姓名 | 学部 | 去世时间 |
|---|---|---|
| 陈茹玉 | 化学部 | 2012-03-11 |
| 邵象华 | 技术科学部 | 2012-03-21 |
| 母国光 | 信息技术科学部 | 2012-04-12 |
| 经福谦 | 数学物理学部 | 2012-04-20 |
| 谷超豪 | 数学物理学部 | 2012-06-24 |
| 潘家铮 | 技术科学部 | 2012-07-13 |
| 刘瑞玉 | 生命科学和医学学部 | 2012-07-16 |
| 马大猷 | 数学物理学部 | 2012-07-17 |
| 徐世浙 | 地学部 | 2012-07-21 |
| 周维善 | 化学部 | 2012-08-10 |
| 郑国锠 | 生命科学和医学学部 | 2012-10-12 |
| 洪孟民 | 生命科学和医学学部 | 2012-11-14 |
| 郭慕孙 | 化学部 | 2012-11-20 |
| 屠守锷 | 技术科学部 | 2012-12-15 |
| 陶诗言 | 地学部 | 2012-12-17 |
| 吴建屏 | 生命科学和医学学部 | 2012-12-23 |
| 陈梦熊 | 地学部 | 2012-12-28 |

# 中国科学院第十六次院士大会

中国科学院第十六次院士大会于2012年6月11—15日在京召开。本次两院院士大会的主题是：全面贯彻党的十七届六中全会精神，高举中国特色社会主义伟大旗帜，以邓小平理论和“三个代表”重要思想为指导，深入学习实践科学发展观，全面推进国家科技思想库建设，大力弘扬科学文化，团结带领全国科学技术和工程技术界，解放思想，开拓创新，唯实求真，以新的成绩、新的贡献、新的思想，迎接党的十八大胜利召开。

6月11日上午，中国科学院第十六次院士大会、中国工程院第十一次院士大会在人民大会堂隆重开幕。开幕会由中国工程院周济院长主持，中国科学院白春礼院长致开幕词，中共中央总书记、国家主席、中央军委主席胡锦涛出席会议并发表重要讲话。1200多位两院院士，吴邦国、温家宝、贾庆林、李长春、习近平、李克强、周永康等中央领导同志及中央和国家机关有关部门负责人出席了大会。

11日下午，中共中央政治局常委、国务院总理温家宝在中国科学院第十六次院士大会和中国工程院第十一次院士大会上为两院院士作报告。温家宝总理回顾了和科技界的交往历史，并结合自己的亲身经历，引用大量事例，从对科技体制改革的探索、制定实施重大科技发展规划、推动实施重大科技行动、关系经济社会发展的重大科技问题、积极迎接新科技革命的曙光和挑战等五个方面谈了自己的看法。刘延东、路甬祥、韩启德、桑国卫、王志珍、宋健、徐匡迪和参加会议的两院院士出席报告会。

在6月12日上午举行的第一次全体院士会议上，中国科学院院长、第六届学部主席团执行主席白春礼代表第六届学部主席团向大会作题为“建设国家科学思想库，开创学部工作新局面”的工作报告。朱道本代表学部咨询评议工作委员会、陈宜瑜代表学部科学道德建设委员会、朱作言代表学部科普和出版工作委员会分别向全体院士作了工作报告。各学部常委会主任也在6月12日下午各学部全体院士会议上向本学部院士报告了两年来的工作情况。

6月13日上午，2012年度陈嘉庚科学奖和陈嘉庚青年科学奖颁奖仪式在两院院士大会上举行。中共中央政治局委员、国务委员刘延东出席颁奖仪式，并与中国科学院院长白春礼和中国工程院院长周济一起为获奖科学家颁发奖章和证书。颁奖活动结束后，刘延东同志在两院院士大会上作报告，强调要深入学习贯彻胡锦涛总书记和温家宝总理在院士大会上的重要讲话精神，牢牢把握创新驱动发展的重要任务，抢抓新科技革命和产业变革的难得机遇，深化科技体制改革，推动科技事业发展迈上新台阶，为加快建设创新型国家和科技强国再立新功。王志珍、宋健、徐匡迪和参加会议的两院院士出席报告会。

6月14日上午，本次大会举办了学部第三届学术年会，费维扬、蒲慕明、徐建中、欧阳自远等4位院士分别作了题为“关于发展低碳技术的几点思考”、“大脑的可塑性”、“航空发动机的发展和科学问题的一些分析”、“中国月球探测的初步成果与太阳系探测的初步设想”的学术报告。各学部也举办了专题性学术报告和科普活动。

在本次院士大会期间，还组织各学部院士认真学习了中央和国务院领导同志重要讲话和报告；进行了学部主席团、各学部常委会和各专门委员会的换届选举工作；颁发了部分外籍院士证书；组织了院士座谈会和外籍院士座谈会。会议期间，还举办了首届院士摄影展。

6月15日下午，中国科学院第十六次院士大会在京闭幕。中国科学院院长、中国科学院学部主席团执行主席白春礼致闭幕词。

# 咨询评议工作

2012年，学部完成并报送了20多份咨询报告，受到党中央国务院领导的高度重视和充分肯定。全年共收到国务院领导同志重要批示49次，国家发改委、能源局、农业部、科技部、工信部、国家安监总局、国家煤监局、中石油等部委和单位与中国科学院和相关咨询项目组深入联系研讨，进一步听取意见。全年新立24项咨询研究课题；编印院士建议11份，其中7份以《中国科学院专报》形式上报中办、国办。

一是努力提升咨询研究报告质量。学部咨委会建立了咨询项目咨询报告结题评审制度、咨委会委员联络制度和专题研究小组，将结题评审要求纳入《中国科学院学部咨询评议项目管理细则》，研编了《中国科学院学部咨询评议项目结题评审表》，提出了咨询报告的成果价值（社会价值和学术价值）、成熟程度（科学性、系统性、创新性、可行性、规范性）及文字水平等评估指标体系，这对进一步提升咨询报告质量具有参考和导向作用。给国务院报送的《基础研究和战略性新兴产业发展》咨询报告，以国内外大量事例，清晰描绘了从基础研究走向产业化的路径，促进国家有关部委重新审视我国新兴产业的技术选择和战略布局；设立“新材料产业体系建设”重大专项的建议已被国家采纳，提出的加强我国海洋石油勘探开发安全和陆上油气储运安全的建议、三江源区生态保护与可持续发展咨询建议、加强移民工程学科建设和相关科研工作的建议、深化我国物质文化遗产的科学认知与保护的建议、我国城镇化合理进程的建议等被收到党中央和国务院领导的高度肯定；学科发展战略研究总报告及分报告公开出版后，社会反响积极，也得到境外出版机构的关注。

二是认真组织咨询活动和论坛。学部以“坚持两个可持续、助推新疆跨越式发展”为主题，组织开展了“天山南北院士行”主题科技活动。50多位院士专家分成“阿克苏河流域水资源情况”、“矿产资源开发可持续，生态环境可持续”、“生态旅游产业发展”、“草地畜牧业与牧民定居”四个专题组，深入南北疆进行调研，为新疆发展提供决策咨询、技术服务和科技合作。在调研的基础上，形成了“关于新疆水资源可持续开发利用的建议”、“关于新疆矿产资源开发与可持续利用的建议”、“关于新疆生态旅游产业发展的建议”、“关于新疆畜牧业与牧民定居的建议”四个专题报告。借学部咨委会召开会议之机，分别在海南乐东和河南信阳开展“院士行”活动，结合地方需求以参观考察、现场指导、专题座谈等与地方党委政府领导及相关企业和单位就发展难题等深入交流，并举办“科学与中国”系列讲座和与中学生面对面活动等。学部创办了“科技创新与战略决策”论坛，会同有关单位分别以“当代中国：转型、创新与发展”和“中国可持续发展的探索、实践与思考——纪念联合国环发大会‘里约宣言’签署20周年”为主题，举办了高层研讨会。资深院士联谊会还组织召开“微电子”和“转基因农作物”论坛等。

三是切实加强咨询工作的顶层设计。学部认真分析国家战略需求，研究编制了《中国科学院学部咨询评议项目指南》；修订了学部咨询相关规章，将学部主席团对咨询工作的新要求，切实落实到《中国科学院学部咨询评议项目管理细则》中。根据学部工作的实际需求，加强学部工作研究支撑体系建设，按照“三位一体”、开放合作、协同创新理念，建立的中国科学院学部-北京大学气候变化研究中心、中国科学院学部-清华大学科学与社会协同发展研究中心正式挂牌，并进一步依托中国科学院地理科学与资源研究所、心理研究所、科技政策与管理科学研究所等筹建了几个新的研究支撑中心。从顶层谋划出发，加强了重大咨询研究和相关成果的宣传力度，进一步扩大咨询工作社会影响力，在广大院士的大力支持下，学部将1998—2009年的咨询报告和院士建议进行汇编，以《中国科学家思想录》丛书形式公开出版。

# 科学道德建设

2012 年，学部科学道德建设委员会，围绕科技伦理、院士增选监督机制、引导学风道德建设方面开展了一系列工作。

一是科技伦理研究工作初见成效。依托学部道德与科技伦理研究中心开展了基础的和系统的研究工作。目前已初步形成《负责任的转基因科技研发行为准则》倡议从事相关研究工作的科技工作者遵循准则的要求，以负责任的态度对待自己的研究工作。“干细胞研究中的伦理问题及科学家社会责任研究”已通过立项，与生命科学和医学学部常委会共同开展研究工作，目前正在组织调研工作。成功举办了“2012’科技伦理研讨会”，围绕干细胞研究与应用中的伦理问题及科学家社会责任研发中伦理问题，共同研讨干细胞研究的前沿与发展，干细胞研究与应用中的伦理、法律和社会问题，干细胞研究与应用中的风险管理机制，科学家在干细胞研究及应用中的社会责任等问题，以促进未来干细胞研究的更好发展。

二是院士增选约束和监督机制进一步完善。针对增选工作中的新情况新问题新形势，加强调研，从制度层面进一步完善了约束和监督机制。2012 年制订或修改完善的规章制度包括：《中国科学院院士增选投诉信处理办法》（12 月 4 日学部主席团会议修订）；《中国科学院院士增选工作中院士行为规范》（4 月 18 日道德委员会会议修订）；《中国科学院院士增选工作中院士候选人行为守则》（5 月 11 日学部主席团会议制订）。

三是参与全国科学道德和学风建设宣讲教育活动的组织协调工作。在中国科协组织人事部牵头下，做好中国科学院方面的道德学风建设宣讲教育活动的组织协调，协助邀请院士专家参与宣讲活动，按照“全覆盖、制度化、重实效”的要求，引导研究生遵守学术规范，坚守学术诚信，努力成为优良学术道德的践行者和良好学术风气的维护者。

# 学 术 工 作

2012 年，学部科普和出版工作委员会（原）以及新组建的学部学术与出版工作委员会，以加强学部学术引领作为工作使命，围绕学科发展战略研究、学术交流活动、院学术委员会和“两刊”编委会建设等方面组织开展了一系列工作，相关工作都有新的进展。

一是持续开展学科发展战略研究。在各学部自主部署学科发展战略研究项目的基础上，学部与基金委签署了共同开展学科发展战略研究长期合作框架协议，制订了联合工作方案，安排了 13 项合作研究项目。全年出版 3 本“国家科学思想库——学术引领系列”的学科发展战略研究成果。

二是举办“科学与技术前沿论坛”活动。围绕航天、天文、空间、大陆、海洋、电子、力学、激光、环境、材料、细胞等学科领域举办“科学与技术前沿论坛”14 场，共邀请 172 位院士专家做了报告，有关成果陆续刊登于《中国科学》和《科学通报》，报告视频登载于学部网站，在学术界产生了较好的影响。

三是探索发挥学术委员会作用的有效途径。为了贯彻落实院党组关于“三位一体”框架体系建设和“学部承担全院学术委员会的重要职责”等工作任务，还对国内外一些机构的学术委员会进行了调研，起草了全院学术委员会初步方案，并根据院党组会决策部署予以落实。

四是《中国科学》、《科学通报》“两刊”编委会换届工作有序进行。根据学部平台办刊的要求，统筹部署《中国科学》、《科学通报》两刊编委会换届工作，基本完成了国际编委比例更高、更年轻的《中国科学》各辑新一届编委会的组建，提出了《科学通报》英文版国际化工作的总体思路，为“两刊”下一阶段改革发展打下了良好的基础。

# 教 育 工 作

2012 年，学部成立了学部科学普及与教育工作委员会，确立了科学教育、科学普及和文化宣传等三大工作任务。

学部科学教育咨询研究思路正在形成。新成立的学部科学普及与教育工作委员会通过研讨，确定了学部科学教育的研究方向，即系统梳理和深度聚焦我国科学教育方面的突出问题，特别是高层次创新人才的培养问题，开展咨询研究，并围绕咨询研究主题进行广泛调研和深入讨论活动，以期提出有重大参考价值的国家教育行动计划建议。各学部常委会也将围绕有关学科领域的教育问题开展专题咨询研究。

“科学与中国”科普活动继往开来。2012 年是学部“科学与中国”院士专家巡讲团成立十周年。经过十年的实践，“科学与中国”已经建立起多个活动平台，如科学讲坛、科学思维与决策课程讲座、院士与中小学生面对面、两刊走进科研院校等，满足多层次、多地域的社会需求，受到了社会各界的欢迎。组织了十周年纪念活动、主题巡讲、科学讲坛、科学思维与决策课程讲座、“两刊”走进科研院校活动和“院士与中小学生面对面活动。据统计，全年近 160 位院士专家参与了巡讲团活动，组织报告 140 余人次，其中“战略性新兴产业”主题报告 20 余人次、“气候与环境”主题报告 4 人次、“科学讲坛”50 余人次、科学思维与决策课程讲座 3 期 20 人次、“两刊”走进科研院校 14 人次、17 位院士参与了“院士与中小学生面对面”活动。与中国科学院网络科普联盟进行了成功合作，开设了全新的“科学与中国”专门网站（http：//cs. kepu. cn/）。

文化宣传工作扎实推进。学部科普教育委重点开展了“科学与中国”报告文集、多媒体光盘、“院士传记”等科普和传记类文化出版工作。这些作品对于追溯我国科技历史，展示科学家爱国奉献精神，普及科技知识，以及宣扬科学家们的科学思想、科学方法和科学精神等具有重要的社会意义。我们以纪念“科学与中国”院士专家巡讲团活动十周年，以及迎接党的“十八大”胜利召开为契机，成套出版了《科学与中国——十年辉煌光耀神州》，以及“科学与中国”文集系列丛书第七辑，出版“科学讲坛”多媒体光盘一套，出版了国家最高科学技术奖获得者谢家麟院士传记以及技术科学部 95 岁高龄资深院士柯俊院士传记各一部。

# 陈嘉庚科学奖基金会工作

2012 年，陈嘉庚科学奖基金会认真贯彻落实民政部和国家科学技术奖励工作办公室相关政策法规的要求，进一步规范和完善基金会的各项工作，着重提升陈嘉庚科学奖和陈嘉庚青年科学奖的声誉和影响，并与厦门市统战部和陈嘉庚纪念馆建立了实质性的合作关系。

举办 2012 年度陈嘉庚科学奖与陈嘉庚青年科学奖颁奖仪式。颁奖仪式于 6 月 13 日上午在京西宾馆顺利举行，国务委员刘延东、中国科学院院长白春礼和中国工程院院长周济为 12 位获奖人颁奖。陈嘉庚科学奖基金会理事会和评奖委员会成员，以及来自中国科学院、中国银行、科技部、国家能源局、国家自然科学基金委员会、中国工程院、中国科学技术协会、陈嘉庚纪念馆等部门和单位的嘉宾应邀出席了颁奖仪式。

举办 5 场陈嘉庚科学奖报告会。基金会先后在清华大学、新疆大学、新疆石河子大学、集美大学和中国科学技术大学举办了 5 场陈嘉庚科学奖报告会，9 位获奖人受邀为当地师生做了精彩讲座，讲座内容不仅包括各自研究领域热门话题的专业知识介绍，也包括创新人才培养等热点话题的深入交流，2000 余名师生参加报告会。报告会在传播科学知识、弘扬科学精神的同时，也进一步扩大了陈嘉庚科学奖的影响力。

启动获奖人纪录片制作工作。为弘扬嘉庚精神，扩大陈嘉庚科学奖的影响力，经第二届理事会第七次会议审议同意，4 月基金会与上海文广新闻传播集团（SMG）东方传媒娱乐集团有限公司签订了陈嘉庚科学奖获奖人纪录片样片的制作合同，由真实传媒《大师》栏目组负责具体制作工作，并确定冯端先生作为首位拍摄的获奖科学家。

# 院直属单位情况

# 分 院 机 构

## 北京分院（筹）

院　　长：丁仲礼（兼）
地　　址：北京市海淀区中关村南四街18号紫金数码园1号楼
邮政编码：100190
电　　话：010-62661266
传　　真：010-62661245
电子信箱：bjb@cashq.ac.cn
网　　址：http://www.bjb.cas.cn

中国科学院北京分院筹建于2005年3月1日，与中国科学院京区党委采用“同一机构、两块牌子”的形式合署办公。

北京分院是中国科学院机关的派出机构，负责联系和管理中国科学院在北京、天津、山西地区的43个研究机构，1个教育机构，2个公共支撑单位和1个新闻单位。

截至2012年底，北京分院系统共有在职职工22 155余人。其中科技人员18 713人，包括中国科学院院士167人，中国工程院院士26人。京区党委所属基层党组织61个，党员总人数38 474人。

2012年，北京分院京区党委认真贯彻落实院工作会议精神，以推进“一三五”规划实施为重点，全面部署党的十八大精神的贯彻学习，在加强分院系统领导班子领导科技创新能力建设、提升京区党建科学化水平、推动重点领域的院地合作、发挥综合服务职能等方面取得新进展。

### 一、加督促检查“一三五”规划实施，加强领导班子队伍建设

1. 提升所级领导干部对院“一三五”发展规划深刻内涵的认识。举办北京分院系统所级领导干部研究班，白春礼院长作《关于我院下一步工作的思考》的报告，京区180余位所级领导干部参加，进一步增强了推进“一三五”规划的责任感；结合领导班子中考和换届，对26个单位“一三五”规划实施情况进行测评，并将测评结果作为分院系统年度优秀领导班子评比的重要指标，平均测评认同度86%。

2. 以检查“一三五”规划落实情况为核心，加强领导班子的考核工作。在班子换届和届中考核中，有针对性地在所长述职报告、个别谈话考核环节中，增加“一三五”规划和实施情况内容，推动院党组战略意图的贯彻落实；先后完成对数学院和遥感所等26个研究所的换届和届中考核，组织计算所和高能所的副所长竞争性选拔工作，对19位同志进行个别提任考核。

3. 以加强领导班子制度建设为抓手，推进“一三五”规划的落实。强化落实领导班子民主生活会、中心组学习制度，以及新任领导班子成员集体廉政谈话制度，重点指导领导干部队伍推动“一三五”规划实施的力度。

### 二、围绕中心工作，不断提升党建工作科学化水平

*（一）做好十八大代表推选及会议精神的贯彻落实工作*

1. 圆满完成十八大代表候选人和中央国家机关党代会代表的推选工作 。推选出京区十八大代表候选人11名、中央国家机关党代会代表16名。经中央国家机关党代会差额选举，我院京区11名十八大代表候选人中有10位同志光荣当选党的十八大代表。

2. 认真抓好十八大精神的学习贯彻落实。制定学习宣传贯彻党的十八大精神工作方案；召开学习宣传贯彻党的十八大精神动员会；参与组织院党组召开的所局级领导干部学习贯彻十八大精神座谈会；与相关部门联合举办“京区所局级领导干部学习十八大精神专题研讨班”；组织召开京区党委全委会、党委书记与科研骨干、统战人士等学习贯彻十八大精神座谈会，举办

"求是论坛"专题报告会。

（二）圆满完成京区党委、京区纪委换届工作

认真组织京区第十一次党代会代表和京区党委、京区纪委"两委"委员候选人的选推选工作。召开京区第十一次党代会，白春礼院长、时任中央国家机关工委常务副书记汪永清应邀出席并讲话。会议审议通过第十届京区党委和纪委的工作报告，并选举产生出第十一届京区党委和京区纪委。

（三）不断提升京区党的建设科学化水平

1. 扎实开展"基层组织建设年"活动。指导基层党支部完成分类定级工作；总结基层党支部的建设经验；组织"基层组织建设年"征文活动。

2. 扎实推动廉洁从业风险防控试点工作。遴选试点单位，搭建廉洁从业风险防控工作学习交流平台，开展廉洁从业风险防控工作步骤、方法的交流。

3. 加强党外代表人士队伍建设。起草下发《中国科学院党组关于加强新时期下党外代表人士队伍建设的实施意见》；召开京区民主党派、侨联组织工作通报座谈会；积极推进致公党、民建成立中国科学院基层委员会；联合人教局完成党外人士参加全国人大代表和政协委员的推荐工作。

（四）履行院创新文化建设办公室的职能

组织召开全院创新文化建设暨政研会理事会；出版《中央领导人与中国科学院》系列丛书、《创新文化之歌》、《让创新成为文化》；北京分院创新文化广场荣获"中央国家机关基层党组织十大学习品牌"。

（五）履行院党建工作领导小组办公室的职能

制定《中国科学院2012年党的建设工作要点》；组织召开全院创先争优活动总结视频会议；组织编写《中国科学院基层党支部工作手册》；积极推动成立"中国科学院党建研究会"。

（六）做好全国党建研究会科研院所专委会秘书处工作

召开全国党建研究会科研院所专委会一届四次会议。《院所长负责制下科研院所党组织发挥政治核心作用研究》获"中央国家机关党建研究会2012年度机关党建课题研究成果评选"一等奖，《党的群众工作与社会管理创新研究》获"中央国家机关党建研究会2012年度机关党建课题研究成果评选"二等奖。

（七）充分发挥群众组织作用

圆满完成院工会换届工作；推进基层单位职工之家建设和申报验收工作，京区单位工会建家率达92%。关心关爱职工，组织7批次优秀职工代表近300人休养；组织950名科研管理骨干参加体检。

## 三、深化合作重点，扎实推进院地合作工作

1. 推动院市双方高层会晤。3月，中国科学院与天津市举行科技合作座谈会，院市双方主要领导出席会议。院市双方确定以天津工程生物所和育成中心为依托，为滨海新区发展提供科技支撑。4月，中国科学院与北京市召开院市合作工作会议，院市双方主要领导出席会议，重点推动中国科学院北京怀柔科教产业园建设和中关村国家自主创新示范区建设。

2. 积极推动与河北省科学院共建工作。落实全国科学院联盟要求，签署合作共建河北省科学院协议，制定与河北省科学院"十二五"合作规划与实施方案，选派一名科技副职担任河北省科学院副院长，启动实施5个合作项目。

3. 推动地方设立产业化专项资金。分别与内蒙古阿拉善盟、河北省秦皇岛市共建"阿拉善沙生资源植物产业研发中心"和"秦皇岛数据产业研发转化基地"，推动两个地方政府分别设立5000万专项资金，用于产业化项目的引导及科研团队、管理团队的奖励。

4. 启动北京创新与转化集群工作并编制分院院地合作"一三五"发展规划。完成北京创新与转化集群建设规划编制工作，集群规划中的北京试点方案已获院批准。完成北京、天津、河北、山西、内蒙古5个责任区域的院地合作"一三五"发展规划的编制。

5. 继续推动中国科学院怀柔科教产业园科研转化基地和中关村国家自主创新示范区的建设。怀柔园区中，计算机网络信息中心、空间科

学与应用研究中心2个单位于上半年开工建设；生态环境研究中心、自动化研究所项目完成初步设计；已落户的所持股企业上年实现产值1.6亿元。与中关村管委会、住信委共同推动计算机网络信息中心等5家单位与北京市签署“中关村科学城建设项目合作协议”。

6. 做好重大项目实施过程中的跟踪服务工作。龙芯CPU产业化项目，2011年完成销售1亿元，2012预计实现销售收入1.2亿元，其中龙芯电脑在教育领域销售达10万台。纳米材料绿色打印制版产业化项目完成系统中试生产线，产业化基地已投入使用，2011年实现产值1000万。鄂尔多斯大规模空气储能项目初步完成15kW和1.5MW超临界空气储能系统研发与平台建设，地方政府已为工程热物理所匹配事业编制。山西煤化所“高性能碳纤维制备技术”实现与太原钢铁（集团）有限公司的合作，目前T8级碳纤维制备技术已完成吨级平台工艺技术研究，产品性能达标。

2012年北京分院区域内院地合作项目实现企业销售收入309亿元，比上年增长10%。

## 四、发挥综合管理职能，服务基层科技创新

1. 加强对行政工作的指导、协调和服务。从北京市争取108套人才租赁房，缓解科研人员住房压力。多方协调并积极争取北京市政府支持，争取到2.54亿元投资以彻底解决新技术基地交通问题。推动国家天文台科研实验楼人防工程改造，并获“中央国家机关人防示范工程”称号。

2. 开展研究所学术委员会工作制度调研工作。对京区34个研究所的学术委员会开展工作情况进行调研，与规划战略局共同修订形成《中国科学院研究所学术委员会工作办法（试行）》下发全院。

3. 扎实推进审计工作。以风险防范为导向，实施经济责任审计29项，审计总金额214亿元，完成审计公告25项。

4. 做好基层人才队伍服务工作，启动分院系统“启明星”优秀人才培养计划。以分院系统管理骨干为主体，发掘“德才兼备”的青年人才，评选出43位“启明星”人才以进一步培训培养。为基层单位办理毕业生落户、京外调干报批、解决干部夫妻两地分居手续等近5000人次。

（撰稿：欧　云　石亦菲　审稿：欧龙新）

# 沈阳分院

院　　长：包信和

地　　址：辽宁省沈阳市和平区三好街24号

邮政编码：110004

电　　话：024-23983356；024-23983359

传　　真：024-23983343

电子信箱：syb@mail.syb.ac.cn

网　　址：http://www.syb.cas.cn

## 一、基本情况介绍

中国科学院沈阳分院的前身是1951年成立的中国科学院东北分院，负责管理中国科学院驻东北的工业化学研究所等8个科研单位。1954年8月东北分院撤销，所属研究所归中国科学院直接领导。1958年12月，成立中国科学院辽宁分院，负责管理中国科学院在辽宁地区和地方的科研机构。1961年8月辽宁分院撤销，所属科研机构划归辽宁省科委领导。1962年10月恢复中国科学院东北分院，负责管理中国科学院在东北的科研单位。1970年8月东北分院撤销，所属单位归地方领导。1978年5月中央批准恢复成立中国科学院沈阳分院。

沈阳分院是中国科学院机关的派出机构，负责联络和协调中国科学院在辽宁地区的大连化学物理研究所、金属研究所、沈阳应用生态研究所、沈阳自动化研究所，驻山东省的海洋研究所、青岛生物能源与过程研究所、烟台海岸带研究所。2012年与长春分院联合，完成编制东北先进材料、绿色智能制造和现代农业创新集群规划和沈阳智能制造卓越中心实施方案；编写山东海洋创新集群建设规划。完成中国科学院与辽宁省、山东省院地合作一三五规划；完成中国科学院沈阳分院和山东省科学院全面合作规划

（2012—2015），并推进落实实施。

截至2012年底，沈阳分院系统共有在职职工5105人。其中高级研究人员1901人，包括中国科学院院士17人，中国工程院院士9人。

## 二、领导班子和后备干部队伍建设

分院党组认真了解各方面人员意见，完成系统大连化物所、金属所、青岛生物能源所、烟台海岸带所和沈阳应用生态所5个研究所行政班子换届或届中考核。

与长春分院联合，组织完成了沈阳分院第26期所级领导干部暑期学习班暨第二届沈阳长春分院所长书记联席会。开展党委书记学习日活动，完成分院系统所局级领导干部重大事项申报和党政正职年度工作报告。

组织完成了沈阳应用生态研究所和海洋研究所后备干部推荐工作；开展了分院系统后备干部和中层干部队伍情况调研，形成了《沈阳分院后备干部队伍建设情况的调研报告》。委托中国延安干部学院举办“中国科学院沈阳分院系统中青年干部培训班”。

## 三、党建、党群与创新文化建设

认真组织学习贯彻党的十八大精神相关活动。组织开展了党组（党委）中心组学习，面向系统各单位（沈阳地区）举办了两场专题学习辅导报告会。

完成了大连化学物理研究所、海洋研究所、金属研究所党委换届选举，分院机关恢复组建机关党委选举。召开沈阳地区党员代表大会成立了中共中国科学院沈阳分院直属单位党委。

继续落实领导干部每年至少撰写1篇调研报告工作；选派7名党务干部和党员参加省直机关工委党校的有关学习培训；七一前直属机关党委评选表彰先进党支部（总支）12个，优秀共产党党员20人，优秀党务工作者6人。

积极与省市组织部、统战部联系协调，推举产生全国人大代表、辽宁省政协委员、沈阳市人大代表、沈阳市政协委员各一人。

沈阳分院和大连化物所承担的院2012年政研会重点课题《思想政治工作人文关怀和心理疏导在实际工作中的应用》被推选参评全国政研会优秀论文。

完成分院机关工会换届。组队参加全院羽毛球赛获团体第四名，参加省直机关工会排球赛获体育道德风尚奖，组织分院系统排球赛、研究员级乒乓球赛等活动；今年支持定点扶贫单位岫岩县朝阳镇，资金总计31万元，分院1人获省扶贫先进个人。

## 四、院地合作

创新院地合作新模式。凝练出一批有代表性的项目，为国家发改委与中国科学院联合发文实施“中国科学院科技服务东北老工业基地振兴行动计划（2012—2015）”起到了积极促进作用。

探索“中国科学院-威高计划”实施新模式。2012年“中国科学院-威高计划”探索推行了“两头放开”举措以此进一步促进威高集团和山东医用材料、医疗器械产业的发展。

推进全国科学院联盟工作，深化与山东省科学院合作。制订了《中国科学院沈阳分院 山东省科学院深化合作规划及实施方案》，已有7项合作项目被列为我院全国科学院联盟合作专项，新建了4个合作研发平台。积极推进中国科学院青岛产业技术创新与育成中心建设，推动丹东市人民政府、辽宁省科技厅、沈阳分院三家共建中国科学院丹东产业技术创新与育成中心。

在辽宁地区共建沈阳国际特种数控装备产业基地研发和检测平台；组建汽车增压器等6个产业技术创新联盟；设立了辽宁丹东黄海海洋经济等4个院士工作站；与高校共建辽宁高端装备协同创新中心等创新合作平台3个；与山东省科学院共建固体润滑联合实验室等4个研发平台与山东企业共建“高性能节能发动机油联合研究中心”等平台。

继续完善沈阳国家技术转移中心和山东综合技术转化中心（简称“两个中心”）及其分中心的院地合作网络体系，强化“分中心+科技副职”的模式。新建沈阳国家技术转移中心阜新分中心、山东综合技术转化中心潍坊分中心，与辽宁省阜新市和山东省潍坊市签订全面科技合作协议。全年新派遣科技副职4人。完成第7批科技特派员共26人的选派工作，已累计向沈阳市41家重点工业企业派遣科技特派员173人次。

组织实施一批产业化合作项目。在辽宁，纳米绿色印刷滚筒式直接制版设备产品已定型，通过辽宁省科技成果鉴定；工业自动化仪表网络化技术在智能电网上开始推广应用。

在山东，“医用高分子微孔滤膜材料”项目已在威高滤器公司实现了产业化，经济效益显著；推进了渤海粮仓、大西洋鲑封闭循环清洁生产等10多个重大项目实施。

沈阳分院获得我院2011年院地合作集体二等奖、2011年中国产学研合作创新与促进奖先进单位，“2012年沈阳市科技活动周优秀活动单位”称号。

## 五、纪检、监察和审计

研究部署风险防控试点、与研究所纪监审互动等工作；进一步完善党务、院务公开制度；做好院廉洁从业风险防控试点工作；做好与研究所在工程建设领域监督和内部审计监督两个专题纪监审互动及群众参与式党风廉政建设互动；加强内部审计和专项审计工作；梳理编写了分院机关廉洁从业风险防控流程；开展多种形式和内容的警示教育。

## 六、院士联系工作

在沈阳分院建议下，辽宁省委、省政府第五届决策咨询委员会中新增设了院士专业咨询委员会，挂靠在沈阳分院，20名在辽院士被聘任为咨询委员，沈阳分院院长包信和担任院士专业咨询委员会主任。开展了题为《创新机制 优化平台 充分发挥“两院”院士在我省社会经济科技发展中的作用》项目，提交省委、省政府。

共举办11场院士专家科普报告，2场院士专题报告，9000多名市民学生走进中国科学院参观，活动受到了国家及省市媒体的广泛关注。

## 七、公共事务管理和协调

与沈阳市浑南新区协调落实分院机关综合楼建设用地10亩，初步落实金属所和沈阳自动化所在浑南征地1000亩地；经与院省市有关部门多次等沟通协调，解决了142名获中国科学院奖励人员提高沈阳市退休金标准问题。

（撰稿：高 辉 王海冰 审稿：马 思）

# 长春分院

**院　　长：**王利祥
**地　　址：**吉林省长春市人民大街7520号
**邮政编码：**130022
**电　　话：**0431-85380224
**传　　真：**0431-85384068
**电子信箱：**ccb@ms.ccb.ac.cn
**网　　址：**http://www.ccb.ac.cn/

长春分院是中国科学院的派出机构，恢复成立于1978年5月。长春分院的定位与任务是：配合院有关部门做好所在地区院属单位的领导班子建设和后备干部队伍建设，并组织指导党建和创新文化建设工作；组织开展中国科学院与吉黑两省的院地合作，推动科技转移转化平台建设，汇集全院力量为区域经济社会发展服务；配合院有关部门负责所在地区院属单位的纪检、监察、审计工作，并指导和监督财务管理工作；联系和服务所在地区的中国科学院院士；承担院赋予的其他公共事务管理和协调工作，为相关单位提供必要的公共服务。分院系统现有4个院属单位：长春光学精密机械与物理研究所、长春应用化学研究所、东北地理与农业生态研究所及国家天文台长春人造卫星观测站。

2012年，长春分院制定了吉黑两省“一三五”院地合作规划，以“院内集成、院外联盟、建设平台、聚焦主题”为抓手，在吉林省重点开展三个突破：长吉图先导区创新及转化平台建设，激光器及激光应用，玉米、水稻等主要作物育种及推广示范；在黑龙江省重点开展三个突破：重/微型燃气轮机关键制造技术及产业化，智能传感器关键制造技术及产业化，水稻育种及精准农业技术突破与产业化。创新集群建设与振兴东北行动计划有机结合，完成了新时期院地合作的发展战略部署、重点领域与重点地区的布局。

长春分院系统现有在职职工3287人，其中科技人员2432人；现有中国科学院院士6人，中国工程院院士1人，发展中国家科学院院士3人，设有博士点17个，硕士点23个，博士后流动站6个，现有在学研究生1759人。

## 一、领导班子和后备干部队伍建设

加强领导班子思想建设，强化党的基本理论学习，组织分院系统领导班子制订学习计划，参加中组部组织的网上学习、党委理论中心组学习及有关培训。举办分院领导干部学习贯彻十八大精神专题报告会。举办沈阳分院、长春分院第2届所长书记联席会和长春分院第21期所长书记研讨会，对“一三五”规划实施进展情况、领导班子建设、区域创新集群建设进行交流。

加强领导班子廉政建设，严格执行中央和院党组关于廉洁从政的各项规定。加强廉政教育，举办党员领导干部保持党的纯洁性教育专题报告会。2012年10月，白春礼院长在长春分院调研期间，召开分院领导班子民主生活会，分院领导班子成员开展批评与自我批评。分院领导参加各所领导班子民主生活会，提出工作建议。

协助完成长春光学精密机械与物理研究所领导班子换届考核、所级干部提任考察工作。协助完成东北地理与农业生态研究所领导班子届中考核、个别领导干部调整及干部任用“一报告两评议”，对22名中层干部进行了评议。

## 二、党建、党群与创新文化建设

制定分院党组2012年工作要点，召开分院党建工作会议部署相关工作。召开分院党建暨思想政治工作研究会年会。深化创先争优，开展“基层组织建设年”活动。开展分院系统创先争优表彰。深入推进党支部品牌建设。为迎接十八大胜利召开营造浓厚氛围，在分院网页设立“十八大”宣传专栏。组织收看十八大开幕式。组织学习十八大精神报告会。

继续推进创新文化建设，弘扬“科学院精神”。认真做好党外知识分子工作。组织人大代表、政协委员的推荐工作。举办羽毛球赛等多项文体活动。开展“双日捐”活动。落实离退休人员政治和生活待遇，为他们老有所学、老有所为创造条件。

## 三、院地合作

省院高层互动，谋划科技合作。召开中国科学院与吉林省、黑龙江省科技合作座谈会，与吉林市、松原市政府签订科技合作框架协议，签署《中国科学院与黑龙江省政府深度推动现代农业科技合作框架协议》。白春礼院长在长春调研期间与吉林省主要领导进行会谈，并签署《共建国家重大科技创新基地协议》。

制定集群规划，支撑区域发展。与吉黑两省多个部门沟通互动，广泛调研，形成《东北区域创新集群规划》、吉黑两省《院地合作一三五规划》。与吉黑两省发改委联合形成《国家发改委与中国科学院推动科技服务东北老工业基地行动计划（2012—2015）》实施方案。

夯实平台建设，提升区域创新能力。中国科学院长东北科技创新中心已吸引18家院内外研究机构参与建设，集聚30多家核心企业形成产业技术联盟，取得阶段性进展。中国科学院哈尔滨育成中心已引进院属10余家研究所，30余个在孵项目。中国科学院松原农业技术集成示范基地有力地推动了松原农业高新区升级为“吉林松原国家农业科技园区”，目前已开展5个项目示范，取得良好效果。中国科学院长春中俄科技园目前共建6个联合实验室，拥有3个外国代表机构，入驻企业49家，孵化项目30多个，年产值近10亿元。中国科学院长春技术转移中心积极组织产学研合作、技术示范推广，2012年新增转移转化项目15项，组织专项对接活动10场。

集聚有效资源，促进产研紧密结合。吉林省政府自2012年起将吉林省与中国科学院科技合作专项资金由700万/年增加到1000万/年，2012年度共征集新项目50项，立项17项。组织中国科学院深圳先进技术研究院等10余家研究所到一汽集团等龙头企业进行调研与对接。召开中国科学院与敖东集团生物医药对接会，举办汽车电子论坛等活动，遴选一批重点项目，院属研究所与吉林省企业新签合作框架协议15个。组织黑龙江省科学院参加全国科学院光学与精密机械分会等6个分会，启动实施了激光加工等5个合作项目。签署“黑龙江大学·长春分院战略科技合作协议书”。与哈工大就建设激光加工平台等达成合作共识。

## 四、纪检、监察和审计

加强廉政教育，在分院举办的中层干部培训班、课题组长培训班中安排廉政教育内容。邀请院巡视办主任做廉政教育报告。完成领导干部报告个人有关事项工作。召开惩防体系建设总结交流会。开展对长春光学精密机械与物理研究所惩防体系建设情况抽查。开展科研项目经费专项审计，审计项目218个。完成东北地理与农业生态研究所届中考核、长春光学精密机械与物理研究所换届考核经济责任审计。召开分院系统廉洁从业风险防控动员会。督促各所配好纪检审工作人员。承办院审计工作研讨会。

加强机关建设，改进工作作风。分院领导与新上岗的部门负责人重新签订党风廉政建设责任书。

## 五、院士联系工作

协办院士工作局举办技术科学部常委会十五届二次会议、完成牡丹江—林江院士咨询巡讲活动的基础调研工作。组织走访慰问在长中国科学院院士，为院士祝寿。协助完成系统内院士的体检工作。

## 六、公共事务管理和协调

加强互动，主动服务。积极组织各项研讨会、培训班及工作调研。建立院地合作交流平台，组织院地合作交流活动。加强与域外研究所联系。组织接待地方政府、企业到研究所调研，推动合作。

协助院地合作局和院ARP中心承办两个大会。高质量完成了对昆明分院所属5个单位的安全检查，得到有关部门好评。受人教局委派，完成了对5个所的继续教育与培训评估抽查工作。

（撰稿：赵　军　李佰慧　审稿：甘建国）

# 上海分院

**院　　长：江绵恒**

**地　　址：上海市徐汇区岳阳路319号**
**邮政编码：200031**
**电　　话：86-21-64310242**
**传　　真：86-21-64374915**
**电子信箱：yangzh@shb. ac. cn**
**网　　址：http://www. shb. ac. cn**

## 一、分院简介

中国科学院上海分院的前身是1950年3月经政务院批准成立的中国科学院华东办事处。1958年11月，华东办事处在接管并改造原中央研究院和北平研究院在上海、南京的研究机构的基础上，正式成立了中国科学院上海分院。1961年，上海分院改为华东分院。1970年，中国科学院撤销分院建制。1977年11月，恢复成立中国科学院上海分院。

上海分院是中国科学院机关的派出机构，负责联系和管理中国科学院驻上海、浙江、福建地区的研究院所（所）。上海分院现有14个法人研究机构，包括上海微系统与信息技术研究所、上海硅酸盐研究所、上海光学精密机械研究所、上海应用物理研究所、上海技术物理研究所、上海有机化学研究所、上海生命科学研究院、上海天文台、上海药物研究所、上海巴斯德研究所、福建物质结构研究所、宁波材料技术与工程研究所、城市环境研究所、上海高等研究院。

上海分院围绕“一三五”发展战略的实施，凝聚共识，夯实思想基础。组织召开上海分院系统领导干部学习会，进一步要求各研究院所贯彻落实十八大精神，提升创新能力，增强竞争力，推进科技创新取得重大成果；组织召开系统党委书记会议，落实院党组年度工作会议精神，推进创新文化和党的基层组织建设工作，党政配合，为实施“一三五”规划，实现重点跨越营造良好氛围。

截至2012年底，上海分院系统共有在职员工8764人。其中高级研究人员2979人，包括中国科学院院士50人，中国工程院院士14人。

## 二、领导班子建设

2012年，上海分院完成上海天文台、城市环境研究所领导班子换届及高研院领导班子组建、考核等相关工作；完成上海生命科学研究院等4家单位领导班子成员的增补调整工作。全年新提任领导干部4人，调整6人。

完成宁波材料技术与工程研究所等6家研究所的7名后备干部或所长助理提任考察；组织举办第四期中青年干部培训班，提高中青年干部队伍综合素养；结合中国科学院分院党组书记会议，做好中层干部、后备干部调研，夯实工作基础。

根据院人事教育局要求，加强干部选拔任用等政策宣讲，强化干部大局意识、纪律意识，提高干部选拔任用的公信度。

## 三、党建、党群与创新文化

1. 抓好党的建设，发挥政治核心作用。做好党代会代表推选工作，选举产生10名上海市党代会代表，其中一人当选为市委候补委员，一人当选为十八大代表；推进基层组织建设年活动，举办党支部书记培训班，做好265个基层党组织分类定级；举办中青年骨干专题学习培训班和中青年科研骨干座谈会，已有17人递交了入党申请书，其中8人已加入了中国共产党。

2. 总结创先争优经验，着力构建长效机制。系统总结各单位亮点工作和特色做法，宣传推广优秀成果，推进长效机制建设。天文台天文技术研究室与VLBI研究室联合党支部被评为“全国创先争优先进基层党组织”。

3. 推进创新文化建设，营造和谐奋进氛围。推动微系统所等9个市级文明单位创建工作，推动巴斯德所和声学所东海站申报系统文明单位。协助做好推荐任职各级人大、政协的工作。工青妇组织围绕岗位建功，开展各具特色的活动。

## 四、院地合作

1. 深化战略规划，清晰未来发展重点。围绕上海、浙江和福建的科技创新与社会经济发展需求和布局，按院“创新2020”对院地合作的目标要求，编制完成《长江三角洲区域创新集群建设规划》；整合分院系统各研究所“一三五”规划以及各平台中心发展布局，编制完成《上海分院院地合作“一三五”发展规划》及沪浙闽院地合作“一三五”发展规划。

2. 建设创新体系、夯实合作基础。在上海市初步形成了浦东、嘉定、徐汇等各区齐头并进的创新体系格局。嘉定高技术产业基地全面展开，上海技物所等正式入驻，联影公司产业基地等一批高科技企业启动；上海分院及相关院所签约成为上海枫林生命科学联盟的主力。浙江省“二院二中心二园”的创新体系建设持续发展。宁波工研院的科技创新与转化卓有成效，与上海南江集团签署石墨烯产业化合作协议，金额超2亿元。区域转化平台继续做大做强，签约引进上海技物所等3家研究所入驻平台中心。福建省海西院建设取得实质性进展，一批研发项目落地。工程主体结构全部封顶，与厦门市政府、厦门钨业公司共建稀土材料所签约。

3. 聚焦战略新兴产业，寻求重点突破。上海分院共获院战略新兴产业支撑项目25项。组织上海市相关委办进行深入调研，组织各所申报“上海市战略性新兴产业”项目。一批重大产业化项目获得支持，经费总额超1亿元。一批处于产业化前期项目获上海市经信委、科委支持。院重大产业化项目“180万吨甲醇制烯烃项目”在浙江嘉兴港区开工。

4. 做好展示对接服务，支撑区域转型升级。组织承办了第14届中国国际工业博览会等大型展会共17次，642人次参展，项目对接数达684个，其中72项签约及或达成意向。

## 五、纪检、监察和审计

开展从业风险防控试点工作。以药物所、光机所试点为引领，以点带面，全面推进，提升研究所一流管理水平。

构建廉政大宣教格局。开展“送学上门”，打造廉政宣传月、《浦江清风》电子期刊等品牌，持续开展延伸教育，内化反腐倡廉宣传教育。

抓好内审监督防控。以工作组入驻、审计情况反馈、整改情况定期通报和听取意见等为切入点，不断完善审计工作流程，发挥审计工作教育、提醒、警示、整改的作用。同时不断提升专业技能，打造一支精干高效的审计队伍。

## 六、院士联系工作

发挥院士专家作用，组织召开交叉学科论坛16期，东方科技论坛12期，提升论坛品牌的社会影响力。组织院士参加研讨座谈、参观大型企业，搭建院士“出思想”的平台。

推进2011年中德圆桌会议（ERTC）的后续工作，形成的“量子信息科学发展建议”刊发于中国科学院内刊《领导参阅材料》。成功承办了ERTC-2012—基于空间平台的科学探索，邀请中外顶尖专家深入研讨，形成重要科学发展建议。

关心院士的工作和生活情况，帮助部分院士解决实际需求。

组织“让我们拥抱科学”为主题的科普主题论坛，邀请院士专家，走进上海市4所重点中学；组织研究所参加科普活动，获全国科技活动周先进集体、上海科普大讲坛优秀承办单位等殊荣。

## 七、公共事务管理和协调

1. 大力推进浦东科技园建设。作为浦东科技园基建承担单位，上海分院继续统筹推进园区建设。“新技术基地项目”全部工程交付使用；完成“交叉前沿项目”5幢单体建筑及附属工程交付使用。继续推进上海高等研究院与地方政府及企业的项目合作，新建两个研发平台，一批重大项目产业化落地。协助上海高等研究院完成各专项验收工作。11月底，上海高等研究院正式通过验收，顺利完成筹建阶段工作。

2. 上海科技大学正式进入筹建阶段。4月28日，教育部正式批准上海科技大学筹建。上海分院组织力量推进大学筹建工作。完成物质学院、信息学院、生命学院、创管学院等四个学院的构架组成，完成行政体系建设。筹建了免疫化学研究所与iHuman研究所。完成招生前筹备工作。组织园区规划设计方案评审；校园新建工程项目获上海市发改委批复立项，首期建设规模为58.78万平方米，投资额34.79亿元；大学园区通行市政道路调整和浦东科技园控详规划调整实施方案获批复；规划选址与土地预审、环境影响评估获批准；年底完成奠基。

3. 上海临床研究中心进入快速发展阶段。经中国科学院院长办公会议审议批准，由上海分院牵头，依托上海生命科学研究院，以徐汇中心医院为基础，签约共建了中国科学院上海临床研究中心。目前已与微系统所、联影公司等共建了8个研发中心和两个平台机构。CT等一批医疗设备已进入临床试验。

4. “科嘉人才苑”奠基启动。在嘉定区政府支持下，上海分院牵头、6个研究所合作建设“科嘉人才苑”，成为落实“3H工程”的重要举措。上海分院统筹协调方案设计、环评、规划调整、项目选址意见书及项目可行性研究报告等前期工作。11月科嘉人才苑项目奠基。

5. 为上海生命科学研究院代建生命科学实验楼，年内基本完工；完成科教综合楼与319支撑项目，交付使用；完成岳阳园区供电改造；解决上海生命科学研究院园区部分未拆房屋的临时用电问题。

6. 组织协调上海市发改委等解决院市共建65米射电望远镜的配套设施经费缺口，确保按时完成工程任务。

7. 围绕院先导专项钍基熔盐堆，组织协调并筹备召开了中美核能科技合作执委会会议。全年圆满完成了重要国际来访团组9批次126人次的接待任务。

8. 切实做好综合治理、安全生产、保卫保密、基本建设、财务审计、人事、外事、信息宣传、档案与ARP等各项工作，为研究院所提供服务和支撑。

9. 分解落实《安全稳定工作目标责任书》的要求，厉行现场督导和检查，做好安全稳定各项工作。

## 八、研究生教育基地建设

1. 继续做好招生工作。面对各研究所对研究生招生名额的迫切需求，积极争取上海考试院的支持，年内共落实各类研究生计划183名。

2. 加强研究生思想政治工作。丰富教育载体和渠道，通过《科浦青春》等学生刊物，搭建传播先进文化的重要思想阵地。

（撰稿：杨振华　朱泰来　审稿：王建宇）

# 南京分院

院　　长：周健民
地　　址：南京市北京东路39号
邮政编码：210008
电　　话：025-83376846
传　　真：025-83362239
电子信箱：ffzhu@njbas.ac.cn
网　　址：http://www.njb.cas.cn

中国科学院南京分院的前身是中国科学院华东办事处。1950年，中国科学院接管原中央研究院在南京的科研单位，成立了中国科学院华东办事处。1969年，华东办事处撤销，全部业务交由江苏省科技主管部门管理。1978年11月，经国务院批准恢复成立中国科学院南京分院。

南京分院是中国科学院机关的派出机构，负责联络和协调中国科学院在南京地区的中国科学院紫金山天文台、南京地质古生物研究所、南京土壤研究所、南京地理与湖泊研究所、中国科学院南京天文仪器有限公司、国家天文台南京天文光学技术研究所、中国科学院苏州纳米技术与纳米仿生研究所、中国科学院苏州生物医学工程技术研究所和江苏省中国科学院植物研究所（双重领导）等单位。截至2012年底，南京分院共有在职职工2023人。其中科技人员1666人，包括中国科学院院士9人，研究员及正高级工程技术人员312人，副研究员及高级工程技术人员371人。

## 一、加强领导班子建设

（一）组织建设

加强所级领导班子选拔、管理和监督工作，在院党组领导下，顺利完成了南京分院、苏州纳米技术与纳米仿生研究所、南京天文光学技术研究所届中考核和苏州生物医学工程技术研究所领导班子组建考核及南京土壤研究所领导班子换届考核工作。

（二）能力建设

加强领导干部的培训与学习，推进干部思想交流。承办中国科学院苏皖地区所级领导干部学习研讨班，南京分院、合肥物质研究院领导及院属苏皖单位领导同志39人参加了学习交流，对于提高领导能力水平具有重要意义。

（三）思想建设

把思想建设的出发点放在提高领导班子的凝聚力和战斗力上，坚持民主集中制原则，落实党内民主生活制度，通过召开民主生活会等，领导班子成员之间坦诚交换意见，沟通情况，达到了统一思想、增进团结，相互理解，相互支持的目的。

## 二、不断提升院地合作水平

（一）大力推进创新集群建设

与上海分院共同完成“长三角创新与转化集群”建设规划（草案）编制，与合肥物质研究院共同完成“黄淮海绿色现代农业创新集群”建设规划（草案）编制。与江苏省科技厅协商确定江苏省将重点围绕七大产业凝练任务、建设子集群；制定“河南高产高效现代农业示范”和“纳米技术创新与转化集群”两项重点任务实施方案，前者已获批启动，后者待批准后即可启动。

（二）突出合作重点，探索创新机制

制定中国科学院-江苏省院地合作“147”规划（草案）和中国科学院-江西省院地合作“一三五”规划（草案）。为引导中国科学院更多优秀科技人才与江苏企业开展创新合作，南京分院与江苏省科技厅共同探索新的合作机制，设立“企业创新岗”，即将试点启动。

（三）共建江西省科学院工作开局良好

积极落实《江西省人民政府-中国科学院共建江西省科学院协议》，推动院属和省院属研究所对接合作；共同凝练支持了14项增强省院科技创新能力的合作项目，帮助培养学科带头人和科技骨干，共建合作平台。一批所企共建平台及重大产业化项目落户江西，成为江西新兴产业发展的引擎。

（四）与江苏区域创新体系融合，对新兴产业引领作用突显

中国科学院在苏科技布局星罗棋布，形成了“两所-两研究中心-五平台型产业化中心”的院省共建创新体系主架构，2012年一批基地型所

级分支机构落户江苏，连同已有的110多个所地（企）共建平台，形成密实的网状分布，融入到江苏区域创新体系中，成为江苏科技创新力量的重要组成部分。2012年江苏省政府工作报告强调要加快发展的9大新兴产业，中国科学院在其中半数中发挥了支撑引领作用。

（五）夯实合作基础，凸现经济效益

五个平台型产业化中心和两个研究中心发展势头良好。常州、泰州、扬州、苏州、南京五个平台型产业化中心已有1868人，本年度获研发经费1.27亿元，成果技术转让获得收入5552万元。转移项目本年度实现销售收入47.32亿元，利税10.69亿元，孵化出高新技术企业73个。中国科学院能源动力研究中心和无锡物联网中心两个研究型中心已有1028人，无锡物联网中心转移项目本年度实现销售收入1654万元，利税176万元，孵化出高新技术企业12个；中国科学院共有123个主持或参与项目获省财政拨款近1.9亿元，重大科技成果转化专项资金项目11项，获省市财政拨款1.2亿元，2012年共获总经费8.1亿元。一批重大项目实现产业化，引起社会或业界关注。

## 三、党建和创新文化建设呈现新气象

（一）以十八大精神为统领，指导创新发展

认真贯彻落实十八大会议精神，积极推进学习型党组织建设。南京分院党组书记张兴中作为江苏省科技界唯一当选的十八大代表，积极传达贯彻18大会议精神，提升党建工作科学化水平，用十八大精神指导“创新2020”计划实施。

（二）全面加强基层党组织建设

今年是基层党组织建设年，南京分院加强组织领导，承办了中国科学院政治思想研究会南京、广州、昆明三个分院和北京部分研究所的政研会片会；组织南京分院系统有关单位党务干部到院党校参加党支部书记培训；组织与京区部分研究所党委书记、党办主任开展交流；组织全系统党委书记与院党建领导小组的领导座谈，探索和推进研究所党建工作。

（三）认真开展党风廉政建设，为研究所健康发展保驾护航

南京分院多次组织反腐倡廉教育活动，抓住各种时机，进行警示教育。邀请中国科学院巡视办主任郭建军作“加强反腐倡廉建设，预防职务犯罪”专题报告；承办中国科学院华东片纪监审片会及科研道德建设视频会；启动了廉洁从业风险防控体系建设工作。继续保持自实施知识创新工程以来，南京分院重大违法违纪案件“零发案、低举报”。

（四）持续推进创新文化建设

组织并指导各单位开展全民健身活动，举办南京分院第九套广播体操比赛、职工羽毛球赛等；组织南京分院代表队参加中国科学院科研骨干篮球赛，获得第一名；南京分院在“老干部工作30年与改革开放同行”知识竞赛中，获全院团体总分第一名，荣获优秀组织奖。

## 四、发挥院士作用，做好两个服务

精心组织召开院士咨询委员会工作会议，推进重大咨询课题的立项调研和咨询工作，围绕江苏能源、基础教育、空气质量等热点问题开展考察调研，形成调研报告，引起地方领导重视；一批有院士自主知识产权的项目进入企业实现转化；组织院士传播科学知识，近200位院士为公众做科技报告，产生重要影响。

坚持以为院士提供有效服务为宗旨，充分发挥桥梁纽带作用，促成江苏省政府改善院士待遇，大幅提高在苏院士津贴和医疗保健补贴。

## 五、强化机关管理，做好服务保障

（一）攻坚克难，实现新园区建设工作新突破

有序推进“中国科学院南京科技创新园”建设工作，成立领导机构，确定整体迁入方案，对研究所现有园区土地及房产价值进行资产评估，开展新园区概念设计工作，与南京麒麟生态科技园签订《中国科学院南京创新园项目建设置换、代建协议书》，各项前期手续报批工作正在进行中。

（二）加强机关队伍建设，提高科学管理水平

全面加强机关队伍建设。进行中层干部微调和工会负责人换届工作。开展职员定级晋级工

作，对分院机关处室职能和人员分工进行调整完善；公开招聘引进4位综合素质较好的年轻人，改善了人才队伍的素质和结构。

（撰稿：王京明　朱飞飞　审稿：谷孝鸿）

# 武汉分院

**院　　长：** 袁志明
**地　　址：** 湖北省武汉市武昌区小洪山
**邮政编码：** 430071
**电　　话：** 027-87197170
**传　　真：** 027-87199480
**电子信箱：** whb@ms. whb. ac. cn
**网　　址：** http://www. whb. ac. cn

中国科学院武汉分院于1956年开始筹建，1958年7月正式成立。1961年与广州分院合并成立中国科学院中南分院，武汉分院调整为中国科学院中南分院武汉办事处。1969年中南分院撤销，1970年中南分院武汉办事处撤销。1978年经国务院批准恢复中国科学院武汉分院建制。

武汉分院作为中国科学院机关的派出机构，负责联系和管理中国科学院在汉地区的武汉岩土力学研究所、武汉物理与数学研究所、武汉病毒研究所、测量与地球物理研究所、水生生物研究所、武汉植物园和中国科学院国家科学图书馆武汉分馆。

截至2012年底，武汉分院系统共有在职职工2191人。其中科技人员1794人，包括中国科学院院士7人、中国工程院院士1人。拥有博士学位授予点16个、硕士学位授予点29个以及博士后工作站6个。目前在学研究生1357人，其中博士生668人，硕士生689人。

2012年，武汉分院紧紧围绕院党组提出的“在实施创新驱动发展战略中发挥科技火车头作用”的新要求，深入学习贯彻党的十八大精神，认真履行职责，以推动研究所落实“一三五”规划、实现重大科技产出为目标，在加强思想引导、加强组织协调、加强协同创新、加强保障服务等方面取得新进展。

## 一、凝神聚力，为推动科技创新营造和谐的政治氛围

1. 组织开展主题实践活动，引导基层党组织切实履行职责、党员立足本职岗位争创一流业绩。以开展争创“党建工作先进单位”为平台，扎实开展“基层组织建设年”活动。严格落实党建工作责任制，丰富党建活动载体，武汉分院被湖北省委授予“党建先进单位”称号。以深化创先争优成果为目标，召开创先争优总结表彰大会，总结工作，点评成效，较好地发挥了党员干部先锋模范的示范引领作用，推动建立创先争优长效机制。以选好配强党支部书记为抓手，通过开展党支部建设工作调研，开展党的知识和党支部工作培训，建好教育阵地，落实党建基础工作。

2. 学习贯彻十八大精神，引导干部职工树立正确的科技发展理念。集中组织党员职工收听收看十八大开幕式盛况，邀请十八大代表传达会议精神。组织专题辅导报告会，利用网站、宣传栏等，详细解读十八大精髓，宣传我院科技创新的成就。组织处级及以上干部到湖北省委党校集中轮训，深入领会十八大精神的实质和深刻内涵，把学习贯彻党的十八大精神落实到实施“一三五”规划的具体工作中去。

3. 加强组织协调，引导多方力量同心同德为科技发展做贡献。认真落实国家重大人才工程，做好研究所“千人计划”、“万人计划”等人才项目实施，做好人才配偶安置、子女就学，推动一流人才队伍建设。主动争取地方人才政策，做好省市地方各类专家奖项的推荐，确保指标大幅增长。向各界推荐优秀科研典型，获省部级以上多项荣誉，着力提升科技人才在地方的影响力。认真开展党外代表人士队伍建设工作，积极推荐党外人士到全国及省市人大、政协任职，促进“同心建支点，同行促跨越”。组织丰富多彩的教育文化活动，通过开展文明单位创建，组织“知所情、促创新、谋发展、共奋进”为主题的系列报告会，开展纪念建团90周年系列活动，凝聚力量，营造和谐奋进的良好氛围。

## 二、协同创新，为推动科技创新探索建立新型合作模式

1. 科技与产业的协同创新。建立以“三峡创新工程”为牵引、以企业为主导的产业技术创新体系，带动20多个研究所在电站建设关键技术、库区生态环境保护与修复、水资源生态可持续利用等领域开展工作，“蒸发冷却水轮发电机研制”、“三峡水库生态渔业关键技术研究与工程示范”等多个项目取得重要进展。70万千瓦蒸发冷却水轮发电机组在三峡投入运行，相关技术达到国际先进水平。新建“中国岩土工程研究中心”、“中科战略产业技术分析中心”、“新型电力电子联合研发中心”、“中国科学院湖南技术转移中心信息化产业示范基地”等研发平台。湖北技术转移中心累计争取院省经费6440万元、国家经费4110万元，带动企业投入超过10亿，形成产值近50亿，被批准为国家技术转移示范机构。

2. 科技与区域的协调发展。组织专家提出了“湖北省湖泊资源环境调查与保护利用”重大项目建议，完成了调查工作总体设计和实施方案，为实施《湖北省湖泊保护条例》提供了有力的技术支撑。以武汉、成都研究所为依托，联合区域内的创新平台资源，明确以“保护绿色长江生命线，促进中西部持续发展”为总体目标，建设长江中上游生态环境保护及产业升级创新集群的总体框架。组织专家深入调研，完善规划草案编制。组织14个团队入驻武汉生物技术研究院，开展面向生物产业的研发工作。建设中国科学院武汉分院创新科技园，以提升在鄂研究所产业创新能力、提供战略新兴产业系统集成方案为目标，获得东湖国家自主创新示范区领导的认可和支持。

3. 科技与教育的深度融合。注重发挥研究所科技、人才资源和学科优势，抓好精品课建设。教育基地课程教学介绍成功入选《中国青年报》“国科大专访”。加强与高校、科研机构的联合。一是邀请院内外院士、专家讲课，倾力打造“小洪山讲坛”和“博闻苑人文讲座”两个知识传播平台。二是吸引高校优秀学子走进中国科学院，成功举办“东湖大学生夏令营”、“东湖学术论坛”，深受学生和研究所欢迎。三是以“领略大家风采”为主旨，组织开展学生记者团采访院士、专家活动。

## 三、全面建设，为推动科技创新奠定强有力的组织基础

1. 在教育领导干部树立发展新理念上下工夫。坚持党组中心组学习制度。以推动研究所“一三五”规划实施和区域创新集群建设为重心，组织分院系统处以上领导干部100多人参加学习研讨，着力提升领导干部战略思维能力和宏观驾驭能力。组织深化科技体制改革系列报告会。贯彻落实全国科技创新大会精神，举办3期“管理创新”讲座，邀请院领导、专家深入解读中国科技体制改革三十年的变化。

2. 在完善领导班子建设工作格局上下工夫。坚持通过大力加强领导干部的政治理论学习、党性党风党纪教育和廉洁从政教育，带动领导班子的思想、组织和作风建设。形成了运用领导干部中心组学习、理论辅导报告会、廉政教育月、民主生活会、考核结果反馈、岗前谈话、廉政谈话、调查研究、交心谈心、述职述廉、干部选拔任用制度执行检查等方式深化领导班子建设的工作格局，有效地促进了领导干部增强政治意识、提高党性修养、树立良好作风。

3. 在抓好领导班子廉洁自律上下工夫。围绕建设风清气正的科研环境和一流的科研管理目标，一是以加快推进惩防体系建设为核心，加大对研究所的检查督促力度，做好情况反馈；二是以推进廉洁从业风险防控工作为重点，抓好水生所、病毒所廉洁从业风险防控试点，推动各单位廉洁从业风险防控工作积极开展；三是以经济责任审计和科研项目经费财务收支审计为抓手，促进各单位加强管理、防范风险。

## 四、多方协调，为推动科技创新提供良好的服务保障

1. 解决科技创新发展困难。推动武汉市市长唐良智到武汉分院调研，专题研究解决地区各单位创新发展中的难题，形成会议纪要，为加快推进水生所官桥基地土地置换、病毒所整体搬迁、分院以“创新科技园”形式入驻未来科技城等创造了条件。分院积极与市有关部门联系，

推动会议纪要的落实。

2. 营造创新发展舆论环境。策划17家湖北新闻媒体集中报道中国科学院与湖北省产研合作的成效，得到湖北省委常委、宣传部长尹汉宁批示，引起了强烈社会反响。

3. 提升机关工作水平。以打造“服务品牌”为抓手，分院机关深入开展“三抓一促”活动，坚持一年两次的能力建设培训，营造良好的学习氛围，提升分院机关服务研究所的能力。

4. 为科技创新提供安全保障。一是加大安全保密宣传和工作检查的力度，督促问题整改。二是发挥组织协调功能，开展信息化评估、ARP先导专项部署上线等工作，推进区域信息化应用工作。

5. 缓解科研骨干安居之忧。一是1.7万平方米小洪山园区职工集资房交付使用，申请减免建房各项费用70余万元。二是积极争取列入院“3H工程”试点，12月奠基动工2.1万平方米的中青年科技人才公寓。

6. 满足离退休人员身心所需。一是与地方和院多方协调，顺利完成分院系统离退休人员津补贴规范和补发工作。二是办好老年大学，新增5个教学班，在校学员达420多人次。三是不断提升“中国科学院武汉科学家科普演讲团”的报告质量和社会影响，受众约5万人次。四是坚持举办各类文化、健身活动，提升老同志的参与度和幸福感。

（撰稿：何长才　徐　伟　审稿：陈平平）

# 广州分院

**院　　长：黄宁生**
**地　　址：广州市先烈中路100号**
**邮政编码：510070**
**电　　话：020-87685256**
**传　　真：020-87685791**
**电子信箱：zwxx@gzb.ac.cn**
**网　　址：http://www.gzb.ac.cn**

中国科学院广州分院于1956年筹建，1958年成立。1961年广州分院与武汉分院合并成立中南分院。1969年中南分院撤销。1978年5月恢复成立广州分院。

广州分院是中国科学院机关的派出机构，联系中国科学院南海海洋研究所、中国科学院华南植物园、中国科学院广州能源研究所、中国科学院广州地球化学研究所、中国科学院亚热带农业生态研究所、中国科学院广州生物医药与健康研究院、中国科学院深圳先进技术研究院、中国科学院三亚深海科学与工程研究所（筹）、中国科学院广州化学有限公司、中国科学院广州电子技术有限公司共10个单位。

截至2012年底，广州分院职工总数3779人。其中科技人员3013人，包括中国科学院院士1人、俄罗斯科学院外籍院士1人、国际欧亚科学院院士4人。

## 一、领导班子建设

1. 完成领导班子换届及考核工作。2012年，分院组织实施了亚热带生态所领导班子换届考核，深圳先进技术研究院、广州能源研究所、广州地球化学研究所班子届中考核。广州生物院副院长试用期满考核、广州生物医药与健康研究院党委副书记任命、亚热带农业生态研究所所级领导提任考察工作。组织完成南海海洋研究所、广州生物医药与健康研究院后备干部集中调整工作。协助院人事教育局做好分院班子届中考核及院长、副院长调整等工作。

2. 重视领导干部培训学习。2012年10月，分院组团赴英国举办了为期20天的“广州分院科技创新管理培训班”并取得良好的效果。加强和健全中心组理论学习制度，邀请党的十八大代表许玫英同志为两院干部作专题报告。召开两院思想政治工作理论研讨会、两院所长书记联系会议，集中培训学习党的十八大精神。2012年分院选派14人次参加中国科学院领导干部上岗培训班、所（局）级领导干部国情考察班、党委书记高级研讨班等学习。

3. 加强分院班子自身建设。明确以“团结协作、奋发有为、清正廉洁、和谐共进”作为班子建设的目标，争取在两院系统作出表率作用。建立了经常性的班子沟通交流机制，研讨决策重大事项，通报主要工作情况。加强班子的理论学习，不断提升领导科技创新的能力。

## 二、党建工作

1. 开展创先争优活动。分院党组把开展创先争优活动与科技创新中心工作、加强基层党组织建设、解决职工关心的热点难点问题、维护和谐稳定有机结合，取得较好成效。在建党91周年之际，表彰了先进基层党组织、优秀共产党员和优秀党务工作者。广东省直机关工委主要领导到分院开展党建工作调研，认为分院党建工作富有特色，创先争优活动载体鲜明，活动扎实有效。

2. 深入开展创新文化建设。认真落实《2010—2020年创新文化建设纲要》，引导职工加深对创新文化建设内涵的理解和实践。以迎接党的十八大胜利召开，庆祝建党91周年、建军85周年之际，举办了形式多样的党建知识竞赛、书画摄影展、文艺演出等系列活动。围绕中国科学院政研会重点课题开展思想政治研究，为“创新2020”提供思想保证。

3. 推进党风廉政建设。开展廉洁从业风险防控管理机制建设课题研究。组织开展以“加强思想道德建设，保持党的纯洁性”为主题的纪律教育学习月活动。强化科研经费管理使用的监管，及时指出和纠正虚构科研业务套取资金的严重违规违纪问题。完成了2012年分院机关党风廉政建设和惩防体系建设分解工作任务。

## 三、院地合作工作

1. 院省合作成效显著。2009年中国科学院与广东省签署全面战略合作协议4年以来，院省合作实施项目1258项，累计新增产值1191.9亿元、利税169.5亿元。其中，2012年实施项目767项、新增132项，新增销售收入409亿元、利税46亿元。2012年院省双方还签署了共建佛山中国科学院产业技术研究院、推动数字广东空间信息云服务等4项重大合作协议。

2. 在原始创新方面取得重大进展。协调推进中国散裂中子源工程（CSNS）、深圳大亚湾反应堆中微子实验站等大科学工程项目建设。CSNS于2012年5月土建工程正式动工。中微子实验工程于2012年3月宣布发现新的中微子振荡模式，并精确测量到中微子混合角 $\theta_{13}$，成果被美国《科学》杂志评为2012年度十大科学突破。

3. 积极推动珠三角中心城市创新平台建设。佛山中心建设的7个专业中心，15个成果转移转化平台，开展合作项目700多项，带动产值超过500亿元。云计算中心获政府6500万元启动经费支持建设，中国科学院8个研究所420多人进驻，已服务企业700多家。广州工研院“一院三所”科技人员队伍已达450人，为东方电气、龙穴造船等企业解决了多项技术难题。

4. 编制完成创新集群建设方案。2011年12月广州分院牵头负责并启动“珠江三角洲创新与转化集群”建设。在广泛调研和听取地方政府部门意见的基础上，结合聚集区域和产业发展重大需求，形成了19项重点任务，2个重点项目的创新集群方案。方案的实施将为珠三角产业转型、战略性新兴产业培育提供重要的科技支持。

5. 拓展与广西、海南的合作。2012年11月中国科学院与广西区政府签署科技合作协议，以及共同支持广西科学院建设和发展协议。积极推进与海南省的合作，中国科学院三亚深海所、中国科学院海南有机化工新材料中心正在筹建。两院与海南省国土环境资源厅签署了合作框架协议。编制完成广东、广西、海南三省（区）院地合作重大产出导向规划，确定了7项重大突破项目和12项重点培育方向。

## 四、为研究所服务

1. 加强“一三五”规划的检查指导。认真履行中国科学院出成果出人才出思想“三位一体”的战略使命，组织研究所交流研讨“一三五”规划（重大产出导向的规划），重点加强对“三个重大突破”的组织开展。分院领导多次带队调研，并陪同院分管领导到所听取“一三五”汇报，对各所规划执行过程中存在的问题进行梳理和指导。

2. 加强科研活动的引导协调。2012年分院共执行课题3026项、总经费30.39亿元，与2011年相比分别增加9.1%和30.0%。新增项目1528项、经费14.34亿元，同比分别增加14.7%和12.0%。年度到位经费10.51亿元，同比增加24.8%。

3. 加强科研成果的产出。2012 年分院共取得科技成果分院 44 项。发表 SCI 论文 1265 篇。出版专著 23 种。获省级科学技术奖一等奖 3 项、二等奖 2 项、三等奖 2 项，获“何梁何利”奖 1 项。发明专利申请受理量 537 件，发明专利申请授权量 284 件。获国家专利优秀奖 1 项。

## 五、其他工作

1. 完善广州教育基地建设。完成研究生公共课程教学任务，组织了春、秋两个学期的英语、政治课程教学。增加招生复试环节中的综合测试，为研究生招生选拔提供依据。联合 4 个研究所组织策划了“体验科穗之夏”大学生夏令营活动。2012 年基地培养单位共招收研究生 606 人，毕业研究生 497 人，授予学位 459 人，平均就业率为 97.5%。在学研究生 2168 人。

2. 做好院士的联络和活动工作。重大节日前夕，慰问在广东、广西、湖南工作的中国科学院院士，并协助广东院士联络中心举办 2012 年在粤工作院士迎春茶话会、中秋联谊会。协助院士工作局在广东省委党校举办“科学思维与决策”中国科学院院士专家团系列课程。协助中国科学院数理学部、化学学部在广西和深圳等地召开常委会会议。举办“科学与中国”院士专家巡讲团活动十周年纪念广州报告会。

（撰稿：郭　震　审稿：黄宁生）

# 成都分院

**院　　长：张雨东**
**地　　址：四川省成都市人民南路四段 9 号**
**邮政编码：610041**
**电　　话：028-85223696**
**传　　真：028-85223719**
**电子信箱：bgs@cdb.ac.cn**
**网　　址：http://www.cdb.cas.cn**

## 一、基本情况介绍

中国科学院成都分院前身是 1958 年 3 月成立的中国科学院四川分院，1962 年机构调整更名为西南分院，1970 年隶属四川省管理，1978 年 1 月恢复重建后使用现名。

新时期，成都分院不断加强机关自身建设，努力服务院属成都、重庆地区 8 家单位及川渝藏区域经济、社会发展。负责组织协调的院属单位有：光电技术研究所、成都生物研究所、成都山地灾害与环境研究所、中国科学院成都有机化学有限公司、中国科学院成都信息技术有限公司、成都中科唯实仪器有限责任公司、中国科学院成都文献情报中心、重庆绿色智能技术研究院。

截至 2012 年底，成都分院系统共有在职职工近 3000 人。其中科技人员 1800 余人，包括中国科学院院士 2 人，中国工程院院士 2 人，研究员 200 余人，副研究员 600 余人。

## 二、领导班子和后备干部队伍建设

1. 领导班子建设。以选好配强班子为重点，着力抓好班子成员理想信念教育，全面突出凝聚力和创新能力，形成了老中青结合、科研与管理搭配、党政协力的格局。配合院党组完成成都文献情报中心、有机公司和唯实公司领导班子届中考核和重庆研究院院长助理选拔；选派所局级领导 40 余人参加各类培训班和中组部网上继续教育学习。

2. 后备干部队伍建设。坚持与领导班子建设的整体规划相结合，坚持与青年科技人才培养相结合，坚持近期使用与中长期培养相结合，现有一支 45 人的后备干部队伍，为领导班子调整和换届打下了良好基础。

3. 人才队伍建设。利用“千人计划”、院人才专项、四川省人才计划，以优势学科和主要方向为重点，开展人才引进和智力引进工作，领军人才稳步增加，青年骨干快速成长，并在高端人才取得新突破。有 3 人入选科技部“创新推进工程”、院“百人计划”、四川省“塔尖人才计划”。

## 三、党建、党群与创新文化建设

1. 加强学习型党组织建设。组织学习传达党的十八大精神，院 2012 年度工作会议精神；加强对各单位党委民主生活会的指导；加强中心组学习，规范和落实学习制度，突出理论学习重点；

与上海、武汉、西安、兰州等分院开展党务培训学习交流，进一步加强和改进了基层党组织建设。

2. 深入开展“创先争优”活动。以十八大召开和贯彻十八大精神为契机，开展党群共建创先争优活动，使党建工作紧紧围绕分院中心工作展开；完成成都分院直属单位党委的更名和换届工作，并获“四川省省直机关落实党建工作责任制先进单位”称号。

3. 参与并开展形式多样的体育活动。深入开展“我运动、我快乐、我健康”全民健身活动，获“全国全民健身活动先进单位”称号。举办2012年度职工运动会；组队参加中国科学院第二届职工羽毛球比赛，获得男子、女子单打第一名和男女混合团体第三名。

4. 稳妥做好离退休同志思想工作。组织离退休职工开展以“创先争优展风采，喜迎党的十八大”为主题的文艺汇演、书法摄影、棋牌比赛活动；关心慰问特殊困难职工，发放困难补助、慰问品，并稳妥做好离退休同志思想工作。

5. 强化支撑服务，保障创新发展。强化园区管理和后勤服务职能，完成分院后勤公司换届；完成综合楼和基础设施改造项目及灾后恢复重建项目的验收；有序推进科研配套综合服务楼（人才宿舍），已获院立项批复。

## 四、院地合作

2012年，中国科学院与川渝藏开展科技合作项目524项，实现销售收入131亿元、利税20.5亿元、社会效益314亿元。

1. 院地领导战略会商，共谋区域科技创新。中国科学院与四川省和西藏自治区会商科技合作，从战略层面规划设计院地合作的思路和方向；院领导先后多次到川渝藏区域调研，与省、市、区领导共商院地合作工作，推动重点项目实施；成都分院先后与四川省委政研室、省经信委、省科技厅，重庆市科委，西藏科技厅座谈交流，探索建立促进科技成果产业化的体制机制。

2. 实施重点项目，提高院地合作显示度。中国科学院与东方电气集团签署全面合作协议。中国科学院已启动支持相关院所与东方电气集团合作项目5项；中国科学院与四川省共建的中国科学院四川转化医学研究医院签约揭牌。以生物物理所、成都生物所等单位牵头开展的“生物银行”等院方向性项目已启动，获地方专项经费500万。

3. 搭建人才和项目平台，服务院所协同创新发展。联合四川省科技厅，为川外研究院所新设立了院省合作专项经费；助推金属所与德阳市政府开启新材料领域全面合作，共建德阳新材料工程技术研究中心，德阳市每年投入1000万元；首次设立“西部之光”地方人才项目；四川省科技厅针对中国科学院西部之光青年人才新增设配套项目，首批支持成都分院8位青年科技骨干。

## 五、纪检、监察和审计

发挥监察审计职能，开展党风廉政宣传教育，不断提高领导干部和科研人员的自律能力，增强防范意识；以领导干部任期经济责任审计为重点，完成国家科学图书馆（筹）成都分馆、光电技术研究所、成都生物研究所领导干部任期经济责任审计；加强对各单位专项审计监督，抓好对研究所内控体系建设与执行情况的经济审计，完成成都生物研究所、光电技术研究所、国家科学图书馆（筹）成都分馆和成都山地灾害与环境研究所科研项目经费财务收支审计，及成都教育基地、分院成科后勤公司、幼儿园的任期经济责任审计。

## 六、院士联系工作

院士工作局成都联络处组织召开在川院士联系人工作研讨会，邀请了四川省决策咨询委员会和四川（成都）两院院士咨询服务中心领导参会，交流并分享服务院士的经验。

积极组织“科学与中国”院士报告会。邀请柳百新、都有为、翟婉明院士出席“科学与中国”院士专家巡讲团报告会，并作专题报告。邀请柳百新、都有为院士出席自贡高新区举办的特色新材料产业发展座谈会，问诊把脉自贡高新区特色新材料产业。

## 七、公共事务管理和协调

协助院规划战略局举办中国科学院区域创新集群建设规划研讨会；与青藏高原所、武汉分院共同承担了“西藏集群”和“长江集群”两项任务，启动了“西藏樟木镇地质灾害勘察评估与综合防治”、“水资源利用与环境保护关键技术”等一批重点项目。目前创新集群取得积极进展，获院专项经费支持。

## 八、研究生教育基地建设

从抓教育管理、素质教育、社会实践和文化建设着手，积极开展研究生培养工作，研究生培养成效显著。全年组织实施12个研究生社会实践项目。1人获中国科学院优秀博士学位论文奖、7人获中国科学院院长优秀奖、32人获中国科学院各项冠名奖学金、16人获成都分院院长奖学金。

（撰稿：王嘉图　彭　丽　审稿：王学定）

# 昆明分院

院　　长：王庆礼
地　　址：云南省昆明市茨坝青松路19号
邮政编码：650204
电　　话：0871-65223106
传　　真：0871-65223217
电子信箱：office@mail. kmb. ac. cn
网　　址：http://www. kmb. ac. cn

中国科学院昆明分院的前身是1957年成立的中国科学院昆明办事处，1958年扩建为中国科学院云南分院。1962年，中国科学院云南分院与四川分院、贵州分院合并，共同在成都成立中国科学院西南分院。1978年10月，经国务院批准，西南分院撤销，成立中国科学院昆明分院。

昆明分院是中国科学院机关的派出机构，负责联络和协调中国科学院驻云南、贵州地区的科研机构，包括昆明植物研究所、昆明动物研究所、西双版纳热带植物园、地球化学研究所和云南天文台共5个科研机构。

在院地合作局的指导下，编制、上报了中国科学院与云贵两省院地合作“一三五”规划。

截止2012年底，昆明分院系统共有在职职工1861人，其中科技人员1081人，包括中国科学院院士7人，第三世界科学院院士1人，研究员200人。

## 一、领导班子和后备干部队伍建设

1. 通过昆明分院班子中期个别调整，进一步加强了分院班子自身建设，提升了班子协同作战能力。

2. 完成了云南天文台的换届，昆明动物研究所的届中考核与领导班子个别调整，昆明植物研究所、地球化学研究所和西双版纳热带植物园的届中考核。

3. 严格执行领导干部个人有关事项报告制度、述职述廉制度；重申任职回避制度；参加各所（园、台）的民主生活会，充分了解各单位领导班子建设情况。

4. 结合人事教育局全员能力培训计划，举办“2012年度所级领导战略研讨会”，听取“领导艺术”讲座等，继续加强所级领导的学习培训工作。

## 二、党建、党群与创新文化建设

1. 把“创先争优”与创新文化建设和党群工作等紧密结合，统筹推进各项工作的协调发展。组织“喜迎十八大，重走长征路”主题实践活动；组织所级领导集中观看学习十八大报告。

2. 深入开展“创先争优”、“四群”教育活动；举办“学党史、知党情、跟党走”知识竞赛活动；组织喜迎“十八大”敬老节离退休同志座谈会等。

3. 分院工会围绕中国科学院“3H工程”建设，在民主管理、维护职工权益、组织职工体育健身展示、增强体育健身意识、关心身体健康等方面加强工作。

## 三、院地合作

1. 顶层设计，协调签署专项合作协议。昆明分院与贵州省科技厅共同促成中国科学院与贵州省政府主要领导于2012年3月8日在北京进行了工作会商，签署了《共同推进贵州区域创新能力建设专项合作协议书》。开展与重点区域合作，与云南省德宏州政府签署科技合作协议，与昆明市盘龙区政府签署科技合作协议。

2. 助推全国科学院联盟建设。联合贵州科学院参与“全国科学院联盟”建设。编制了“中国科学院昆明分院-贵州科学院科技合作实施方案”；选拔科技骨干到贵州科学院挂职；迅速组建“全国科学院联盟生物多样性分会”，在昆明成功召开了“生物多样性领域战略合作研讨会”。

3. 扎实推进西南创新集群规划与重点任务启动工作。完成了《西南资源与生物多样性可持续利用创新集群建设规划》，完成了3项重点任务实施方案编制工作。“西南生物多样性保育与喀斯特生态系统建设关键技术集成与示范”重点任务已获准启动。

4. 积极谋划“西南生科院”建设。在院领导和生物局的支持下，“西南生命科学与技术研究院”的筹划工作顺利推进。

5. 强力推进中国科学院与贵州的科技合作。筹建“中国科学院贵州现代资源技术研究与成果转化中心”方案经多次研讨修改和汇报，已进入实质推进阶段；强化与毕节试验区的合作，新选定了5个项目予以实施，并配套140万元专项经费；组成了“梵净山自然保护区专家咨询委员会”；完成了“资源与环境综合调查方案”、“生态站建设规划及实施方案”和“中长期科技发展规划纲要方案”初稿。

6. 加强对战略性新兴产业项目的组织实施。对中国科学院在云贵两省实施的“木本油料植物星油藤良种选育、高产栽培及产品深加工示范”等4个项目进行中期评估，均取得了阶段性成效。

7. 组织科技成果项目对接。组织参加“中国·云南桥头堡建设科技入滇对接会”、贵州省“2012高端装备制造与高新技术产业国际合作推进会”、昆明泛亚技术成果转移与对接会、新疆科洽会、深圳高交会、杨凌农高会等。

8. 推进“西南野外台站联盟”建设。“西南生态系统野外台站联盟”二次会议在云南元江生态站召开，丁仲礼副院长到会指导；召开了梵净山生态站发展规划专题研讨会；普定喀斯特生态站主站址大楼落成；联盟扩大到17个成员单位；编制联盟工作通讯4期。

9. 务实推进科技扶贫工作。实施《东川资源枯竭矿区异地安置生态村建设试验示范》项目，召开“兴边富民工程”怒江福贡对口帮扶工作会。昆明分院荣获2011年度云南省社会扶贫工作先进集体称号。

10. 院地合作成效统计。组织研究所联合对院属单位在云贵两省转移转化的195个合作项目进行全面调查统计，为地方企业新增经济效益86.31亿元，新增利税40.27亿元，新增社会效益35.18亿元。

## 四、纪检、监察和审计

1. 完成了地球化学研究所、昆明植物研究所、西双版纳热带植物园领导班子届中经济责任审计工作；完成了云南天文台领导班子届满经济责任审计工作；完成了西双版纳热带植物园、昆明植物研究所、地球化学研究所的科研项目经费财务收支审计工作，审计单元8个，课题70个。

2. 成立风险防控领导小组和办公室，扎实推进廉洁从业风险防控工作，完成了风险防控工作的具体实施意见。召开了财务、审计工作研讨会；对机关各部门负责人进行风险防控学习培训。

## 五、院士联系工作

协助省市院领导走访慰问院士；分院领导重要节日走访慰问院士；完成“科学与中国”院士专家巡讲团在黔报告会和在滇十周年纪念报告会服务工作。

## 六、公共事务管理和协调

1. 园区建设。积极组织和协调系统各单位争取和实施园区建设项目：在建项目10项，总投资3.85亿元，西南生物多样性实验室已基本竣工，地球化学研究所新址已完成土建；组织申报国家发改委十二五基建项目3项；完成财政部修购项目7项；协调昆明新园区用地159.36亩。

2. 资产与财务管理服务。分院机关财务与各所建立财务科研多部门配合的工作机制，提前编制预算执行计划，指导全年的执行工作，进一步清理夯实分院资产。

3. 信息宣传和安全保密工作。配合完成了“人民日报走基层科技一线系列报道”。召开了

“2012 年度安全保卫保密工作会议”，完成了长春、昆明分院跨区安全互查工作，得到院通报表扬；完成了“安全工作调研报告”。

4. 信息化建设。昆明分院广域网、地区网运行良好，网络可用率到达了 99.99%；完成了 ARP 系统的各项工作；初步建成“数据云昆明节点”；进一步推动软件正版化；组织召开了区域信息化工作研讨会；强化网络运行安全建设。

（撰稿：解继武　陈嘉琪　审稿：沈　华）

# 西安分院

院　　长：周　杰
地　　址：西安市咸宁中路 125 号
邮政编码：710043
电　　话：029-82160921
传　　真：029-82160911
电子信箱：baihua@ms. Xab. ac. cn
网　　址：http://www. xab. ac. cn

## 一、基本情况介绍

中国科学院西安分院前身是 1954 年 7 月成立的中国科学院西北分院，负责管理中国科学院在陕西的西北农业生物土壤研究所、考古研究所西安考古室、兰州中兽医研究室、北京地质研究所兰州地质研究室、兰州图书馆、地球物理研究所兰州观象台、兰州物理研究所、大连石油研究所兰州分所等 8 个研究单位。1956 年 4 月，中国科学院西北分院迁到兰州，同时在西安建立了中国科学院西北分院西安办事处。1958 年 4 月，中国科学院西北分院西安办事处更名为中国科学院陕西分院。1962 年 9 月，在中国科学院兰州分院和陕西分院的基础上，建立中国科学院西北分院，负责管理中国科学院在西北地区的研究单位。1970 年，中国科学院西北分院撤销，所属科研机构划归陕西省政府科技局领导。1978 年 11 月经国务院批准中国科学院西安分院恢复成立。

西安分院是中国科学院在陕西省的派出机构，与陕西省科学院合署办公。西安分院负责联络和协调中国科学院驻陕西地区的西安光学精密机械研究所、国家授时中心、地球环境研究所、中国科学院与教育部水土保持与生态环境研究中心、秦岭国家植物园。截至 2012 年底，分院系统共有在职职工 1602 人。其中，专业技术人员 1298 人，包括中国科学院院士 4 人，中国工程院院士 1 人。

2012 年，西安分院遵照院党组“民主办院、开放兴院、人才强院”的战略要求和院长办公会调整分院机关职能的指示精神，以服务研究所、服务地方经济社会发展为主题，围绕促进“创新 2020”和“一三五”规划中区域创新集群建设等重点工作，加强党的建设、强化分省两院研究所协同发展，抢抓机遇，开拓创新，各项工作取得了显著的进展。发挥分院与省院密切结合的特色和优势，把省科学院作为区域创新体系的重要组成部分。按照院领导指示，探索建立与省科学院的战略伙伴关系，聚集筹措多方资源，加大对陕西省科学院事业发展的关注与支持。

## 二、领导班子和后备干部队伍建设

在分省院党组主持下，协助院人事教育局、省委组织部组织完成了地球环境所第三期轮值所长领导班子换届考核工作；完成了国家授时中心、水保中心两领导班子届中考核工作；完成了国家授时中心增补 1 名副主任选拔提任人选考察工作；完成了武汉岩土所 1 名博士挂职陕钢集团副总经理任期满考核工作；完成了院机关 7 名中层副职干部聘任考察工作。

组织机关各类人员参加培训 764 人次，其中技术技能培训 251 人次，管理能力培训 501 人次，其他培训 12 人次。通过这些培训，全面提升了职工的综合素质，对于推进人力资源绩效管理，更好地服务“十二五”规划及“创新 2020”的有效实施，具有积极重要的现实意义。

顺利完成了中国科学院、中组部“西部之光”人才培养计划 2008 年度终期项目评估及 2012 年度项目的评审立项工作；开辟了“西部之光”在宁夏地区科技人才项目评审工作；较好完成了共计 56 个项目的评估、评审立项申请上报工作，总经费达 598 万元。1 人获得国家“五四”青年奖章，1 人获国家杰出青年科学基金资助，1

人获第12届中国青年科技奖，1人获政府特殊津贴，6人获陕西省有突出贡献专家称号。

## 三、党建与创新文化建设

组织开展党的十八大精神学习宣传贯彻活动。收看学习胡锦涛同志代表党的十七届中央委员会在党的十八届全国代表大会上的报告；起草印发了分省院党组《关于学习宣传贯彻党的十八大精神的安排意见》；为全体党员和非党领导干部配发《中国共产党第十八届全国代表大会文件汇编》1700余册；举办了两期领导干部（包括院所级干部、中层干部和党支部书记）十八大精神集中学习辅导与培训研讨。组织分院党组中心学习组学习会和学习扩大会议3次；以基层党支部为单位，组织开展了“悦达杯”党史知识学习与竞答活动。

分院机关党委依据党员状况和机关职能部门设置变化情况，对党支部进行了重新整合，将原有5个支部整合为3个，连同保留的离退休党总支一并进行了换届选举，使机关基层党组织和党的工作得到进一步健全与加强。

组织开展了陕西省先进集体和先进工作者的评选活动，向省科文卫体工会推荐先进集体候选单位2个，先进工作者候选人2名，西安光机所荣获陕西省先进集体称号。

组织省政协委员和省人大代表候选人推荐工作，在各研究所推荐的基础上，分省院共推荐候选人8名，其中中共党员3名，无党派人士3名，民主党派成员3名。

## 四、院地合作

西安分院负责陕西和宁夏院地合作联系工作。2012年，中国科学院研究所在陕/宁院地合作169个项目（陕西141项、宁夏28项），为地方新增销售收入57.4亿元、新增利税9.7亿元、新增社会效益23.2亿元，比上年有较大幅度提升。

1. 建立高层会商机制，推进院地合作深入开展。①中国科学院施尔畏副院长与陕西省李金柱副省长2012年2月在北京会谈，总结了签署合作协议以来的工作，探讨院地合作进一步深化的内容，为院省合作的深入开展明确思路。②分别与陕西省发改委和宁夏科技厅进行院地合作年度工作座，深入探讨了院地合作的进一步深化、科技成果转移转化与产业化等问题。③院地合作局与银川市三次会商，商讨引入中国科学院科技资源、共建“银川育成中心”，推进“银川科技园”建设，深化院地合作。

2. 加强战略研究与宏观部署。①与陕西省发改委共同组织完成了《陕西产业发展科技需求调研报告》和《中国科学院与陕西省“十二五”院地合作规划》，与宁夏科技厅共同组织完成了《宁夏产业发展科技需求调研报告》和《中国科学院与宁夏回族自治区“十二五”院地合作规划》，为深化院地合作确定总体思路和布局。②按照中国科学院统一部署，与兰州和新疆分院共同组织6次研讨会，完成了《西北生态环境治理与资源可持续利用创新集群规划》编制工作，首批重点任务已通过论证。③与陕西省发改委和西安经开区共同举办“区域科技资源统筹与技术转移转化研讨会”，中国科学院30余研究和转移机构、以及27家企业参加，提高了地方对转移转化工作的认识理解，为共建创新平台奠定基础。④分别对西安经济技术开发区和沣东新城多次考察调研，并探讨合作路径与模式，经与省发改委研究论证，拟定在西安经开区共建“西安协同创新产业示范园”，以创新平台建设带动产业化示范，已派人开始筹建工作。⑤西安分院、院地合作局与银川市政府经多次论证协商，决定在银川科技园共建“中国科学院银川育成中心”，以科技创新促进传统产业升级改造，引领和推动经济发展方式改变，筹建工作已正式启动。

3. 积极组织各类活动，拓展院地合作内涵。①围绕西安和银川2个创新平台建设，积极组织地方政府和企业以及研究所开展双向互动调研和项目对接活动10余次，征集并策划院地合作储备项目百余项，启动“银川育成中心”首批院地合作项目10项。②选派化学所李化毅副研究员在银川市科技局、西安光机所杨小君副研究员在莆田市担任科技副职，岩土力学所张超博士参加博士服务团在陕钢集团任职。分别接收银川市和莆田市二位同志在西安分院和西光所挂职。③2012年，由西安分院与宁夏回族自治区组织部和科技厅共同出资，联合启动宁夏“西部之光”人才培养计划，首批安排12项目，共120万元。④与院地合作局和院农办共同组织中国科学院展团参加“第十九届杨凌农业高新科技成果博览会”，中国科学院8个分院33个研究所和陕西省科学院共68位代表参加，参展项目124项、样品实物20种，接待人数累计万余人次，达成合作意向20余项。水土保持所与神木特色农业示范园签订了“矿区农业示范园生态效应监测与评价”合作项目。中国科学院展团荣获“优秀组织奖”和“优秀展示奖”，并有3项参展项目获得“后稷特别奖”。

## 五、纪检、监察和审计

紧紧围绕既扎实抓好党风廉政建设和反腐败斗争各项基础性工作，又切实解决反腐倡廉建设中群众反映强烈的突出问题，全面推进党风廉政建设和反腐倡廉工作。一是贯彻落实中央纪委和中国科学院党组关于加强党风廉政建设部署。组织多种形式，不同层面的会议，贯彻落实上级机关和领导对加强党风廉政建设与纪检、监察、审计工作部署与要求。二是进行宣传教育、制度建设。积极组织开展党风廉政建设宣传教育月活动；加强对研究所各项制度执行情况的监督检查和调查研究。三是推进廉洁从业风险防控工作。学习宣传，开展研讨交流，探索防控措施，提高思想认识；制订实施方案，确保工作顺利开展。四是进行重点领域监督、案件查办。抓好对领导干部重大事项报告、收入申报、礼品登记、述职述廉等工作的落实。五是开展内部审计工作。完成了领导干部任职届中和期满的经济责任审计和科研课题经费使用与管理审计8项。六是进行纪监审队伍建设。成立了西安分院监察审计工作组；按照院监察审计局的布置，积极组织开展“2012年反腐倡廉重点课题研究”。

（撰稿：常鸿飞　白　桦　审稿：陈政学）

# 兰州分院

**院　　长：王　涛**

**地　　址：甘肃省兰州市城关区天水中路6号**

**邮政编码：730000**

**电　　话：0931-2198877**

**传　　真：0931-8279855**

**电子信箱：lzb@lzb.ac.cn**

**网　　址：http://www.lzb.cas.cn**

## 一、基本情况

中国科学院兰州分院的前身是1954年经政务院批准成立的中国科学院西北分院筹委会，1958年经中国科学院决定撤销西北分院筹委会，成立中国科学院兰州分院。1962年，中共中央西北局与中国科学院商定撤销陕、甘、宁、青四省（区）分院，成立中国科学院西北分院。1970年，中国科学院西北分院撤销。1978年重新恢复中国科学院兰州分院。

兰州分院是中国科学院机关派出机构，其主要职能是，协助院进行所在地区研究所领导班子建设，在授权范围内代表中国科学院与地方开展合作，为所在地区研究所服务，承办院交办的有关事务。兰州分院负责联络和协调中国科学院驻甘肃、青海两省的近代物理研究所、兰州化学物理研究所、寒区旱区环境与工程研究所、青海盐湖研究所、西北高原生物研究所、兰州油气资源研究中心和国家科学图书馆兰州分馆7个研究机构。截至2012年底，兰州分院系统共有在职职工2887人，其中专业技术人员2335人，包括中国科学院院士7人，中国工程院院士1人。

## 二、2012年主要工作

（一）大力推进协同创新，有效促进科技与经济、科技与教育、科技与区域发展紧密结合

1. 以区域发展需求为牵引推进西北创新集群建设。在推进区域创新集群建设和任务目标凝练中，做到“两个紧密结合”：一是与西部经济社会发展需求的科技问题紧密结合；二是与开展协同创新以及院地合作“一三五”规划紧密结合。通过与西安、新疆分院和地方部门合作，编制完成西北创新集群建设规划和重点任务实施方案。目前，凝练完成的“西北典型生态脆弱区

生态系统监测与修复示范”已初获院批准。

2. 试点推进与甘肃省科学院的合作进展顺利。按照“干部先行，项目跟进”的思路，率先选派干部任甘肃省科学院副院长，联合实施的4个科技项目进展顺利。试点推进的全国科学院联盟建设，使甘肃省科学院实现了“五个首次突破”：首次联合培养博士后并实现该院博士后进站；首次申报“西部之光”新立项目并获批；首次向我院选派“西部之光”访问学者；首次联合申报“甘肃省微生物资源开发利用重点实验室”获批，实现零突破；首次开通战略情报研究成果共享平台。

3. 为培育和发展战略性新兴产业助力并迈出实质步伐。近代物理研究所与荣华集团联合建设的“科技惠民工程”重离子治疗肿瘤中心暨荣华颐养园开工建设，配套医院主体建筑已封顶。电工所提供技术支撑在青海建设并投入运行的玉树藏族自治州“金太阳”2MWp水光互补微网太阳能电站示范项目是国内首座兆瓦级水光互补微网电站，其节能减排和生态保护功能突出，并对于今后解决我国边远缺电地区的用电问题有示范作用，得到青海省委、省政府肯定。

4. 大力加强与金川公司的协同创新与战略合作。积极落实省、院高层领导关于支持金川公司发展循环经济和战略性新兴产业的指示，组织院内10多个研究所围绕企业重点科技需求开展了战略咨询和项目对接。联合实施的“金川镍钴新材料产业发展路线图及金川循环经济发展战略研究”等4个项目进展顺利。

（二）认真体现我院“三位一体”优势，结合区域发展努力发挥好高端智库作用

在国家战略层面上，青海盐湖研究所配合化学学部完成《盐湖资源综合开发利用报告》对我国做大做强以盐湖资源综合利用为主体的循环经济产业链等提出战略咨询建议，得到李克强副总理和青海省委省政府主要领导的充分肯定和重要批示。组织院士专家咨询建议的《甘肃建设“国家生态建设、保护与补偿试验区”综合研究报告》为把甘肃构筑成西北乃至全国的重要生态安全屏障发挥了重要作用。

在区域发展层面上，组织开展了兰州市大气环境污染治理院士行活动，在兰州未来工业布局、能源结构、脆弱的生态环境等诸多因素方面提出战略咨询意见和建议。组织政策研究所专家对兰州市和白银市国家高新区带动区域实现创新驱动发展提出建议、思路和举措。以“生态经济转型跨域宜居宜游”为主题，围绕发展生态经济、实现绿洲经济转型跨越等与甘肃张掖共同举办第三届绿洲论坛。面向社会举办多场“科学与中国”报告会，参与人数达到4000余人次。

（三）认真学习党的十八大精神，切实加强党建和创新文化建设，为“创新2020”提供坚强有力的思想和组织保障

1. 认真学习贯彻十八大精神。研究制定学习贯彻十八大精神工作方案，明确学习宣传贯彻的要求和任务。通过创新学习方式，在机关开展“十八大热词”学、中心组会议学、干部例会学、专题报告会学、座谈会学等，掀起学习贯彻十八大精神的热潮并在逐步引向深入。

2. 深入开展创先争优活动。重点开展了以“五个好”、“五带头”为主要标准的学习型党组织建设和党员队伍建设，对创先争优破解难题活动开展情况进行了评议，做到“三评议三促进”；得到广泛好评和认可。在全面总结的基础上，重点推动了基层组织建设年活动，确定了分院党组成员联系基层支部，建立了创先争优长效机制。

3. 领导班子和干部队伍建设。协助完成兰州油气资源研究中心、寒区旱区环境与工程研究所、兰州化学物理研究所、青海盐湖研究所4个单位领导班子的换届和国科图兰州分馆的届中考核；协助完成兰州油气资源研究中心和寒区旱区环境与工程研究所党委、纪委换届选举工作。遴选完成兰州化物所和寒旱所后备干部的遴选推荐。结合地方政府和企业需求，做好科技副职、博士服务团、科技特派员的选派、考核、培训与服务。

4. 扎实推进纪监审和信访工作。以换届考核为契机深入开展“三谈两述”和入职入学廉政教育活动，切实筑牢党员干部思想防线。深入推进廉洁从业风险防控工作，切实提高反腐倡廉工作的科学化水平。扎实开展内部审计，切实加强了重点领域监管。信访工作加大案件查办力

度，切实解决了群众困难。全年没有发现违法违纪问题和媒体曝光事件。

5. 成立并开展职工“读书会”活动。落实创新文化建设纲要和全员能力提升计划要求，组织成立机关“职工读书会”并举办十余次活动，提高了个人和团队的学习能力，引领了机关职工的学习风气，强化了人才队伍建设。

6. 开展“联村联户，为民富民”行动。根据甘肃省委要求和安排，开展了单位联系贫困村、干部联系特困户工作。结合科技扶贫、智力扶贫以及加强党建和创新文化、改进干部作风等，力所能及地推进了“联村联户，为民富民”行动。组织干部职工深入农户扶贫，安排专家进行农业科技培训，协助提升当地支柱产业中药材质量和知名度，帮助申请村庄基础设施建设项目，捐赠图书、学生用具、生活用品、农业化肥等一系列工作，使扶贫点陇南市宕昌县西迭村的农业生产生活条件得到改善，帮助村民提升了致富奔小康的信心。

（四）努力构建创新生态系统，切实推进后勤支撑保障服务体系建设，着力解决广大科研人员的“3H”需求，全力为研究所办实事

1. 全力解决科技工作者的“3H”需求。启动实施的约15万平方米/1500余套棚户区改造项目正在推进。近物所6.8万平方米的危旧房改造项目实现时间、任务双过半。继续联办好品牌中小学和幼儿园，中学连续多年获得兰州市同级同类学校第一名，切实解决了职工子女上学入园难问题。由分院管理的社区医疗服务站服务水平进一步提高，得到了政府支持以及科研人员的认可和信任。基建修缮、科研后勤水暖电及物业管理全力给予支撑和保障。

2. 全力支持研究所进入兰州新区。兰州新区系2012年国家批准建设的全国第五个国家级新区，也是西北首个新区。积极参与完成兰州新区高技术产业发展规划的研究编制，为研究所进入新区发展奠定了基础，创造了条件。

3. 全力协助研究所做好人才工作。一是认真组织实施“西部之光”人才培养计划，共获得经费支持788万元。二是积极支持研究所实施好国家特支计划——“万人计划”的相关工作。三是全力通过各种途径推优荐贤，如程国栋院士获甘肃省科技功臣；薛群基院士获国际摩擦学金奖；王涛研究员当选中共甘肃省委候补委员和全国政协委员等。

4. 全力提升区域信息化应用水平。在做好ARP“规定动作”和创新“自选动作”的同时，积极探索推进符合学科和地域特色的信息化基础环境，探索和发展了基于野外台站、大科学工程、重点实验室等的e-Science植入，切实为一流管理水平的提高和科研创新能力的提升提供组织协调和支撑保障。据2012年区域信息化评估结果表明，兰州分院继续蝉联各区域之首。

5. 全力创新离退休管理服务工作。一是依托地方政府和社会资源建立的“虚拟养老院”继续有效推进，切实解决了养老服务“四就近”难题。二是开展了研究生进社区为离退休老同志开展公益服务活动，得到老同志高度评价。三是统筹协调推进离退休人员规范津补贴工作。四是积极参与开展的“诗书画影抒情怀”等多项活动，得到老同志积极参与。

6. 认真做好研究生教育管理工作 一是通过举办“科学与人文”主题月活动 、举行系列讲座以及开展博士公共课教学和后勤支撑等全力做好研究生管理工作。二是创新特色活动，首次举办全国优秀大学生暑期学校，相继开展了参观实验室、专题讲座、专家交流、社会考察等系列活动，获得良好的社会声誉。三是积极开展社会实践和文体活动，引导研究生走近社会，促进相互交流。

（撰稿：宋华龙　王　晶　审稿：谢　铭）

## 新疆分院

**院　　长：**张小雷
**地　　址：**新疆乌鲁木齐市新市区北京南路科学一街341号
**邮政编码：**830011
**电　　话：**0991-3835430
**传　　真：**0991-3835229
**电子信箱：**zhangxl@ms.xjb.ac.cn
**网　　址：**http://www.xjb.cas.cn

## 一、基本情况

新疆分院成立于 1957 年 7 月 30 日。设水土生物土壤资源综合所、物理所、化学所、地质地理所、民族历史研究所。“文革”期间下放地方，后与自治区科委、科协合署办公。1977 年 11 月 27 日，经党中央、国务院批准恢复中国科学院新疆分院。

新疆分院负责联系新疆生态与地理研究所、新疆理化技术研究所和新疆天文台。

2012 年，新疆分院制定“一三五”发展规划，全面构思“创新 2020”期间院地合作工作蓝图。围绕新疆实现跨越式发展和长治久安的重大科技需求，为新疆分院院地合作工作提出了一个定位、三个重大突破、五个重点培育方向。新疆分院今后十年的主要任务和目标是：作为科技援疆和向西开放的桥头堡，集结全院人力、装备、资金、政策等资源，构建科技创新与科技成果转移转化的基地，建设自主创新发展和支撑新疆区域发展相结合的国家远西部地区科技创新体系；突破一批资源与环境领域重大科技问题和关键技术，全面提高对区域发展、新疆及周边资源与环境监测与决策能力，实现干旱区资源、生态、环境基础理论突破，建成亚洲中部国际水平的资源与生态环境研究基地；紧密围绕自治区新兴工业化、农牧业现代化和新型城镇化战略需求，在新能源、新材料、电子信息、生物制药、环境工程、普惠健康、现代服务业等领域发挥科技支撑和引领作用；建设国际水平的大科学工程和公共科技服务平台，抢占国际科技和未来产业制高点；建设高素质人才队伍，队伍数量争取增加 1 倍以上，为新疆培养一大批高级人才。

截至 2012 年底，新疆分院系统共有在职职工 1018 人。

## 二、领导班子和后备干部队伍建设

配合中国科学院党组和人事教育局完成了对新疆理化所领导班子、新疆分院领导班子届中考核工作；协助生地所完成党委、纪委换届选举工作；完成分院离退休支部换届改选工作；完成分院子校支部委员补选工作。

按中国科学院党组要求，完成《新疆分院系统后备干部、中层干部工作调研报告》。

## 三、党建与创新文化建设

召开分院民主生活会；组织分院党组中心组学习和分院机关党委中心组学习；召开分院系统副处级以上领导干部集体学习党的十八大精神大会，安排部署启动分院系统十八大精神学习活动。

组织所台党支部书记赴中国科学院党校参加培训；开展中国科学院党组 2011 年度民主生活会整改落实情况满意度调查。组织分院系统优秀党员、优秀党务工作者赴延安考察学习；组织分院系统所级领导干部参加网络学习和网络学习问卷调查。

积极推荐自治区组工系统“讲党性、重品行、做表率”活动先进典型，获 1 个先进集体、2 个先进个人。

按时开展分院党组中心组学习活动；坚持机关和离退休职工政治学习制度；在全体职工中开展了党的十八大精神学习活动。

加强人才队伍建设。组织专家组对“西部博士资助专项”2012 年度项目及 2008 年度项目进行了立项评审和结题评估；继续开办新一轮为期五年招生 75 人的“新疆博士班”；完成对第十二批博士服务团成员任期满考核工作；组织研究所完成第 13 批博士服务团成员推荐工作。完成《新疆分院系统党外人士队伍建设工作调研报告》；完成科技副职推荐工作。

不断推动精神文明创建工作取得新进展。调整了分院领导小组；按照要求，将“四个一”纳入到精神文明创建工作之中；开展了道德讲堂，启动了公民道德建设月系列活动。加强了工会组织的自身建设。积极开展民族团结教育月活动，表彰分院系统为民族团结做出贡献的先进集体和先进个人。

## 四、院地合作

协助组织召开了中国科学院与新疆维吾尔自治区科技合作座谈会、中国科学院与新疆生产建设兵团科技合作座谈会。

西北区域创新集群建设工作取得重大进展。开展了自治区范围内调研工作，凝练了地方科技需求，会同兰州分院、西安分院完成了西北生态环境保护及能源资源开发利用创新集群建设规划初稿和重点任务实施方案。由新疆生地所牵头提出的荒漠环境保育与生态修复作为重点建设任务已首批启动。

举办新疆产学研会，搭建院区科技成果转移转化和交流平台，助力新疆经济发展。联合成立中国科学院新疆分院与新疆维吾尔自治区经济和信息化委员会院企合作委员会。

开展科技支新工程项目中期检查、和结题验收工作。组织专家对科技支新工程2007年、2008年实施的8个项目进行现场检查和勘验工作。

探索院地合作工作机制。分别与北京分院、湖北省援疆工作前方指挥部、自治区科技厅成果处、中国科学院山西煤炭化学研究所、陕西省微生物研究所开展了科技合作座谈。

## 五、纪检、监察和审计

认真学习贯彻中央和中国科学院关于反腐倡廉工作会议精神，传达中国科学院冬季纪检组长会议精神；组织分院系统参加“中国科学院反腐倡廉宣传教育视频会议”、“中国科学院廉洁从业风险防控动员视频会议”；举办反腐倡廉宣传板报巡展；参加2012年西北片单位与沈阳分院系统纪监审工作研讨会；邀请自治区纪委领导为分院系统干部职工作党风廉政建设和反腐败专题讲座。

加强内部审计工作，对新疆理化技术研究所2个科研单元共40个研究课题进行了科研项目经费财务收支审计；对新疆天文台2个科研单元共9个科研项目（课题）经费财务开展收支审计。完成了对新疆天文台领导任期届中经济责任审计工作；完成了对新疆理化所领导任期届中经济责任审计工作。

## 六、公共事务管理和协调

开展了“科普宣传周”活动，开放了重点实验室；成立中国科学院新疆分院科学道德和学风建设宣讲教育领导小组；组织开展了科学道德和学风建设宣讲教育系列报告；完成对武汉分院跨区域安全检查；承办中国科学院西部片区及院机关片区办公室工作交流会；加强学习培训，举办了近20期知识讲座；制定了《中国科学院新疆分院机关继续教育与培训实施细则（试行）》、《中国科学院新疆分院机关全员能力提升计划实施方案》；顺利完成ARP系统应用年度评估工作；落实建房政策，着力解决科技人才住房困难。108户青年博士楼破土动工；700多户职工第二套集资房也陆续开工建设。

（撰稿：侯 铁 红 霞 审稿：张小雷）

# 科　研　机　构

## 数学与系统科学研究院

执行院长：王跃飞
学术院长：席南华
地　　址：北京市海淀区中关村东路 55 号
邮政编码：100190
电　　话：010-62553063
传　　真：010-62541829
电子信箱：contact@amss.ac.cn
网　　址：http://www.amss.cas.cn

中国科学院数学与系统科学研究院（以下简称“数学院”）成立于 1998 年 12 月 28 日，由中国科学院所属的数学研究所、应用数学研究所、系统科学研究所、计算数学与科学工程计算研究所整合而成。

数学院是综合性国立学术研究机构，覆盖了数学与系统科学的主要研究方向。数学院的办院方针是：在数学与系统科学领域，面向国际发展前沿，面向国家战略需求，做出原创性、突破性和关键性的重大理论成果与应用成果，造就具有国际重要影响的学术带头人和一批杰出人才。数学院的发展目标是：在数学与系统科学领域内，成为国际上有重要影响的研究中心、培养和造就高级研究人才的著名中心、国民经济和国防建设有关问题研究和咨询的重要中心。数学院的优势研究领域有：分析数学与数学物理，数论、代数、几何与拓扑，运筹与管理科学，系统与控制科学，概率统计，科学计算，计算机数学。新兴交叉学科有：金融数学，生物信息学，复杂系统科学，不确定性决策，复杂网络理论，计算材料科学，知识科学理论等。应用研究领域有：工程技术，经济金融，生命科学，生态与环境等。2012 年起，数学院顺利实施“一三五”规划，在机制体制、科研布局、开放交流、人才培养等方面采取了系列有效措施，取得了显著成效。由数学与系统科学各领域的八位国际著名科学家组成的专家团对数学院进行了“一三五”专家诊断评估。专家评估组针对数学院的特点，围绕“一三五”布局进行了全面诊断，最终对数学院的学科布局、科研成果、人才建设等工作给予了高度评价，并对数学院的未来发展提出了非常有价值的一系列建议。

数学院共有 4 个研究所：

**数学研究所**　成立于 1952 年 7 月，著名数学家华罗庚为首任所长。数学研究所主要从事核心数学及理论计算机科学方面的研究。

**应用数学研究所**　成立于 1979 年 10 月，著名数学家华罗庚为首任所长。应用数学研究所以具有实际背景的应用数学基础理论研究为主，发展和创造在自然科学、高新技术、经济金融和管理决策等领域中有普遍意义的数学分支和方法，为国民经济建设服务。

**系统科学研究所**　成立于 1979 年 10 月，主要创始人包括关肇直、吴文俊、许国志等著名科学家。系统科学研究所是以多学科交叉为特点的基础型研究所，主要从事系统科学和与之有关的数学及交叉学科的研究。

**计算数学与科学工程计算研究所**　成立于 1995 年 3 月，其前身是冯康院士于 1978 年创立的中国科学院计算中心。该所的主要任务和发展定位是面向科学与工程中的重大应用问题，着眼于代表国际水准的基础性和关键性计算方法的理论创新和技术创新；伴随计算机技术的进步，进行反映国际科学计算最新研究成果的高性能计算程序和软件的研究与开发；同时培养和造就大批适应当代需求的科学与工程计算的高素质人才。

此外，中国科学院国家数学与交叉科学中心、晨兴数学中心、预测科学研究中心以数学院为依托单位；数学院还设有科学与工程计算国家重点实验室，中国科学院管理决策与信息系统重点实验室、系统控制重点实验室、数学机械化重点实验室、华罗庚数学重点实验室、随机复杂结构与数据科学重点实验室。数学院拥有全国馆藏最为丰富的数学专业图书馆，订有大量国外期刊，藏书逾21万册。数学院有先进的计算机及网络系统，包括24万亿次机群和多个超级计算服务器，并拥有多种大型数学软件包。

截至2012年底，数学院共有在职职工370人。其中科技人员267人、科技支撑人员64人，包括中国科学院院士17人、中国工程院院士2人、发展中国家科学院院士6人、研究员及正高级工程技术人员121人、副研究员及高级工程技术人员64人；全所进入创新岗位280人。共有国家海外高层次人才引进计划（“千人计划”）入选者3人（新增1人），“青年千人计划”入选者3人（新增1人）；中国科学院“百人计划”入选者22人（新增2人），国家杰出青年科学基金获得者37人（新增3人）。

数学与系统科学研究院是1981年国务院学位委员会首批具有博士学位授予权单位之一。现设有数学、系统科学、统计学、计算机科学与技术、管理科学与工程5个专业一级学科博士研究生培养点，基础数学、计算数学、概率论与数理统计、应用数学、运筹学与控制论、系统理论、统计学、计算机软件与理论、计算机应用技术、管理科学与工程、管理运筹学、企业管理、数量经济学、应用统计14个专业二级学科博士或硕士研究生培养点。并设有数学、系统科学、管理科学与工程、统计学4个专业一级学科博士后流动站，共有在学研究生537人（其中硕士生247人、博士生290人）、在站博士后74人。

2012年，数学院共有在研项目291项（包括新增项目94项）。其中，主持国家重点基础研究发展计划（973计划）3项、承担课题11项，参加课题5项（新增1项），承担国家高技术研究发展计划（863计划）课题1项，参加课题1项，参加国家科技支撑计划课题1项（新增1项）。主持国家自然科学基金重大项目1项，重点项目11项（新增3项）、面上项目52项（新增24项）、国家杰出青年科学基金项目8项（新增2项）、国家自然科学基金重大研究计划重点项目4项（新增2项），主持创新研究群体4项，主持重大国际合作项目2项（新增1项）；主持中国科学院战略性先导科技专项1项；承担院地合作项目11项。

2012年，数学院取得了一批原创性、突破性和关键性重大理论与应用成果。如：幂零轨道的双有理几何与特殊Fano簇的分类、L2延拓定理中的最优常数问题、纳税评估模型及其应用研究、可压缩Navier-Stokes方程的真空问题研究、水利与国民经济协调发展研究、若干新型非线性电路与系统的基础理论及其应用、复杂畸形波和物质波的构造与调控研究、一阶优化方法与应用研究、迎风紧致格式在模拟不可压流中的应用。2012年数学院科研人员共发表论文约670篇，其中约550篇发表在国际重要刊物上，出版专著20本，专利申请3项。累计获得各类重要科研成果奖励20余项，其中，孙笑涛研究员完成的成果“模空间退化和向量丛的稳定性”及吕金虎研究员等完成的成果“若干新型非线性电路与系统的基础理论及其应用”分别获得2012年度国家自然科学奖二等奖；刘源张院士获首届“复旦管理学终身成就奖”和“第二届中国自动化学会控制理论专业委员会杰出贡献奖”；崔俊芝院士获得“第二届CSIAM苏步青应用数学奖”；郭雷院士获得“第二届中国自动化学会控制理论专业委员会杰出贡献奖”；章祥荪研究员获得“第二届中国自动化学会控制理论专业委员会杰出贡献奖”；吕金虎研究员获光华工程科技奖“青年奖”；两名青年学者分别获得“中国工业与应用数学学会首届优秀青年学者奖”。此外，多人获得重要国际奖励。

数学院结合自身专业特点，积极开展院地合作。数学院在应用数学领域有一批优秀的科研团队，在优化运筹、先进制造等方向有比较成熟的成果，因此积极参与到武器装备、纳米材料、石油勘探等国家多个973计划、863计划的项目中。数学院为中央和相关部门提供政策建议和评估报告，预测科学研究中心与国家发改委、财政部、人民银行等政府部门建立长期战略合作关系。2012年在全国粮食产量预测、经济预测预警等方面向中央各部门提交了17篇政策报告，其中获得国家领导人的重要批示4次，被中办或国办采纳的报告6份。面向中小企业，数学院根据企业的需求，在促成项目成果的转化方面也开展了卓有成效的工作。数学院与院内外共建合作机构共 11 家。

2012 年数学院参与的多项国际合作项目研究工作进展顺利。2012 年数学院获得 2 项外国专家特聘研究员计划和 1 项外籍青年科学家计划资助；数学院共主办了 19 个国际会议；出访项目 224 项共 249 人次，来访项目 307 项共 329 人次。有 200 人（次）在国际重要学术组织担任领导职务，包括国际数学联盟执委会副主席，国际自动控制联合会 YAP 奖评委员会主席、执委会委员、奖励委员会委员，国际数理统计和概率论贝努利学会理事，美国 IEEE 控制系统奖励委员会委员等。

中国数学会（CMS）、中国运筹学会（ORSC）和中国系统工程学会（SESC）三个国家一级学会挂靠在数学院。数学院主办的学术刊物有：《数学学报》（中、英文版）、《应用数学学报》（中、英文版）、《系统科学与数学》、《系统科学与复杂性学报》（英）、《计算数学》（中、英文版）、《数学译林》、《代数集刊》（英）、《系统工程理论与实践》、《数学的实践与认识》、《数值计算与计算机应用》等 15 种，其中 5 种英文刊物均被 SCIE 收录。

（撰稿：丁晓蕾　马　鲁　审稿：巩馥洲）

## 物理研究所

所　　长：王玉鹏
地　　址：北京市海淀区中关村南三街 8 号
邮政编码：100190
电　　话：010-82649258
传　　真：010-82649533
电子信箱：zhc@iphy.ac.cn
网　　址：http://www.iop.cas.cn

中国科学院物理研究所（以下简称“物理所”）成立于 1950 年 8 月 15 日，其前身是成立于 1928 年的国立中央研究院物理研究所和成立于 1929 年的北平研究院物理研究所，1950 年在两所合并的基础上成立了中国科学院应用物理研究所，1958 年 10 月 8 日启用现名。

物理所是以物理学基础研究与应用基础研究为主的多学科、综合性研究机构，研究方向以凝聚态物理为主，包括凝聚态物理、光学物理、原子分子物理、等离子体物理、软物质物理、凝聚态理论和计算物理等。战略定位是“面向国家战略需求，面向世界科技前沿”，发展目标是“建成国际一流物质科学研究基地”。2012 年物理所“一三五”规划各项实施工作进展顺利，在基础研究和应用基础研究方面取得重要进展，积极参与和组织申请科学院 A 类和 B 类战略性先导科技专项，参与“物理所-北京大学-清华大学协同创新中心”建设，继续推动国家重大科技基础设施—北京综合极端条件实验装置立项。

物理所是北京凝聚态物理国家实验室（筹）的依托单位，中关村物质科学大型仪器区域中心筹建的牵头单位和北京纳米科学大型仪器区域中心的成员单位。现有超导、磁学、表面物理 3 个国家重点实验室，光学物理、先进材料与结构分析、纳米物理与器件、极端条件物理、软物质物理、清洁能源前沿研究、凝聚态理论与计算 7 个院重点实验室，固态量子信息与计算、微加工实验室 2 个所级实验室，它们与国际量子结构中心、量子模拟科学中心、北京散裂中子源靶站谱仪工程中心、清洁能源中心、超导技术应用中心、功能晶体研究与应用中心等 6 个研究中心共同构成物理所的研究体系；技术部及各实验室、各研究组的公共技术岗位共同构成全所的技术支撑体系。

截至 2012 年底，物理所共有在职职工 474 人。其中科研人员 247 人、技术支撑人员 115 人，包括中国科学院院士 14 人、中国工程院院士 1 人、发展中国家科学院院士 7 人、研究员及其他正高级专业技术人员 135 人、副研究员及其他副高级专业技术人员 164 人；全所进入创新岗位 336 人。

共有中国科学院“百人计划”入选者 46 人（新增 3 人）；国家杰出青年科学基金获得者 35 人（新增 1 人），国家“千人计划”（国家海外高层次人才引进计划）入选者 11 人（新增 1 人）。

物理所是 1998 年国务院学位委员会批准的

首批博士、硕士学位授予单位之一。现设有物理学一级学科博士、硕士研究生培养点；凝聚态物理、理论物理、光学、等离子体物理4个二级学科博士研究生培养点；凝聚态物理、理论物理、光学、等离子体物理、无线电物理5个二级学科硕士研究生培养点；材料工程、光学工程、集成电路工程3个专业学位硕士研究生培养点；并设有物理学一级学科博士后流动站。截至2012年底，物理所共有在学研究生706人（其中硕士生269人、博士生437人）、在站博士后37人。

2012年，物理所共有在研项目553项（新增项目145项）。其中，主持国家重点基础研究发展计划（973计划）和重大科学研究计划项目10项（新增4项）、承担课题45项（新增5项），主持国家高技术研究发展计划（863计划）项目3项（新增1项），主持国家自然科学基金重点项目14项（新增3项）、杰出青年基金7项（新增1项）、创新研究群体4项、重大研究计划重点项目3项；主持知识创新工程重要方向项目17项（新增1项），院创新平台专项3项、院创新仪器研制专项4项（新增2项）；在研重点国际合作项目8项，在研国际合作团队2个。

2012年，物理所基础研究取得重大突破。率先利用分子束外延-低温扫描隧道显微镜/扫描隧道谱对硅烯的制备及电子结构展开研究，并进行了详细的理论分析，对于如何制备硅烯薄膜给出了详细的指导信息，并通过实验证实了硅烯中的Dirac费米子的存在，为进一步研究硅烯中的新奇量子效应提供了坚实基础。首次提出了在金属钌单晶上通过外延的方法获得厘米级的单晶石墨烯材料。发展了一种可控、简便、高效的石墨烯纳米结构图形化新技术——石墨烯边缘印刷术。发展了一种在宽温域内结构相变强制顺磁-铁磁转变的新材料体系。发现由压力诱发的第二个超导相的超导转变温度高达48K，这是已有报导的铁基硫族化合物超导体家族中最高超导转变温度。提出一个可以解释不同铁基超导材料能带结构的巨大差异的微结构理论。

根据中国科学技术信息研究所关于中国科技论文统计结果，2011年度，物理所国际论文被引用篇数979篇，被引用次数4324次，名列全国科研机构第四位。2002—2011年，物理所SCI收录论文累计被引用篇数4073篇，名列全国科研机构第二位，被引用次数57 765次。2011年度，物理所发表第一署名单位的SCI收录论文数433篇，名列全国科研机构第五位。中国科学技术信息研究所公布的“表现不俗”论文，物理所有219篇入选，占论文总数的51.29%，在全国的研究机构中名列第四。作为第一作者的国际合著论文115篇，在全国研究机构中名列第一。2011年度，物理所有三篇论文入选“2011中国百篇最具影响国际学术论文”。

在应用基础研究与高技术研究方面，2012年位于苏州科技城的苏州星恒电源车用锂离子动力电池新厂建成投产，一期产能为年产5000万Ah磷酸铁锂电池，应用于电动汽车、轨道交通、储能和军品。苏州星恒100KWh动力电池产品定型，成为该类应用方向的第一个百千瓦级电池系统供应商。4英寸碳化硅晶体的质量、产量和成品率进一步提高，晶体直径超过105 mm，边缘无裂纹，经过三菱、东芝、中国电科和东莞天域等工业客户验证，满足即开即用（Epi-ready）要求，有力推动了国内相关领域的基础研究和产业化进程，催生了下游从外延到器件一系列产业公司的成立，初步形成了完整的碳化硅器件产业链。2012年10月14日11时25分，我国首颗民用新技术试验卫星——实践九号A/B卫星，搭载着物理所超导技术应用中心研制的高温超导滤波器，随“长征二号丙”运载火箭升空并进入预定轨道。高温超导滤波器和S频段接收机工作正常，达到试验指标，圆满实现了第一阶段目标。这标志着我国首次完成高温超导器件空间试验，表明我国的超导技术应用已跻身国际前列，对超导器件在我国的应用，特别是在空间技术领域的应用具有重要意义。

物理所现有控股、参股公司9个，其中以知识产权入股的4个。技术转移与成果辐射的省、市地区有北京、天津、新疆、江苏、浙江等。

2012年物理所在研重点国际合作项目8项。在研国际合作团队2个。来访人数约为389人次，其中诺贝尔奖获得者、国外科学院、部委级高层等重要外宾40余位。出访人数达到437人次；参加国际会议252人次，其中239人次应邀做学术报告。2012年主持召开国际学术会议11

次，举办院级讲座“爱因斯坦讲习教授讲座”1次。

物理所是中国物理学会的挂靠单位；承办的科技期刊有《物理学报》、*Chinese Physics Letters*、*Chinese Physics B* 和《物理》。

（撰稿：赵　岩　魏红祥　审稿：孙　牧）

# 理论物理研究所

**副所长（主持工作）：邹冰松**
**地　　址：北京市海淀区中关村东路 55 号**
**邮政编码：100190**
**电　　话：010-62554447**
**传　　真：010-62562587**
**电子信箱：anhm@itp.ac.cn**
**网　　址：http://www.itp.ac.cn**

中国科学院理论物理研究所（以下简称“理论物理所”）成立于 1978 年 6 月 9 日，是在理论物理学领域各主要方向上从事基础研究的专业研究所。1985 年，理论物理所成为中国科学院向国内外首批开放的研究所，1993 年被第三世界科学院选为首批参加协联计划的优秀中心，1998 年 8 月被列为中国科学院知识创新工程首批试点单位之一，2002 年 2 月成立中国科学院交叉学科理论研究中心，2004 年 12 月被批准为中国科学院与发展中国家科学院奖学金学者培训基地，2006 年成立中国科学院卡弗里理论物理研究所，2008 年成立理论物理前沿院重点实验室，2011 年 11 月经科技部批准，开始正式筹建理论物理国家重点实验室。

理论物理所面向国家战略需求、面向世界科技前沿，以在探索自然界物质结构以及基本运动规律方面做出具有国际影响的重大创新成果为目标，联合国内理论物理学工作者，把理论物理所办成从事理论物理基本核心问题研究，不断为国家输送优秀人才、注重交叉学科理论发展的“基础研究中心、人才培养基地、学术交流平台”，使理论物理研究所成为全国的理论物理研究所和国际一流水平的国家理论物理中心，在我国理论物理学界发挥引领作用，并做出真正原创性工作。

根据中国科学院“创新 2020”工作部署，研究所制定的“一三五”发展规划在 2012 年度得到全面推进实施。暗物质和暗能量本质及新物理理论的研究方面，密切关注目前国际上重要实验，如 LHC、暗物质 Xenon100，宇宙学 WMAP 及 Planck 等实验的进展，紧密与实验相结合，在实验的基础上构造超出标准模型的新模型，探索新理论。生命过程启发的信息处理和能量转换的物理问题研究方面，利用分子生物、系统生物、生物信息等各层次的实际生物体系，运用和发展统计物理理论，揭示生命过程中生物物理现象和规律背后的普适的物理机制。新奇物态相关的量子场论问题研究方面，秉承学科发展的规律，加强不同研究方向的交叉融合，特别加强所内相关方向的研究力量的合作，关注最新发展，加强学术交流。“五个培育方向”即粒子天体宇宙学与早期宇宙演化，统计物理及其交叉学科，计算物理学和数值实验模拟，强相互作用物理及其交叉应用，量子信息、冷原子物理及其量子模拟几个方面均取得进展，积极培育了青年人才，进一步形成学科优势。

理论物理所设有两个研究室，以及以理论物理所为依托单位的“中国科学院卡弗里理论物理研究所”非法人研究单元和科技部依托理论物理所的“中国科学院理论物理研究所理论物理国家重点实验室”。

截至 2012 年底，理论物理所共有在职职工 61 人。其中科研人员 32 人、科技支撑人员 10 人，包括中国科学院院士 7 人、发展中国家科学院院士 3 人；研究员 28 人、副研究员及高级工程技术人员 7 人。

共有“青年千人计划”入选者 2 人（新增 2 人），中国科学院“百人计划”入选者 16 人，国家杰出青年科学基金获得者 12 人（新增 2 人）。

理论物理所是国务院学位委员会批准的首批博士学位授予单位之一，现有理论物理专业硕士、博士研究生培养点，并设有理论物理专业博士后流动站；共有在学研究生 124 人（其中硕士生 42 人、博士生 82 人）、在站博士后 11 人。

2012 年，中国科学院卡弗里理论物理研究所（KITPC）运行了7个项目和1个拓展项目。理论物理国家重点实验室以“问题驱动”模式运行，部署了10大问题，积极开展前沿交叉问题研究。

2012年，理论物理研究所共有在研项目79项（包括新增项目31项）。其中，主持国家重点基础研究发展计划（973计划）项目1项、承担（或参加）课题3项（新增1项）；主持（或参加）国家自然科学基金创新群体项目3项（新增1项），主持（或参加）国家自然科学基金重点项目6项（新增1项）、面上项目25项（新增5项）、国家杰出青年科学基金项目1项（新增1项）、国家自然科学基金重大研究计划重点项目1项，其他基金项目9项（新增9项）；承担中国科学院修缮购置专项1项（新增1项），中国科学院重要方向性项目4项（新增1项），百人（或青年千人）计划项目7项（新增2项），中国科学院其他项目11项（新增5项）；承担其他项目6项（新增3项）；承担院地合作项目1项（新增1项）。

2012年，理论物理所科研人员共发表期刊论文214篇，其中SCI论文204篇，影响因子4以上的69篇。李淼等出版的专著*Dark energy*，受到国内外同行的广泛关注。

2012年，理论物理所开展了系列的国际合作与交流。中国科学院卡弗里理论物理研究所运用“项目驱动”模式运行，吸引了584名活跃在前沿领域的研究学者和国内约150名研究生参与到这些研究项目中，为促进世界范围内前沿交叉及新兴学科的基础研究、加强人才培养做出了重要贡献。

2012年，理论物理所共举办国际会议3次，其中“国际味物理会议”为理论物理研究所发起的国际系列会议，第二届两岸粒子物理与宇宙学研讨会和第八届海峡两岸生物学启发的理论科学问题研讨会为理论物理研究所发起的海峡两岸系列会议。

2012年，理论物理所因公出访45人次，超过一个月的5人次。共接待来访参加学术研究的学者126人次（不含国际会议的参会外宾），其中境外61人次，超过一个月的访问有26人次。另外，参加KITPC项目的境外来访210人次。

2012年，理论物理所共举办前沿和交叉论坛8次，专题学术报告67次，这些活动为营造活跃的研究所氛围发挥了重要作用。

为适应理论物理学科发展的态势，结合研究所已有的良好基础，理论物理所在“十二五”期间建设对极端条件下物质性质及基本规律开展研究的“计算模拟和数值实验及其应用平台”。2012年完成了该平台Ⅱ期建设工作，包含曙光计算机群节点90个，CPU核心2888个。

2012年，理论物理所图书馆藏有中西文图书6676册，期刊合订本15 096册；现订有西文原版期刊15种，中文期刊35种。在电子资源方面，图书馆为读者开通了包括美国物理协会（The American Physics Society）数据库和《科学》（*Science*）在内的多种数据库和电子刊物，开通了国家科技图书文献中心NSTL购买的现刊数据库以及回溯数据库。

由理论物理所主办和承办的英文期刊《理论物理通讯》（*Communications in Theoretical Physics*）受到国内外理论物理界的广泛关注。该刊创刊于1982年，自1985年至今连续被世界著名的SCI检索系统收录。2008年1月起，由英国物理学会代理该刊的纸版和网络版在海外的发行工作。该刊在近年来SCI影响因子得到了显著提高，受到国际理论物理学界的高度关注，获得“2012中国最具国际影响力学术期刊”。

（撰稿：安慧敏　审稿：邹冰松）

## 高能物理研究所

所　　长：王贻芳
地　　址：北京市石景山区玉泉路19号乙院
邮政编码：100049
电　　话：010-88233092
传　　真：010-88233105
电子信箱：ihep@ihep.ac.cn
网　　址：http://www.ihep.cas.cn

高能物理研究所（以下简称“高能所”）成

立于 1973 年，其前身是 1950 年成立的中国科学院近代物理研究所，1953 年改称物理所，1958 年改称原子能研究所。1973 年 2 月，根据周恩来总理的指示，在原子能研究所一部的基础上组建了高能所。

高能所是以基础研究和应用基础研究为主的多学科综合性研究所。主要学科方向是粒子物理研究、加速器物理及技术研究和射线技术及应用研究，并兼顾核分析技术及多学科交叉研究；优势研究领域包括粒子物理、粒子天体物理、同步辐射技术及其应用、加速器物理及技术、核分析技术。研究所确立了“国际高能物理中心之一、世界先进水平的大型、综合性、多学科研究基地”的定位，以及三项未来重大突破、五个重点培育方向。通过识别并打造研究所核心竞争力、不断寻找并培育新的研究方向，以实验室建设为牵引，以民主化、规范化、程序化和透明化管理为目标，落实“一三五”规划以及“创新 2020”战略。

高能所建有北京正负电子对撞机国家实验室、核探测与核电子学国家重点实验室（与中国科学技术大学共建），3 个院重点实验室：核核分析技术重点实验室（与上海应用物理研究所共建）、粒子天体物理重点实验室、纳米生物效应与安全性重点实验室（与国家纳米中心共建）；2 个北京市重点实验室：北京市射线成像技术与装备工程中心、网络安全防护技术北京市重点实验室；1 个非法人研究单位：中国科学院大科学装置理论物理研究中心（挂靠高能所）；1 个北京市国际科技合作基地：直线加速器技术及射线应用国际科技合作基地。高能所下设实验物理中心、粒子天体物理中心、理论物理室、计算中心、加速器中心、多学科研究中心、核技术应用研究中心等 7 个研究单位；拥有北京正负电子对撞机、北京谱仪、北京同步辐射装置、西藏羊八井国际宇宙线观测站、中国散裂中子源（在建）、大亚湾中微子实验装置等大型科研装置。

截至 2012 年底，高能所共有在职职工 1344 人。其中科技人员 1081 人、科技支撑人员 341 人，包括中国科学院院士 7 人、中国工程院院士 2 人、发展中国家科学院院士 1 人、研究员及正高级工程技术人员 168 人、副研究员及高级工程技术人员 352 人。

共有国家海外高层次人才引进计划（千人计划）入选者 4 人（新增 1 人），“青年千人计划”入选者 1 人；中国科学院“百人计划”入选者 45 人（新增 5 人）；国家杰出青年科学基金获得者 18 人（新增 1 人）。

高能物理研究所是 1981 年国务院学位委员会批准的首批博士、硕士学位授予权单位之一，现设有理论物理、粒子物理与原子核物理、凝聚态物理、光学、无机化学、生物无机化学 6 个理学博士、硕士培养点，设有核技术及应用、计算机应用技术 2 个工学博士、硕士培养点，设有材料工程、动力工程、机械工程、电子与通讯工程、核能与核技术工程、计算机技术、化学工程 7 个全日制工程硕士培养点，并设有物理学、核科学与技术 2 个专业一级学科博士后流动站，共有在学研究生 463 人（其中硕士生 157 人、博士生 255 人、全日制工程硕士生 51 人）、在站博士后 44 人。

2012 年，高能物理研究所共有在研项目 335 项（包括新增项目 116 项）。其中，承担（或参加）国家重大科技专项课题 1 项（新增 1 项），主持（或承担）国家重点基础研究发展计划（973 计划）和国家重大科学研究计划项目 4 项、承担（或参加）课题 36 项（新增 6 项），主持（或承担）国家高技术研究发展计划（863 计划）项目 1 项，承担（或参加）课题 2 项，主持（或承担）国家自然科学基金重点项目 16 项（新增 6 项）、面上项目 110 项（新增 63 项）、国家杰出青年科学基金项目 2 项（新增 1 项）、创新研究集体 1 项，主持（或承担）中国科学院战略性先导科技专项课题 30 项，（科技部、国家自然科学基金委、财政部和中国科学院）重大仪器研制项目 1 项，承担（或参加）课题 10 项。

2012 年，高能所全面实施“一三五”规划，在粒子物理研究、国家重大科学装置建设等方面取得重要进展。大亚湾中微子实验发现新的中微子振荡模式，精确测量到中微子混合角 $\theta_{13}$，这一中国本土诞生的物理成果深入揭示了中微子的基本特性，被评价为中微子物理的里程碑，入选美国《科学》杂志2012年全球十大科学突破。北京谱仪Ⅲ（BESⅢ）实验发现一批新粒子和新物理过程，发表（含接受发表）21篇论文（PRL 6、PLB 1、PRD 12、CPC 2）。理论物理研究在轻强子物理、粲偶素物理、中微子物理和宇宙学等领域取得若干重要研究成果。多学科研究方面，低毒肿瘤治疗药物临床前研究正式启动，环境安全健康研究、核能相关的放射化学研究工作取得进展。大装置运行和建设方面，北京正负电子对撞机改造工程（BEPCII）稳定高效运行，对撞亮度创新高，峰值对撞亮度达到$2.923\times10^{32}cm^{-2}s^{-1}$，是BEPC同样能量下的60倍，积分亮度为BEPC时的120倍，顺利完成取数计划。北京同步辐射装置（BSRF）等公共实验平台完成对外开放。中国散裂中子源工程（CSNS）建设进展顺利，土建工程正式开工，加速器等非标设备的批量生产已全面展开。加速器驱动的次临界系统（ADS）全面启动关键技术攻关。硬X射线调制望远镜（HXMT）有效载荷联调成功，各载荷运行正常，将成为我国第一个空间天文卫星。大型高海拔空气簇射观测站（LHAASO）、北京先进光源（BAPS）预研项目已列入国家“十二五”大科学工程规划。

据《科学引文索引扩展版》（SCIE）数据统计，高能所2011年SCI收录论文被引用431篇，1545次，居全国研究机构第18位。2002—2011年SCI收录论文累积被引用1519篇，19772次，居全国研究机构第16位。高能所2011年发表SCI论文227篇，其中表现不俗的论文数为58篇，占总论文数的25.55%，高于全国平均水平，居全国研究机构第29位。2011年度，SCI收录中国天文领域科技论文数量机构排名中，高能所排名第6。2012年高能所申请专利67件（含外国专利1件），获得专利授权34件（含外国专利2件），软件著作权13件，参与制定国家标准2件。

“纳米材料的安全性研究”荣获国家自然科学技术奖二等奖，课题组2012年正式启动肿瘤低毒化疗药物临床前研究，提出并正式发表“监禁肿瘤”的新思路，发现纳米药物可能突破药物设计经典理论。3项成果获北京市科学技术奖，其中“数据密集型网格平台建设及应用”“北京同步辐射小角X射线实验平台”获二等奖，“加速器高频高功率测试平台的研制”获三等奖。

2012年，高能所完善条例政策，调整科技成果转化布局，采用灵活的转移转化方式，继续推进辐照加速器、核医学成像技术、超导技术、精密检测与安全检查、网络安全、纳米肿瘤药物以及高性能加速器部件等大科学装置科研成果技术的研发和成果转化。主要包括，推进辐照加速器产业化实施，首台小动物PET/CT设备交付使用，研制成功世界首台5.5T零挥发低温超导磁选机。全所有100人左右从事科技开发工作，现有10家投资公司，2012年年产值为3820万元。

2012年，高能所共签署4项国际科技合作协议，包括中美高能物理合作协议、高能所与意大利国家核物理研究院共建联合实验室协议、高能所与意大利国家核物理研究院合作谅解备忘录，高能所与布德科尔研究院合作协议。国外（境外）科学家来访共计约700余人次，高能所应邀参加出国（境）参加国际会议，进行学术交流访问或参加培训班等有600余人次，在高能物理学科领域共主办国际会议10次。高能所参加了欧洲自由电子激光装置（EXFEL）、欧洲核子研究中心的大型强子对撞机LHC上的ATLAS和CMS实验、丁肇中教授领导的AMS实验、国际直线对撞机（ILC）、BELLE & BELLE Ⅱ、PANDA等国际合作项目。

高能所是高能物理学会、粒子加速器学会、同步辐射专业委员会、核电子学与探测技术学会、引力与相对论专业委员会、中国毒理学会纳米毒理学专业委员会的挂靠单位；主办的刊物有《中国物理C》（月刊）、《现代物理知识》（科普双月刊）。

（撰稿：王晨芳　蒙　巍　审稿：王贻芳）

# 力学研究所

**所　　长：樊　菁**

**地　　址：北京市海淀区北四环西路15号**

**邮政编码：100190**

**电　　话：010-62560914**

传　　真：010-62561284
电子信箱：imech@imech. ac. cn
网　　址：http://www. imech. cas. cn

中国科学院力学研究所（以下简称“力学所”）成立于1956年，是以工程科学思想建所的综合性国家级力学研究基地，在国际力学界享有盛誉。钱学森、钱伟长为第一任正、副所长；郭永怀副所长曾长期主持工作；继任所长为郑哲敏、薛明伦、洪友士，现任所长樊菁。

力学所加强空天、海洋、环境、能源与交通等重要领域的科学创新和高新技术集成，以微尺度力学与跨尺度关联，高温气体动力学与跨大气层飞行，微重力科学与应用，海洋与环境、能源与交通中的重大力学问题，先进制造工艺力学，生物力学与生物工程等为主攻方向。

2012年，力学所根据国家战略需求和世界科学前沿，结合《国家中长期科学和技术发展纲要》以及国家自然科学基金委员会、中国科学院“十二五”规划的思路和方向，进一步凝练科技目标，理清发展思路，组织开展研究所和实验室发展战略规划研讨，通过对当前研究动态、学科前沿、国家重大需求的分析和把握，按照力学所创新三期规划方案，积极开展研究所“一三五”论证部署工作。通过战略规划研讨，力求不断提高战略思维能力，不断提升把握全局能力、科学前瞻能力、战略谋划能力和组织实施能力，根据国家经济社会发展需求和世界科技前沿，适时、自主地调整科技布局，促进力学相关基础研究的发展，力争在国家重大科研任务中发挥更大作用。

力学所现设有5个实验室：非线性力学国家重点实验室、高温气体动力学国家重点实验室、国家微重力实验室、流固耦合系统力学重点实验室以及先进制造工艺力学重点实验室。根据国家重大科技任务与学科交叉融合的需求，力学所部署了若干跨学科跨部门的科技中心：中国科学院高超声速科技中心、中国科学院海洋工程科学技术研究中心、北京国际力学中心、生物力学与生物工程研究中心、材料与力学研究中心。为加强研究所与产业部门的合作与发展，力学所还成立了若干联合研究中心：国家经贸委中国科学院产学研激光毛化技术开发推广中心、发动机科学与工程联合实验室、中国科学院先进轨道交通力学研究中心等。

力学所以自主创新为主，建设了多尺度力学实验研究系统、高温气体动力学实验技术系统、微重力科技实验技术系统、工程科学实验技术系统以及先进制造工艺力学实验技术系统，建成所级信息与网络共享平台，构建了全所的公共技术支撑体系。

截至2012年底，力学所共有在职职工424人。其中科研人员363人，科技支撑人员61人，包括中国科学院院士8人、中国工程院院士1人、研究员及正高级工程技术人员65人、副研究员及高级工程技术人员151人、中国科学院“百人计划”入选者20人、国家杰出青年科学基金获得者11人。力学所是国务院学位委员会批准的首批博士、硕士学位授予单位。1997年，国务院学位委员会批准力学所按一级学科行使博士学位授予权，按力学一级学科所覆盖的领域培养博士生和硕士生，包括培养力学领域相关的二级、三级学科，包括交叉学科的研究生。现有一级学科博士点1个，硕士点1个；材料学硕士点1个。力学一级学科下设4个二级学科：一般力学与力学基础、固体力学、流体力学、工程力学，并设有博士后流动站。截至2012年底，力学所共有在学研究生341人（其中硕士生215人、博士生126人），在站博士后19人。

2012年，力学所共有在研项目200余项（新增114项），其中国家重大专项7项，新增科技部国家重大科学研究计划项目1项，国家重点基础研究发展计划（973计划）项目3项，973计划课题3项（新增1项），高技术研究发展计划（863计划）课题5项（新增4项），科技支撑计划课题项目1项，国家重大科研装备研制项目1项，国家重大科学仪器设备开发专项1项，参与的其他科技部课题7项；国家自然科学基金创新研究群体项目2项，杰出青年基金项目3项，重点项目6项（新增5项），面上项目40项（新增22项），青年科学基金21项（新增14项），基金其他项目34项（新增11项）；总装备部预研基金项目4项（新增2项），总装备部预研项目5项，新增国防技术基础科研项目 1 项；中国科学院先导专项课题 1 项，子课题 8 项，重大项目 1 项，修购专项项目 4 项（新增 3 项），方向项目 8 项，新增中国科学院国防创新重点部署项目 2 项，中国科学院国防创新基金项目 3 项，“百人计划”项目 2 项，装备研制项目 5 项（新增 3 项），仪器功能开发项目 4 项，力学规划类项目 1 项，其他项目 4 项。来自科协、国土资源部等科研项目 3 项，其他军工项目 22 项。

力学所作为第一署名单位，全年共发表论文 345 篇，其中被 SCIE 收录 156 篇，EI 收录 159 篇，CPCI-S 收录国际会议论文 28 篇，出版专著（编、译）4 本，提交科技报告 72 篇。2012 年共申请专利 48 项；授权专利 27 项，另有软件登记 22 项。

2012 年力学所共有 153 人次出访到 26 个国家和地区进行各种形式的交流与合作，参加国际会议 126 人次（其中 17 个大会或邀请报告），合作研究 17 人次，科学访问与技术考察 9 人次，院公派出国留学 1 人；共有 116 名境外学者来力学所进行学术访问；举办国际会议 5 个；在研国际合作项目 10 项（国家自然科学基金委 3 项，科技部 2 项，中法 1 项，科学院 2 项，所级 2 项）；有 30 位科学家在 70 多个国际学术组织及学术期刊编委会任职。

力学所是中国力学学会的挂靠单位。主办或联合主办的学术期刊有《力学学报》、《力学学报》（英文版）（SCI 收录）、《力学进展》、《力学与实践》和《力学快报》（英文版）。

（撰稿：朱　涛　武佳丽　审稿：樊　菁）

## 声学研究所

**所　　长：王小民**
**地　　址：北京市海淀区北四环西路 21 号**
**邮政编码：100190**
**电　　话：010-82547853**
**传　　真：010-82547890**
**电子信箱：chengyang@mail. ioa. ac. cn**
**网　　址：http://www. ioa. cas. cn**

中国科学院声学研究所（以下简称“声学所”）成立于 1964 年，其前身是中国科学院电子学研究所的水声学研究室、空气声学研究室、超声学研究室和位于海南、上海、青岛的 3 个研究站。声学所是从事声学和信息处理技术研究的综合性研究所，总部位于北京市海淀区中关村。

声学所在北京设有声场声信息国家重点实验室、国家网络新媒体工程技术研究中心、中国科学院噪声与振动重点实验室、中国科学院水声环境特性重点实验室、中国科学院语言声学与内容理解重点实验室等研究单元；在青岛建有北海研究站，在上海建有东海研究站，在海南建有南海研究站，在嘉兴市与地方政府共建了声学技术转移中心。声学所特色研究方向包括：水声物理与水声探测技术、环境声学与噪声控制技术、超声学与声学微机电技术、通信声学和语言语音信息处理技术、声学与数字系统集成技术、高性能网络与网络新媒体技术。声学所拥有包括 4 位中国科学院院士在内的优秀科技和管理人才队伍，其中多人在国际组织和国家级专家委员会任职。声学所是国务院学位委员会批准的首批博士、硕士学位授予单位。

声学研究所定位是：主要致力于声学和信息处理技术学科的应用基础和高技术发展研究，围绕未来 5—10 年我国在海洋、安全、能源、生命健康和信息网络等领域的战略急需，着力破解与声学和信息处理技术相关的前瞻性重大科技难题与系统集成瓶颈，着力提升自主创新与竞争能力，取得创新性重大成果，引领学科发展方向，保持特色鲜明和不可替代研究所的地位，把声学所打造成声学和信息处理技术领域国内外一流的国立专业研究机构。

声学所在“创新 2020”和“一三五”规划中明确了“三个重大突破”分别是：网络化信息观测技术、智能航行器和新媒体服务网络技术；“五个重点培育”分别是：减振降噪技术、海洋声学技术、深部钻测核心技术与系统集成、音频内容理解技术平台应用和先进医用声学技术。

声学所根据中国科学院“创新 2020”组织实施方案和声学所“一三五”战略布局与发展规划从国家、院、所三个层面进行了“一三五”

规划任务安排与部署，综合所内研究部门和院内外单位等多方面优势力量，按照规划与部署积极争取项目，形成了“三突破五培育”项目群，多渠道落实经费约10.8亿元，并全力组织推进了“三突破五培育”项目群的实施，现已完成总体技术方案论证、关键技术攻关，多个项目已完成样机研制和重大实验验证与演示示范，取得了重大进展，为国家需求和科技创新提供技术支撑，为下一步工作打下了坚实的基础。

截至2012年底，声学所共有在职职工774人。其中科技人员684人、科技支撑人员178人，包括中国科学院院士4人、研究员及正高级工程技术人员102人、副研究员及高级工程技术人员263人。共有1人入选“万人计划”科技创新领军人才，1人入选“万人计划”青年拔尖人才，14人（新增1人）入选中国科学院“百人计划”，2人（新增1人）获得国家杰出青年科学基金。

声学所是1981年国务院学位委员会批准的博士、硕士学位授予权单位之一，现设有物理学、信息与通信工程等2个专业一级学科博士研究生培养点，声学、信号与信息处理、地球探测与信息技术等3个专业一级（或二级）学科硕士研究生培养点，电子与通信工程、地质工程等2个领域的工程硕士培养点。并设有物理学、信息与通信工程等2个专业一级学科博士后流动站，共有在学研究生408人（其中硕士生211人、博士生197人）、在站博士后26人。

2012年，声学所共有在研项目723项（包括新增项目212项）。其中，承担（或参加）国家重点基础研究发展计划（973计划）课题13项（新增3项），主持或承担国家高技术研究发展计划（863计划）项目39项（新增14项）；主持或承担国家科技支撑计划项目（课题）16项（新增5项），主持或承担国家科技重大专项课题（任务）22项（新增7项），主持或承担国家重大科学仪器设备开发专项课题（任务）3项（新增3项）；主持或承担国家自然科学基金重大研究计划1项、国际合作与交流项目1项、重点项目3项、杰出青年基金项目2项、优秀青年基金1项（新增1项）、面上项目51项（新增8项）、青年科学基金项目22项（新增8项）；主持或承担中国科学院战略性先导科技专项课题3项（新增3项），主持或承担中国科学院知识创新工程重大项目4项、重要方向项目21项（新增1项）、重点部署项目5项（新增5项）、院装备研制项目8项（新增2项）；承担院地合作（含企事业单位横向委托）项目161项（新增84项）。

声学所是中国科学院大科学装置“实验1”号科学考察船的法人单位，该科考船在2012年度完成了8个科学考察航次任务，在航189天，安全航行23 330海里。

2012年，声学所扎实推进“一三五”战略布局，在“强基固本”工作主题引领下，在科技创新工作中取得重要进展，完成多项重大、重点项目研制任务并取得有显示度的成果。声学所自主完成了7000米载人潜水器核心装备声学系统的研制与改进，在技术上和工程实现上取得重大突破，使其主要性能指标达到世界先进水平，为“蛟龙”号载人潜水器成功完成7000米级海上试验，创造国际同类作业型载人深潜器最大下潜深度新纪录做出了突出贡献。国家863计划重大项目中的“新一代业务运行管控协同支撑环境的开发”项目完成验收，该项目突破了三网融合业务及其对支撑环境共性需求等关键技术难点，并在国家试验床上建立了北京、上海两个互为灾备的运行管控中心和分布于全国各地的21个服务运行节点，完成了上海、东莞、海口三个流式服务节点的应用示范。国家科技支撑重点项目中的“新一代广播电视服务系统”取得重大突破，完成了系统研发和海口、上海、东莞三地的跨域示范运行，形成了具有我国特色的技术体系与规范。此外，声学所还在科研生产中取得了丰硕成果：圆满完成了某重大产品的年度批生产任务；合成孔径声纳成功应用于沉船遗骸探测成像；战略性先导科技专项“面向感知中国的新一代信息技术研究”全面开展；多功能型复合吸声材料为高铁建设提供了创新性技术手段；深部钻测多极阵列声波成像测井仪突破多项核心技术并研发成功；健康康复技术及系列设备得到广泛应用；球形阵与多模式平面阵声相仪研制成功，基于海云环境的人机语音交互系统构建完成并投入试运行；新型宽带移动IP承载网智能节点设备在中国移动试验网得到试用等。

2012年，声学所科研成果产出大幅增长，共计发表论文674篇，其中被SCI、EI收录220篇。出版专著1部，编著6部，译著1部。申请专利268件，其中发明专利245件；获得专利授权184件，其中发明专利157件。申请计算机软件登记71项，获软件著作权69项，集成电路布图设计授权2项。主持或参与制定国家标准3项、行业标准3项。

2012年，声学所积极加强与地方政府及国家大型企业的联合与合作，通过实施产业化项目、组建新企业、建立公共平台、共建工程中心和研发中心等多种形式，加快技术转移和科技成果转化的步伐，新建各类共建机构4个，新增转移转化项目45项，转移转化经费5330万元。声学所与中国有限电视网络公司签订了《战略合作协议》，双方将在海南建立广播电视网创新成果示范验证区域，为发展我国战略性新兴产业提供全方位的技术服务平台。中国科学院声学研究所青岛研发及产业化基地开工建设。

2012年，声学所出访58批274人次，参加国际会议36批218人次，接待来访外宾70人次，成功举办“第三届国际海洋声学会议”、“中日无损检测技术研讨会”和“2012香港国际声学大会”等国际学术会议，与美国、法国、英国、德国、澳大利亚、瑞典、日本、韩国、瑞士、阿曼、俄罗斯、乌克兰等20多个国家和地区建立了长期合作关系。

截至2012年，声学所共有公司15家，其中研究所直接投资公司9家，声学所管理公司投资6家。从事研发、生产的人员约350人，主要从事声表面波器件、电子声学、多媒体网络终端和多媒体通讯、语音识别、海洋探测等领域的技术开发和相关产品的生产和销售，持有股权的股东权益较上一年度增加2%左右。

声学所是中国声学学会、全国声学标准化技术委员会、中国科学院声学计量测试站、中国环境科学学会环境物理分会等学术机构或组织的挂靠单位。主办的专业学术期刊有《声学学报》（中、英文版）、《应用声学》、《网络新媒体技术》、《声学技术》、《中国医学影像技术》和《中国介入影像与治疗学》等。

（撰稿：程　洋　张　涵　审稿：张春华）

# 理化技术研究所

所　　长：张丽萍
地　　址：北京市海淀区中关村东路29号
邮政编码：100190
电　　话：010-82543770
传　　真：010-62554670
电子信箱：zhc@mail. ipc. ac. cn.
网　　址：http://www. ipc. cas. cn

中国科学院理化技术研究所（以下简称“理化所”）组建于1999年6月，是以原中国科学院感光化学研究所、低温技术实验中心为主体，联合北京人工晶体研究发展中心和工程塑料国家工程研究中心及中国科学院化学研究所的相关部分整合而成。

理化所是以物理、化学和工程技术为学科背景，以高科技创新和成果转移转化研究为职责使命的研究机构。重点开展光化学转换和光电功能材料应用基础研究及成果转移转化，为我国新一代信息技术、新能源及新材料等战略性新兴产业发展持续提供源头创新；着力突破非线性光学晶体和全固态激光器件核心关键技术，保持和扩大非线性光学晶体及其应用的国际领先地位，推动全固态激光技术的发展，持续提供保证国家需求的战略性手段；致力推进低温工程与技术的发展和应用，提升我国在制冷领域的核心竞争力，为我国大科学工程等重要领域的跨越性发展提供战略性支撑。将理化技术研究所建设成在国际上有重要影响的高水平研究机构。

理化所现有工程塑料国家工程研究中心，航天低温推进剂国家重点实验室，光化学转换与功能材料、功能晶体与激光技术、低温工程学等3个中国科学院重点实验室，低温生物医学工程学北京市重点实验室，空间功热转换技术所级重点实验室等科研机构。技术支撑机构有国家级的低温计量站和抗菌检测中心、院级的机加工中心、所级的公共技术服务中心和信息中心等。

2012年，理化所顺利完成了党政班子换届工作，产生了新一届科技委员会，开展了职能部门的调整和全员竞聘上岗工作；大力推进实施“一三五”规划，落实了各方向的责任领导、责任部门和主要研究团队，明确了节点目标和保障措施，取得了阶段性成果；重点实验室建设稳步推进，新增1个国家重点实验室（共建）和1个北京市重点实验室；廊坊园区建设全面推进，一期工程1栋楼已竣工，另外2栋楼已实现封顶；申请专利超过200项，人才队伍建设与研究生培养稳步推进，取得了一批有代表性的科研成果，研究所继续保持良好的发展态势。

截至2012年底，理化所共有在职职工481人。其中科技人员401人，包括中国科学院院士4人、中国工程院院士2人、发展中国家科学院院士1人、研究员及正高级工程技术人员73人、副研究员及高级工程技术人员130人。共有中国科学院“百人计划”入选者22人，国家杰出青年科学基金获得者7人。

理化所现设有物理学、化学、动力工程及工程热物理等3个专业一级学科博士研究生培养点，化学工程与技术等1个专业一级学科硕士研究生培养点，材料学二级学科博士、硕士研究生培养点，并设有化学、物理学、动力工程及工程热物理等3个专业一级学科博士后流动站，共有在学研究生423人（其中硕士生233人、博士生190人）、在站博士后24人。

2012年，理化所共有在研项目425项（包括新增项目290项）。其中，国家重点基础研究发展计划（973计划）项目13项（新增4项），高技术研究发展计划（863计划）项目11项（新增3项），科技支撑计划3项（新增1项），重大仪器开发专项1项（新增1项），ITER项目4项，科技部国际合作项目3项（新增3项）；财政部重大仪器研制专项3项（新增1项），财政部修购专项6项；国家自然科学基金重点项目5项、面上项目及青年基金项目71项（新增34项）；中国科学院重大项目1项（新增1项）、重要方向性项目16项，仪器研制和功能开发项目4项；北京市科委重大预研项目1项，北京市自然基金项目11项（新增4项）；承担院地合作项目163项（新增149项）。

2012年，理化所在科研工作中取得一系列重要成果。以理化所为依托单位承担“深紫外固态激光源前沿装备研制”国家重大科研仪器装备专项完成了研制任务，研制出的8台重大前沿装备均属国际首创，技术指标国际领先；项目已经获得财政部和科技部的后续立项支持。承担的“大型低温制冷设备研制”国家重大科研仪器装备专项进展顺利，研制出2kW@20K制冷机通过专家组验收，将送协作单位接受应用考验。在国家“煤层气开采与利用”重大专项支持下，研制出小型可移动式天然气液化技术，第一套装置已进入山西现场试用。大尺寸LBO晶体生长技术又取得突破，生长出尺寸为240mm×160mm×110mm的LBO晶体，重达3870g，可以加工出尺寸为150mm×150mm×10mm的LBO器件。

全年共发表科技论文465篇，其中被SCI核心刊物收录论文313篇，EI收录39篇，ISTP收录18篇。新申请专利217项，其中发明专利207项（包括PCT 4项），实用新型专利10项；获授权专利129项，其中发明专利122项（包括美国1项、日本1项），实用新型7项。

“高效光/电转换的新型光功能材料的基础研究”获2011年度北京市科学技术一等奖。“硼酸盐激光自倍频晶体制备技术及其小功率绿光激光器件商品化应用”获2012年度国家技术发明奖二等奖（第二单位）。“深冷混合工质节流制冷系统变工况运动的控制方法”获2012年第七届国际发明博览会金奖，“用于扩散型恶性肿瘤治疗的血管介入式全身热疗设备”获得银奖。“深冷混合工质制冷研究中心”获2012年度全国工人先锋号荣誉称号。吴剑峰研究员获中国科协颁发的第五届“全国优秀科技工作者”称号。

2012年，理化所成果转移转化工作稳步开展。新增横向合同金额9000万元，其中重大重点项目8项，新投资企业3家。可生物降解塑料PBS、纳米纤维锂离子电池隔膜、无线医疗电子产品、肿瘤微创冷热刀、液态金属芯片散热器、空心玻璃微珠等一批重大创新成果的产业化取得良好进展，为推动和引领国内相关产业的发展做出积极贡献。

2012年，理化所积极推进国际合作与交流，成功举办了“第二届能源环境纳米技术国际会议”及“2012纳米光子学国际会议”2次国际会议；获得院“外国专家特聘研究员计划”2项，新争取科技部重大国际合作专项3项，港澳台国际合作专项1项。全年学术交流出访人数154人次，来访116人次。

理化所是中国感光学会、中国化学会光化学委员会、中国制冷学会低温专业委员会和中国化工学会化工新材料委员会光催化材料及应用分会的挂靠单位。负责编辑出版《影像科学与光化学》学术期刊。

（撰稿：刘世雄　朱世慧　审稿：张丽萍）

## 化学研究所

**所　　长：万立骏**

**地　　址：北京市海淀区中关村北一街2号**

**邮政编码：100190**

**电　　话：010-62554626**

**传　　真：010-62569564**

**电子信箱：huaxs@iccas. ac. cn**

**网　　址：http://www. ic. cas. cn**

中国科学院化学研究所（以下简称“化学所”）始建于1956年。多年来，中国科学院以化学所某些学科方向为主先后组建了青海盐湖研究所（1958年）、感光化学研究所（1975年）和生态环境研究中心（1975年）；成都有机化学研究所成立时吸纳了化学所的十几位业务骨干；化学所有机氟工作于1963年并入上海有机化学研究所；1999年工程塑料国家工程中心并入新成立的理化技术研究所。化学所1994年成为国家科技部和中国科学院基础性研究改革试点单位，1998年首批进入中国科学院知识创新工程试点，1999年3月成立中国科学院分子科学中心，2003年11月科技部批准化学所与北京大学共同筹建北京分子科学国家实验室。

化学所是以基础研究为主，有重点地开展国家急需的、有重大战略目标的高新技术创新研究，并与高新技术应用和转化工作相协调发展的多学科、综合性研究所。主要学科方向为高分子科学、物理化学、有机化学、分析化学。化学所坚持科学技术的原始创新，不断加强高技术创新和集成，高度重视化学与生命、材料、环境、能源等领域的交叉，在分子与纳米科学前沿、有机/高分子材料、化学生物学、能源与绿色化学领域取得系列创新成果，并建设和逐步完善面向国家重大战略需求的先进高分子材料基地。2012年，化学所认真学习贯彻落实党的十八大精神，紧紧围绕“创新2020”，深入实施“一三五”规划，在分子反应基础与器件、纳米绿色打印制版技术、高性能高分子材料“三个重大突破”方面已经在国内外形成重要影响或关键技术已经突破，在五个重点培育方向方面也取得系列新的重要进展。

化学所现有1个北京分子科学国家实验室（筹）、3个国家重点实验室、7个院重点实验室、2个所级实验室、2个研究中心、1个分析测试中心。国家重点实验室包括分子反应动力学国家重点实验室、分子动态与稳态结构国家重点实验室、高分子物理与化学国家重点实验室；院重点实验室包括有机固体院重点实验室、光化学院重点实验室、分子纳米结构与纳米技术院重点实验室、胶体、界面与化学热力学院重点实验室、工程塑料重点实验室，分子识别与功能院重点实验室、活体分析化学院重点实验室；所级实验室包括高技术材料实验室、新材料实验室；研究中心包括化学生物学研究中心、能源与绿色化学研究中心。

2012年，化学所继续实施“卓越人才战略”，人才队伍建设成绩显著。截至2012年底，化学所共有在职职工609人。其中科技人员513人、科技支撑人员64人，包括中国科学院院士10人、发展中国家科学院院士4人（新增1人）、研究员及正高级工程技术人员95人、副研究员及高级工程技术人员207人；全所进入创新岗位523人。共有国家自然科学基金委创新群体8个（新增1个），国家杰出青年科学基金获得者57人（新增3人），国家“千人计划”入选者1人，国家“青年千人计划”入选者2人（新增1人），中国科学院“百人计划”入选者53人（新增2人），接收“西部之光”访问学者22人（新增5人）。新增“国家特支计划”科技创新领军人才计划入选者1人、“国家特支计划”青年拔尖人才计划入选者2人。纳米材料绿色制版项目团队再次获得“中央国家机关青年文明号”荣誉称号。

化学所是1996年国务院学位委员会批准的博士、硕士学位授予权单位之一，现设有化学一级学科硕士、博士研究生培养点，材料学二级学科硕士、博士研究生培养点，并设有化学一级学科博士后科研流动站，共有在学研究生931人（硕士生270人、博士生661人）、在站博士后75人。

2012年，化学所共有在研项目311项（包括新增项目208项）。其中，承担国家重点基础研究发展计划（973计划）和重大科学研究计划项目10项（新增3项）、课题26项（新增7项），承担国家重大科技专项课题/子课题8项，主持（或承担）国家高技术研究发展计划（863计划）项目10项（新增课题3项），新增科技支撑计划项目课题1项；主持（或承担）国家自然科学基金重大项目6项（新增2项）、重点项目30项（新增6项）、面上项目136项（新增32项）、国家自然科学基金重大研究计划重点项目7项（新增3项）、国家杰出青年科学基金项目14项（新增3项）、创新研究群体5项（新增1项）；主持（或承担）中国科学院战略性先导科技专项课题/子课题3项（新增1项）、主持（或承担）院重点部署项目3项（新增3项）、主持（或承担）院重要方向性项目14项、中国科学院“百人计划”项目8项（新增1项），“青年千人计划”2项（新增1项）；主持（或承担）科技部、国家自然科学基金委、财政部和中国科学院重大仪器研制项目10项（新增3项）；承担科技部、国家自然科学基金委、科学院重大国际合作项目11项（新增4项）；承担院地合作项目117项（新增54项）。

根据科技部科技信息中心发布的全国科研机构发表科技论文情况统计：2011年度化学所发表论文被SCI收录734篇，2006—2010年发表的SCI收录论文在2011年被引用2076篇，2002—2011年发表的SCI收录论文累计被引用4818篇（篇均被引用次数21.8次），几项统计均居全国科研机构第1名。2012年化学所共发表第一单位SCI收录论文751篇，非第一单位SCI收录论文250篇，论文质量不断提高。

2012年，结合党的十八大胜利召开，化学所继续加强党建与创新文化建设。万立骏同志当选中共十八大中央候补委员。所党委对“创先争优活动”进行了全面的总结，全面部署十八大精神的学习宣传工作，积极开展基层组织建设年活动，成效明显。分子科学创新研究平台B实验楼等2项工程正式投入使用。

2012年，“基于表界面化学的活体分析新原理和新方法的研究”项目获得北京市科学技术一等奖。2012年化学所申请专利262项，获专利授权162项。化学所高度重视科研成果转移转化，成立科研成果转化办公室，有重点地做好纳米绿色印刷、锂电池材料、高性能聚酰亚胺材料等战略高技术项目的产业化实施工作。化学所现有参股/控股企业12个，新增3个项目以无形资产入股企业并获得中国科学院批复，2012年科研成果转化项目销售收入过亿的有9个，总销售收入超过70亿元，多数项目取得良好的社会效益和经济效益。

2012年，化学所重大国际合作项目中取得系列进展。共办理外事出访200项；接待外宾来访383次；获得中国科学院国际科技合作奖1项；新争取“中国科学院爱因斯坦讲席教授计划项目”1项，执行2项；争取“外国专家特聘研究员计划项目”3项，“外籍青年科学家计划项目”1项；2012年，化学所在国际学术组织任职39人次，国际期刊任职105人次；举办分子科学论坛报告9次；主办国际会议8个；与韩国三星、瑞士ABB签署横向合作协议3项。

由科技部、中国科学院、教育部共建的“北京质谱中心”设在化学所，中国科学院共建的核磁共振实验室挂靠在化学所；拥有X射线单晶面探仪、X射线粉末衍射仪、高分辨透射电镜、场发射扫描电镜、600兆、500兆核磁共振谱仪和400兆固体核磁共振波谱仪、X射线光电子能谱仪、傅里叶变换离子回旋共振质谱等高性能大型共用仪器。

化学所是中国化学会的依托单位，并与中国化学会共同主办《化学通报》、《高分子学报》、《高分子通报》、*Chinese Journal of Polymer Science* 等学术期刊。

（撰稿：李　丹　石永军　审核：张德清）

# 国家纳米科学中心

主　　任：王　琛
地　　址：北京市海淀区中关村北一条 11 号
邮政编码：100190
电　　话：010-62652116
传　　真：010-62656765
电子信箱：webmaster@nanoctr.cn
网　　址：http://www.nanoctr.cn

国家纳米科学中心（以下简称“纳米中心”）是中国科学院与教育部共同建设，于 2003 年 12 月 31 日正式成立的具有独立事业法人资格的全额拨款直属事业单位。纳米中心采取理事会领导下的主任负责制，理事会由国家发展和改革委员会、教育部、科学技术部、财政部、卫生部、北京市人民政府、中国科学院、中国工程院、国家自然科学基金委员会、北京大学、清华大学等单位选派代表组成。纳米中心设立学术委员会，协助理事会确定中心的重要研究领域和发展方向。

纳米中心是我国纳米科技领域的国家级综合性研究中心，其战略定位是纳米科学的基础研究和应用研究，重点在具有前瞻性和重要应用前景的纳米科学与技术基础研究；发展目标是建成具有国际先进水平的、面向国内外开放的纳米科学研究公共技术平台和研究基地，成为中国纳米科技领域国际交流的窗口和人才培养基地；主要学科方向是围绕科学前沿、国家重大需求和重大支撑技术开展的多学科交叉研究，包括纳米结构的系统和集成技术、纳米技术标准化和纳米标准物质的研制、纳米结构的生物学效应和安全性研究、纳米制造的相关基础研究、具有重大意义的纳米结构制备和关键分析技术。

纳米中心现有 6 个研究室、2 个实验室和 1 个发展研究中心。纳米器件研究室主要从事功能纳米结构的制备和集成技术；纳米材料研究室主要从事新型纳米材料的制备和组装，以及功能纳米材料在环境科学和新能源中应用的相关研究；纳米生物效应与安全研究室主要研究纳米结构和生物体之间相互作用、利用纳米科学和技术探索生命科学的基本问题；纳米表征研究室主要从事对低维材料体系的结构与性能关系的研究，探索分子材料的组装规律和相关物性，不断完善和发展对纳米尺度结构和性能的表征方法和研究设备；纳米标准研究室主要从事纳米技术标准化的研究，如纳米检测技术标准化、纳米标准物质与样品的研制、纳米计量溯源等工作；纳米制造与应用基础研究室主要以设计、制备、修饰、操纵和集成纳米尺度单元为手段，开展集纳米材料和结构的量化制备及经济性、可靠性为一体，体现“纳米效应”的产品和系统的应用基础研究；纳米检测实验室主要从事纳米检测技术服务，并开展与纳米检测技术相关的培训和研发工作；纳米加工技术实验室主要从事纳米结构加工、器件制备及系统技术研究，并作为公共开放平台为我国纳米科学与技术基础及应用基础研究提供先进加工技术。发展研究中心主要开展纳米科技政策和发展战略研究，跟踪分析国际发展动态，定期发布纳米科技动态信息和政策研究报告，为纳米中心、中国科学院及政府有关部门的决策提供支撑。纳米中心与北京大学等单位共建协作实验室 19 个。

2012 年，纳米中心积极组织研究所“一三五”规划实施及研讨，继续加强战略研究，加紧筹备纳米先导专项的申请工作。

截至 2012 年底，纳米中心共有在职职工 214 人。其中科技人员 159 人、科技支撑人员 23 人，包括研究员 31 人、副研究员及高级工程技术人员 39 人，中国科学院“百人计划”入选者 19 人（新增 2 人）、国家杰出青年科学基金获得者 7 人（新增 2 人），“青年千人计划”入选者 1 人。

中心现有 7 个学科培养点，包括：纳米科学与技术（博士、硕士）、凝聚态物理（博士、硕士）、物理化学（博士、硕士）、材料学（博士、硕士）、生物物理学（硕士）、材料工程（专业硕士）和生物工程（专业硕士），设有博士后流动站。共有在学研究生 246 人（其中硕士生 101 人、博士生 122 人、留学生 23 人），联合培养研究生 162 人，在站博士后 21 人。

2012年，纳米中心共有在研项目（课题）157项（包括新增项目89项）。其中，重大科学研究计划项目/课题14项（新增5项）；中国高技术研究发展计划（863计划）课题1项（新增1项）；国家自然科学基金“杰出青年基金”项目5项（新增2项），面上项目39项（新增15项）；院重大项目1项、重要方向项目2项；国际合作项目19项（新增11项）；院地合作项目32项（新增14项）。

2012年，纳米中心科研工作取得了一系列重要进展。铋系化合物超结构制备获得新进展，提供了给铋系化合物的2DONW结构制备的一般策略；设计了基于新型Te化物纳米材料的宽带光谱光学探测器，该探测器具有快速响应、线性输入-输出和宽谱响应等特征，有望成为下一代全谱高性能光探测器及光传感器；新型微纳加工方法研究取得重要进展，发展了一种激光诱导路径制备褶皱的新方式，实现了可设计、无缺陷和高度有序的人造褶皱结构制备，成为一种新的表面微纳结构加工方法；DNA折纸术组装金纳米颗粒三维手性螺旋结构的新进展，实现了单一手性的三维金属纳米颗粒结构的精确组装，为制备金属纳米颗粒、量子点、磁纳米颗粒等具有独特电学、光学和磁学性质的纳米自组装结构提供了新的研究思路；设计了一种新型光控多功能癌症诊疗载体将介孔二氧化硅纳米结构载药特性和金纳米棒独特的光热响应的有效结合，为发展新一代的多模式的治疗技术提供了新契机。此外，纳米中心还积极推进成果转移转化工作，与嘉兴市政府签署战略合作协议，探索创新成果转化运行体制机制及纳米科技等战略性新产业发展模式，以推动我国纳米科技等战略性新兴产业的可持续发展。

2012年，纳米中心科研人员共发表SCI论文251篇，其中，纳米中心作为第一作者的论文141篇；出版专著11部，其中主编4部，参编7部；共申请专利76件（其中发明专利71件）；授权专利28件；颁布国际标准5项。

2012年，梁兴杰研究员荣获2012年中国药学会-石药青年药剂学奖，宫建茹研究员2011年发表在 *Journal of the American Chemical Society* 上的论文“石墨烯-硫化镉复合物可见光下高效分解水产氢”，入选“2011中国百篇最具影响国际学术论文”。

2012年，纳米中心在国际交流与合作方面取得了重要进展。全年来访的国外（境外）学者20人次，中心研究人员出访61人次，主办或承办国际会议3次，中德双边研讨会、第六届纳米毒理学国际大会、香山科学会议第438次学术讨论会“纳米、生物、信息和认知新兴会聚技术 等。

纳米中心是全国纳米技术标准化技术委员会纳米材料分技术委员会（SAC/TC279/SC1）、中国合格评定国家认可委员会（CNAS）实验室技术委员会纳米专业委员会、中国微米纳米技术学会纳米科学技术分会的挂靠单位。纳米中心与英国皇家化学会联合主办的英文期刊 *Nanoscale* 受到国内外学界的广泛关注。

（撰稿：吴树仙　刘卫卫　审稿：王　琛）

## 生态环境研究中心

**主　　任：江桂斌**

**地　　址：北京市海淀区双清路18号**

**邮政编码：100085**

**电　　话：010-62923549**

**传　　真：010-62923549**

**电子信箱：zhb@rcees. ac. cn**

**网　　址：http://www. rcees. ac. cn**

中国科学院生态环境研究中心（以下简称“生态环境中心”）始建于1975年，前身为经国务院批准在原中国科学院化学研究所二部基础上成立的中国科学院环境化学研究所，1986年与中国科学院生态学研究中心（筹）合并，改为现名。

生态环境中心以“国家生态环境安全与可持续发展”为战略主题，充分发挥环境科学、环境工程和生态学三大学科的综合优势，将国际环境科学与生态学研究前沿与国家环境保护与生态建设的重大需求紧密结合，不断突破关系到国家生态安全、环境健康和可持续发展的重大科学理论和关键技术，为我国生态文明建设、实现人与自然的协调发展做出基础性、战略性、前瞻性科技创新贡献，将生态环境中心建设成为我国生态环境科学应用基础研究和技术创新基地、高级专门人才培养基地，成为国内一流、国际上有重要影响的生态环境综合性研究机构。

2012 年，生态环境中心紧密围绕《生态环境研究中心“十二五”科技发展规划》中“一三五”规划目标，进一步凝练科技目标和促进学科融合，通过资源配置、宏观调控和技术整合集成，开始部署和实施全球性和区域性的中长期研究计划，结合重大国际性和地区性的生态环境问题，组织研究力量，参与国内外相关研究活动，加强支撑能力建设，全面提升主导一个方向的重大区域性生态环境方向的能力，主要研究领域都有所突破，自主创新能力逐步增强，各项改革稳步推进，制度建设不断完善，人才队伍结构不断优化，党建和创新文化建设显著加强，实现了“十二五”发展规划和“创新 2020”的良好开局。

生态环境中心现有 8 个研究室，其中有 3 个国家重点实验室，即环境化学与生态毒理学国家重点实验室、环境水质学国家重点实验室、城市与区域生态国家重点实验室；1 个中国科学院重点实验室，即中国科学院环境生物技术重点实验室，以及大气环境研究室、水污染控制技术研究室、中澳联合土壤环境研究室、环境纳米材料研究室等 4 个研究室。设有文献信息中心、大型分析仪器实验室、二恶英实验室、水质分析实验室、环境评价部和北京城市生态系统研究站。先后有“景观格局与生态过程”、“持久性有毒污染物形态、环境过程与毒理效应”和“环境微界面过程与污染控制” 3 个国家自然科学基金创新研究群体和 2 个“中国科学院创新研究团队”。二恶英实验室通过了国家实验室认可和计量认证、水质分析实验室通过计量认证；联合国环境规划署持久性有机污染物分析示范实验室落户生态环境中心、住房和城乡建设部农村污水处理技术北方研究中心依托在生态环境中心。生态环境中心与南澳大利亚水务公司共建国际水科学技术中心、与挪威共建中–挪环境综合研究中心、与横滨国立大学联合共建亚洲国际生态环境安全管理中国联合研究中心、与中国节能投资公司共建中环水务–生态环境中心联合研发基地。生态环境中心是农业部批准的农药登记残留试验认证单位之一。

截至 2012 年底，生态环境中心共有在职职工 390 人。其中科技人员 360 人（含科技支撑人员 84 人），包括中国科学院院士 3 人、中国工程院院士 4 人、发展中国家科学院院士 3 人、研究员及正高级人员 65 人、副研究员及高工 91 人；共有中国科学院“百人计划”入选者 24 人、国家杰出青年科学基金获得者 17 人，入选国家“百千万人才工程” 5 人。

生态环境中心是国务院学位委员会批准的博士（1986 年）、硕士学位（1980 年）授予权单位之一，是中国科学院博士生重点培养基地。设有环境科学、环境工程、生态学、环境经济与环境管理等 4 个学科博士研究生培养点；设有环境科学、环境工程、生态学、环境经济与环境管理、分析化学、有机化学等 6 个学科硕士研究生培养点；设有环境科学与工程、生物学、生态学博士后流动站。现有在学研究生 641 人（硕士生 253 人、博士生 388 人）、在站博士后 118 人。

2012 年，生态环境中心共有在研项目（课题）455 项（新增 161 项），其中，主持国家重点基础研究发展计划（973 计划）项目 3 项，承担课题 18 项（新增 2 项），承担高技术研究发展计划（863 计划）项目（课题）30 项（新增 12 项），国家重大科技专项 2 项（新增 1 项），承担课题 8 项（新增 7 项），国家科技支撑计划项目（课题）19 项（新增 13 项），行业公益性专项课题 19 项（新增 7 项）；承担国家自然科学基金重大项目 2 项（新增 1 项）、课题 5 项（新增 3 项）、重点项目 12 项（新增 4 项）、杰出青年基金项目 9 项（新增 1 项）、面上项目 94 项（新增 36 项）；承担中国科学院知识创新工程重大项目 2 项、重要方向项目（课题）24 项，战略性先导科技专项 3 项（新增 1 项），承担课题 9 项（新增 7 项），承担国际合作项目 4 项，院地合作项目 6 项（新增 1 项），与地方政府合作项目 10 项，并参加了中国第 29 次南极科学考察。

2012 年，生态环境中心获 2 项国家科技奖，其中“复极感应电化学水处理技术”获国家技术发明奖二等奖，“全国生态功能区划”获国家科技进步奖二等奖。生态环境中心技术支持的石臼漾生态湿地工程获联合国人居署“全球百佳范例”奖；“环境友好型植物抗病诱导剂的研制及应用”获辽宁省科学技术进步奖二等奖。

2012年，生态环境中心主持的一批重大项目取得重要进展，并通过验收。包括在新型污染物全氟碘烷的雌激素效应、甲醛常温催化氧化研究、羟基自由基与化学发光研究、丛枝菌根提高植物抗旱性分子机制、分子氧对黑炭的光化学老化研究等方面重要进展研究；发现了氨氧化古菌在酸性土壤硝化作用中起主导作用，并揭示了黄土高原植被恢复的生态效益。863计划重大项目课题“大气挥发性有机物排放控制技术与应用示范”通过验收。

2012年，生态环境中心在国内外期刊发表论文608篇，其中SCI收录论文386篇，中文核心期刊论文220篇。2012年，生态环境中心申请专利91件；获专利授权44件，其中获发明专利授权41件；获软件著作权3件。

2012年，生态环境中心积极开展对外交流与合作，参加境外国际会议、学术交流、合作研究341人次；接待参加学术交流及合作项目的外宾311人次；组织和主办了第八届可持续水环境国际研讨会、SCOPE- ZHONGYU环境论坛(2012)、发展中国家水质与卫生技术培训班、第九届持久性有毒污染物国际研讨会等多次国际会议；新聘“外籍专家特聘研究员”2人，“外籍青年科学家”1人。生态环境中心共与14个国家和地区建立了科技合作与交流关系。

生态环境中心是国际环境问题科学委员会中国委员会、中国生态学学会的挂靠单位。负责编辑出版 *Journal of Environmental Sciences*（SCI和EI收录）、《生态学报》、《环境科学》、《环境科学学报》、《环境工程学报》、《环境化学》和《生态毒理学报》等7种自然科学学术期刊，国际刊物 *Environmental Science & Technology* 的亚洲办公室、国际水协会中国办事处设在生态环境中心。

（撰稿：陈劲憬　杨克武　审稿：欧阳志云）

## 过程工程研究所

**所　　长：张锁江**
**地　　址：北京市海淀区中关村北二街1号**
**邮政编码：100190**
**电　　话：010-62554241**
**传　　真：010-62561822**
**电子信箱：office@home. ipe. ac. cn**
**网　　址：http://www. ipe. cas. cn**

中国科学院过程工程研究所（以下简称“过程工程所”）前身是1958年成立的中国科学院化工冶金研究所。50多年来，研究范围逐步扩展到能源化工、生化工程、材料化工、资源/环境工程等领域，学科方向由“化工冶金”发展为“过程工程”。2001年更为现名。

在国家“十二五”时期和中国科学院“创新2020”实施过程中，过程工程所进一步明确“引领过程工程科学前沿，支撑过程工业技术创新”的发展目标，瞄准国家战略需求和世界科技前沿，针对当前制约过程工程跨越发展的突出问题，制定并实施“一三五”战略规划和科技布局：“一个定位”是定位于大规模资源转化利用及替代的绿色过程的基础与应用研究，突破过程工程的共性理论、关键技术、关键装备及系统集成，建立资源高效转化或替代的过程工程研究平台，为国家过程工业发展提供强有力的科技支撑；着力实现的“三项突破”是多尺度放大调控及其重大应用、矿产资源高效清洁转化利用技术、生物过程关键技术与装备；重点部署的“五大方向”是煤热解及油气综合利用、生物过程强化与集成、绿色化工及污染控制技术、非常规介质催化与过程节能、功能材料化工及太阳能利用。围绕重大突破和产出，探索适应过程工程跨越发展的体制机制，提出了创新科研组织模式和完善成果转化链两项重大改革举措，形成符合过程工程学科发展规律的科研创新体系。

过程工程所现有生化工程国家重点实验室和国家生化工程技术研究中心（北京）、多相复杂系统国家重点实验室、湿法冶金清洁生产技术国家工程实验室、中国科学院绿色过程与工程重点实验室、离子液体清洁过程北京市重点实验室以及过程工程研发中心、生物质研究中心、循环经济技术研究中心、过程污染控制环境工程研究中心、太阳能研究中心、过程工程中关村开放实验室等科研机构。

截至2012年底，过程工程所共有在职职工774人。其中科技人员636人，包括中国科学院院士3人、中国工程院院士1人、研究员及正高级工程技术人员58人、副研究员及高级工程技术人员169人。共有国家海外高层次人才培养计划（千人计划）入选者2人（新增2人）；中国科学院“百人计划”入选者20人，所级“百人计划”入选者13人（新增5人）；国家杰出青年科学基金获得者8人（新增1人），国家自然科学基金优秀青年科学基金获得者1人（新增1人）；“西部之光”入选者6人，引进杰出技术人才1人（新增1人）。过程工程所现设有化学工程和环境科学与工程技术2个一级学科以及材料学1个二级学科博士/硕士研究生培养点，并设有2个一级学科博士后流动站，共有在学研究生423人（其中硕士生196人、博士生227人），外国留学生8人，在站博士后28人。

2012年，过程工程所主持国家重点基础研究计划（973计划）项目2项，承担课题37项（新增8项）；主持国家高技术研究发展计划（863计划）主题项目1项、重点项目1项，承担课题71项（新增40项）；主持国家科技支撑计划课题11项（新增7项），承担课题23项（新增11项）；承担国家科技重大专项课题1项（新增1项）；承担国家科技基础性工作专项课题1项（新增1项）；参与中国科学院战略性先导科技专项2项（新增2项），主持项目3项（新增3项），承担课题12项（新增12项）；主持科技部重大科学仪器专项1项；主持院重点部署项目1项（新增1项），参与2项（新增2项）；承担环保部公益项目等部委项目14项（新增4项）；承担中国科学院知识创新工程重要方向项目、装备类项目、仪器功能开发类等项目21项（新增4项）；主持国家自然科学基金面上项目58项（新增19项）、青年基金115项（新增33项）、重大项目课题2项、重点项目3项、杰出青年基金3项（新增1项）、优秀青年基金1项（新增1项）、仪器专项2项、重大国际合作项目4项（新增1项）、重大研究计划课题1项、联合基金项目5项、外国青年学者基金2项；主持北京市自然基金面上项目13项（新增3项），重点项目1项（新增1项）；承担院地合作项目956项（新增216项）。

2012年，过程工程所共有63项课题完成结题验收，其中“化学工程中复杂系统的结构”国家自然科学基金创新研究群体科学基金项目连续三次滚动获得资助。该创新研究群体针对化工复杂系统时空多尺度结构量化与调控这一方向进行了深入研究，将复杂系统多尺度模型的求解表达为多目标变分问题并推广应用于气液鼓泡湍流、单相湍流等更多复杂系统；提出基于多尺度结构的新的守恒方程以及EMMS稳约多流体模型，并成功应用；提出以EMMS和多尺度离散化方法为核心的通用软件平台和计算模式，基于此模式构建的一千万亿次高性能计算系统得到广泛应用；探索并发展基于反应/扩散调协调控纳微粉体材料结构的方法，制备了一系列具有特殊多级结构的纳微粉体材料；广泛开展与工业界合作，为中石化、中石油、宝钢、Alstom等国内外著名公司关键科技问题的解决提供了支撑。

2012年过程工程所共取得科研成果23项，其中省部级以上奖励17项，成果鉴定5项。“气相双动态固态发酵技术及其发酵装置”专利获得世界知识产权组织及国家知识产权局主办的第十四届中国专利金奖，首创大规模新型固态纯种发酵技术平台，揭示了外界周期作用强化微生物呼吸代谢、提高发酵效率的作用机制，提出了外界周期作用设计生物反应过程新方法，突破了其大规模纯种培养的世界难题；“细粉流态化过程强化理论和方法”获中国石油和化学工业联合会科学技术奖科技进步一等奖，推动了流态化学科的发展，也为化工、材料、冶金等领域过程强化提供科学方法和借鉴；“高浓度氨氮废水资源化处理技术及工程示范”获环境保护科学技术奖一等奖，为示范企业累计达标处理废水1000余万吨，减排氨氮约5.5万吨、重金属50吨、高盐复杂废水超过570万吨，新增产值超过3亿元，为有色金属、稀土、氮肥等传统污染行业的绿色升级提供技术支持；“高性能磷酸铁锂规模化制备技术研发及工程示范”获中国产学研合作创新奖，既能解决现有正极材料安全性差的问题，又具有高温和循环性能好、比能量高等突出优点，是锂离子动力电池的首选正极材料，具有广阔的应用前景和重要的现实意义。

2012 年过程工程所科技开发工作再创佳绩：在全球经济低迷的大背景下，全年签订合同金额和到款额实现了持续稳定增长；参加全国各类产学研合作活动 171 次，产学研合作网络遍布全国 95% 的区域；举办 2 期“行业需求与过程工业科技创新高层论坛”进行行业领域发展动态、战略方向、最新政策、市场需求及重大共性技术等研讨；与政企新建平台 18 个，提升企业自主创新能力的同时，为实现核心技术的快速孵化推广奠定基础；新加入北京纳米科技产业联盟等 5 大技术创新联盟，加入产业联盟总数达到 37 个，实现企业、大学和科研机构等在战略层面有效结合，共同突破产业发展瓶颈，以促进行业领域进行共性关键技术开发及转移转化；新增发明专利申请 244 项，国际申请 12 项，新增专利授权 144 项，国际专利授权 8 项，软件著作权登记 6 项，搭建了研究所核心技术体系；荣获中国科学院“院地合作工作先进集体一等奖”等 3 项院地合作集体奖。

2012 年，过程工程所先后举办 4 次大型国际会议，包括“2012 发展中国家科学院—东亚、东南亚及太平洋地区化学工程前沿学术研讨会”、“第 3 届亚太离子液体与绿色过程会议”、“第 4 届过程工程中的多尺度结构与系统国际会议”和“2012 年世界资源论坛”，为国内外专家学者提供了学术交流平台，扩大了研究所的对外影响力。过程工程所全年接待来访外宾 109 人次，出访 95 个团组，160 人次。聘任外国专家特聘研究员 2 人，外籍青年科学家 1 人，执行爱因斯坦讲席教授计划 1 项，共同发表国际合作论文 30 余篇。

中国颗粒学会及中国化工学会离子液体专业委员会挂靠过程工程所，所内主办《过程工程学报》、*Particuology*（颗粒学报）和《计算机与应用化学》三个学术期刊。

（撰稿：刘　伟　张　辉　审稿：张锁江）

## 地理科学与资源研究所

**所　　长：刘　毅**
**地　　址：北京市朝阳区大屯路甲 11 号**
**邮政编码：100101**
**电　　话：010-64889276**
**传　　真：010-64854230**
**电子信箱：office@igsnrr.ac.cn**
**网　　址：http://www.igsnrr.ac.cn**

中国科学院地理科学与资源研究所（以下简称“地理资源所”）于 1999 年 9 月经中国科学院批准，由中国科学院地理研究所（前身是 1940 年成立的中国地理研究所）和中国科学院自然资源综合考察委员会（1956 年成立）整合而成。

地理资源所的定位是：以解决关系国家全局和制约长远发展的资源环境领域的重大公益性科技问题为着力点，以持续提升研究所自主创新能力和可持续发展能力为主线，建设成为服务、引领和支撑我国区域可持续发展的资源环境研究战略科技力量。

发展目标是：成为我国陆地表层过程与生态系统、区域可持续发展、资源环境安全及地理信息系统核心科学与技术研究中起引领作用的综合研究机构，成为国家区域发展、资源利用、环境整治和生态建设重要的思想库与人才库，通过实施国际化战略，开展亚洲、非洲和美洲等地区生态环境国际合作研究，提升国际竞争力，建设成为国际地理科学、资源科学和生态建设领域的著名综合性研究机构。

2012 年，地理资源所紧紧围绕“创新 2020”，深入实施落实“一三五”的战略规划，履行出成果出人才出思想“三位一体”的战略使命，拼搏进取，勇于创新，各项工作取得新成绩。

地理资源所现有7大研究领域，下设28个学科团队（研究室、中心、站）。7个研究领域由3个研究部、3个重点实验室和1个研究中心组成，即自然地理与全球变化研究部、人文地理与区域发展研究部、自然资源与环境安全研究部、资源与环境信息系统国家重点实验室、陆地水循环及地表过程院重点实验室、生态系统研究网络观测与模拟院重点实验室、农业政策研究中心。

地理资源所拥有1个国家重点实验室、3个中国科学院重点实验室，设有理化分析中心和五个专业实验室构成的所级公共技术服务中心。拥有禹城综合实验站、拉萨高原生态试验站2个国家野外科学观测研究站，禹城站、拉萨站、千烟洲红壤丘陵综合开发试验站3个中国科学院生态系统研究网络（CERN）野外站。建成中国物候观测网、中国陆地生态系统通量观测研究网络（ChinaFLUX）和同位素观测网3个全国性观测研究网络，共同构成了研究所野外观测研究平台。建成完整的数据共享平台，国家地球系统科学数据中心和共享服务网、973计划资源环境领域数据汇交中心、中国生态系统研究网络综合中心、中国科学院资源环境科学数据中心、国家电子政务工程资源环境科学数据分中心设在该所。此外，还设有地理科学与资源科学专业图书馆。

截至2012年底，地理资源所在编职工596人。其中科研人员408人、科技支撑人员92人，包括中国科学院院士4人、中国工程院院士3人、发展中国家科学院院士1人、研究员及正高级工程技术人员128人、副研究员及高级工程技术人员166人；全所进入创新岗位461人。

现有中国科学院“百人计划”入选者26人（新增2人），“西部之光”人才入选者20人（新增2人），国家杰出青年科学基金获得者15人（新增2人），“新世纪百千万人才工程”国家级人选5人。

地理资源所是国务院学位委员会批准的首批博士、硕士学位授予单位之一。现设有3个一级学科博士研究生培养点：地理学（含自然地理学、人文地理学、地图学与地理信息系统、自然资源学专业4个二级学科）、生态学、农林经济管理；设有环境科学1个二级学科博士研究生培养点。设有自然地理学、人文地理学、地图学与地理信息系统、自然资源学、气象学、生态学、环境科学、农业经济管理8个二级学科硕士研究生培养点；农村与区域发展（农业推广）、农业信息化（农业推广）、环境工程（专业学位）硕士培养点。设有地理学、生态学2个一级学科博士后科研流动站。共有在学研究生689人（硕士生249人、博士生436人、外国留学生4人）、在站博士后185人。

2012年，地理资源所共有在研项目677项（包括新增项目305项）。其中，主持国家重点基础研究发展计划（973计划）项目5项、承担课题29项（新增8项），主持中国高技术研究发展计划（863计划）重大项目1项（新增1项），课题6项（新增5项），主持国家科技支撑计划课题13项（新增8项），国家科技基础性工作专项项目6项（新增2项），国家科技重大专项项目1项（新增1项）、课题2项（新增1项）、国家科技基础条件平台项目2项；承担国家自然科学基金重大项目1项（新增1项）、重点项目13项（新增4项）、面上项目182项（新增45项），青年科学基金项目124项（新增30项），“国家杰出青年科学基金”项目4项（新增1项），“国家优秀青年科学基金”项目2项（新增2项）；承担中国科学院战略性先导科技专项项目2项、课题8项（新增1项），院重点部署及重要方向项目21项（新增3项），中国科学院科研装备研制项目2项、院其他项目10项；承担国家发展和改革委员会高技术产业化专项项目2项（新增1项），科学技术部农业科技成果转化资金项目2项（新增1项）、科学技术部国际合作项目1项（新增1项），国家自然科学基金委员会对外交流国际合作项目4项，国家社会科学基金重大项目1项；承担经费在100万以上国家部委委托项目15项（新增5项）、与地方政府合作项目30项（新增17项）。

2012年，地理资源所有12项成果获得国家及省部级科技奖励。其中孙鸿烈院士牵头完成的“中国生态系统研究网络的创建及其观测研究和试验示范”获国家科技进步奖一等奖，葛全胜牵头完成的“过去2000年中国气候变化研究”获国家自然科学奖二等奖。

2012 年，地理资源所共发表论文 1433 篇，其中 SCI 和 SSCI 刊物收录论文 479 篇、EI 及 ISTP 论文 87 篇，出版学术著作（地图集）36 部，获得受理和授权专利 52 项（其中获授权发明专利 19 项），获得计算机软件著作权 38 项。18 份咨询报告得到党和国家领导人批示或被中办、国办刊物采用。

2012 年，地理资源所获 2011 年度中国科学院院地合作“先进研究所”二等奖，刘昌明院士获“2011 年度河北省科学技术突出贡献奖”，李文华院士获第七届“中华宝钢环境奖”生态保护类大奖、“2011 绿色中国年度焦点人物”特别贡献奖，于贵瑞获“第五届中国科学院创新文化建设先进个人”称号，周成虎、刘彦随获第五届“全国优秀科技工作者”称号，张林秀获“中国科学院第四届十大杰出妇女”称号。

2012 年，地理资源所新争取各类国际合作项目 25 项。与加拿大西蒙弗雷德大学和肯尼亚内罗毕大学等国际科技机构签署科研合作协议、备忘录及合作框架共计 8 项；主办了 7 个国际学术会议和 2 个两岸三地会议；全年出访人员 418 人次；接待来访人员 425 人次；引进中国科学院“外国专家特聘研究员”3 名、外籍青年科学家 6 名；在第 32 届国际地理大会上，王五一和周成虎分别连任国际地理联合会（IGU）健康与环境委员会主席和地理信息系统委员会副主席。

中国地理学会、中国自然资源学会和中国青藏高原研究会挂靠在地理资源所。2012 年全国科学院联盟地理资源分会成立，该所为理事长单位。国际地圈生物圈计划中国全国委员会秘书处、国际全球环境变化人文因素计划中国国家委员会秘书处、全球碳计划亚洲区域办公室和全球土地计划北京节点办公室等 12 个国际组织或科学计划的相关分支机构设在该所。主办的刊物有《地理学报》（中、英文版）、《地理研究》、《地理科学进展》、《自然资源学报》、《资源科学》、《地球信息科学》、《资源与生态学报》（英文版）、《中国国家地理》、《中国生态旅游》等。

（撰稿：张国义　刘红辉　审稿：刘　毅）

## 国家天文台

台　　长：严　俊
地　　址：北京市朝阳区大屯路甲 20 号
邮政编码：100012
电　　话：010-64888708
传　　真：010-64888708
电子信箱：goffice@nao.cas.cn
网　　址：http://www.nao.cas.cn

中国科学院国家天文台成立于 2001 年 4 月，系由中国科学院天文领域原四台三站一中心撤并整合而成，包括总部及 4 个直属单位，总部设在北京，直属单位分别是：云南天文台、南京天文光学技术研究所、新疆天文台和长春人造卫星观测站。紫金山天文台、上海天文台继续保留院直属事业单位的法人资格，为国家天文台的组成单位。

国家天文台总部成立于 2001 年，由成立于 1958 年的北京天文台和成立于 1999 年的国家天文观测中心合并组成；云南天文台成立于 1972 年，其前身是抗战胜利后原中央研究院天文研究所迁回南京时留在昆明的工作站；南京天文光学技术研究所成立于 2001 年，其前身是成立于 1958 年的南京天文仪器研制中心的科研部分及高技术镜面实验室；新疆天文台成立于 2010 年，其前身是成立于 1957 年的乌鲁木齐人造卫星观测站；长春人造卫星观测站成立于 1957 年。

国家天文台坚持“两个面向”，主要从事天文观测与理论以及天文高技术研究，并统筹我国天文学科发展布局、大中型观测设备运行和承担国家大科学工程建设项目，负责科研工作的宏观协调、资源优化和人才配置。国家天文台的主要研究领域为星系宇宙学、恒星和致密天体、太阳磁活动和日地空间环境、应用天文、空间科学和深空探测、天文新技术和新方法。总体发展战略目标是：在面向国家战略需求方面，成为国家深空探测和空天安全等领域不可替代的重要“方面军”；在面向世界科技前沿方面，形成若干国际著名的学术研究集团，将国家天文台建设成为世界一流水平的集：①天文学前沿研究，②天文技术与方法创新及应用，③重大观测装置建造与运行，④国家月球与深空探测科学应用中心四位一体的综合性国立天文研究机构。“三个重大突破”为：①银河系结构和化学-动力学演化历史，②太阳和太阳系研究，③建设重大科学设施，开展前沿射电天文和应用研究。“五个重点培育方向”为：①宇宙大尺度结构的形成和演化，②银河系、恒星和致密天体研究，③黑洞等剧烈活动天体研究，④世界先进水平极大口径光学/红外望远镜关键技术，⑤面向国家深空探测和空天安全的应用天文研究和体系建设。为实现“创新2020”发展体系建设，国家天文台对“一三五”目标及方向给予资源与政策倾斜，保障科研需求与发展空间。

国家天文台建有光学天文、太阳活动、天文光学技术、天体结构与演化四个中国科学院重点实验室，并与二十余所大学或科研机构建立战略合作关系，成立联合研究中心或实验室。中国科学院月球与深空探测总体部依托在国家天文台。

郭守敬望远镜（大天区面积多目标光纤摄谱望远镜，LAMOST）先导巡天已于2012年6月顺利结束，进一步验证了LAMOST是世界上光谱获取率最高的望远镜；现已进入大规模巡天。500米口径球面射电望远镜（FAST）工程稳步推进，台址开挖进展顺利，各工艺系统继续优化。国家天文台在北京兴隆、密云、怀柔，天津武青，云南昆明凤凰山、丽江高美谷、澄江抚仙湖，新疆乌鲁木齐南山、奇台、喀什、乌拉斯台，西藏阿里、羊八井，内蒙古明安图，吉林长春净月潭等地建有观测台站。国家天文台与贵州省科技厅签约合作共建贵州射电天文台。此外，国家天文台与阿根廷圣胡安大学合作建有南美观测站，并参与南极天文台的建设。

截至2012年底，国家天文台共有在职职工1154人。其中科技人员1038人、科技支撑人员374人，包括中国科学院院士8人、中国工程院院士1人、发展中国家科学院院士2人、研究员及正高级工程技术人员154人、副研究员及高级工程技术人员273人。

共有中国科学院“百人计划”入选者33人（新增2人），“西部之光”人才入选者62人（新增8人），国家杰出青年科学基金获得者12人（新增2人），国家海外高层次人才引进计划（“千人计划”）入选者4人（新增3人）。

国家天文台现设有天文学专业一级学科博士、硕士研究生培养点和光学工程专业学位硕士培养点，并设有天文学专业一级学科博士后流动站。共有在学研究生442人（硕士生244人、博士生198人）、在站博士后51人。

2012年，国家天文台共有在研项目651项（包括新增项目240项）。其中，承担国家重大科技专项课题14项（新增5项），主持财政部重大科研装备研制项目1项，主持（或承担）国家重点基础研究发展计划（973计划）和国家重大科学研究计划项目3项（新增1项）、承担（或参加）课题/子课题22项（新增8项），主持（或承担）国家高技术研究发展计划（863计划）课题/子课题28项（新增10项），参与国家科技基础性工作专项1项、主持科技部国际合作项目2项；主持（或承担）国家自然科学基金重点项目9项（新增1项）、重大项目3项、面上项目93项（新增30项）、国家杰出青年科学基金项目2项（新增1项）、创新群体2项（新增1项）、青年科学基金项目119项（新增41项）、联合基金项目项24（新增7项）；主持（或承担）中国科学院战略性先导科技专项课题/子课题等11项（新增4项）、主持（或承担）院知识创新工程重要方向项目/课题27项（新增5项）、主持院级科研装备研制项目1项（新增1项）、主持院级国际合作项目1项（新增1项）；承担院地合作项目45项（新增22项）。

2012年国家天文台科研工作取得了比较显著的成绩。作为“嫦娥二号工程”主要承担单位之一，国家天文台荣获国家科技进步奖特等奖；“嫦娥二号7米分辨率全月影像图发布”入选2012年度中国十大科技进展新闻；“太阳日冕爆发现象的观测研究”获云南省自然科学奖二等奖；“GPS与VLBI本地连接测量项目”获测绘科技进步奖三等奖。

国家天文台全年共发表学术论文791篇（含会议论文）。全年新增专利受理46件，专利授权45件。一批研究成果受到国内外同行广泛关注：

日冕物质抛射研究成果发表于 *Nature Physics*；发现银河系中心棒激发的恒星轨道共振新证据；发表国际上连续天区中最大的分子云核样本；发布世界上最大星系团表；完成世界上精度最高的星系团模拟等。

2012 年，国家天文台成功组织召开第 28 届国际天文学联合会大会，以及其他 8 个重要天文学多边和双边学术会议，中国天文学发展态势获得广泛的国际重视和影响。参与国际天文科技重大工程项目，如 TMT 和 SKA 取得重要阶段性技术研发进展。“发现银河系中心棒激发的恒星轨道共振新证据”等一批天文合作研究成果在重要国际刊物上发表。签署“中阿 CART 项目合作”、“国家天文台与阿雷西博（Arecibo）天文台全面合作”等国际合作协议 8 项。借召开第二届中智天文合作研讨会之际，中国科学院与智利国家科学技术研究委员会（CONICYT）签署了科学与技术合作谅解备忘录，为实施我院海外基地建设奠定基础。

此外，获中组部“外专千人计划”批准 1 人，获院“外国专家特聘研究员”批准 5 人、“外籍青年专家”批准 4 人，“台湾青年访问学者计划”批准 1 人。全年出访人员 420 人，国际来访人员 563 人。

云南省天文学会、新疆维吾尔自治区天文学会分别挂靠云南天文台和新疆天文台。

国家天文台创办了拥有自主知识产权的国际核心英文学术期刊 *Chinese Journal of Astronomy and Astrophysics*（ChJAA，2005 年被收录于 SCI）。2009 年，ChJAA 改版为更加国际化的 *Research in Astronomy and Astrophysics*（RAA）。国家天文台还办有中文核心期刊《国家天文台台刊》、《天文研究与技术》和现代科普刊物《中国国家天文》。

（撰稿：陆　烨　朱　兰　审稿：赵　刚）

## 遥感与数字地球研究所

**所　　长：郭华东**
**地　　址：北京市海淀区邓庄南路 9 号**
**邮政编码：100094**
**电　　话：010-82178008**
**传　　真：010-82178009**
**电子信箱：office@radi.ac.cn**
**网　　址：http://www.radi.cas.cn**

中国科学院遥感与数字地球研究所（以下简称“遥感地球所”）在中国科学院遥感应用研究所、中国科学院对地观测与数字地球科学中心基础上组建，于 2012 年 11 月 8 日批复成立，为中国科学院直属综合性科研机构。遥感地球所的成立，旨在于进一步加强中国科学院在对地观测科技领域的综合优势，更好地服务国家战略目标，更高水平地开展科学前沿研究，是中国科学院实施“创新 2020”和“一三五”规划的一项重大举措。

遥感地球所旨在研究遥感信息机理、对地观测与空间地球信息前沿理论，建设运行国家航天航空对地观测重大科技基础设施与天空地一体化技术体系，构建形成数字地球科学平台和全球环境与资源空间信息保障能力，为满足国家战略需求和促进学科发展做出创新性贡献。研究所以建立天空地立体协同对地观测系统、建立全球环境资源空间信息系统、建立新型对地观测模拟系统为三项重大突破目标，并以空间数据密集型科学与大数据技术、航天航空智能对地观测机理与方法、地球系统过程的空间信息模拟、行星与地球全球变化比较研究、发展空间地球信息科学为五个重点培育方向。

遥感地球所目前拥有我国唯一从事遥感科学基础研究的国家实验室——遥感科学国家重点实验室、从事数字地球科学与全球空间信息应用技术研究的专业实验室——中国科学院数字地球重点实验室，拥有从事对地观测应用技术研究的对地观测应用技术中心和国家遥感应用工程技术研究中心，拥有国家级对地观测重大科技基础设施——中国遥感卫星地面站和航空遥感飞机。研究所同时拥有联合国教科文组织、科技部、发改委等机构设立的国家级空间技术中心、国家工程实验室、工程技术中心、陆地卫星数据中心及喀什、三亚区域研究中心等科研基地，内容涵盖遥感科学、应用技术、全球信息等各个主要领域。

在已有研究和技术优势的基础上，通过体制与机制的创新、改革，建立了完整的对地观测基础研究、技术论证、数据获取、处理、服务及综合应用示范的科技价值链。

截至2012年底，遥感地球所共有在职职工669人，其中正高级科技人员96人，副高级科技人员173人，中初级科技岗位人员283人，管理人员61人。拥有中国科学院院士4人、发展中国家科学院院士2人。拥有国家海外高层次人才引进计划（千人计划）入选者2人，中国科学院“百人计划”入选者16人（新增4人），中国科学院“关键技术人才”3人（新增1人）；国家优秀青年基金获得者2人（新增2人），“百千万人才工程”国家级人选2人，中国科学院“外籍特聘研究员”10人。

遥感地球所具有“地理学”一级学科博士后科研流动站及博士研究生培养点，“地图学与地理信息系统”、“信号与信息处理”2个二级学科博士、硕士研究生培养点，“电子与通信工程”、“测绘工程”、“农业资源利用”、“农业信息化”4个领域的专业学位硕士研究生培养点。截至2012年，有研究生导师90人（博导45人），在学研究生500人（硕士生257人、博士生243人），另有留学生8人，在站博士后40人，客座学生100余人。

2012年，遥感地球所共有在研项目1301项（包括新增项目330项）。其中，承担国家重大科技专项课题53项（新增19项），主持（或承担）国家重点基础研究发展计划（973计划）和国家重大科学研究计划项目3项、承担（或参加）课题34项（新增6项），主持（或承担）国家高技术研究发展计划（863计划）课题32项（新增16项）；主持（或承担）国家自然科学基金重点项目4项、面上项目101项（新增28项）、国家自然科学基金重大研究计划重点项目4项（新增2项）；主持（或承担）中国科学院战略性先导科技专项课题12项（新增4项），主持（或承担）院重点部署项目3项（新增3项）、（科技部、国家自然科学基金委、财政部和中国科学院）重大仪器研制项目5项（新增3项）；承担重点国际合作项目4项。

2012年，遥感地球所以第一署名单位发表科技论文477篇，其中SCI检索刊物论文113篇，EI检索刊物论文58篇，EI检索会议论文60篇，核心期刊论文163篇；出版著作7本；获得发明专利20项；计算机软件著作权登记69项；作为第一完成单位获得省部级科学技术奖2项，作为参加单位获国家科技进步奖二等奖2项。

遥感地球所具备在联合国系统、重要国际学术组织框架下开展高水平研究与合作的能力，国际科技合作平台平稳运行。其中，依托研究所建设的联合国教科文组织（UNESCO）国际自然与文化遗产空间技术中心是UNESCO在全球设立的第一个用于世界遗产研究的空间技术机构；国际科学理事会灾害综合研究计划国际项目办公室（IRDR IPO）各项工作不断推进，先后在多个国家和地区成立国家委员会和卓越中心，IRDR中国委员会启动并支持一批国际科学减灾项目；国际数字地球学会（ISDE）影响力不断扩大，组织撰写的“新一代数字地球”和“面向2020的数字地球理念”两篇论文分别发表在《美国国家科学院院刊》和《国际数字地球学报》上；国际数字地球学报（IJDE）获中国科协优秀国际科技期刊三等奖；国际科技数据委员会（CODATA）各项工作取得长足进展；成功申办中国科学院-发展中国家科学院（CAS-TWAS）空间减灾优秀中心，成为我院五个CAS-TWAS优秀中心之一。

遥感地球所目前有10余位科研人员在国际组织任职，其中1人担任CODATA主席。主办具有较大国际影响力的国际会议和培训班3个，出访300人次，来访200余人次。

遥感地球所拥有中国遥感委员会、中国地理学会环境遥感分会、国际数字地球学会中委会、中国环境科学学会环境信息系统与遥感专业委员会等挂靠的学会，通过组织和协调亚洲遥感会议、中国遥感大会、中国青年遥感辩论会等多层次的学术活动，积极推动了中国遥感科学事业的发展。2012年，挂靠遥感地球所的《遥感学报》入选“百杰期刊”和“中国精品科技期刊”、中国科协“精品期刊工程”、“全国测绘优秀期刊”；《中国图像图形学报》入选“中国精品科技期刊”。

（撰稿：陆　鸣　王小梅　审稿：张　兵）

# 地质与地球物理研究所

所　　长：朱日祥
地　　址：北京朝阳区北土城西路 19 号
邮政编码：100029
电　　话：010-82998001
传　　真：010-62010846
电子信箱：suoban@mail. iggcas. ac. cn
网　　址：http://www. igg. cas. cn

中国科学院地质与地球物理研究所（以下简称“地质地球所”）于 1999 年 6 月由原中国科学院地质研究所和原中国科学院地球物理研究所两所整合而成。整合前的两个研究所都有长达 50 余年的历史文化和丰厚的科研成果，在国内外学术界具有很高的地位。2004 年将中国科学院武汉数学物理研究所的电离层研究室整体调整到所。同年，整合原中国科学院兰州地质所，建立了中国科学院地质与地球物理研究所兰州油气资源研究中心。地质地球所是目前国内最大的地球科学综合研究机构。

地质地球所主要是从事固体地球科学研究与教育的综合性学术机构，以固体地球各圈层相互作用及其资源、环境、工程地质问题作为主攻方向。整合以来，研究所在科研布局上基本形成了地球动力学、环境与灾害、矿产资源“三足鼎立”的研究格局。根据中国科学院“创新 2020”战略部署，地质地球所的“一三五”发展目标是，打造固体地球科学领域具有研发能力、可持续发展的基础研究与高新产业相结合的国际化研究中心，力争在特提斯造山带演化、资源探测装备研发、油气勘探先导技术等三个领域获得突破；重点培育地球内部界面结构与动力学、比较行星学、气候系统古增温与深部碳循环、西太平洋边缘海地质与地球物理和生物地球物理等五个新的学科方向。在基础研究的某些领域做出引领学科发展的原创性成果，在高新技术产业研发上为解决资源能源深部勘探做出贡献。

研究所设有特提斯研究中心和地球深部结构与过程、岩石圈演化、油气资源、固体矿产资源、工程地质与水资源、新生代地质与环境、地磁与空间物理等七个研究室；建有岩石圈演化国家重点实验室和北京空间环境国家野外科学观测研究站，以及工程地质力学、矿产资源研究、地球深部研究、油气资源研究、新生代地质与环境、电离层空间环境（筹）等六个中国科学院重点实验室和中-法生物矿化与纳米结构联合实验室。另外在干旱区环境演化与全球变化、地球磁场与地球外核动力学、俯冲碰撞造山的岩石学过程、青藏高原东部隆升的深部结构与地表过程响应、地球早期演化的微区同位素制约等研究方向上建成 5 个国家自然科学基金委创新研究群体。

截至 2012 年底，共有在职职工 589 人（不含兰州油气资源中心，下同），其中科技人员 317 人、科技支撑人员 101 人，包括中国科学院院士 13 人、中国工程院院士 1 人、发展中国家科学院院士 4 人、研究员及正高级工程技术人员 115 人、副研究员及高级工程技术人员 124 人。有中国科学院“百人计划”入选者 20 人，“西部之光”人才入选者 2 人；国家杰出青年科学基金获得者 35 人（新增 2 人）。2009 年获中组部授予“海外高层次人才创新创业基地”，有“千人计划”入选者 5 人（新增 1 人）。

地质地球所是 1981 年国务院学位委员会首批批准的博士、硕士学位授予权单位及博士后流动站单位。现设有地质学、地球物理学、地质资源与地质工程等三个专业一级学科博士研究生培养点，海洋地质学二级学科博士研究生培养点；有地质学、地球物理学、地质资源与地质工程等三个专业一级学科博士后流动站。2012 年在学研究生 566 人（硕士生 192 人、博士生 372 人、留学生 2 人），在站博士后 144 人。

2012 年研究所各类型在研项目近 700 项，其中新增项目 220 余项。新增项目中包括 973 计划项目 1 项，973 计划课题 5 个，863 计划课题 2 个，科技基础性工作专项 1 项，国家自然科学基金重点以上项目 11 项，杰出青年基金项目 3 人项，院重点部署课题 3 个，院先导专项课题 3 个。2012 年全年以第一署名单位发表科技论文约 467 篇，其中被 SCI 收录 334 篇。获得授权发明专利 33 项（共 89 项发明专利），新申请 48 项。

2012 年研究所科技创新工作，在我国黄土揭示北极冰盖演化新规律、地核碳和其他轻元素含量研究、青藏高原东缘高地形新生代两阶段隆升、华北克拉通早前寒武纪地壳演化和中国主要斑岩铜-金-钼矿床成矿环境与成矿机理研究等 5 个研究方面获得重要进展。主持的“中亚增生造山作用及其环境效应”项目获 2012 年国家自然科学奖二等奖。该项目取得的主要成果如下：①解剖内蒙古地区晚古生代末增生杂岩组合，厘定增生楔-增生楔拼贴作用；剖析新疆北部大地构造相特征以及几何学、运动学特征，揭示多岛洋拼贴古地理-构造格局；②首次在我国西天山发现大洋板块俯冲形成的榴辉岩，确认其原岩为俯冲杂岩，提出“早期同俯冲逆冲-晚期同碰撞反逆冲”折返模式；③论证 7 百万-5 百万年以来是中亚造山带发生构造复活、地壳缩短的重要时期，提出塔里木、准噶尔盆地同期开始类似现今的干旱环境，从圈层耦合的角度，论证了新生代岩石圈构造变动的环境效应。这些创新性成果不仅解决了国际学术界关于中亚增生造山作用方式、演化时限等长期争议的重大问题，而且还为研究大陆岩石圈构造变动及其环境效应、解决构造-气候相互作用争议提供了新的思路与途径。

2012 年研究所赴境外参加国际会议、合作研究和交流培训活动 321 人次；邀请近 60 个国家的外宾共 186 人次来华参加国际会议、合作研究和学术交流活动；举办国际学术会议 2 个；新建国际联合实验室 1 个。

研究所配置了开展固体地球科学研究的大型观测和测试分析仪器，形成了地球物质成分与性质分析、地质年代学测定、地球内部结构探测、空间环境探测野外台站、古环境数据分析、数据计算处理与数值模拟、深部资源勘探装备研发等七大实验观测系统。此外，兰州油气资源研究中心还拥有固体组成分析、气体组成分析、有机组成分析、元素和同位素组成分析、物相分析、样品前处理系列等高水平大型仪器设备 22 台（套），为地球科学测试、观测和实验提供了必要条件。目前，研究所已建成了由纳米探针、离子探针、电子探针组成的全球最好的高精度微区微量原位分析系统，分析能力位居国际前沿，成为我国登月和深空探测计划实施的重要平台和技术储备。研究所在漠河、北京、三亚的地磁台，以及南极台，共同构成了国际上最长的地磁台子午链的重要组成部分。

研究所图书馆目前藏书约 35 000 余册，中外文学术期刊现刊 350 种，电子数据库 20 余个，电子期刊及其他网络资源数十种，与国际著名大学和研究机构保持长期的交流。

研究所主办的国家一级学术刊物有：《地球物理学报》（SCI 收录）、《岩石学报》（SCI 收录）、《第四纪研究》、《地质科学》、《工程地质学报》、《地球物理学进展》、《沉积学报》。研究所是三个国家一级学会的挂靠单位：中国地球物理学会、中国岩石力学与工程学会、中国第四纪研究会。此外，省一级学会甘肃省矿物岩石地球化学学会挂靠在兰州油气资源研究中心。

（撰稿：徐志方　何　京　审稿：钟　华）

## 青藏高原研究所

**所　　长：姚檀栋**
**地　　址：北京市朝阳区林萃路 16 号院 3 号楼**
**邮政编码：100101**
**电　　话：010-84097100**
**传　　真：010-84097079**
**电子信箱：itpcas@itpcas. ac. cn**
**网　　址：http://www. itpcas. cas. cn**

中国科学院青藏高原研究所（以下简称“青藏高原所”）于 2003 年成立，实行“一所三部”的特殊运行方式，三个部分别设在北京、拉萨和昆明。北京部的主要功能是科学实验基地、学术交流基地、国际交流基地和综合协调基地；拉萨部的主要功能是科学观测研究的野外基地、国际合作研究的野外基地、西藏高水平科学实验基地、西藏社会经济发展的服务基地和西藏科学普及和爱国主义教育基地；昆明部的主要功能是青藏高原种质资源保存基地和极端环境下生物的生态适应性及遗传资源研究基地。

青藏高原所新时期的发展定位是：站在国家青藏高原研究的高度，协调组织全国青藏高原优势研究力量，推动国际青藏高原科学研究发展。以提升我国青藏高原研究原始创新能力为主线，以解决关系国家和区域长远发展的关键科学问题为着力点，发挥青藏高原所的组织引领作用。在科学研究方面，围绕青藏高原隆升过程及其对亚洲和北半球气候环境影响这一核心科学问题，研究青藏高原地球动力、地表过程与环境变化以及极端环境下生物的生态适应性等国际前沿科学问题，做出独创性的、有重大国际影响的新成果，为东亚、中亚、南亚地区人类生存环境服务；在支撑平台方面，建设开放的、国际一流水平的野外观测研究平台和有特色、高水平的实验室，建设国内外共享的数据平台；在协调发展方面，站在国家青藏高原研究的高度，调动国内外积极因素，充分利用现有资源，提升我国青藏高原科学研究的整体水平。同时，青藏高原所在原来“高水平、国际化”的基础上，增加了“重服务”目标，即重视为西藏经济社会发展服务。

青藏高原所紧紧围绕中国科学院“创新2020”中心任务，切实把院党组提出的“出成果、出思想、出人才”要求作为出发点和落脚点，通过青藏高原先导专项（B）、西藏区域科技创新集群、青藏高原资料匮乏区综合科学考察、TPE 国际计划等重大项目和计划的预研究论证和实施，落实重大科技活动实施的人才队伍、支撑平台和管理机制等条件，产出“一三五”规划重大科技成果，扎实推进“一三五”规划实施。在现有青藏高原环境变化与地表过程、大陆碰撞与高原隆升和青藏高原高寒生态系统与生物多样性 3 大战略研究领域基础上，开拓了 1 个新的青藏高原环境危机事件的风险评估与应急对策战略研究领域。

青藏高原所现有院重点实验室 2 个：青藏高原环境变化与地表过程重点实验室和大陆碰撞与高原隆升重点实验室。所重点实验室 1 个：高寒生态与生物多样性实验室。现有院重点野外台站 3 个：纳木错多圈层综合观测研究站、珠穆朗玛大气与环境综合观测研究站和藏东南高山环境综合观测研究站；所重点野外台站 2 个：阿里荒漠环境综合观测研究站和慕士塔格西风带环境综合观测研究站。在此基础上，启动了羌塘（双湖）高原站和墨脱低地站的建设工作。

截至 2012 年底，青藏高原所全体在职职工 238 人。其中科技人员 164 人、科技支撑人员 54 人，包括中国科学院院士 1 人、中国科学院外籍院士 1 人（美籍学术副所长）、研究员及正高级工程技术人员 34 人、副研究员及副高级工程技术人员 61 人；进入创新岗位 196 人。有中国科学院“百人计划”入选者 17 人（新增 2 人），国家杰出青年科学基金获得者 7 人（新增 1 人），国家基金委创新研究群体带头人 2 人（新增 1 人）。

青藏高原所现有自然地理学、构造地质学等 2 个二级学科博士研究生培养点，自然地理学、构造地质学、大气物理学与大气环境和固体地球物理学等 4 个专业二级学科硕士研究生培养点，并设有地理学和地质学等 2 个一级学科博士后流动站，共有在学研究生 142 人（其中硕士生 63 人、博士生 79 人）、在站博士后 26 人。

2012 年，青藏高原所共有在研项目 159 项（包括新增项目 69 项）。其中，主持全球变化重大专项 2 项、承担 973 计划课题 9 项（新增 1 项）；主持国家自然科学基金重大项目 1 项；重点项目 8 项（新增 2 项）；面上项目 54 项（新增 18 项）；青年基金 34 项（新增 10 项）；承担“国家杰出青年科学基金”项目 4 项（新增 1 项）；“优秀青年基金”项目 1 项（新增 1 项）；“创新研究群体”基金 1 项；重大国际合作项目 1 项；主持中国科学院知识创新工程重要方向项目群 1 项；方向项目 6 项；主持中国科学院先导性专项（A）课题 1 项、子课题或专题 10 项；中国科学院先导性专项（B）专项 1 项、项目 2 项、课题 7 项、子课题或专题 33 项（新增 33 项）；院创新集群项目 1 项（新增 1 项）；院青年创新促进会项目 7 项（新增 2 项）；承担国际合作项目 3 项；院士咨询项目 1 项；承担院地合作项目 2 项；承担中国科学院与国家外国专家局创新团队伙伴计划项目 1 项；承担国外来源国际合作项目 4 项。

2012 年，青藏高原所共计发表 SCI 论文 146 篇。发表文章引用率再次提升，2012 年共计被引用2224次。

2012年，青藏高原所国际合作取得了实质进展，全年出访105人次，接待外宾来访149人次。在2012年度国家科学技术奖励中，我所外籍学术副所长朗尼·汤姆森（Lonnie Thompson）教授获中华人民共和国国际科学技术合作奖。作为院“一三五”规划中重要国际计划之一，由我所科学家主导的“第三极环境”（TPE）国际计划为实现科技“走出去”战略做出重要贡献。

2012年，TPE国际计划取得了重要进展。我国科学家在EGU和AGU大会上分别以“高海拔地区水文气象过程观测与模拟”和“全球变化背景下的第三极环境”为主题举办了TPE专题分会，并在京举行了TPE降水工作组会议；中尼科学家在尼泊尔朗塘地区进行了冰川、径流和气象等方面的野外科学考察，中巴科学家在巴基斯坦北部地区也开展了联合科学考察。

2012年，青藏高原所共有1位爱因斯坦讲席教授和1位外籍特聘研究员，另有1位外籍青年学者已获得3次滚动支持。共有13名留学生在所攻读博士学位，其中首位留学生顺利获得博士学位。

青藏高原所是国家一级学会中国青藏高原研究会的挂靠单位之一。

（撰稿：安宝晟　田新苗　审稿：姚檀栋）

# 古脊椎动物与古人类研究所

**所　　长：周忠和**
**地　　址：北京市西直门外大街142号**
**邮政编码：100044**
**电　　话：010-68351363**
**传　　真：010-68337001**
**电子信箱：bgs@ivpp. ac. cn**
**网　　址：http://www. ivpp. ac. cn**

中国科学院古脊椎动物与古人类研究所（以下简称“古脊椎所”）的前身是创建于1929年的原中国农商部地质调查所新生代研究室。1951年并入位于南京的中国科学院古生物研究所，改称新生代及古脊椎动物组。1953年从古生物研究所分出，在北京成立了中国科学院古脊椎动物研究室。1957年改名古脊椎动物研究所，1960年更名为中国科学院古脊椎动物与古人类研究所至今。

作为我国古脊椎动物学与古人类学两门基础学科的专门研究机构，古脊椎所坚持面向国家战略需求和国际学术前沿，围绕院所两级战略部署，通过培养造就一个在本学科领域具有全球战略视野的科学家群体、着力打造一支高水平的技术支撑和科技管理队伍，努力获取一批在国际学术界影响重大的基础研究成果，继续完善符合国际规范的研究所体制与机制，最终希望将研究所建设成为国家古脊椎动物与古人类学基础研究领域的“四个中心”：科研和学术思想中心、科技人才培养中心、化石标本和现代骨骼标本收藏中心以及科学普及中心，为保持我国古脊椎动物学与古人类学基础研究在国际上的领先地位、提高人类对生命与地球演化规律认识做出应有的积极贡献。

古脊椎所设有3个研究室、1个研究中心和1个实验室。即古低等脊椎动物研究室、古哺乳动物研究室、古人类-旧石器研究室和周口店古人类研究中心，主要开展脊椎动物各类群起源、演化和分类，中国古人类体质演化、行为模式、适应生存过程、现代中国人起源、旧石器文化特点以及周口店遗址综合研究等相关工作；脊椎动物演化与人类起源重点实验室着重研究脊椎动物的系统发育关系、人类及其文化的起源与发展、脊椎动物物种多样性的形成和变化、脊椎动物和人类演化过程中的生物学机制与环境制约因素。

2012年，古脊椎所承担科研项目79项（新增30项）。其中，承担国家重点基础研究发展计划（973计划）项目1项，国家科技基础性工作专项2项，重大国际合作项目1项；主持国家自然科学基金杰出青年基金2项（新增1项）、重点项目2项、重大国际合作项目1项（新增1项），面上项目28项（新增12项），海外青年合作项目1项（新增1项），科普项目1项（新增1项）；承担中国科学院战略性先导科技专项项目2项（新增1项），重点部署项目1项（新增1项），创新重要方向项目6项、化石发掘和修理专项经费项目 1 项、创新团队国际合作伙伴计划专项 1 项；承担修购专项项目 2 项（新增 2 项）。国家地质调查项目 1 项（新增 1 项）。

2012 年，古脊椎所取得了一系列重要的基础研究成果，并在国际古生物界产生了重要影响。

2012 年，朱敏研究员领导的研究小组利用高精度 X 射线断层扫描和计算机三维虚拟重建技术详细研究并连续报道了目前最古老的空棘鱼类和最古老的基干四足动物，将这两个支系的化石记录分别前推了 1700 万年和 1000 万年。其中最古老的空棘鱼类——云南孔骨鱼为研究该支系的早期快速分化以及随后的演化停滞现象提供了更为准确的参照时间，同时印证了中国南方是肉鳍鱼类起源中心的假说，并且指示东冈瓦纳板块和华南板块在布拉格期具有紧密的古地理联系。距今 4.09 亿年前的最古老鱼形基干四足动物——奇异东生鱼不但填补了基干四足动物早期化石记录的空白，对其颅腔形态的研究还为探讨四足动物的脑演化提供了最早参考点，揭示出脊椎动物某些与陆地生活相关的重要脑部特征可能在四足动物演化初期，即远在它们登上陆地之前就已经形成。相关研究成果分别发表在 4 月和 10 月的 *Nature Communications* 杂志上。

2012 年 4 月，徐星研究员领导的研究小组在 *Nature* 杂志上发表了有关羽毛演化研究的最新成果。过去一般认为在恐龙大型化演化过程中，羽毛将会退化，徐星等人通过对产自我国辽西早白垩世地层中一种被命名为“华丽羽王龙”的恐龙研究，揭示了在恐龙大型化过程中，皮肤衍生物演化的复杂过程。他们还推测，“华丽羽王龙”这一巨型动物发育具有保温功能的原始羽毛可能与白垩纪早期的气候有关。此前恐龙牙齿中氧同位素的分析结果显示“华丽羽王龙”生活的早白垩世气温明显低于白垩纪其他时期。如果这一假说得到最终证实，将显示羽毛的发育不仅与体型大小相关，而且和它们的生存环境温度相关 。

2012 年 10 月，周忠和院士领导的研究小组在 *Nature Communications* 杂志上发表了有关鸟类胸骨早期演化研究的最新成果。胸骨是现代鸟类飞行肌肉附着的主要骨骼，形态差异复杂。研究小组基于对主要保存在山东天宇自然博物馆的多件早期鸟类幼年个体标本胸骨的观察，探讨了早期鸟类在个体发育过程中，胸骨骨化和愈合的过程和发育机理。该研究揭示了中生代鸟类的主要类群——反鸟类具有 6 个骨化的中心，其中 3 个是首次从化石中得以展示；反鸟类胸骨的骨化从后向前依次进行。该研究还显示，反鸟类和今鸟类在胸骨的发育和组成上具有很大的不同，因此也进一步表明对骨骼特征个体发育过程的研究能够更好地帮助理解特征之间的同缘关系，从而更准确地恢复生物间的系统发育关系。

2012 年 4 月，邓涛研究员领导的研究小组在 *PNAS* 杂志上发表了有关青藏高原古海拔高度变化研究的最新研究成果。青藏高原隆升是晚新生代全球气候变化的重要因素，强烈地影响了亚洲季风系统。但关于青藏高原的隆升历史和过程，尤其是不同地质时期的古高度，长久以来都存在激烈的争论。邓涛等人通过对札达三趾马骨架化石的研究，证明它是一种生活于高山草原上善于奔跑的三趾马。这样的开阔环境在札达盆地所处的陡峭的青藏高原南缘应位于林线之上，根据与现代植被垂直带谱的对比并经古气温校正，札达盆地当时的海拔高度约为 4000 米，由此证明了西藏南部至少在上新世中期已经达到现在的高度。

2012 年，古脊椎所共发表文章 156 篇，其中 SCI/SSCI 论文 80 篇，在 Nature 杂志发表论文 1 篇，在 *Nature Communications* 杂志上发表论文 3 篇，在 *PNAS* 杂志上发表论文 1 篇。

2012 年，古脊椎所承担的国家自然科学基金委员会国际合作重点项目“中生代中晚期亚洲和北美恐龙动物群对比研究”按计划执行，科学技术部国际合作项目“中国与南非更新世晚期人类化石及生存模式对比”已通过科技部结题验收。举办了“第六届海峡两岸大学生古生物夏令营”和“中国-非洲古人类学论坛”。新聘 1 位“外籍专家特聘研究员”、1 位“外籍青年科学家”，从事相关领域的合作研究；出访人员 80 人次，接待来访外宾 200 余人次，在国际学术组织任职 16 人。

古脊椎所标本馆作为亚洲规模最大的古脊椎动物、古人类化石及石器标本的收藏中心，是国际重要的古脊椎动物化石收藏中心之一。标本馆馆藏标本历史悠久、数量丰富、门类齐全。标本馆收藏了自20世纪20年代至今的我国境内珍贵古脊椎动物、古人类化石及石器标本逾21万件。

2012年度标本馆在研究人员的协助下，多渠道联系，以征收、采集、交换或接收捐赠等方式，新增2940件标本典藏入库，其中包括模式标本55件。同南非威特沃特斯兰德大学、奥地利自然博物馆进行标本交流，获得了南非最早的恐龙胚胎和捷克的姆拉德克人5件珍贵标本模型；从加拿大成功收回了长期外借的中华盗龙模式标本；从南京地质古生物研究所收回了370件热河动物群古植物标本；积极与所外各研究机构联系征集现生标本骨架，今年新征集各类现生动物标本骨架近37套。

2012年，技术室修理出各个门类较完整的化石51件，其中有的已发表于国内外著名刊物上。技术室现有大型仪器实验室6个（即：环境扫描电镜和能谱实验室、高精度CT实验室、软X射线实验室、连续切片实验室、激光共聚焦显微镜实验室、扫描电镜实验室），提供从表面形态学、内部器官结构、超微组织和微量成分分析多学科领域交叉渗透的科研服务工作。

截至2012年底，古脊椎所现有在职职工152人。其中科技人员135人，包括中国科学院院士4人、美国国家科学院外籍院士1人、瑞典皇家科学院外籍院士1人；正高级专业技术人员36人（含研究员33人）、副高级专业技术人员49人（含副研究员25人）。共有中国科学院“百人计划”入选者9人、国家杰出青年科学基金获得者5人、“西部之光”人才入选者1人。

古脊椎所现设有古生物学与地层学、地球生物学、科技考古专业的博士、硕士研究生培养点和博士后科研流动站。共有在学研究生98人（硕士生57人、博士生41人）、在站博士后11人。

古脊椎所负责主办《中国古生物志》（丙、丁种）、《古脊椎动物学报》、《人类学学报》、《中国科学院古脊椎动物与古人类研究所集刊》等专业杂志和《化石》、《恐龙》等科普杂志。古脊椎所是古脊椎动物学分会、中国第四纪科学研究会古人类-旧石器专业委员会以及中国第四纪科学研究会地层专业委员会挂靠单位。

（撰稿：魏涌澎　马行超　审稿：董军社）

## 大气物理研究所

**所　　长：王会军**
**地　　址：北京市朝阳区德胜门外祁家豁子华严里40号楼**
**邮政编码：100029**
**电　　话：010-82995275**
**传　　真：010-62028604**
**电子信箱：iap@mail.iap.ac.cn**
**网　　址：http://www.iap.cas.cn**

中国科学院大气物理研究所（以下简称“大气所”）的前身是1928年成立的原“国立中央研究院”气象研究所。1950年1月，中国科学院将气象、地磁和地震等部分科研机构合并组建成立中国科学院地球物理研究所。1966年1月，根据我国气象事业发展的需要，中国科学院决定将气象研究室从地球物理研究所分出，正式成立中国科学院大气物理研究所。大气所是中国现代史上第一个研究气象科学的最高学术机构，目前已发展成为涵盖大气科学领域各分支学科的大气科学综合研究机构。

大气所主要研究大气中各种运动和物理化学过程的基本规律及其与周围环境的相互作用，特别是研究在青藏高原、热带太平洋和我国复杂陆面作用下东亚天气气候和环境的变化机理、预测理论及其探测方法，以建立“东亚气候系统”和“季风环境系统”理论体系及遥感观测体系，发展新的探测和试验手段，为天气、气候和环境的监测、预测和控制提供理论和方法。

大气所现设有2个国家重点实验室，2个中国科学院重点实验室，5个所级实验室和研究中心。国家重点实验室包括：大气科学和地球流体力学数值模拟国家重点实验室、大气边界层物理与大气化学国家重点实验室；院重点实验室包括：中国科学院东亚区域气候—环境重点实验室（全球变化东亚区域研究中心）、中国科学院中层大气和全球环境探测重点实验室；所级实验室和研究中心包括：国际气候与环境科学中心、竺可桢—南森国际研究中心、云降水物理与强风暴实验室、季风系统研究中心、中国生态系统研究网络大气分中心。另外还设有信息科学中心，在河北香河、兴隆和吉林通榆设有野外综合观测站。中国科学院气候变化研究中心和中国科学院减灾中心挂靠在大气所。目前，大气所拥有 SGI F4000 超级计算机集群服务器系统、一座用于研究城市大气污染和大气边界层物理的高 325 米的气象观测铁塔以及边界层遥感探测系统和中层大气探测系统等设备。

2012 年，大气所紧紧围绕中国科学院“民主办院、开放兴院、人才强院”战略和“创新 2020”战略，以部署实施研究所“一三五”规划为中心，启动了“创新 2020”研究所重点和方向项目，重点支持大气所“一三五”规划中的 3 个重大突破和 5+1 个培育方向项目，各项目均取得了阶段性进展。

截至 2012 年底，大气所共有在职职工 490 人（项目聘用 160 人），其中，科研人员 373 人，科技支撑人员 29 人，包括中国科学院院士 7 人、发展中国家科学院院士 1 人、欧亚科学院院士 3 人、研究员及正高级工程技术人员 90 人、副研究员及高级专业技术人员 121 人。共有中国科学院“百人计划”入选者 20 人、国家杰出青年科学基金获得者 14 人（新增 1 人），国家“千人计划”入选者 3 人（新增 1 人）。

大气所是国务院学位委员会批准的首批博士、硕士学位授予单位之一，现设有一级学科硕士、博士研究生培养点，2012 年新设“海洋科学”博士后科研流动站，博士后科研流动站数达到 2 个。截至 2012 年底，共有在学研究生 402 人，其中博士生 234 人、硕士生 168 人；有在站博士后 21 人。

2012 年，大气所在研科研项目及课题共计 587 项（新增 53 项），其中，主持 973 计划项目和全球变化研究重大科学研究计划项目 6 项（新增 2 项），承担其他 973 计划课题和全球变化研究重大科学研究计划项目课题 22 项；863 计划项目 1 项，课题 2 项，其他专题 14 项（新增 2 项）；科技支撑课题及专题 28 项（新增 24 项）；国家自然科学基金项目 144 项（新增 16 项），其中创新研究群体项目 1 项、重大科研仪器设备研制专项 1 项、重点项目 10 项、杰青 4 项，重大国际合作 4 项、两岸合作项目 1 项、重大研究计划 1 项、基金重大项目课题 1 项、面上、青年及其他项目 125 项；主持公益行业气象专项项目 11 项；主持中国科学院项目及课题 48 项，其他子课题 130 项，包括战略性先导专项 A 类“应对气候变化的碳收支认证及相关问题”中的 4 个项目（占 26% 以上）、11 个课题（占 13% 以上）、41 个子课题（占 17% 以上）；承担中国科学院战略性先导专项 B 类“大气灰霾追因与控制”2 项（占 40%），5 个子课题（占 20%）；承担其他方向性项目 11 项。此外，还承担了其他军工、部委及地方委托等课题 72 项（新增 8 项）。

2012 年度，大气所科研工作稳步发展。“Argo 大洋观测与资料同化及其对我国短期气候预测的改进”荣获国家科技进步奖二等奖，大气物理所排名第三；“我国 Argo 大洋观测系统及其资料同化与短期气候预测”获国家海洋局首届“海洋工程科学技术奖一等奖”，大气物理所排名第三。获国家外观设计专利授权 3 项，登记国家版权局软件著作权 5 项。全年共发表科技论文 696 篇，其中 SCI（E）收录论文 434 篇，EI 收录论文 5 篇，国内核心期刊收录论文 198 篇，出版论著 9 部。王会军获“何梁何利基金科学与技术进步奖”；邹捍获全国优秀科技工作者荣誉称号；雷恒池获全国人工影响天气工作先进个人荣誉称号；王自发获国家杰出青年基金；姜大膀、辛金元获首批国家优秀青年科学基金。

2012 年，与福建省气象局签署了《气象科技合作协议》，围绕联合建设产学研基地、开展人才培养、共建教学实践基地、申报重大科研项目、共同聚焦海峡气象主题等方面建立长期、全面的战略合作关系；与东润环能（北京）科技有限公司签署战略合作协议，在气象与可再生能源、森林防火、滑坡泥石流预警等领域开展广泛的合作，推动气象应用技术的产、学、研一体化，并在市场规律中为气象经济的发展寻找有利的契机。与安徽省淮南市共建的淮南研究院园区建设进展顺利，在完成园区建筑规划设计方案的基础上，完成了各项评估报告、前期招标等准备工作。

2012年，大气所积极开展协同创新工作，与南信大等七个单位联合成立了“气象灾害预警预报与评估协同创新中心”；与北京师范大学等单位联合成立了“全球变化与可持续发展协同创新中心”；与中国海洋大学等单位联合组建“海洋科学与技术协同创新中心”；与南京大学等单位联合组建“气候变化协同创新中心”；与宁夏大学等组建“智能沙漠协同创新中心”；与兰州大学等单位联合组建“干旱环境与气候变化协同创新中心”。

2012年，大气所成功举办14个国际会议、3个海峡两岸会议。与俄罗斯科学院大气物理研究所签订的合作协议，与巴基斯坦气象局签订的合作备忘录。与美国、俄罗斯、日本、韩国、德国、挪威、芬兰、澳大利亚、比利时、捷克、芬兰等国家进行的国际合作项目共计30项。全年共执行189项出访任务，420人次出访参加国际会议及合作研究访问，19人赴台访问及合作研究；外宾来访515人次，包括泰国玛哈扎克里·诗琳通公主一行35人代表团访问大气所。吴国雄当选英国皇家气象学会荣誉会员，王会军当选世界气候研究计划（CNC-WCRP）中国委员会主席，李建平担任国际大地测量与地球物理学联合会（IUGG）“气候与环境变化”联盟委员会（CCEC）副主席。目前大气所共有40个国际组织任职，20个国际期刊任职。

大气所是中国科学探险协会、太平洋科学协会中国委员会、中国气象学会动力气象学委员会、大气环境学委员会、统计气象学委员会的挂靠单位；主办的刊物有：《大气科学》（中文版）、《大气科学进展》（英文版）（SCI收录）、《气候与环境研究》（中文版）、《大气和海洋科学快报》（英文版）。

（撰稿：任　丽　周　权　审稿：王生林）

## 植物研究所

所　　长：方精云

地　　址：北京市海淀区香山南辛村20号
邮政编码：100093
电　　话：010-62590835
传　　真：010-62590835
电子信箱：suoban@ibcas. ac. cn
网　　址：http://www. ibcas. ac. cn

中国科学院植物研究所（以下简称“植物所”）是我国建立最早的植物基础科学综合性研究机构，前身为1928年创建的静生生物调查所和1929年成立的国立北平研究院植物研究所，1950年合并为中国科学院植物分类研究所，1953年改名为中国科学院植物研究所。

“十二五”期间，植物所以“国际一流研究所”为发展目标，以“整合植物学”为学科定位，紧紧围绕与植物学发展密切相关的国家战略需求，开展高水平植物学基础理论和应用技术的创新研究，力争在重要资源植物研发和产业化示范、全球变化下的生物多样性及生态系统碳汇功能、光合作用光能转化机理3个方面实现重大突破；重点培育植物细胞分化与器官发生、物种形成及适应性进化机制、新一代能源作物快速驯化培育的科学基础、特殊生境资源植物的耐逆机制以及生态草业发展范式5个重点学科领域，引领和推动我国整合植物学发展。

2012年，植物所紧密围绕“一三五”规划目标，采取切实有效举措，保障规划全面推进落实；以重大科学问题为导向，成立跨研究单元、多研究组参与的交叉中心（虚体），已成立“种子生物学”交叉中心；依据重大突破和培育方向，设置10个跨研究组“研究群”、部署2个“所层面重大项目”（即“10+2”模式），聚焦重大科学和技术问题，系统攻关，集中力量实现重大创新突破。“10+2”模式，是植物所“一三五”规划落实方案的核心。

2012年，植物所拥有7个研究和支撑部门、10个野外台站、1个植物标本馆、2个中国科学院非法人研究单元、1个公共技术服务中心和中国科学院生态系统研究网络（CERN）生物分中心。研究和支撑部门包括：系统与进化植物学国家重点实验室、植被与环境变化国家重点实验室、中国科学院植物分子生理学重点实验室、中国科学院光生物学重点实验室、植物所资源植物研发重点实验室、北京植物园（含华西亚高山植物园）、文献与信息管理中心；野外台站包括：内蒙古锡林郭勒草原生态系统国家野外科学观测研究站、内蒙古鄂尔多斯草地生态系统国家野外科学观测研究站、湖北神农架森林生态系统国家野外科学观测研究站、中国科学院北京森林生态系统定位研究站、中国科学院植物所正蓝旗浑善达克防沙治沙生态研究试验站、中国科学院植物所多伦恢复生态学试验示范研究站、中国科学院植物所中国北方林生态系统定位研究站、中国科学院植物所内蒙古东乌珠穆沁草原生态系统管理研究站、中国科学院植物所古田山森林生物多样性与气候变化研究站、中国科学院植物所内蒙古农牧业科学院乌兰察布草地生态研究站；中国科学院非法人研究单元包括中国科学院内蒙古草业研究中心和中国科学院太阳能光-生物转化研究中心。植物所资源植物研发重点实验室通过院重点实验室专家组评审。

植物所拥有植物标本馆、数字化植物标本馆和植物图像库。截至2012年底，植物标本馆收藏标本267万份；数字化植物标本馆收录标本信息336万份，图像信息198万张；植物图像库收录图片108万幅。

截至2012年底，植物所拥有10万元以上仪器设备387台（套），其中50万元以上设备64台，包括植物活体成像系统、荧光差异蛋白质分析系统、双光子荧光寿命显微镜、叶绿素荧光-成像-气体交换同步测量系统、荧光/化学发光活体影像和分析系统、动态LED阵列差式吸收光谱仪、光系统II功能定向研究系统等。2012年新购激光显微切割系统、显微CT扫描系统、激光定量细胞成像系统、生物分子互作分析仪、圆二色谱仪等大型设备18台（套）。

截至2012年底，植物所在职职工共695人，包括科技人员369人、科技支撑人员189人，其中中国科学院院士5人、发展中国家科学院院士2人、研究员及正高级技术人员82人、副研究员及高级技术人员123人。国家“千人计划”入选者2人（新增1人），“青年千人计划”入选者4人（新增2人）；中国科学院“百人计划”入选者39人（执行中11人），国家杰出青年基金获得者16人。

植物所是首批国务院学位委员会批准的博士、硕士学位授予权单位之一，现设有植物学、发育生物学、生态学、细胞生物学等4个博士研究生培养点，植物学、发育生物学、细胞生物学、生态学、生物工程等5个硕士研究生培养点，并设有生物学、生态学2个专业一级学科博士后流动站，在学研究生613人（博士生304人、硕士生309人）、在站博士后56人。

2012年，植物所在研项目（课题）共320项（新增160项）。包括，973计划和国家重大科学研究计划项目2项、课题15项（新增1项），863计划项目1项（新增1项），国家科技条件平台项目1项（新增1项）。中国科学院战略性先导科技专项课题3项。国家自然科学基金重大项目1项、创新群体1项（新增1项）、重大国际合作研究项目1项（新增1项）、重点项目7项（新增2项）、面上项目122项（新增44项）、青年项目45项（新增15项）、国家杰出青年科学基金项目4项（新增2项）、重大研究计划重点项目1项（新增1项）；中国科学院战略性先导专项3项，中国科学院重点国际合作项目2项，其他国际合作项目19项（新增8项）；院地合作项目4项，其他横向项目32项（新增15项）。2012年，植物所到位经费1.95亿元，实际留所经费1.58亿元。

2012年，植物所在植物系统进化、植被与环境变化、植物分子生理、光合作用和资源植物等领域取得重要进展。全年发表论文416篇，其中SCI论文280篇，有184篇发表在学科前30%的SCI刊物上，影响因子9.0以上的7篇，5.0以上的45篇，3.0以上的118篇；出版专著10部；授权专利48项。

2012年，植物所与阿拉善盟行政公署签订合作框架协议，将在肉苁蓉、锁阳、疯草及其他特有沙生植物资源的保护与产业化开发等方面为阿拉善盟提供技术服务和科技支撑；在资源调查、品种推广、应用技术开发等方面植物所与新疆、甘肃、海南、四川等地企业开展多项合作。2012年，植物所签订合同131项，国内合作经费达2580余万元。

2012年，植物所签署国际合作协议1项；

人员出访112批168人，来访150批251人；举办国际学术会议2次、国际培训班1次；59人在国际组织和期刊任职83项（新增5项）。

植物所是中国植物学会、北京生态学会、北京植物生理学会、中国植物学会植物园分会、中国花卉协会蕨类植物分会、*Flora of China* 编辑委员会和 *Journal of Plant Physiology* 中国编辑部挂靠单位。主办刊物有：*Journal of Integrative Plant Biology*、*Journal of Systematics and Evolution*、*Journal of Plant Ecology*、《植物生态学报》、《生物多样性》、《植物学报》、《生命世界》，其中前3个被SCI收录。

（撰稿：周凌娟　纪魁显　审稿：景新明）

## 动物研究所

**所　　长：康　乐**
**地　　址：北京市朝阳区北辰西路1号院5号**
**邮政编码：100101**
**电　　话：010-64807098**
**传　　真：010-64807099**
**电子邮件：ioz@ioz. ac. cn**
**网　　址：http://www. ioz. ac. cn**

中国科学院动物研究所（以下简称“动物所”）的前身是1928年成立的静生生物调查所、1929年成立的北平研究院动物研究所和1930年成立的中央研究院动物研究所。新中国成立后，中国科学院接收上述三个研究所和原徐家汇博物馆（创建于1860年，1930年后改称震旦大学博物院）的部分资料、标本和设备，于1950年成立了中国科学院昆虫研究室和动物标本整理委员会。二者分别发展为昆虫研究所和动物研究所，1962年两所合并为现在的动物所。

动物所是以动物科学基础研究为主的社会公益型国家级科研机构。在细胞编程与重编程的机制、干细胞生物学、生殖与发育调控、生物灾害爆发机制与控制、物种濒危机制与保护和物种形成与多样性维持机制等领域开展基础性、前瞻性和战略性研究，服务于“生态高值农业和生物产业”、“普惠健康保障”和“生态与环境保育发展”的战略需求。在我国生殖与发育、干细胞生物学研究领域发挥引领作用，在动物分类与进化、农业虫鼠害防控和濒危动物保护中发挥不可替代的作用，综合创新能力达到国际先进水平。

研究所现有3个国家重点实验室、3个院级重点实验室和1个博物馆，包括农业虫害鼠害综合治理研究国家重点实验室、计划生育生殖生物学国家重点实验室、生物膜与膜生物工程国家重点实验室、动物生态与保护生物学院重点实验室、动物进化与系统学院重点实验室、干细胞与转化研究重点实验室（筹）和国家动物博物馆。

动物所拥有亚洲最大的动物标本馆，馆藏各类动物标本600余万号；拥有总建筑面积7300平方米的国家动物博物馆，含十个展厅和4D动感电影院；拥有总藏书量25万余册及图书资料较为齐全的专业图书馆以及计算机网络中心，形成了科学研究、科学传播与技术支持相结合的完整体系。

截至2012年底，动物所共有在职职工414人。其中科技人员238人、科技支撑人员124人，包括中国科学院院士2人、第三世界科学院院士1人、研究员及正高级工程技术人员74人、副研究员及高级工程技术人员80人。

共有中国科学院“百人计划”入选者44人，国家杰出青年科学基金获得者25人（新增1人），国家“千人计划”入选者1人，“青年千人”计划入选者3人（新增2人）。

动物所是国务院学位委员会1998年批准的首批具有博士、硕士学位授予权单位之一，现设有生物学、生态学等2个一级学科博士、硕士研究生培养点。2011年动物学、细胞生物学、发育生物学、生态学首次获得中国科学院重点学科。2010年增列生物工程硕士培养点；2011年增列生物医学工程、免疫学、病理生理学3个学术型硕士培养点。并设有生物学、生态学等2个专业一级学科博士后流动站，共有在读研究生547人（硕士生245人、博士生302人）、在站博士后103人。

2012年，动物所共有在研项目617项（包括新增项目234项）。其中，主持国家重点基础研究发展计划（973计划）项目10项（新增2项）、承担（或参加）课题15项（新增4项），主持（或承担）中国高技术研究发展计划（863计划）项目2项（新增1项），主持科技支撑计划课题3项（新增2项），主持科技基础性工作专项4项（新增1项），主持国家公益性行业科研专项5项（新增1项）；主持国家基金委基金重点项目13项（新增6项）、面上项目及青年科学基金项目64项，承担国家自然科学基金重大研究计划重点项目3项。

2012年10月18日，*Nature* 发表了周琪研究组和赵小阳研究组合作完成的一项研究工作，该研究首次实现了利用基因修饰的单倍体胚胎干细胞获得健康成活的转基因哺乳动物，从而为灵长类等大动物的基因功能研究及疾病模型的建立开辟了一条新的道路。

康乐研究组有关重度放牧导致牧草含氮量下降有利于草原蝗虫暴发成灾的最新研究成果在 *Science* 上发表。该项研究成功阐释了草原蝗虫群落动态与放牧活动之间的关系，不仅对我国内蒙古草原蝗虫的控制具有意义，对世界其他国家草原蝗虫的控制也具有借鉴意义。

魏辅文研究员领导的动物生态与保护遗传学研究组携手深圳华大基因研究院及国内多家大熊猫圈养单位，运用高通量基因组测序技术，在大熊猫种群历史和种群适应中取得了突破性进展。这项题为"Whole-genome sequencing of giant pandas provides insights into demographic history and local adaptation"的研究于2012年12月16日在线发表于 *Nature Genetics*，并作为该刊2013年第1期的封面文章。

截至2012年12月，动物所以第一单位发表SCI论文248余篇。其中IF ≥ 10的6篇，IF ≥ 5的达41篇，其中 *PNAS* 5篇。

2012年动物所共获得7项发明专利授权；申请专利17项，其中13项为发明专利。

截至2012年11月20日，动物所出来访总人数305人次，其中来访146人次（来访3个月以上8人），出访159人次。其中，邀请相关学科领域的国际知名科学家来访并组织学术报告会42次。接待了英国研究理事会、澳大利亚联邦科工组织、日本学术振兴会、日本理化学研究所等来自世界各地的官员及科学家来访。

截至2012年11月，动物所新争取国际合作项目12项，总合同经费1070万元人民币。其中，国外资金来源的国际合作项目4项，合同经费162万元人民币。各项目研究工作按计划进展顺利并取得了较好的科研成果。

2012年度动物所成功主办了4次国际会议和1个国际培训班，分别是：第二届SKLRB生殖生物学前沿国际研讨会、小熊猫种群和栖息地生存力评估国际研讨会、国际生物科学联合会（IUBS）第31届大会、第9届亚洲线粒体研究与医学学会年会暨第5届中国线粒体2012国际学术会和统计遗传学（Statistical Genetics）培训班。各届次国际会议都成功举办，受到中外与会参会代表的欢迎。其中特别要提到的是，生殖生物学前沿国际研讨会和首届亚太整合行为科学国际会小熊猫种群和栖息地生存力评估国际研讨会议是动物研究所发起创办的国际会议/培训班。

中国昆虫学会、中国动物学会、国际动物学会、中国动物志编辑委员会和中华人民共和国濒危物种科学委员会挂靠在动物研究所。动物研究所与学会共同主办 *Insect Science*（SCI源期刊，英文版）、*Integrative Zoology*（SCI源期刊，英文版）、*Current Zoology*（SCI源期刊，英文版）、《昆虫学报》、《动物分类学报》、《动物学杂志》、《昆虫知识》七种学术刊物。

（撰稿：吴敬文　审稿：李志毅）

## 心理研究所

**所　　长：傅小兰**
**地　　址：北京朝阳区林萃路16号院**
**邮政编码：100101**
**电　　话：010-64879520**
**传　　真：010-64872070**
**电子信箱：webmaster@psych.ac.cn**
**网　　址：http://www.psych.ac.cn**

中国科学院心理研究所（以下简称"心理

所”）成立于1951年，前身是1929年成立的中央研究院心理研究所。

心理所的战略定位是：以“探索人类心智本质、提高国民心理素质、促进社会和谐发展”为使命，主要开展心理和行为规律及其环境与生物学基础的研究，为心理学学科发展和“服务国家、造福人民”，不断做出基础性、战略性、前瞻性的创新贡献。到2020年，努力把心理所建设成为我国心理学研究和高级人才培养不可替代的创新基地、促进人口健康和建设和谐社会不可或缺的科技源头、具有“一流成果、一流效益、一流管理、一流人才”的国际著名心理学研究机构。

2012年，研究所认真落实“一二三”战略规划，进一步调整结构、优化科研组织模式，规范PI研究组制，按照“创新2020”总体部署，着力推进“两个重大突破”：在“心理疾患的早期识别与干预”领域，提交《心理疾患社会功能缺损的神经机制》的973计划项目建议；积极争取国家科技支撑计划项目，其中，《我国儿童青少年心理咨询与心理疏导的技术和示范》项目已获批；争取基金委重大计划重点项目、培育项目，已获批4项；在“社会预警与决策”领域，争取院决策与科技支撑系统项目，其中，《社会态度和集群行为监测与预警指标体系研究》项目已获批。

2012年，心理所在“三个重点培育方向”也取得了重要进展：① 在“灾害与创伤心理”方向，争取科技支撑计划项目，其中，科技支撑计划课题《灾难救援行动的创伤性应激障碍防治技术与示范研究》已获批。② 在“网络心理与虚拟行为”方向，参与中国科学院战略性先导科技专项，其中，A类先导项目《面向感知中国的新一代信息技术研究》子课题“网络行为分析”已获批。③ 在“发展、教育与创造力培养”方向，争取院决策科技支持系统项目，其中，《高层次创新型科技人才培养制度与人才战略》项目已获批。

截至2012年底，心理所共有职工193人，其中专业技术人员166人，包括正高级专业技术人员36人、副高级专业技术人员53人。心理所共有发展中国家科学院院士2人，国家杰出青年基金获得者1人，“新世纪百千万人才工程”国家级人选2人，“百人计划”入选者14人。

心理所共有16人次在相应国际学术组织不同领导层任职，如发展中国家科学院学部院士遴选委员会委员、国际心理科学联合会执委、国际科学联合会理事会（ICSU）中国委员会副主席、国际人因学会士、亚洲社会心理学会主席、国际神经心理学会亚洲区代表、国际应用心理学会执委、IEA2009学术委员会主席和副主席以及驻华秘书处秘书长、世界天才儿童研究协会亚太地区理事会主席等；此外，有10人次在国际学术期刊任主编或编委，如*International Journal of Psychology*、*Psych Journal*、*Asian Journal of Social Psychology*、*Journal of Cross- Cultural Psychology*、*Frontier in Behavior Neuroscience*、*Neuropsychological Rehabilitation*等。

心理所是国务院学位委员会批准的首批博士、硕士学位授予单位，是心理学一级学科博士和硕士学位授予单位，现有基础心理学、发展与教育心理学、应用心理学、健康心理学、认知神经科学5个博士和硕士培养点，并设有心理学学科博士后流动站。2012年，培养博士38人，硕士23人，出站博士后4人。截至2012年底，心理所有在读研究生254人（硕士生122人、博士生132人）、在站博士后19人。2012年，1名毕业生获中国科学院优秀博士学位论文奖，2名研究生获中国科学院院长优秀奖，另有8名导师和研究生获其他与研究生教育有关的奖励。

2012年，心理研究所共有在研项目243项（包括新增项目48项）。其中，承担国家重点基础研究发展计划（973计划）课题3项，主持国家科技基础性工作专项1项，主持国家科技支撑计划项目1项（新增1项）、承担课题3项（新增2项）；主持国家自然科学基金面上项目36项（新增10项）、国家杰出青年科学基金项目1项、国家自然科学基金重大研究计划重点项目1项、国家自然科学基金重大研究计划培育项目3项（新增2项）、国家自然科学基金青年基金项目28项（新增13项）；承担中国科学院战略性先导科技专项课题3项（新增3项），主持中国科学院仪器设备功能开发技术创新项目2项，主持中国科学院规划与决策科技支持系统建设项目1

项，主持中国科学院知识创新工程重要方向项目3项；承担院地合作项目36项（新增6项）。

2012年，心理所在基础研究和应用研究领域取得一系列重要进展。在两个重大突破领域，心理疾患的早期识别与干预研究对特定人群进行大样本心理健康基础数据采集，形成两份《咨询建议》得到中央领导人批示；开发了重症抑郁障碍多学科交叉数据库MK4MDD，自2012年3月向公众免费开放，至今访问量13万余次；发现“前瞻记忆”可能是双相情感障碍、精神分裂症、老年抑郁症的神经内表型，完善了心理疾患早期识别的客观指标体系；提出多维度和多时间点的老年轻度认知损伤诊断模型；探索运用网络行为分析算法对心理健康状态、人格特征、情绪状态进行识别与预测。初步实现了基于网络行为分析的心理特征预测模型，准确率达72%。

社会预警与决策的研究，针对决策的心理与神经机制，通过确定激活脑区、构建脑网络和比较脑网络间功能连接差异，发现选择决策任务中奖赏和概率脑网络间的功能整合强度（加权）不如判断决策任务那般强。在天宫一号开展风险决策实验，发现航天员的风险倾向为中性和稳定的，风险倾向会收到航天环境的影响，地面模拟器成绩不等于在轨操作的绩效。研究形成的简洁、实用的指标可用于航天员选拔和培训。在社会群体中开展的社会态度和集群行为预警研究形成了一套社会态度指标，通过追踪研究发现其对于集群行为意向具有敏感的预测性，可提前1-2个月预警民众参与集群行为的意向。

2012年，心理所共发表文章317篇，其中，第一作者论文193篇，SCI/SSCI/EI文章237篇（Q1类文章占52%），CSCD文章80篇，会议论文34篇；主持或参与写作或翻译的书稿10部。专利申请4项，专利授权2项；登记软件著作权4项。

心理所作为第三单位参与的项目《人机工程设计标准研究》获得2011年国防科学技术进步奖三等奖。该项目的成果为未来我国武器装备的设计标准的制定提供了思路和指导。心理所作为第三单位参与的项目《脑高级功能调节及干预的机制研究》获得2012年北京市科学技术奖三等奖。

2012年，心理所与地方政府、企业、其他科研机构共建5个合作机构；上报多份《咨询建议》，被中办或国办采纳4份，其中一份得到国家领导人批示。在成果转化工作方面，运用心理学技术与方法开展社会服务，主要涉及发展与教育心理学、管理心理学、临床与咨询心理学等学科领域，对外签订合同共计46份，合同总额为1776.57万元。新增一批在研转移转化项目，项目研发顺利，应用前景良好。继续发挥服务国家科技创新与社会经济发展重大战略咨询基地的作用，在2012年“9·7彝良地震”后建立心理援助工作站，直接服务人群超过3000人。汶川、玉树地震和舟曲泥石流等灾区的心理援助工作站直接服务上万人。此外，设在所内的“中央国家机关职工心理咨询中心”召开多次学术研讨会，为20个国家部委机关的2500多名干部职工提供心理健康评估与测试，于10月19日开通“中央国家机关职工心理健康咨询服务热线”，提供咨询热线服务1000余人次，提供咨询辅导400余人次。

2012年，心理所与德国萨尔大学合作的中德国际合作培训项目“心智适应：神经与环境对学习和记忆的约束”获德国研究基金会高度评价并获得第二期资助。左西年研究员获批国家自然基金委国际（地区）合作与交流项目资助。在国际人才引进方面，有1名外国专家获中国科学院“外国专家特聘研究员”计划项目资助，2名外国专家获中国科学院“外籍青年科学家”项目资助。2012年心理所共主办国际会议3次，国内会议2次，接待国外机构来访186人次，国内机构来访248人次，组织访问国外机构107人次。张建新研究员在第三十届国际心理学大会上当选新一届国际心理科学联合会执委。

2012年，心理所主办的《心理科学进展》，被评为“2012中国国际影响力优秀学术期刊”；作为中国心理学会的挂靠单位，与中国心理学会共同主办的《心理学报》，被评为“2012中国最具国际影响力的学术期刊”；6月，由心理所主办、Wiley出版社和心理所联合出版的我国第一本国际发行、全英文的心理学专业期刊*PsyCh Journal*首期正式出版。

（撰稿：张　莉　审稿：李安林）

## 微生物研究所

所　　长：黄　力
地　　址：北京市朝阳区北辰西路1号院3号
邮政编码：100101
电　　话：010-64807462
传　　真：010-64807468
电子信箱：office@im. ac. cn
网　　址：http://www. im. cas. cn

中国科学院微生物研究所（以下简称“微生物所”）成立于1958年12月3日，其前身是中国科学院北京微生物研究室和中国科学院应用真菌研究所。经过几代人的不懈努力，微生物所已经发展成为一个具有雄厚基础、强大实力和广泛影响的综合性微生物学研究机构。

微生物所坚持“微生物、高科技、大产业”的战略定位，面向工业升级、农业发展、人口健康和环境保护等方面的国家重大需求，瞄准微生物学科的发展前沿，以微生物资源、微生物生物技术、病原微生物与免疫为主要研究领域，在研究微生物生物多样性、基本生命特征和生态功能的基础上，努力创建从微生物资源开发、功能改造利用、生物技术创新到成果转化的自主研发体系，创建世界一流的微生物学研究中心和微生物生物技术研发基地。

微生物所设有微生物资源前期开发国家重点实验室、植物基因组学国家重点实验室（与中国科学院遗传与发育生物学研究所共建）、真菌学国家重点实验室、中国科学院病原微生物与免疫学重点实验室、工业微生物与生物技术研究室、微生物资源中心和技术转移转化中心，拥有亚洲最大的近50万号标本的菌物标本馆和国内最大的含4.4万余株菌种的微生物菌种保藏中心，建有微生物菌种与细胞保藏中心、微生物资源信息管理平台、大型仪器中心和生物安全三级实验室等技术支撑平台，拥有一个藏书（刊）5万余册的专业性图书馆。

2012年，微生物所进一步明确了“一三五”规划发展目标，紧密围绕三个重大突破和五个重点培育方向，制定了“一三五”规划实施管理办法，组织了相应的研究团队，全面展开“一三五”各项工作，举行了进展汇报交流，并根据交流评议情况，对获得重要进展的重大突破三“长链二元酸新技术”给予了重点支持。为加强工业微生物学研究，服务国家重大战略需求，研究所依托工业微生物与生物技术研究室，联合技术转移转化中心，申报了“中国科学院院微生物生理与代谢工程重点实验室”，并顺利通过现场评估。同时，为服务地方经济建设，研究所作为全国科学院联盟应用微生物分会的依托单位，与河南省科学院生物研究所签署了全面合作协议。

2012年，微生物研究所共有在研项目421项（包括新增项目117项）。其中，参加国家重大科技专项课题8项（新增1项）；主持国家重点基础研究发展计划（973计划）和国家重大科学研究计划项目3项（新增1项）、承担课题15项（新增2项），参加课题26项；主持国家高技术研究发展计划（863计划）项目1项（新增1项），参加课题11项；主持、参加国家科技基础性工作专项3项（新增2项）；主持（或承担）国家自然科学基金重点项目10项（新增2项）、面上项目56项（新增25项）、国家杰出青年科学基金项目4项、国家自然科学基金重大研究计划重点项目1项（新增1项）。

本年度，研究所在基础研究方面也进展顺利，尤其在“新型流感病毒H17N10囊膜蛋白结构和功能研究”、“谷氏菌素的生物合成与调控”、“泉古菌蛋白质赖氨酸甲基转移酶”等方面取得了重大进展。

2012年发表的全部SCI论文为318篇，其中，100篇是以第一单位发表在本领域前25% SCI刊物的论文。本领域前25%的SCI期刊包括*Hepatology*、*Proc Natl Acad Sci U S A*、*Plant Cell*、*ISME J*、*Nucleic Acids Res*、*Trends Microbiol*等高端专业杂志。2012年获专利授权54项，其中包括53项发明专利和1项实用新型专利。发明专利中包括1项PCT专利（欧洲）。2012年新申请专利78项。

在院地合作及成果转化方面，我所本年度与国内大中型企业合作，成立了3个联合研发体，签订各项技术合同61项，技术合同总额4646.57万元，横向经费到位2088万元，其中，技术转让或专利许可374万元。

在国际合作与交流工作方面，与国外科研机构及企业签署7项合作协议和合作谅解备忘录，举办2次国际会议，承担重大国际合作项目2项，其他国际合作项目22项，国际合作项目到位经费519万元。获得5项国际合作人才交流计划项目；接待国际来访186人次，执行国际出访121人次。高福研究员、李寅研究员获得TWAS奖。

截至2012年底，微生物所所共有在职职工485人（正式编制451，项目聘用34）。其中科技人员292人、科技支撑人员108人，包括中国科学院院士6人、研究员及正高级工程技术人员73人、副研究员及高级工程技术人员108人。共有“青年千人计划”入选者2人；中国科学院“百人计划”入选者27人（新增6人），国家杰出青年科学基金获得者11人。

微生物所是国务院学位委员会批准的首批博士、硕士学位授予单位之一，现设有生物学一个一级学科，包括微生物学、遗传学、生物化学与分子生物学三个二级学科专业博士、硕士学位研究生培养点；设有免疫学、病原生物学两个二级学科（基础医学一级学科下）硕士学位研究生培养点；设有生物工程领域专业硕士学位研究生培养点；同时设有微生物学、遗传学、生物化学与分子生物学三个二级学科专业博士后流动站。共有在学研究生421人（博士生248人、硕士生173人）、在站博士后62人。

在科研条件平台建设方面，研究所新建1.5万平方米大楼竣工，完成了生物安全三级实验室的建设工作，生物安全三级实验室已获得中国合格评定国家认可委员会的认可证书、卫生部的高致病性病原微生物实验室资格证书和北京市卫生局实验活动许可。“病原微生物与分子免疫学科研平台”建设工程已接近尾声；启动了“十二五”基建项目“微生物研究所国家应用微生物资源库及综合研究平台”的建设准备工作。

目前挂靠微生物所的单位有中国微生物学会、中国菌物学会、中国生物工程学会3个国家级学会，微生物所与相关学会共同主持编辑出版的学术刊物有《微生物学报》、《微生物学通报》、《菌物学报》及《生物工程学报》（中英文版）。

（撰稿：刘黎琼　喻亚静　审稿：刘双江）

## 生物物理研究所

**所　　长：徐　涛**
**地　　址：北京市朝阳区大屯路15号**
**邮政编码：100101**
**电　　话：010-64889872**
**传　　真：010-64871293**
**电子信箱：office@ibp.ac.cn**
**网　　址：http://www.ibp.cas.cn**

中国科学院生物物理研究所（以下简称“生物物理所”）是国家生命科学基础研究所，创建于1958年，其前身是1957年建立的北京实验生物学研究所，著名生物学家贝时璋院士任第一任所长，现任所长为徐涛研究员。建所以来，在贝时璋、邹承鲁、梁栋材和杨福愉等老一辈科学家的带领下，历经几代科技工作者的辛勤努力，研究所在获奖成果、高水平论文、授权专利以及成果转化等方面一直位居全国生物学研究机构前列。

2012年，研究所认真贯彻落实院新时期发展战略，从凝练学科方向、优化学科布局、巩固科研条件、按需引进人才、建设创新团队、优化完善制度等方面扎实推进，科研产出取得新的进展，“一三五”规划实施进展顺利，研究所的整体科技创新能力和竞争实力稳步提升。

生物物理所现拥有生物大分子、脑与认知科学两个国家重点实验室，中国科学院感染与免疫重点实验室，非编码核酸、蛋白质与多肽药物、交叉科学3个所重点实验室，与国内外科研机构和高校合作共建了中日结构病毒学与免疫学联合实验室、中澳表型组学研究中心、中澳认知科学合作研究中心、生物物理研究所-MIT人脑直接成像研究中心、马普蛋白质与膜转运合作研究小组、生物物理研究所-通用集团生命科学示范实验室等联合单元，以及结构生物学、脑与认知科学、感染与免疫3个领域的国际伙伴创新团队。

2012年，研究所主持科研项目/课题共计250项（新增99项）。其中，主持国家973计划、重大研究计划项目8项（新增1项），课题42项（新增7项）；863计划3项；重大科技专项11项（新增4个项目、9个课题）；科技支撑计划1项；重大仪器研制1项。主持国家自然科学基金委创新研究群体科学基金2项；重大科研仪器设备研制专项1项；国家杰出青年科学基金6项（新增2项）；重大项目课题2项；重点项目13项（新增1项）；重大研究计划项目14项（新增4项）；优秀国家重点实验室研究项目2项；面上项目54项（新增33项）；青年科学基金项目63项（新增优秀青年科学基金项目4项，新增青年科学基金项目28项）；国际（地区）合作与交流项目15项（新增8项）。主持中国科学院战略性先导科技专项课题9项（新增5项）；重大科研装备研制项目6项（新增2项）；创新团队国际合作伙伴计划1项；项目百人4项；院创新交叉团队新增2项；重大国际合作与交流项目10项（新增3项）。

2012年，研究所共发表SCI收录论文316篇，篇均影响因子5.6；其中以第一单位发表SCI论文160篇，篇均影响因子5.6；影响因子5以上的SCI论文129篇，其中第一单位论文69篇；影响因子在*PNAS*以上的SCI论文41篇，其中第一单位论文26篇。研究所共申请专利26项，其中发明专利21项，实用新型2项，国际发明3项；授权专利7项，其中发明专利6项，实用新型1项。高水平研究工作包括：利用干细胞技术揭示帕金森病衰老相关机制；一种新型纳米肿瘤诊断试剂——铁蛋白纳米粒；重要天然免疫系统信号分子STING结构与功能；超高分辨显微成像；非天然氨基酸的定点插入；蛋白质中光致电转移；蛋白质可控荧光标记；细胞因子TNF促进髓系来源的免疫抑制性细胞聚集；核糖体招募翻译因子的重要分子机理；手足口病毒EV71结构与功能；抗病毒蛋白ZAP活性区域的晶体结构与功能；组蛋白分子伴侣与组蛋白变体；桥联分子TTR-52介导吞噬细胞识别凋亡细胞的作用机制；线虫胚胎后发育的荧光活体显微成像方法；肿瘤血管内皮标志分子CD146作为细胞表面受体促进血管生成的最新分子机制；细胞黏附分子CD146促进乳腺癌进展的新机制；线虫精子激活调控相关蛋白因子与精子竞争分子机制；双链RNA病毒结构和功能；人源Spindlin1蛋白识别组蛋白H3第4位赖氨酸的三甲基化修饰研究。

2012年，生物物理所作为第一完成单位共获得国家自然科学奖二等奖两项，即阎锡蕴研究组和梁伟研究组的“纳米材料若干新功能的发现及应用”和沈钧贤研究组的“凹耳蛙声通讯行为与听觉基础研究”。

截至2012年底，生物物理所共有在职职工545人，其中科技人员333人、科技支撑人员45人，包括中国科学院院士10人、发展中国家科学院院士5人、正高级专业技术人员82人、副高级专业技术人员96人。研究所共有中国科学院“百人计划”入选者39人（新增2人），“西部之光”人才入选者1人（新增1人），国家杰出青年基金获得者15人（新增2人），国家“千人计划”入选者8人，国家“青年千人计划”入选者8人（新增4人），5人获得中国科学院王宽诚基金资助，1人获得院长奖学金特别奖。

生物物理所拥有生物物理学、生物化学与分子生物学、细胞生物学、神经生物学、认知神经科学、生物信息学6个二级学科硕士、博士培养点；生物工程、免疫学2个硕士培养点。2012年招收硕士研究生91人，博士研究生95人，毕业硕士研究生8人、博士研究生81人，81人获得博士学位，6人获得硕士学位。截至2012年底，在学研究生538人（博士生271人、硕士生267人）。有19名研究生分别获得中国科学院院长特别奖、院长优秀奖、中国科学院优秀博士论文奖、博士新人奖、各类冠名奖及北京市优秀毕业生等；4名研究生导师获得优秀导师奖。

2012年接收进站博士后17人，出站博士后19人，在站博士后49人；获得中国博士后科学基金特别资助3人，面上资助4人，王宽诚基金及青年基金1人。

2012 年，生物物理所与国内外企业开展合作，新增横向合同 21 项、合同额 380 万元，横向经费到账总额 817.9 万元；在江苏吴中建立的吴中生物医药研发中心进展顺利；新筹建的佛山分所，重点实施产业化项目，目前已有两个项目通过论证，共获得佛山市政府分三年资助资金共计 5000 万元。研究所积极与地方、企业及医院合作，与仁和集团、百奥药业共建“生物物理研究所仁和百奥健康研究中心”；与华兰生物工程股份有限公司共建“华兰-IBP 蛋白质与多肽药物联合实验室”；与中国航空工业集团公司航空总医院合作共建“中国科学院北京转化医学研究院”。2012 年，研究所共有持股公司五家，其中从事科技开发的人员为 50 余人；研究所控股企业累计销售收入达 2 亿元，净利润 4600 万元，上缴税金 3600 万元。

2012 年，生物物理所广泛开展国际合作，新增 36 个国际合作与交流项目，争取经费 1232 万元，接待国际来访 381 人次，国际出访 282 人次。目前，研究所共有 20 人在国际组织任职（35 个职位），国际期刊任职为 33 人（95 个职位），与国外联合发表论文 95 篇，超过研究所发表 SCI 论文总数的三分之一。2012 年执行了 3 个王宽诚基金项目、3 个外籍特聘研究员项目、2 个爱因斯坦讲席教授项目，研究所举办了 6 个国际学术研讨会。

2012 年，蛋白质科学研究平台完成了 28 098 个预约服务项目（比 2011 年度增加了 24%），有效机时数达到 98 845 小时（增加了 6.5%），完成的样品数达到 200 554 个（增加了 15%），平台技术支撑能力和成效持续增长，持续平稳发展。

生物物理所是中国生物物理学会、中国认知科学学会的挂靠单位，主要出版物包括《生物物理学报》、《生物化学与生物物理进展》、*Protein & Cell*，其中《生物化学与生物物理进展》、*Protein & Cell* 是 SCI 收录期刊。研究所现拥有 1100 平方米的图书馆，开通科技文献数据库 13 个，可访问 2500 余种外文学术期刊和大部分中文学术期刊。

（撰稿：陈长杰　邵　群　审稿：汪洪岩）

## 遗传与发育生物学研究所

**所　　长：** 薛勇彪
**地　　址：** 北京市朝阳区北辰西路 1 号院 2 号
**邮政编码：** 100101
**电　　话：** 010-64806501
**传　　真：** 010-64806503
**电子信箱：** office@genetics.ac.cn
**网　　址：** http://www.genetics.ac.cn

中国科学院遗传与发育生物学研究所（以下简称“遗传发育所”）成立于 2001 年，由原中国科学院遗传研究所（成立于 1959 年）和中国科学院发育生物学研究所（成立于 1980 年）合并建成，2003 年中国科学院石家庄农业现代化研究所（成立于 1978 年）并入遗传发育所。

研究所将面向我国农业和人口健康的重大战略需求和生命科学前沿，解决遗传与发育生物学领域重大科学和关键技术问题，在国家现代农业和人口健康科技创新体系中发挥骨干和引领作用，成为遗传与发育生物学原始创新研究基地、生物高新技术研发基地、优秀人才培养基地和国内外具有重要影响力与核心竞争力的著名研究所。2011 年起，研究所制定了“一三五”发展规划，进一步明确了研究所的定位，着力培育基因组结构与调控规律、重大疾病分子机理、品种分子设计、农业生态可持续发展、前沿交叉五个重点方向，开展原始创新和集成创新研究，力争在具有重大应用价值功能基因发掘、具有重大应用前景的组织工程产品开发，优良作物新品种培育三个方面实现重大突破。2012 年研究所围绕“一三五”发展目标，通过落实引进人才、优化科研布局、建议和承担国家任务、创新管理改革和创新文化等各项战略举措，各项工作取得了良好进展。

遗传发育所下设 5 个研究中心：基因组生物学研究中心、分子农业生物学研究中心、发育生物学研究中心、分子系统生物学研究中心和农业资源研究中心；拥有现代温室、实验动物中心以及河北栾城农田生态系统国家野外观测试验站、南皮实验站、太行山实验站等网络台站支撑系统；拥有植物基因组学国家重点实验室、植物细胞与染色体工程国家重点实验室、分子发育生物学国家重点实验室、中国科学院农业水资源重点实验室、河北省节水农业重点实验室和计算生物学所级开放重点实验室，是国家植物基因研究中心（北京）的依托单位。

截至2012年底，遗传发育所所共有在职职工560人。其中科技人员329人、科技支撑人员193人，包括中国科学院院士2人、发展中国家科学院院士1人、研究员及正高级工程技术人员83人、副研究员及高级工程技术人员125人。

共有国家“千人计划”入选者3人，“青年千人计划”入选者1人；中国科学院“百人计划”入选者47人（新增3人），“西部之光”人才入选者3人（新增3人）；国家杰出青年科学基金获得者26人（新增1人）。

遗传发育所是1986年国务院学位委员会批准的博士、硕士学位授予权单位之一，现设有生物学、生态学等2个专业一级学科博士研究生培养点，遗传学、发育生物学、神经生物学、细胞生物学、生物信息学、植物营养学、作物遗传育种、生态学和生物工程等9个专业二级学科硕士研究生培养点，并设有生物学一级学科博士后流动站，共有在学研究生567人（硕士生149人、博士生418人）、在站博士后117人。

2012年，遗传发育所共有在研项目210项（包括新增项目72项）。其中，承担国家重大科技专项课题20项，主持（或承担）国家重点基础研究发展计划（973计划）和国家重大科学研究计划项目6项（新增1项）、承担（或参加）课题65项（新增5项），主持（或承担）国家高技术研究发展计划（863计划）项目11项主持（或承担）国家自然科学基金重点项目11项（新增5项）、重大项目1项、面上项目39项（新增25项）、青年基金17项（新增10）、国家杰出青年科学基金项目6项（新增1项）、国家自然科学基金重大研究计划重点项目12项（新增1项），国家自然科学基金创新研究群体2项（新增1项）、基金专项等4项（新增8项）；主持（或承担）中国科学院战略性先导科技专项课题6项（新增1项），主持（或承担）院重点部署项目4项（新增4项）、（科技部、国家自然科学基金委、财政部和院）重大仪器研制项目3项，交叉团队1项、院支持决策系统项目1项；承担重点国际合作项目1项。

2012年，遗传发育所科研工作取得重大进展。作为“番茄基因组研究国际协作组”成员之一，主要负责第3号染色体的测序，高质量完成了对栽培番茄全基因组的精细序列分析；成功解析了盐芥的全基因组序列及其耐盐机制，作为理想的研究植物抗盐机理的模式生物，该序列的完成将大大加快科学家在植物耐受非生物胁迫响应分子机制上的研究进程；发现了一个可以同时影响水稻品质和产量的重要基因 *GW8*，*GW8* 基因的发现和应用有望解决水稻高产和优质之间的矛盾，也为揭示水稻品质和产量协同改良的分子机制研究提供了新线索；通过分子辅助选择技术结合传统常规育种，聚合抗病、优质和抗倒伏等优良基因，培育了香型粳稻新品种“中龙香粳1号”，该品种具有株型好、活秆成熟、米饭晶莹剔透、口感好的特性，非常适合黑龙江省优质米产业化的需求。

2012年，遗传发育所共发表SCI论文230篇，发表影响因子10以上的论文（含 *Nature*、*Science* 系列文章）32篇（第一或通讯作者22篇），影响因子在5到10之间的文章61篇（第一或通讯作者38篇）。获得授权专利62项，审定作物新品种4个，其中国家审定品种1个。制定国家标准1项、地方标准2项。获得山西省科学技术进步奖二等奖、山东省科学技术进步奖三等奖、河南省科学技术进步奖三等奖、河北省山区创业奖三等奖等省级奖4项。

2012年，遗传发育所共接待美国、英国、澳大利亚等国家来访外宾120余人次，组织学术报告80余个；先后派出科研人员149人次到境外参加国际会议、进行合作研究和考察访问；与先正达生物科技（中国）有限公司在农作物产量和抗旱领域的新增两项合作项目；与美国杜邦先锋国际良种公司开展的植物高产、抗旱、氮素利用等领域的项目合作进展顺利；选派10名研究生赴日本参加了“日本奈良先端科学技术大学国际学生交流会”；与日本农业生物资源研究所签署合作谅解备忘录，建立长期合作关系；还主办了国际高等植物表观遗传调控机理研讨会、中–澳变化环境下提高农业资源利用效率的增产降耗新方法研讨会、纪念牛满江诞辰100周年学术研讨会等具有一定国际影响力的重要会议。

遗传发育所通过建立多层次合作体系，建设现代农业示范基地、育种研究中心。2012年，通过院地、院军合作，在东北地区，选育出水稻新品种“中龙香粳1号”；筛选鉴定出大量的水稻育种材料；建立了品种提纯复壮新技术，成功提纯复壮了水稻“稻花香2号”；与嘉兴农科院合作选育出一批具有高产、优质、抗逆的优良水稻育种材料；还与中国种子集团、河北赵县农业科学研究所、安徽省同丰种业有限公司等近10家单位签订了育种合作协议，支援当地农业发展，推动经济进步；与青岛市农科院合作共建了“作物分子育种联合中心”，中心以番茄为主，兼顾其他蔬菜作物，着重开展营养品质改良、提高抗病性和抗逆性等方面的分子育种工作。为了促进科研成果产业化发展，2012年，遗传发育所在成果专利转移转化上做了大量的工作和尝试，取得了初步的成效。在新品种使用权及经营权转让方面，共获得转让金额205万元；专利权转让和授权获得290万元。

2012年，遗传发育所积极参与“2011计划”协同创新中心建设，先后与复旦大学、解放军第三军医大学、首都医科大学、山东农业大学签订协议，共同建设遗传学协同创新中心、战创伤防治协同创新中心、脑重大疾病防治协同创新中心、小麦玉米周年高产高效生产协同创新中心。参与西北农林科技大学和南京农业大学建设玉米水稻小麦生物学协同创新中心和大豆油菜棉花生物学协同创新中心建设。

遗传发育所是中国遗传学会的挂靠单位，负责编辑出版 *Journal of Genetics and Genomics*、《遗传》和《中国生态农业学报》。

（撰稿：亓　磊　刘春光　审稿：胥伟华）

# 北京基因组研究所

所　　长：吴仲义
地　　址：北京市朝阳区北辰西路1号院
邮政编码：100101
电　　话：84097710
传　　真：84097710
电子信箱：office@big.ac.cn
网　　址：http://www.big.cas.cn

中国科学院北京基因组研究所（以下简称“北京基因组所”）于2003年11月28日正式成立。

2012年度，随着“创新2020”的不断推进，北京基因组所围绕发展战略，进一步细化和凝练研究所“一三五”规划。“一个定位”是以基因组学理论与方法为引导，以发展大规模基因序列测定和分析能力为手段，以多学科、跨领域交叉合作为特征，面向国家重大战略需求，解决生命科学前沿领域的重大科学问题，在未来的10年内，成为引领世界基因组学科学研究方向的著名研究机构之一。“三个突破”是在肿瘤基因组研究领域取得原创性重大突破，并迅速达到国际一流水平；突破性发展具有自主知识产权的基因序列测定和分析技术，并在十年内达到国际一流水平；大幅提升生物信息计算能力，构建系统完整的海量生物数据的存储、传递、分析和利用能力。“五个重点培育方向”分别是重大疾病的个体化基因组学、以大规模组学数据为核心的计算生物学、基因组测序和测序技术的研发、进化与农业动植物的基因组学、以基因组为核心的合成生物学。根据规划部署，北京基因组所进一步完善“科学组织框架与管理体系”，重点支持科学研究体系“中国科学院基因组科学与信息重点实验室”、“重大疾病基因组与个体化医疗实验室”和“计算生物学研究中心”的建设与发展。

2012年6月，北京基因组所进行了领导班子换届考核工作。2012年11月，北京基因组所进行了党委换届考核与选举工作。

2012年，所级公共技术服务中心（以下简称“所级中心”）成立一年来，在资源配置、科研服务和中心日常管理都取得了新的进展。2012年度通过修购专项基金所级中心更新了设备，使测序日产出数据达到200G，计算能力达38万亿次，存储能力达到1500T。所级中心2012年承接各类项目80余项，项目经费总额近千万元，并通过自主承担科研项目和合作研究项目，逐步提高科研水平，参与发表论文7篇，包括*Molecular Cell*、*PloS ONE*等高影响力刊物。同时所级中心还成立了管理委员会，进一步规范各项管理制度，制定科研项目管理跟踪流程，通过座谈会和项目研讨会等形式，加强与所内项目组和所外合作单位的沟通和交流，并通过邀请所内其他项目组人员参与平台课题研究的方式，提升平台基因组学和生物信息学研究的水平。

截至2012年底，北京基因组所共有在职职工300人。其中科技人员152人、科技支撑人员108人，包括“中央研究院”院士1人，研究员及正高级工程技术人员24人，副研究员及高级工程技术人员30人；全所进入创新岗位150人。共有“千人计划”入选者2人（新增1人），中国科学院“百人计划”入选者10人，国家杰出青年科学基金获得者2人。

北京基因组所现设有遗传学、基因组学、生物信息学、生物化学及分子生物学四个专业二级学科博士研究生培养点，遗传学、基因组学、生物信息学、生物化学及分子生物学四个专业二级学科学术型硕士研究生培养点，生物工程、计算机技术两个专业学位硕士研究生培养点，并设有一个生物学一级学科博士后流动站。共有在学研究生203人（硕士生109人、博士生90人、留学生4人），在站博士后13人。

2012年，北京基因组所共有在研项目139项（包括新增项目44项）。其中，主持国家重点基础研究发展计划（973计划）和国家重大科学研究计划项目2项、承担973计划课题10项（参加8项）（新增承担课题1项，参加1项），承担国家高技术研究发展计划（863计划）项目1项，参加11项；主持国家自然科学基金重大项目1项，重点项目3项、重大国际合作1项、面上项目22项（新增8项）、国家自然科学基金重大研究计划培养项目5项（新增3项）；承担中国科学院战略性先导科技专项子课题3项，承担院重点部署课题1项、院仪器研制课题1项、牵头交叉团队1项；新增院地合作项目2项。

2012年，北京基因组所参加国际基因组ENCODE计划取得系列研究成果。科研人员利用综合的生物信息学分析手段，将重要转录因子与染色质DNA之间的相互作用和染色质DNA甲基化这两个不同层次的表观基因组学数据有机地整合在一起，成功地筛选获取了新的影响组织分化和肿瘤发生的表观遗传靶点，具有重要的科学研究意义和潜在的临床转化应用价值，为研究复杂性疾病的遗传机制提供了全新的研究策略，也为阐明人类常见疾病与基因性状之间的相互关系提供了崭新的科学视角和有利的研究工具。相关文章发表在*Nature*、*Science*、*Genome Research*等高水平的SCI学术期刊上。

2012年，北京基因组所与美国芝加哥大学、挪威奥斯陆大学合作完成的“RNA甲基化表观遗传新机制研究项目”取得重要进展，相关学术论文在*Cell*子刊*Molecular Cell*杂志以“ALKBH5 is a Mammalian RNA Demethylase that Impacts RNA Metabolism and Mouse Fertility”为题在线发表。该研究工作为可逆RNA甲基化作为一种新的表观遗传调控机制提供了直接生物学证据，为代谢性疾病、生殖发育和恶性肿瘤的早期诊断与有效治疗提供了新的思路和研究方向。

2012年，由北京基因组所承担的中国科学院仪器设备功能开发技术创新项目——《高通量核酸序列比对分析专用机开发》通过现场测试，此次研发的高通量核酸序列比对分析专用机（CASmap）支持高通量测序各种数据应用类型（基因组、外显子组和转录组）并具有丰富的参数设置，是目前最快且功能完备的高精度、低能耗的序列比对系统。CASmap的产生表明北京基因组所在仪器设备功能开发技术上又迈进了一大步，CASmap对基因组研究和个体化医疗的发展都有着深远意义。该成果已申请三项专利。

2012年北京基因组所共发表论文117篇，总影响因子463.138，其中第一作者单位文章56篇，影响因子5~10的论文16篇，10分以上论文4篇。申请专利20项，其中发明专利19项，实用新型1项；申请国际专利合作条约1项；受赠予国内发明专利1项；另有，计算机软件著作权登记的软件4项。

积极推动院地合作取得进展。北京基因组所发挥组学优势，联合河北科学院生物研究所承担“磷脂酰肌醇蛋白聚糖肝癌早起诊断试剂盒的研制与应用”课题，联合甘肃科学院承担“应用组学策略选育茶薪菇新品种与人工栽培技术研究”课题，拓展中国科学院院省联盟的范围和领域，共享科技资源，培养高水平青年人才，并积极推进科研成果的转化工作。2012年，还积极参与北京分院和内蒙古自治区阿拉善盟行政公署共建的“阿拉善盟行署共建阿拉善（中国科学院）沙生资源植物产业研发中心签约暨沙生资源植物产业院士专家工作站”工作，与之签署了《支持阿拉善（中国科学院）沙生资源植物产业研发中心合作协议》，并提出了“肉苁蓉功能基因组研究与产业化应用”和“阿拉善盟特有沙生植物资源组学数据库的构建与共享”两个项目，为肉苁蓉的种植、性状改良、产量提高、药饮等产业化应用提供科学指导和理论依据。同时，北京基因组所和吉林紫鑫药业股份有限公司合作的“长白山人参基因资源保护及开发应用”项目进入“国家发展改革委、中国科学院关于印发中国科学院科技服务东北老工业基地振兴行动计划（2012—2015年）”。近年来，北京基因组所与浙江、河北、吉林、天津、北京等地方企事业单位合作共建机构12个，涉及医疗、药物、植物资源、农业等多个领域。

2012年，北京基因组所以各种形式积极开展国际合作与交流。国际合作对象已扩展到美国、英国、法国、德国、澳大利亚、加拿大、荷兰、瑞士、俄罗斯、日本、中国台湾、丹麦、挪威、沙特、巴基斯坦等近20个国家和地区。年度共出访学者70人，来访科学家86人，较2011年增长40%。研究所用于国际合作的总经费近150万元，中外联合发表文章21篇。2012年度成功举办了“海峡两岸生命科学论坛”、“第一届中国人群遗传多样性会议”和“高通量测序研究手段和分析研讨会”等多个国际学术性研讨会。通过国际人才交流计划，来自丹麦的Jannie Michaela Rendtlew Danielsen博士成为我研究所第一位获得延期资助的外籍青年科学家，并获得了2011年度和2012年度国家自然科学基金委外国青年基金项目资助。2012年，北京基因组所于军研究员获得“2012年度发展中国家科学院农业奖”。

2012年11月14日，北京基因组所“基因组学实验楼”工程顺利通过验收交付使用，北京基因组所全体职工、研究生已陆续搬入新大楼开展科研活动。

《基因组蛋白质组与生物信息学报》（*Genomics, Proteomics & Bioinformatics*, GPB）是由中国科学院主管、中国科学院北京基因组研究所和中国遗传学会共同主办的英文版双月刊，由国际著名出版集团Elsevier与科学出版社合作出版发行，现为中国科学引文数据库（CSCD）核心期刊，被PubMed/MEDLINE、Chemical Abstract、Scopus、BIOSIS Preview、中国期刊全文数据库（CJFD）等国内外收录系统收录全文或摘要。2012年获得“中国国际影响力优秀学术期刊”称号。该学报对所有接受文章提供在线预发表，2013年转为开放获取期刊。

（撰稿：潘立颖　徐　磊　审稿：李俊雄）

## 计算技术研究所

**所　　长：孙凝晖**
**地　　址：北京市海淀区中关村科学院南路6号**
**邮政编码：100190**
**电　　话：010-62601166**
**传　　真：010-62562786**
**电子信箱：office@ict.ac.cn**
**网　　址：http://www.ict.ac.cn**

中国科学院计算技术研究所（以下简称“计算所”）创建于1956年，是中国第一个专门从事计算机科学技术综合性研究的学术机构，是中国科学院知识创新工程首批试点单位和创新三期研究所综合配套改革首批七个试点所之一，目前已发展成为由本部核心和建在苏州、上海、肇庆、宁波、东莞、台州、顺德、烟台、杭州、太仓、济宁等地的若干个分部组成的网络型研究所。

计算所的定位是：基于前瞻学术研究，创建引领产业型的战略高技术研究所，成为中国计算机产业人才与技术的源头。在计算技术学科的计算机系统、网络、智能技术三个主要研究领域，开展以体系结构与算法为特色的学术研究、技术创新、技术应用与产业化，成为世界水平的研究所。三个重大突破：龙芯多核处理器，曙光E级计算机，天玑网络数据分析系统。五个重点培育方向：云服务器，虚拟路由器，超级基站，终端智能化，教育信息化。

计算所本部从学科方向上布局计算机系统研究部、网络研究部和智能技术研究部三个跨领域的研究部。科研机构设有计算机体系结构国家重点实验室、智能信息处理重点实验室、前瞻研究实验室以及高性能计算机研究中心、微处理器研究中心、数据存储技术研究中心、计算机应用研究中心、网络数据科学与工程研究中心、网络技术研究中心、无线通信技术研究中心、普适计算研究中心，共11个研究实体。

为凝练计算所信息科学与技术战略重点，计算所建设了计算机体系结构国家重点实验室（筹）、中国科学院智能信息处理重点实验室、移动计算与新型终端北京市重点实验室和国家高性能计算机工程技术研究中心、国家并行计算机工程技术研究中心、计算所科研支撑中心等平台。此外，网络数据科学与技术方向申请中国科学院重点实验室顺利通过现场考察，有望获批。目前计算所拥有一个国家重点实验室（筹），一个中国科学院重点实验室，一个北京市重点实验室，分别布局在体系结构、智能信息处理、网络大数据、移动计算与新型终端方向，分别对应了计算机科学的三个基本挑战：Charles Babbage's Machine（计算的自动化），Vannevar Bush's Memex（信息的广泛联系），Turing Test（智能的构建），以及惠及大众的信息技术。

2012年，计算所进一步加强了与领导型企业的战略合作，积极推进计算所技术转移：进一步推进与华为公司的战略合作，与联想（北京）公司成立了智能终端联合实验室，与曙光公司成立了高性能计算联合实验室，与英特尔公司成立了异构计算联合实验室。此外，计算所还与法国国家信息与自动化研究院（INRIA）成立了加速计算联合实验室。

科学计算共享平台是服务计算所科研工作的大型计算平台。目前该平台具有计算节点90余个，总核数3068个，系统峰值浮点运算速度达到20万亿次每秒，节点之间有20Gbps、40Gbps Infiniband高速网络，提供216TB高性能存储和489TB的统一存储空间。

截至2012年底，计算所共有在职职工666人（其中在岗职工595人）。其中科技人员543人、科技支撑人员47人，科技管理人员76人，包括中国科学院院士1人、中国工程院院士2人、发展中国家科学院院士1人、研究员及正高级工程技术人员64人、副研究员及高级工程技术人员188人。共有国家海外高层次人才引进计划（千人计划）入选者3人，“青年千人计划”入选者1人（新增1人）；中国科学院“百人计划”入选者11人；国家杰出青年科学基金获得者4人，国家优秀中青年人才专项基金获得者3人（新增3人）。计算所是1981年国务院学位委员会批准的博士、硕士学位授予权单位之一。现设有“计算机科学与技术”专业、“软件工程”专业一级学科博士研究生培养点、硕士研究生培养点和博士后流动站，目前共有在学研究生928人（硕士生524人、博士生404人）、在站博士后29人。

2012年，计算所共有在研项目528项（包括新增项目200项）。其中，承担国家重点基础研究发展计划（973计划）项目14项（新增6项），承担中国高技术研究发展计划（863计划）项目10项（新增9项）、承担科技支撑计划8项（新增4项）；承担国家科技重大专项33项（新增7项）；承担国家自然科学基金重点项目4项（新增1项）、主任基金项目1项、面上项目49项（新增20项）、青年基金59项（新增22项），杰出青年2项；承担中国科学院战略性先导科技专项课题3项（新增3项），承担科学院知识创新工程重大项目5项（新增2项），承担院地合作项目12项（新增4项）；承担横向项目141项。在研国际合作的课题共有5个，基金委的4个，各部委资助的1个，项目总经费450万元。50万元以上的横向项目63个。2012年我所新增4个国际合作项目，项目总经费约170万元。

2012年，计算所共取得科技成果34项。在国际国内会议及期刊（包括 *IEEE Micro*、PLDI、*IEEE Trans. on VLSI* 等领域顶级国际会议及期刊）上共发表科技论文517篇，出版专著及译著共2部。申请专利153项，授权专利155项，软件著作权登记22项，其中一项专利获得第十四届中国专利奖优秀奖。同时计算所入选第一批国家知识产权局“知识产权管理规范试点单位”和“专利价值分析体系试点单位”。

2012年，作为第一完成单位计算所荣获国家科技进步奖二等奖1项、国家技术发明奖二等奖1项、北京市科学技术奖二等奖2项；作为第二完成单位荣获国家科技进步奖二等奖1项。分别是：“大规模网络信息监测与服务系统关键技术及应用”荣获国家科技进步奖二等奖，“星载微处理器系统验证-测试-恢复技术及应用”荣获国家技术发明奖二等奖，“跨指令集虚拟机的性能优化技术”和“面向国家骨干互联网的安全监测技术及其应用”荣获北京市科学技术奖二等奖。作为第二完成单位，“数字视频编解码技术国家标准AVS与产业化应用”荣获国家科技进步奖二等奖。

2012年，计算所实现横向开发项目8590.76万元，通过分部/分所转移成功项目收入5281.81万元，现有29家控股、参股公司/单位，14个分部/分所，从事科技开发工作的人员1070名，参控股公司实现销售收入153 258.60万元、利税7418.69万元。其中高性能计算机曙光系列服务器、龙芯、云计算、物联网、LTE、智能化技术落户天津、北京、广东、无锡、镇江等地，得到地方政府资金支持和吸引社会资本总额近5亿元。为当地经济发展方式的转变、产业结构的调整、培育和发展战略性新兴产业等方面发挥的关键作用。

2012年在研的国际合作的课题一共有30个，与企业、科研机构合作的有22个，与国家自然科学基金委的有6个，各部委资助的有2个，项目总经费1665.37万元。50万元以上的横向项目10个，部委的有4个。2012年新增10个国际合作项目，项目总经费约414.37万元。

2012年计算所出访，共计265人次：其中参加国际会议的为219人次，占出访总人数的83%；参加合作研究的为43人次，占出访总人数的16%；其他3人次，占1%。共组织学术报告约100次，其中所级学术报告7次，报告人主要来自美国俄亥俄州立大学、美国加州大学、荷兰阿姆斯特丹大学等。在重要的外事接待方面，接待了法国使馆张衡计划代表团、INRIA云计算考察团、法国电力EDF代表团，以及泰国公主诗琳通代表团。

中国计算机学会挂靠在计算所。计算所承办的科技期刊有 *Journal of Computer Science and Technology*、《计算机学报》、《计算机研究与发展》、《计算机辅助设计与图形学学报》。

（撰稿：王　凡　申荔璇　审稿：孙凝晖）

## 软件研究所

**所　　长：李明树**
**地　　址：北京市海淀区中关村南四街4号**
**邮政编码：100190**
**电　　话：010-62661012**
**传　　真：010-62562533**
**电子信箱：office@iscas.ac.cn**
**网　　址：http://www.iscas.ac.cn**

中国科学院软件研究所（以下简称“软件所”）成立于1985年3月，前身是中国科学院计算技术研究所的软件研究室；1995年中国科学院原计算中心计算机应用部分并入软件所；2003年1月，中国科学院软件园区综合管理服务中心整建制划归软件所管理。2011—2012年，软件所信息安全国家重点实验室、信息安全共性技术国家工程中心整建制划转信息工程研究所。

软件所是致力于计算机科学理论与软件高新技术研究与发展的综合性基地型研究所。1999年成为中国科学院知识创新工程首批试点单位之一。2010年，根据中国科学院党组的部署，组织制定研究所“十二五”发展规划，并启动实施“创新 2020”系列工作。2011 年，软件所进一步凝练目标，制定并实施研究所“一三五”规划。2012 年，软件所不断完善体制机制，确保“一三五”规划稳步实施。

根据“一三五”规划要求，软件所定位于计算机科学理论和软件高新技术的研究与发展。攻克计算机及软件科学问题，为软件技术创新提供理论指导与可持续发展支撑；突破基础软件、网络控制系统和综合信息系统等核心关键技术，引领和带动我国软件技术与产业发展以及国家信息化建设；成为该领域国际上具有重大影响力的基础前沿和战略高技术综合创新基地。

通过实施知识创新工程，不断改革优化、调整学科布局，软件所形成了 5 个重点学科方向：计算机科学与软件理论，基础软件技术与系统，互联网信息处理的理论、方法与技术，综合信息系统技术及应用，专项信息仿真、对抗与集成的理论、方法与技术。

2012 年是“创新 2020”重点跨越阶段的第一年，软件所初步建立了“核心研究所+工程中心/企业联合研发”的大项目组织模式、“军民融合”的专项科技体系等创新的体制机制，以保障“创新 2020”系列工作顺利开展。

按照软件基础前沿研究、战略高技术研究和国防战略高技术研究 3 大科研创新体系，软件所设有总体部、软件基础研究部、软件高技术研究部、软件应用研究部以及软件发展研究部。3 大科研创新体系都以国家级研究机构为龙头，设若干研究中心、实验室或创新小组。主要包括计算机科学国家重点实验室、基础软件国家工程研究中心、综合信息系统技术国家级重点实验室、卫星导航应用国家工程研究中心分中心等。

截至 2012 年底，软件所共有在职职工 509 人，其中科技人员 416 人、科技支撑人员 20 人，包括中国科学院院士 3 人、正高级专业技术人员 58 人、副高级专业技术人员 92 人。共有中国科学院“百人计划”入选者 6 人，国家杰出青年科学基金获得者 2 人。

软件所现设有计算机科学与技术、软件工程 2 个一级学科博士研究生培养点；计算机技术、软件工程 2 个全日制专业学位硕士研究生培养点；并设有计算机科学与技术、软件工程两个一级学科博士后流动站；2012 年成为院首批开展招收培养工程博士的五个试点单位之一。在学研究生 464 人（硕士生 280 人、博士生 184 人）、在站博士后 16 人。

2012 年，软件所共有在研项目 326 项（新增项目 135 项）。其中，主持或参加国家科技重大专项课题 13 项（新增 4 项），国家重点基础研究发展计划（973 计划）课题 6 项（新增 1 项），中国高技术研究发展计划（863 计划）课题 10 项（新增 8 项），国家科技支撑计划课题 18 项（新增 11 项），国家星火计划项目课题 1 项（新增 1 项）；主持或参加高技术产业化示范工程项目 3 项（新增 1 项）；主持（或承担）国家自然科学基金重点项目 4 项（新增 1 项）、面上项目 29 项（新增 14 项）、青年基金项目 31 项（新增 20 项）、国家自然科学基金重大研究计划重点项目 3 项（新增 3 项），主持（或承担）中国科学院战略性先导科技专项课题 2 项，主持（或承担）院重点部署项目 2 项（新增 2 项）、主持中国科学院知识创新工程重要方向项目 4 项，与地方政府和企业合作项目 47 项，国际合作项目 2 项（新增 1 项）。其中，属于研究所布局重大突破方向的国家科技支撑技术重大项目课题“高速列车网络控制系统”和“核高基”国家科技重大专项课题“开源操作系统内核分析和安全性评估”、“方德高可信服务器操作系统研发及产业化”、“红旗桌面操作系统研发及产业化”以及中国科学院知识创新工程方向性项目“面向访问验证保护级的安全操作系统原型系统研发”、“云计算操作系统及关键基础组件的研究与开发”等进展顺利，并分别取得了重要阶段成果。

2012 年，软件所申请专利 57 件，获得专利授权 54 件；软件著作权受理 120 件，登记 128 件；发表论文 579 篇。“高可用综合安全网关技术研究与应用”获 2011 年北京市科学技术奖一等奖。

2012 年，软件所继续加强国际交流与合作。全年出访 190 人次，来访 200 多人次。举办了大型国际会议——“2012 中国图灵年”活动暨第九届计算模型的理论和应用年会，该国际会议是 2012 国际图灵年和 2012 中国图灵年的重要组成部分，邀请了7位图灵演讲者，其中包括John Hopcroft、Richard M. Karp、Andrew Chi-Chih Yao等多位图灵奖获得者，规模约为300人，其中约一半学者来自国外。该国际会议还获得了中国科学院2012年度“国际会议资助计划”的资金支持。受中国科学院和保加利亚科学院合作交流协议的资助，保加利亚科学院数学和信息研究所的Dimitar P. Guelev研究员对软件所进行了访问。软件所邀请的图灵奖获得者Edmund M. Clarke申请并获得了2013年“中国科学院爱因斯坦讲席教授计划”，另有2人申请了2013年院级协议出访保加利亚，软件所还接受了中国科学院与丹麦大学联盟合作协议支持的Jost Berthold拟于2013年来访。2012年，软件所“国际学者交流计划”共资助了18名学者来访，不仅申报的人数多，申报学者的规格也高，包括了2名图灵奖获得者、1名奈望利纳奖获得者以及欧洲可计算性学会主席、印度理工学院的首席科学家等。

结合区域经济与社会发展需要和软件所总体布局与战略需求，软件所开展了建立“网络型研究所”的探索与实践，先后与各地方政府合作，成立了软件所无锡分部、重庆分部、哈尔滨分部、广州分部、青岛分部（筹）等分支机构。2012年，软件所以多种方式开展院地合作工作，依托软件所，联合中国科学院和地方科学院软件相关研发和应用机构，本着“优势互补，资源共享，互相促进，共同发展”的原则，面向国家和区域经济社会发展需求，组建了全国科学院联盟软件领域分会；进一步加强智能终端领域的合作与成果转移转化工作，参与成立了上海联彤网络通讯技术有限公司。软件所获得2011年度中国科学院院地合作奖先进集体二等奖和2011年度中国科学院北京分院技术转移工作鼓励奖。

软件所现有整合社会资源组建的中科软科技股份有限公司、中科方德软件有限公司、无锡中科物联网基础软件研发中心有限公司等11家高技术企业。2012年所投资企业营业收入247 001.63万元，从业人数6231人。

软件所是中国中文信息学会、中国软件行业协会数学软件分会、中国密码学会密码技术专业委员会、中国计算机学会高性能计算专业委员会的挂靠单位；主办《软件学报》、*International Journal of Software and Informatics*、《中文信息学报》和《计算机系统应用》等期刊；图书馆藏书2万余册，期刊400余种、3万余册。

（撰稿：谢京红　周　婧　审稿：李明树）

# 半导体研究所

**所　　长：李树深**
**地　　址：北京市海淀区清华东路甲35号**
**邮政编码：100083**
**电　　话：010-82304210**
**传　　真：010-82305052**
**电子信箱：semi@semi.ac.cn**
**网　　址：http://www.semi.ac.cn**

中国科学院半导体研究所（以下简称“半导体所”）是1956年按照国家“十二年科学发展远景规划”中“四项紧急措施”开始筹建的，直接服务于当时的国家重大目标，是集半导体物理、材料、器件研究及其系统集成应用于一体的国家级半导体科学技术综合性研究所，正式成立于1960年。

半导体所主要研究领域包括：光电子及其集成技术，体、薄膜、微结构半导体材料科学技术，低维量子体系和量子工程、量子器件的基础研究，半导体人工神经网络和特种微电子技术等；设有2个国家级研究中心，即国家光电子工艺中心、光电子器件国家工程研究中心；3个国家重点实验室，即半导体超晶格国家重点实验室、集成光电子学国家重点联合实验室、表面物理国家重点实验室（半导体所区）；1个国际研发基地，即半导体照明国际研发基地；2个院级实验室（中心），即中国科学院半导体材料科学重点实验室、中国科学院半导体照明研发中心。另外还有半导体集成技术工程研究中心、光电子研究发展中心、高速电路与神经网络实验室、纳米光电子实验室、光电系统实验室、全固态光源实验室、半导体元器件检测中心和半导体能源研究发展中心等。

半导体所根据多元化的特点，突出自身的特

色和优势，制定了研究所“一三五”规划并顺利实施。“一个定位”：即半导体科学技术的基础和应用研究。“三个重大突破”：高亮度发光二极管及制造装备；高功率半导体激光科学与技术；固态量子信息与量子调控。“五个培育方向”：半导体高功率和低功耗电子材料；信息光电子功能材料、器件与光子集成芯片；半导体激光投影关键光电子器件与技术；半导体微纳结构材料、器件及其集成电路；面向生命科学的微纳传感器件、装备及相关数字网络。

全所2012年底固定资产总额78 924.25万元，拥有全套先进的半导体物理、材料、器件及电路研究、分析测试和制备设备。

截至2012年底，半导体所共有在职职工696人。其中科技人员487人，科技支撑人员139人，包括中国科学院院士8人、中国工程院院士2人；研究员及正高级工程技术人员98人、副研究员及高级工程技术人员111人；中国科学院“百人计划”入选者19人（新增4人），国家杰出青年科学基金获得者18人（新增2人），国家“千人计划”入选者3人，国家“青年千人计划”入选者2人（新增1人）。

半导体所是首批国务院学位委员会批准的博士、硕士学位授予权单位之一，现设有物理学、电子科学与技术、材料科学与工程3个一级学科博士研究生培养点；材料工程、电子与通信工程、集成电路工程等3个工程硕士专业学位培养点；设有物理学、电子科学与技术、材料科学与工程等3个一级学科博士后流动站。现有在学研究生559人（硕士生272人、博士生287人）、在站博士后20人。

2012年，半导体所共有在研项目304项（包括新增103项）。其中，国家重点基础研究发展计划（973计划）项目课题35项（新增12项）；国家高技术研究发展计划（863计划）项目课题21项（新增7项）；科技支撑2项（新增1项）；国家自然科学基金113项（基金重大、重点、仪器专款21项，国家杰出青年科学基金项目3项、创新研究群体2项、其他87项）；中国科学院战略性先导科技专项4项，中国科学院仪器装备研制项目5项，“百人、千人计划”10项，院地合作项目15项（新增8项）；高技术项目61项（新增9项）；重大专项3项（新增1项）；国际合作项目9项（新增3项）；北京市科委项目8项（新增3项）；其他项目18项。

2012年，半导体所取得了丰硕的科研成果。观测到多层石墨烯低频声子模与低能电子激发之间的Fano共振；证明了可以利用异质结界面的极化电场将InN薄层驱动到拓扑绝缘体相；外延生长出具有超大垂直磁各向异性MnGa单晶薄膜；研制成功了每秒钟可采集一千帧的高速图像传感器；硅基集成光学矩阵处理器取得突破：采用波分复用技术和波长可寻址调制器矩阵，有效解决了光学矩阵处理器在片上集成时光学交叉过多的问题，提高了系统的扩展性，并首次实现了原理验证，计算速度为8000万次/秒；研制出百毫瓦THz量子级联激光器、国际上第一个量子点级联激光器、基于光子集成电路芯片技术的4路DFB激光器与多模干涉耦合器合波输出集成器件、近100G时钟恢复集成器件；“高性能GaN外延材料”获北京市科技二等奖；大幅提高了LED光效，白光LED芯片在350mA注入电流下光效达到141lm/W；实现了国内首支毫瓦级深紫外LED器件，填补了国内空白；开发了国产自主48片机MOCVD设备及配套外延技术，获得产业化示范验证，达到了国际同类商用设备的性能指标；开发出了600/1200/3000V碳化硅肖特基原型器件，性能接近国际同类产品；研制了射频MEMS振荡器和用于癌症早诊的传感器；图形衬底小批量技术已成熟，并与中科宏微半导体设备有限公司达成300万元技术转移及继续投资进行工艺完善的意向；研制成功二类超晶格窄带长波/甚长波双色单元器件；成功制备出320×256的中/长波（4.8微米/8微米）双色量子阱探测器阵列，盲元率中/长波分别为3.8%和1.98%（320×256面阵），65K时峰值探测率中/长波分别优于$1.5\times10^{10}$和$1.5\times10^{10}$（黑体为$1.6\times10^{9}$，$8\times10^{8}$）；研发成功支持我国自主卫星导航系统的北斗/GPS双模射频芯片；“农作物种子的品种真实性快速鉴别技术”成功与企业开展成果转化；攻克了高性能激光二极管列阵外延、镀膜及封装等关键技术，实现了808nm QCW单条400W输出，980nm CW单条200 W输出，电光转换效率达60%；具备年产200万瓦的生产能力；国内首次实现大于7kW 的高功率全固态激光器；采用自主研发的千瓦级半导体激光侧面抽运模块，实现最高输出功率为7.13kW，8小时稳定性为±0.98%，光纤耦合输出功率6.82kW，光束质量50.3 mm · mrad；研制的激光导引头接收机15套产品交付，获得用户好评；研制出大于400W 的高功率用光纤光栅，性能达到国内先进水平；研制出首台全光纤温盐深仪，性能均接近GB一级标准；研制10Mbps 通信速率的半导体照明通信样机；突破时空相关超分辨率技术，实现了5mm 目标的三维成像。

2012年，共发表SCI 收录文章389篇，EI 收录文章402篇，CPCI-S 收录文章19篇；出版著作5部，其中编著1部，英文专著1部，译著3部；申请专利281项，获得专利授权204项。获得省部级奖励7项，其中北京市科学技术奖一等奖、二等奖及三等奖各1项，天津市科技进步奖二等奖2项，河北省技术发明奖一等奖1项，高等学校科学研究优秀成果奖（科学技术）即科技进步奖一等奖1项。

2012年半导体所成果转化工作在横向收入上取得了突破，全年合同额过亿元，技术开发合同、专利转让、院地合作项目及测试加工合同等超过240项。本年度成果转化尤为突出的是：半导体所将“高功率激光技术”授权中科春明激光科技有限公司使用开发，授权使用费5000万元。截至2012年底半导体所共有参股公司13家。

2012年，半导体所与国际同行之间的国际科技合作与交流十分活跃，并且成绩显著。全所有144人次出国参加国际学术会议、长、短期合作研究和访问考察等。共有141人次外籍专家学者来所访问考察、学术交流和洽谈合作。共邀请30位国际知名的专家学者在“黄昆半导体科学技术论坛”上作有关半导体科技进展的报告。举办了“第7届中俄先进半导体材料与器件联合研讨会”和“窄禁带半导体中的新奇现象”国际会议。半导体所与日本东北大学等机构签署了合作协议将共同开展优势互补的合作研究工作。积极申请了科技部、国家自然科学基金委和我院的各类合作研究、学术交流和人才引进项目。

半导体所是中国电子学会半导体与集成技术分会、中国物理学会半导体物理专业委员会挂靠单位；主办的英文刊物 *Journal of Semiconductors*（《半导体学报》），近年连续获得国家自然科学基金委员会主任基金资助；图书馆藏书8万余册（其中中文3万册，外文5万册），期刊1208种（其中中文751种，外文457种），可使用的网络数据库达158个，电子期刊超过15 000种。

（撰稿：慕 东 高 艳 审稿：张春先）

## 微电子研究所

**所　　长：叶甜春**
**地　　址：北京市朝阳区北土城西路3号**
**邮政编码：100029**
**电　　话：010-82995501**
**传　　真：010-62021601**
**电子信箱：imecas@ime.ac.cn**
**网　　址：http://www.ime.cas.cn**

中国科学院微电子研究所（以下简称“微电子所”）的前身——原中国科学院109厂成立于1958年。1986年，109厂与中国科学院半导体研究所、计算技术研究所有关研制大规模集成电路部分合并为中国科学院微电子中心。2003年9月，正式更名为中国科学院微电子研究所。

微电子所的发展目标是：全方位开放合作，引领中国集成电路技术创新，推动产业发展；致力于核心知识产权创新，成为中国微电子领域基础性、前瞻性研究的创新中心和“产学研用”核心基地；推进先进技术在行业中的应用和产品孵化，成为对产业技术发展具有重大影响的创新与服务平台；加强人才培养，成为高素质产业创新人才和优秀工程师的培养基地。

微电子所的主要研究领域包括：核心电子器件产品与技术、高端通用芯片产品与技术、面向产业的公共技术创新平台、集成电路核心技术与先导工艺技术和纳电子基础前沿研究。是国家集成电路制造领域前瞻性先导技术研发的牵头组织单位，中国科学院物联网研究发展中心、中国科学院EDA中心等院级创新平台的依托单位。

2012年，微电子所深入推进落实“创新2020”和“一三五”规划，提出“在国家集成电路产业链建设与战略性新兴产业发展中寻找定位”、“在面向世界前沿的微电子技术创新中寻找突破点”，着力实现三个重大突破（集成电路先导技术、物联网关键技术与示范工程等），努力培育五个重点方向（高端通用芯片与设计新技术、低成本低功耗信息器件与系统集成等）；全面推进精细化管理，进行管理模式、科研体系、评价体系等方面的积极探索。

微电子所设有11个从事应用技术研究的研究室（硅器件与集成技术研究室、专用集成电路与系统研究室、纳米加工与新器件集成技术研究室、微波器件与集成电路研究室、通信与多媒体SoC研究室、电子系统总体技术研究室、电子设计平台与共性技术研究室、微电子设备技术研究室、系统封装技术研究室、集成电路先导工艺研发中心、射频集成电路研究室），设有3个重大行业技术支撑的研究中心（物联网技术研发中心、宇航芯片技术研发中心、卫星导航技术研发中心）和2个从事前沿基础研究的重点实验室（微电子器件与集成技术重点实验室、低功耗集成电路重点实验室）。

截至2012年底，微电子所共有在职职工1115人。其中科技人员766人、科技支撑人员86人，包括中国科学院院士2人、研究员及正高级工程技术人员70人、副研究员及高级工程技术人员186人。共有国家“千人计划”入选者11人，中国科学院“百人计划”入选者19人，国家杰出青年科学基金获得者2人。

微电子所是国务院学位委员会批准的博士（1996年5月获批）、硕士学位（1990年11月获批）授予权单位之一，现设有电子科学与技术一级学科，下设微电子学与固体电子学二级学科（2011年获批中国科学院重点学科），设有硕士、博士研究生培养点和电子科学与技术一级学科博士后流动站，是全国首批“工程博士”试点单位。截至2012年底，共有在学研究生313人（硕士生218人、博士生95人）、在站博士后12人。

2012年，微电子所共有在研项目360项（新增项目133项）。其中，国家科技重大专项课题82项（新增10项），国家重点基础研究发展计划（973计划）项目2项、课题22项（新增8项），国家高技术研究发展计划（863计划）项目7项（新增4项）；国家自然科学基金重大项目1项、创新群体1个，重点项目4项、面上项目14项（新增7项）；中国科学院战略性先导科技专项课题5项，院重要方向项目9项（新增5项），院修购项目7项（新增4项），院地合作项目8项（新增1项）。

2012年，微电子所取得的主要成果有：①22纳米CMOS关键技术先导研发取得突破性进展，在国内首次采用后高K工艺成功研制出包含先进的高K/金属栅模块的22纳米栅长MOSFETs，器件性能良好，达到国内领先、世界一流水平。②32纳米新型存储器研究取得突破，填补了我国在大容量NOR型闪存芯片研究方面的技术空白，也为后65纳米大容量NOR型闪存芯片的发展奠定了重要基础。③45-28纳米DFM研究取得突破，28纳米HKMG AL栅CMP工艺仿真工具的研制成功是目前业界第一款针对HKMG AL栅的DFM解决方案，标志着我国的纳米芯片设计方法学和设计技术达到了世界先进行列。④高可靠汽车电子核心芯片与系统搭建了新能源汽车动力电池组监控与管理系统平台，为汽车电子核心芯片的技术突破和国产化、产业化发展起到了重要的推动作用。⑤化合物半导体基超高速数模混合电路采用GaAs HBT和SiGe BiCMOS工艺，实现了系列国内领先的超高速数模混合电路，并获得小批量订货。⑥车载三维可变视角全景影像系统搭建了可模拟各种规格车辆的数据采集系统，设计了全自动快速图像标定方案，能够实现动态场景的图像处理和3D显示功能，即将进入产业化阶段。⑦智能养老照护系统全面提升养老机构的管理效率和信息化水平，为整个养老机构建立了历史资料数据库，为各级管理人员提供了科学的参考依据。⑧黑硅（多晶）太阳电池研究获突破，转换效率逼近18%，该技术的应用将为我国光伏企业摆脱目前困境做出贡献，其文章发表在*Solar Energy Materials and Solar Cells*、物理学报等多家期刊，已申请专利30余项。⑨国内首次完成采用SAP技术加工制作的最小线宽线距达到25μm/25μm的高密度封装基板小批量生产，标志着已经建成一个具有国际先进水平的系统级封装研发平台。⑩开发出采用直接变频收发机架构、载波频率6.6GHz、射频带宽600MHz、噪声系数小于5dB、线性发射功率大于0dBm的低成本CMOS超宽带射频芯片，其关键技术和IP可以直接应用于其他高频段的芯片研发。微电子所参与完成的“超大规模集成电路65-40纳米成套产品工艺研发与产业化”项目荣获“2012年度北京市科学技术奖一等奖”。

2012年，微电子所专利受理874项，其中发明专利834项，实用新型40项；专利授权165项，其中发明专利141项，实用新型22项，外观设计专利2项；专利实施许可1项。共发表论文262篇，其中SCI收录89篇，EI收录84篇，影响因子总数220.1285。出版专著2部。

作为院电子系统与芯片设计公共技术服务支撑平台，中国科学院EDA中心（以下简称“EDA中心”）以微电子所为依托单位，通过院计财局支持的“区域加工服务中心”建设，为中国科学院内各会员单位整合更加先进、丰富的行业资源和教育培训资源。2012年，EDA中心为院内提供近千次服务，服务覆盖软件平台、物理实现、IP授权、MPW、封装设计、PCB设计等方面，首次实现国家科技重大专项课题间的互动，与SMIC、CSMC、HHNEC联合合作，针对40/65nm,BCD、HV等先导工艺，组织院内项目免费流片，有效整合产业链上下游资源，推动国产高端芯片设计技术迈上新台阶；承担院“十二五”重要方向性课题“芯片设计数据共享平台”，优化升级EDA平台硬件环境，搭建了基于云计算的“芯云”IC设计环境，极大地提高了软硬件资源使用效率；首次承办国际学术竞赛并获得组委会一致好评，获邀继续承办2013年竞赛；积极配合院内重大战略布局，建立佛山分中心，服务支持珠三角集成电路产业。经过十年建设，EDA中心经历了从中国科学院资源共享平台—共性技术服务—共性技术创新三个阶段和层次的发展历程，已经提升为国家级行业共性技术服务创新平台。

中国物联网研究发展中心（筹）/中国科学院物联网研究发展中心/江苏物联网研究发展中心（以下简称“发展中心”）自2010年10月成立以来，经过近三年建设，围绕集成创新、应用示范、公共平台、产业培育及人才培育五大功能布局，基本完成了建设阶段各项任务，战略规划布局不断完善、科研成果产出及应用示范全面推广，逐步从筹建组织实施阶段全面进入转型发展时期。截至2012年底，团队规模达949人。其中，发展中心体系内总人数307人，企业在册骨干494人，联合培养学生148人。发展中心秉承“科学唯实，开拓创新，笃信致远”的理念，不断梳理发展定位和总体目标，凝练以农资（农业）物联网、公共安全、智能工业、感知边疆为重点的应用示范发展方向；不断完善研发组织结构，共成立5个管理支撑部门及17个非法人研究单元；与工业界、各领域的交流合作全面展开；MEMS设计与制造平台、SIP封装平台、通讯系统与芯片设计测试、验证、分析平台等七大公共技术服务平台全面开放；成功组织了中国科学院参展第十四届深圳高交会及第三届无锡物博会；不断探索跨所合作、科研成果辐射及产业化、面向行业应用的科研与公共技术平台建设新模式，在培育物联网市场、推动战略性新兴产业发展、支撑服务地方产业升级转型开始发挥作用。

微电子所院地合作与产业化工作坚持以“企业为主体、市场为导向、产学研结合”，贯彻“全方位开放”的理念，基于学科优势、科研积累，发挥人才、技术优势，截至2012年底，累计合作共建各类机构64家，其中分所1家、分部2家、对外投资成立公司25家、共建联合实验室35家、院级平台1家。2012年，新增企业4家、共建联合实验室1家，对外投资3059万元；吸引社会投资9237.3万元，其中现金投资8600.8万元，无形资产投资636.5万元。与国内封装龙头企业共同投资成立国家级“华进半导体封装与系统集成研发中心”，在构建企业主导的产业技术研发体系道路上迈出了坚实脚步。形成了以北京为中心、江苏为龙头，遍布辽宁、浙江、广东、山东等地区的院地合作与产业化整体布局。

微电子所与地方政府、龙头企业加强合作，推动科技成果转移转化，2012年，与天津市塘沽海洋高新区、秦皇岛康泰医学、江阴长电、威海北洋电气等企业签订合作协议，以建立联合实验室、技术联合研发等方式促进地方科技建设，加强与产业界的合作，已签订合作协议15个，横向经费近6000万元。2012年，科技部批准微电子所为第四批国家技术转移示范机构。

2012年，微电子所共接待国外专家来访和学术交流26个团组78人次；派遣出国访问、讲学、交流100个团组191人次；聘任国外名誉和客座研究员6人。

微电子所是全国半导体设备与材料标准化技术委员会微光刻分技术委员会秘书处、全国纳米技术标准化技术委员会微纳加工技术工作组秘书处、北京电子学会半导体专业技术委员会制版（光掩模制造）分技术委员会秘书处挂靠单位。

（撰稿：马　强　王　芳　审稿：叶甜春）

## 电子学研究所

所　　长：吴一戎
地　　址：北京市海淀区北四环西路19号
邮政编码：100190
电　　话：010-58887003
传　　真：010-58887555
电子信箱：iecas@mail. ie. ac. cn
网　　址：http://www. ie. cas. cn

中国科学院电子学研究所（以下简称“电子所”）创建于1956年，是我国第一个综合型电子与信息科学研究所，主要从事电子与信息科学技术领域的应用基础研究和高技术创新研究，目前已形成了成微波成像技术和微波电真空技术两大支柱研究领域和地理空间信息技术、电磁探测技术、高功率气体激光技术、传感器与微系统技术和可编程芯片技术五个重点研究领域。电子所下设10个研究部门，包括微波成像技术国家重点实验室、传感技术国家重点实验室（北方基地）、中国科学院高功率微波源与技术重点实验室、中国科学院空间信息处理与应用系统技术重点实验室、中国科学院电磁辐射与探测技术重点实验室、空间行波管研究发展中心、高功率气体激光技术部、航天微波遥感系统部、航空微波遥感系统部和可编程芯片与系统研究室。

中国科学院依托电子所建立了院非法人事业单位——中国科学院高分重大专项管理办公室，在国家高分辨率对地观测系统重大专项中代表中国科学院开展各项工作，并履行管理职责。

截至2012年底，电子所共有在职职工928人，流动人员47人，离退休人员770人。在职职工中，科研人员624人，科技支撑人员163人。其中，中国科学院院士1人，正高级专业技术人员74人，副高级专业技术人员180人，国防杰出人才获得者1人，国家杰出青年基金获得者3人，“新世纪百千万人才”入选者3人，中国青年五四奖章获得者1人，享受政府津贴14人，中国科学院“百人计划”入选者9人，中国青年科技奖获得者1人，卢嘉锡人才奖获得者7人，何梁何利奖金获得者1人，北京市科技新星1人。

电子所是国务院学位委员会批准的首批博士、硕士学位授予单位，现有信息与通信工程、电子科学与技术2个一级学科硕士、博士研究生培养点及其博士后科研流动站。2012年共有在学研究生509人（硕士生288人、博士生221人）、在站博士后11人。

2012年，电子所稳步推进“一三五”规划的实施，在三个重大突破方面，承担的星载SAR和空间行波管国家重大任务进展顺利，突破一系列关键技术，同时又申请到新的国家重大任务，航空遥感系统各任务载荷基本完成研制，取得初步应用成果。在“五个重点培育”方面，自主创新能力进一步提高，在微波电真空技术、地理空间信息技术、电磁辐射与探测技术等领域核心技术取得突破，获得一批国家重大任务的支持。

2012年，电子所在研项目482项，其中国家重大专项项目30项，中国高技术研究发展计划（863计划）项目（课题）35项，国家重点基础研究发展计划（973计划）项目14项，国家科技支撑计划课题1项；国家自然科学基金项目52项，承担并参加院级项目64项，其中院创新项目13项，先导专项1项，国际合作项目11项，高质量地完成了年度科研计划，科研工作成效显著。

2012 年，电子所共发表各种期刊论文 343 篇，其中被 SCI 收录 128 篇，出版科技著作 4 部；受理专利 91 项（其中发明专利 89 项），获授权专利 70 项（其中发明专利 68 项）。共获得省部级以上奖项 6 项，其中获国防科学技术进步奖一等奖 2 项，获军队科技进步奖二等奖 1 项，获国家科学技术进步奖一等奖 1 项，获航空科学技术奖一等奖 1 项，获教育部科学技术进步奖一等奖 1 项。

电子所在地理空间信息系统和空间行波管产业化方面取得一定进展。未来几年，电子所将大力推进成果转移转化与产业化工作，使科技成果逐步走向市场，得到应用，服务社会。

电子所是中国电子学会电路与系统分会、中国质量协会科学技术分会挂靠单位，主办的刊物有《电子与信息学报》、《电子科学学刊（英文版）》［*Journal of Electronics*（*China*）］和《雷达学报》。

（撰稿：袁胜华　审稿：蔡晨曦）

## 自动化研究所

**所　　长：**王东琳
**地　　址：北京市海淀区中关村东路 95 号**
**邮政编码：100190**
**电　　话：010-62551575**
**传　　真：010-82614508**
**电子信箱：casia@ia. ac. cn**
**网　　址：http://www. ia. cas. cn**

中国科学院自动化研究所（以下简称“自动化所”）成立于 1956 年 10 月，是我国最早成立的国立自动化研究机构。1968 年，为加速我国空间技术的发展，自动化所整建制划入空间技术研究院，更名为空间控制技术研究所，番号中国人民解放军第五〇二研究所。1970 年，根据自动化学科技术发展的需要，中国科学院重建自动化研究所。1999 年，作为首批试点单位之一，自动化所进入中国科学院知识创新工程。

2012 年，自动化所全力推进“一三五”战略规划，聚焦“基于泛在和精密感知的海量信息智能处理和复杂系统智能控制方向”，在“惯性约束核聚变智能化控制解决方案”、“超级计算大脑系统”、“万亿次极光系列代数运算微处理器”三大重大突破和“空天情报智能化处理技术与系统”、“智能医学与新型医疗设备”、“先进视觉计算”、“平行控制与平行管理”、“面向现代服务新业态的智能物联技术”五大重点培育方向上出呈现良好发展态势。为保证“一三五”规划的扎实推进，研究所开展了以组织结构调整为主线的体制机制改革，对任务相对落实、队伍具有一定规模的重大方向，先后成立了若干实体科研部门；制定并发布《“十二五”科技岗位聘任管理办法》，将 70% -80% 的新增岗位和 70% 研究生定向投入到“一三五”布局上来；推行分类评价为核心的管理体系，明确战略导向，有效支撑了“一三五”战略布局的实施。

自动化所现设科研开发部门 9 个，包括模式识别国家重点实验室、复杂系统管理与控制国家重点实验室、国家专用集成电路设计工程技术研究中心、高技术创新中心、综合信息系统研究中心、数字内容技术与服务研究中心、精密感知与控制研究中心、空天信息研究中心、智能感知与计算研究中心；与国际和社会其他创新单元共建各类联合实验室和工程中心 21 个。

截至 2012 年底，全所共有在职职工 508 人。其中科技人员 462 人，科技支撑人员 24 人，包括中国科学院院士 1 人，研究员、副研究员和高级工程师 210 人，全所进入创新岗位 185 人。共有国家 973 计划项目首席科学家 5 人，IEEE Fellow 5 人，“千人计划”入选者 1 人，“青年千人计划”入选者 1 人（新增 1 人）；中国科学院“百人计划”入选者 19 人（新增 1 人），国家杰出青年科学基金获得者 11 人（新增 2 人），新世纪百千万人才工程入选者 7 人。

自动化所是 1981 年国务院学位委员会批准的首批博士、硕士学位授予单位之一，现有控制科学与工程 1 个一级学科博士、硕士研究生培养点，计算机应用技术 1 个二级学科博士、硕士研究生培养点，并设有控制科学与工程 1 个一级学科博士后流动站。现有博士生导师55人，硕士生导师52人。目前，共有在读研究生620人（硕士生264人、博士生356人）、在站博士后42人。

2012年，自动化所共有在研项目478项（包括新增项目260项）。其中，承担国家重点基础研究发展计划（973计划）项目10项（新增5项）；承担中国高技术研究发展计划（863计划）项目20项（新增16项）；承担科技部支撑计划及重大专项17项（新增7项），其中新增国家重大科学仪器设备开发专项1项；承担国家自然科学基金项目139项（新增57项），其中重大研究计划10项（新增5项），重点项目15项（新增2项）、面上项目61项（新增20项）；承担中国科院项目71项（新增34项），其中承担先导项目3项，重点部署项目3项；承担其他部委纵向任务43项（新增17项）。研究所到位竞争性科研经费27 429万元，院内外经费比例达1∶6。

2012年，自动化所科研工作取得新进展。“基于大形变和低质量的指纹加密方法与应用”有效地提高了生物特征识别系统的安全性和隐私性，荣获2012年度国家技术发明奖二等奖。参与国际口语翻译先进研究联盟发起的伦敦奥运会多国语言翻译实验系统，完成汉语普通话识别、中文-英文双向翻译以及汉语普通话合成四大任务；自主研发的中英文双向口语翻译系统“紫冬口译”发布于Android平台上供用户免费下载。机器海豚实现了1.5倍体长的最高直线游速，并在国际上首次实现了机器海豚完全跃出水面。“网络信息安全分析与识别的技术、系统及应用”和“具有复杂环境感知和学习能力、可实现高精度操作的智能机器人技术”荣获北京市科学技术奖一等奖。

2012年，自动化所共发表科技论文610篇，其中被SCI核心期刊收录论文181篇，EI收录539篇。新申请发明专利235件，授权发明专利157件，计算机软件著作权登记114件。两项发明专利荣获第十四届中国专利优秀奖。

2012年，自动化所技术转移转化成效显著。作价1000万元将“语音翻译及相关技术”授权给北京紫冬锐意语音科技有限公司，并成立“紫冬口语翻译技术联合实验室”；以光学断层成像系统及其临床应用技术作价630万元，组建“安徽中科医药成像技术科技有限公司”；以矿山物联网相关技术作价2000万元人民币，与开滦（集团）有限责任公司等四方共同组建“开滦中科汇丰科技发展有限公司”。

目前，自动化所有汉王科技股份有限公司、北京三博中自科技有限公司、北京中科虹霸科技有限公司、北京中科恒业中自技术有限公司、北京嘉恒中自图像技术有限公司等持股高科技公司18家。截至2012年底，自动化所投资企业共实现收入81 256万元，利润总额5982万元，净利润2988万元。

2012年，自动化所与北京市、英特尔公司三方联合组建中国英特尔物联技术研究院，开展以“大数据”为核心的物联网前沿核心技术研究、开发和产业化的深入合作。自动化所主办和承办了包括“第九届IEEE网络、传感与控制国际会议”、“第四届植物生长建模、应用和可视化国际会议”、“第九届高级视频与信号监控国际学术会议”、“第十一届脑连接网络国际研讨会会议”等国际会议13次，派出长期合作研究与交流的青年科研人员与学生30余名，参加国际会议90余人次。

自动化所是中国自动化学会和中国图像图形学学会的挂靠单位；重要出版物有《自动化学报》、《国际自动化与计算杂志》。

（撰稿：宋　琪　刘光仪　审稿：王小明）

# 电工研究所

**所　　长：肖立业**
**地　　址：北京市海淀区中关村北二条6号**
**邮政编码：100190**
**电　　话：010-82547001**
**传　　真：010-82547000**
**电子信箱：office@mail.iee.ac.cn**
**网　　址：http://www.iee.ac.cn**

中国科学院电工研究所（以下简称“电工

所”）于1958年在中国科学院原长春机械电机研究所部分研究室的基础上筹建，1963年在北京正式成立。

电工所是中国科学院唯一以能源与电气工程学科为主要研究方向的专业研究所，也是中国科学院能源基地核心研究所之一，在我国能源与电气科学领域具有独特地位。目前，主要从事能源与电力新技术、电气科学及电气工程前沿交叉技术的研究。

电工所定位于电能领域战略高技术研究和学科前沿交叉研究。重点致力于推动可再生能源发电、未来电网科学技术、电力电子与电力变换、超导与能源电工新材料、电气科学基础理论与前沿交叉等学科方向的创新发展，满足国家未来能源重大科技需求，在促进我国能源体系转型中起到不可替代的骨干作用，引领电气科学的创新发展，并使研究所成为我国相关科技领域创新的战略性中坚力量和国际同行中有重要影响的研究机构。

2012年，为进一步提高电工所科技创新能力，加强人才队伍建设，推进实验室和公共科研平台建设，保障“创新2020”和“一三五”战略目标的顺利实现，出台了相关的规章制度，对所内科研组织机构和科研管理模式进行了相应的调整。在原有组织机构的基础上，建立了新的科研组织模式，调整成立了6个实验室，筹建一个多学科交叉研究中心。

目前，电工所设有6个实验室下设18个研究部，其中包括1个国家能源研究中心、4个中国科学院重点实验室、2个北京市重点实验室、1个北京市工程实验室、2个检测中心（站）、1个北京市工程技术中心。6个实验室分别是：可再生能源发电技术实验室、电力设备新技术实验室、电力电子与电能变换技术实验室、直流电网科学技术实验室、超导与新材料应用研究实验室和电磁生物学与电磁探测技术实验室；1个国家能源研究中心是国家能源超导电力技术研发中心；4个中国科学院重点实验室包括应用超导重点实验室、太阳能热利用及光伏系统重点实验室、风能利用重点实验室（联）、电力电子与电气驱动重点实验室；2个北京市重点实验室包括太阳能发电技术重点实验室和生物电磁学重点实验室；1个北京市工程实验室是电驱动系统大功率电力电子器件封装技术北京市工程实验室；2个检测中心（站）包括中国科学院太阳光伏发电系统和风力发电系统质量检测中心、中国科学院电工研究所避雷装置安全检测站；1个北京市工程技术中心是北京市太阳能热发电工程技术研究中心。

电工所与地方政府合作共建了中国科学院电工研究所无锡分所等4个的研究机构；与企业合作共建了8个联合研究机构。

电工所主要控股和参股公司有北京中科电气高技术有限公司、北京科诺伟业科技有限公司、北京科峰公寓。

截至2012年底，电工研究所共有在职职工436人。其中科技人员298人、科技支撑人员53人，包括中国科学院院士1人、中国工程院院士1人、第三世界科学院院士1人、研究员及正高级工程技术人员37人、副研究员及高级工程技术人员101人。共有中国科学院“百人计划”入选者7人，国家杰出青年科学基金获得者3人，“新世纪百千万人才工程”国家级人选6人，青年创新促进会6人，创新团队1个。

电工所是1981年国务院学位委员会批准的首批博士、硕士学位授予权单位之一。具有电气工程一级学科博士（硕士）研究生培养点，设有电工理论与新技术、电机与电器、高电压与绝缘技术、电力电子与电力传动、电力系统及其自动化、生物电工、微纳电工技术、能源与电工新材料等八个专业。设有“生物医学工程”学术型硕士培养点和“生物工程”全日制专业学位工程硕士培养点。设有电气工程一级学科博士后流动站。共有在学研究生283人（硕士生152人、博士生131人）、在站博士后12人。

2012年，电工所共有在研项目434项（包括新增项目112项）。其中，承担国家重大科技专项课题3项（新增3项），主持（或承担）国家重点基础研究发展计划（973计划）和国家重大科学研究计划项目8项（新增2项），主持（或承担）国家高技术研究发展计划（863计划）项目31项（新增13项），主持（或承担）国家科技支撑项目17项（新增4项）；主持（或承担）国家自然科学基金重点项目4项（新增1项）、面上项目21项（新增8项）、国家杰出青年科学基金项目2项；主持（或承担）院重点部署项目1项（新增1项）、（科技部、国家自然科学基金委、财政部和院）重大仪器研制项目3项；承担重点国际合作项目10项（新增4项）；承担院地合作项目14项（新增3项）。

2012年电工所研制的三峡地下电站第二台70万千瓦蒸发冷却水轮发电机，即三峡发电工程最后一台机组成功通过72小时试运行考核，正式投入商业运行。标志着我国自主研发的蒸发冷却技术在大型水轮发电机领域取得了重大突破。表明我国大型电力装备自主创新技术达到了世界领先水平，同时，为百万千瓦蒸发冷却水轮发电机在我国西南地区水电工程中的应用打下坚实基础；在北京延庆建成了亚洲第一座兆瓦级塔式太阳能热发电站，并利用太阳能产生的蒸汽驱动汽轮发电机发电，在吸热器直接产生过热蒸汽技术方面居于世界领先地位；建成的全球目前唯一的配电级超导变电站，被两院院士评为“2011年度中国十大科技进展新闻”之一，被评为2012年度机械工业科学技术奖一等奖；成功开发的高性能铁基超导带材的制备新工艺，将铁基超导带材的临界传输电流密度提高到17000 A/cm$^2$（4.2K、10T），继续处于国际领先地位；研制了国际上传输电流最大，首组面向工业节能领域应用研究的高温超导电缆系统，正式投入并网运行；搭建了我国第一台计量型扫描电子显微镜；研制了国内首创的MW级并网光伏电站的现场测试平台；研制的生物人工肝系统获得2012年浙江省科学技术奖一等奖。

2012年，电工所发表论文410篇，其中EI收录155篇，SCI收录115篇；申请专利185项，其中发明专利179项（含7项国际发明），实用新型6项；获得授权专利84项（含1项国际发明）；软件著作权30项；主持和参与撰写著作3部，制定标准1项。

2012年，院地合作工作在往年工作的基础上，继续推进各种新项目合作。全年新签各类横向合同60份，新签合同总金额为3529万元，新签订地方任务9项，合同总经费为2427.23万元；全年共落实横向到位经费6499.83万元。

2012年，电工所出访134人次，接待来访150余人次。正在开展的国际合作项目10项，新申请到国际合作项目2项；新签署双边和多边国际协议2项。主办或承办了2次国际学术会议，包括“2012年太阳能热发电技术三亚国际论坛”、“中国-加拿大新能源与智能电网技术研讨会”，来自世界各地的多名专家学者参加了学术活动，大大提高了我所在可再生能源领域、智能电网领域的国际影响力。共有27人次在国际科技机构任职。

电工所是中国可再生能源学会（一级学会）、中国可再生能源学会光伏专业委员会（二级学会）、中国电工技术学会机电一体化专业委员会（二级学会）、中国电机工程学会超导与磁流体发电专业委员会（二级学会）、中国农村能源行业协会小型电源专业委员会（二级学会）、中国电工技术学会超导应用专业委员会（二级学会）、中国电机工程学会高压专业委员会高压新技术分专业委员会（三级学会）的挂靠单位；主办《电工电能新技术》专业学术期刊。

（撰稿：刘素珍　张和平　审稿：肖立业）

## 工程热物理研究所

**所　　长：秦　伟**
**地　　址：北京市海淀区北四环西路11号**
**邮政编码：100190**
**电　　话：010-62554126**
**传　　真：010-82543019**
**电子信箱：iet@iet.cn**
**网　　址：http://www.etp.ac.cn**

中国科学院工程热物理研究所（以下简称“工程热物理所”）其前身是1956年3月1日成立的中国科学院动力研究室（1961年合并至中国科学院力学研究所），1980年正式独立建制，启用现名。

工程热物理所是基础与应用发展研究有机结合的战略高技术型研究所，主要研究领域为能源、动力及与之交叉的环境等领域，内容涉及工程热力学、内流气动热力学、燃烧学、传热传质学等学科。研究所立足国家使命和国家需求，以中国科学院“十二五”规划和“创新2020”方案为指导，结合所内实际，经过充分研讨和调研，编制了研究所《“十二五”及创新2020发展规划》，确定了研究所持续发展蓝图，并制定了“一三五”发展战略。2012年，是研究所扎实推进“十二五及创新2020”规划的“推进年”。在这一年里，研究所认真落实院党组精神，全力组织实施“一三五”战略，在进一步巩固体制机制改革成果的基础上，切实推进研究所的人才队伍建设、科研任务实施和科技平台建设，持续推进“全所一盘棋”、“团结起来做大事”的“和谐研究所建设”，为研究所承担更多科研任务、产生具有影响的科研成果和实现历史性的新跨越创造了良好的条件，为按期完成研究所“十二五”规划打下了坚实基础。

工程热物理所现设有7个研究机构：国家能源风电叶片研发（实验）中心、能源动力研究中心、燃气轮机实验室、循环流化床实验室、分布式供能与可再生能源实验室、储能研发中心、传热传质研究中心；另有13个与地方、企业共建的研发机构与工程中心；2012年，研究所廊坊研发基地完成五号通用实验室建设，连云港IGCC/联产研发基地总建筑面积1.6万平方米的科研配套区建筑及配套设施已建成投入试运行，东胜分所通过建筑工程评审。

截至2012年底，工程热物理所共有职工368人，其中科技人员335人（含科技支撑人员47人），包括中国科学院院士2人、研究员及正高级工程技术人员37人、副研究员及副高级工程技术人员85人。中国科学院“百人计划”入选者8人，国家杰出青年科学基金获得者1人，国家海外高层次人才引进计划入选者3人，其中国家“千人计划”1人，“青年千人计划”2人。

工程热物理所是2003年国务院学位委员会批准的博士、硕士学位授予权单位之一，现设有“动力工程及工程热物理”一级学科博士、硕士研究生培养点，环境工程专业二级学科硕士研究生培养点及动力工程专业全日制工程硕士培养点，并设有“动力工程及工程热物理”一级学科博士后流动站，共有在学研究生238人（硕士生148人、博士生90人）、在站博士后12人。

2012年，工程热物理研究所共有在研项目153项（包括新增项目59项）。其中，主持国家重点基础研究发展计划（973计划）项目1项、承担课题6项，承担中国高技术研究发展计划（863计划）项目14项（新增3项），国家科技支撑计划课题4项（新增1项），科学技术部国际合作项目3项；主持国家自然科学基金重点项目3项（新增1项），承担重点项目子课题2项（新增1项），优秀青年基金1项（新增1项），承担国家自然科学基金重大国际合作项目2项，面上和青年基金项目46项（新增13项）；承担中国科学院先导项目课题和子课题5项（新增2项），承担知识创新工程重要方向项目5项（新增2项），承担国际合作项目2项，承担重大仪器研制项目4项（新增2项），“百人计划”项目3项，“青年千人计划”项目2项（新增2项）；承担院地合作项目39项（新增20项），研究所所长基金项目11项（新增11项）。

2012年，工程热物理所科研工作进展顺利，“三项重大突破方向”成果显著：IGCC/联产系统及关键技术方向，两项863计划重大项目课题顺利通过科技部验收；循环流化床燃烧技术方向，承担的中国科学院战略性先导科技专项进展顺利；先进轻型动力技术方向，多个小型航空发动机研制取得突破性进展，并成功研制我国首台高性能1MW级燃气轮机。“五个重点培育方向”取得长足发展：多能源互补的分布式供能系统方向，承担的国家“863计划”课题通过验收并完成分布式冷热电联供示范工程建设；新型燃气轮机关键技术方向，完成了系列试验件、实验台的加工与系统建设；风能利用技术方向，“适合中国风资源低风速特点的系列化风轮叶片研究开发”通过科技成果鉴定，得到以师昌旭、倪维斗院士为首的鉴定委员会的高度评价；太阳能热利用技术方向，原创性地研制了15kW槽式太阳能驱动甲醇裂解合成气的内燃机发电装置；大规模空气储能技术方向，完成了15kW超临界空气储能系统实验平台的建设与调试。

2012年，工程热物理所共申报国家发明专利94项、实用新型专利45项、外观设计专利1项，PCT国际阶段和国家阶段申请各3项，申请软件著作权2项。授权发明专利31项、实用新型专利31项、外观设计专利3项，软件著作权登记1项。发明专利申报数量比2011年上升47%。全所共发表论文365篇，其中SCI收录67篇、EI收录118篇，出版专著2部。本年度共有35项各类课题通过验收结题。研究所完成的“我国城镇用能方式研究”软科学成果通过了由中国电机工程学会组织的科技成果评审，研究成果国内领先。“生物质循环流化床直燃发电锅炉技术研发和示范”和“适合中国风资源状况的系列化风轮叶片研究开发”均获得国家能源科技进步二等奖。

院地合作与国际合作成果丰硕。全年新签院地合作和产业化合同39项，共落实经费4084.1万元。获批中国科学院战略性新兴产业计划项目3项，争取中国科学院东气战略合作计划专项1项，地方政府科技项目3项。传热传质研究中心被中关村科技园区管委会授为“中关村开放实验室”；与贵州永红航空机械有限公司共建的换热器工程技术研究中心升级为江苏省级工程中心；研究所成为中关村储能产业技术联盟常务副理事长单位。全年新争取国家国际科技合作专项2项。中美国际科技合作项目“整体煤气化联合循环的低排放技术联合研究”与“无人机动力装置研制”项目通过项目验收。

国际学术交流进一步加强。2012年，研究所接待接待国际来访24批55人次，先后有36批56人次派赴15个国家进行合作研究与学术交流。先后承办和组织参与了“2012亚洲燃气轮机会议”、“第四届国际应用能源会议（ICAE2012）”等一系列国际国内学术会议；一批学术和行业专家应邀到研究所作学术交流。

中国工程热物理学会和北京工程热物理学会挂靠在工程热物理所；主办学术刊物《工程热物理学报》、《热科学学报》（英文版）。

（撰稿：李红林　朱灿欢　审稿：赵汐潮）

## 国家空间科学中心/空间科学与应用研究中心

**主　　任：吴　季**
**地　　址：北京市海淀区中关村南二条1号**
**邮政编码：100190**
**电　　话：010-62560947**
**传　　真：010-62576921**
**电子信箱：kjzx@nssc.ac.cn**
**网　　址：http://www.nssc.cas.cn**

中国科学院空间科学与应用研究中心（以下简称“空间中心”）成立于1987年，前身可追溯至1958年成立的中国科学院581组办公室。2011年中国科学院国家空间科学中心成立（现阶段为院设非法人研究单元），“一个单位两块牌子”。

空间中心的定位是我国空间科学及其卫星项目的总体性研究机构，紧紧围绕空间科学及其卫星工程，开展系统性、总体性的管理和相关技术研究，着力发展空间科学的核心学科空间物理和空间环境研究，以及为空间科学各分支领域的研究和探测提供技术支持和手段的领域前沿和重大创新研究，包括空间飞行器设计、电子信息集成与仿真、粒子和电磁场探测、微波至光学谱段的遥感探测，高精度时空基准，科学任务运控和应用，以及质量保障和试验验证，引领空间科学发展，带动空间技术创新。

2012年，空间中心扎实推进“一三五”发展目标，持续提升创新产出。三个重大突破各项工作取得阶段性成果；五个重点培育方向均成立专家组，制定发展规划，完成全年约20个课题的结题验收。牵头的空间科学先导专项进入加速实施阶段，HXMT卫星、量子科学实验卫星、暗物质粒子探测卫星和实践十号等四颗科学卫星进入工程研制；夸父计划凝练了科学目标，优化了有效载荷配置；地面支撑系统完成方案阶段核心任务；背景型号第一批全部完成开题；预先研究第一批完成结题验收，第二批42个课题通过中期评估。

空间中心设有5个职能部门，2个先导专项管理中心（论证中心、工程中心），2个先导专项支撑中心（保障中心、运控中心），4个研究部，“4+4”的架构有效支撑了空间科学先导专项的实施、空间科学和相关技术学科的发展。建有空间天气学国家重点实验室、微波遥感技术院重点实验室/国家863计划微波遥感技术实验室、中国科学院复杂航天系统电子信息技术重点实验室。建有海南探空部/海南空间天气国家野外站、广州宇宙线观测站、廊坊临近空间环境野外站及北京延庆空间物理观测站和科研设施基地，是中国科学院空间环境研究预报中心的挂靠单位。

截至2012年底，空间中心共有在职职工650人。其中科技人员521人、科技支撑人员89人，包括中国科学院院士2人，中国工程院院士1人，国际宇航科学院（IAA）院士1人；研究员及正高级工程技术人员92人、副研究员及高级工程技术人员207人；中国科学院“百人计划”入选者7人；国家杰出青年科学基金获得者5人，“千人计划”入选者1人，“青年千人计划”入选者2人。

空间中心是1981年国务院学位委员会批准的博士、硕士学位授予权单位之一，设有空间物理学、地球与空间探测技术、电磁场与微波技术、计算机应用技术4个专业二级学科博士研究生培养点，飞行器设计等5个专业二级学科硕士研究生培养点，空间物理学二级学科博士后流动站。在读研究生289人（硕士生180人、博士生109人，含巴基斯坦博士留学生1人），在站博士后15人。选派出国联合培养博士3名。本届毕业生就业率达到100%。

2012年，空间中心共有在研项目665项（包括新增项目235项）。其中，主持空间科学先导专项1项，主持（或承担）国家重点基础研究发展计划（973计划）项目2项（新增1项）、承担（或参加）课题9项（新增3项），主持（或承担）国家高技术研究发展计划（863计划）项目2项、承担（或参加）课题78项（新增27项）；主持（或承担）国家自然科学基金重点项目2项、面上项目39项（新增12项）、国家杰出青年科学基金项目1项（新增1项）、国家自然科学基金重大研究计划重点项目1，青年科学基金10项（新增4项）；主持（或承担）中国科学院知识创新工程重要方向项目6项（新增5项），承担国际合作项目2项（新增1项），承担重大仪器研制项目3项（新增1项）。

2012年，空间中心圆满完成各项重大科研任务。出色完成神舟九号和首次载人交会对接空间环境保障，承担了天宫二号四个分系统研制；嫦娥三号有效载荷分系统完成正样研制并交付，嫦娥五号有效载荷分系统转入初样阶段；作为项目法人完成子午工程国家重大科技基础设施建设，并顺利通过国家验收，进入正式科学运行阶段，已获得了初步的原创性研究成果；空间环境监测预警系统一期建成并正式挂牌运行；承担了风云系列4颗气象卫星的40台设备的研制任务；海洋二号A星在轨交付，所获数据得到用户高度评价；空间环境垂直探测试验任务正式启动；“空间环境保障”973计划项目完成中期检查，通过评审；“空间天气建模”973计划项目立项实施，课题研究进展顺利；863计划重点项目“地球同步轨道毫米波大气温度探测仪”通过科技部专家组验收，并列入“十二五”入库项目；战略与规划研究工作相继取得多个标志性成果。

2012年，空间中心参加的嫦娥二号工程获国家科技进步奖特等奖；获“中国青年五四奖章集体”；获部委科技进步奖一等奖1项、二等奖1项、三等奖3项；孟新研究员获“全国优秀科技工作者”称号。全年发表科技论文286篇，其中SCI收录89篇，EI收录43篇，ISTP收录2篇，国内核心期刊收录152篇；发明专利申请39项，获授权24项；软件著作权登记16项。

2012年，空间中心加强了协同创新，与航天科技集团一院一部、四院四十一所、北京航天飞控中心等签订战略合作框架协议。与深圳市龙华新区签订技术合作框架协议和产业化发展战略合作协议。

2012年，空间中心国际合作年度出访260人次，来访科学家63人次，外国专家引进项目2人次，外国专家特聘研究员计划2人次，外籍青年科学家计划1人次。国际子午圈计划通过中国科学院验收，国际子午圈计划（一期）获科技部国际科技合作专项支持。主办了第八届中欧双边空间科学研讨会、第十届海峡两岸空间/太空科学研讨会暨20周年纪念、COSPAR能力建设培训班；获2016国际地球科学与遥感年会（IGARSS 2016）主办权。承办了中国科学院第三届CAS/COSPAR赵九章奖评审活动，并在印度39届COSPAR大会上由阴和俊副院长向美国Robert Lin教授颁发了赵九章奖。IEEE GRSS北京分会换届，吴季研究员当选为分会新主席。空间中心推荐的俄罗斯科学院 Zherebtsov G. Alexandrovich 院士获得中国科学院国际科技合作奖。

空间中心是中国空间科学学会、国家空间科学专家委员会办公室、国际空间研究委员会（COSPAR）中国委员会等10余个全国性重要空间科学学术组织和机构的挂靠单位；主办《空间科学学报》。

（撰稿：范全林 周 瑶 审稿：吴 季）

## 光电研究院

**院　　长：相里斌**
**地　　址：北京市海淀区邓庄南路9号**
**邮政编码：100190**
**电　　话：010-82178800**
**传　　真：010-82178600**
**电子信箱：office@aoe.ac.cn**
**网　　址：http://www.aoe.cas.cn**

光电研究院（以下简称“光电院”）组建于2003年11月，作为中国科学院“知识创新工程”中体制机制创新的重大改革举措之一，是兼具总体管理与技术总体职能的总体性研究单位。中国科学院卫星导航总体部、中国科学院浮空器系统研究发展中心、02专项研发管理办公室设在光电院。

光电院的科技布局围绕光电工程领域、航天航空领域和应用科技领域等三个领域展开：

**光电工程领域**　围绕计算光学成像技术、投影光学系统技术、大型复杂激光器技术等方向，开展前瞻性研究、系统解决方案设计与实施、支撑总体的关键技术攻关及系统集成等创新活动。

**航天航空领域**　围绕空间系统工程、卫星导航和浮空器等技术领域和总体任务，开展发展战略研究、前瞻性研究、系统解决方案设计与实施、支撑总体的关键技术攻关及系统集成等创新活动。

**应用科技领域**　围绕光电载荷成像和探测机理与方法研究、光电载荷性能综合评测和数据质量综合监测系统技术研究等方向，开展前瞻性研究、系统解决方案设计与实施。

光电院在上述三个领域的前沿性、战略性和系统集成创新工作，逐步形成了持续支持和支撑多总体并行发展的学科技术领域和技术总体体系。

光电院制定了“十二五规划”和“一三五”。围绕战略定位和科研领域，光电院将在空间系统工程关键技术、临近空间飞艇技术以及光电载荷性能综合评测和数据质量监控系统技术实现三个重点突破；同时，着力培育多元集成高精度导航技术等五个重点科技方向。光电院正在分解细化“三”和“五”的具体内涵和目标，制定配套的政策和落实措施，有序推进各项工作。

光电院建立了与总体性单位相适应的组织结构与管理体制。主要科研单元有：光电系统工程研究部、对地观测技术应用研究部、空间系统总体技术研究室、卫星导航总体技术研究室以及气球飞行器研究中心。

2012年，计算光学成像技术实验室通过中国科学院评审，成为光电院首个院重点实验室。

为拓展科研领域，加强院地合作，光电院与国家减灾中心联合组建了“中国空间技术减灾应用研究中心”，与青岛市政府共建“光电院青岛研发基地”，与国科激光公司组建国家半导体泵浦激光工程技术研究中心。依托光电研究院建立了“全国遥感技术标准化技术委员会”和“全国光电测量标准化技术委员会”。

截至2012年底，光电院共有在职职工290人。其中科技人员237人、科技支撑人员30人，包括研究员及正高级工程技术人员34人、副研究员及高级工程技术人员52人；全院进入创新岗位182人。中国科学院“百人计划”入选者有2人。相里斌获得国家杰出青年基金。

光电院现设有光学工程专业一级学科博士研究生培养点，信号与信息处理和计算机应用技术等2个二级学科博士研究生培养点，航空宇航科学与技术、光学工程、计算机应用技术和信号与信息处理等4个专业一级（或二级）学科硕士研究生培养点，光学工程、信息与通讯工程2个博士后流动站。共有在学研究生174人（硕士生136人、博士生38人）、在站博士后3人。

2012年，光电院共有在研项目236项（包括新增项目109项）。其中，承担中国高技术研究发展计划（863计划）项目28项（新增16项）；承担国家自然科学基金项目15项（新增7项，其中面上项目1项/杰青项目1项）；承担中国科学院重大项目3项、重要方向项目5项（新增1项），承担国际合作项目3项，承担重大仪器研制项目3项（新增1项）；承担院地合作项目3项（新增1项）；主持并承担国家重大专项极大规模集成电路制造装备与成套工艺项目课题10项（新增2项）；新增高分专项8项；卫星导航专项项目课题10项（新增6项）。

光电院承担的国家重大专项02专项光源项目取得了重大进展，研发完成了193纳米准分子激光样机；突破了4kHz 20W ArF光刻用准分子激光器研发高重频放电、窄线宽、MOPA同步放大三大核心关键技术；在国内首次实现波长193.368nm、线宽<0.35pm、重频4kHz、能量5mJ的激光输出。机载多光谱相机任务完成他机试飞，获得了高质量光谱图像数据，得到有关部门的高度评价。中国科学院重大项目“平流层试验飞艇研制与集成演示”完成了KFG79的飞行试验和集成演示，验证了多项关键技术和系统集成技术，也为高分项目积累了大量的工程经验和数据。863计划重点项目“无人机遥感载荷综合验证系统”在国内首次系统性构建了遥感载荷外场性能评价指标体系并入选“2011年中国遥感领域十大事件”；10月通过项目验收，获得专家组“圆满完成”评价。国家科技重大专项“卫星导航系统”确定转发式系统管理方式、研制任务、任务分工和经费计划，《转发式卫星导航试验系统实施方案》获得正式批复。863计划重点项目”新一代激光显示工程化开发”小型化光源模组达到国际先进水平；模组设计在国际上首次实现了RGB三色激光通过卡式非球面聚焦镜组结构，大幅超过了课题考核指标要求；开发出适合商务和家庭影院的激光投影产品。激光显示团队获得北京分院科技成果转移转化奖一等奖。

光电院2012年度共发表论文126篇，出版专著2本。申请专利79项（其中发明56项，实用新型23项）；授权13项（其中发明2项，实用新型11项）。软件著作权5项。

2012年度光电院以两个产业化平台为主体，通过与地方政府、企业、高校、研究所的合作，积极促进光电院科技成果转化的产业化工作，取得了良好的经济效益和社会效益。国科光电科技有限责任公司（光电院控股94.88%）作为光电院经营性资产管理的主体平台，采用母子公司治理结构，目前投资管理的5家企业，主导产业涉及激光器制造、激光探测、光谱成像、光电信息、电子光源、光学计量仪器研发生产，以及光电产品与技术的进出口服务等。2012年，公司共实现合并营业收入近1.65亿元，比上年增长15.7%；合并利润总额近1090万元。光电院青岛研发基地作为光电院科技成果孵化的主体平台，2012年度签订合同16项，合同经费额总计1328万元，其中科研经费900万元。建设了光电检测加工服务、青岛光电仪器工程技术中心和海洋仪器设备技术研究中心等科研平台，形成了三维激光探测、警用/医用光谱仪、微光夜视监控/车载微光夜视、精密光学集成加工检测等技术产品集成测试能力。

2012年度国际交流项目立项45项，执行39项。其中，出访立项36项113人次，执行30项95人次（参加国际会议16项30人次，考察访问10项53人，开展合作研究4项12人次）；来访3项8人次，顺访6项13人次。

2012年光电院完成了国际科技合作与交流项目共4项19.5万元，在研国际合作项目3项总经费750万元。同时，光电院积极参与国际科技组织工作，包括国际卫星对地观测委员会（CEOS）、中欧龙计划、GEO及UN-SPIDER等，保持并扩大国际影响力。2012年11月，与芬兰大地测量研究所签署了“科技合作备忘录”，推进了在定量化遥感方面的合作。

（撰稿：邵雪天　审稿：相里斌）

# 自然科学史研究所

**所　　长：张柏春**

**地　　址：北京市海淀区中关村东路55号**

邮政编码：100190
电　　话：010-57552515
传　　真：010-57552567
电子信箱：wangjj@ihns.ac.cn
网　　址：http://www.ihns.cas.cn

中国科学院自然科学史研究所（以下简称“科学史所”）是中国科学院所属的少数兼具自然科学与人文社会科学功能的研究实体之一，也是中国唯一的国家级多学科和综合性的科技史专门研究机构。其前身中国科学院自然科学史研究室是在郭沫若、竺可桢等老一辈院领导的关怀下于1957年1月1日成立的，1975年升为所级建制。

科学史研究所定位于研究科技的历史、本质和发展规律，认知科技与社会、政治、经济、文化等的复杂关系；把握科技发展大势，提出有影响力的战略咨询建议，传播科学思想，弘扬科学精神，为建设国家思想库做出独特贡献。开展新视角的研究，增强中国科技史方向的核心竞争力，开拓西方科技史研究，实现从传统到现代、从中国到世界的拓展与跨越，在未来5至10年发展成为有重要国际影响、有特色、高水平的科技史机构。

科学史所的主要学科是科学技术史（理学一级学科）、科学技术哲学（二级学科）、科技考古（二级学科），主要研究方向有中国古代科技史、中国近现代科技史、世界科技史、科技哲学、科技发展战略、传统工艺与科技考古、中国科学院院史、科学文化和中外科技发展的比较。

科学史所现有3个研究室：中国古代科技史研究室、中国近现代科技史研究室、西方科技史研究室。另有5个跨机构的研究中心性质的单元：中国科学院传统工艺与文物科技研究中心、中国科学院学部学科发展战略研究中心、中国科学院院史研究室、科学与文化研究中心、中外科技发展比较研究中心。其中，传统工艺与文物科技研究中心是院非法人研究机构，学科发展战略研究中心属于学部的支撑研究机构。

截至2012年底，科学史所共有在职职工119人，其中科技人员73人，科技支撑人员15人，正高级专业技术人员22人（其中研究员21人）、副高级专业技术人员26人（其中副研究员21人），百人计划入选者2人。

科学史所是1997年国务院学位委员会批准的博士、硕士学位授予权单位之一，现设有科学技术史一级学科硕士、博士研究生培养点，科学史、技术史和科学技术哲学二级学科硕士和博士研究生培养点，科学技术史一级学科博士后流动站。共有在读研究生67人（博士生36人、硕士生31人）、在站博士后5人。

2012年，科学史所共有在研项目186项（包括新增项目96项。其中承担面上项目2项（新增1项）；主持院重点部署项目1项（新增1项），承担院地合作项目9项（新增4项）。

2012年，科学史所围绕“一三五”布局，建设重大突破项目和重点培育方向课题的科研团队：“科技知识的创造与传播”团队以本所中青年专家为骨干力量，同时与北京大学、中国社会科学院考古研究所等机构的专家展开合作，由九名所内外专家负责项目的评议工作；中国科学院发文成立院史编研组，包括史稿组、人物传记组、国防科研组、院史馆组、外联组、访谈组。本所专家担当了除院史馆之外的各组工作，并构成“院史研究与编撰”项目的团队；“科技革命与国家现代化研究”项目团队由科学史所、北京大学、清华大学、中国科学技术大学、美国加州州立理工大学的专家构成，以意大利、英国、法国、德国、俄罗斯、美国、日本和中国为案例开展研究；以研究室或研究中心的成员为基础，形成五个重点培育方向的科研团队，重点鼓励中青年科研人员开展有创意的研究工作。

2012年，科学史所重大突破项目进展顺利：“科技知识的创造与传播”研究项目组取得阶段成果，2012年发表论文8篇，13个课题组参加并通过了年度检查与评议，4个新申请课题通过专家评审；“院史研究与编撰”项目组完成1部专著和10篇论文，发表论文7篇和访谈6篇。“中国科学院学部发展史”研究等取得较大进展；“科技革命与国家现代化研究”项目组完成约1/4的报告稿，参与起草科学院的《面向2020科技发展态势研究报告——总论》，完成专论一篇，发表论文8篇。

2012年，科学史所重点培育方向课题按计划实施："传统工艺与文物科技的认知研究"方向部署6个课题，参与2部书稿写作，发表论文5篇，完成1篇调研报告，参与起草关于科技考古的院士咨询报告（国务院领导作了重要批示）；"中国近现代科技史研究"方向部署6个课题，发表论文3篇，访谈1篇，译文1篇，科普3篇；"科技发展理论研究"方向部署5个课题，发表论文5篇，完成研究报告若干。《未来10年中国学科发展战略——总论》由科学出版社出版；"中外科技发展比较研究"方向部署3个课题，发表论文2篇，译文4篇，出版论著1部，译著1部；"科学文化研究"方向部署1个课题，发表论文1篇，出版科普著作1部，合作译著1部；"中国传统科技史研究"特别支持方向部署2个课题，完成文稿2篇。

2012年，科学史所其他项目取得新进展：《中国科学技术史》丛书接近完成；《中国古代工程技术史大系》出版了"手工业技术"二卷；《传统工艺全集——续集》完成4卷书稿；李约瑟著作翻译出版、中华大典——数学典编校、席泽宗院士文集编辑整理、爱因斯坦文集翻译、老科学家成长资料采集工程、中国近现代工程史研究、支撑国家决策的战略研究系统等项目继续推进；天文仪器复原项目展示了一比三模型；青年创新促进会项目有6部译著出版。

此外，"十二五"立项的"地学本土化研究"、中国海洋史等项目已经正式启动。

2012年，科学史所共发表论文和专著章节76篇，包括在国外发表的论文11篇；出版专著和其他书籍16部。2012年，离退休专家出版专著6部，科普书3部；研究生发表论文10余篇。2012年，科学史所主编和增订的《中国科学技术史——数学卷》、《中国印刷史（插图珍藏增订版）》分获第四届郭沫若中国历史学奖一、二等奖。

2012年，科学史所积极开展国际合作，注重实效。全年出访项目36个（含2次赴台项目），共计53人次（出访港澳台地区5人次），来访30人次（含港澳及台湾地区学者），派出访问学者2名；举办国际会议和双边研讨会共2次；新签署合作协议1项；国际组织任职人数累计达12人，其中2012年新任职1人，获得连任1人。

科学史所是中国科学技术史学会的挂靠单位；设有《自然科学史研究》、《中国科技史杂志》、《科学文化评论》等学术刊物编辑部。

（撰稿：王建军　纪　巧　审稿：张柏春）

## 科技政策与管理科学研究所

**所　　长：穆荣平**
**地　　址：北京市海淀区中关村北一条15号**
**邮政编码：100190**
**电　　话：010-59358611**
**传　　真：010-59358608**
**电子信箱：ysc@casipm.ac.cn**
**网　　址：http://www.ipm.cas.cn**

科技政策与管理科学研究所（以下简称"政策与管理所"）成立于1985年6月。其前身为中国科学院政策研究室、中国科学院管理学组、《自然辩证法通讯》杂志社，1987年，中国科学院应用数学研究所优选法与管理科学研究室整建制划入政策与管理所。

政策与管理所主要开展国家发展战略、政策和管理问题研究，为国家宏观管理决策和中国科学院改革发展实践提供重要支撑。按照中国科学院"创新2020"战略部署，政策与管理所编制完成了"十二五"发展规划，进一步明确"智库型研究所"定位，提出了"加强国家科技发展、创新发展、可持续发展、公共安全与社会发展等领域战略、政策和管理研究，构建学科理论体系、方法体系、实验体系和调查体系，发展政策与管理科学，加快培育科技政策学、创新发展政策学、可持续发展管理学、能源安全战略管理、计算管理科学等五个重点学科方向，发展政策与管理科学"的发展思路。2012年，依据"十二五"规划完成了科研组织机构调整，重组了管理职能部门，全面启动重大产出导向的重大研究项目和学科建设导向的重点科研方向培育项目，启动筹建公共政策学院，强化研究所"研究、教育、智库”三位一体功能建设，初见显著。

政策与管理所目前设有科技发展政策、创新发展政策、可持续发展政策、公共安全与管理科学4个研究部，科技战略与规划、科学技术与社会、科技管理与评估、知识产权与科技法、创新与发展政策、创新与创业政策、可持续发展战略、能源环境经济、统筹与管理、政策模拟、城市发展与区域管理、自然与社会交叉科学等12个研究室，政策模拟研究中心、国际问题研究中心、统筹与安全管理研究中心、中国高新区研究中心及环境政策研究中心等5个所级中心。拥有中国科学院战略研究中心、中国科学院创新发展研究中心、中国科学院自然与社会交叉科学研究中心、中国科学院管理创新与评估研究中心、中国科学院知识产权研究与培训中心等5个院级研究中心。与合作伙伴共建能源与环境政策研究中心、北京科技政策研究中心和北京城市运行与发展研究中心等3个研究中心。

截至2012年底，政策与管理所有在职职工138人，其中科技人员103人。正高级专业技术人员28人、副高级专业技术人员48人，发展中国家科学院院士1人，中国科学院“百人计划”入选者1人，国家杰出青年科学基金获得者1人。

政策与管理所设有“管理科学与工程”一级学科硕士、博士学位培养点，“工商管理”一级学科硕士学位培养点，“人口、资源与环境经济学”、“科学技术哲学”两个二级学科硕士学位培养点，“管理科学与工程”学科博士后科研流动站以及北京市“管理科学与工程”重点学科，并具有“管理科学与工程”在职硕士学位授予资格。2012年，共有在学研究生142人（硕士生55人、博士生87人）、在站博士后28人；毕业硕士17人、博士23人。2012年，研究所完成18次中国科学院知识产权培训工作，培训1727人次。组织中国科学院知识产权专员执业资格考试，51个院属单位102名考生参加考试，34人获得知识产权专员资格。

2012年，政策与管理所在研课题350余项（新增176项）。其中，973计划项目1项（新增）；国家科技支撑计划课题1项（新增）；国家发改委重大问题软科学研究项目2项；中国科学院项目73项（新增）；国家自然科学基金国际合作重点项目1项（新增），中国科学院对外合作重点项目1项（新增），国家自然科学基金项目43项（新增20项）；国家其他部委项目83项（新增32项）；国际合作项目10项（新增4项）；地方政府及其他科研机构项目89项（新增74项）。

2012年，政策与管理所公开发表论文223篇，出版专著11部，批准登记软件著作权8项，作为第二完成单位获得批准专利1项。主持完成的“中国未来20年技术预见研究”获2011年度北京市科学技术奖三等奖。主持编纂“中国科学院科学与社会系列报告”之《2012中国可持续发展战略报告》和《2012高技术发展报告》发布。完成“中国科学院专家关于深化科技和创新体制改革建设创新型国家的建议”、“中国科学院专家关于‘里约+20’峰会的形势判断与对策建议”和“中国科学院专家关于2012年至2013年我国经济走势的模拟分析”等重要报告，得到国家有关部门高度重视。

政策与管理所拥有发达的学术交流与合作网络。挂靠管理中国科学与科技政策研究会、中国优选法统筹法与经济数学研究会、中国发展战略学研究会及中国高技术产业发展促进会等；主办《中国管理科学》、《科研管理》、《科学学研究》、《科学与社会》等学术期刊；《中国科学院院刊》编辑部挂靠政策与管理所。2012年，与韩国科技政策研究所、南加州政府协会（SCAG）、朝鲜科学院发展战略研究所以及牛津大学技术与管理发展研究中心等签署合作协议。截至2012年底，研究所已与15个国际著名科研机构和大学签订合作协议。

2012年，政策与管理所全年出访德国马普学会、弗朗霍夫协会、日本科技政策研究所、韩国科技政策研究所、美国麻省理工学院、俄罗斯科学院等重要学术机构88人次，接待牛津大学校长汉密尔顿教授等在内的国外学者100多人次。举办或参与主办“中国创新发展高峰论坛2012”、“第四届创新与绩效管理国际研讨会”、“第七届中日韩科技政策研讨会”、“科技支撑决策机制国际研讨会”、“中国消费文化创新与日本发展借鉴”国际研讨会、第一届“自然与社会交叉科学”国际会议等重要学术会议，促进了中外学术交流。主办了“第十四届中国管理科学学术年会”、“第八届中国科技政策与管理学术研讨会暨海峡两岸合作发展论坛”、“首届中国科技政策论坛”等，学术影响广泛，为相关领域学者搭建了高层次学术交流平台。

（撰稿：杨少春　邹　丽　审稿：穆荣平）

## 信息工程研究所

**所　　长：田　静**
**地　　址：北京市海淀区闵庄路甲 89 号**
**邮政编码：100093**
**电　　话：010-82546891**
**传　　真：010-82546890**
**电子信箱：general@iie. ac. cn**
**网　　址：http://www. iie. ac. cn**

中国科学院信息工程研究所（以下简称“信工所”）是 2011 年 4 月批准成立的中国科学院直属科研机构。信工所按照“软硬兼修，矛盾兼容，开合有法，张弛有度”的办所方针，秉承“打造一流平台，集聚一流人才，支撑国家需求，引领学科发展，努力成为国家在信息工程领域的战略科技力量”的组织目标，面向国家战略需求，在信息安全科技领域，开展基础理论与前沿技术研究，开发应用性技术与系统，为国家信息化进程提供核心关键技术支撑与系统解决方案。

信工所的研究方向主要包括：密码理论与安全协议、信息智能处理、数据安全、通信与电磁、网络与系统技术及监测评估技术等。拥有信息安全国家重点实验室、信息内容安全技术国家工程实验室、信息安全共性技术国家工程研究中心和中国科学院数据与通信保护研究教育中心等一批国家级和院部级的科研创新平台。

2012 年，信工所完成相关研究团队整合，实现了集中办公。成立 4 个研究室和 1 个应用工程部，提出了矩阵化创新管理模式。召开首届发展战略研讨会，组织专题论证，凝练提出了“三大突破”、“五大培育”等 8 大科技目标和 6 个基础前沿领域，初步形成了研究所中长期发展规划。完善了相关组织机构设置，成立了党委、纪委，以及工会、团委、妇委会等群团组织。制定完善了一系列规章制度，有效保障了研究所各项工作的顺利进行。

截至 2012 年底，信工所共有在职职工 254 人（岗位聘用人员 166 人，项目聘用人员 88 人），其中科技人员 216 人、科技支撑人员 10 人，包括专业技术正高级岗位 34 人，专业技术副高级岗位 55 人。共有中国科学院“百人计划”入选者 7 人（其中 2012 年新增 3 人）。

信工所拥有计算机科学与技术一级学科的博士、硕士研究生培养点，在“计算机系统结构”、“计算机软件与理论”和“信息安全”三个二级学科开展博士和硕士研究生的培养；拥有“计算机技术”与“软件工程”两个工程硕士培养点，开展应用型人才的培养；2012 年 8 月，经人力资源和社会保障部、全国博士后管理委员会批准设立“计算机科学与技术”一级学科博士后科研流动站。共有在学研究生 242 人（硕士生 146 人、博士生 96 人）、客座学生 150 余人、在站博士后 12 人。

2012 年，信工所共有在研项目 154 项（包括新增项目 92 项）。其中，主持（或参与）国家重点基础研究发展计划（973 计划）课题 3 项（新增 1 项），主持（或参与）国家高技术研究发展计划（863 计划）11 项（新增 7 项），国家科技支撑计划项目、国家重大科技专项课题、国家发改委专项等项目 6 项（新增 4 项）；主持（或承担）国家自然科学基金重点项目 1 项、面上项目 28 项（新增 6 项）、青年基金项目 27 项（新增 8 项）；主持（或承担）中国科学院战略性先导科技专项与重点项目课题 10 项，国家其他部门科研专项 57 项（新增 48 项）及地方其他横向项目 10 余项（新增 8 项）。

信工所是中国科学院战略性先导科技专项“面向感知中国的新一代信息技术研究”的牵头组织单位，该专项于 2012 年 8 月正式启动。

2012 年，以信工所为署名单位发表论文 166 篇，其中被 SCI 收录 14 篇，EI 收录 95 篇；出版专著 1 部。申请并获受理专利 42 件，授权 1 件，获软件著作权 13 项。主持制定国家标准 1 项，在银监会进行成果登记 1 项。获得中办科技进步奖二等奖 1 项、三等奖 2 项，中国产学研创新成果奖、2012 年度中国电子学会电子信息科学技术奖二等奖（第三完成单位）、北京市科学技术奖一等奖（第四完成单位）各 1 项。

2012 年，国际交流人数总数达到了 109 人次，其中因公出访总计 68 人次。参加国际会议 59 人次，进行合作研究 7 人次。来访总计 26 个项目，41 人次。开展“外国专家特聘研究员计划”1 项，成功举办了第八届信息安全与密码学国际会议 1 次。

信工所是中国计算机学会信息保密专业委员会挂靠单位。

（撰稿：周　强　浦建宁　审稿：田　静）

## 空间应用工程与技术中心

**主　　任：高　铭**
**地　　址：北京市海淀区邓庄南路 9 号**
**邮政编码：100094**
**电　　话：010-82178817**
**传　　真：010-82178816**
**电子信箱：office@csu. ac. cn**
**网　　址：http://www. csu. cas. cn**

载人航天工程是当今世界高新科技发展水平的集中展示，也是衡量一个国家综合国力的重要标志。1992 年我国启动的载人航天工程是继“两弹一星”之后，又一个国家重大科技工程，也是我国航天事业创立以来规模最庞大，系统最复杂，可靠性和安全性要求最高的航天工程。20 年来我国载人航天工程坚持高起点、瞄准高目标，用较短的时间突破并掌握了载人航天的多项关键技术，国际影响力不断扩大。

作为工程三大发起部门之一——中国科学院在载人航天工程立项之初即牵头负责空间应用系统。1993 年中国科学院党组研究决定组建“中国科学院空间科学与应用总体部”（以下简称“总体部”）非法人单元，负责空间应用系统工程组织管理及总体技术研究。

1994 年总体部与空间科学与应用研究中心合并，形成具有独立法人地位的所级建制新单位。合并进一步加强了中国科学院空间科学与应用研究工作的统一组织协调，进一步密切了空间科学、应用研究与型号任务的相互关系，对于充分发挥我院空间科技力量的综合优势，提高我院承担国家重大科技项目和工程型号任务的总体协调、关键技术攻关和质量控制等方面的能力，发挥了重要作用。

2003 年总体部划归光电研究院。2003—2010 年，总体部作为非法人单元挂靠光电研究院，独立运行。

20 年来，总体部有效组织全国众多承研单位，充分利用“神舟”系列飞船以及“天宫一号”空间实验室的实（试）验支持能力开展了一大批空间科学与应用项目，研制的众多有效载荷产品圆满完成了历次飞行试验任务。同时在地球环境监测、空间天文、空间生命、空间材料、空间环境监测与预报、微重力流体物理等空间科学领域取得一大批具有重大价值的空间科学与应用成果。众多技术与成果在相关业务卫星中得到了推广应用，极大地提升了我国空间科学发展水平，为我国经济建设、科技发展、国家安全、社会进步作出了积极贡献。

2010 年 11 月，中国科学院党组决定在总体部的基础上成立中国科学院空间应用工程与技术中心（筹）。中心代表中国科学院牵头负责载人航天等重大科技应用系统方面的总体管理和技术集成（定位）。具体包括组织协调相关科研力量，开展空间应用系统的战略研究、总体规划、系统总体设计、总体计划与管理、系统总体集成、系统总体测试、总体支撑保障、在轨运行和应用等工作。同时中心还负责协助管理中国科学院承担的载人航天工程各大系统协作配套任务。

2012 年 8 月，中央机构编制委员会办公室批复同意成立中国科学院空间应用工程与技术中心（以下简称“空间应用中心”），空间应用中心是我院唯一一个以组织完成国家重大科技专项工程任务而建立的研究所。自成立以来，空间应用中心坚持以建设国内一流、国际著名的空间总体机构，建设中国科学院空间应用核心所为目标，坚持统筹工程管理和科学研究的协调发展，着力加强中心战略研究规划、总体设计、总体计划与管理、总体支撑保障等能力建设，努力推进中心跨越发展。

截至2012年底，空间应用中心共有在职职工180人。其中科技人员136人、科技支撑人员32人，包括中国科学院院士1人、研究员及正高级工程技术人员22人、副研究员及高级工程技术人员57人。

空间应用中心是2012年国务院学位委员会批准的硕士学位授予单位之一，现设有信息与通信工程、计算机科学与技术、航空宇航科学与技术3个一级学科硕士研究生培养点，计算机技术、电子与通信工程2个工程硕士专业学位培养点，共有在学研究生67人（硕士生53人、博士生14人）。

2012年，空间应用中心共有在研项目95项，（包括新增项目40项）。其中，承担载人航天工程重大科技专项课题46项，承担国家高技术研究发展计划（863计划）项目1项，承担中国科学院知识创新工程重要方向性项目3项。

2012年，空间应用中心组织开展了交会对接阶段应用任务飞行试验及研究应用；完成了空间实验室应用任务有效载荷初样研制工作；完成了“货运一号”飞船应用任务论证和项目筛选；基本完成了空间站应用任务综合立项论证报告、研制及条件保障经费论证报告、空间站应用系统总体实施方案和科学实验平台等重大空间设施的技术方案以及空间站应用国际合作总体规划等。

2012年空间应用中心在国内外期刊共发表论文51篇，获军队科技进步奖10项（其中二等奖4项，三等奖6项）。

2012年9月10日与德国宇航局代表在德国召开了“神舟八号”空间生命科学中德合作项目总结会，双方认为此次合作取得了巨大的成功，在国际上获得了积极的反应。本项目共发表论文42篇，国际国内会议报告36次，申请专利4项。

载人航天工程应用系统空间天文分系统自2006年以来，在伽玛暴偏振探测仪POLAR研制方面，与欧洲POLAR小组开展了深入合作。拟在中国载人空间实验室工程中安排该项目，开展伽玛暴偏振探测国际合作。

2012年参加中德微重力科学会议、参加亚洲微重力科学会议和第七届国际天地应用两相系统会议等，全年共6人次出访，共接待来访（德国、日本、法国、美国等）27人次。

（撰稿：孔　健　杨　吉　审稿：刘树军）

## 北京综合研究中心

**主　　任：吴群刚**
**地　　址：北京市海淀区中关村南三街8号**
**邮政编码：100190**
**电　　话：010-82648409**
**传　　真：010-82648549**
**电子信箱：sunxiaoping@basic.cas.cn**
**网　　址：http://www.basic.cas.cn**

中国科学院北京综合研究中心（以下简称“北京综合中心”）成立于2012年7月，是经中央机构编制委员会批复同意设立的院直属事业单位。

北京综合中心主要负责中国科学院北京怀柔科教产业园的组织、管理和服务，推动落实中国科学院和北京市共建怀柔园区协议；支撑和协调大科学装置集群建设和运营，建设前沿交叉研究与工程技术支撑平台以及技术成果转移转化等职能。

北京综合中心现有职能部门6个，分别为办公室、规划发展处、产业合作处、工程建设处、资产财务处、人事教育处。截至2012年底，共有职工32人。

2012年，在院党组的正确领导和大力支持下，北京综合中心按照年初的总体工作部署，坚持以科学发展观为统领，紧紧围绕“创新2020”中心任务，凝心聚力，开拓创新，遵照院市共建合作协议精神积极推进北京怀柔科教产业园建设，顺利推进各项工作任务，取得了阶段性的进展。

2012年，北京综合中心精心编制规划，科学谋划未来发展。系统分析、认真归纳、准确把握院党组对设立北京综合中心的意图和宗旨，结合院“创新 2020”跨越发展体系的总体部署，先后组织召开 10 余次项目论证会、专家研讨会，广泛征求院士专家和项目参与单位意见，反复完善论证，凝练提出了北京综合中心当前及今后一个时期规划建设的核心理念、发展思路和策略措施，编制了《中国科学院北京怀柔科教产业园（北京综合研究中心）发展规划框架（2012—2019）》，并经院长办公会议审议通过。同时，根据院领导关于北京综合中心负责统筹整体工程实施规划并捏总三个大科学装置工程设计的指示精神，编制了《中国科学院北京怀柔科教产业园区（北京综合研究中心）规划建设初步方案和投资估测》，为项目建设征地和资金投入提供了决策依据。

2012 年，北京综合中心着力做好技术成果转移，积极推进产业项目聚集。围绕怀柔园区产业特点，扎实做好产业孵化模块的建设规划，精心筛选优势产业项目，全面推进怀柔园区产业孵化工作。编制完成产业孵化模块实施方案及项目建议书。查阅了大量资料、进行了深入的研究，初步确立了产业孵化模块的集聚思路、产业方向、发展目标、实施计划、运营模式等，编制了实施方案和项目建议书，得到了院领导的充分认可。确定首批入驻项目。先后走访了多家单位和部门，最终确定了地球空间信息产业和新型半导体材料产业作为产业孵化模块起步区的发展重点；认真了解和熟悉工商、税务迁址等相关知识和程序，为入园单位顺利落户做好了准备。

2012 年，北京综合中心深入研究论证，协调推动综合大型科技平台建设。与“中国科学院北京综合研究中心科学目标和发展规划预研项目”课题组进行研讨，充分吸收其研究成果；启动基于大科学装置集群的综合研究基地发展研究，认真借鉴了发达国家综合研究基地建设经验，专题研究了布鲁克海文国家实验室（BNL）等基于大科学装置综合研究中心的发展状况、组织模式和运行机制，现已形成初步研究成果，为大科学装置项目规划和建设提供了有价值的经验借鉴。根据产业园区发展需要，北京综合中心专门设立了研究课题，聘请专家参与研究，取得了初步的研究成果。先后组织召开“综合大型科技平台模块组成单元‘十二五’期间规划建设项目专家论证会”、“大科学装置和研究分中心拟建项目工作推进会”和“科技平台项目院士评议会”，邀请相关单位和两院院士对 3 个大科学装置和 7 个研究分中心项目立项建设可行性进行多方论证和评议，广泛听取意见，不断提高项目建设的科学性。北京先进光源、综合极端条件用户设施、地球系统数值模拟器等 3 个拟入驻园区的大科学装置项目已列入《国家重大科技基础设施建设中长期规划（2012—2030 年）》，具备了立项建设的条件，另外，将依托大科学装置集群建设前沿交叉研究与工程技术支撑平台，综合大型科技平台模块“3 + 1”建设框架基本形成。

2012 年，北京综合中心认真开展建章立制，不断强化内部管理。先后研究制定了《主任办公会制度》、《固定资产管理暂行办法》、《印章管理办法》等工作规则，建立了中心的制度总纲和基本框架。建立了《信息宣传工作管理与考评制度》、《网站管理制度》、《差旅费支出管理办法》、《财务借款报销办法》、《关于党费收缴、管理和使用的规定》等业务制度，工作不断规范。初步拟定《中国科学院北京综合研究中心与北京市怀柔区人民政府协作工作办法（建议稿）》，以进一步加强与地方政府的联络沟通，争取地方支持。认真梳理权力事项，查找廉政风险点，绘制权力运行流程图，制定廉政风险防控措施，先后研究制定《财务安全与保密管理暂行办法》、《廉洁从业风险防控方案》等，初步构建了公开透明的监督体系。

2012 年，北京综合中心强化队伍建设，不断提升干部的能力和水平。利用各种机会派出人员参加中国科学院系统组织的各类培训，组织干部开展内部业务交流，不断提升干部队伍的业务水平和实践能力。扩展用人视野，采取公开招聘的方式，面向社会进行三次公开选拔，引进一批专业性强、综合素质好的综合型人才，补充了新鲜血液，队伍结构不断优化。注重加强思想政治教育，组织广大干部深入学习党的十八大精神，把十八大精神内化为工作要求，转化为工作动力，切实推进北京综合中心科学发展。通过组织干部听院领导讲党课、参观“复兴之路”展览等活动，进一步坚定广大干部的理想信念，提升走中国特色社会主义道路的自信。

（撰稿：吴剑锋 安 亮 审稿：冯 稷）

# 天津工业生物技术研究所


**所　　长：马延和**

**地　　址：天津空港经济区西七道 32 号**

**邮政编码：300308**

**电　　话：022-84861977**

**传　　真：022-84861926**

**电子信箱：tib@tib.cas.cn**

**网　　址：http://www.tib.cas.cn**


中国科学院天津工业生物技术研究所（以下简称“天津工生所”）由中国科学院和天津市人民政府于 2009 年共建，前身为中国科学院天津工业生物技术研究与发展中心（筹），于 2012 年 3 月获中央机构编制委员会办公室批复正式成立，2012 年 11 月 29 日通过中国科学院和天津市人民政府的验收。

天津工生所是国内唯一集工业生物技术领域前沿研究、应用导向下的集成研究、成果转移转化为一体的高技术整建制研究所。其目标定位为“根据国家与区域经济建设和社会发展战略，立足国际科技发展前沿的高起点，发展工业生物技术创新体系，促进技术成果产业化转化，打通科技创新价值链，服务于天津市及我国工业的可持续发展”；科研领域方向主要包括工业蛋白质科学与生物催化工程、合成生物学与微生物制造工程、生物系统与生物工艺工程三个方面；在学科布局上，以“新生物学”为基础，形成代谢工程、生物进化、发酵过程、酶工程、化学生物学、工程生物学等重点研究方向，旨在逐步构建工业生物技术创新体系，培养高水平工业生物技术研究、开发与应用人才，推进高新技术产业化，服务工业可持续发展。

天津工生所建有国家发改委批准的“工业酶国家工程实验室”、中国科学院批准的“中国科学院系统微生物工程重点实验室”和天津市科委批准的“天津市工业生物系统重点实验室”等重点实验室；设有高通量筛选技术、微生物系统生物技术、模拟仿真和发酵中试等三个技术支撑平台；已完成先进工业生物技术试验研发平台规划；与中粮丰原、天津药业、天津瑞普生物、天津春发食品等公司共建了 7 个企业-研究所联合实验室。

截至 2012 年底，天津工生所共有在职职工 199 人。其中科技人员 148 人、科技支撑人员 15 人，包括研究员 22 人、副研究员 11 人。共有“天津市千人计划”入选者 10 人；中国科学院“百人计划”入选者 13 人（新增备案 2 人），“中国科学院青年创新促进会”人才入选者 3 人（新增 1 人），“中国科学院外国专家特聘研究员计划”获得者 9 人（新增 2 人），“中国科学院外籍青年科学家计划”获得者 3 人（新增 1 人），“中国科学院台湾青年访问学者计划”获得者 2 人；中国科学院北京分院“启明星”优秀人才入选者 1 人。

天津工生所现设有生物学、化学工程与技术两个专业一级学科硕士研究生培养点，微生物学、生物化学与分子生物学、生物化工三个二级学科硕士研究生培养点和生物工程、化学工程两个全日制专业学位硕士研究生培养点，并设有博士后科研工作站，共有在学研究生 150 人（其中统招硕士生 39 人、博士生 16 人、与天津科技大学联合培养硕士生 70 人、客座研究生 25 人）、在站博士后 1 人。

2012 年，根据中国科学院“十二五”规划以及“创新 2020”总体规划目标要求，天津工生所继续凝练研究所“一三五”规划方案，大力实施“一三五”战略规划。目前已争取“一三五”相关科研经费 4000 多万元，在“石油烯烃的生物制造”、“甾体化合物的生化合成”、“植物珍稀萜类化合物的微生物合成”三个重大突破项目中均取得阶段性进展。其中，“丁二酸生物制造技术”已在 200 L 发酵罐中完成中试，发酵指标达到国际领先水平；“秸秆糖化技术”已在 300L 罐的规模上，建立了不同原料的分批补酶补料的高效酶解工艺，最高总糖浓度达 14% 以上，酶解率超过 80%，为国内最高水平；“异丁醇生物制造技术”的发酵指标达到国际领先水平；“重组大肠杆菌发酵生产番茄红素”已构建出一个高效生产番茄红素的大肠杆菌工程菌，大大缩短了发酵周期，同时还构建了β-胡萝卜素细胞工厂，发酵48小时，产量达2.1 g/L，达到国际最高水平。

2012年，天津工生所共有在研项目172项（包括新增项目49项）。其中，承担（或参加）973计划课题19项（新增2项），主持（或承担）国家高技术研究发展计划（863计划）项目1项（新增1项），承担（或参加）课题15项（新增12项）；面上项目5项（新增1项）、青年科学基金16项（新增6项）、外国青年学者研究项目1项（新增1项）、承担（或参加）中国科学院知识创新工程重要方向项目8项、承担院科研装备研制项目1项、承担人才类项目29个（新增7个）；承担院地合作项目5项；承担天津市科技支撑计划项目56项（新增16项）、承担天津市自然科学基金项目2项、承担天津滨海新区科技计划项目4项目、承担天津市千人计划10项（新增3项）。天津工生所共发表论文60篇，其中SCI 37篇，EI 3篇；申请专利32项，全部为发明专利，授权专利8项。

天津工生所整合所内外资源，积极推进与地方政府、企业、科研机构和大学的合作交流。2012年，与中粮集团、东莞泛亚太、天津瑞普等以合作技术开发、委托技术开发等多种形式合作，涉及的转移转化过程中项目18项，合同金额合计为3334万元，预计上述合作将在“十二五”期间为企业增收3亿元以上。2012年，依托天津工生所建立的天津产业技术创新与育成中心在地方政府的支持、帮助与配合下，新增引进2家投资过亿元的生物企业落户空港经济区；为入驻创业企业累计申请政府资助450余万元，吸引风险投资及银行贷款2000余万元；促进了36个院科研项目与企业合作开发；各分中心与天津市各类企业开展项目合作8项，年内累计为企业增加经济效益近2.3亿元。

2012年，天津工生所国际合作与交流稳步发展，执行在研项目7项，包括与德国汉堡工业大学合作项目2项；与罗马尼亚布达佩斯技术大学合作项目1项；与美国弗吉尼亚大学合作项目1项；与新西兰奥克兰大学合作项目1项；与加拿大国家研究委员会合作项目1项；与荷兰企业横向合作项目1项，其中4项已经产出文章、专利；成功联合承办“发展中国家科学院第23届院士大会暨第16届学术大会”1项；与日本京都大学签订学术与人才交流备忘录1项，与日本香川大学、加拿大国家研究委员会、新西兰奥克兰大学等国际知名高校、研究机构和企业开展科技交流，考察访问12人次，累计出访7人次。

（撰稿：刘　文　罗　娇　审稿：马延和）

# 大连化学物理研究所

**所　　长：张　涛**
**地　　址：辽宁省大连市中山路457号**
**邮政编码：116023**
**电　　话：0411-84379135**
**传　　真：0411-84691570**
**电子信箱：bgs@dicp.ac.cn**
**网　　址：http://www.dicp.cas.cn**

大连化学物理研究所（以下简称“大连化物所”）创建于1949年3月，当时定名为大连大学科学研究所。1950年9月，更名为东北科学研究所大连分所，1952年转属中国科学院，更名为中国科学院工业化学研究所，1954年6月，更名为中国科学院石油研究所，1962年正式命名为中国科学院大连化学物理研究所。

大连化物所是一个基础研究与应用研究并重、应用研究和技术转化相结合，以任务带学科为主要特色的综合性研究所。重点学科领域为：催化化学、工程化学、化学激光、分子反应动力学、近代分析化学和生物技术。2012年，大连化物所进一步完善了研究所“一三五”规划，即一个定位：以洁净能源国家实验室为平台，坚持基础研究与应用研究并重，在化石资源优化利用、化学能高效转化、可再生能源等洁净能源领域，持续提供重大创新性理论和技术成果，满足国家战略需求，发挥不可替代的作用，建设世界一流研究所；三个重大突破：煤代油新技术、WQZB用化学能高效转化关键技术、洁净能源相关的基元及催化反应中的重大科学问题；五+X个重点培育：烃类清洁转化及高值化利用关键技术、化工过程节能减排关键技术、储能/储氢关键材料及新技术、生物质能高效转化利用技术、太阳能光-化学转化技术及科学利用、生物医学转化技术、环境监测技术设备。在“创新2020”进入到重点跨越阶段，大连化物所继续深入推进洁净能源国家实验室（DNL）筹建，加强领导班子、中层干部队伍建设，进一步理顺、调整各研究单元，完善规章制度和考核评价体系，致力于重大科研成果产出。

大连化物所设有洁净能源国家实验室（筹），共设置化石能源与应用催化、低碳催化与工程、节能与环境、燃料电池、储能、氢能与先进材料、生物能源、太阳能、海洋能、能源基础和战略、能源研究技术平台共11个研究部；设有催化基础国家重点实验室和分子反应动力学国家重点实验室两个国家重点实验室；设有甲醇制烯烃国家工程实验室、国家催化工程技术研究中心、膜技术国家工程研究中心、燃料电池及氢源技术国家工程中心、国家能源低碳催化与工程研发中心等多个国家级科技创新平台；设有化学激光研究室、航天催化与新材料研究室、仪器分析化学研究室、精细化工研究室和生物技术研究部共五个研究室。此外，大连化物所还与国外著名大学、公司和研究机构联合设立了中法催化联合实验室、中法可持续能源联合实验室、中德催化纳米技术伙伴小组、中韩燃料电池联合实验室和DICP-BP能源创新实验室等十几个国际合作研究机构。

截至2012年底，大连化物所共有事业编制职工1028人，其中科技人员742人，管理和支撑人员218人。包括中国科学院院士10人、中国工程院院士2人、发展中国家科学院院士3人、研究员及正高级工程师143人、副研究员及高级工程师311人；全所进入创新岗位637人。共有国家海外高层次人才引进计划（“千人计划”）入选者4人，“青年千人计划”入选者2人；中国科学院“百人计划”入选者42人（新增3人）；国家杰出青年科学基金获得者18人（新增3人）。

大连化物所是1981年国务院学位委员会首批批准的博士和硕士学位授予权单位之一，现设有化学、化学工程与技术、环境科学与工程3个一级学科博士研究生培养点，材料科学与工程、物理学等2个一级学科硕士研究生培养点，并设有化学、化学工程与技术等2个专业一级学科博士后流动站。共有在学研究生766人（其中硕士生253人、博士生513人），在站博士后94人。

2012年，大连化物所共有在研项目439项（包括新增项目173项）。其中，承担国家重大科技专项课题1项，主持（或承担）国家重点基础研究发展计划（973计划）和国家重大科学研究计划项目7项（新增3项）、承担（或参加）课题18项（新增6项），主持（或承担）国家高技术研究发展计划（863计划）项目15项（新增5项）；主持（或承担）国家自然科学基金重点项目10项（新增3项）、面上项目102项（新增32项）、国家杰出青年科学基金项目6项（新增3项）、国家自然科学基金重大研究计划重点项目1项；主持（或承担）中国科学院战略性先导科技专项课题10项，主持（或承担）院重点部署项目2项（新增2项）、科技部、国家自然科学基金委、财政部和院重大仪器研制项目3项；承担重点国际合作项目2项（新增1项）；承担院地合作项目224项（新增96项）。

2012年，大连化物所在分子反应动力学研究中取得重要进展，相关研究成果发表在《科学》杂志上。应用研究方面，甲醇制烯烃技术产业化取得重大进展，目前已许可18套商业装置，在建装置烯烃总产能达1000万吨/年。全所申请专利710件，授权220件；正式公开发表论文739篇，被SCI收录716篇，国际会议论文283篇；出版著作2部。2012年，大连化物所作为第一完成单位共获得省部级以上奖励7项。其中，“复杂生物样品的高效分离与表征”获得国家自然科学二等奖，该项目根据分析化学的特点和国际前沿领域的发展趋势，以色谱分离分析研究为立足点，开展了复杂生物样品高效分离与表征的新方法和新技术系列研究。此外，还获得军队科技进步奖3项，辽宁省级奖励2项，天津市级奖励1项。

2012年，大连化物所深化与中石油、中海油、延长石油等大型企业集团间的战略合作，共同推进能源化工、节能减排等领域的项目合作及产业化应用，并着重加强在环渤海、长三角、东南沿海、中西部地区及新疆等重点区域的科技成果推广和对接活动。此外，还与新疆天业集团等十余个企业建立了联合实验室。截至2012年底，我所共有投资企业20个，其中控股公司7个，参股公司13个，对外投资总额为2.38亿元。投资企业共有科技开发人员260余人，营业收入总额8.66亿元，净利润总额1.72亿元，上缴税金总额7098万元。

2012年，大连化物所与沙特基础工业公司签订了研究合作协议，决定在碳氢化合物裂解、MTO技术、MTP技术、膜分离技术和制氢技术等多个科研领域开展深入合作；大连化物所科技人员分别在115个国际机构中担当理事、大会主席、分会主席、学术委员会委员、主编或地区编委等职务，其中担任国际重要学术机构理事和会士4人；成功举办了“第三届国际微纳流控学进展会议”等2个国际性会议及论坛；共有来自45个国家和地区的近400位国（境）外科学家应邀来华进行学术交流和访问；全所共有近210人次到美国、英国和德国等25个国家和地区进行了科技交流和进修；当年在研国际合作项目43个。

大连化物所是中国化学会的会员单位，负责编辑出版《色谱》、《催化学报》和《天然气化学》（*Journal of Natural Gas Chemistry*）三种学术期刊。其中，《色谱》的影响因子（1.428）名列中国化学类核心期刊第一位。

（撰稿：杨　宏　孙　洋　审稿：王　华）

## 金属研究所

**所　　长：杨　锐**
**地　　址：辽宁省沈阳市沈河区文化路72号**
**邮政编码：110016**
**电　　话：024-23843605**
**传　　真：024-23891320**
**电子信箱：imr@imr.ac.cn**
**网　　址：http://www.imr.cas.cn**

中国科学院金属研究所（以下简称“金属所”）成立于1953年，是新中国成立后中国科学院新创建的首批研究所之一。首任所长是我国著名的物理冶金学家李薰先生。1999年5月，根据中国科学院知识创新工程试点工作的统一部署，在“东北高性能材料研究发展基地”建设中，金属所与中国科学院金属腐蚀与防护研究所整合成立现金属所。

金属所是涵盖材料基础研究、应用研究和工程化研究的综合型研究所，1999年成为中国科学院知识创新工程试点单位之一。金属所以“创新材料技术，攀登科技高峰，培育杰出人才，服务经济国防”为使命，主要学科方向和研究领域包括：纳米尺度下超高性能材料的设计与制备、耐苛刻环境超级结构材料、金属材料失效机理与防护技术、材料制备加工技术、基于计算的材料与工艺设计、新型能源材料与生物材料等。

金属所“创新2020”和“十二五”规划的总体思路是：凝聚人才，升级平台，更新机制，全面提升创新能力。金属所“创新2020”的定位与目标是：以关键金属结构材料研发为主体，建设国际一流的综合性研究所。以服务国家经济建设和国防建设为主要目标，以航空航天、能源、装备制造业、环境、人口健康等领域的材料需求为牵引，开展高品质关键材料研究；以学科共性技术为内在主线，解决共性关键技术问题，全面提升材料品质；优化学科布局、凝聚人才、搭建完善研发平台，全面提升科技创新能力；以更显著、全面的科技产出、国际影响和社会贡献实现向一流研究所的整体跨越。2012年，金属所“创新2020”相关工作进展顺利。

金属所的研究机构在基础研究方面拥有沈阳材料科学国家（联合）实验室和金属腐蚀与防护国家重点实验室，其中沈阳材料科学国家（联合）实验室是我国第一个研究类国家实验室；应用研究方面拥有沈阳先进材料研究发展中心、材料环境腐蚀研究中心；工程化研究方面拥有两个国家工程中心：高性能均质合金国家工程研究中心和国家金属腐蚀控制工程技术研究中心。

金属所坚持实施“人才兴所”战略，培养和凝聚了大批优秀的材料科学家和工程技术专家。截至2012年底，金属所共有在职职工890人。其中科技人员505人、科技支撑人员147人，包括中国科学院院士5人、中国工程院院士3人、发展中国家科学院院士2人、研究员及正高级工程技术人员131人、副研究员及高级工程技术人员281人；全所进入创新岗位687人。

共有国家海外高层次人才引进计划（“千人计划”）入选者3人，中国科学院“百人计划”入选者33人（新增4人），国家杰出青年科学基金获得者13人。

金属所现有材料科学与工程1个一级学科博士研究生培养点、材料科学与工程1个一级学科硕士研究生培养点，包含材料物理与化学、材料学、材料加工工程、腐蚀科学与防护4个二级学科博士、硕士研究生培养点，并设有材料科学与工程1个一级学科博士后流动站，共有在学研究生668人（其中硕士生291人、博士生377人）、在站博士后35人。

2012年，金属研究所共有在研项目543项（包括新增项目165项）。其中，承担国家重大科技专项课题13项（新增3项），主持（或承担）国家重点基础研究发展计划（973计划）和国家重大科学研究计划项目6项（新增1项）、承担课题22项（新增5项）、参加课题16项，主持（或承担）国家高技术研究发展计划（863计划）项目8项（新增2项），主持（或承担）国家科技支撑计划课题项目4项，参加国家科技基础性工作专项3项（新增3项）；主持（或承担）国家自然科学基金重大项目1项，课题3项，重点项目7项（新增4项）、创新群体基金项目1项，国家杰出青年科学基金3项（新增1项）、面上项目（含青年基金）126项（新增59项）；主持（或承担）中国科学院战略性先导科技专项课题9项（新增1项），主持（或承担）重要方向项目5项，主持或承担院重点部署项目2项（新增2项）；承担或参加（科技部、国家自然科学基金委、财政部和院）重大仪器研制项目4项，承担重点国际合作项目6项（新增1项），承担“百人计划”项目12项（新增5项）；承担院地合作项目15项（新增3项）；在研国家专用项目73项（新增51项）；承担地方科技三项项目23项（新增10项）；在研委托项目147项（新增16项）。

2012年金属所“一三五”规划进展顺利，科技成果持续涌现。应用研究方面，承担的大型飞机、核电装备、高速列车、燃气轮机、数控机床、先进核能、火电机组等国家重大专项和重大工程任务进展顺利，特别是优质宽厚板坯研制工作获得重要突破，实现产业化；重腐蚀防护技术在港珠澳大桥防腐工程顺利中标。在基础研究方面，论文产出保持高质量和高影响力，石墨烯、碳纳米管、材料强化机制、光催化材料、钇高压相结构及超导转变温度的理论预测、孪晶界面低周疲劳开裂机制等研究工作取得重要进展。公益性研究平台在国内的影响逐步扩大，一系列新方法新技术研究满足了科研工作需求。2012年，金属所共发表论文427篇，其中SCI论文354篇，出版专著、译著1部。申请专利211件，授权144件，获得软件著作权3项。“大型合金钢锭及铸锻件缺陷与组织控制”荣获国家科技进步奖二等奖、“输油管线腐蚀安全评价”荣获辽宁省科技进步奖一等奖。

2012年，金属所新争取国际科技合作项目6项，目前共有20项正在执行的国际科技合作项目。金属所与日本丰桥技术大学、澳大利亚迪肯大学、俄罗斯科学院强度物理与技术研究所等研究机构及公司签订合作协议8项。举办了“第七届环黄海镁合金研讨会”、“第四届微电机械/微系统材料国际研讨会”等4个双边多边国际会议。中外联合发表论文126篇，其中91篇发表在SCI期刊上。

金属所受中国金属学会、中国材料研究学会、国际材料物理中心、国家自然科学基金委员会、中国腐蚀与防护学会等委托，编辑出版《金属学报》（中、英文版）、《材料科学与技术》（英文版）、《材料研究学报》（中文版）、《中国腐蚀与防护学报》、《腐蚀科学与防护技术》等6种学术刊物。

（撰稿：刘　言　黄　粮　审稿：王忠明）

# 沈阳应用生态研究所

所　　长：韩兴国
地　　址：辽宁省沈阳市沈河区文化路72号
邮政编码：110016
电　　话：024-83970200
传　　真：024-83970300
电子信箱：syiae@iae.ac.cn
网　　址：http://www.iae.cas.cn

中国科学院沈阳应用生态研究所（以下简称“沈阳生态所”）成立于1954年，其前身为中国科学院林业土壤研究所，1987年更为现名。是以林业、土壤、植物、微生物与环境科学为基础的综合性应用生态学研究机构。2001年，沈阳生态所被正式批准为国家知识创新工程试点单位。

沈阳生态所围绕国家农业、林业可持续发展、生态与环境建设中急需解决的重大问题和应用生态学的发展需要，在森林生态与林业生态工程、土壤生态与农业生态工程、污染生态与环境生态工程领域开展基础性、战略性和前瞻性研究，丰富和发展森林生态学、农田生态学和污染生态学的基础理论，为我国主要退化生态系统恢复与重建，改善生态与环境，保障食物安全提供科学依据与关键技术。并着力于森林生态系统功能维持与调控、新型肥料研制与水土资源高效利用、辽河流域水土污染治理三个重点领域进行科研突破，将沈阳生态所建设成为国家应用生态学研究基地和高级人才培养基地，成为国内一流、国际上有重要影响的应用生态学研究中心。

沈阳生态所现有5个研究单元，分别是森林生态与林业生态工程研究中心、土壤生态与农业生态工程研究中心、污染生态与环境生态工程研究中心、景观生态与区域规划研究中心和生物资源与生物技术研究中心；1个国家重点实验室：森林与土壤生态国家重点实验室；1个国家工程实验室：土壤养分管理国家工程实验室（与中国科学院南京土壤研究所联合共建）；1个院重点实验室：污染生态与环境工程重点实验室；8个省重点实验室（工程技术中心），分别是辽宁省陆地生态过程与区域生态安全重点实验室、环境污染生态修复与资源化技术实验室（省部共建）、辽宁省节水农业重点实验室、辽宁省生态公益林重点实验室、辽宁省植物资源与利用重点实验室、辽宁省土壤环境质量与农产品安全重点实验室、辽宁省肥料工程技术中心、辽宁省污染环境生态修复工程技术研究中心。

沈阳生态所有7个野外台站，分别是吉林长白山森林生态系统国家野外科学观测研究站、辽宁沈阳农田生态系统国家野外科学观测研究站、湖南会同森林生态系统国家野外科学观测研究站、乌兰敖都荒漠化试验站（国家林业局荒漠化监测中心之一）、清原森林生态实验站（院级站）、大青沟沙地生态实验站、沈阳树木园；此外，沈阳生态所设有东北生物标本馆，截至2012年底，馆藏标本56万份；建有农产品安全与环境质量检测中心，装备有同位素比例质谱仪、液相色谱串级质谱联用仪、气相色谱串级质谱联用仪、电感耦合等离子体发射光谱—质谱联用仪、红外光谱仪、超临界萃取仪、PCR电泳仪、环境扫描电镜等，具备微（痕）量元素、有机污染物、微观形态分析测试能力，可以进行环境、农业、医药、食品等领域的分析测试和研究工作。

截至2012年底，沈阳生态所共有在职职工430人。其中科技人员和科技支撑人员362人，包括中国工程院院士1人、研究员及正高级工程技术人员60人、副研究员及高级工程技术人员106人。

共有中国科学院“百人计划”入选者11人，国家杰出青年科学基金获得者3人，国家海外高层次人才引进计划（“千人计划”）入选者1人，“青年千人计划”1人。

沈阳生态所是1981年国务院学位委员会首次批准的博士学位点，现设有生态学、农业资源与环境2个一级学科博士研究生培养点，微生物学、环境科学2个二级学科博士研究生培养点，生态学、农业资源与环境2个一级学科硕士研究生培养点，微生物学、植物学、森林培育、环境科学等4个专业二级学科硕士研究生培养点，并设有生态学、农业资源与环境等2个一级学科博士后流动站，共有在学研究生325人（其中硕士生178人、博士生147人），在站博士后15人。

2012年，沈阳生态所共有在研项目361项（包括新增项目165项）。其中，承担国家重大科技专项课题1项（新增1项），主持国家重点基础研究发展计划（973计划）项目2项、承担课题5项（新增1项），主持国家高技术研究发展计划（863计划）课题1项（新增1项），主持国家科技基础性工作专项1项，主持科技支撑专题6项（新增6项）；主持国家自然科学基金重点项目6项（新增1项）、面上项目48项（新增23项）、国家杰出青年科学基金项目2项，国家优秀青年基金项目2项；主持中国科学院战略性先导科技专项课题4项；承担重点国际合作项目6项（新增3项）；承担院地合作项目25项。

2012年，沈阳生态所发表SCI论文191篇（包括Ⅰ区30篇、Ⅱ区48篇）；出版专著5部；申请专利65项，其中发明专利53项，PCT2项；获授权专利52项，其中发明专利47项。作为第一完成单位组织申报国家自然科学奖和国家科技进步奖各1项，辽宁省自然科学奖和科技进步奖各1项，沈阳市科技进步奖一等奖2项；作为第一完成单位获得省科技奖励1项，即“面向提高区域资源效率的循环经济技术集成研究”获辽宁省科技进步三等奖，作为第二单位获得国家科技进步一等奖、二等奖各1项，辽宁省科技进步一等奖1项。

2012年，落实辽宁省科技经费158万元，沈阳市科技经费470万元；争取和落实中国科学院院地合作项目7项，1500万元；与企业、院所签署技术贸易合同31项，合同额度651万元。与额尔古纳市人民政府、沈阳师范大学、泰安市泰山林业科学院全面合作框架协议。

2012年举办以“土地利用、生态系统服务及可持续发展”为主题的“中美绿色合作伙伴计划双边研讨会”，来自美国、日本的40余名科学家以及国内的30余名知名科学家在研讨会期间作了报告，所内外200余人参加了本届研讨会。与20多个国家和地区开展了国际学术交流与合作，共派出121人次、接待来访82人次。

沈阳生态所是辽宁省生态学会、辽宁省植物学会、辽宁省土壤学会、沈阳市植物学会的挂靠单位；主办《应用生态学报》、《生态学杂志》、*Ecological Processes* 等学术刊物。

（撰稿：丁玮杭　审稿：姬兰柱　郭秀银）

## 沈阳自动化研究所

**所　　长：于海斌**
**地　　址：辽宁省沈阳市沈河区南塔街114号**
**邮政编码：110016**
**电　　话：024-23970012**
**传　　真：024-23970013**
**电子信箱：sia@sia.cn**
**网　　址：http://www.sia.cas.cn**

中国科学院沈阳自动化研究所（以下简称“沈阳自动化所”）成立于1958年11月。成立之初名称为辽宁电子技术研究所，1960年4月更名为中国科学院辽宁分院自动化研究所，1962～1972年的名称为中国科学院东北工业自动化研究所，1972年起定名为中国科学院沈阳自动化研究所。

沈阳自动化所主要从事机器人、工业自动化、光电信息技术的研究、开发与应用。1999年成为首批进入中国科学院知识创新工程的试点单位之一，经过13年知识创新工程的洗礼，研究所进入到建所以来最好的发展时期。2012年，所班子围绕“一四五”目标，完成了与之相适应的组织机构调整，并且着手科技激励和管理体制改革。

沈阳自动化所战略定位和发展目标是：以全面提升科技创新能力和自主持续发展能力，服务小康社会建设为主线，面向建设制造强国和国防安全的国家重大战略需求，以科技创新提高国家综合实力、促进经济社会发展、保障国家安全为出发点，以建设实现“四个一流”为目标，科技自主创新能力显著增强，在先进制造与国家安全领域创新跨越，为我国构建和发展战略性新兴产业提供强有力科技支撑，成为我国先进制造与自动化技术领域具有骨干引领作用的国立科研机构，成为代表中国科技发展水平的国际知名研究所。

2012 年，沈阳自动化所科研机构设 8 个研究室：机器人学研究室、水下机器人技术研究室、空间自动化技术研究室、光电信息技术研究室、自动化系统研究室、装备制造技术研究室、信息服务与智能控制技术研究室、工业控制网络与系统研究室，以及机电产品制造中心 1 个生产部门。设有综合办公室、科技处、工程项目处、人事教育处、财务处、质量管理处、条件处、保密办公室、监察审计办公室 9 个管理部门，以及文献情报中心 1 个支撑部门。沈阳自动化所是机器人技术国家工程研究中心、机器人学国家重点实验室、中国科学院光电信息处理重点实验室、国家科技部高技术成果转化产业化基地、辽宁省图像理解与视觉计算重点实验室、辽宁省物联网技术研究与应用重点实验室、辽宁省雷达系统研究与应用技术重点实验室、辽宁省工业通信与控制系统重点实验室、辽宁省数字化协同制造与管理重点实验室的依托单位。共有广州分所、无锡中心、义乌中心、扬州中心 4 个分支机构。

截至 2012 年底，沈阳自动化所共有在职职工 842 人。其中科研人员 677 人，科技支撑人员 46 人，包括中国工程院院士 2 人、研究员及正高级工程技术人员 82 人、副研究员及高级工程技术人员 223 人。有国家“千人计划”入选者 1 人，中国科学院“百人计划”入选者 6 人，国家杰出青年科学基金获得者 1 人，“新世纪百千万人才工程”国家级人选 2 人，卢嘉锡青年人才奖 2 人。现有机械制造及其自动化、机械电子工程、控制理论与控制工程、检测技术与自动化装置、模式识别与智能系统、电子与信息 6 个博士培养点；机械制造及其自动化、机械电子工程、控制理论与控制工程、模式识别与智能系统、控制工程、检测技术与自动化装置、计算机应用技术 7 个硕士培养点；设有机械工程和控制科学与工程 2 个一级学科博士后流动站。共有在学研究生 335 人（其中硕士 160 人、博士 175 人），在站博士后 32 人。

2012 年，沈阳自动化所共有在研项目 490 项（新增 197 项）。包括国家重点基础研究发展计划（973 计划）项目 10 项，其中主持 3 项、承担 7 项；国家高技术研究发展计划（863 计划）项目 35 项，其中主持 14 项（新增 7 项）、承担 21 项（新增 9 项）；主持国家自然科学基金项目 47 项（新增 16 项），其中重点项目 3 项（新增 2 项）、面上项目 15 项（新增 6 项）、青年科学基金项目 27 项（新增 8 项）、国际合作项目 1 项；中国科学院项目 70 项（新增 23 项）；国家科技重大专项项目 12 项（新增 2 项），其中，主持 2 项，承担 10 项（新增 2 项）。新申请专利 211 件，其中发明专利 167 件、实用新型 39 件、PCT 国际申请 3 件。授权专利 103 件，其中发明专利 66 件、实用新型专利 37 件。软件著作权登记 52 件。发表学术论文 354 篇，出版学术专著 1 部。

2012 年，沈阳自动化所科研工作取得重大进展，“蛟龙”号载人潜水器成功完成 7000 米级海试；长航程漫游机器人成功完成南极科考实验；航天工程项目在探月工程中首次承担重要载荷任务；微纳米操作科研成果多次在国际著名期刊封面刊载。多项科研成果获得国家和省部级科技奖，包括“城市污水处理过程控制关键技术及应用”获国家科学技术进步奖一等奖；“无人直升机输电线路自动巡检与架设系统”获辽宁省科技进步一等奖；机器人技术国家工程研究中心获得国家发改委颁发的“国家工程研究中心杰出贡献奖”；“面向过程工业自动化的新一代无线网络技术”获得中国产学研合作创新成果奖；“毫米波雷达智能交通与安防产品 ”、“ 工业无线网络 WIA-PA 及无线仪表”分别获得第十四届中国国际高新技术成果交易会优秀新产品奖。

2012 年，沈阳自动化所持续深入开展院地合作和科技成果转移转化工作，争取到地方政府项目 10 项，实现成果转移转化项目 97 项。与苏州市及吴中区政府投资合作建设苏州先进技术研究院；工业无线网络技术 WIA-PA 与奥维通信股份有限公司达成合作意向，合作创立公司；旋翼无人机技术与苏州市科技局及两家民营企业达成协议，成立苏州中科新翔股份有限公司；沈阳自动化所与江苏句容市政府达成战略合作协议，开展食品安全技术与装备等研发。2012 年，沈阳自动化所投资的高技术公司继续呈现良好发展态势。截至 2012 年底，所投资公司共有 10 家，研究所所有者权益大幅度增加。

2012 年，科研人员和研究生积极参与国际科技合作与交流，先后出访 27 个国家或地区。全年出访立项 146 人次，接待 14 个国家和地区 74 人次来访。与国内外十多家科研机构联合，成功加入欧盟第七框架项目、中国科学院—裘槎基金会联合实验室资助计划、院对外合作项目等多项对外科技合作项目；成功召开“2012 年智能电网国际会议”。

沈阳自动化所与中国自动化学会主办《机器人》、《信息与控制》2 个科技类中文核心学术期刊。中国自动化学会机器人专业委员会、辽宁省自动化学会和沈阳科研院所科协联合会挂靠在沈阳自动化所。

（撰稿：田　甜　周　船　审稿：梁　波）

## 海洋研究所

所　　长：孙　松
地　　址：山东省青岛市南海路 7 号
邮政编码：266071
电　　话：0532-82898611
传　　真：0532-82898612
电子信箱：iocas@qdio.ac.cn
网　　址：http://qdio.cas.cn

中国科学院海洋研究所（以下简称“海洋所”）始建于 1950 年 8 月，其前身为中国科学院水生生物研究所青岛海洋生物研究室，是新中国成立后建立的我国第一个从事海洋科学基础研究与应用基础研究和高新技术研发的多学科、综合性科研机构。

海洋所坚持面向国家需求和国际海洋科学前沿，重点在海洋农业科学、可持续发展的理论基础与关键技术，海洋环境与生态系统动力过程，海洋环流与浅海动力过程，以及大陆边缘地质演化与资源环境效应等领域，开展了许多开创性和奠基性工作，共取得 1000 余项科研成果。在“创新 2020”重点跨越新阶段，研究所深入推进实施“一三五”战略规划，围绕“致力于综合性海洋科学基础研究和技术研发，立足近海环境演变与生物资源可持续利用的理论创新与关键技术的综合交叉与系统集成，拓展深海环境与战略性资源探索的先导性研究，在我国海洋科技领域发挥不可替代的引领作用，成为有国际影响力的海洋科学和技术研究机构”的研究所定位，各项工作均取得显著进展。

海洋所现有国家海洋腐蚀与防护工程技术研究中心和海洋生态养殖技术国家地方联合工程实验室，海洋环流与波动、海洋地质与环境、实验海洋生物学、海洋生态与环境科学 4 个中国科学院重点实验室，以及海洋生物分类与系统演化实验室和海洋生物技术工程研发中心、海洋环境工程研究与发展中心、海洋腐蚀与防护研发中心；设有胶州湾海洋生态系统国家野外研究站、公共技术服务与管理中心、海洋科学考察船运行管理中心和文献信息中心 4 个研究支撑单元，中国科学院海洋科学大型仪器区域中心、超级计算中心（青岛）以及农业部贝类产业技术体系研发中心设在我所。与国外著名研究所、大学联合建有中美海洋环流与气候环境联合研究中心、中日海洋腐蚀环境共同研究中心等多个国际合作研究机构，与国内联合建有国家级海湾扇贝良种场（青岛）、中国科学院海洋所南通中心，以及獐子岛渔业海洋生态养殖联合实验室、烟台东方海洋海珍品良种序与健康养殖实验室和天津海洋技术研究院等。

海洋所承担的国家重大科技基础设施建设项目——海洋科学综合考察船“科学”号，于 9 月 29 日在青岛正式交付使用，标志着我国海洋科学考察能力实现新的突破，迈入国际先进行列。科考船码头和薛家岛园区建设项目于 12 月 21 日顺利开工奠基，建成后将成为海洋科学综合考察基地和多学科交叉与技术集成的开放型研究中心，高层次海洋科技人才培养基地。“科学一号”、“科学三号”全年高质量完成国家基金委开放共享航次在内的 11 个海洋科学考察航次任务，累计在航时间 363 天，总航程 52574 海里。中国近海海洋观测研究网络系统获取了大量长期的观测数据，编写完成《近海观测网络数据质量报告》。中国科学院高性能计算环境青岛分中心运行情况良好，全年总机时数超过700万CPU小时，系统可用率超过99%，系统使用率及大规模并行应用水平全院居于首位。截至2012年底，中国科学院海洋生物标本馆，馆藏标本数量达到78.29万号，接待参访者超过8000人次。

截至2012年底，海洋所在职职工654人，其中科研人员336人，科技支撑人员162人，包括中国科学院院士4人、中国工程院院士2人，研究员及正高级专业技术人员94人，副研究员及高级专业技术人员123人。共有中国科学院“百人计划”入选者18人（新增3人），终期评估良好1人；国家杰出青年基金获得者7人。2012年，3人获国务院政府特殊津贴，1人获中国海洋工程咨询协会“十佳标兵”，获批1个院交叉合作团队，2人入选院青年人才促进会会员，1人入选院青年科学家奖，1人入选中国科学院技术能手，获1项院创新人才培训计划资助，1人获山东省突贡专家荣誉称号，2人入选山东省泰山学者，1人入选山东省泰山学者海外特聘专家，1人获山东省自然科学杰出青年基金，1人获山东省留学人员回国创业奖，1人获齐鲁友谊奖，3人获第八届青岛市青年科技奖；18人获中国科学院、国家海洋局和山东省有关部门荣誉称号；22人获青岛市有关部门荣誉称号。

海洋所是1996年国务院学位委员会批准的国际海洋科学一级学科博士学位授予单位、中国科学院博士研究生重点培养基地。现设有一级博士学位授予点3个、二级博士学位授予点9个、硕士学位授予点10个和专业工程硕士学位授予点3个，以及海洋科学博士后流动站。在读研究生494名（博士研究生207人，硕士研究生287人），在站博士后56人。

2012年，海洋所共有在研项目586项（新增110项）。其中，主持国家重点基础研究发展计划（973计划）项目7项（新增1项，为“典型弧后盆地热液活动及其成矿机理”）；主持或承担中国高技术研究发展计划（863计划）项目/课题7项（新增1项，为“海洋动力环境微波遥感信息提取技术与应用”）；主持或承担国家自然科学基金重大项目1项（新增重点课题1项，为“南海北部淹没碳酸盐台地发育演化及混合沉积研究”）、重点项目7项（新增3项，分别是“可预报性研究中最优前期征兆与增长最快初始误差的相似性及其在目标观测中的应用”、“80万年来热带西太平洋上层水体pH和$pCO_2$演变及影响机理”、“黄东海浮游动物功能群变动与生态系统演变”）、面上项目85项（新增27项）；主持或承担院重大项目1项、重要方向项目7项；承担重大仪器研制项目15项（新增4项）；承担院地合作项目100项（新增65项）。

2012年，共获得科技奖22项，其中第一承担单位，包括山东省科学技术奖5项，青岛市科学技术奖5项、海洋工程科学技术奖1项，海洋科学技术奖7项。共出版专著9部，发表研究论文596篇，其中SCI/EI收录400篇，JCR一区高端论文146篇。共申请专利104件，其中发明专利92件；获授权专利73件，其中国内发明专利68件。共有3项研究成果通过鉴定，17个研究项目通过验收。

2012年，海洋所逐步完善院地合作体系，积极参与院地合作与成果转移转化战略研究，拓展院地合作领域和层次，加速推进科技成果转移转化，企业委托合同经费2476万元，入所经费1682万元。获院东北创新集群项目3项、“蓝黄”两区建设基金1项，组织申报山东海洋产业创新集群项目；国家海洋腐蚀防护工程技术研究中心、海洋生态养殖技术国家地方联合工程实验室获批成立；《蓝色硅谷（海洋研究所）建设合作框架协议》正式签署。

2012年，海洋所国际合作与交流稳步提升。我国科学家提出并主导的NPOCE（西北太平洋海洋环流与气候实验）计划有效推进，成功举办“西太平洋海洋环流与气候国际开放科学研讨会”；新增科技部、基金委等国际合作项目计15项。中俄国际合作重点项目结题验收获中国科学院好评；中德国际合作重点项目取得重要进展，并在此基础上联合德国、土耳其、加拿大申请获得欧盟第七框架项目资助；中印重大国际合作项目获基金委面上项目资助；与普利茅斯大学海洋研究所制定青年学者互访学习计划。

中国海洋湖沼学会挂靠海洋所，成功召开“中国海洋湖沼学会第十次全国会员代表大会暨学术研讨会”并进行了理事换届选举，顺利完成第二届曾呈奎海洋科技奖评选。海洋所出版的学术期刊有《海洋与湖沼》、《中国海洋湖沼学报》（英文版）（SCIE 收录）、《海洋科学》、《海洋科学集刊》。研究所是全国青少年走进科学世界科技示范活动基地、全国青少年科技教育基地、山东省关心下一代科普教育基地、山东省三星级科普教育基地、青岛市科普教育基地等。

（撰稿：袁兆慧　刘　洋　审稿：杨红生）

## 青岛生物能源与过程研究所

**所　　长：刘会洲**

**地　　址：山东省青岛市崂山区松岭路 189 号**

**邮政编码：266101**

**电　　话：0532-80662776**

**传　　真：0532-80662778**

**电子信箱：qibebt@qibebt.ac.cn**

**网　　址：http://www.qibebt.cas.cn**

中国科学院青岛生物能源与过程研究所（以下简称“青岛能源所”）是由中国科学院、山东省人民政府、青岛市人民政府与 2006 年共同出资建设，于 2009 年 7 月获中央机构编制委员会办公室批复成立，并于 2009 年 11 月通过共建三方验收正式成立。2011 年，青岛能源所“十二五”规划先后通过青岛市市长办公会和中国科学院院长办公会审议通过；同年 8 月，中国科学院与青岛市人民政府签署共建研究所二期协议，全面开启研究所“二期建设”新时期。“二期”建设全面完成后，青岛能源所将成为引领我国生物能源与生物基材料科技发展的创新研发基地和具有重要国际影响的战略高技术研发机构。

青岛能源所定位于“基于生物资源为主的可再生资源，以工业生物技术、绿色化工技术为手段，致力于突破生物资源不足、转化效率低下、规模化放大困难等瓶颈问题，研究开发生物能源、生物基材料的产品、工艺或技术，服务于国家与地方在资源开发、能源利用、清洁过程、低碳生产等领域的需求”。

2012 年，青岛能源所围绕中国科学院“创新 2020”和青岛市地方“蓝色经济”规划，提出了“秸秆基百万立方生物天然气产业化系统”等 3 个重大突破项目和“高效光合生命体系的理性设计以与构建”等 5 个重点培育方向，确定了未来一段时期的重点任务是重点打造生物、能源、过程 3 个领域板块的核心竞争力，明确提出了“一主两翼”的未来发展格局，即青岛崂山为主园区，平度中试及产业化示范基地、潍坊昌邑生物资源高值化利用园区为两翼。2012 年我所平度基地建设全面启动，1.2 万 $m^2$ 建筑面积的科研楼、综合楼、动力、化工车间等基本竣工。与昌邑市签约共同建设占地 130 亩的生物资源高值化利用园区，通过栽培能源植物对当地盐碱地进行生态修复的同时产出高附加值产品。2012 年，青岛能源所成立了新一届学术委员会，所领导班子成员均不在内任职，充分保障了学术委员会高效、顺利履行职责和独立开展评议咨询工作。在围绕组织实施“一三五”规划方面，青岛能源所建立了所领导牵头、学术委员会评议、首席科学家负责的管理体制，对确实具有现实度的重大突破项目和重点培育项目，成熟一项启动一项，并给予滚动支持。

青岛能源所建有中国科学院生物燃料重点实验室、中国科学院超级计算环境青岛分中心、中国科学院国家科学图书馆生物能源学科情报研究特色分馆、山东省能源生物遗传资源重点实验室、青岛生物基能源与材料工程技术研究中心、青岛生物质绿色化学转化工程技术研究中心等 6 个省部级平台；设有生物资源、生物催化与转化、生物材料、能源应用技术等 4 个所级科研中心；具有公共实验室、规划战略与信息中心、中试技术服务中心等 3 个所级支撑平台；此外，与美国波音公司共建了“可持续航空生物燃料联合研究实验室”，与澳大利亚西澳大利亚大学联合成立了“中澳生物质综合利用联合研究中心”。

截至2012年底，青岛能源所共有在职职工及客座人员428人。其中科技人员263人、科技支撑人员51人，包括研究员及正高级工程技术人员29人、副研究员及高级工程技术人员56人，全所进入创新岗位300人。共有国家“千人计划”1人，“青年千人计划”入选者1人（新增1人），中国科学院“百人计划”入选者14人，山东省“泰山学者”2人，国家杰出青年基金获得者1人（新增1人），国务院特殊津贴获得者1人，山东省杰出青年基金获得者2人，卢嘉锡青年人才奖获得者1人（新增1人）。

2012年，青岛能源所获批生物化学与分子生物生物学博士后流动站，现设有生物化学与分子生物学、化学工程2个博士研究生培养点，生物化工、生物化学与分子生物学、化学工程、材料学4个专业二级学科学术型硕士研究生培养点，并设有生物工程、化学工程、材料工程3个专业二级学科专业型硕士研究生培养点。共有在学研究生214人（其中硕士生71人、博士生79人，联合培养64人）。

2012年，青岛能源所共有在研项目283项（包括新增项目107项）。其中，主持（或参与）国家重点基础研究发展计划（973计划）课题8项（新增3项），主持（或参与）国家高技术研究发展计划（863计划）项目7项（新增6项），承担国家自然科学基金项目83项（新增41项）；承担中国科学院战略先导性课题1项，承担院地合作项目10项（新增1项），承担“百人计划”13项（新增3项），承担中国科学院科研装备研制项目4项（新增1项）。

2012年，青岛能源所已建成生物天然气、微藻规模培养、秸秆热解气化合成、微生物发酵、可移动式生物柴油、木质纤维素预处理等多套中试系统，木塑材料技术在安徽省、吉林省成功进行产业化推广。在*Environmental Science*、*ChemSusChem*、*Green Chemistry*等高水平科研期刊上发表科技论文144篇，被SCI/EI收录论文106篇；申请中国专利59件，其中发明专利52件，获授权专利25件。

青岛能源所整合所内科研力量，积极推进与地方政府、企业、科研机构和大学的交流与合作。2012年，共承担与地方政府合作项目53项（新增14项），与企业、科研机构等合作类项目40项（新增25项）。2012年10月，青岛能源所与青岛琅琊台集团合作的微藻产DHA产业化项目签约，项目建成后预计每年能够为企业新增5亿元销售收入。

2012年，青岛能源所新增8项国际合作项目，项目经费788.1万元。接待国际机构客人来访120人次。聘请英国皇家学会院士C. Neil Hunter教授和美国科学院院士Susan Golden教授为研究所特聘研究员。与丹麦科技大学Anders Brandt教授和Claes Gjermansen教授等合作培养研究生3名。国际出访近20人次，与以色列威兹曼科学研究所、美国西北太平洋国家实验室、西澳大利亚大学、新加坡国立大学、韩国釜山国立大学、英荷皇家壳牌集团、宝洁公司、帝斯曼公司、朗盛集团等国际知名大学与企业开展科研合作与交流。

（撰稿：官　杰　滕晓龙　审稿：隋红建）

# 烟台海岸带研究所

**副所长（主持工作）：骆永明**
**地　　址：山东省烟台市莱山区春晖路17号**
**邮政编码：264003**
**电　　话：0535-2109018**
**传　　真：0535-2109000**
**电子邮箱：yic@yic.ac.cn**
**网　　址：http://www.yic.cas.cn**

中国科学院烟台海岸带研究所（以下简称“烟台海岸带所”）是2006年6月由中国科学院与山东省、烟台市共同筹建的资源环境领域的国家级研究机构，筹建期名为中国科学院烟台海岸带可持续发展研究所（筹）。2009年12月通过筹建验收成为中国科学院正式序列的研究所。

通过“一三五”发展规划制定和科技目标的进一步凝练，研究所确立了以“认知海岸带规律，支持可持续发展”为使命，面向国家战略需求和世界科技前沿，研究全球气候变化和人类活动影响下海岸带陆海相互作用、资源环境演变规律和可持续发展，创建海岸科学理论、方法与技术体系，建成海岸科技研发与成果转化中心和高级人才培养基地，提升研究所综合持续创新能力，为国家和地方海岸带资源管理、环境保护、生态建设、减灾防灾作出基础性、战略性、前瞻性科技创新贡献，成为国际知名的海岸带研究机构的战略定位。确定了在黄河三角洲陆海界面过程、生态演变与修复技术，海岸带环境容量与污染控制技术，海岸带盐生植物产业链构建关键技术与集成示范为三个重大突破领域，以及海岸带环境微生物学与应用，潮间带功能、演变与保护，海岸带灾害风险与预警，海水资源的生态安全高值利用技术，海岸带陆海信息耦合分析与集成为五个重点培育方向。主要研究领域包括海岸带资源与可持续利用，海岸带环境过程、监测与修复，海岸带生物多样性与生态系统健康，海岸带灾害风险与预警、海岸带信息集成与管理。

烟台海岸带研究所的科研及技术支撑系统设有三个实验室：中国科学院海岸带环境过程与生态修复重点实验室（含山东省海岸带环境过程重点实验室）、海岸带生物学与生物资源利用重点实验室、海岸带信息集成与综合管理实验室；2 个研发中心：山东省海岸带环境工程技术研究中心、中国科学院烟台生物产业技术创新与育成中心；2 个野外台站：中国科学院牟平海岸带环境综合试验站和中国科学院黄河三角洲滨海湿地生态试验站。

截至 2012 年底，全所职工 178 人。其中科研人员 130 人、科技支撑人员 16 人；研究员 23 人、副研究员 29 人；院“百人计划”入选者 12 人，973 项目首席及 863 重大项目首席科学家、国家杰出青年科学基金获得者 1 人，“青年千人计划” 1 人，“千人计划”创业人才 1 人（新增 1 人），政府特殊津贴获得者 2 人，新世纪“百千万人才工程”国家级人选 2 人，山东省杰出青年科学基金获得者 3 人，山东省“泰山学者” 2 人（新增 1 人），烟台市“双百人才” 2 人。

研究所拥有环境科学与工程、海洋科学 2 个一级学科博士培养点，形成了较为完整的研究生培养体系。现有在读研究生 148 人（其中博士生 62 人）。2012 年，研究生中获中国科学院优秀博士论文奖 1 人，中国科学院院长特别奖 1 人、优秀奖 1 人，中国科学院 BHBP 奖 1 人，中国科学院朱李月华优秀博士生奖 1 人。

2012 年在研项目 310 项，合同总经费达 1.5 亿元。其中中国科学院项目 80 项，国家类项目 24 项，基金委项目 86 项，省市项目 59 项，其他类项目 61 项。共发表学术论文 372 篇，其中 SCI 论文 201 篇。SCI 收录论文中，影响因子大于 4 的 28 篇，TOP 期刊 32 篇。全年共申请专利 53 项，其中申请发明专利 48 项；专利授权 19 项，其中发明专利 16 项。

加强条件与能力建设。继研究所纳入“中国科学院海洋科学大型仪器区域中心”之后，所级公共技术服务中心通过现场评审验收，获得了中国科学院择优支持。每年稳定经费的支持对提升中心的人才队伍建设、服务科研工作的质量，新技术和新方法的研发具有非常重要的意义。科研网络环境进一步优化。结合院 IPv6 项目，网络升级到主干网络万兆、千兆到桌面、双核心交换、中国科技网、中国电信双网络出口的网络环境，全网支持 IPv4/IPv6 双网络协议，实现办公区无线网络覆盖，更好地支持了科研工作。

强化与地方科研院所的科研合作。分别与国家海洋局第一海洋研究所和中国地质调查局青岛海洋地质研究所签署战略合作协议；启动了“海岸带环境自动监测系统”和“河北省海岸带受损生态系统评估及修复技术研究”两项与地方科学院合作项目。

与地方政府合作取得新进展。分别与山东海事局签订了“中国科学院烟台海岸带研究所—山东海事局战略合作意向书”、与东营市垦利县人民政府签订了“中国科学院烟台海岸带研究所-垦利县人民政府科技合作协议”。2012 年，烟台海岸带所荣获“烟台发展突出贡献单位”称号。

成果转化工作取得新突破。成功向烟台东润仪表有限公司转让了 4 项专利技术；与东营蓝鑫生物科技有限公司签订了菊芋加工技术服务合同。通过技术输出，帮助企业建立了一条年产 100 吨菊粉的中试生产线并取得成功。研究所被授予2012年度中国产学研合作促进奖。

以提升科技创新能力为目标，以科技发达国家为主要对象，开展国际科技交流与合作。2012年，科研人员38人次出访美国、英国、法国、德国等国家开展学术访问交流。接待来自美国、德国、日本等十余个国家和地区的来访专家59人次，组织外国专家学术报告37人次。8月，承办了“第六届海峡两岸土壤和地下水污染与整治研讨会”，来自两岸75家单位的250人参加了研讨会，其中41名专家及学者来自台湾地区；9月，成功举办了“第四届土壤污染与修复国际会议暨第二届污染场地修复国际研讨会”，来自10余个国家200多名专家参加了会议。

（撰稿：高丽梅　王德强　审稿：高玲瑜）

## 长春光学精密机械与物理研究所

所　　长：宣　明
地　　址：吉林省长春市东南湖大路3888号
邮政编码：130033
电　　话：0431-86176812
传　　真：0431-85682346
电子信箱：ciomp@ciomp.ac.cn
网　　址：http://www.ciomp.cas.cn

长春光学精密机械与物理研究所（简称“长春光机所”）是由长春光学精密机械研究所（前身为始建于1952年的中国科学院仪器馆和始建于1953年的中国科学院机电研究所）与长春物理研究所（前身为始建于1958年的中国科学院吉林分院技术物理所）于1999年整合而成。

长春光机所的定位是面向国家战略需求和世界科技前沿，以高技术创新为主线，聚焦于国防战略性核心技术和原始创新，从事光学和精密机械等领域的基础研究、应用基础研究、工程技术研究，以及高新技术产业化的多学科综合性研究所。主要研究领域有发光学、应用光学、光学工程、精密机械与仪器四大领域。

长春光机所不断优化科研布局，凝练出“一三五”规划目标，即一个定位、四项重大突破和五个重点培育项目。2012年10月25日，中国科学院与吉林省人民政府共同签署了《共建国家重大科技创新基地协议》，依托本所建设国家重大科技创新基地，五年后实现年总收入100亿元，建成具有“四个一流”的国家重大科技创新基地。

长春光机所现有研究部室16个，包括5个国家级重点实验室/中心，2个中国科学院重点实验室。2012年，发光学及应用国家重点实验室顺利通过科技部验收，应用光学国家重点实验室顺利通过评估。10月，国家发改委批复建设“小卫星技术国家地方联合工程研究中心”。牵头联合地方科学院相关科研机构及企业成立了“全国科学院联盟光学与精密机械分会”。

截至2012年底，长春光机所共有在职职工2002人。其中科技人员915人、科技支撑人员92人，包括中国科学院院士3人、研究员及正高级工程技术人员221人、副研究员及高级工程技术人员544人；全所进入创新岗位822人。现有中国科学院“百人计划”入选者19人（新增4人）；国家杰出青年科学基金获得者1人；新世纪“百千万人才工程”国家级人选3人。

长春光机所1981年被国务院学位委员会批准的首批具有博士、硕士学位授予权的单位之一，现设有凝聚态物理、光学、光学工程、机械电子工程、机械制造及其自动化、电路与系统6个博士研究生培养点；凝聚态物理、光学、光学工程、机械电子工程、机械制造及其自动化、电路与系统、计算机应用技术、测试计量技术与仪器8个硕士研究生培养点；物理学、机械工程、光学工程3个专业一级学科博士后流动站。共有在学研究生904人（其中硕士生473人、博士生431人），在站博士后23人。

2012年，长春光机所对外新签科研合同额19.28亿元，科研合同到款额14.55亿元。2012年，长春光机所共有在研项目586项（包括新增项目235项）。其中，承担国家重大科技专项课题16项（新增4项），主持国家重点基础研究发展计划（973计划）1项、承担课题5项（新增2项），主持国家高技术研究发展计划（863计划）项目11项（新增6项）；承担国家自然科学基金重点项目80项（新增33项）、面上项目43项（新增17项）；承担中国科学院战略性先导科技专项课题4项，承担中国科学院重点部署项目6项（新增1项），重大仪器研制项目4项（科技部1项、国家自然科学基金委1项、财政部2项）；承担重点国际合作项目6项（新增2项）；承担院地合作项目7项（新增1项）。

2012年，长春光机所科研工作进展顺利。超大口径SiC反射镜先进制造技术方面实现了突破，完成1.45m反射镜铣磨、研磨，正在进行粗抛光，该反射镜是目前世界上公开报道口径最大的整体烧结SiC反射镜；突破了基于变形镜的4m自适应光学关键技术，研制成功961单元自适应系统；液晶自适应光学研制出调制量达785nm的快速液晶材料，液晶自适应响应频率达到330Hz，这些关键技术的突破为4m级光学系统研制奠定了良好基础。研制成功出扫描干涉场曝光系统试验样机，争取到基金委国家重大科研仪器设备研制专项。国家重大专项（02专项）进展顺利，在光学元件加工与检测、光学镀膜、精密机加等基础关键单元技术获得全面突破。交付航天产品9台套，其中TV摄像机在天宫一号与神舟九号首次手控交会对接试验任务中表现出色，为手动交会对接的成功提供了直观的视频依据。

2012年，以第一完成单位获得省部级科技奖项6项：国防技术发明奖一等奖1项（基于离轴多反空间超宽高清动态成像技术）、国防科技进步奖二等奖2项（高速突变多扩散目标动态跟踪测量技术研究与实现、数字视频图像处理器及目标自动跟踪技术）、军队科技进步奖一等奖1项（名称略）、吉林省科技进步奖一等奖1项（氧化锌基紫外光电探测材料与器件研究）、吉林省技术发明奖二等奖1项（新型谐衍射红外光学技术的研究）。申请发明专利299项，授权发明专利217项。发表论文1751篇，其中影响因子1.0以上论文192篇，3.0以上论文82篇。

长春光机所现有高科技投资企业10家，2012年企业实现销售收入5.36亿元，净利润0.93亿元，实现投资回报3840万元。年内，先后成立了长春长光辰芯光电技术有限公司、长春长光思博光谱技术有限公司、苏州长光华芯光电技术有限公司。长春光华公司、长春希达公司被认定为“2012年国家火炬计划重点高新技术企业”。以本所绝对式光栅尺技术为依托，成功争取到国家工信部重大专项（04专项）——高集成化单码道绝对式光栅尺研发及产业化，争取到项目经费6000万元。

2012年，长春光机所积极推进国际交流与合作工作。参与研制的30m望远镜（TMT）项目进展顺利，项目已经进入详细设计阶段，并与美国TMT项目办签署了合作协议。2012年，成功举办“应用光学与光学工程国际会议”，参会160人，其中国外专家29人。全年出访人员124人次，来访170余人次。聘请Light执行主编、欧洲激光协会主席、德国汉诺威激光中心材料与加工部主任Stefan Kaierle博士为长春光机所荣誉研究员。

长春光机所是中国空间科学学会空间机械专业委员会、中国物理学会发光分会、中国物理学会液晶分会、吉林省光学学会的挂靠单位。现主办5种学术刊物，分别为《光学精密工程》、《发光学报》、《液晶与显示》、《中国光学》。长春光机所与Nature集团合作的英文国际期刊*Light：Science & Applications*于3月29日创刊并正式上线运行。

（撰稿：莫成钢　王晓慧　审稿：金　宏）

## 长春应用化学研究所

**所　　长：安立佳**
**地　　址：吉林省长春市人民大街5625号**
**邮政编码：130022**
**电　　话：0431-85687300**
**传　　真：0431-85685653**
**电子信箱：ciac@ciac.jl.cn**
**网　　址：http://www.ciac.cas.cn**

长春应用化学研究所（以下简称“长春应化所”）始建于1948年12月，是长春解放后在“伪满大陆科学院”的废址上建立起来的，时称“东北工业研究所”，后几经更名和改变归属，

1978 年 12 月命名为中国科学院长春应用化学研究所。

长春应化所是一个集基础研究、应用研究和高技术创新研究于一体的综合性化学研究所。学科方向为：高分子化学与物理、无机化学、分析化学、有机化学和物理化学。主要研究领域为：资源与环境、先进材料和新能源 3 大领域；稀土、二氧化碳、植物和水 4 类资源；先进结构、先进复合和先进功能 3 类材料；清洁能源、储能和节能 3 类技术。目标是在应用化学和先进材料等方面不断做出在国家层面不可替代的重要创新贡献，引领和带动我国战略性新兴产业的培育与发展，努力把长春应化所建设发展成为国际重要的应用化学与先进材料创新基地。

2012 年是“创新 2020”重点跨越阶段第一年，长春应化所不断强化组织保障、机制推动、平台建设，扎实推进“一三五”战略重点，“三个重大突破”取得新进展。在环境友好高分子材料方面：聚乳酸树脂实现了从通用塑料到工程塑料关键技术的重要突破，进一步优化升级了 5000 吨/年生产线，完成了 5 万吨生产线的环评与可研；二氧化碳基聚合物在台州建成万吨级生产线，已形成 20 吨/天的生产能力，在南通建成了万吨级食品薄膜生产线，产品通过美国 BPI 认证。在合成天然橡胶-稀土异戊橡胶方面：创新出新型稀土催化体系和具有自主知识产权的工业化成套生产技术，建成 3 万吨生产线，产品质量超过俄罗斯同类产品水平，被纳入院工作报告。稀土及钍资源低碳冶金技术和稀土发光材料方面：开发出新型萃取分离体系，构建了国家工信部专项“清洁冶金高效分离新技术产业平台”，制备出纯度大于 99.99% 的高纯钍样品，已供给钍基核能先导专项组；发明了稀土 LED 发光材料，在国际上首创新一代交流 LED 白光照明光源技术，解决了交流 LED 发光频闪的世界性难题，现已形成四大类产品，并通过美国 UL 和欧盟 CE 认证，获 2012 年度英国工程技术协会“能源创新”和“建筑环境”两项提名。

长春应化所目前建有高分子物理与化学国家重点实验室、电分析化学国家重点实验室、稀土资源利用国家重点实验室和中国科学院生态环境高分子材料重点实验室、高分子复合材料工程实验室、化学生物学实验室、先进化学电源实验室、绿色化学与过程实验室、现代分析技术工程实验室、高性能合成橡胶工程技术中心、稀土与钍清洁分离工程技术中心和国家电化学和光谱研究分析中心等创新基地和科技平台。

截止 2012 年底，长春应化所共有在职职工 899 人。其中科技人员 491 人、科技支撑人员 115 人，包括中国科学院院士 4 人、发展中国家科学院院士 3 人、研究员及正高级工程技术人员 120 人、副研究员及高级工程技术人员 165 人。共有中国科学院“百人计划”入选者 37 人（新增 2 人），国家杰出青年科学基金获得者 26 人（新增 1 人），国家海外高层次人才引进计划（“千人计划”）入选者 1 人，国家“千人计划”短期项目入选者 1 人、国家“外专千人计划”入选者 1 人、国家“青年千人计划”入选者 4 人。

长春应化所是 1981 年国务院学位委员会批准的首批博士、硕士学位授予单位之一，现有化学一级学科博士、硕士研究生培养点和无机化学、分析化学、有机化学、物理化学、高分子化学与物理、应用化学 6 个二级学科博士、硕士研究生培养点，并设有化学学科博士后流动站，共有在学研究生 732 人（其中硕士生 297 人、博士生 435 人），在站博士后 139 人。

2012 年，长春应化所共有在研项目 637 项。其中，承担（或参加）国家重点基础研究发展计划（973 计划）项目课题 23 项（新增 4 项）；承担国家高技术研究发展计划（863 计划）项目 15 项（新增 6 项）；主持或承担国家自然科学基金重大项目 4 项、重点项目 18 项、主任基金项目 3 项（新增 3 项）、面上项目 91 项（新增 34 项），承担国家自然科学基金重大研究计划重点项目 7 项（新增 1 项）；承担中国科学院战略性先导科技专项课题 1 项，主持（或承担）院重要方向项目 7 项（新增 1 项），承担国际合作项目 57 项（新增 34 项），承担重大仪器研制项目 1 项，承担院地合作项目 37 项。

2012 年，长春应化所共荣获省部级以上科技成果奖 9 项。其中“通用医用耗材制备新技术及其大规模应用”以第一完成单位荣获国家技术发明奖二等奖，制备了聚烯烃热塑性弹性医用材料及其医用耗材，避免了 PVC 类产品因塑化剂进入人体而造成的潜在危害，以及对部分药物的破坏或吸附，确保了疗效，各项性能优于国外同类产品，并实现其大规模工业化生产。吉林省科技进步奖一等奖 4 项，分别为“无机功能材料的理论研究与性质预测”、“中药活性筛选、结构表征及质量控制的应用基础研究”、“白光有机发光二极管的基础研究”和“生物分子识别与相互作用的分析化学基础研究”。入选“2012 年度中国稀土行业十大科技新闻”1 项。

全年以第一单位发表科技论文被 SCI 引用收入 806 篇。据“2011 年中国科技论文统计结果”显示，长春应化所国际论文被引用篇次位居全国研究机构第 2 名，表现不俗论文篇数位居全国科研机构第 1 名，2002～2011 年十年间 SCI 收录论文总数位居全国科研机构第 3 名。

全年申请专利 275 件、授权专利 188 件。连续 4 年专利授权超百项，2011 年国内、国际专利授权总数分别位居全国研究机构第 7 名和第 8 名。

2012 年，长春应化所国际合作与交流持续发展，成功主办 4 个国际会议，包括第五届国际高分子化学学术讨论会；高分子材料科学国际学术研讨会；第三届国际稀土资源利用会议；第一届生态环境高分子材料国际研讨会。承办了第七届中国科学院“百人学者论坛”学术年会；选派 147 人次赴国外参加国际会议、开展合作研究和学术交流；接待 263 人次国外专家学者来所进行各类学术活动。来访人员包括诺贝尔奖获得者 Robert H. Grubbs 教授，美国、俄罗斯科学院院士等。

2012 年长春应化所所地合作和成果转移转化又获新进展。长东北先进材料与技术产业园完成专用技术平台总体建设，被批准为吉林省创业孵化基地；浙江（杭州）材料与化工研究院完成土地挂牌和土地证办理，于年底正式动工；常州储能材料与器件研究院建成“镍氢电池产业化生产线”，荣获“常州市产学研合作贡献奖”；哈尔滨工程技术中心又增 4 个新项目；与富士康科技集团签署了生态环境高分子材料产业化项目合作意向书；技术转移转化中心被科技部批准为“国家技术转移示范机构”；绿色化学与过程实验室获批成为吉林省重点实验室。现有以高技术入股成立的公司共 22 家，其中上市公司 2 家（中科英华和青岛金王），从事科技开发人员 40 人。2012 年实现销售收入约 33 亿元、利润总额约 2 亿元。研究所荣获 2011 年中国科学院院地合作奖先进研究所一等奖。

长春应化所是中国化学会的挂靠单位；受中国化学会的委托，编辑出版《分析化学》（月刊）、《应用化学》（月刊）和《化学通讯》（双月刊），《分析化学》和《应用化学》持续被评为“中国科技核心期刊”，《分析化学》再次入选“中国百种杰出学术期刊”。

（撰稿：夏云龙　于　洋　审稿：周光远）

## 东北地理与农业生态研究所

**所　　长：何兴元**
**地　　址：吉林省长春市高新技术产业开发区长东北核心区盛北大街 4888 号**
**邮政编码：130102**
**电　　话：0431-85542266**
**传　　真：0431-85542298**
**电子信箱：neigae@neigae.ac.cn**
**网　　址：http://www.neigae.ac.cn**

中国科学院东北地理与农业生态研究所（以下简称“东北地理所”）成立于 1958 年 8 月 18 日。其前身是中国科学院长春地理研究所，2002 年 3 月与中国科学院黑龙江农业现代化研究所整合组建成现所，是中国科学院设在东北地区的综合性地理学与农学研究机构。

2012 年，研究所贯彻落实中国科学院“创新 2020”的总体部署，凝练发展目标，汇集主体力量，着力推进以“一二四”战略为核心的“十二五”发展规划的组织与实施，取得了良好进展。

重大突破“东北主要作物新型种植模式与关键技术”，在东北主要作物高产机理研究及示范推广方面取得重要进展，应用作物高光效新型种植模式的玉米、水稻示范面积 85 万亩，玉米增产 6% ~ 18%，水稻增产 6% ~ 15%，得到省市和地方各级领导及群众的高度赞扬，吉林省政府主要领导亲自批示，2013 年将在吉林省示范推广 200 万亩；重大突破“东北沼泽湿地碳收支及其对全球变化的响应”，在研究我国不同湿地类型温室气体的排放通量和影响机理、评估不同温度带沼泽湿地的固碳速率，以及历史碳累积速率等方面取得阶段性突破；重点培育“大豆重要性状形成机理与分子育种研究”，通过图位克隆法成功地破译大豆光周期反应的中枢调节基因 *E*1，并对其进行了功能验证，主要成果在美国科学院院刊发表，被国内外大豆研究者及育种家评论为在大豆光周期反应研究中一个重要里程碑；大豆分子育种重点实验室成功晋升为中国科学院大豆分子设计育种重点实验室，为大豆分子育种工作搭建了更好的平台。一年来，研究所不断跟进“一二四”战略实施进展，及时诊断实施中存在的问题。同时，采取“重大成果奖励基金”和“优秀青年人才基金”等一系列保障措施，确保了“一二四”发展战略顺利实施。

东北地理所设有湿地生态与环境研究中心、区域农业研究中心、遥感与地理信息研究中心和东北区域发展研究中心 4 个基本创新单元；拥有中国科学院湿地生态与环境重点实验室、中国科学院黑土区农业生态重点实验室；联合共建黑龙江省黑土生态实验室、吉林省生态恢复与生态系统管理重点实验室、吉林省碱地生态经济工程实验室 3 个省级重点实验室；建有三江平原沼泽湿地生态系统观测研究站、海伦农田生态系统观测研究站 2 个国家重点野外台站，并以三江平原沼泽湿地生态系统观测研究站为核心，建成了覆盖平原沼泽湿地、滨海湿地、滨湖湿地和森林湿地在内的东北湿地野外台站网络；此处还建有中国科学院长春净月潭遥感试验站、大安碱地生态试验站和长岭草地农牧生态研究站；设有所属图书馆和标本馆；主要下属单位：中国科学院东北地理与农业生态研究所农业技术中心。

截至 2012 年底，东北地理所共有在职职工 383 人。其中专业人员 301 人，包括中国工程院院士 1 人、研究员及正高级工程技术人员 72 人、副研究员及高级工程师技术人员 82 人；国家杰出青年科学基金获得者 1 人，中国科学院“百人计划”入选者 9 人。

东北地理所设有环境科学、地图学与地理信息系统、生态学、人文地理学、自然地理学 5 个博士学位授予点；环境科学、自然地理学、人文地理学、地图学与地理信息系统、生态学、遗传学 6 个学术型硕士学位授予点，环境工程、生物工程两个全日制专业硕士学位授予点。并设有环境科学与工程博士后流动站、地理学博士后流动站，共有在学研究生 181 人（其中硕士生 81 人、博士生 100 人）、在站博士后 22 人。

2012 年在研项目 303 项（包括新增项目 126 项），其中，承担科技支撑计划项目 1 项，课题 1 项（新增 1 项），承担公益性行业专项课题 1 项，承担国家重点基础研究发展计划（973 计划）课题 4 项（新增 1 项）；主持国家自然科学基金杰出青年基金 1 项，面上项目 126 项（新增 44 项）；主持中国科学院项目及课题 58 项（新增 24 项）、承担省院合作项目 7 项（新增 4 项），与地方政府和企业合作项目 45 项（新增 33 项）

2012 年，获得省部级以上奖励 7 项；在 SCI、EI 期刊发表论文 220 余篇，其中 SCI 论文 179 篇；发表 CSCD 论文 272 篇；出版专著 5 部；申报并受理专利 72 项，其中发明专利 66 项，授权专利 49 项，其中发明专利 38 项；获得省级审定植物新品种 1 项，软件登记 11 项；企业标准 15 项；提交咨询报告 2 项。

2012 年，依托东北地理所科研成果形成的东稻系列新品种、玉米高光效模式、低碳农业生产技术、湿地稻-苇-渔复合生态技术、海伦市前进乡农业综合开发，帮助地方政府和企业实现经济效益 4.52 亿元，利税 0.88 亿元，产生社会效益 29.28 亿元。

2012 年，成功举办国际、国内重要学术会议 15 次，9 月 12 ~ 14 日，我所成功承办“中国生态学学会 2012 年学术年会”。来自全国各地 327 个单位的 800 余位科技工作者参会，刘兴土院士、王如松院士、康乐院士、李文华院士应邀出席大会。组织学术活动 24 次，共出访 54 人次，接待来访专家 88 人，获中国科学院外国专家特聘研究员项目 2 项。

东北地理所是中国科学院湿地研究中心、吉

林省地理学会、吉林省遥感学会、吉林省环境科学学会环境地学专业委员会、中国生态学会湿地生态专业委员会的挂靠单位。主办的学术刊物中《地理科学》、*Chinese Geographical Science*、《湿地科学》均为中国科学引文数据库（CSCD）核心期刊，其中 *Chinese Geographical Science* 被 SCI-E 收录。

（撰稿：邵庆春　殷丽娅　审稿：胡乃泽）

## 上海微系统与信息技术研究所

**所　　长：王　曦**
**地　　址：上海市长宁路 865 号**
**邮政编码：200050**
**电　　话：021-62511070**
**传　　真：021-62524192**
**电子信箱：simit@mail. sin. ac. cn**
**网　　址：http://www. sim. cas. cn**

中国科学院上海微系统与信息技术研究所原名中国科学院上海冶金研究所，前身是成立于1928 年的“国立中央研究院”工程研究所，是我国最早的工学研究机构之一，新中国成立后隶属中国科学院。2001 年 8 月更名为中国科学院上海微系统与信息技术研究所（以下简称“上海微系统所”）。

上海微系统所定位于面向国家经济发展、国防建设和地方重大需求，加快电子科学与技术、信息与通信工程两大学科建设，解决“‘感知中国’网络”战略性科技问题，在 ICT 一些重要领域实现创新跨越并推广应用，成为无线传感网、宽带移动通信、微系统及相关材料与器件领域内不可替代、“四个一流”的研究机构。确定了“三个重大突破”：宽带无线传感网、MEMS 微纳传感器、高端硅基 SOI 材料；“五个重点培育”：超导新材料、器件和应用，新型相变存储器材料与器件，THz 固态技术，高可靠汽车电子芯片，高效太阳能电池。

上海微系统所现有传感技术联合国家重点实验室、微系统技术重点实验室、信息功能材料国家重点实验室，有中国科学院太赫兹固态技术重点实验室、中国科学院无线传感网与通信重点实验室，在上海、南京、杭州、无锡、嘉兴、南通与地方共建了 7 个分支机构，与中国铁路通信信号集团公司共建了轨道交通传感与传输联合实验室，与吉林大学共建了地球物理探测技术联合实验室，与德国于利希研究中心共建了超导与生物电子学联合实验室，与荷兰 IMEC 研究中心共建了“SIMIT-IMEC 物联网联合实验室”等。上海微系统所建设了十大科技支撑平台：①MEMS 微系统加工平台；②超导工艺线平台；③高端硅基晶圆片制备平台；④纳电子材料与器件平台；⑤化合物半导体工艺线平台；⑥高效太阳能研发与测试平台；⑦THz 光子学与电子学测试平台；⑧物联网公共服务平台；⑨汽车电子测试及可靠性分析平台。

截至 2012 年底，上海微系统所有在职职工 754 人，其中一线科技和管理人员 650 人，包括中国科学院院士 2 人、美国国家科学院外籍院士 1 人，研究员及正高级工程师 89 人，副研究员及高级工程师 119 人。有国家海外高层次人才引进计划（“千人计划”）入选者 5 人（新增 1 人）、“上海千人计划”入选者 2 人；国家杰出青年科学基金获得者 4 人、国家“百千万人才工程”入选者 6 人、国家基自然科学基金委创新群体 1 个；上海市科技领军人才 9 人；中国科学院“百人计划”入选者 17 人。

上海微系统所是国务院学位委员会批准的首批博士、硕士学位授予单位之一，设有“电子科学与技术”、“信息与通信工程”两个专业一级学科博士/硕士研究生培养点和“材料物理化学”专业二级学科博士/硕士研究生培养点，并设有“电子科学与技术”、“材料科学与工程”两个专业一级学科博士后流动站，“微电子学与固体电子学”专业被列入中国科学院重点学科。现有在读研究生 414 人（其中硕士生 242 人、博士生 172 人）、在站博士后 19 人。

2012 年，上海微系统所在研项目/课题 362 项（包括新增项目/课题 109 项）。其中，主持国家重大科技专项课题 13 项（新增 1 项）、参加课题 31 项（新增 9 项），主持国家重点基础研究发展计划（973 计划）项目 1 项（新增 1 项）、参加课题 14 项（新增 3 项），参加课题 8 项，主持（或承担）国家自然科学基金重点项目 3 项（新增 1 项）、面上项目 16 项（新增 7 项）、国家杰出青年科学基金项目 1 项、国家自然科学基金重大研究计划重大项目 4 项（新增 2 项），主持（或承担）中国科学院战略性先导科技专项课题 12 项（新增 12 项），主持（或承担）院重点部署项目 3 项（新增 3 项），主持（或承担）科技部、国家自然科学基金委、财政部和院重大仪器研制项目 1 项（新增 1 项），承担重点国际合作项目 5 项（新增 2 项），承担院地合作项目 15 项（新增 5 项），承担国家科技支撑计划项目 4 项（新增 2 项）

继 2009 年推进物联网成为国家战略性新兴产业后，2012 年上海微系统所聚焦宽带无线传感网在特种行业的应用，实现特种传感网和宽带无线接入在国家关键领域的规模应用。高 g 传感器将应用于国家重要战略装备。整合上海微系统所、上海微小卫星工程中心、上海新傲科技股份有限公司等的材料、工艺和平台优势，形成特种 SOI “一条龙” 生态系统，解决我国空间环境和核爆环境下的关键技术。成立中国科学院上海超导中心，建成具有国际先进水平的超导器材工艺线平台，承担科学院 B 类战略性先导科技专项。研制出我国首款自主知识产权、具有完整存储器功能的 PCRAM 芯片存储器。优化 THz 实时视频通信演示，为未来 THz 通信奠定了基础。建成我国首个薄膜硅/晶体硅异质结（HIT）太阳电池研发平台，电池转化效率达到 20. 85%。开发出高端和工程机械车载显示终端、TPMS 轮胎压力监测系统等产品，部分推向市场。一年来，在国内外刊物发表论文 395 篇，其中 SCI 收录 142 篇，EI 收录 135 篇。申请专利 268 项，授权专利 139 项。“基于工艺选择性的 MEMS 三维制造关键技术与设计方法” 获国家技术发明二等奖，“射频系统级封装技术及其应用” 获国家科技进步二等奖。

加强与企业的协作创新，推动院地合作和成果转化。与徐汇区中心医院联合成立 “生物传感技术临床研究中心”，将自主研发的多通道低温超导心磁图仪和多款生物芯片传感器、疾病检测微系统推进到临床研究应用。上海新傲科技股份有限公司从成立之初的 9 人发展到 385 人，连续 7 年销售过亿。上海瀚讯无线技术有限公司自主开发了多种型号的宽带无线移动通信产品。引进美国硅谷创业领军人才，组建了国内投资最大的 MEMS 产业化公司——上海矽睿科技有限公司，致力于打造基于 MEMS 技术的微光机电一体化解决方案和传感器关键产品。

2012 年，上海微系统所主办了 “2012 信息存储国际研讨会暨第九届光储存研讨会”、“第三届中日韩微电子机械系统/纳电子机械系统会议” 等国际会议。与德国于利希研究中心联合开展的 “高性能石墨烯场效应管阵列的研制及其在神经元网络分析中的应用” 被列入中国科学院对外合作重点项目，“SQUID 器件电路设计” 是国际上为数不多、具有独特 SQUID 设计方案的中外合作研究团队。

上海微系统所是国家传感网标准化工作组的组长单位，是全国纳米技术标准化技术委员会微纳加工工作组代管理单位，是上海传感技术学会的挂靠单位，承办科技期刊《功能材料与器件学报》。

（撰稿：孔朝晖　肖宏广　审稿：王　曦）

## 上海技术物理研究所

**所　　长：何　力**
**地　　址：上海市虹口区玉田路 500 号**
**邮政编码：200083**
**电　　话：021-25051000**
**传　　真：021-63248028**
**电子信箱：sitp@mail. sitp. ac. cn**
**网　　址：http://www. sitp. ac. cn**

中国科学院上海技术物理研究所（以下简称 “上海技物所”）始建于 1958 年 10 月，建所初期以半导体研究为主要领域和学科方向。20 世纪 60 年代，上海技物所的研究发展方向调整为红外技术，成为我国第一个红外技术与物理研究领域的专业研究所。

长期以来，上海技物所在红外、光电遥感探

测技术领域聚焦国家重大需求，坚持重大产出导向，坚持为国家重大科技战略做出重大突破性贡献，以“国家任务高于一切”作为共同价值观，逐步发展成为我国红外、光电技术领域的骨干单位和主要研发单位。上海技物所先后为风云系列气象卫星、载人航天工程、探月工程、海洋卫星、环境卫星、多种试验卫星等空间飞行器研制了红外、光电应用系统有效载荷和航天单机，取得了较好的应用效果和效益，为满足国家需求，推进国民经济和社会发展作出了重要贡献。

上海技物所围绕“红外、光电探测系统技术，红外焦平面和红外、光电系统核心元部件，红外基础物理理论与应用基础研究”三大领域，设有相应研究部门14个，建有红外物理国家重点实验室、传感器国家重点实验室（红外专业点）、中国科学院红外成像材料与器件重点实验室、中国科学院红外探测与成像技术重点实验室，以及省部共建现场物证光学探测技术联合实验室，同时由公共技术室、信息中心、精密机械加工工厂、条件保障中心、干涉仪研发平台等组成支撑保障体系。上海技物所建有工程管理和质量管理体系，依托相关研究室和平台，在承担重大有关研制工作中形成了“以航天航空遥感探测与成像仪器、装备等红外光电系统技术研究为代表，集元器件、制冷、光学薄膜等光电特种探测器及材料和光学机械加工等核心支撑技术研究，红外物理等基础性前沿前瞻研究和高技术产业为一体的”，较为完整的研发技术链和价值发展链，具备了服务国家需求、持续创造价值的发展能力。研究所还积极拓展先进医疗、太阳能电池、量子通信等新兴交叉学科领域。上海技物所是中国空间科学学会空间遥感专业委员会、上海红外与遥感学会的挂靠单位。研究所编辑出版《红外与毫米波学报》、《红外》等学术期刊。

截至2012年底，上海技物所在职职工829人，其中专业技术人员719人，包括中国科学院院士6人、中国工程院院士2人、国际欧亚科学院院士1人；研究员及正高级工程技术人员127人、副研究员及高级工程师178人；973首席科学家5人，863专家5人，型号总师、副总师9人，百千万人才国家级人选9人；“千人计划”入选者1人、中国科学院“百人计划”入选者7人、“国家杰出青年基金”获得者5人。流动人员中共有客座研究员46人、外国专家特聘研究员3人、海外知名学者7人。现有“红外探测的基础物理研究”、“太阳能电池技术研究”两个团队被列为中国科学院创新团队国际合作伙伴计划。年内引进国外杰出人才候选人3人、所级优秀创新人才1人。

上海技物所是国务院学位委员会批准的首批博士、硕士学位授予单位之一，现有电子科学与技术一级学科博士、硕士学位培养点，信号与信息处理、光学工程、制冷与低温工程、凝聚态物理、光学、摄影测量与遥感6个硕士学位培养点，建有电子科学与技术博士后流动站。2012年共有在学研究生344人（其中博士生180人、硕士生166人），在站博士后18人。

2012年，上海技物所紧密围绕“创新2020”，结合实际推进落实“一三五”规划，以满足国家战略需求、促进重大产出为重点，圆满参与完成以风云气象卫星为代表的3个航天型号、2种有效载荷和1种航天单机的发射任务，在研型号生产、重大专项，以及20多个航天型号任务、30多个有效载荷及单机等工作进展有序。积极参与各类重大战略项目的立项论证工作，新争取落实多项重大型号任务和中国科学院战略性先导科技专项项目，夯实了研究所后续发展的基础。共有在研项目237项（新增90项）：其中国家重大专项项目课题10余项；国家重点基础研究发展计划（973计划）项目（课题）12项（新增2项），中国高技术研究发展计划（863计划）项目（课题）18项（新增5项），国家科技支撑计划项目4项，国家自然科学基金重大项目1项、重点项目2项，“杰出青年基金”项目1项；中国科学院战略性先导科技专项项目10项，重点部署项目2项（新增2项），知识创新工程重大项目（课题）4项、重要方向项目14项，院地合作项目4项（新增1项），国际合作项目7项；地方政府项目40项（新增8项）；固定资产投资建设项目8项（新增1项）。为继续推进关键核心技术跨越突破和原始创新，上海技物所加大资源投入和培育力度，自主设立的所级创新专项项目达到100项（新增49项）。

2012年，上海技物所承担的“多维精细超光谱遥感成像探测技术”获国家技术发明奖二等奖、“风云三号卫星及地面应用系统”获国家科技进步二等奖（第六完成单位）、“航天高分辨率短波红外超光谱关键技术”获上海市科技进步二等奖。申请发明专利108项、授权44项。红外物理国家重点实验室运行评估获优秀类评价，成为信息学部唯一一个连续6次被评为优秀的国家重点实验室。

年内，上海技物所嘉定园区完成红外焦平面大楼、光电系统装调大楼结构封顶，综合实验楼进入施工阶段。按照“管办分离、业务一体、相对独立”原则，完成资产条件处改革重组，新建成立条件保障中心，进一步增强所的保障能力。启动并开展GJB5000A二级体系建设，深化精细质量管理，推进质量体系建设，加强型号产品质量管理和完善专项质量工作。持续健全保密、安全工作体系，先后被评为“上海市文明单位”、“上海市平安示范单位”。继续依托“种子基金”激发职工、研究生活力，推进岗位创新，丰富创新文化建设。2012年，上海技物所继续保持“全国文明单位”荣誉称号。

上海技物所加大对外投资资产管理，2012年面对全球经济环境的复杂多变和生产经营困难，对外投资中内资企业总体经营业绩呈上升趋势。继续加强院地合作交流与成果推介，推进平台建设进程，常州光电技术研究所围绕目标产品开展育成工作取得阶段性进展，与地方共建的重大平台“国家半导体照明产品质量监督检验中心”通过总体预验收。无锡分中心以移动光电探测的智能型数字城市管理技术和航定位与无线电系统技术为发展方向，开展多项科研项目研究工作。嘉兴光电工程中心于2012年3月成立，取得4项地方和企业项目。太仓光电技术研究所于2012年10月成立。

（撰稿：孙　迪　任　远　审稿：何力三）

# 上海光学精密机械研究所

**所　　长：李儒新**
**地　　址：上海市嘉定区清河路390号**
**邮政编码：201800**
**电　　话：021-69918000**
**电子信箱：siom@mail. shcnc. ac. cn**
**网　　址：http://www. siom. cas. cn**

中国科学院上海光学精密机械研究所（简称“上海光机所”）成立于1964年5月。1964年1月，中国科学院光学精密机械研究所上海分所开始筹建；5月起，研究技术人员从长春（中国科学院长春光机所）、北京（中国科学院电子所）两地连同设备器材一起陆续迁往上海嘉定，联合上海市轻工业局的长江光学仪器厂、上海市仪表局的竞明仪器厂组成了最早的中国科学院光学精密械研究所上海分所。

1964年5月建所后，上海光机所几度易名，所名变化简介如下：1964年5月——中国科学院光学精密机械研究所上海分所；1966年1月——中国科学院六五一六研究所；1968年5月——中国人民解放军第一五〇五研究所；1968年7月——中国人民解放军南字829部队；1970年10月——中国科学院上海光学精密机械研究所。

上海光机所是我国建立最早、规模最大的激光科学技术专业研究所。经过四十多年的发展，上海光机所已形成以探索现代光学重大基础及应用基础前沿、发展大型激光工程技术并开拓激光与光电子高技术应用为重点的综合性研究所。研究所重点学科领域为强激光技术、强场物理与强光光学、信息光学、量子光学、激光与光电子器件、光学材料等。

上海光机所按照中国科学院“创新2020”整体科技发展战略，不断凝练目标，制定形成了研究所“十二五”期间的“一三五”发展规划，确定了“以满足国家需求、先进制造与未来能源战略需求为着力点，夯实强激光科学技术、信息光学科学技术、光学与激光材料科学技术三大优势学科基础，挑战国际激光科学、技术与工程前沿，实现从‘相对单纯的激光技术研发’向‘为国家重大需求提供系统性解决方案’的创新转变。在先进激光技术与重大工程应用、新型光场的创立及其前沿应用开拓等领域发挥骨干和引领作用”的发展定位。

上海光机所现设8个研究室，拥有国家重点实验室1个、“中国科学院—中物院”联合实验室1个、中国科学院重点实验室4个、上海市重点实验室1个。8个实验室分别为：强场激光物理国家重点实验室、中国科学院量子光学重点实验室、中国科学院强激光材料重点实验室、高功率激光物理联合实验室、空间激光信息技术研究中心、信息光学与光电技术实验室、高密度光存储技术实验室、高功率激光单元技术研发中心。2010年起，在中、韩两国科技部领导下，上海光机所和韩国原子能研究所共建“中韩高能量密度激光物理联合研究中心”。2012年起，上海光机所与南京经济技术开发区共建“上海光机所南京先进激光技术研究院”。

上海光机所建成了国内仅有、国际为数不多的“神光”系列高功率大型激光装置，用于激光分离同位素的激光与光学系统，超短超强激光系统，激光原子冷却装置，空间全固态激光器研制平台等，并在各种新型、高性能激光器件、激光与光电子功能材料的研制方面，也达到国际先进水平。

上海光机所图书馆是一个以光学、激光、光电子信息服务为特色的专业性文献信息中心。馆藏中文科技图书3万册，外文科技图书5万册；中文期刊合订本1万册，外文期刊合订本7万册，中外文科技现刊百余种。拥有大量的电子信息资源和网络信息资源。上海光机所主办了《中国激光》、《光学学报》、《激光与光电子学进展》、*Chinese Optics Letters*（COL）、*High Power Laser Science and Engineering*（HPLaser）5种光学学术期刊。其中，COL已被SCI收录，2009年JCR影响因子为0.804；《中国激光》、《光学学报》均为EI核心刊源，CJCR影响因子在无线电·电信技术类和物理类分别排名第一；《激光与光电子学进展》为中文核心期刊、中国科技核心期刊。

截至2012年底，上海光机所共有在职职工841人。其中科技人员444人、科技支撑人员263人，包括中国科学院院士6人、中国工程院院士1人、发展中国家科学院院士2人、研究员及正高级工程技术人员89人、副研究员及高级工程技术人员173人。共有国家海外高层次人才引进计划（千人计划）入选者1人；“青年千人计划”入选者2人（新增1人）；中国科学院“百人计划”入选者22人（新增2人）；国家杰出青年科学基金获得者4人（新增1人）。

上海光机所是1981年国务院学位委员会批准的博士、硕士学位授予权单位之一，上海光机所是中国科学院博士生重点培养基地之一，是国内最早获得硕士、博士学位授予权和设立博士后流动站的单位之一，目前具有物理学、光学工程、材料科学与工程3个一级学科的博士培养点和博士后流动站，具有科学技术史一级学科硕士培养点。共有在学研究生472人（其中硕士生267人、博士生205人）、在站博士后10人。

2012年，中国科学院上海光学精密机械研究所共有在研项目373项（包括新增项目147项）。其中，承担国家重大科技专项课题79项（新增38项；主持（或承担）国家重点基础研究发展计划（973计划）和国家重大科学研究计划项目1项；承担（或参加）课题11项（新增2项）；主持（或承担）国家高技术研究发展计划（863计划）项目51项（新增24项）；主持（或承担）国家自然科学基金重点项目9项（新增4项）、面上项目36项（新增15项）、国家杰出青年科学基金项目2项（新增1项）、国家基金创新群体项目1项；主持（或承担）院重点部署项目9项（新增4项）；国家自然科学基金委重大仪器研制项目1项；承担重点国际合作项目6项（新增3项）；承担院地合作项目2项；承担上海市科技项目36（新增13项）。

2012年是上海光机所“一三五”着力推进落实的一年，研究所实现了全年科研工作目标，年度到位科研经费再创历史新高。“飞秒拍瓦级超强超短钛宝石激光技术及其重要应用”获2012年度上海市科技进步奖一等奖；“超强超短激光驱动的尾波场电子加速研究取得突破性进展”，被遴选为2011年中国科学家具有影响力的工作（共遴选19项）之一；“高功率激光装置前端预放系统的全域控制关键技术”、“高性能高损失阈值介质激光薄膜”和“大口径薄膜光学元件激光预处理技术工艺研究及定型”分获2012年度军队科技进步奖二等奖；首次利用飞秒强激光非线性成丝，实现人工降雪；神光-II装置，近年来平均全年运行成功率超过90%，为各类物理实验提供大能量打靶近5000发次，运行水平与物理实验平均成功率均达到国际同类装置先进水平，2012年度获中国科学院重大科技基础设施综合运行奖；2012年11月，建成高功率激光钕玻璃连熔中试线（目前世界唯一），已获得80片合格钕玻璃片，同时，连熔钕玻璃在中物院八所大单路装置上已验证实现>15kJ激光输出（与美国NIF水平相当）；2012年9月，高功率激光基频偏振膜参加SPIE组织的全球偏振膜激光损伤阈值水平竞赛获最佳结果；国内首次实现接近实用深度的机载激光通信链路贯通实验，取得阶段性突破，处于国内领先地位，达到国际先进水平；成功实现野外22.5km强度关联三维成像原理演示验证，项目原理及技术方案具有原创性，处于国际领先水平；脉冲光抽运（POP）原子钟完成实验室样机研制，采用正交偏振检测技术，实现国际最高信号对比度（90%），频率稳定度达到$2.16\times10^{-12}$@秒，$5\times10^{-15}$@万秒。

上海光机所全年申请专利180项，其中国外专利3项，发明专利申请数169项；授权专利数63项，其中发明专利授权数60项。发表论文550篇，其中SCIE收录402篇。

院地合作及科技成果转移转化方面，2012年上海光机所新投资成立上海飞博激光科技有限公司和南京中科神光科技有限公司，目前我所控（参）股企业10余家，从事科技开发人员数150多人，形成产值3亿多元。同时，上海光机所积极推动本所的知识产权等无形资产的开发和利用，专利转让（含作价入股）11项，产生直接经济效益1120万元。

2012年6月19日，上海光机所与南京经济技术开发区管委会签订合作协议，双方本着优势互补，共同发展的原则，共同建设上海光机所南京先进激光技术研究院，开展面向激光技术领域的高技术研发、成果孵化及产业化。将重点开展面向光电显示等领域的新技术研发与技术服务工作。同时，上海光机所与福建闽能集团等大型企业开展全面合作；2012年新成立的上海飞博激光科技有限公司产品打破国外企业对我国的垄断，对我国先进制造业产业的升级具有重要意义；上海恒昊太阳能技术公司2012年产品计划全部被美国SUNPOWER公司包销。

国际合作方面，2012年上海光机所围绕国家“十二五”规划，按照中国科学院“创新2020”发展规划的要求，紧密结合上海光机所“一三五”发展目标，在高功率激光、信息光学、光学与激光材料科技领域与美国、以色列、白俄罗斯等国家开展了实质性合作。2012年4月28日，中国全国政协副主席、科技部部长万钢和韩国科技部部长李周浩在上海光机所共同为“中韩高能量密度激光物理联合研究中心”揭牌。万钢在致辞中指出，“中韩高能量密度激光物理联合研究中心”是中、韩两国在科技领域深化合作的又一重要成果。

上海光机所依托高功率大型激光装置，实施了科技部重大项目“中以高功率激光技术”合作研究项目，与以色列SOREQ原子能研究中心开展“高功率激光装置（NLF）合作研究”，该项目开启了我国在高功率激光技术领域实质性国际合作的新篇章，标志着中国科学院在高功率激光总体与单元技术方面已具备了较强的国际影响力和先进技术输出能力。上海光机2012年新启动了2项国际合作项目开展，并新增加了2项国际合作协议的签订。

2012年，上海光机所新聘任2位“外国专家特聘研究员”来所开展合作研究，进行有关的学术交流及实验指导，161名科研人员赴国（境）外，参加有关的学术会议并做相关的报告或做短期的合作研究，共接待347名访问学者来所访问、参加国际会议、作短期合作研究。2012年，上海光机所策划举办了6个较大规模的高水平国际会议，5个小型的双边国际会议。其中，2012年5月27～30日，上海光机所主办了“第八届亚太激光会议”；2012年9月23～26日，主办了“第十届超强激光原子物理国际会议”。

挂靠上海光机所的相关专业学会有中国光学学会激光专业委员会、中国光学学会光学材料专业委员会、中国硅酸盐协会特种玻璃分会。

（撰稿：屈　炜　沈　力　审稿：祝如荣）

## 上海硅酸盐研究所

副所长（主持工作）：王龙根
地　　址：上海市定西路1295号
邮政编码：200050
电　　话：021-52412990
传　　真：021-52413903
电子信箱：siccas@mail. sic. ac. cn
网　　址：http://www. sic. ac. cn

中国科学院上海硅酸盐研究所（以下简称“硅酸盐所”）前身为1928年成立的国立中央研究院工程研究所窑业组。1959年1月12日由中国科学院冶金陶瓷研究所分出独立建所。1984年改为现名。

硅酸盐所是以基础性研究为先导，以高技术创新和应用发展研究为主体的无机非金属材料综合性研究机构。学科方向是先进无机材料科学与工程，主要研究领域涵盖人工晶体、高性能结构与功能陶瓷、特种玻璃、无机涂层、生物环境材料、能源材料、复合材料及先进无机材料性能检测与表征等，是国内该领域科学研究单位中门类最为齐全的研究所。

2012年度，硅酸盐所科研工作紧密围绕“一三五”规划落实，优化科技布局，创新科研活动组织模式，以重大产出为导向调整资源配置，将战略规划落实到队伍、项目、平台、资源配置和体制机制等环节中，“三个重大突破”顺利推进，承担科研项目能力持续提升，科研产出成果丰硕，多项科研项目取得重要进展。

硅酸盐所设有：高性能陶瓷和超微结构国家重点实验室、中国科学院特种无机涂层重点实验室（特种无机涂层研究中心）、中国科学院透明光功能无机材料重点实验室（人工晶体研究中心）、中国科学院能量转换材料重点实验室（上海无机能源材料与电源工程技术研究中心）、中国科学院无机功能材料与器件重点实验室、结构陶瓷与复合材料工程研究中心（复合材料研究中心）、生物材料与组织工程研究中心、古陶瓷与工业陶瓷研究中心（古陶瓷科学研究国家文物局重点科研基地）等科研部门；还设有通过国家认证的无机材料分析测试中心、以中试生产为主要任务的中试基地以及信息情报中心等技术支撑部门。上海硅酸盐学会、上海硅酸盐工业协会和上海古陶瓷科学技术研究会挂靠在上海硅酸盐所。此外，硅酸盐所与康宁公司共建有上海硅酸盐所-索尼联合实验室、上海硅酸盐所-康宁联合实验室。

截至2012年底，硅酸盐所共有在职职工712人。其中，科技人员534人、科技支撑人员178人，包括中国科学院院士2人、中国工程院院士3人（1人为两院院士）、发展中国家科学院院士2人、研究员及正高级工程技术人员96人、副研究员及高级工程技术人员188人，全所进入创新岗位人员共有502人。

共有国家海外高层次人才引进计划（千人计划）入选者1人，“青年千人计划”入选者1人、中组部直接联系专家6人；中国科学院“百人计划”入选者28人；国家杰出青年科学基金获得者8人（新增1人）、国家级“百千万人才工程”入选者4人、973首席专家1人、863主题专家1人、上海市“千人计划”2人、上海市领军人才5人（新增2人）。

硅酸盐所是国内首批国务院学位委员会批准的博士、硕士学位授予权单位之一，现有设有材料科学与工程、物理学、化学3个专业一级学科博士和硕士研究生培养点，并设有材料科学与工程学科1个专业一级学科博士后流动站，共有在学研究生473人（其中，硕士研究生261人，博士研究生212人），在站博士后10人。

2012年，硅酸盐所有在研项目281项（新增项目79项）。其中，主持（或承担）国家重点基础研究发展计划（973计划）和国家重大科学研究计划项目6项（新增4项），主持（或承担）国家高技术研究发展计划（863计划）项目4项（新增2项），国家科技支撑计划2项；国家发改委高技术产业化项目1项；主持（或承担）国家自然科学基金重点项目6项（新增3项）、国家杰出青年基金项目2项（新增1项）、国家优秀青年科学基金1项；中国科学院战略性先导科技专项和重点部署项目4项（新增4项）；

承担院地合作项目54项（新增16项）。

2012年，共申请专利249件，其中发明专利240件，实用新型专利8件，获得批准专利162件，其中发明专利150件。共发表SCI收录的论文612篇，EI收录的论文数为620篇，影响因子大于3的论文182篇。中文编著3部，外文编著6部。根据中国科学技术信息研究所公布的《中国科技论文统计结果（2012）》，2011年度硅酸盐所国际论文累计被引用篇数为2787篇，被引用次数为38 404次，排名居全国科研机构第8位。

2012年度硅酸盐所共取得科技成果68项，科研成果获得省部级科技奖励8项，其中国家技术发明奖二等奖1项，上海市自然科学奖一等奖1项，上海市技术发明奖一等奖2项，军队科技进步二等奖2项，军队科技进步三等奖1项，科工局科技发明奖三等奖1项。

硅酸盐所拥有投资公司9家：上海硅酸盐研究所中试基地、上海西卡思新技术总公司、浙江中科天一照明有限公司、宁波韵升光通信技术有限公司、上海纳米技术及应用国家工程研究中心有限公司、上海奇创光电科技有限公司、苏州创元新材料科技有限公司、上海电气钠硫储能技术有限公司、佛山金智节能膜有限公司。产品主要为各类晶体、陶瓷、复合材料与器件等。从事科技开发的人员有241人，2012年公司总产值为2.16亿。

2012年，硅酸盐所科研人员赴国外参加国际会议、项目合作、技术培训、博士生联合培养等共计258人次；接待来所访问、学术交流、国外学生来所培养、洽谈项目合作等外国专家、学者和代表团400人次；举办和承办了“第十三届环境友好材料合成与设计国际研讨会”、“2012中俄铁电/光学材料及其应用论坛”等6次国际会议。硅酸盐所执行了12项政府间和院级重要合作项目。与国际知名研究所、大学合作与交流，新签合作协议6项。

硅酸盐所是上海硅酸盐学会、上海硅酸盐工业协会和上海古陶瓷科学技术研究会挂靠单位。上海硅酸盐所主办的《无机材料学报》被美国科学引文索引数据库（SCIE）、美国工程索引数据库（EI）、美国化学文摘（CA）、国家科技部中国科技论文与引文数据库（CSTPCD）、中国科学院文献情报中心中国科学引文数据库（CSCD）、中国核心期刊数据库、中国学术期刊文摘、中国科技期刊精品数据库、中文科技期刊数据库、中国学术期刊综合评价数据库（CAJCED）、中国期刊全文数据库（CJFD）等收录。根据北京中国科技论文统计结果发布会信息，《无机材料学报》再次入选中国精品科技期刊。另根据《中国科技论文统计结果（2012）》及《中国学术期刊国际引证报告（2012版）》，无机材料学报荣获获“2011中国百种杰出学术期刊”及“2012中国最具国际影响力学术期刊”称号。

（撰稿：彭　芳　徐　畅　审稿：刘　岩）

## 上海有机化学研究所

**所　　长：丁奎玲**
**地　　址：上海市徐汇区零陵路345号**
**邮政编码：200032**
**电　　话：021-54925000**
**传　　真：021-64166128**
**电子信箱：sioc@mail. sioc. ac. cn**
**网　　址：http://www. sioc. ac. cn**

中国科学院上海有机化学研究所（简称“上海有机所”）于1950年5月在前中央研究院化学研究所（建于1928年）、前北平研究院化学研究所与药物研究所的基础上成立，名为中国科学院有机化学研究所。1970年，经中国科学院和上海市革委会批准改为现名。

上海有机所坚持基础研究与应用研究并重，发挥有机合成化学的创造性，加强与生命科学、材料科学的交叉与融合；致力于推动我国化学转化方法学、化学生物学、有机新材料科学等重点学科领域的发展；在有机化学基础研究、新医药农药和高性能有机材料创制方面实现新的突破；引领有机化学学科前沿的发展，满足国家战略需求，努力建设成为国际一流的有机化学研究中心。

上海有机所按8大学科设有生命有机化学、金属有机化学2个国家重点实验室，有机氟化学、天然产物有机合成化学2个中国科学院重点实验室，物理有机化学、高分子材料、计算机化学与化学信息学、分析化学（含测试分析中心）4个所级研究室和中国科学院有机合成工程研究中心。此外，还有与国内外大学、企业等联合共建的沪港化学合成联合实验室、SIOC-CAS联合文献中心、上海质谱中心（有机）、上海化学化工数据中心等联合单元。

截至2012年底，上海有机所共有在职职工842人。其中科技人员672人、科技支撑人员117人，包括中国科学院院士8人、研究员及正高级工程技术人员65人、副研究员及高级工程技术人员154人；全所进入创新岗位550人。

共有国家海外高层次人才引进计划（“千人计划”）入选者2人，国家“青年千人计划”入选者3人（新增2人）；青年拔尖人才支持计划入选者1人；中国科学院“百人计划”入选者31人，国家杰出青年科学基金获得者20人（新增1人）。

上海有机所是1981年国务院学位委员会批准的首批博士、硕士学位授予单位之一。现设有机化学、分析化学、高分子化学与物理3个二级学科研究生培养点，化学工程、材料工程、生物工程3个专业硕士领域培养点。并设有化学1个专业一级学科博士后流动站。共有在学研究生476人（其中硕士生309人、博士生167人），在站博士后21人。

2012年，上海有机所共有在研项目349项（包括新增项目123项）。其中，承担国家重大科技专项课题7项（新增2项），主持（或承担）国家重点基础研究发展计划（973计划）和国家重大科学研究计划项目2项、承担（或参加）课题31项（新增6项），主持（或承担）国家高技术研究发展计划（863计划）项目1项（新增1项）；主持（或承担）国家自然科学基金重点项目13项（新增2项）、面上项目50项（新增25项）、国家杰出青年科学基金项目4项（新增1项）、国家自然科学基金重大研究计划重点项目1项（新增1项）；主持（或承担）中国科学院战略性先导科技专项课题5项，主持（或承担）院重点部署项目3项（新增1项）；承担重点国际合作项目3项；承担院地合作项目17项（新增5项）。

2012年，上海有机所着力推进“一三五”战略规划，科研工作取得了一系列重要进展。“三个重大突破”取得进展显著，“高性能聚烯烃材料制备的关键科学、技术与应用”方面，通过与九江中科鑫星新材料有限公司合作，加快了超高分子量聚乙烯产业化进程，采用新技术后，在改建的千吨/年生产线上产出的产品性能已达到或超过国际先进水准。“化学理念指导的抗生素生产菌种遗传改造关键技术研究与应用”方面，在阿维菌素生产菌种改造中获得的新一代重组菌株，其发酵效价提高一倍，无效组分减少约60%，新工艺的纯化过程中将不再使用甲苯等有毒溶剂，将有效地改善劳动条件和生产安全性，极大地降低环境污染，提升我国相关传统抗生素产业的核心竞争力。“绿色农药创制关键技术研究与应用”方面，目前丙酯草醚/异丙酯草醚已累计推广面积超过2000多万亩。同时，从上海有机所特有的一些含氟砌块出发，设计、合成了一系列新化合物，并开展了室内生物活性筛选，初步发现了具有潜在应用前景的高活性化合物，为我国绿色化学农药的可持续发展打下坚实的基础。

2012年，上海有机所取得了一系列的丰硕成果，获得国家自然科学奖二等奖1项（基于边臂策略的立体化学控制与催化研究）、上海市自然科学一等奖1项（基于手性膦氮配体的不对称催化）及中华全国工商业联合会科技进步一等奖1项（抗肿瘤新药盐酸吉西他滨及制剂（泽菲）的研究和产业化）。共发表了601篇论文，较2011年增长74%，而且发表论文的质量得到大幅度提高，影响因子≥JACS（9.907）的论文有51篇（上海有机所为第一单位），其中《德国应用化学》（*Angew. Chem. Int. Ed.*）上33篇（其中第一单位25篇）、《美国化学会志》（*J. Am. Chem. Soc.*）27篇（其中第一单位19篇）、《英国皇家学会化学会评论》（*Chem. Soc. Rev.*）4篇（其中第一单位4篇）。共申请发明专利60项，其中PCT申请2件、美国专利1件、欧洲专利2件、日本专利1件、韩国专利1件，发明专利申请比例为100%；授权专利60件，软件著作权2件，软件著作权登记2项，目前维持有效的发明专利290余项。出版著作和章节合计18项。

上海有机所在国际合作交流方面，注重发展与跨国公司及高技术企业之间的沟通，形成实质性的科技合作，与 Merck Chemicals Limited、德国拜耳先灵医药公司、德国汉高、法国 L'Oreal 公司、PFIZER 公司、瑞士 Syngenta 公司、美国 Michigen 生命科学院、诺华生物医药、美国 Vertex 制药公司、美国 Tetramer 技术有限公司、英国 Biotica 技术有限公司、瑞士 Syngenta 公司等签订了20多个不同层次的新的项目合作协议，实现了我所的国际合作交流向合作研究发展。2012年，成功主办了第一届有机与生物化学国际研讨会、第十二届催化与传感中英双边会议、第五届国际均相催化论坛。共邀请和接待了150多人次的来访；外派140人次参加国际会议、进行合作研究、考察访问等。其中受邀在国际系列学术会议上做大会报告的有22人次。

受中国化学会委托，上海有机所负责编辑出版《化学学报》、《中国化学》和《有机化学》。

（撰稿：黄智静　蔡正骏　审稿：郑静芳）

## 上海应用物理研究所


**所　　长：赵振堂**

**地　　址：上海市嘉定区嘉罗公路2019号（嘉定园区）**

**上海市浦东新区张衡路239号（张江园区）**

**邮政编码：201800（嘉定园区）**

**201204（张江园区）**

**电　　话：021-59553998；021-33933998**

**传　　真：021-59553021；021-33933021**

**电子信箱：sinap00@sinap.ac.cn**

**网　　址：http://www.sinap.cas.cn**


中国科学院上海应用物理研究所（以下简称“上海应物所”）成立于1959年，原名中国科学院上海原子核研究所，2003年6月经国家批准改为现名。

上海应物所是国立综合性核技术科学研究机构，在核科学技术领域从事面向世界科技前沿和国家战略需求的基础与应用研究，开展原始创新和集成创新，致力于钍基熔盐堆核能系统的研究发展；致力于同步辐射光源和自由电子激光的大科学装置研制、运行与利用；致力于核科技前沿交叉的研究与核技术应用，以期将研究所建成我国独具特色，不可替代和具有国际竞争力的研究机构。上海应物所是国家重大科技基础设施——上海光源（SSRF）的工程承建和运行单位，并建有“中国科学院核分析技术重点实验室”、“上海市低温超导高频腔技术重点实验室”；拥有两大园区，分别坐落于上海市科技卫星城嘉定区和浦东张江高科技园区，占地面积共700余亩。

截至2012年底，中国科学院上海应物所共有在职职工1090人。其中科技人员944人，包括中国科学院院士2人、研究员及正高级工程技术人员96人、副研究员及高级工程技术人员161人；中国科学院“百人计划”入选者15人（新增1人）；国家杰出青年科学基金获得者5人（新增1人）；973项目首席科学家5人。

上海应物所是1981年国务院学位委员会批准的博士、硕士学位授予权单位之一，现设有核科学与技术、物理学2个专业一级学科博士研究生培养点，无机化学专业二级学科博士研究生培养点，核科学与技术、物理学、化学3个专业一级学科硕士研究生培养点，以及光学工程、电磁场与微波技术、信号与信息处理、生物物理学4个专业二级学科硕士研究生培养点，还设有光学工程、电子与通信工程、核能与核技术工程、生物工程4个专业二级学科专业学位硕士研究生培养点，并设有核科学与技术、物理学2个专业一级学科博士后流动站，共有在学研究生361人（其中硕士生185人、博士生176人），在站博士后16人。

2012年，上海应物所共有在研项目196项（包括新增项目53项）。其中，主持国家重点基础研究发展计划（973计划）和国家重大科学研究计划项目3项、承担课题19项（新增3项）；主持国家自然科学基金重点项目5项、面上项目

85 项（新增 22 项）、国家杰出青年科学基金项目 1 项（新增 1 项）；主持中国科学院战略性先导科技专项课题 1 项，主持（科技部、国家自然科学基金委、财政部和院）重大仪器研制项目 1 项；承担重点国际合作项目 1 项（新增 1 项）。

2012 年，上海应物所加速推进“一三五”规划，由布局启动转入全面攻坚阶段。在这一年中，钍基熔盐堆核能系统先导专项全面实施，按优化后的目标扎实推进各项工作；上海光源大科学装置稳步、高效运行开放，持续产出重大成果，后续建设按计划展开；核科技与前沿交叉创新研究及核技术应用取得了丰硕的成果。上海应用物理所积极落实中国科学院“出成果、出人才、出思想”的发展战略，攻坚克难、团结奋进，呈现出良好的发展局面。

2012 年，上海光源大科学装置稳步、高效运行开放，于 12 月 6 日正式开始恒流模式用户运行。全年共收到用户课题申请 4752 份，申请机时 101 896 小时。用户来自生命科学、凝聚态物理、化学、材料科学、地质考古学、环境和地球科学、高分子科学、医学药学、信息科学等学科领域，涉及 187 家单位，实验人员达 4610 人次，共计 2429 人。上海光源支撑用户产出丰硕成果，目前已发表（接收）论文 318 篇，其中 SCI 一区的文章 71 篇，包括 *Science*、*Nature*、*Cell* 等国际顶级刊物论文 8 篇，*Nature* 和 *Cell* 系列子刊论文 16 篇，产生了重要的国际影响。上海光源后续工程建按计划实施、推进，完成了 X 射线自由电子激光试验装置可研报告的中咨公司组织的评审，完成了上海光源线站工程项建书的科学院评审并将正式上报发改委；上海光源蛋白质设施光束线与梦之线建设进展顺利，2013 年底将全面建成向用户开放。光源相关的新原理实验验证、关键技术和实验方法研究取得了长足发展，在国际上率先实现了 EEHG-FEL 受激放大和 HGHG-FEL 大范围调谐，在上海光源微聚焦束线上获得了百纳米量级的硬 X 射线聚焦光束并用于用户实验。

2012 年，中国科学院战略性先导科技专项“未来先进核裂变能——钍基熔盐堆核能系统”（TMSR）按计划顺利实施和推进，进一步明确了专项科技目标、技术路线和实施方案，专项科研攻关全面启动，建成首个硝酸盐实验回路、反应堆设计平台、堆材料测试平台、熔盐实验室，完成熔盐泵及控制棒首个样机等的研制；完成了 2MW 钍基熔盐实验堆（液态和固态）预概念设计与国际评审；初步形成一支年轻、有活力和成规模的专项基本科技队伍。广泛开展国际合作，在中美核能合作协议框架下，2012 年对美合作交流取得实质进展。

2012 年，上海应物所积极推进基于大科学装置的 In-house 研究，在界面分子表征与生物成像等方面取得了可喜的成果。同时，在核科学技术与前沿交叉学科研究领域也获得重要进展，在核核碰撞研究、纳米尺度的物理生物学研究、生物表面水的特性研究等方面作出了有特色工作和成绩。上海应用物理所全年发表期刊论文 226 篇，其中 SCI 收录论文 155 篇，以第一作者单位发表影响因子大于 5 的论文 29 篇；申请专利 100 个，专利授权 62 个。

2012 年，上海应物所与加拿大光源、斯洛文尼亚的 COSYLAB 实验室、澳大利亚联邦科学与工业研究组织、巴西同步辐射实验室等国外著名的科研机构签署了合作协议。全年出访 426 人次，来访 530 余人次。2012 年度，续聘“外国专家特聘研究员”和“外籍青年科学家”各 1 名，新聘“外国专家特聘研究员”1 名，邀请了 50 余名国际同步辐射领域的知名专家访问我所，进行学术交流与技术合作。2012 年，共举办“第七届同步辐射装备和仪器机械工程设计国际会议”等国际学术会议 8 个。

上海应物所是上海市核学会、中国核学会辐射研究与辐射工艺学分会的挂靠单位；主办《核技术》、《核科学与技术》（英文版）、《辐射研究与辐射工艺学报》等学术刊物。

（撰稿：蔡　雨　周　韡　审稿：赵振堂）

## 上海天文台

**台　　长：洪晓瑜**

**地　　址：上海市徐汇区南丹路 80 号**

**邮政编码：200030**

电　　话：021-64386191
传　　真：021-64384618
电子信箱：office@shao.ac.cn
网　　址：http://www.shao.ac.cn

中国科学院上海天文台（简称“上海天文台”）成立于1962年，其前身是1872年建立的徐家汇天文台和1900年建立的佘山天文台。目前总部设在上海市徐汇区，天文观测台站位于上海松江佘山。

上海天文台以天文地球动力学、行星科学和星系宇宙学为主要学科方向，同时积极发展现代天文观测技术和时频技术，为天文研究和国家战略需求提供科学和技术支持。上海天文台坚持面向世界科学前沿和面向国家战略需求的新时期办院方针，积极承担国家和有关部委的重要科研和国家重大需求任务，如参加月球探测任务、主持“973”项目等。

根据中国科学院与上海天文台签订的“十二五”任务书和上海天文台“一三五”规划的要求，2012年率先布置了三个重点培育项目，包括：主动型氢钟小型化研究；中国VLBI网天文应用的相关处理平台；基于旋转浇铸法的轻质量蜂窝镜面制造技术研究。

上海天文台是中国科学院重点实验室“中国科学院行星科学重点实验室”依托单位。上海天文台设有天文地球动力学研究中心、星系和宇宙学研究中心、VLBI研究室、光学天文技术研究室、时间频率技术研究室5个研究部门，下设8个创新研究团组、1个创新实验室和1个创新观测基地；拥有甚长基线干涉测量（VLBI）观测台站（65m、25m口径射电望远镜各一台）、VLBI数据处理中心、1.56m口径光学望远镜、60cm口径卫星激光测距望远镜（SLR）、全球定位系统（GPS）等多项现代空间天文观测技术和国际一流的观测基地和资料分析研究中心，是世界上同时拥有这些技术的7个台站之一。上海天文台是全国科普教育基地、全国青少年科技基地、上海市青少年教育基地和上海市科普教育基地。

截至2012年底，上海天文台共有在职职工255人，其中科技人员185人，科技支撑人员16人，包括中国科学院院士1人、中国工程院院士1人、研究员及正高级工程技术人员50人、副研究员二级及高级工程技术人员57人。有中国科学院“百人计划”入选者16人；国家杰出青年科学基金获得者6人。

上海天文台是1981年国务院学位委员会批准的博士、硕士学位授予权单位之一，现设有天文学1个一级学科博士培养点，天体物理、天体测量与天体力学、天文技术与方法3个专业的二级学科博士培养点；设有天体物理、天体测量与天体力学、天文技术与方法、仪器仪表工程4个专业的二级学科硕士培养点；并设有天文学1个一级学科博士后流动站，天体物理、天体测量与天体力学、天文技术与方法3个专业的二级学科博士后流动站；共有在学研究生137人（其中硕士生72人，博士生65人；外国留学生3人）、在站博士后21人。

2012年，上海天文台共有在研项目367项，其中国家重点基础研究发展计划（973计划）项目或课题2项，中国高技术研究发展计划（863计划）项目或课题7项；国家自然科学基金面上项目30项、重点和联合重点项目5项，“杰出青年基金”项目3项，创新群体项目1项；主持中国科学院知识创新工程重要方向项目1项，院市合作重大项目1项，海外团队1项，修购专项4项，信息化专项1项，外籍人才专项2项。

2012年新争取到各类项目134项。其中国家自然科学基金委面上项目9项，重点项目2项，青年科学基金项目12项，海外及港澳学者合作研究基金1项、国际合作与交流项目2项，专项基金项目2项，联合基金项目2项；中国科学院战略性先导科学专项课题2项，外籍人才专项3项，财政部修缮购置专项4项；自然科学基金项目4项，上海市地方匹配资金项目3项，浦江人才计划2项。

2012年，上海天文台各项工作进展良好。①上海65m射电望远镜于本年落成，并成功开展试观测，该成果入选了2012年度中国十大科技进展和国防科技工业十大新闻。②SHAO-1项目，开展了CE-3科研项目和条件建设工作以及探月工程三期科研与条件建设建议书申报与预研项目的研制工作，并继续执行CE-2延拓任务。

③“空间毫米波 VLBI 阵列”项目完成了初步方案报告、科学目标与有效载荷配置初步方案报告、关键技术可行性研究报告，进入空间科学背景型号项目阶段，继续开展科学目标凝练和关键技术攻关。④SHAO-2 项目中，参加我国卫星导航系统的联调联试工作，保证了我国导航系统的正式开通服务，按节点进度开展二代导航试验系统的关键技术攻关工作。⑤通过“中国大陆构造环境监测网络”验收，继续负责 SLR 日常运行和 ILRS 数据分析中心日常任务。⑥研制的激光反射器在天宫一号和神九对接发挥重要作用。

2012 年，上海天文台集体和个人获得上级机关和其他有关单位授予的各类先进等荣誉称号共 49 项。其中：集体荣誉称号 21 项，个人荣誉称号 28 项。上海天文台被授予上海市平安单位、上海市治安保卫工作先进集体、上海市建设健康城市先进单位，探月团队获得中国科学院第五届创新文化建设优秀团队，天文技术与 VLBI 室联合党支部获得全国创先争优先进基层党支部，佘山科技园区一期工程建设工地被评为 2012 年度市重大工程文明工地，65m 项目获得上海市重点工程实事立功竞赛优秀集体等。叶叔华院士荣获中国天文学会 90 周年最高荣誉奖，张鹏杰研究员荣获中国天文学会第三届黄授书奖等。

进一步夯实院地合作成果。2012 年 6 月 21 日，中国科学院上海天文台与上海交通大学签署战略合作备忘录。备忘录的签订目标是以“长期稳定、优势互补、协同创新、共同发展”为宗旨，在已有合作的基础上，实现资源共享，充分发挥各自优势，寻求管理机制上的改革突破，共同构建教学—科研一体化的天文合作创新体系，努力促进我国天文事业发展及相关领域的进步。未来上海交大与上海天文台的实质性合作将涉及天体物理、天体测量和天体力学、天文技术、物理学、光学、电子信息与电气工程技术、机械与动力工程技术等理工领域。

2012 年度，上海天文台以科研项目为依托，积极开展国际合作与交流，本年度出访 90 批共计 167 人次，来访 60 人次。聘用国外名誉和客座研究员 2 人，接收国外博士后 2 人。成功举办国际会议 4 项：国际空间大地测量与地球系统会议、台 2012 年天体物理研讨会、天文学新技术发展研讨会、BigBOSS 星系宇宙学小型研讨会。主要国际合作项目包括：以上海天文台与美国国立射电天文台合作备忘录为基础，积极利用美国 VLBA 观测设备开展射电天文观测研究；以“中国科学院—德国马普学会伙伴小组”为纽带，继续加强中德星系宇宙学合作；积极开展空间目标全球光电观测网的建设；继续执行荷兰皇家文理学院与中国科学院的院级协议交流项目。

上海天文台是上海天文学会挂靠单位，负责主办《上海天文台年刊》、《天文学进展》，以及《地球自转参数年报》、《地球自转参数公报》、《原子时公报》等期刊。

（撰稿：孙东旭　审稿：汪显坤）

## 上海生命科学研究院

**院　　长：陈晓亚**
**地　　址：上海市岳阳路 320 号**
**邮政编码：200031**
**电　　话：021－54920021**
**传　　真：021－54920078**
**电子信箱：sibs@sibs.ac.cn**
**网　　址：http://www.sibs.cas.cn**

中国科学院上海生命科学研究院（简称“上海生科院”）成立于 1999 年 7 月，是由原中国科学院上海生物化学研究所、上海细胞生物学研究所、上海生理研究所、上海脑研究所、上海药物研究所、上海植物生理研究所、上海昆虫研究所和上海生物工程研究中心共 8 个生物学研究机构经结构调整、体制创新组建而成，中国科学院国家基因研究中心、中国科学院上海生命科学研究中心、中国科学院上海实验动物中心、中国科学院上海文献情报中心等也先后整建制并入。“十五”期间，先后共建或新建了上海生科院/上海交通大学医学院健康科学研究所、营养科学研究所、上海巴斯德研究所、中国科学院—马普学会计算生物学伙伴研究所。

“十二五”期间，上海生科院努力探索有利于科技创新的体制机制，瞄准国际生命科学前沿领域，针对国家重大战略需求，聚焦生命现象本质、人口健康和农业发展的关键科学问题开展研究，力争在“神经疾病靶点”、“染色质结构与功能的调控”、“干细胞谱系建立及应用基础研究”、“中国人群营养与代谢遗传特征”、“丙肝的致病分子机制和治疗新标准”、“简小最适基因组人造生命体系合成与工业生物技术”6个重大科学问题上取得突破，将上海生科院建设成为综合、大型、跨领域、国际化、布局合理、具有强大竞争力和重要影响力的生命科学和健康科学研究基地和人才培养基地。

2012年，上海生科院紧紧围绕建设我国人口健康与生物医药自主创新核心的根本任务，紧密结合研究所“一三五”规划与上海生科院“一六十”规划，把进一步凝练科技创新目标、优化科技布局、加强前瞻部署，构建完善的科技创新价值链作为工作重点，努力促进院所科技创新与持续发展。

上海生科院重点研究领域包括：功能基因组、蛋白质组和生物信息学，生物大分子的结构、相互作用及功能，细胞活动的分子网络调控，脑发育与脑功能的分子与细胞机制研究，防治重要疾病的新药研究开发、中药现代化研究以及药物研究的理论和方法，植物分子生理和植物与环境的相互作用，生物技术的创新和应用，生物医学转化型研究，现代营养科学研究，病毒学与免疫学研究，计算生物学研究，以及生命科学与其他学科的交叉研究。

上海生科院成员单位包括2个独立法人单位、6个非法人研究机构及若干个新建非法人研究单元。

**生物化学与细胞生物学研究所** 成立于2000年，前身是1950年成立的中国科学院生理生化研究所“生化大组”（后于1958年独立建所，为生物化学研究所）与1950年成立的中国科学院实验生物研究所“发生生理研究室”（后于1953年独立建所，沿用实验生物研究所名）。该所致力于生命科学基础研究，主要涵盖生物化学、分子生物学、细胞生物学等学科，聚焦基因调控、RNA与表观遗传学，蛋白质科学，信号转导，细胞与干细胞生物学，癌症和其他重大疾病5大方向，力争在“染色质结构与功能的调控”、“细胞谱系建立和转化的功能调控”、“细胞信号转导对炎症/肿瘤的调控”3个重大科学问题上取得突破。研究所设有分子生物学国家重点实验室、细胞生物学国家重点实验室和上海市分子男科学重点实验室，62个研究组分别以固定及客座研究组的形式加入重点实验室。

**神经科学研究所** 该所成立于1999年11月27日，其主要任务是开展神经科学前沿领域的基础研究，旨在中国建立国际一流的神经科学基础研究的基地。主要研究方向是：分子与细胞神经科学、发育神经科学、系统、计算与认知神经科学，以及神经系统疾病等，力争在“阐述神经分化、生长和再生的分子机制”、“理解认知功能的神经环路基础”、“获得发育与退行性神经疾病诊断和治疗的新方法、新靶点”3个方面取得突破。研究所设有神经生物学国家实验室，按研究方向设有4个研究部门，30个研究组。

**上海药物研究所** 该所的前身是1932年创建的国立北平研究院药物研究所，是以创新药物的基础研究、应用基础和应用开发研究为主的综合性研究机构。主要面向国家生物医药战略需求和国际科技发展前沿，以重大新药创制为主线，发展药物研究的新理论、新方法和新技术，构建与国际接轨的创新药物研发技术体系；培养和引进高水平的药学领域领军人才，全面建设“四个一流”的国际化创新型药物研发机构，在国家药学研究领域中发挥核心、引领、示范和辐射作用，带动我国生物医药战略新兴产业的跨越发展，力求在“创制具有国际影响的重大新药”、“率先实现药物安全性评价与国际规范接轨”、“发展评价先导化合物和靶标成药性的新理论、新方法和新技术”方面取得重大突破。研究所设有包括新药研究国家重点实验室在内的4个国家级研究中心、5个研究室、11个技术平台研究中心和4个支撑服务机构。

**植物生理生态研究所** 该所由原中国科学院上海植物生理研究所与原中国科学院上海昆虫研究所于1999年5月19日整合而成。主要瞄准植物、微生物和昆虫的重要生理过程及其相互作用的科学前沿，面向我国可持续农业和生态环境，以及生物能源和生物制造的重大战略需求，开展原创性、系统性的基础和应用基础研究，力争在

“水稻高产优质的分子生理与遗传基础”、“植物逆境生理和抗性改良生物技术”、“生物代谢的系统生物学研究及人造生命体系的合成”3个重点研究方向取得突破。研究所设有植物分子遗传国家重点实验室、中国科学院合成生物学重点实验室、中国科学院昆虫发育与进化生物学重点实验室、光合作用与环境生物学实验室、中国科学院国家基因中心、国家植物基因研究中心（上海）、上海生科院工业生物技术研究中心和中国科学院上海昆虫博物馆。

**健康科学研究所** 该所前身是1999年由上海生科院和原上海第二医科大学（现为上海交通大学医学院）联合组建的健康科学中心。2002年4月开始实体化运作，2005年11月正式更名为健康科学研究所，核心使命是生物医学转化型研究。主要聚集干细胞研究与应用、免疫与重大疾病研究、肿瘤防治新策略等重要领域，重点培育干细胞药物研发、疾病代谢组学研究、肿瘤个体化诊疗、免疫微环境与慢性疾病的发生发展、心脏发育与心肌修复5个重点方向。研究所以提高科技创新能力为中心，以解决临床研究的关键问题为导向，努力推进生命科学基础研究与临床医学紧密结合的生物医学转化型研究，不断完善具有中国特色的、国际先进的生物医学转化型研究体系建设和复合型高级研究人才的培养机制。研究所设有中国科学院干细胞生物学重点实验室，现有31个研究组，与10余家医院开展密切合作，形成了良好的基础研究与临床研究联动体系。

**营养科学研究所** 该所于2003年12月15日在上海正式成立。定位于“应用导向的基础研究”，重点致力于中国人群的营养健康研究、遗传与代谢研究，解析营养与代谢的关键调控节点和网络，深入挖掘慢性代谢性疾病的致病机理，为建立营养相关疾病的防御体系、发展营养干预的新技术、新策略提供理论依据；同时开展高水平的营养与食品安全理论基础研究，发展相关的新检测技术与方法，为我国相关政策的制定和产业发展提供科技支撑，为提升人民健康水平做出贡献。研究所设有中国科学院营养与代谢重点实验室、食品安全研究中心、湖州营养与健康产业创新中心、临床研究中心，并已建立较为完善的人体测量系统、营养基因组学、质谱分析检测、分子细胞研究、小鼠模型研究等技术平台。

**上海巴斯德研究所** 该所是根据中国科学院、上海市和法国巴斯德研究所2004年8月30日签署的合作总协议建立的研究机构，于2004年10月11日揭牌，2005年7月开始运行。该所的宗旨是根据国家公众健康需求，通过面向应用的基础研究和教育活动，为传染性疾病的预防和治疗作出贡献。围绕重大传染性疾病的致病机制、免疫应答规律及防治策略研究这一目标，力争在揭示丙型肝炎病毒致病的分子机制、提出中国丙肝治疗的新标准和方案，开发手足口病、流感等疾病的新型疫苗，建立规范的、国际化标准的疫苗评价和研究体系，建立流感和脑炎等病原体快速诊断技术、提升应对突发和新发传染病的能力三个方向取得突破性进展。研究所设有中国科学院分子病毒与免疫重点实验室。

**计算生物学伙伴研究所** 该所成立于2005年10月，是中国科学院和德国马普学会合作共建、联合资助、共同管理的一个国际化研究机构。该所主要聚焦人口健康与作物高产等重大科学问题，开展计算与系统生物学研究，充分发挥国际合作所独特优势，建设国际一流的计算生物学研究中心，引领学科发展。主要致力于在建立人及其他模式生物衰老的表观遗传组、转录组、蛋白质组、代谢组图谱，构建并阐明调控网络；建立C3与C4植物系统动力学模型，确定C4形成的关键基因；建立基于遗传融合的群体基因组学分析方法，阐明人群的分化和基因交流历史及其对环境的适应机制等三个研究方向取得突破。研究所设有中国科学院计算生物学重点实验室、分子系统生物学实验室、计算调控基因组学实验室、生物物理学实验室、整合生物学实验室和植物系统生物学、功能基因组学、群体基因组学、皮肤基因组学4个青年科学家小组，共拥有18个研究小组，在计算生物学领域中具有一定的研究规模和竞争力。

2012年上海生科院（不含药物所，下同）进一步优化科技布局，创新价值链更加完善。继续推进国家蛋白质科学研究上海设施建设和国家蛋白质科学中心（上海）（筹）建设；部署新建一批研究中心，包括以顶尖人才美国科学院院士朱健康教授及其团队为引领，抓好植物科学前沿部署，成立“中国科学院上海植物逆境生物学研究中心”；加强转化医学研究，成立中国科学院—第二军医大学转化医学研究院，在研究院框架下，生化与细胞所和东方肝胆医院已共建成立癌症联合研究中心；以徐汇中心医院为依托建设中国科学院上海临床研究中心；积极参加上海枫林生命科学联盟，为徐汇区生物产业培育和发展提供创业服务平台和技术平台支持；共建中国科学院上海生科院—浙江工商大学食品营养科学联合研究中心，聚焦我国目前食品科学中最关切的基础科学问题等。

上海生科院共有4个国家重点实验室、7个中国科学院重点实验室和3个支撑机构。国家重点实验室包括分子生物学国家重点实验室、植物分子遗传国家重点实验室、神经科学国家重点实验室、细胞生物学国家重点实验室；中国科学院重点实验室包括干细胞生物学重点实验室、系统生物学重点实验室、营养与代谢重点实验室、合成生物学重点实验室、计算生物学重点实验室、昆虫发育与进化生物学重点实验室、分子病毒与免疫重点实验室；支撑机构包括生命科学信息中心、伍佰豪生物工程研究发展有限公司和实验动物中心。

截至2012年底，上海生科院共有在职职工2269人。包括中国科学院院士22人、中国工程院院士2人、中国科学院外籍院士1人、美国国家科学院院士2人、发展中国家科学院院士9人、研究员285人、高级工程师，以及高级实验师等副高级专业技术人员282人。

上海生科院是国务院学位委员会批准的博士、硕士学位授予权单位之一，现设有生物学专业一级学科博士研究生培养点，植物学、动物学、生理学、微生物学、神经生物学、遗传学、发育生物学、细胞生物学、生物化学与分子生物学、生物信息学、计算生物学11个专业二级学科博士研究生培养点；基础医学专业一级学科硕士研究生培养点，免疫学专业二级学科硕士研究生培养点；生物工程专业硕士研究生培养点，并设有生物学专业一级学科博士后流动站；“Bio2000”课程获2008年中国科学院教学成果特等奖；共有在学研究生1716人（其中硕士生655人、博士生1061人）、在站博士后174人。

作为首批入选“海外高层次人才创新创业基地”单位之一，上海生科院共有中国科学院“百人计划”入选者137人（新增11人）；国家杰出青年科学基金获得者52人（新增5人）；国家“顶尖千人计划”1人、国家海外高层次人才引进计划（“千人计划”）入选者13人（新增3人）；外专“千人计划”1人（新增1人）、“青年千人计划”18人（新增10人）、上海“千人计划”3人，国家重点基础研究发展计划（973）首席科学家36人；基金委“创新群体”负责人10人；国家外专局—中国科学院海外创新团队5支（新增2支）（海外知名学者25人）。

2012年，上海生科院共有在研项目460余项（包括新增项目300余项）。其中，主持国家重点基础研究发展计划（973计划，含重大科学研究计划）项目23项（新增4项）、承担课题58项（新增4项），主持（或承担）中国高技术研究发展计划（863计划）课题5项（新增2项），主持国家科技支撑计划课题4项（新增4项），主持（或承担）重大专项44项（新增16项）；主持国家自然科学基金创新研究群体科学基金5项（新增1项），重点项目47项（新增10项），面上项目203项（新增59项），承担国家自然科学基金重大研究计划重点项目10项（新增2项），集成项目7项（新增5项）；主持中国科学院战略性先导科技专项项目1项（新增1项），承担项目2项，重要方向项目13项（新增1项），生命科学领域基础前沿专项6项；承担国际合作项目60项（新增20项）；承担院地合作项目50项（新增34项）。新增的300余项各类项目合同经费达5.1亿元。

2012年，上海生科院科研工作取得重要进展，共获国家、省部委等科技奖励61项。其中，植生生态所林鸿宣院士等完成的“水稻复杂数量性状的分子遗传调控机理”获2012年度国家自然科学奖二等奖；计算生物学所首任所长Andreas Dress教授获2012年度中华人民共和国政府友谊奖和中国国际科学技术合作奖；生化与细胞所朱学良研究员等完成的“Nudel蛋白在细胞分裂、迁移和胞内运输中的功能和作用机理”和神经所王以政研究员等完成的“突触形成新机制的研究”获2012年度上海市自然科学一等奖；生化与细胞所孙兵研究员等完成的“树突状细胞的活化和辅助性T细胞亚群分化的机制研究及其免疫相关的疾病研究”获上海市自然科学二等奖。全院发表SCI论文792篇，其中影响因子大于10分的49篇，在《细胞》（*Cell*）、《自然》（*Nature*）、《科学》（*Science*）及其系列期刊上发表论文38篇；申请专利147项，专利授权66项，其中发明专利66项；通过与企业合作和成果转化，签订合同金额2277万元，到账金额2782万元，其中技术转让和专利许可金额176万元。

2012年上海生科院成功转化一批科研成果，其中生化与细胞所与山东益康药业联合研发国家一类新药EFE-6，市场前景良好。植生生态所与长春大成集团开发赖氨酸发酵生产工艺，据统计2012年该项目为企业实现年度销售收入29.1979亿元，为国家实现利税1.9582亿元。营养所2012年也获得了包括食品安全检测项目、联合实验室项目等11个合同金额超过700万元的技术开发服务合同。同时湖州营养与健康产业创新中心孵化的4项科技成果（亚麻籽营养干预产品项目、盐酸米诺环素缓释片项目、瘦肉精检测试剂盒、DNA残留检测试剂盒与肿瘤药敏试剂盒）也已陆续上市销售。

国际合作工作扎实推进。上海生科院2012年新增或获准延长资助的国际人才项目21个；出访团组514批共713人次，涉及39个国家和地区；接待来访团组499批共978人次，涉及41个国家和地区；巩固和拓展与国外著名研究机构及跨国公司的战略合作伙伴关系：与美国伊利诺伊大学、美国耶鲁大学干细胞系/干细胞中心、国际水稻研究所、澳大利亚联邦科学与工业研究组织、法国赛诺菲·安万特公司等签署了8份合作协议或合作备忘录；计算生物学所依托科技部国际科技合作基地，发展态势良好：顺利通过第三次国际评估；积极参与欧盟框架计划、“C4水稻”研究计划等大型国际合作项目；荣获2012年国家“引进国外智力示范单位”称号；为该所建设发展作出重要贡献的马普学会副主席Herbert Jaeckle教授荣获2012年度中国科学院“国际科技合作奖”。院所举办多边和双边国际会议15次。

现有4个全国性挂靠学会和6个地方性学会。《细胞研究》（*Cell Research*）2011年度影响因子为8.190，处于Q1水平，在SCI最新收录的154种中国期刊中影响因子排名第一，并已连续三年稳定在8以上，《分子植物》（*Molecular Plant*）2011年度影响因子为5.546，处于Q1水平，在SCI收录的国际植物科学领域发展原创论文类期刊中影响因子排名第五，《分子细胞生物学报》（*Journal of Molecular Cell Biology*）2011年度影响因子为7.667，处于Q1水平；《生物化学与生物物理学报》（*Acta Biochimica et Biophysica Sinica*）2011年度影响因子1.376；《神经科学通报》（*Neuroscience Bulletin*）在2011年度首个影响因子为1.311；至此，上海生科院信息中心承办的5种英文期刊全部进入了SCI。此外，5种英文期刊分别与《自然》出版集团（NPG）、牛津大学出版社（OUP）、施普林格（Springer）等国际知名出版商进行了国际出版合作。

（撰稿：林滨霞　审稿：张建新）

## 上海药物研究所

**所　　长：丁　健**
**地　　址：上海浦东张江祖冲之路555号**
**邮政编码：201203**
**电　　话：021-50806600**
**传　　真：021-50807088**
**电子信箱：suoban@mail.shcnc.ac.cn**
**网　　址：http://www.simm.cas.cn**

中国科学院上海药物研究所（以下简称“上海药物所”）前身是国立北平研究院药物研究所，1932年由国立北平研究院和北平中法大学合作创建，1933年迁至上海，1950年3月并入中国科学院有机化学所，为药物化学研究室，1953年从有机所分出，成立中国科学院药物研究所。1970年改名为上海药物研究所，1978年更名为中国科学院上海药物研究所。

上海药物所是以创新药物的基础研究、应用

基础和应用开发研究为主的综合性研究机构，通过生物学和化学密切合作，阐明生物活性物质的结构、活性及其相互关系；探索药物作用的新机理、新靶点；完成新药临床前综合评价及研究。重点研究治疗肿瘤、心脑血管、神经精神系统、代谢、自身免疫和感染性6类疾病领域的新药，并加强现代中药的研发。

2012年，上海药物所围绕“出新药”目标，认真组织“一三五”战略，各项工作取得明显成效。获得3个1.1类候选新药临床批件，创制有国际影响的重大新药工作取得有效进展；安全评价研究中心正式通过经济合作与发展组织（OECD）多国GLP认证，实现国际接轨；国家化合物样品库建成并投入运行，储量达96.27万个，居亚洲第一；GPCR研究工作取得阶段性重要成果。

上海药物所设有4个国家级研究中心：新药研究国家重点实验室、国家新药筛选中心、中药标准化技术国家工程实验室、国家化合物样品库；5个研究室：药物化学研究室、天然药物化学研究室、药理学第一、二、三研究室；11个技术平台研究中心：药物发现与设计中心、药效评价研究中心、上海药物代谢研究中心、药物安全评价研究中心、药物释放系统研究中心、中药现代化研究中心、药物质量控制与固体化学研究中心、化学蛋白质组学研究中心、药物靶标结构及功能研究中心、神经药理国际科学家工作站和蛋白质折叠国际科学家工作站；4个支撑服务机构：分析化学研究室、信息中心、实验动物室、期刊联合编辑部。

研究所共有在职职工780人。其中科技人员449人、科技支撑人员242人，包括中国科学院院士3人、中国工程院院士3人，研究员及正高级工程技术人员99人、副研究员及高级工程技术人员90人，“千人计划”6人（新增4人），中国科学院“百人计划”入选者30人（新增1人）、国家杰出青年科学基金获得者19人（新增1人）。

药物所是国务院学位委员会批准的首批博士、硕士学位授予单位之一，现设有“药学”专业一级学科博士、硕士研究生培养点，其招生专业包括药物化学、药剂学、药物设计学、药理学、药物分析学等；设有化学、药学专业一级学科博士后流动站2个，在站博士后38人。在学研究生426人（其中硕士生222人、博士生205人）。

2012年，研究所共有在研项目551项（包括2012年新增项目数）。其中国家重点基础研究发展计划（973计划）项目20项（新增7项），中国高技术研究发展计划（863计划）项目7项，国家科技支撑计划项目5项；国家自然科学基金重大项目1项、重点项目6项（新增1项）、“杰出青年基金”项目11项（新增3项）；中国科学院知识创新工程重大项目3项、重要方向项目17项，院地合作项目234项（新增117项），国际合作项目27项；与地方政府合作项目62项（新增16项）。到位各类经费55082.37万元。

**新药研究扎实推进** 丹参多酚酸盐及其粉针剂销售达2000万瓶，销售额突破20亿元人民币，年度利税1.2亿元；盐酸安妥沙星年销售为20余万盒，销售额1678万元。雷腾舒、丹七通脉片正在进行Ⅰ期临床研究；一类候选新药盐酸希明替康、异噻氟定、德立替尼获得临床批件，进入Ⅰ期临床研究，一类候选新药TPN729申请临床批件；DZ2002、SM934、TPN171、WM2、SIMM559、DC291407等多个1.1类新药全面开展临床前研究。2012年，申请国内专利81项，PCT及国外专利申请受理14项；获得国内授权55项，国外授权15项。

**基础研究成果丰硕** “中药复杂体系活性成分系统分析方法及其在质量标准中的应用研究”获得国家自然科学二等奖。另获得中国药学会科学技术三等奖1项，上海市药学会科学技术一等奖1项，二等奖1项。全年发表论文434篇，其中SCI收录论文420篇，影响因子5以上的论文93篇（其中药物所通讯作者71篇）、3以上的论文已达235篇（其中药物所通讯作者176篇）。在*Angew. Chem. Int. Ed*、*Nat. Struct. Mol. Biol.*、*Adv. Funct. Mater.*、*J. Am. Chem. Soc.*、*PNAS*、*Cell. Res.*、*Cancer. Res.* 等国际著名杂志上发表多篇论文。

**技术平台接轨国际** 安全评价研究中心正式通过国际经济合作与发展组织（OECD）的GLP认证，成为国内唯一通过多国GLP认证的安评平台，实现了药物安全性评价与国际规范接轨的重要目标；亚洲最大的国家化合物样品库建成并正式投入运行，储量达96.27万种；中药标准化技术国家工程实验室顺利通过验收，中药丹参药材和粉末2个标准，收载于2013年出版的USP36（NF31）中。这是第一个由我国学者完成且被《美国药典》接受的中药标准；GPCR研究工作取得阶段性成果，成功解析5-羟色胺（5-HT）受体晶体结构。

**国际合作纵深发展** 新签国际合作项目协议4个，到位经费7364万元。与施维雅共建早期药物代谢评价和毒性评价的联合实验室实体，协议金额1200万欧元，新启动靶向肿瘤表观遗传系统抑制剂研究项目。与加拿大渥太华大学共建“转化医学组学研究联合实验室”，致力于推动新药研究与临床医院更深入地结合。主办“第四届全国药物筛选新技术研讨会暨中国—新西兰药物发现论坛”、“世界中联中药分析专业委员会第三届学术年会暨2012中药分析国际学术研讨会”、“2012上海中药与天然药物国际大会”，以及“2012中国首届国际药物固态研发研讨会”4次国际学术会议。

**院地合作辐射地区发展** 与上药集团、石药/浙医药、江苏恒瑞、复星医药等大型民族企业建立产学研联盟；与烟台市合作新建烟台分所；海和公司全面推进异噻氟定、盐酸希明替康等项目的临床研究。与苏州吴中共建“中国科学院吴中生物医药研发中心”首期入选的14个项目陆续入驻；与徐汇区中心医院共建的临床研究中心新立项痤疮1号、祛白片、异噻氟定临床研究等5个项目。共签订技术合同184项，合同成交额2.14亿元，实际“四技”收入为8294万元。

上海药物所还主办了两本英文学术杂志 *Acta Pharmacologica Sinica*（《中国药理学报》）和 *Asian Journal of Andrology*（《亚洲男性学杂志》）。*Acta Pharmacologica Sinica* 是我国药理学及药学领域唯一被收录至科学引文索引（SCI）的学术期刊，其影响因子（IF）为1.909；*Asian Journal of Andrology* 是我国重要的洲际学会国际性会刊，影响因子为1.521，在国际男科学领域期刊排名第三，在国内临床医学领域SCI期刊榜排名第一。研究所同时还主办了以非处方药物为主的科普杂志《家庭用药》，年发行量为140万册。

（撰稿：石岩森　徐晓萍　审稿：厉　骏）

## 上海高等研究院

**院　　长**：封松林

**地　　址**：上海市浦东新区张江高科技园区海科路99号

**邮政编码**：201210

**电　　话**：021-20325000

**传　　真**：021-20325034

**电子信箱**：sari@sari.ac.cn

**网　　址**：http://www.sari.cas.cn

上海高等研究院（以下简称“上海高研院”），由中国科学院与上海市人民政府共建，以中国科学院上海浦东科技园为院址的中央事业法人单位。2010年12月26日正式入驻中国科学院上海浦东科技园，2012年11月27日通过验收。

上海高研院定位于开展原始创新研究，为战略新兴产业提供集成技术解决方案，探索科技与经济、教育、金融、文化结合的发展模式，成为具有竞争力的集研、产、学为一体的多学科交叉综合性研究所。以先进微小卫星、绿色智能城网和高端医疗影像设备为3个重大突破；同时布局物联网行业应用、三网融合系统示范、可持续能源解决方案、温室气体和环境工程和干细胞与纳米医学5个重点培育方向。

上海高研院现设5个研究部，正在筹建中国科学院重点实验室1个、上海市工程中心1个；同时是中国科学院清洁能源技术发展中心、微小卫星联合实验室、微系统技术研究发展中心3个院设非法人单元的依托单位。

上海高研院重要科研设施及装置包括：信息与电子技术领域，RFIC设计工具、负载牵引系统、软硬件协同验证仪、图形质量评估仪、数字信号分析仪、无线电磁传播模拟仿真软件、半导体分析仪、数据采集器、矢量信号源、多路基带信号源、信号分析仪、天线测试系统、射频阻抗分析仪、MESH 网仿真测试系统等；能源与环境技术领域，探针台、独立型显影设备、独立型刻蚀设备、Alpha-sx FPD 设计系统、物理吸附仪、四极质谱仪、高速风机、基于 KG2-3H 小型燃气轮机的控制系统及辅助系统、基于 KG2-3H 小型燃气轮机的主机部件及 CHP 试验系统、小型燃气轮机装配与分解组合式台架系统等；交叉前沿与先进制造技术领域，倍频器、IPG 光纤激光放大器、MOPA 半导体激光器、光纤激光器、IV/CV 特性仪、固体激光放大器、窄线宽固体激光器、材料物理性能测试仪、制冷机、数字存储示波器、手持式频谱分析仪、双通道任意波形发生器、混合信号示波器、逻辑分析仪、实时频谱分析仪等；健康科学与技术领域，液相色谱仪、气相色谱仪等。

截至 2012 年底，上海高研院共有在职职工 518 人。其中科技人员 398 人、科技支撑人员 59 人，研究员及正高级工程技术人员 58 人、副研究员及高级工程技术人员 88 人。

共有国家海外高层次人才引进计划（“千人计划”）入选者 9 人（新增 5 人）；中国科学院“百人计划”入选者 15 人（新增 8 人），；国家杰出青年科学基金获得者 4 人。

现设有化学、电子科学与技术 2 个专业一级学科硕士研究生培养点，共有在学研究生 72 人（其中硕士生 16 人、博士生 56 人）。

2012 年，上海高研院共有在研项目 179 项（包括新增项目 106 项）。其中，承担国家重大科技专项课题 3 项，主持（或承担）国家重点基础研究发展计划（973 计划）和国家重大科学研究计划项目 1 项（新增 1 项）、承担（或参加）课题 3 项（新增 1 项），主持（或承担）国家高技术研究发展计划（863 计划）项目 3 项（新增 1 项）；主持（或承担）国家自然科学基金面上项目 8 项（新增 5 项）；主持（或承担）中国科学院战略性先导科技专项课题 10 项，主持（或承担）院重点部署项目 1 项（新增 1 项）；承担院地合作项目 9 项（新增 3 项）。

2012 年，上海高研院共发表科研论文 126 篇，其中 SCI 论文 69 篇；出版科技著作 1 部；申请专利 139 件，授权专利 17 件。

上海高研院强调从研发、中试、工业示范到产业化的逐步放大和可持续发展，努力探索和实践研发价值链的集成一体化可持续发展模式。通过集成创新推动前瞻研发，通过工程示范带动技术创新，通过产学研合作实现引领作用。

（1）上海高研院的研究成果不是针对单一企业、单一行业和单一地区，而是服务于整个战略新兴产业，因此上海高研院积极与各个行业、各个类型的企业开展横向合作，为公司的发展提供关键技术支撑，也为以上海为龙头的长三角地区经济的发展做出贡献。2012 年上海高研院横向科研项目新增 54 项，合同金额 11691 万元，包括与中国安防、申通地铁、仪电集团、河南煤化工集团、河南汉威等大型企业联合研发；与企业联合申请各类政府性资助 7690 万元。

（2）通过重大研发平台建设，以区域创新集群任务为突破口，部署重点项目，并积极开展项目组织争取。2012 年新建重大研发平台 7 个，包括文物保护联合实验室、开封中科重装联合研发中心、上海免疫化学研究所等。

（3）上海高研院在服务国家战略需求、解决民生问题、产业可持续发展、人民健康等方面积极开展战略新兴产业重大项目培育，如姜钟法绿色催化制备氯乙烯催化剂制备项目完成中试放大技术研究，该项目改变了氯乙烯行业高污染高能耗现状，实现该行业绿色可持续发展，被氯碱行业认为是聚氯乙烯产业的第四次革命；完成 800N 涡喷发动机项目，涡喷发动机是无人机发展的关键，该项目填补了国内涡喷发动机在该推力等级的空白；便携式微小型直接甲醇燃料电池项目，该项目是直接以纯甲醇为燃料的高性能膜电极组件双微孔层结构及工程化制备技术，解决了电池使用时方向敏感性的问题，可用于手机等便携式电子产品的充电电源。

（4）2012 年完成了 3 家公司的设立，上海高研院参股作价 1550 万元、融资额 2.225 亿元。通过设立成果转化公司、培育应用研究项目、完善制度建设、探索团队激励机制等多种方式，加快研发成果转移转化；在组织区域创新集群任务项目规划设计时，以智慧城市公司为平台，集成院内外智慧低碳城市建设相关的技术成果，打造智慧低碳城市区域创新集群；与联影公司共同研发的核磁共振等四类产品已在徐汇区中心医院安装样机并进入临床试用，上海高研院的研发为从根本上打破高端医疗设备被少数跨国公司垄断的局面、降低设备成本提供技术支撑。上海高研院直接参股公司累计 9 家，总注册资本 37600 万元，实现经济效益 8050 余万元。

上海高研院国际合作具有成效。

（1）上海高研院积极推进与大型跨国企业和科研院所的合作，认真组织实施实施重大国际科技合作项目，目前合作进展顺利、成果显著。与壳牌公司、潞安集团开展三方合作研发 $CO_2$ 重整项目基本具备了进入中试实施阶段的条件，已申报国家发明专利 4 项。壳牌、潞安合作开发混合醇项目已完成催化剂实验室制备平台及催化性能实验室评估平台的建设和调试，申报国家发明专利 1 项，发表文章 9 篇。与壳牌合作的前瞻科学研发战略合作第一批已启动并取得初步成果，第二批项目于 2013 年 3 月底签约。与英国石油公司、山西潞安矿业集团开展浆态费托合成项目联合开发项目，已基本完成浆态床钴基催化剂的实验室研发，基本具备了进入中试实施阶段的条件，已申报国家发明专利 5 项。与波音公司共建航空通讯技术联合研究实验室，第一期项目顺利完成，已取得了一定的成果，得到了波音方面良好的评价。国际合作局对外合作重点项目“中小型高速电机研发项目”及抗甲醇的氧气还原用新型介孔钯基电催化剂的研发项目也按项目节点进展顺利。

（2）2012 年度引进外籍专家 2 人，与来自国外企业、科研和教育机构的科学家进行了广泛交流。

（3）与荷兰皇家壳牌公司了签署前瞻科学研究战略协议，与法国 SEARCH'XPR 公司签署合作备忘录，与日本 IHI 公司就水处理领域的合作签署了合作备忘录，与沙特阿美石油公司达成合作共识并签署保密协议，与法国 Institut Mines-Telecom 和美国 Porex 公司签署合作框架备忘录。

（4）2012 年 8 月承办第三届亚洲燃气轮机会议（ACGT2012），9 月主办第一届低碳城市论坛——低碳城市顶层设计。2012 年度因公出访 19 个国家 74 批次共 106 人次，接待来访 107 批次近 540 人次。

（5）姜标副院长现任联合国环境规划署化学技术选评委员会共同主席、技术与经济评估委员会委员、日本独立行政法人理化学研究所咨询委员会委员。姜标副院长一直认真履行职务，每年按时参加各种例会、组织相关讨论，发挥了重要作用。

（6）2012 年度，与美国德雷塞尔大学正式共建高研院—德雷塞尔大学中心，已启动 2 个研究项目。

（撰稿：贾　斌　白　璐　审稿：封松林）

## 宁波材料技术与工程研究所

所　　长：崔　平
地　　址：浙江省宁波市镇海区庄市大道 519 号
邮政编码：315201
电　　话：0574-86685115
传　　真：0574-87910728
电子信箱：nimte@nimte.ac.cn
网　　址：http://www.nimte.ac.cn

中国科学院宁波材料技术与工程研究所（以下简称“宁波材料所”）始建于 2004 年 4 月，2007 年 11 月通过中国科学院、浙江省、宁波市组织的验收并隆重揭牌，成为中国科学院在浙江省建立的首家直属研究机构。2009 年 3 月，在宁波材料所完成一期共建目标的基础上，中国科学院、浙江省、宁波市三方进一步加强全面战略合作，签署了宁波材料所二期建设备忘录，决定共建中国科学院宁波工业技术研究院（简称“宁波工研院”）。建成后的宁波工研院，下设材料技术与工程研究所、新能源技术研究所、先进制造技术研究所 3 个非法人研究所。

宁波材料所的发展目标和定位是：以制造业和材料产业的发展需求为导向，以材料科技进步为牵引，瞄准世界前沿，面向全国需求，立足宁波、服务浙江、辐射“长三角”；成为独具区域特色，集技术创新、成果转化、科技服务、人才培育于一体的综合性工业技术研究机构。宁波材料所结合自身特点及区域经济社会发展的需要，先后确立了高分子与复合材料、磁性材料、功能材料与纳米器件、表面工程、燃料电池技术、特种纤维6个研究领域。2010年，制定了宁波工研院《“十二·五”暨中长期发展战略规划（2010—2020）》，将研究领域从原先的材料领域进一步拓展到新能源和先进制造领域。2012年，宁波材料所全面实施“创新2020”，围绕科研工作，进一步凝练重点、聚焦目标，开展战略研究，出台了一三五管理办法和资源配置方案，通过聚人才、立项目、筑平台、建机制，全面保障“一三五”顺利实施。

目前已建成国家发改委碳纤维制备技术国家工程实验室、国家发改委永磁材料制备技术国家工程实验室、国家发改委磁性材料科技创新服务平台、稀土永磁材料与应用技术国家地方联合工程实验室、科技部省部共建国家重点实验室培育基地、科技部国际合作基地、中国科学院磁性材料与器件重点实验室、浙江省磁性材料及其应用技术重点实验室、直线电机国际联合实验室等一批得到国家和地方各部门认可的研发平台。基本建成了一个既满足自身发展需求又积极为地方企业服务的科技支撑平台，整个平台仪器设备总值约2.6亿元。

2012年宁波材料所继续实施人才引进计划，从全球范围吸引招聘高端优秀人才，全年共引进26位纳入各类人才计划的优秀人才，有力扩充了研究所的科研实力。至2012年底，宁波工研院职工总数723人。其中科技岗位占70%，支撑岗位占21%，管理岗位占9%；正高级153人，副高级73人，海外高层次人才150人；包括院士1人。共有国家海外高层次人才引进计划（“千人计划”）入选者4人（新增2人），“青年千人计划”入选者4人（新增1人）；中国科学院“百人计划”入选者28人（新增5人）。

现设有材料科学与工程一级学科博士研究生培养点，高分子化学与物理、机械制造及其自动化2个二级学科博士研究生培养点，材料科学与工程、化学2个一级学科硕士研究生培养点，机械制造及其自动化专业二级学科硕士研究生培养点，并设有材料科学与工程、化学2个专业一级学科博士后流动站，共有在学研究生387人（其中硕士生289人、博士生98人），在站博士后66人。

2012年，宁波材料所共有在研项目614项（包括新增项目232项）。其中，参与国家重大科技专项课题1项（新增1项），承担（或参加）课题9项（新增1项），主持（或承担）国家高技术研究发展计划（863计划）项目3项（新增1项）；参与国家自然科学基金重点项目3项（新增2项）、面上项目34项（新增20项）、国家杰出青年科学基金项目1项；参与中国科学院战略性先导科技专项课题1项，主持（或承担）院重点部署项目6项（新增4项）；承担重点国际合作项目3项；承担院地合作项目10项。

2012年，宁波材料所在100kW固体氧化物燃料电池分布式发电系统、碳纤维复合材料高效率规模化制造技术、高能量密度动力锂电池材料技术等科研项目上取得了重大进展。“高性能氧化锌基磁控溅射靶材生产技术”项目通过了新产品新技术成果鉴定。李润伟研究员的论文“钙钛矿型锰氧化物单晶中异常大的各向异性磁电阻效应”［*Anomalously Large Anisotropic Magnetoresistance in a Perovskite Manganite*，PNAS 106，14224（2009）］获2012年浙江省自然科学学术奖一等奖。

至2012年底，共申请国内发明专利715项，实用新型64项，其中202项已经获得授权（171项发明，31项实用新型）；申请国际发明专利29项；参与制定行业标准4件；申请软件著作权登记2件。2012年全年共申请专利296件，PCT途径及涉外发明申请达到13件，授权专利136件。

宁波材料所积极开展所地合作、技术转移和成果转化工作，促进产学研结合，始终坚持科技与经济紧密结合，把科研成果转化为现实生产力，为经济发展方式的转变提供科技支撑，并探索和创立了一些行之有效的所地合作模式：与企业结成战略合作伙伴、有针对性地与企业共建工程技术中心、开展项目合作联合攻关、互派人员挂职、针对企业需求开展技术培训等。目前已和300多家企业开展了多种形式卓有成效的合作。至2012年底，与企业共建技术研发中心共67个，合同金额1.1亿多元，同时以此为纽带与企业建立了长期稳定的合作关系；积极主动为企业服务，帮助企业解决技术难题，累计共接受企业委托或合作开发项目 135 项，合同总额达 8000 多万元。目前，已有“绿色聚丙烯发泡材料技术”、“高性能低成本聚酰亚胺工程塑料技术”、“石墨烯产业化技术”、“聚丙烯釜压技术”、“高强中模碳纤维项目”、“生物基无醛木材胶黏剂技术”、“磷酸铁锂电池项目”、“耐热聚乳酸技术”等重大科技成果实现转移转化，其中大部分落户宁波，在当地实现转移转化，促进了区域产业转型升级。

2012 年，共有 22 批 40 余名国际同行到所访问交流、磋商合作，有 1 位外籍特聘研究员加盟研究所，1 位 TWAS 外籍博士后在站工作，2 名外籍博士生在所攻读学位，签署各类合作协议 11 个。研究所还积极派出人员赴国外参加国际会议，其中 1 人做大会特邀报告，5 人做大会报告，1 人担任分会主席。年内，成功举办了“第八届海峡两岸薄膜科学与技术研讨会”、“2012 中国（宁波）新材料与产业化国际论坛——磁性材料及应用技术研讨会”等国际会议。在研的一批重大国际合作项目进展顺利，“高效节能电机用纳米晶多极永磁环的制造及应用研究”、“百 kw 级固体氧化物燃料电池分布式发电系统的合作研究与开发”、“煤代油的烯烃转化制丙烯技术合作研究与开发”、“绿色低温超临界辅助挤塑加工含氟膜材料的合作研究”、“自组装单分子层场效应晶体管的材料合成与器件研究”等项目完成了各项年度指标，取得显著进展。

（撰稿：夏羽青　陶永怀　审稿：崔　平）

## 福建物质结构研究所

**所　　长：洪茂椿**
**地　　址：福建省福州市杨桥西路 155 号**
**邮政编码：350002**
**电　　话：0591-83714517**
**传　　真：0591-83714946**
**电子邮箱：fjirsm@fjirsm. ac. cn**
**网　　址：http://www. fjirsm. ac. cn**

中国科学院福建物质结构研究所（以下简称“福建物构所”）创建于 1960 年，其前身是中国科学院福建分院 1960 年筹建的技术物理所、应用化学所、电子学所、数学力所、自动化所、稀有金属所和生物物理研究室。1961 年，中国科学院将福建分院及筹建的 7 个研究所（研究室）调整合并为中国科学院理化研究所。1962 年更名为华东物质结构研究所。1973 年定名为中国科学院福建物质结构研究所。我国著名科学家、教育家卢嘉锡院士（已故）为该所创始人。经过几代人的努力，福建物构所逐渐发展成为在国际上具有重要影响力的结构化学、新材料和器件集成于应用的综合研究基地。

2010 年 6 月 18 日，中国科学院与福建省政府、福州市政府签订共建协议，以福建物构所为依托建设中国科学院海西研究院，明确以福建物构所为基础和法人依托，新建海西材料工程研究所、海西先进制造技术集成研究所、海西动力工程研究所和稀土材料研究所 4 个非法人研究所和海峡两岸科技合作交流中心，共同组建海西院。2012 年 6 月 18 日，中国科学院海西研究院、厦门市政府、厦门钨业股份有限公司在福州签订共建中国科学院海西研究院稀土材料研究所和能源新材料工程技术研究中心协议书。根据共建协议，稀土材料所为隶属于海西研究院的独立法人机构。

自中国科学院启动实施“创新 2020”以来，福建物构所确定了“注重原创基础研究，加强变革创新，促进成果转移转化”战略定位，以出成果出人才出思想“三位一体”为战略使命，凝练科技目标，优化学科布局，重点开展了结构化学、能源催化、纳米材料、晶体工程、光电材料、激光技术集成与应用、电子信息、先进制造及动力工程等研究与开发，着力开展战略高技术研究，努力实现技术创新和集成创新。在基础前沿研究中进一步拓展国际视野，在技术创新中更加注重原始创新、集成创新和协同创新并进，在科技实践中不断凝练科学问题，不断提升和优化“一三五”规划目标。

截至 2012 年底，福建物构所共有在职职工 474 人。其中科技人员 356 人、科技支撑人员 35 人，包括中国科学院院士 2 人、发展中国家科学院院士 1 人、研究员及正高级工程技术人员 71 人、副研究员及高级工程技术人员 70 人；全所进入创新岗位 258 人，共有“青年千人计划”入选者 1 人；中国科学院“百人计划”入选者 27 人（新增 4 人）；国家杰出青年科学基金获得者 13 人（新增 2 人）。

福建物构所是 1978 年国务院学位委员会批准的博士、硕士学位授予权单位之一。现设有化学一级学科博士培养点和无机化学、物理化学、有机化学、凝聚态物理、材料物理与化学、生物化学与分子生物学化 6 个博士、硕士培养点；材料工程、生物工程、光学工程、化学工程 4 个硕士研究生培养点；并设有化学学科、材料科学与工程 2 个博士后流动站。共有在学研究生 393 人（硕士生 185 人、博士生 143 人、与福州大学联合培养硕士生 28 人、导师间联合培养研究生 35 人、外国博士留学生 2 人），在站博士后 15 人。

福建物构所设有结构化学国家重点实验室、国家光电子晶体材料工程技术研究中心、中国科学院光电材料化学与物理重点实验室、中国科学院煤制乙二醇及相关技术重点实验室、福建省纳米材料重点实验室、福建省纳米材料工程实验室、福建省激光技术集成与应用工程技术研究中心、福建省光电子晶体材料与器件行业技术开发基地 8 个科技创新平台，以及结构化学基础研究室、纳米材料研究室、理论与计算化学研究室、晶体材料研究室、材料化学与物理研究室、激光工程研究室、化学生物学研究室、应用化学研究中心、水溶液晶体生长研发中心和先进材料研究中心 10 个研究室（中心）。

2012 年，福建物构所共有在研项目 498 项（729 个课题）。其中，主持（或承担）国家重点基础研究发展计划（973 计划）项目 9 项、承担（或参加）课题 6 项，主持（或承担）中国高技术研究发展计划（863 计划）项目 4 项；主持（或承担）国家自然科学基金重点项目 14 项、面上项目 53 项，承担国家自然科学基金重大研究计划重点项目 7 项；主持（或承担）中国科学院知识创新工程重大项目 1 项、重要方向项目 11 项。

2012 年，福建物构所共发表（含合作）SCI 论文 346 篇，SCI 影响因子大于 4.0 的论文 132 篇，大于 5.0 的论文 77 篇、大于 6.0 的论文 44 篇，其中第一单位论文 311 篇。较 2011 年 18 篇有显著增加。全所共申请专利 138 件，其中 PCT 申请 4 件，发明专利 132 件，实用新型专利 6 件；授权专利 49 件，其中授权发明专利 37 件；牵头制定了 1 项福建省地方标准，构筑了较为完整的知识产权体系。

陈忠宁研究员主持完成的“光电功能金属有机分子设计与调控”、程文旦研究员主持完成的“光、磁学固体材料的结构调控和物理性能计算”2 项成果分别荣获福建省自然科学奖二等奖和三等奖。林璋研究员为第一发明人的发明专利“含六价铬废渣的铬分离回收法”获 2012 年度福建省专利奖二等奖。

2012 年 5 月 28 日，中国科学院光电材料化学与物理重点实验室以优异成绩通过中国科学院组织的专家现场评估，名列 12 个材料领域院重点实验室的第 1 名，被评为中国科学院材料领域 A 类实验室，6 月 30 日，中国科学院煤制乙二醇及相关技术重点实验室顺利通过中国科学院组织的专家现场评估，被评为中国科学院工程领域 B 类实验室。

吴新涛院士和陈玲研究员应国际著名学术丛书 *Structure and Bonding* 总主编 D. M. P. Mingos 教授的邀请，编辑出版了该丛书的第 144 卷和第 145 卷，书名分别为《紫外可见非线性光学晶体的构效关系》和《红外非线性光学晶体的构效关系》，*Structure and Bonding* 学术丛书历史悠久，是结构化学最重要的参考丛书之一，这两本书的出版标志着福建物构所在非线性光学晶体材料研究领域保持了国际前沿的研究水平。

12 月 18 日，福建物构所牵头承担的、洪茂椿院士为首席科学家的国家重大科学研究计划项目“化石资源转化用新型高效纳米催化材料与结构研究”课题顺利通过科技部验收，该课题围绕合成气催化制乙二醇和石油化工选择性加氢反应中所涉及的高效纳米催化材料为中心开展研究，着重于高效纳米催化材料的纳米效应和表面结构与催化性能内在联系的研究，揭示其催化机理本质，为高稳定性纳米催化材料的结构设计奠定科学基础，对利用我国高储量煤炭资源制备重要基础化工原料，以及高效利用石油资源具有重要指导作用。

在新晶体材料与器件、固体激光器技术及系统集成等方面取得重要进展，打破了发达国家对我国的技术封锁和垄断，在国家重要工程中发挥了关键性作用。国内首块大尺寸 DKDP 晶体研发成功，KDP 晶体在国家重要工程中发挥了积极作用，KDP 晶体生长技术在国内处于领先水平。

2012 年福建物构所根据福建省地方经济发展需求，制定《中国科学院海西研究院院地合作工作方案》和《中国科学院海西研究院横向合作管理办法（试行)》，着力建设院地合作长效机制和有效激励横向合作，促进科技成果转移转化；积极探索科技与资本融合之路，与创投机构合作设立创业投资基金。2012 年福建物构所不断加大与企业合作力度，与福建浔兴拉链科技股份有限公司、福建海源自动化机械股份有限公司等 37 家企业开展合作，合作技术和项目包括无水染色技术、绿色化工技术、新型建筑材料等 100 多项；充分发挥“6. 18”、“9. 8”、“5. 13”等项目成果交易对接平台功能，全年共举办或参办各类对接活动 12 场，推介科技成果 300 多项。按照《福建省加快战略性新兴产业发展的实施方案》的工作任务和要求，大力实施《中国科学院海西研究院实施福建省战略性新兴产业实施细则》，支撑、服务福建省传统产业的转型升级，培育、发展战略性新兴产业。2012 年，福建物构所通过成果落地转化，新组建公司 7 家，总投资 3. 97 亿元。

福建物构所注重开展对外学术交流活动，充分发挥跨学科的协作优势，努力提高对外学术交流质量和水平，形成了全方位、宽领域、多层次的合作局面，促进提升科技创新能力。2012 年，国际科技合作交流工作取得成效。与国（境）外学者共同在 *Chem. Soc. Rev.* 、*J Am. Chem. Soc.* 等刊物上发表了 74 篇高水平研究论文。国（境）外知名专家共有 18 批 28 人次来所访问交流，召开座谈会与举行学术演讲 21 场次；我所 18 批 25 人次出国（境）访问交流和参加学术会议。“金属有机电致发光器件研究”获闽港人才合作项目支持。“新型飞秒激光晶体 Cr：LaSc3（BO3）4 的生长和激光性能研究”获福建省重点国际合作计划项目支持。我所首次获得“中国科学院外国专家特聘研究员”项目支持，聘请丹麦阿尔胡斯大学 Peter Andreason 教授来我所合作研究。

中国化学会和福建物构所联合主办的《结构化学》刊物，影响因子 0. 47，已成为我国化学研究的重要学术刊物之一。

（撰稿：王雪萍　赵　榕　审稿：洪茂椿）

## 城市环境研究所

**所　　长：朱永官**
**地　　址：福建省厦门市集美大道 1799 号**
**邮政编码：361021**
**电　　话：0592-6190978**
**传　　真：0592-6190977**
**电子信箱：iue@iue. ac. cn**
**网　　址：http://www. iue. cas. cn**

中国科学院城市环境研究所（以下简称“城市环境所”）成立于 2006 年 7 月 4 日。城市环境所是中国科学院下属的事业法人单位，是中国科学院资源环境与高技术交叉领域的研究所，是目前国际上唯一的专门从事城市环境综合研究的国立研究机构，是中华人民共和国科学技术部“国家级对台科技合作与交流基地”和“国际科技合作基地”。

城市环境所的学科方向为环境化学与分析化学、环境经济与环境管理、生态学、环境生物与生物技术、环境工程与环境材料；城市环境所的重点研究领域为：城市生态健康与环境安全、城市环境污染控制与资源化技术、城市环境工程与循环经济、城市生态环境规划与管理；研究单元设置为城市生态健康与环境安全研究中心、城市环境污染控制与资源化技术研究中心、城市环境工程与循环经济研究中心、城市生态环境规划与管理研究中心、仪器设备实验中心，以及两个科学观测研究站。2012 年新增仪器设备 1900 多万元，新购置大气形态汞分析仪和物理环境检测仪等大型仪器。

城市环境所 2011 年 6 月制定了《中国科学

院城市环境研究所“十二五”发展规划》，即研究所“一三五”规划。规划明确了研究所的定位：面向我国快速城市化和可持续发展的国家需求，围绕城市环境质量演变与生态健康效应、城市污染控制与污染环境修复、城市规划与环境管理等方向开展前瞻性的系统研究。通过多学科交叉融合，形成理论研究、技术研发、系统集成和工程示范相耦合的完整创新价值链，为保障城市健康、高效和安全提供理论、技术和政策支撑。确定了3个重点突破（海西经济区城市化过程与环境质量演变特征及其风险控制原理；城市固体废物资源化技术与综合管理系统及应用示范；数字城市环境网络）和5个重点培育方向（汽车尾气的健康效应和健康风险评估；城市空气质量监测、控制与模型；城市水质安全新技术与系统集成；低成本复合型环境功能材料与集成应用；可持续小城镇规划与生态建设示范）。

截至2012年底，城市环境所共有在职职工163人，其中科技人员123人，科技支撑人员15人，研究员及正高级工程技术人员29人，副研究员及高级工程技术人员27人，中国科学院“百人计划”入选者11人，国家“杰出青年科学基金”获得者2人，“福建省杰出青年科学基金”获得者2人，福建省高层次创业创新人才入选者1人；拥有“环境科学与工程”一级学科博士和硕士学位授予点，共有在学研究生163人（其中硕士生77人、博士生86人），在站博士后12人。

2012年，城市环境所共有在研项目286项（包括新增项目135项）。其中，主持（或承担）国家自然科学基金项目68项（新增30项）；中国科学院百人计划项目8项；中国科学院知识创新工程和院地合作项目（课题）19项（新增4项）；中国科学院先导专项课题、子课题2项（2012年新增）；973前期专项课题1项，863计划课题（子课题）4项（2012年新增）；国家科技支撑计划课题（子课题）11项（新增9项）；环保公益项目4项；教育部回国留学基金项目6项（新增3项）；福建省科技计划和自然科学基金项目50项（新增17项）；厦门市（区）科技计划项目19项（新增5项）；宁波市科技计划项目2项（2012年新增）；国际合作项目2项（新增1项）；横向项目83项（新增52项）；其他项目7项（新增6项）。已申请发明专利45项，其中发明34项，实用新型11项；获得专利授权11项，其中发明3项，实用新型8项。全年发表科技论文248篇，其中SCI收录144篇，EI收录104篇，中国科学引文数据库（CSCD）收录79篇。共有4个软件申请著作权登记，其中有1个软件已获得“计算机软件著作权登记证书”。编制并获批发布地方标准1项。

2012年城市环境所与云南丽江市政府、江西崇义县政府、厦门大学环境与生态学院等单位签署战略合作协议，与河南省鹤壁市政府、福建省环科院、厦门市环保局等单位达成了战略合作意向。广泛推介科技成果，先后接待了泉州商会、苏州市环保局、吉林经济开发区、韩国水务局等数十家单位来访。同时积极参加南平、福州、宁波智慧城市、上海工博会的科技对接活动。分别与厦门绿洲环保产业股份有限公司、江西泰昇炭业有限公司、厦门如意情集团股份有限公司等开展项目合作或共建研发中心，提升企业科技创新能力。

2012年城市环境所还以污染场地修复技术集成系统为无形资产，作价304万元入股，投资成立中科华南（厦门）环保有限公司。启动中国科学院厦门产业技术创新与育成中心产业化项目4个，育成中心提供总额770万元的产业化转化经费资助。育成中心顺利通过科技部组织的专家评审，被认定为“国家技术转移示范机构”。

2012年城市环境所广泛开展国际学术交流与合作，通过国际会议、爱因斯坦讲席教授、外国专家特聘研究员等多种方式吸引世界各地著名科学家来厦交流，传授经验。2012年因公出访75人次，涉及19个国家和地区。共接待来自美国、日本、澳大利亚、英国、中国台湾等21个国家和地区的科研人员140人次，举办大型国际会议3次，与联合国环境规划署国际生态系统管理伙伴计划共同承办“生态系统管理与绿色经济厦门论坛”。充分发挥厦门的地缘优势，加强对港台资源的利用，巩固与香港理工大学、台湾大学等高水平研究机构的合作，促进港台科技成果的转移转化，构建两岸四地低碳可持续城市理论研究和技术研发的平台，国际科技合作专项取得较好进展。

（撰稿：聂　璇　陈伟民　审稿：朱永官）

## 南京地质古生物研究所

所　　长：杨　群
地　　址：江苏省南京市北京东路39号
邮政编码：210008
电　　话：025-83282105
传　　真：025-83357026
电子信箱：ngb@nigpas.ac.cn
网　　址：http://www.nigpas.cas.cn

中国科学院南京地质古生物研究所（以下简称“南京古生物所”）成立于1951年5月7日，其前身为中央研究院地质研究所及前中央地质调查所等机构的古生物室（组）。著名地质古生物学家、中国科学院副院长李四光教授为首任所长。

南京古生物所是一个从事古生物学、地层学及相关学科基础研究、应用基础研究及科学传播的综合性研究所。目标是建设成为国际一流的古生物学和地层学研究中心、古生物资料信息中心、古生物标本收藏中心、地质古生物学人才培养及科学传播基地。主要研究领域包括地球早期生命的起源与演化，进化古生物学，古生物系统分类学，古生态、古地理、古气候研究，年代地层学，分子古生物学，地球生物学，生物与环境的协同演化，应用古生物学与地层学等。1998年成为中国科学院“知识创新工程”首批试点单位之一，2011年在中国科学院“创新2020”择优实施部署中再次获得首批整体择优支持。

2012年，南京古生物所在所战略研究小组的指导下，就学科建设、前沿领域、团队培育、人才培养及引进、平台建设等方面研究部署实施体制机制改革创新，致力“创新2020”重点跨越。力争通过一系列具体保障措施与重大举措，在早期生命起源与演化，生物宏演化及其机制，地层层型、后层型研究及其应用等3个领域取得重大突破，并着重培育地质历史时期生物多样性和谱系重建、地球生物学、应用古生物学与精时地层对比、古生物学与地层学数字化研究、沉积学与古生态学5个重点方向。

南京古生物所下设古植物与孢粉学研究室、古动物学研究室、微体古生物学研究室、现代古生物学和地层学国家重点实验室、资源地层学与古地理学重点实验室5个科研机构，拥有图书资料信息中心、实验技术中心、南京古生物博物馆，以及澄江古生物研究站。

南京古生物所图书馆建于1953年，经过近60年的藏书建设，目前收藏古生物学与地层学专业图书期刊约28万册（期），其中外文期刊近2500种，约20万册（期），是亚洲最大的古生物学专业图书馆。南京古生物所标本馆是在1928年中央研究院地质研究所标本室的基础上发展起来的，其馆藏标本约20万件，不仅是我国最重要的古生物标本馆，也是世界上古生物标本收藏的重要机构。南京古生物所拥有扫描电子显微镜、透射电子显微镜、软X射线显微镜、激光共聚焦显微镜、大型精密光学显微镜、同位素质谱仪、气相色谱—质谱仪，地质生物学实验室、分子古生物学实验室等众多大型先进仪器设备和实验装置。

经过60余年的发展和几代科学家的努力，南京古生物所目前已成为分支学科齐全、科技力量雄厚、技术条件配套、学术成果丰硕、国际交流频繁的地层古生物综合研究中心。国外同行将其与英国自然历史博物馆和美国斯密逊博物研究院并称为世界古生物学研究的三大中心。

截至2012年底，南京古生物所共有在职职工139人，离退职工228人。其中科技人员78人、科技支撑人员44人，包括中国科学院院士3人、研究员及正高级工程技术人员39人、副研究员及高级工程技术人员41人。共有中国科学院“百人计划”入选者7人，国家杰出青年科学基金获得者7人，国家“千人计划”入选者1人。

南京古生物所是国务院学位委员会首批批准的博士、硕士学位授予权单位之一。现设有古生物学与地层学、地球生物学和地质工程3个二级学科硕士研究生培养点，古生物学与地层学和地球生物学2个博士研究生培养点；并设有博士后流动站。共有在学研究生64人（硕士生36人、博士生28人），在站博士后12人。

2012年，南京古生物所共有在研项目105项（新增34项）。其中，承担国家重大科技专项课题2项（新增1项），承担国家重点基础研究发展计划（973计划）课题4项（新增3项）、参加课题3项（新增2项），承担国家科技基础性工作专项课题4项；主持国家自然科学基金重点项目2项、面上项目28项（新增12项）、国家杰出青年科学基金项目1项、国家自然科学基金重大研究计划项目1项、重大项目1项（新增1项）、国家基础科学人才培养基金项目1项（新增1项）、创新研究群体科学基金项目1项（新增1项）、国家重大科研仪器设备研制专项1项（新增1项）、优秀青年科学基金项目1项（新增1项）、专项项目1项、中德科学中心项目1项、青年科学基金项目19项（新增4项）、科普基金项目3项，主任基金项目2项（新增1项）、海外及港澳学者合作研究基金项目1项、外国青年学者研究基金项目1项；承担中国科学院战略性先导科技专项课题5项（新增1项），主持院重点部署项目1项（新增1项）、院知识创新重要方向项目12项；主持江苏省自然科学基金项目4项（新增3项）；承担大型企业委托项目4项（新增2项）。

2012年，南京古生物所落实“一三五”发展目标取得重大进展，全年共发表论文235篇，其中SCI论文108篇，科普文章30篇，出版专著4部，获软件著作权1件，发明专利授权1项，实用新型专利授权1项。*Nature*杂志刊登了南京古生物所主持完成的《中国中生代多样化的过渡期巨型跳蚤》研究成果，发现的内蒙古宁城距今约1.65亿年和辽宁北票约1.25亿年的巨型跳蚤化石使我们对跳蚤的起源与早期演化、系统关系及早期寄主选择等问题有了全新认识，同时将蚤目化石记录提前了4000多万年。*PNAS*刊登了南京古生物所主持完成的研究成果《内蒙古二叠纪植物庞贝的发现及其对华夏区陆地景观的古生态和古生物地理区系意义》，实现了世界上迄今为止对地史时期陆地景观的最大面积的植被实际复原研究，成功绘制了远古森林的实际复原图。南京古生物所地质生物多样性数据库（GBDB）已成为全球最大的地层学数据库及第二大古生物学数据库，并成为国际地层委员会官方数据库。

2012年，南京古生物所科学家继续以我为主，有效地开展了多种形式的国际合作交流活动，取得了显著的成绩。聘请3位中国科学院“外国专家特聘研究员”、2位“外籍青年科学家”（新增1位）及3位外籍博士后。主办“欧亚新近纪气候演化国际专题研讨会”和“中德‘古生物学、地层学和地球化学’合作研究小组双边研讨会”等学术会议，出访参加“显生宙重大转折期的生命历史学术研讨会”、“第34届国际地质大会”、“第13届国际孢粉学—第9届国际古植物学联合大会”等重要国际会议，向国际学术界介绍中国古生物学研究的最新进展。共有58批107人次先后出访14个国家和地区参加国际会议或进行学术交流，接待来自17个国家的外宾94人次来访。目前有24位专家担任51个国际学术组织的主席、副主席、选举委员等职，其中有多个重要职位为新担任。

中国古生物学会挂靠在南京古生物所。南京古生物所主办学术期刊有《古生物学报》、《微体古生物学报》、《地层学杂志》、*Paleoworld*，以及科普期刊《生物进化》和科普网站“化石网”。

（撰稿：陈孝政　李秋萍　审稿：王海峰）

## 南京土壤研究所

**所　　长：沈仁芳**

**地　　址：江苏省南京市北京东路71号**

**邮政编码：210008**

**电　　话：025-86881114**

**传　　真：025-86881000**

**电子信箱：iss@issas.ac.cn**

**网　　址：http://www.issas.ac.cn**

中国科学院南京土壤研究所（以下简称“南京土壤所”）成立于1953年，其前身是1930年创立的中央地质调查所土壤研究室。现有职工

296人，其中中国科学院院士2人、研究员56人、副研究员及高级工程师91人。目前设有农业资源利用、环境科学与工程、生态学3个一级学科博士学位授予点，土壤学、植物营养学、生态学、环境科学、水土保持及荒漠化防治、地图学与地理信息系统6个二级学科的硕士学位授予点，1个农业资源利用一级学科博士后流动站。现有在学博士研究生147人、硕士研究生140人。

南京土壤所是我国目前唯一的专业从事土壤科学综合研究的机构。土壤资源、植物营养、土壤环境、土壤生态是该所的4大核心研究领域。目前设有土壤与农业可持续发展国家重点实验室、中国科学院土壤环境与污染修复重点实验室、土壤养分管理国家工程实验室、农业部耕地保育综合性重点实验室、土壤资源与遥感应用研究室、土壤-植物营养与肥料研究室、土壤化学与环境保护研究室、土壤物理与盐渍土研究室、土壤生物与生化研究室、土壤利用与环境变化研究中心、农业生态与区域发展研究中心等研究单元，其中农业生态与区域发展研究中心包括中国科学院生态系统研究网络土壤分中心、封丘农田生态系统国家野外科学观测研究站、鹰潭农田生态系统国家野外科学观测研究站、常熟农田生态系统国家野外科学观测研究站、三峡工程生态环境秭归实验站。该所主办 *Pedosphere*、《土壤学报》和《土壤》3份中英文学术期刊，其中 *Pedosphere* 是我国土壤科学唯一的一份英文学术期刊且被收录为SCI源刊。拥有联合国粮农组织的特约图书馆和规模较大的土壤标本馆。土壤与环境分析测试中心已获得国家实验室认可和国家计量认证。同时，该所还是中国土壤学会、江苏省土壤学会和全国土壤质量标准化技术委员会的挂靠单位。

2012年全所工作中心任务是深入推动“一三五”规划的实施。南京土壤所继续坚持在服务国家需求中求发展和通过承担任务带动学科发展的方针，除了积极向各级科技管理部门提出新的立项建议之外，更重要的是做好一批已经落实项目的启动和实施工作。经过全体科研人员的共同努力，南京土壤所在科技项目争取方面继续呈良好发展势态，全年新增科研项目123项，到所科研经费达1.45亿元，比上一年科研经费增长16.9%。在国家自然科学基金项目申请方面再获佳绩，共申请各类基金项目67项，获批准资助33项，其中重点项目1项，重大国际合作1项，面上项目18项，青年科学基金13项，资助率达49.3%，显著高于全国平均水平，体现了南京土壤所在土壤科学基础研究工作中的竞争实力。

在973项目“我国农田生态系统重要过程与调控”和中国科学院重大交叉项目“耕地保育与持续高效现代农业试点工程”的支持下，2012年，南京土壤所在黄淮海平原地力提升的理论研究和技术集成取得了显著进展，产生了广泛的社会影响。该项研究成果不仅科学地回答了我国农田生态系统生产力能否持续的问题，而且还形成了“氮磷钾化肥施用的长期效应与矿质农业可持续性”、“农田地力提升的水涨船高效应”等新的认识，为我国农田生态系统高产、资源高效和环境友好的多目标协同发展提供了理论指导。同时，南京土壤所还以封丘站为依托，在封丘县建立了以粮食增产为目标的“高产高效现代农业示范工程”规模示范区，使小麦单产提高15%以上，节水节肥节能20%～30%，为河南省粮食生产区建设发挥了核心示范作用，社会影响持续扩大提高。

南京土壤所在河南省的工作，不仅成为中国科学院农业领域和院地合作工作的典范，而且有效带动了河南全省粮食生产能力的提升。

2012年大型仪器共享管理平台的功能进一步提升。我所土壤与环境分析测试中心自主开发的分析测试管理信息系统作为中国科学院指定使用的系统，已在全院86个研究所的分析测试中心安装使用，并多次举办大型技术培训会。分析测试中心先进的管理经验在2009年全院首次技术支撑工作会议上被加以推介，获得了院领导及兄弟单位的好评。目前，中心又开发使用了“中国科学院仪器设备刷卡系统”并在全院推广，已安装智能卡1500余台套。该大型仪器网络管理系统在全院范围内上线管理仪器近6000台套，价值超过50亿元人民币，用户达2.7万。但随着用户的迅速增加，该套管理系统出现了使用高峰时响应时间慢、实时信息受阻、网络通信带宽不足等问题。为此，我所于2012年又向院计划局提交了“关于进一步完善仪器管理平台建设工作的建议”，白春礼院长近期对该建议给予了批示，指示要认真总结这项工作取得的成效，作为我院“创新 2020”体制机制改革的重大产出之一进行上报和宣传。新版本的大型仪器共享管理系统也将于 2013 年 3 月开始启动。

2012 年继续推动研究所的国际化进程，国内外科技合作交流更加频繁和务实。与联合国粮农组织（FAO）和全球数字土壤制图计划（GlobalSoilMap. net）联合主办了“促进亚洲土壤信息科学与技术——‘全球土壤伙伴计划’亚洲土壤科学网络和‘全球数字土壤制图计划’东亚节点启动会”，主办召开了中欧土地及土壤中欧委员会（Sino-Europe Panel on Land and Soil）第二次会议和“第 12 届 ISSAS-IPI 土壤-植物系统钾素管理国际学术研讨会”；先后举办了“稳定性同位素核酸探针（DNA/RNA-SIP）技术培训班”及“DNA/RNA-SIP 技术研讨会”、新一代高通量生物信息分析培训班和稳定性同位素核酸探针（DNA/RNA-SIP）技术培训班、第二期污染场地土壤与地下水风险评估技术 HERA 培训班暨污染场地调查、评估与修复研讨会。11 月 16 日下午，全国人大常委、致公党中央副主席严以新一行 7 人来到南京土壤研究所，就土壤环境保护及生态修复专题进行了调研。

2012 年研究生培养质量进一步提升。全年共有 39 名博士研究生和 32 名硕士研究生完成了毕业论文答辩，周东美研究员指导培养的研究生汪鹏博士获得了 2012 年度中国科学院优秀博士学位论文，林先贵研究员指导培养的研究生曾军博士获 2012 年度江苏省优秀博士论文。另外，有多名研究生和导师获得中国科学院及南京分院各级奖学金和优秀导师奖，获奖层次和人数再创历史最高。

2012 年南京土壤所完成了行政领导班子的换届工作，沈仁芳任南京土壤所所长，蔡立、蒋新任南京土壤所副所长。

（撰稿：王慎强　审稿：蔡　立）

# 南京地理与湖泊研究所

所　　长：杨桂山
地　　址：江苏省南京市北京东路 73 号
邮政编码：210008
电　　话：025-86882010
传　　真：025-57714759
电子信箱：niglas@niglas. ac. cn
网　　址：http://www. niglas. ac. cn

中国科学院南京地理与湖泊研究所（以下简称“南京地理所”）的前身系 1940 年 8 月在重庆北碚成立的中国地理研究所，1958 年更名为中国科学院南京地理研究所，1988 年改为现名。中国科学院院士黄秉维、任美锷、周立三曾先后担任过所长。

南京地理所是全国唯一以湖泊—流域系统为主要研究对象的综合研究机构，其发展战略定位是：以探索自然和人文要素驱动下湖泊（含人工湖泊水库）—流域系统过程、格局及其相互作用规律为基础，开展湖泊资源、环境及区域可持续发展研究，努力将研究所建成学科综合优势显著、地域特色鲜明、国家知识创新体系中不可替代的国际著名湖泊科学综合研究和高层次人才培养基地，国家湖泊资源利用与环境治理工程技术研究中心，经济发达地区可持续发展科学研究与决策咨询中心。

研究所的科技创新发展总体布局为长期聚焦“湖泊环境关键过程与多要素相互作用机理”、“湖泊—流域系统演变及对人类活动的响应与综合管理”2 大基础科学问题研究；重点发展湖泊沉积与环境演化、湖泊水文与水动力、湖泊生物与生态、湖泊环境与工程、湖泊—流域过程与调控、流域资源环境与区域发展以及湖泊—流域监测与数字流域 7 个学科方向；支撑湖泊环境保护与资源利用、湖泊—流域系统演变与调控以及区域可持续发展 3 大战略研究领域，奠定南京地理所在国家知识创新体系中引领湖泊—流域科学创新发展的地位。

研究所现设有湖泊与环境国家重点实验室、湖泊生态与环境工程研究中心、区域发展与规划研究中心、湖泊野外观测与数据中心（含太湖湖泊生态系统国家野外观测研究站、鄱阳湖湖泊湿地观测研究站、抚仙湖高原深水湖泊研究站和湖泊流域数据集成与模拟中心）。研究所现有30万元以上的大型仪器设备80余台（套）。图书馆馆藏图书期刊12万多册，各种地形图63 000多幅，航卫片77 000多张。此外，还馆藏地方志4262种44 000多册，其中善本近百种，孤本十余种。

截至2012年底，南京地理所共有在职职工220人。其中科技人员197人、科技支撑人员12人，包括研究员40人、副研究员及高级工程技术人员79人。研究所有中国科学院“百人计划”入选者10人，“国家杰出青年科学基金”获得者3人（新增1人）。

研究所现设有自然地理学、人文地理学、地图学与地理信息系统和环境科学4个学科博士研究生培养点，以及自然地理学、人文地理学、地图学与地理信息系统、环境科学、环境工程和建筑与土木工程6个学科专业硕士研究生培养点，并设有“地理学”博士后流动站，现有在学研究生179人（其中硕士生77人、博士生97人、博士留学生4人），在站博士后20人。

2012年共有在研项目172项（包括新增项目97项）。其中，主持国家重点基础研究发展计划（973计划）项目2项、承担课题6项，主持国家水污染治理专项项目1项，课题3项；主持国家自然科学基金项目121项（新增38项），其中杰出青年基金2项（新增1项），重点项目6项（新增2项，含联合基金1项）、面上项目61项（新增23项），青年科学基金项目51项（新增12项）；承担中国科学院重要方向项目12项，承担国际合作项目6项（新增1项）；承担院地合作项目3项（新增2项）。

2012年，研究所通过召开学术委员会会议、领域方向研讨等多种方式，针对研究所“十二五”规划明确的重大突破和重点培育方向预期重大产出存在的薄弱环节，制定研究所“十二五”规划自主布局项目指南，整合研究所和国家重点实验室资源，自主布局规划重点项目10项，学科前沿与交叉项目12项，青年人才和基础性工作项目5项，总经费超过3000万元。

2012年，研究所成果产出保持良好态势，取得多项重要进展。大型浅水湖泊生物与环境因子关系及机制研究获得新发现，研究成果发表在 *Water Research*、*Applied and Environmental Microbiology* 和 *Journal of Geophysical Research*、*Optics Express* 等相关专业顶级刊物上。富营养化湖泊污染监测、治理与修复技术研发取得新进展，相关研究发表TOP SCI论文近10篇。古湖沼学方法的短时间序列创新应用实现新拓展，研究成果发表在生态环境科学权威杂志 *Global Change Biology*、*PNAS*、*Nature* 等期刊上。长江中游江湖关系演变和长三角可持续发展研究取得新进展，相关研究成果发表在 *Journal of Hydrology*、*Geophysical Research Letters* 等刊物上。

2012年南京地理所共发表论文318篇，其中SCI论文160篇，含一区和二区高影响因子论文37篇，并实现了研究所发表 *Nature* 高水平论文零的突破。申请和获得授权专利52件，其中发明专利34件；新登记软件著作权9件。发挥了良好的科学思想库作用。“富营养湖泊环保疏浚的关键方法与技术及其应用”和“太湖水华蓝藻高精度遥感关键技术研发与应用”2项成果获得江苏省科技进步奖二等奖。

2012年，在科研支撑平台方面，湖泊与环境国家重点实验室规范运行，所级公共技术分析测试中心对外公开招聘了主任、实验室主管及相关实验人员，继续得到中国科学院年度择优经费支持。太湖湖泊生态系统国家野外观测试验站构建了多层次对外服务体系，为国内外科研活动提供了广泛的科研服务。根据2012年中国生态系统网络（CERN）领导小组办公室公布的的2006～2010年野外台站综合评估结果，太湖站位列CERN 46个生态站中的8个优秀生态站之一。鄱阳湖湖泊湿地观测研究站2012年通过CERN科学指导委员会评审顺利进入CERN序列。

2012年，研究所与俄罗斯、德国、美国、英国、日本、荷兰、韩国、丹麦、新西兰、布隆迪、坦桑尼亚、刚果（金）、赞比亚等24个国家和地区进行了深入的学术交流与合作研究。2012年新增国家自然科学基金委国际合作研究项目2项、中国科学院“发展中国家培训班”计划1项。研究所承担的科技部国际合作重大项目“非洲典型国家和流域水资源生态保护和技术合作”，2012年重点针对非洲尼罗河与坦噶尼喀湖流域水环境问题，组织实施7批次的流域实地植被及水环境科学考察，开展2次水环境监测现场培训；在华举办“生态系统长期观测技术国际培训班”、“湖泊流域水环境监测与生态保护国际研修班”和“尼罗河流域生态系统长期观测网络规划报告编写研讨会”；提升改造了坦桑尼亚渔业研究所基戈马中心水质监测示范实验室等，并签署了一系列合作协议。承担的科技部“中日韩”三国合作项目“东北亚近千年来气候变化与水文波动”在日本北海道大沼湖成功钻取了4支4米长的湖泊沉积岩芯，这是我国科研人员首次在国外进行湖泊岩芯钻取。此外，研究所推荐的德国图宾根大学Erwin Appel教授成功入选中国科学院“外国专家特聘研究员计划”，新西兰怀卡托大学David Hamilton教授获得“外国专家特聘研究员计划”延续资助。接待“爱因斯坦讲席教授”1人、“外国专家特聘研究员”3人来所进行合作研究。

研究所目前是江苏省海洋湖沼学会、江苏省地理学会、江苏省遥感与地理信息系统学会、中国地理学会长江分会、全国第四纪研究会全新世专业委员会挂靠单位。主办《湖泊科学》学术期刊。

（撰稿：杨金华　胡笑琪　审稿：杨桂山）

# 紫金山天文台

**台　　长：杨　戟**

**地　　址：江苏省南京市鼓楼区北京西路2号**

**邮政编码：210008**

**电　　话：025-83332000**

**传　　真：025-83332091**

**电子信箱：pmoo@pmo.ac.cn**

**网　　址：http://www.pmo.cas.cn**

中国科学院紫金山天文台（以下简称“紫台”）成立于1950年5月20日。前身是1928年2月成立的国立中央研究院天文研究所。紫台是我国自己建立的第一个现代天文学研究机构，被誉为“中国现代天文学的摇篮”。党和国家领导人毛泽东、朱德、邓小平、江泽民和胡锦涛等都曾到紫台视察。

紫台是以天体物理和天体力学为主要研究方向的研究所，1999年3月成为中国科学院知识创新工程试点单位之一。依据“十二五”发展规划和“创新2020”组织实施方案，紫台总体发展目标是：到2020年，紫台进入国际天文研究机构的先进行列，成为满足国家特定需求的核心机构之一。近期，紫台将努力建成国际先进或国内领先的以暗物质粒子探测为核心的空间天文探测研究基地；以太赫兹探测技术为支撑，面向天文学重大科学问题的南极天文和射电天文研究基地；以人造天体动力学和探测技术为支撑，面向国家战略需求的空间目标和碎片观测研究中心；以近地天体探测研究为基础，面向深空探测的行星科学研究中心。

紫台设4个研究部：暗物质和空间天文研究部、应用天体力学和空间目标与碎片研究部、南极天文和射电天文研究部、行星科学和深空探测研究部；5个实验室：毫米波和亚毫米波技术实验室、暗物质和空间天文实验室、天体化学和行星科学实验室、CCD相机研制实验室、行星科学与深空探测实验室（筹）。

紫台设有7个野外业务观测台站：南京紫金山科研科普园区、青海观测站、盱眙天文观测站、赣榆太阳活动观测站、洪河天文观测站、姚安天文观测站和南极Dome A天文台。其中青海观测站是我国最大的毫米波射电天文观测基地，盱眙观测站是我国唯一的天体力学实测基地。各野外台站运行13.7米毫米波望远镜、1米近地天体望远镜、多台套设备组成的空间目标与碎片观测网、Hα太阳精细结构望远镜、太阳射电频谱仪、近红外太阳光谱仪等观测设备。

紫台建设和运行中国科学院射电天文重点实验室、中国科学院空间目标与碎片观测重点实验室、中国科学院暗物质与空间天文重点实验室，是中国科学院空间目标与碎片观测研究中心、中国科学院南极天文中心以及中国天文学会的挂靠单位。紫台图书馆拥有图书和期刊数十万余册，是东亚地区最大最全的天文图书馆。

截至2012年底，紫台共有在职职工310人。其中科技人员255人、科技支撑人员147人，包括中国科学院院士3人、研究员及正高级工程技术人员51人、副研究员及高级工程技术人员47人；全台进入创新岗位161人。

共有国家海外高层次人才引进计划（“千人计划”）入选者1人、青年“千人计划”入选者2人（新增1人）；中国科学院“百人计划”入选者18人（新增1人）；国家杰出青年科学基金获得者12人（新增1人）。

紫台是国务院学位委员会批准的首批博士、硕士学位授予权单位之一。现设有1个天文学一级学科博士、硕士研究生培养点，控制工程、电子与通讯2个专业一级学科硕士学位工程培养点，天体物理、天体测量和天体力学、天文技术与方法3个专业二级学科硕士、博士研究生培养点，并设有天文学博士后流动站，共有在学研究生120人（其中硕士生62人、博士生58人），在站博士后10人。

2012年，紫台共有在研项目240项（包括新增项目109项）。其中，主持国家重点基础研究发展计划（973计划）项目1项和子项3项；主持（或承担）中国高技术研究发展计划（863计划）项目21项（新增15项）；主持（或承担）国家其他项目21项；主持（或承担）国家自然科学基金项目80项（新增30项），其中创新群体1项、重大项目1项（新增1项）、重点项目6项（新增1项）、主任基金项目4项、面上项目28项（新增9项）、杰出青年基金2项，承担国家自然科学基金重大科研仪器设备研制专项1项（新增1项）；承担中国科学院空间科学战略先导科技专项5项（新增2项），主持（或承担）中国科学院知识创新工程重要方向项目5项（新增1项），“百人计划”项目6项（新增2项），承担重大国际合作项目2项（新增1项）；承担江苏省自然科学基金12项（新增5项）；横向项目13项（新增8项）。

2012年，紫台共发表科技论文192篇，其中国外发表76篇。SCI论文128篇，影响因子3.0以上的70篇，被引用95篇次；申请专利8件，其中发明专利8件，专利授权数5件。紫台完成的《“高能电子宇宙射线能谱超出”的发现》项目获得国家自然科学奖二等奖，作为成员单位参加的“嫦娥二号”工程项目荣获国家科技进步特等奖，另获得科技进步奖二等奖3项（其中1项排名第一）、三等奖1项。

战略性先导科技专项A类“暗物质粒子探测卫星”项目进展顺利。完成有效载荷关键技术攻关和电性件研制等，并通过欧洲核子中心束流标定实验，为工程转阶段打下了良好的基础。主持的973项目“日地空间天气预报的物理基础与模式研究”进展顺利，牵头和美国科学家联合在国际上首次发现加热日冕的超精细通道，研究成果在美国NASA官网发布。国家重大科技基础设施“十二五”规划项目——中国南极天文台项目预先研究项目基本完成，进入立项建议书阶段。主持申请的973项目“利用南极巡天望远镜在超新星宇宙学及太阳系外行星方面的前沿研究”成功立项。主持的国家重大仪器设备研制专项“太赫兹超导阵列成像系统”和国家自然科学基金重大项目“极端台址环境下的天文望远镜关键技术方法研究”启动实施。空间目标与碎片观测系统建设取得重要阶段性进展。参加了“天宫一号/神舟九号”空间碎片预警监测等多项国家任务，受到各方好评，为中国科学院争得了荣誉。紫台自主确定“战神”小行星轨道，圆满完成“嫦娥二号”再拓展交会试验任务。嫦娥二号卫星成功飞越小行星“战神”图塔蒂斯（编号4179），并获得高分辨光学图像。这是我国首次实现对小行星的飞越探测，也是国际上首次实现对“战神”的千米级近距离探测。紫台负责的小行星测定轨工作为此次任务提供了保障，测定轨水平再次得到实战检验，获得各方好评。

2012年，紫台与美国、英国、法国、德国、俄罗斯、西班牙、芬兰、意大利、日本、韩国、中国澳门及中国香港等21个国家（地区）共有在签协议11个（新增4个）。联合发表论文约76篇。主办或协办各类国际会议4个，包括“中德太阳物理双边学术研讨会”、“2012南极巡天望远镜国际合作会议”、“太赫兹超导探测技术研讨会”、“星系形成与宇宙大尺度结构” 等，参会国外学者近 60 人次。聘请 “外国专家特聘研究员” 3 人（新增 2 个）；全年出访人员 159 人次，来访人员 152 人次。与德国、法国、美国、英国等科研所联合培养博士生 23 人。紫台共有国际天文联合会（IAU）正式会员 64 人。

紫台是我国开展天文科学普及的重点单位、国家科普基地的挂牌单位，以紫金山科研科普园区、青岛观象台等重点科普基地为骨干，开展科普宣传，面向社会开放。2012 年度全年共接待青少年和社会公众约 15 万人次。

紫台是《天文学报》（季刊）和英文刊 *Chinese Astronomy and Astrophysics* 的承办单位。

（撰稿：朱爱仲　审稿：鲁春林）

## 苏州纳米技术与纳米仿生研究所

**所　　长：杨辉**
**地　　址：江苏省苏州市苏州工业园区若水路 398 号**
**邮政编码：215123**
**电　　话：0512-62872509**
**传　　真：0512-62603079**
**电子信箱：office@sinano. ac. cn**
**网　　址：http://www. sinano. cas. cn**

中国科学院苏州纳米技术与纳米仿生研究所（以下简称 “苏州纳米所”）由中国科学院、江苏省人民政府和苏州市人民政府于 2006 年共同出资筹建，于 2009 年 7 月 22 日获中央编制委员会办公室批复正式成立，2009 年 12 月 9 日通过中国科学院、江苏省人民政府、苏州市人民政府组织的筹建工作验收。

苏州纳米所定位于纳米科技的应用基础研究和产业化，在学科布局上坚持 “应用需求牵引学科建设，学科建设支撑应用发展” 的原则，主要围绕能源、环境、信息、生命与医学等领域开展研发工作；学科方向主要包括纳米器件及相关材料、纳米生物技术与纳米医学、纳米仿生技术和纳米安全技术。

2012 年，苏州纳米所全力推动实施 “一三五” 规划，并出台了相应的配套保障政策；启动开展重大科技基础设施——纳米真空互联综合实验站的前期预研工作；质量体系通过监督审核，保持认证资格。

苏州纳米所设有 8 个研究部、5 个中心和 3 个公共服务平台。8 个研究部为纳米器件及相关材料研究部、纳米生物医学研究部、纳米仿生研究部、系统集成与 IC 设计研究部、国际实验室、学科交叉综合研究部、印刷电子学研究部和先进材料研究部；5 个中心为信息与战略研究中心、技术转移中心、工程化中心、技术培训中心和太阳能电池检测分析中心；3 个公共服务平台为纳米加工平台、测试分析平台和计算平台。

苏州纳米所建有 “中国科学院纳米器件与应用重点实验室”、“省部共建国家重点实验室培育基地——江苏省纳米器件重点实验室”、“中国科学院苏州纳米所——索尼联合实验室”、“纳米催化材料与技术联合实验室”、“印刷电子材料与技术联合实验室”、“中国科学院苏州纳米所——苏州出入境检验检疫局联合实验室” 和 “环境传感联合实验室”，是中国科学院太阳电池研究中心（筹）依托单位。

苏州纳米所建立的纳米加工、测试分析和计算平台是围绕纳米器件及其相关材料、纳米生物技术与纳米医学、纳米仿生学和纳米安全等研究领域组建的多学科交叉技术研发平台，面向社会全方位开放，实现设备共享共用，在完成苏州纳米所科研任务的同时，积极配合区域经济发展，解决相关企业的技术难题，为企业的技术研发提供支撑，培养培训相关技术人才，开展技术咨询服务等。2012 年，3 个平台除完成苏州纳米所的科研任务外，累计为国内高校、科研机构和企业提供服务 83957 机时、服务金额近 3000 万元、人员培训 4000 余人时。

截至 2012 年底，苏州纳米所共有在职职工 456 人。其中科技人员 324 人、科技支撑人员 95 人，包括中国科学院院士 2 人（均为兼聘）、研究员及正高级工程技术人员 84 人、副研究员及高级工程技术人员 64 人；全所进入创新岗位 375 人。

苏州纳米所共有国家海外高层次人才引进计

划（“千人计划”）入选者5人（新增4人），“青年千人计划”入选者8人（新增6人）；中国科学院“百人计划”入选者35人（新增6人）；国家杰出青年科学基金获得者4人；国家“新世纪百千万人才工程”入选者1人；“江苏省高层次创业创新人才引进计划”入选者17人（新增11人），江苏省“333”高层次人才入选者25人（新增23人）；苏州市“姑苏创新创业领军人才计划”入选者7人（新增2人）；苏州工业园区各类人才计划入选者55人（新增22人）。

苏州纳米所现设有电子科学与技术、化学2个一级学科博士研究生培养点，微电子学与固体电子学、物理化学2个二级学科博士研究生培养点，生物医学工程一级学科硕士研究生培养点，微电子学与固体电子学、物理化学2个二级学科硕士研究生培养点，生物工程、电子与通信工程、集成电路工程3个二级学科专业学位硕士研究生培养点，并设有1个物理化学专业一级学科博士后流动站，共有在学研究生317人（其中硕士生219人、博士生98人），在站博士后69人。

2012年，苏州纳米所共有在研项目471项（新增150项）。其中，主持（或承担）国家重点基础研究发展计划（973计划）和国家重大科学研究计划项目15项（新增1项），主持（或承担）国家高技术研究发展计划（863计划）项目5项（新增2项）；主持（或承担）国家自然科学基金重大项目1项、重点项目1项、主任基金项目1项、面上项目33项（新增19项）、青年科学基金53项（新增13项）、国家自然科学基金重大研究计划重点项目1项（新增1项）；主持（或承担）中国科学院战略性先导科技专项课题1项，主持（或承担）院重点部署项目1项（新增1项）；承担重点国际合作项目4项（新增1项）；承担院地合作项目13项（新增2项）。

2012年，苏州纳米所发表学术论文235篇（含会议论文37篇），其中SCI论文176篇，EI论文22篇。申请专利170项，其中发明专利166项；获授权专利60项，其中发明专利53项，实用新型7项；登记软件著作权2件，申请PCT专利2件。

2012年，苏州纳米所接受企业委托或合作开发研发项目共47项，合同经费2746万元。积极推动科技成果转移转化，参股成立佛山中科微纳科技有限公司和苏州格瑞丰纳米科技有限公司；与地方政府共建苏州中国科学院产业技术创新与育成中心（地方法人），促成6家院地共建机构、64项中国科学院成果转移转化项目落户苏州，促成23个项目获得苏州工业园区领军人才项目，争取地方政府支持经费近亿元，育成中心荣获“国家技术转移示范机构”称号。加强产学研合作，与欧菲光集团共建“柔性光电技术联合实验室”，共同研究开发基于柔性材料的发光、光伏与印刷电子技术；与德国爱思强公司共建MOCVD联合培训中心，为长三角地区及全国的半导体照明、光伏等产业培训高端产业人才；与广东佛山南海区共建纳米器件平台华南中心，为佛山地区的LED、家电等产业提供技术支撑。研究所被中国产学研合作促进会授予2012年度中国“产学研合作创新奖”和“产学研合作创新成果奖”。

2012年，苏州纳米所获批国际合作项目6项，获得中国科学院“青年科学家国际合作奖”1项，年度国际合作经费778.45万元；成功承办中国科学院2012年度国际合作工作会议、2012年全球有机光伏国际会议、2012年中美电子化学与纳米界面催化研究教育合作会议、第四届中德双边化学前沿研讨会、中新双边交流研讨会等重要国际学术会议；全年共有67人次前往美国、德国、英国、丹麦、瑞典、日本和韩国等国家访问与合作研究，接待136人次国外专家、学者来访。

（撰稿：曾光强　张明杰　审稿：刘佩华）

## 苏州生物医学工程技术研究所

**所　　长：**唐玉国
**地　　址：**江苏省苏州市高新区科技城科灵路88号
**邮政编码：**215163
**电　　话：**0512-69588000
**传　　真：**0512-69588088
**电子信箱：**office@sibet.ac.cn

**网　　址：http://www. sibet. cas. cn**

中国科学院苏州生物医学工程技术研究所（简称“苏州医工所”）由中国科学院、江苏省人民政府、苏州市人民政府三方共同筹建。2008年4月，三方签署《共建中国科学院苏州生物医学工程技术研究所协议书》。2012年7月，中央机构编制委员会办公室正式批复成立“中国科学院苏州生物医学工程技术研究所”。

建所以来，苏州医工所定位于“围绕国家发展战略目标，面向国际生物医学工程技术前沿，引领生物医学工程领域仪器、试剂等高技术研究与开发，推动产业发展，成为不可替代的国立研究机构”。主要研究领域为医疗仪器、生物试剂、医用材料3个领域。

截至2012年底，苏州医工所共设有4个管理部门和7个研究室。4个管理部门分别为：综合管理处、科研开发处、资产财务处、人事教育处；7个研究室分别为：医学检验制品研究室、医用光学研究室、医学影像技术研究室、医用电子技术研究室、医用微纳技术研究室、医用精密机械研究室、半导体光电子技术研究室（其中包括精密机械技术和医用微纳技术2个工程技术支撑平台）。同时拥有1个江苏省光电医疗仪器工程技术研究中心，1个江苏省医用光学重点实验室，以及4个苏州市高技术研究重点实验室。

科研条件建设方面，一期基建总建筑面积6.9万$m^2$已投入使用。二期基建总建筑面积9000$m^2$，已经开工建设，包括：用于PET/CT及医用回旋加速器安装调试的PET/CT总装中心和光栅刻划机安装调试的医用光栅调试中心。此外，现已完成研究所科研装备建设规划方案，总体装备规划3.1亿，共签订采购合同1.95亿，设备到货1.82亿。

截至2012年底，苏州医工所共有在职职工273人。其中科技人员185人，科技支撑88人，包括研究员及正高级工程技术人员20人、副研究员及高级工程技术人员27人；全所进入创新岗位185人。共有中国科学院“百人计划”入选者6人（新增4人）。苏州医工究所现设有光学工程1个专业一级学科博士研究生培养点，光学工程、生物医学工程、仪器仪表工程3个专业一级（或二级）学科硕士研究生培养点，共有在学研究生89人（其中硕士生60人、博士生29人）。

截至2012年底，研究所共承担国家、中国科学院、江苏省、苏州市各类项目100余项，合同额近4亿元（其中2012年新增26项）；其中青年基金项目7项（新增4项）；国家科技部中小企业技术创新资金项目2项；承担中国科学院重要方向项目14项；承担院地合作项目9项。已累计申请专利149项（其中，发明专利101项、实用新型44项、外观设计4项、软件著作权5项）；授权专利44项（其中，发明专利4项、实用新型36项、外观设计4项、软件著作权3项）；发表高水平论文99篇。已通过技术投入、吸引外部资金投入等方式成功转化科研成果5项，并组建了以体外诊断产品、高亮度医用LED光源技术产品、医用高功率半导体激光技术产品、激光诊疗仪器产品为主的5家高新技术企业；苏州医工所作为江苏省产学研联合创新重大载体，牵头成立了江苏省医疗器械产业技术创新联盟，协助组织了“江苏省创新医疗器械产品应用示范工程”；与苏州高新生物医学工程产业基地共建了江苏省医疗器械科技产业园；与苏州高新区科技城管委会共同注册成立了苏州生物医学工程技术成果产业有限公司。目前，研究所正在组建科技成果育成孵化平台（成果转化公司），大幅降低企业投资风险，提高本所科技成果转化效率。

对外交流合作方面，截至目前国外专家来所学术交流75人次，国内同行专家百余人次；本所专家出访国外学术交流20人次；主办国际学术会议2次；与复旦大学附属华山医院、吉林大学附属第一医院、北京军区总院、苏大一、二附院等建立长期合作伙伴关系。

（撰稿：袁艳明　肖心通　审稿：邓　强）

## 合肥物质科学研究院

**院　　长：王英俭**

**地　　址：安徽省合肥市蜀山湖路350号**

**邮政编码：230031**
**电　　话：5591295**
**传　　真：5591270**
**电子信箱：office@hfcas. ac. cn**
**网　　址：http://www. hf. cas. cn**

中国科学院合肥物质科学研究院（以下简称“合肥研究院”）位于安徽省合肥市西郊风景秀丽的科学岛上，成立于2003年5月，是一个多学科、综合性科教基地。江泽民同志1998年莅临视察时高度评价合肥研究院的科研环境，欣然题词“科学岛”，由此科学岛成为合肥研究院的别名。合肥研究院目前有安徽省光学精密机械研究所、等离子体所物理研究所、固体物理研究所、合肥智能机械研究所、强磁场科学中心、先进制造技术研究所、技术生物与农业工程研究所、医学物理技术中心、安徽循环经济技术研究院、核能安全技术研究所共10个科学研究和技术转移机构。合肥研究院拥有1个国家工程中心，16个省部级重点实验室/工程中心，以及超导托卡马克HT-7、全超导托卡马克东方超环EAST、稳态强磁场3个大科学工程，已成为中国科学院重要的科技创新基地、高技术发展基地和人才培养基地之一。

合肥研究院定位在面向国家洁净能源与环境安全需求，面向极端与复杂条件下物质科学前沿，建设依托全超导托卡马克、强磁场、大气环境立体探测研究网等大科学装置群的综合性国家科研基地，形成等离子体物理、大气环境光物理/化学、极端和复杂环境下材料与生物物理等优势学科群，发展磁约束聚变堆、大气环境探测、强磁场及能源环境健康等需求的功能材料与智能系统等战略高技术。目标是在聚变物理与工程、强磁场科学技术、大气环境光学3个领域取得重大创新性成果，在聚变反应堆基础理论研究与数字托卡马克、大气环境物理化学、极端条件下生物与材料特性、机电一体化全寿命设计与智能制造、医学物理与技术等领域的研究取得实质性进展，在太阳能材料与工程、大气环境监测仪器、先进核能与核能安全技术、新型医疗技术等高新技术产业化方面创新发展一批具有自主知识产权的核心关键技术。

目前合肥研究院设有等离子体物理、凝聚态物理、光学、大气物理学与大气环境等7个二级学科博士研究生培养点和16个二级学科硕士研究生培养点；仪器仪表工程、材料工程、动力工程、电气工程、控制工程、计算机技术、核能与核技术工程、环境工程、生物工程9个学科工程硕士培养点，现有在学研究生1305人；设有等离子物理、凝聚态物理、光学、大气科学、核科学与技术5个博士后流动站，在站博士后59人。

截至2012年12月，合肥研究院在职职工2112人，其中正高级人员233人，副高级人员457人，包括中国工程院院士2人、“新世纪百千万人才工程”国家级人选3人、国家杰出青年基金获得者7人、国家973计划首席专家26人、国家863计划专家34人、国家“千人计划”入选者9人、“万人计划”入选者3人、中国科学院“百人计划”入选者64人、安徽省“百人计划”3人。目前研究院在职职工49.7%具有研究生学历，32.7%具有博士学位，人员队伍结构不断优化。通过组织优势科研团队，研究所组织和承担国家重大重点科研任务的能力不断加强，形成等离子体物理、纳米材料、大气环境等多个创新团队和973、863团队。

2012年，合肥研究院在多个科研领域取得重大突破：EAST托卡马克实验突破两项世界纪录，使我国继续保持在稳态高约束等离子体研究方面的国际领先地位；强磁场下生物研究发现人体免疫系统中T淋巴细胞活化新机制，研究成果发表于国际权威期刊*Nature*；星载、机载大气环境载荷研制取得重大进展，卫星载荷项目完成了工程样机研制并通过验收评审，机载项目完成了飞行试验前的准备工作。

2012年，合肥研究院科研工作产出继续保持良好态势，共发表论文995篇，其中SCI论文535篇，EI论文142篇，其中一篇发表在*Nature*上发表，核安全所有5篇文章入选国际基本科学指标数据库ESI 2002～2012年度高被引论文榜，6篇文章入选国际核领域权威期刊*Fusion Engineering and Design*（FED）2007～2012年度高被引论文榜，相关研究进入世界排名1%行列，1篇论文入选FED 1990～2012年度高被引论文特刊（该特刊仅收录的13篇论文）；出版发行了《现代大气光学》（饶瑞中著）和《核能物理与技术概论》（邱励俭、王相綦、吴斌著）2本科技论著，黄青等和储焰南等撰写了2个专著章节；申请专利303件，其中发明专利262件（含2件国防发明专利），1件专利获得PCT国际专利申请受理，1件专利获第十四届中国专利优秀奖；授权专利150件，其中发明专利114件；软件登记受理42件，其中39件已登记；取得8项产品企业标准，参与制定的国际标准ISO 3550-3“卷烟端部掉落烟丝的测定第3部分：振动法”进入被注册为国际标准草案（DIS）阶段；作为第一单位获得安徽省自然科学奖一等奖1项，安徽省科技进步奖一等奖1项、三等奖1项。

2012年，合肥研究院积极探索科研体制机制新模式，按“科教结合、协同创新”的要求，联合中国科学技术大学等单位，建设“合肥物质科学技术中心”；进一步推进与中国科技大学、安徽大学、合肥工业大学、安徽医科大学等高校的合作；加强院地合作，全面落实与合肥、铜陵、淮南签署的战略性合作协议，推进安徽循环院、铜陵皖江中心、淮南新能源中心、合肥产业基地等转移转化平台体系建设，积极参与黄淮海区域创新集群建设；与重点企业开展科技合作，联合成立安徽纳米材料及应用等产业创新联盟，推动中国科学院战略性新兴产业项目取得新进展。

2012年度，合肥研究院围绕区域和产业发展重大需求，认真谋划，制定了中国科学院与安徽省、河南省院地合作“一三五”规划；建设黄淮海绿色现代农业创新集群，启动集群预研专项；推进安徽循环院、铜陵皖江中心、淮南新能源中心、合肥产业基地等转移转化平台体系建设；共建河南省科学院，推动全国科学院联盟成立，加强与安徽省科学院合作，整合各研究所特色资源，融入省科院三大平台建设；推动中国科学院战略性新兴产业项目取得新进展。

合肥研究院与重点企业开展科技合作，联合成立安徽纳米材料及应用等产业创新联盟；完善体制机制，加强对转化型非法人单元的管理；按照地方产业需求，开展多种形式的科技成果对接活动36次，研究所参加人员540人次，推介科技成果1000项次。2012年度，合肥研究院转移成功项目收入达1.07亿元，

合肥研究院投资成立了中科保瑞特节能科技有限公司、安徽中科转化医学研发中心有限公司、合肥中科自动控制系统有限公司等3个新公司，使得研究院投资的企业达到了26家。2012年度，研究院投资企业销售收入达25亿元、利税4亿元。

2012年，合肥研究院出访341余人次，接待402余人次；2012年合肥研究院引进“千人计划”3人；引进中国科学院“百人计划”4人；引进“皖百人”2人；聘请聘任国外客座研究员10人，其中获得中国科学院“外国专家特聘研究员”的4人；接收海外留学生15人。

召开国际会议及海峡两岸会议共8个；外国专家应邀来访作学术报告60余次；新签订国际合作协议8项；与国外科学家共同发表学术论文92篇。

（撰稿：孙　策　程　艳　审稿：王英俭）

## 武汉岩土力学研究所

**所　　长：李海波**
**地　　址：湖北省武汉市武昌小洪山**
**邮政编码：430071**
**电　　话：027-87199251（办公室）**
**传　　真：027-87197386**
**电子信箱：irsm@whrsm.ac.cn**
**网　　址：http://www.whrsm.ac.cn**

中国科学院武汉岩土力学研究所（以下简称“武汉岩土所”）创建于1958年，是专门从事岩土力学与工程应用基础研究、以工程应用背景为特征的综合性研究机构。

武汉岩土所致力于重大工程安全与灾害控制、深部资源及能源高效安全开发、废弃物地质处置和利用方面的基础性、战略性、前瞻性工作，在我国重大工程建设、资源与能源开发中发挥重要作用，引领我国岩土力学与工程学科发展。到2020年，重点突破深部岩体工程安全性分析与动态调控理论、特殊土的力学性状衰变机

理与高速交通工程变形控制方法、高风险工程边坡安全评价理论与控制技术，重点培育盐岩地下溶腔综合利用理论与技术、岩体工程动力安全性评价与控制、区域性海洋土力学特性与工程安全、$CO_2$咸水层封存力学稳定性评价与监控、垃圾填埋场运行过程灾变预测与调控5个学科发展方向。

目前，武汉岩土所下设岩土力学与工程国家重点实验室、湖北省环境岩土工程重点实验室、能源与废弃物地下储存研究中心、湖北省节能环保产业环境岩土工程技术创新基地、固体废弃物分析测试中心、湖北省固体废弃物安全处置与生态高值化利用工程技术研究中心、中国岩土工程研究中心、武汉岩土工程检测中心、岩土力学与工程实验测试中心等研究、开发与支撑平台，以及武汉中科岩土投资有限责任公司、武汉中岩科技有限公司、武汉中科岩土工程有限责任公司、武汉中力岩土工程有限公司和武汉中科科创工程检测有限公司等产业转化平台。

2012年，围绕“创新2020”和研究所“一三五”发展规划实施，成立了地下工程与地下空间研究中心、土力学与地基基础研究中心、边坡工程与地质灾害研究中心，进一步明晰了三个突破和5个培育方向的内涵、目标。通过优化资源配置，修订岗位聘任和考评制度等进一步推进了研究所“一三五”发展战略的实施。

截至2012年底，研究所现有在岗职工495人，其中中国工程院院士1人，研究员41人，副研究员及高级工程技术人员92人。研究所现有国家杰出青年基金获得者5人（新增1人），“百千万人才工程”国家级人选5人，“千人计划”1人（新增1人），“青年千人计划”1人（新增1人），中国科学院“百人计划”入选者11人。1人担任国际岩石力学学会主席，2人被院聘为“外国专家特聘研究员”。

2012年，武汉岩土所引进科研、支撑、管理人员12人。1人入选“中国科学院海外评审专家”，1人荣获第九届光华工程科技奖，2人入选湖北省重大人才工程高端人才引领培养计划，1团队入选院科技创新“交叉与合作团队”，1人获院“卢嘉锡青年人才奖”，2人入选院青年创新促进会。

2012年，武汉岩土所大力加强人才引进和培养力度，积极推进研究生教育。武汉岩土所是国务院学位委员会批准的首批博士、硕士学位授予单位之一，现设有工程力学和岩土工程二级学科博士研究生、硕士研究生培养点，防灾减灾工程及防护工程二级学科硕士研究生培养点，建筑与土木工程、控制工程专业硕士研究生培养点，并设有土木工程一级学科博士后流动站。在学研究生220人（硕士生113人、博士生107人），在站博士后24人。

2012年，武汉岩土所在研项目457项（新增项目235项）。其中，主持国家重点基础研究发展计划（973计划）项目2项、课题11项（新增3项）；国家科技支撑计划课题2项（新增1项）；国家自然科学基金杰青项目2项、重点项目（含仪器专项和重大国际合作项目）8项（新增4项）、面上项目46项（新增17项）、青年项目45项（新增13项）；中国科学院重点部署项目1项（新增）、战略性先导科技专项课题1项（新增）、知识创新工程重要方向项目3项，重大科研装备研制项目1项，院地合作项目3项（新增1项）。新增100万级以上重大工程项目19项，涉及水利、矿山、交通、能源、建筑等领域。科研经费到款14646万元，其中纵向课题进款5926万元，横向课题进款8720万元。

2012年，武汉岩土所科研工作取得重要进展，作为参加单位获国家科技进步二等奖1项，作为第一完成单位获湖北省科技进步一等奖3项、二等奖1项。全所全年共有317篇论文被SCI、EI、ISTP 3大检索收录，其中SCI收录论文63篇；申报专利48项，其中发明专利34项；获得专利授权59项，其中发明专利43项；软件著作权授权15项。

2012年，研究所开展院地合作顺利，分别与广东省水利水电科学研究院、广东省建筑科学研究院、深圳市勘察研究院有限公司签署了战略合作协议；与黑旋风工程机械开发有限公司签署战略合作协议，并合作共建了“污染泥土处理与资源循环利用技术研发基地”；申报建设中国科学院湖北产业技术创新与育成中心平台“岩土工程技术创新与产业化中心”获立项批准；与铁四院联合申报建设“水下隧道技术湖北省工程实验室”获立项批准。

2012 年，武汉岩土所积极开展国际交流与合作。全年出访 60 人次，其中参加国际学术会议 29 人次，24 人次在有关研究机构开展合作研究；接待来访学者 29 人次。组织承办了“重大地下工程安全建设与风险管理——国际工程科技发展战略高端论坛”和第四届国际问题土会议。全年举办“岩土力学与工程学术论坛”16 场。

武汉岩土所是中国岩石力学与工程学会支撑单位之一，也是其下属的地下工程分会、地面岩石工程专业委员会、岩石动力学专业委员会、中国力学学会岩土力学专业委员会和中国科学院自然科学期刊编辑研究会武汉分会的挂靠单位。武汉岩土所主办的《岩土力学》和承办的《岩石力学与工程学报》均为国内中文核心期刊，同时被 EI 数据库收录。与中国岩石力学与工程学会联合主办的《岩石力学与岩土工程学报》（英文版）是国内本学科领域第一家英文版学报。

（撰稿：安骏勇　曾妍焱　审稿：汪大国）

# 武汉物理与数学研究所

**所　　长：**刘买利

**地　　址：**湖北省武汉市武昌区小洪山西30号

**邮政编码：**430071

**电　　话：**027-87199543

**传　　真：**027-87198238

**电子信箱：**wipm@wipm.ac.cn

**网　　址：**http://www.wipm.ac.cn

武汉物理与数学研究所（以下简称“武汉物数所”），是由原武汉物理所（始建于 1958 年）和武汉数学物理与计算技术研究所（始建于 1957 年）于 1996 年合并而成，经过半个多世纪的发展，现已建成为以核磁共振波谱学、原子与分子物理和数学物理研究为主，积极开展原子频标等高技术研发的综合型国立研究所。

武汉物数所围绕国家需求和前沿科学问题，充分发挥磁共振波谱及与生命科学交叉、原子分子与光物理、原子频标与精密测量物理、数学物理等多学科综合优势，积极开展基础性、战略性和前瞻性研究，大力推进高新技术创新与转移转化，支撑国民经济和社会可持续发展，力争成为不可替代的国家战略科技力量和国际一流研究机构。研究所围绕院“创新 2020”实施，研讨制定了研究所“一三五”规划，确定了高精度原子频标、先进磁共振仪器技术与方法和高端仪器与原子钟技术产业化示范 3 个重大突破任务，部署了复杂体系的磁共振分析方法研究、重大疾病预警与机制的波谱方法与成像技术、原子分子量子态的光场调控研究、基于原子分子物理的精密测量物理、数学物理与生物医学核磁中的数学方法 5 个重点培育方向。2012 年各项重大任务取得了新的突破，各培育方向形成了新的增长点，人才激励、平台建设、项目组织等体制机制进一步完善。

武汉物数所是波谱与原子分子物理国家重点实验室、武汉磁共振中心、中国科学院原子频标重点实验室、中国科学院冷原子物理中心（武汉）、中国科学院数学物理联合实验室的依托单位，是武汉光电国家实验室的组建单位之一。研究所设 6 部 3 中心：磁共振基础研究部、磁共振应用研究部、原子分子光物理研究部、原子频率标准研究部、理论与交叉研究部、数学物理与应用研究部、高技术创新与发展中心、磁共振技术中心、原子频标与激光技术中心。研究所拥有 800MHz 超导高分辨核磁共振谱仪、7T/20 cm 小动物磁共振成像仪、10 米喷泉式高精度原子干涉仪等各类重要科研仪器千余台套，总价值超过 3 亿元，为开展前沿科学研究与高技术研发提供了装备保障。

截至 2012 年底，研究所共有在职职工 447 人，其中科技人员 373 人（正高级人员 55 人、副高级人员 96 人）。包括中国科学院院士 1 人、国家杰出青年科学基金获得者 6 人、“百千万人才工程”国家级人选 4 人、中国科学院“百人计划”入选者 20 人、国家“青年千人计划”入选者 1 人、美国霍华德·休斯首届国际青年科学家奖获得者 1 人、享受国家政府特殊津贴和院省有突出贡献的专家 14 人。另有 1 个国家创新群体、2 个中国科学院—国家外专局国际创新团队、2 个中国科学院科技创新“交叉与合作团队”。

武汉物数所是1986年国务院学位委员会批准的博士、硕士学位授予权单位之一，现设有无线电物理、原子与分子物理、分析化学、应用数学4个博士学位点，无线电物理、原子与分子物理、光学、分析化学、应用数学、基础数学6个硕士学位点，电子与通信工程、生物工程2个专业硕士学位点，并设有物理和数学2个博士后流动站，现有在学研究生281人，其中硕士生126人、博士生155人，共有在站博士后28人。

武汉物数所在本年度主持承担项目和课题293项。其中，国家重点基础研究发展计划（973计划）项目3项、课题21项，国家高技术研究发展计划（863计划）项目6项，国家重大科学仪器设备开发专项1项，国防重大项目7项；国家自然科学基金委重点项目5项，创新研究群体项目1项，国家杰出青年科学基金项目2项，重大国际合作研究项目1项，国家重大科研仪器设备研制专项3项。

武汉物数所在本年度发表科技论文242篇，其中SCI收录论文188篇，Top 15%以上论文占46.6%。共获专利授权20件，其中发明专利15件；申请专利26件，其中国家发明专利20件，国际PCT发明专利2件。在重要进展方面：钙离子光频标测量数据被列为国际标准频率推荐值，这是我国首次利用原子光钟对修改国际光学频率标准所作出的贡献；圆满完成了国产铷钟研制任务，其关键性能指标达到国际先进水平，在我国重大工程中发挥关键作用；揭示了青少年网瘾的损伤模式与毒瘾类似，为青少年网瘾的诊断和治疗提供了重要理论依据，引起全球媒体广泛关注。

武汉物数所高度重视院地合作及科技成果转移转化，成立了专门的产业化公司—武汉中科开物技术有限公司，下属控股和参股公司共7家，拥有4万$m^2$的高科技产业大楼和占地200亩的高技术产业园区，产业规模6.5亿元，本年度实现销售收入1.7亿元，税后净利润3136万元。控股的武汉中科创新技术股份有限公司拥有实力雄厚的技术研发队伍和独具特色的自主知识产权，其生产的超声波无损检测设备各项性能和技术指标均达到国际先进水平，已广泛应用于我国工业、国防等相关领域，先后获得国家、部委和行业奖10多项，其中“数字式超声波探伤技术”获国家发明专利等奖，成为行业领军企业。参股的沈阳东软波谱技术有限公司以核磁共振成像仪为主导产品，其性能指标均达到国际同类产品先进水平，先后通过欧洲CE（Conformite Europeene）认证和美国FDA（美国食品与药品管理局）认证，并出口东南亚、欧洲和美国等国家和地区，先后获辽宁省科技成果奖、沈阳市科技成果奖和沈阳市科技进步一等奖。

武汉物数所在2012年先后与18个国家和地区开展合作与交流，累计出访85人次，接待来访82人次。澳大利亚科学院院士Reimers教授、俄罗斯科学院院士Vasiutinskii教授等著名专家应邀来所进行访问；英国东安格利亚大学Peter教授、伦敦大学帝国学院李佳博士、美国杜克大学韩慧博士等分别通过中国科学院国际合作项目资助到该所开展实质性合作。成功举办“第三届国际磁共振前沿研讨会”、“第五届冷原子物理国际学术研讨会”等大型国际研讨会，并成功申办“第六届原子团簇碰撞国际会议”。另有3人应邀在知名国际会议上做大会报告。

武汉物数所是中国物理学会的常务理事单位，全国波谱学专业委员会的挂靠单位，湖北省暨武汉市物理学会理事长单位。主办的《数学物理学报》（中、英文版）和《波谱学杂志》均为我国自然科学的核心刊物，《数学物理学报》英文版为SCIE收录期刊。本年度，《波谱学杂志》编辑部协助全国波谱学专业委员会编辑出版《第十七届全国波谱学学术会议论文摘要集》，并在CNKI上线发布；《数学物理学报》（英文版）被清华大学图书馆评选为“2012中国最具国际影响力学术期刊”。

武汉物数所创新文化建设成效显著，本年度再次通过“湖北省最佳文明单位”评审，保持了连续6届12年的省最佳文明单位称号。

（撰稿：孙智波　罗　芳　审稿：刘买利）

## 武汉病毒研究所

**所　　长：陈新文**

地　　址：湖北省武汉市武昌区小洪山中区44号
邮政编码：430071
电　　话：027-87199162
传　　真：027-87199162
电子信箱：wiv@wh.iov.cn
网　　址：http://www.whiov.ac.cn/

中国科学院武汉病毒研究所（以下简称"武汉病毒所"），始建于1956年，是专业从事病毒学研究的综合性研究机构，2002年、2006年先后被批准进入中国科学院知识创新工程（二期、三期）序列，学科重点由原来的普通病毒学扩展到医学病毒和新生病毒性疾病的研究。建所57年来，经过几代科学家艰苦努力，在病毒学学科建设、人才培养、促进国家社会、经济发展等方面做出了重要贡献。

武汉病毒所的科技目标是面向国家人口健康、农业可持续发展及国家安全，面向病毒学研究领域国际前沿，依托高等级生物安全实验室团簇平台，重点开展病毒学、农业与环境微生物学及新兴生物技术等方面的基础和应用基础研究。着力突破重大传染病预防与控制、农业环境安全的前沿科学问题，显著提升在病毒性传染病的诊断、疫苗、药物以及农业微生物制剂等方面的技术创新、系统集成和技术转化能力，全面提升应对新发和突发传染病应急反应能力，成为具有国际先进水平的综合性病毒学研究机构。

2012年，武汉病毒所积极开展战略研究，进一步明确了"依托高等级生物安全实验室团簇平台，开展病毒学、农业与环境微生物学及新兴生物技术等方面的基础和应用基础研究"的战略定位，整合资源积极推进"我国高等级生物安全研究与技术体系建设、生物纳米器件和绿色农业技术的集成与应用"三个重大突破方向的研究，并取得良好进展，为确保"一三五"和"十二五"目标的顺利实现开创了良好局面。

武汉病毒所在科研布局上设有分子病毒学研究室、分析生物技术研究室、应用与环境微生物研究中心、中国病毒资源与信息中心和新发传染病研究中心。现设有34个研究学科组。拥有病毒学国家重点实验室（与武汉大学共建）、中-荷-法无脊椎动物病毒学联合开放实验室、HIV初筛实验室、中国科学院农业环境微生物学重点实验室、湖北省病毒疾病工程技术研究中心和中国病毒资源科学数据库等研究技术平台。科技支撑中心由大型设备分析测试中心、实验动物中心、《中国病毒学》编辑部、网络信息中心组成。"中国病毒资源与信息中心"拥有亚洲最大的病毒保藏库，保藏有各类病毒1300余株。创建了具有现代化展示手段的我国唯一的"中国病毒标本馆"，集科学性、特色性和科普性于一体，是我国第一批"全国青少年走进科学世界科技活动示范基地"。

到2012年底，武汉病毒所在职职工为266人，其中科研人员201人、科技支撑人员41人，研究员及正高级工程技术人员35人、副研究员及高级工程技术人员39人；拥有博士学位和硕士学位的科研人员的比例达到77%。目前，研究所共有中国科学院"百人计划"入选者14人（新增2人），国家杰出青年科学基金获得者4人（新增1人），国家重点基础研究发展计划（973计划）首席科学家3人，国家"跨世纪百千万工程"第一、二层次人选2人。一批德才兼备的学科带头人脱颖而出，在国际学术舞台崭露头角。

武汉病毒研究所是1978年国务院学位委员会批准的博士、硕士学位授予权单位之一，现设有生物学一级学科培养点，微生物学、生物化学与分子生物学2个专业二级学科博士研究生培养点，微生物学、生物化学与分子生物学和生物工程3个专业二级学科硕士研究生培养点，并设有生物学一级学科博士后流动站。目前，共有在学研究生253人（博士生124，硕士生128人），在站博士后8人。

2012年，武汉病毒所有在研项目189项（新争取81项）。新争取国家部委重大项目有：主持国家重大科学研究计划1项，主持国家科技基础性工作专项（重点项目）1项，主持"十二五"传染病防治国家科技重大专项课题1项，主持基金委重大项目1项，负责支撑计划子课题1项，主持基金委国际（地区）合作交流项目1项，面上项目11项，青年科学基金项目11项。2012年，在研国家重点基础研究发展计划（973

计划）项目26项、其中主持1项，承担（或参加）课题25项（新增9项）；承担中国高技术研究发展计划（863计划）课题3项（新增3项）；主持国家自然科学基金重点项目2项、杰出青年科学基金项目1项、面上项目和青年基金51项；主持（或承担）中国科学院知识创新工程项目（课题）10项，承担中国科学院战略性先导科技专项课题1项，院地合作项目21项（新增6项）。

2012年科研方面取得的主要进展包括：（突破一）建设我国高等级生物安全研究与技术体系：完成了郑店园区三级生物安全实验室设施设备安装调试以及认证文件的准备。建立了5种烈性病毒的核酸和抗体特异性检测方法。建立了尼帕病毒、埃博拉病毒等5种烈性病毒的核酸和抗体特异性检测方法以及副黏病毒、冠状病毒、丝状病毒和黄病毒科成员的通用核酸扩增技术及其标准操作程序。（突破二）生物纳米器件：建立SV40病毒衣壳、乙肝病毒样颗粒、杆状病毒样颗粒、朊蛋白纳米线等多种病毒来源的生物纳米结构元件。（突破三）绿色农业技术的集成与应用：获得20亿PIB/ml甘蓝夜蛾核型多角体病毒悬浮剂登记注册的基础上实现杀虫剂产业化。重大科研进展：①病毒拮抗宿主天然免疫的机制研究：研究发现博卡病毒（HBoV）的非结构蛋白NP1能够抑制宿主干扰素产生。这些研究展示了病毒拮抗宿主天然免疫多样性和复杂性。②新型疫苗的研制：开发了新型的黏膜佐剂——重组鞭毛素蛋白，并利用融合表达的鞭毛素和龋齿抗原Pac研制的新型黏膜疫苗的保护效应比已知防龋疫苗大大提高。③环境污染物的微生物学降解与代谢途径：该研究揭示了微生物代谢的多样性及其适应污染环境的生命策略。④发现HSV-2感染增加HIV-1黏膜传播的潜在新机制：HSV-2感染人宫颈上皮细胞后能激活p38-C/EBP-β信号通路，促使转录因子C/EBP-β结合到CXCL9启动子上诱导表达趋化因子CXCL9，诱导产生的CXCL9能够招募HIV-1靶细胞$CD4^+$ T细胞。⑤农业微生物研究与应用：构建3株具有商业化潜力的重组微生物，杀虫速度提高10%；重组杀鞘翅目害虫苏云金芽胞杆菌活性提高3倍。

2012年度共发表SCI学术论文132篇，篇均影响因子3.6，Top 30%以上83篇（其中Top 15%以上45篇）。申请发明专利11件，获授权发明专利15件。与企业合作，获得国家药品注册批件一项。

2012年，武汉病毒所加强与企业等地方机构合作，院地合作工作迈上一新台阶。与江西新龙生物科技公司在宜春共同建设“江西省昆虫病毒生物技术工程研究中心”；与深圳市CDC在深圳共同建设“病毒病南方研究中心”；积极谋划参与“长江中上游生态保护及产业升级创新集群”建设；积极谋划参与武汉生物环境研究院生物环境中心的建设，并完成了入驻团队规划布局。

2012年，武汉病毒所积极开展国际合作与交流，在国际合作科研工作、人才引进、学术交流、制度建设等方面取得了一系列重要进展。全年在研国际合作项目共12项，其中包括法国健康研究中心里昂生物安全实验室合作项目、荷兰农业大学中荷战略联盟项目、英国伦敦大学圣侨治医学院英国约瑟夫基金、美国新罕布什尔大学地球、海洋和空间研究所合作项目、科技部国际合作司项目、欧盟第6框架计划等。本年度出访66人次，接待来访专家153人次，举办国际学术会议2次。

武汉病毒所是湖北省暨武汉市微生物学会的挂靠单位，学会的主要任务是开展学术交流、科普宣传、科技咨询、科技服务、科技开发、举荐人才、维护科技工作者的合法权益。研究所负责编辑出版的《中国病毒学》（*Virologica Sinica*）是我国生物学医学核心期刊和病毒学权威刊物，向国外公开发行。

（撰稿：刘　铮　汤华波　审稿：余平凡）

## 测量与地球物理研究所

**所　　长：孙和平**

**地　　址：湖北省武汉市武昌区徐东大街340号**

**邮政编码：430077**

**电　　话：027-68881355**

**传　　真：027-68881355**

**电子信箱：bgs@ whigg. ac. cn**
**网　　址：http://www. whigg. cas. cn**

中国科学院测量与地球物理研究所（以下简称“测地所”）的前身为中国科学院地理研究所（南京）大地测量室，1957 年成立中国科学院测量制图研究室，1958 年迁至武汉，1959 年改为测量制图研究所，1961 年调整为测量与地球物理研究所，1970 年划归地震局领导，1978 年由中国科学院批准恢复重建。

测地所是一个从事大地测量学、地球物理学与环境科学等相关基础理论与应用研究的综合性科研机构。针对国家航空航天、军事和基础测绘、灾害监测、资源勘探等方面的重大战略需求，围绕地球物理和内部动力学、重力技术及其应用、全球卫星导航定位定轨及应用、地震和地球动力学、壳幔负荷动力学过程的监测、地震波传播与地球内部结构、卫星大地测量与全球变化、海空重力与数据分析、动力大地测量观测与技术、大地测量新技术应用及研发、湿地演化与环境效应、环境灾害监测与评估、遥感技术在资源与农情监测中的应用等地学前沿领域中的问题开展基础性、战略性、前瞻性的创新研究。

测地所设有大地测量与地球动力学国家重点实验室，湖北省环境与灾害监测评估重点实验室，大地测量与地球物理观测技术实验室，计算与勘探地球物理研究中心，武汉大地测量国家野外科学观测研究站，中国科学院江汉平原小港湿地生态站（三峡监测重点站），国家卫星定位系统工程技术研究中心（简称 GPS 工程中心，合建，国家级），中国科学院天文地球动力学联合研究中心（合建），河南省中国科学院科技成果转移转化中心生态环境分中心（合建）和湖北省 21 世纪议程管理中心等研究机构。拥有 FG5 型绝对重力仪、GWR 型超导重力仪、第三代人卫激光测距仪、全球定位系统接收机、拉柯斯特重力仪、原子频标系统、遥感图像处理与地理信息系统、海洋重力仪等国际先进设备。

2012 年，测地所努力推进创新平台建设，召开大地测量与地球动力学国家重点实验室年度学术委员会会议，修订新建一批规章制度，部署 36 项开放课题。新组建计算与勘探地球物理研究中心。召开“一二四”规划实施推进研讨会，分别与两位重大创新突破首席科学家和四位重点培育方向负责人签署规划任务书。推进学科交叉，培育学科生长点，强化技术创新与集成，推动现代大地测量关键技术与仪器设备研发工作。

截至 2012 年底，测地所共有在职职工 142 人。其中，科技人员 96 人（含科技支撑人员 18 人），包括中国科学院院士 1 人，研究员 27 人，副研究员及高级工程师 35 人。中国科学院“百人计划”入选者 7 人、国家杰出青年科学基金获得者 4 人、国家海外高层次人才引进计划（“千人计划”）入选者 3 人（新增 2 人）、“新世纪百千万人才工程”国家级人选 4 人、湖北省重大人才工程“高端人才引领培养计划”首批培养人选 1 人（新增），湖北省新世纪高层次人才工程人选 1 人（新增）。

2012 年，测地所积极推进人才队伍建设。引进国家“短期千人计划”1 人、“青年千人计划”1 人，新进优秀博士毕业生 3 人；1 人获国务院政府特殊津贴，1 人获“中国科学院卢嘉锡青年人才奖”，2 人入选“中国科学院青年创新促进会会员”。设有大地测量学与测量工程、固体地球物理学、自然地理学 3 个博士学位培养点和 3 个硕士学位培养点，1 个测绘工程专业硕士学位培养点，设有测绘科学与技术博士后流动站。在学研究生 126 人（硕士生 64 人、博士生 62 人），在站博士后 1 人。2012 年，录取硕士生 26 人、博士生 16 人；毕业硕士生 12 人、博士生 9 人。培养的研究生中，4 人获国家奖学金，2 人获中国科学院院长奖学金优秀奖，1 人获中国科学院朱李月华奖学金，1 人获湖北省优秀硕士学位论文奖，1 人被评为中国科学院大学三好学生标兵，3 人被评为中国科学院大学优秀学生干部，15 人被评为中国科学院大学三好学生，1 人被评为中国科学院大学优秀毕业生，3 人被评为中国科学院武汉教育基地优秀毕业生，1 人获中国科学院武汉教育基地昌华奖学金特别奖，4 人获中国科学院武汉教育基地昌华奖学金优秀奖。

2012 年，测地所不断开拓创新、奋发进取，项目争取有新突破。全年共有在研项目 160 余项（包括新增项目及课题 70 项）。其中，国家重大科技基础设施建设项目 1 项，国家重点基础研究发展计划（973 计划）课题 4 项（新增 4 项），中国高技术研究发展计划（863 计划）课题 2 项（新增 1 项），国家科技支撑计划课题 2 项（新增 1 项），国家科技行业专项 3 项，国家重大科学仪器设备开发专项 1 项，中国科学院国家外专局创新团队国际合作伙伴计划项目 1 项，中国科学院创新交叉团队项目 1 项（新增）；国家自然科学基金项目 40 项（新增 20 项。为创新研究群体项目 1 项、重点项目 1 项、重大研究计划重点支持项目 2 项、国家杰出青年科学基金项目 1 项、国际合作交流项目 1 项、面上项目 27 项、青年科学基金项目 7 项）；中国科学院知识创新工程重要方向项目 4 项，中国科学院战略性先导科技专项子课题 3 项，湖北省自然科学基金项目 8 项（其中杰青 1 项）；另有国家相关部委、地方、企业项目等多项。举办测地青年论坛 11 期。

2012 年，测地所承担的各项科研任务进展顺利。发表论文 110 余篇，其中 SCI 论文 64 篇。出版专著 2 部，专利授权 8 项、受理 2 项，软件著作权登记 2 项。主持承担项目的成果获测绘科技进步一等奖 1 项、二等奖 1 项，湖北省自然科学一等奖 1 项，二等奖 1 项，湖北省科技进步一等奖 1 项；参加项目的成果获军队科技进步二等奖 1 项，测绘科技进步三等奖 1 项。自主研制实时高动态高精度相对定位与定速软件，为“天宫一号”与“神舟九号”交会对接发挥了重要作用，获中国载人航天工程办公室表彰。

2012 年，测地所努力开展院地合作工作。与中国地质大学（武汉）、黄冈市环境保护局签署合作协议；1 人挂职任河南省科学院副院长，1 人作为湖北省“博士服务团”成员任黄冈市环保监测站副站长，并完成考核工作。加强与地震系统科技合作，共建站点和承担相关项目。

2012 年，测地所积极开展国际交流与合作。全年出访 31 人次，来访 40 余人次，派遣 3 名青年科技骨干到国外留学，选派 1 名青年科技人员参加中国南极考察队科考工作；有 6 名科研人员在 12 个不同的国际组织担任职务，其中 1 人为亚太空间地球动力学（APSG）国际合作计划主席。主办“地球内核动力学”国际研讨会，来自美、日、加等国家和地区的 18 外国专家参会。

测地所是国家首批甲级测绘资格单位、全国青少年走进科学世界科技活动示范基地、湖北省科普教育基地、湖北省文明单位之一，是湖北省地球物理学会、湖北省天文学会、湖北省自然资源研究会的挂靠单位、联合主办学术刊物《大地测量与地球动力学》，协办学术刊物《地理空间信息》。

（撰稿：熊小敏　程方升　审稿：冯　灿）

## 水生生物研究所

**所　　长：赵进东**
**地　　址：湖北省武汉市武昌区东湖南路 7 号**
**邮政编码：430072**
**电　　话：027-68780789**
**传　　真：027-68780123**
**电子信箱：qlwu@ihb. ac. cn**
**网　　址：http://www. ihb. ac. cn**

中国科学院水生生物研究所（以下简称“水生所”）是从事内陆水体生命过程、生态环境保护与生物资源利用研究的综合性学术研究机构，其前身是 1930 年 1 月在南京成立的国立中央研究院自然历史博物馆，1934 年 7 月更名为中央研究院动植物研究所，1944 年 5 月又分建成动物研究所和植物研究所。中国科学院成立后，于 1950 年 2 月将原中央研究院动物所的主体、植物研究所和山东大学的藻类学研究部分以及北平研究院的部分研究人员合并组成了中国科学院水生生物研究所（上海），1954 年 9 月由上海迁至武汉。2001 年水生所进入中国科学院知识创新工程试点序列。2011 年水生所整体进入“创新 2020”整体择优支持研究所行列。

其战略定位与发展目标是，紧密结合国家重大需求和世界科学前沿，围绕内陆水体生命过程、生态环境保护与生物资源利用领域的基础性、战略性和前瞻性重大科技问题，着力重大理论创新和核心技术突破，强化创新价值链的延伸，在水环境保护、淡水渔业和微藻生物能源领域发挥引领示范作用。

2012 年，作为全院四个试点单位之一，水生所顺利完成国际专家组对“一三五”发展规划的诊断评估。三个重大突破——受污染水体水生态修复集成技术、现代淡水养殖模式理论和核心技术、微藻生物能源重大理论问题和核心技术均已获得 973 计划项目、国家“水专项”、863 计划课题等支持。突破一，建立了复合垂直流人工湿地新工艺，提出了受污染水体修复的水生植物恢复和重建 4 阶段理论。突破二，初步阐明了主导养殖品种的生长、抗病、生殖等调控的分子生物学基础，建立了渔业管理模式与湖泊生态系统主要生物类群演替规律模型。突破三，已获得一批高含油量较高生长速率的藻种，建立了产油藻类遗传育种新途径。

水生所设有水生生物多样性与资源保护研究中心、淡水生态学研究中心、鱼类生物学及渔业生物技术研究中心、水环境工程研究中心、水环境与人类健康研究中心和藻类生物学及应用研究中心；共有 53 个学科组（新增 2 个）；公共技术研发与服务部下设分析测试中心、斑马鱼资源中心、淡水藻种库等分支机构；拥有淡水生态与生物技术国家重点实验室、国家淡水渔业工程技术研究中心（武汉）、东湖湖泊生态系统开放试验站、中国科学院水生生物多样性与保护重点实验室、湖北省水体生态工程技术研究中心、武汉市水环境工程研究中心；拥有亚洲最大的淡水鱼类博物馆、白暨豚馆以及中国最大的淡水藻种库。有 40 万元以上大型仪器 65 台（套），总价值 7040 万元。

截至 2012 年底，水生所在职职工 353 人。其中科技人员 157 人、科技支撑人员 113 人，包括中国科学院院士 5 人、发展中国家科学院院士 2 人、研究员及正高职称人员 60 人、副研究员及副高职称人员 70 人；进入创新岗位 197 人。有“青年千人计划”入选者 1 人；中国科学院“百人计划”入选者 19 人，国家杰出青年科学基金获得者 8 人，国家优秀青年科学家基金获得者 1 人，国家“百千万人才工程”人选 5 人。

水生所是国务院学位委员会批准的首批博士、硕士学位授予权单位之一，现设有水生生物学、遗传学、环境科学、海洋生物学 4 个二级学科博士研究生培养点；动物学、水生生物学、遗传学、环境科学、环境工程学、水产养殖 6 个二级学科硕士研究生培养点；生物工程、环境工程 2 个工程硕士研究生培养点；生物学一级学科博士后流动站。在学研究生 478 人（硕士生 244 人、博士生 234 人），在站博士后 44 人。

2012 年，水生所共有在研项目 508 项（新增 136 项）。其中，主持国家重大科技专项课题 3 项（新增 3 项），主持国家重点基础研究发展计划（973 计划）和国家重大科学研究计划项目 3 项、承担课题 8 项（新增 2 项），主持国家高技术研究发展计划（863 计划）项目 2 项（新增 2 项），主持国家科技基础性工作专项 2 项（新增 2 项）；主持国家自然科学基金重点项目 11 项（新增 2 项）、面上项目 89 项（新增 29 项）、国家杰出青年科学基金项目 1 项、国家自然科学基金重大研究计划重点项目 3 项（新增 1 项）；主持院重点部署项目 1 项（新增 1 项）、承担国际合作项目 6 项（新增 1 项）；承担院地合作项目 99 项（新增 32 项）。

2012 年，水生所发表论文 360 篇，其中 SCI 收录 238 篇（JCR 学科分类前 30% 的论文 95 篇，占 40%），CSCD 论文 79 篇；出版著作 2 部；授权专利 15 项。其中，水生所关于噬藻体 PaV-LD 的全基因组结构及证实其所编码藻胆体降解蛋白生物学功能的相关成果在 *Journal of Virology* 发表。水生所发明可用于饮用水毒素净化的凝胶离子材料，相关论文在 *Water Research* 发表。

水生所参与完成的“中国生态系统研究网络的创建及其观测研究和试验示范”（排名第五）获 2012 年国家科技进步一等奖。该项目是一个涵盖中国主要区域和生态系统类型，集生态监测、科学研究与科技示范为一体的标准化、规范化和制度化的研究网络，是世界上体量最大、功能最强、运行效率最高的国家尺度生态系统观测研究的综合网络。水生所牵头完成的“城市河道与湖泊水体污染控制原理与集成技术”获环保部 2012 年环境保护科学技术二等奖。该成果针对我国城市化快速发展过程中河道与湖泊水体污染严重的问题，实现了城市河道与湖泊的底质改善、水质提升和生态系统修复的目标。水生所刘永定研究员荣获法兰西金棕榈学术与教育统帅勋章，该勋章是法国政府为奖励在法国文化教育事业的传播和研究方面作出突出贡献的国内外教育界人士所颁发的最高奖励。

院地合作方面，2012 年与浙江湖州共建“湖州水生生物养护与开发创新中心”，与江苏扬州共建“中国科学院水生生物研究所扬州水环境与渔业研究分中心”，在江苏淮安成立“中国科学院水生生物研究所异育银鲫中科 3 号天参繁育基地”、“中国科学院水生生物研究所名贵水产品绿原养殖基地”。与湖北黄石富尔苗种水产有限公司合作开展的“异育银鲫‘中科 3 号’规模化繁育及产业化”项目获得了第四届中国产学研合作创新成果奖。目前，该公司已成为湖北地区最大的异育银鲫“中科 3 号”新品种苗种繁殖基地和推广养殖示范基地。

2012 年水生所共承担 2 项国际项目，主办各类国际会议 2 次：“第十五届国际河流与湖泊环境会议”、“鱼类营养与淡水生态中法研讨会”；主办海峡两岸会议 2 次。全年出访人员 109 人次，来访人员 206 人次。2012 年获批中国科学院人事教育局公派留学项目 3 项，王宽城基金项目 2 项。通过中国科学院与发展中国家科学院（TWAS）项目，水生所正培养 2 名斯里兰卡籍博士生，2 名伊拉克籍博士生，1 名尼日利亚籍博后。水生所与国外联合发表文章 52 篇，新签署国际科技合作协议 2 项。水生所推荐的 1 名外国专家获中国科学院“外国专家特聘研究员”计划资助。

水生所是中国海洋湖沼（动物）学会鱼类学分会、中国动物学会原生动物学会、中国水产学会鱼病研究会、湖北省海洋湖沼学会、湖北省动物学会、武汉动物学会、中国环境科学学会环境生物学专业委员会 7 个学会和武汉白暨豚保护基金会的挂靠单位。水生所负责出版科技期刊《水生生物学报》。

（撰稿：吴青丽　孙　慧　审稿：徐旭东）

## 武汉植物园


**主　　任：** 李绍华

**地　　址：** 湖北省武汉市磨山

**邮政编码：** 430074

**电　　话：** 027-87510126

**传　　真：** 027-87510251

**电子信箱：** wbgoffice@wbgcas. cn

**网　　址：** http://www. wbgcas. cn


中国科学院武汉植物园（以下简称“武汉植物园”）筹建于 1956 年，成立于 1958 年 11 月，1972 年划归湖北省后改名为湖北省植物研究所，1978 年回归中国科学院后仍称为中国科学院武汉植物研究所，2003 年更名为中国科学院武汉植物园。

武汉植物园的发展定位是：立足华中，面向全球，收集保护亚热带和暖温带战略植物资源；拓展资源保护与可持续利用、湿地恢复与大型工程生态安全两大优势领域，引领我国特色农业种质创新与产业发展、水生植物与水环境健康和大型工程区生态修复技术的研究，成为国际同领域具有强大竞争力和重要影响的研究机构；进一步提升科普开放能力，成为世界知名的生物多样性与环境教育基地。服务国家生物产业、生态安全及全民素质教育的战略需求，建成世界一流植物园。

2012 年，全面启动和实施园“一二五”创新目标，推进“水生经济植物莲种质创新”、“大型水库生态屏障建设关键技术集成与示范”两大重大创新的突破，以及“川东—鄂西植物多样性形成及维持机制”、“水生植物与内陆水环境健康”、“流域生态学与大型工程生态安全”、“特色农业资源植物种质创制”、“植物引种与资源评价”5 个重点方向的培育，取得了较好的成效。

武汉植物园下设 3 个研究中心：资源植物研究中心、水生植物研究中心、流域生态研究中心。拥有中国科学院植物种质创新与特色农业重点实验室、中国科学院水生植物与流域生态重点实验室、湖北省湿地演化与生态恢复重点实验室 3 个省部级重点实验室；建有 1 个国家种质资源圃、1 个省级成果转化中心和 1 个院级分中心、1 个部级生态监测站、6 个迁地保护基地、4 个所级野外台站的网络支撑平台。

截至 2012 年底，武汉植物园共有在职职工

282人。其中科技人员162人、科技支撑人员64人，包括研究员及正高级工程技术人员31人、副研究员及高级工程技术人员59人。共有中国科学院“百人计划”入选者15人（新增3人）。

武汉植物园设有生物学、生态学2个一级学科博士培养点，植物学、生态学、园林植物与观赏园艺3个学术型硕士培养点和生物工程、环境工程2个专业学位硕士培养点，设有生物学、生态学2个一级学科博士后流动站。在读研究生154人，其中硕士生94人，博士生60人；在站博士后6人。

2012年，武汉植物园共有在研项目263项（新增79项）。其中，承担国家重大科技专项课题4项（新增1项），主持（或承担）国家重点基础研究发展计划（973计划）和国家重大科学研究计划课题4项（新增1项），主持（或承担）国家高技术研究发展计划（863计划）项目1项，主持（或承担）国家科技基础性工作专项3项（新增1项），主持（或承担）国家科技支持计划3项（新增3项），主持（或承担）国家科技条件平台课题2项，主持（或承担）农业部公益行业专项3项，承担农业部948项目1项；主持国家自然科学基金重点项目3项、面上项目50项（新增16项）、青年基金39项（新增13项），承担国家自然科学基金重大研究计划任务1项（新增1项），主持国家自然科学基金国际合作与交流项目2项（新增2项）；主持（或承担）中国科学院战略性先导科技专项课题4项，主持（或承担）院重点部署项目1项（新增1项）；承担国际合作项目11项（新增1项）；承担院地合作项目2项。

2012年度全园发表论文160篇。其中SCI 109篇（65篇TOP 30%，包括17篇TOP 10%）、CSCD 35篇、其他16篇，著作2部。2012年度“南水北调中线工程水源地保障”项目通过了由湖北省科技厅组织的成果鉴定，四项成果进行了成果登记。“无栽培基质的混凝土植被生态护坡技术”获湖北省技术发明奖二等奖。‘斑叶’吐烟花、‘云斑紫’鸢尾获湖北省林木良种证。本年度获授权发明专利18件，申请发明专利权11件。猕猴桃‘金圆’申请了品种保护；‘芳可神’获商标注册证。

2012年，武汉植物园积极推动国际交流与合作，全年先后派出36批次，59人次赴12个国家或地区参加了国际学术交流活动；接待了来自美国、法国、新西兰、意大利等13个国家的外宾28批共52人次；新增国际合作项目1项；顺利实施了2项中国科学院“外国专家特聘研究员”计划项目；与国外科研人员合作发表论文22篇。成功举办和承办了“国际草坪学研究与发展策略论坛学术研讨会”和“第四届国际农业蛋白质组学前沿论坛”国际学术交流会议。

2012年，武汉植物园全年引种2141号，其中已经初步鉴定1709号，新增物种213个，品种416个。入园游客持续增长，全年达73万人次。

武汉植物园新园区“光谷植物科学研究中心”建设项目完成了100亩建设用地详规的编制和用地红线图的取得，办理了100亩建设用地《建设项目选址意见书》和《建设用地规划许可证》；完成了建设新园区前期临时基础设施建设工作，包括临时水电供给、1000多平方米临时板房建设以及50多亩荒地的开垦和植物苗圃苗木的定植工作。

武汉植物园是湖北省暨武汉市植物学会、中国园艺学会猕猴桃分会的挂靠单位；主办的学术期刊《植物科学学报》（原名《武汉植物学研究》）是中国自然科学核心期刊。

（撰稿：杨　东　刘洁鸣　审稿：李绍华）

# 南海海洋研究所

**所　　长：张　偲**
**地　　址：广东省广州市海珠区新港西路164号**
**邮政编码：510301**
**电　　话：020-84452227**
**传　　真：020-84451672**
**电子信箱：webmaster@scsio.ac.cn**
**网　　址：http://www.scsio.cas.cn**

中国科学院南海海洋研究所（以下简称

“南海海洋所”）1959 年 1 月成立，是我国规模最大的综合性海洋研究机构之一。

南海海洋所以热带海洋环境动力与生态过程、边缘海地质演化与油气资源、热带海洋生物资源可持续利用和海洋环境观测体系及其关键技术为重点领域和学科特色，聚焦研究热带边缘海海洋水圈—地圈—生物圈圈层结构及其相互作用特征与演变规律，探讨其对资源形成和环境变化的控制和影响，发展具有南海特色的热带海洋资源与环境过程理论体系和应用技术。

南海海洋所定位：立足南海，跨越深蓝；建成热带海洋科学研究、人才培养、成果转移转化的 3 个高地，打造国际知名、不可替代的热带海洋科学研究中心。三个重大突破：热带海洋生物高值新品种与生物功能物质、热带海洋变率及其生态效应、南沙地块裂离演变过程及其资源环境效应。五个重点培育方向：深远海观测的集成技术及其应用、海洋环境综合预报模型技术及应用、热带海洋沉积过程及其环境变化响应、热带海洋微食物网功能与作用机制、海洋微生物多样性及其活性化合物的生物合成。

南海海洋所拥有热带海洋环境国家重点实验室，中国科学院边缘海地质重点实验室、中国科学院海洋生物资源可持续利用重点实验室和中国科学院海洋微生物研究中心，以及广东省海洋药物重点实验室、广东省应用海洋生物学重点实验室；设有物理海洋、海洋生物、海洋地质、海洋生态四个研究室及海洋环境工程中心、海洋信息服务中心、海洋环境检测中心和海洋生物标本馆。南海海洋所还建有海南热带海洋生物实验站（国家野外试验站和中国生态系统研究网络“CERN”站）、大亚湾海洋生物综合实验站（国家野外试验站、中国科学院开放站和中国生态系统研究网络“CERN”重点站）、湛江海洋经济动物实验站、汕头海洋植物实验站和西沙、南沙深海海洋环境观测研究站；拥有“实验 1”（共建）、“实验 2”和“实验 3”号三艘科考船。

截至 2012 年底，南海海洋所共有在职职工 581 人。其中科技人员 445 人、科技支撑人员 438 人，包括研究员及正高级工程技术人 84 人、副研究员及高级工程技术人员 118 人。

共有“青年千人计划”入选者 2 人（新增 2 人）；中国科学院“百人计划”入选者 25 人（新增 4 人）；973 项目首席科学家 3 人（新增 1 人）；国家杰出青年科学基金获得者 7 人，享受政府特殊津贴专家 11 人（新增 1 人）。

南海海洋所是国务院学位委员会批准的博士、硕士学位授予权单位之一，现设有海洋科学、环境科学与工程 2 个专业一级学科博士研究生培养点，物理海洋学、海洋生物学、海洋地质、海洋化学、环境科学和水产养殖 6 个专业二级学科硕士研究生培养点，并设有海洋科学 1 个专业一级学科博士后流动站，共有在学研究生 296 人（其中硕士生 166 人、博士生 130 人）、在站博士后 30 人。

2012 年，南海海洋所共有在研课题 751 项（新增课题 354 项）。其中：主持国家重点基础研究发展计划（973 计划）项目和国家重大科学研究计划项目 3 项（新增 1 项）、承担子课题 5 项（新增 1 项）、主持国家高技术研究发展计划（863 计划）项目 1 项（新增 1 项）、主持国家科技基础性工作专项 2 项（新增 1 项）；主持国家自然科学基金重点项目 4 项（新增 1 项）、面上项目 63 项（新增 28 项）、国家杰出青年科学基金 4 项、国家自然科学基金重大研究计划重点项目 1 项、国家优秀青年科学基金 1 项；承担中国科学院战略性先导科技专项课题 1 项、中国科学院装备研制项目 2 项（新增 1 项）。

2012 年，南海海洋所稳步推进“创新 2020”和“一三五”规划实施，共发表论文 245 篇（含 SCI 收录论文 180 篇）、专著 1 部，其中在 *Nature* 子刊 *Chemical Biology* 发表论文 1 篇；授权专利 45 项，其中发明专利 42 项，实用新型 3 项；申请 PCT 专利 4 项；5 项自主开发软件申请了著作权并完成登记。

2012 年，南海海洋所主要取得 2 项创新成果。唐丹玲研究员等完成的“南海及临近海域藻华形成演变过程机制与遥感监测方法”获得广东省科技成果奖（自然科学）一等奖；胡超群研究员等完成的“凡纳滨对虾良种选育关键技术及产业化应用”获得广东省科技成果奖（技术发明）一等奖。此外，秦启伟、张长生研究员荣获“第五届全国优秀科技工作者”称号，曹文熙入选中国科学院“现有关键技术人才”

计划。

2012 年，新签订的技术合同共 110 项，合同总金额共计 5363.3104 万元。组织推介 40 多项（次）成果和高新技术参加各种展会和 20 多场次的洽谈会、对接会；与地方政府签署并启动了“深蓝产业创新中心”项目，与国家海洋环境预报中心、广东省海洋与渔业局、三沙市人民政府和浙江大学签订了战略合作框架协议。

2012 年，南海海洋所国际合作交流人数达 312 人次，接待美国、澳大利亚等 29 个国家来访专家 111 人次。新增国家自然科学基金委国际合作项目 6 项，举办第六届海峡两岸“鱼类生理与养殖”学术研讨会、获第十一次世界海草大会（2014 年）举办权；与斯里兰卡卢胡纳大学签订合作备忘录；唐丹玲研究员上任全球海洋遥感协会（PORSEC）主席。

2012 年，挂靠在南海海洋所的学会有：中国海洋学会热带海洋分会、中国海洋学会海洋物理分会、广东海洋湖沼学会、广东海洋学会。南海海洋所编辑出版的《热带海洋学报》（核心期刊），被中国学术期刊电子杂志社和清华大学图书馆评为“2012 中国国际影响力优秀学术期刊”。

（撰稿：徐晓璐　陈　忠　审稿：张　偲）

## 华南植物园

**主　　任：黄宏文**
**地　　址：广东省广州市天河区兴科路 723 号**
**邮政编码：510650**
**电　　话：020-37252711**
**传　　真：020-37252711**
**电子信箱：bgs@scib.ac.cn**
**网　　址：http://www.scib.ac.cn**

中国科学院华南植物园（以下简称“华南植物园”）位于广州市天河区，占地约 5000 亩，是我国面积最大的南亚热带植物园，保育热带、亚热带植物 13000 余种。其前身为国立中山大学农林植物研究所，由著名植物学家陈焕镛院士于 1929 年创建，1954 年改隶中国科学院后更名为华南植物研究所，2003 年更名为中国科学院华南植物园。

华南植物园面向国家重大需求和学科发展前沿，围绕退化生态系统的恢复与重建、环境与生态安全、物种的演化形成与维持、生物多样性保育与可持续利用、分子生物学及遗传改良等领域，进行基础性、前瞻性和战略性研究，努力建设成为我国科技创新、人才培养与科学传播的重要基地。

华南植物园现有植物资源保护与可持续利用、退化生态系统植被恢复与管理 2 个院级重点实验室。拥有鼎湖山森林生态站和鹤山森林生态站 2 个国家野外科学观测研究站，以及小良热带海岸带退化生态系统恢复与重建野外生态站。有馆藏标本 100 多万份的植物标本馆、大型图书馆和公共实验室。此外，还有广东省数字植物园重点实验室和“华南植物鉴定中心”。华南植物园下辖的鼎湖山国家级自然保护区建于 1956 年，占地面积 17000 亩，就地保护植物 2400 余种，为我国第一个自然保护区，也是中国科学院唯一的自然保护区。

截至 2012 年底，华南植物园共有在职职工 413 人。其中研究员及正高级工程技术人员 52 人、副研究员及高级工程技术人员 71 人。共有国家海外高层次人才引进计划（“千人计划”）入选者 1 人；中国科学院“百人计划”入选者 12 人（新增 2 人）；国家杰出青年科学基金获得者 3 人。

华南植物园是国务院学位委员会 1993 年批准的博士和 1978 年批准的硕士学位授予权单位之一，现设有生物学、生态学等 2 个专业一级学科博士研究生培养点，生物学、生态学、林学等 3 个专业一级学科硕士研究生培养点，并设有生物学、生态学等 2 个专业一级学科博士后流动站，共有在学研究生 338 人（其中硕士生 213 人、博士生 125 人），在站博士后 22 人。

2012 年，华南植物园共有在研项目 277 项（新增 119 项）。其中，承担国家重大科技专项课题 1 项，国家重点基础研究发展计划（973 计划）和国家重大科学研究计划项目承担（或参加）课题4项（新增1项），主持（或承担）国家科技基础性工作专项2项；主持（或承担）国家自然科学基金重点项目2项、面上项目87项（新增42项）、国家杰出青年科学基金项目1项；主持（或承担）中国科学院战略性先导科技专项课题2项；承担重点国际合作项目1项（新增1项）；承担院地合作项目36项（新增12项）。

华南植物园科研工作进展与获奖情况如下。

（1）战略植物资源迁地与就地保育的整合研究：对荠菜开花时间和转录组变异研究发现基因调控和环境影响对荠菜开花时间的作用一致；时隔45年华南植物园专家重新发现了我国特有珍惜植物保亭花。

（2）常绿阔叶林的维持机理、恢复技术及高效管理模式研究：通过大型开顶棚实验，发现南亚热带地区 $CO_2$ 浓度升高和氮沉降增加对磷的影响加大，以缓解森林植物受磷的限制；通过测定植物水力结构等生理生态指标，发现植物水分传导/光合能力的协同关系在南亚热带森林次生演替过程中起关键作用。

（3）野生植物核心种质及功能活性物质的发掘利用：研究发现盒果藤三萜对半乳糖胺诱导肝细胞毒性具有保护活性；对马齿苋、垂惠石松及牛膝等药用植物进行深入研究，获得高异黄酮、石松烷型三萜，以及甾体等类型新化合物，部分化合物显示抗肿瘤活性；以乙基苯为起始原料，实现了冠酮素CR（coronalon）和全新诱导剂冠酮甘素（CGM）的化学全合成，成功实现信号功能类似物的设计与合成；克隆得到了宁夏枸杞类胡萝卜素代谢相关的基因。

（4）新一代植物基因工程系统研发和利用：以华南植物园为中心，中国科学院为核心联盟，建立辐射全国的新一代转基因平台。

（5）经济植物重要经济性状相关基因的发掘和利用：系统研究了麻疯树种子发育过程中光合产物的积累与变化、对发育过程中脂肪酸合成及三酰甘油组装相关基因的表达模式和转录因子对储藏物质合成的调控作用。

2012年全园发表SCI收录论文220篇，其中各领域前30%论文132篇，占论文总数的60%；前10%论文56篇，占论文总数的25%；出版专著3部；申请专利18项，授权12项；“红宝石”、“云之君”等4个兰花新品种进行了国际登陆；园优7148、红火炬郁金2个新品种通过了广东省农作物品种审定委员审定（第二单位）；主持完成的成果“华南珍稀濒危植物的野外回归研究与应用”获广东省科学技术一等奖；参与完成的成果“中国生态系统研究网络的创建及其观测研究和试验示范”获得国家科学技术进步奖一等奖。

成果转移转化方面，分别与河南省农业厅、成都市农委等10余家政府部门展开猕猴桃战略合作洽谈；与清远檀香林业、深圳华之萃生态科技、广西国有黄冕农场、韶关创丰生物科技等16家企业开展合作，项目涉及油茶、铁皮石斛、檀香、珍稀名贵植物种质资源库建设及开发利用等。合作经费总投入848万元，较2011年增加近4倍。

同时，华南植物园帮助岭南园林股份公司获国家级高新技术企业，公司将在上市后给予85万股期权奖励；“南方名特优水果保鲜技术研发与应用示范”获2012年中国产学研合作促进会创新成果奖；组织普邦、岭南园林 、中科琪林等企业联合申报科技进步奖。

华南植物园控股的广东中科琪琳股份有限公司连续10年被广东省工商局评定为“守合同、重信用”企业，目前总资产8400万元，净资产5300万元。2012年全年实现主营业务收入9941万元，利润总额223万元，净利润166万元，上交税金448万元。

2012年共有52人次出国（出境）参加学术会议或开展合作研究，海外来访者达182人次。

“跨国界生物多样性保护与全球生物资源收集利用计划”进展良好，与秘鲁圣马科斯大学签订合作协议，稳步推进“中秘生物多样性保育研究中心”的筹建；参加第四届东亚植物园网络会议，黄宏文研究员再次当选东亚植物园网络主席；成功召开了《中国迁地栽培植物志》编研国际咨询会；成功举办第十三届国际植物园协会（IABG）大会，世界30多个国家300多名学者参会。IABG换届大会上，黄宏文研究员当选为秘书长，IABG秘书处设立在华南植物园，这是继“BGCI中国项目办公室”和“世界木兰中心”之后第三个在华南植物园设立的国际组织秘书处，掌握了国际植物园界的话语权。

目前挂靠在华南植物园的学会有广东省植物学会、广东省植物生理学会。据《中国学术期刊影响因子年报》的统计，华南植物园主办的《热带亚热带植物学报》2012 年度的影响因子为 0.844，总被引频次为 1783 次，网上下载达 4.5 万次。

（撰稿：周　飞　曾文生　审稿：魏　平）

## 广州能源研究所

所　　长：吴创之
地　　址：广东省广州市天河区五山能源路 2 号
邮政编码：510640
电　　话：020-87057620
传　　真：020-87057677
电子信箱：nys@ms.giec.ac.cn
网　　址：http://www.giec.cas.cn

中国科学院广州能源研究所（以下简称“广州能源所”）成立于 1978 年，其前身为 1973 年成立的广东省地热研究室。1998 年 4 月原中国科学院广州人造卫星观测站并入广州能源所。2001 年成为中国科学院知识创新工程试点单位之一。

广州能源所为中国科学院高新技术研究与发展基地型研究所，主要从事清洁能源工程科学领域的高技术研究，并以后续能源中的新能源与可再生能源为主要研究方向，兼顾发展节能与能源环境技术，发挥能源战略的重要支撑作用，形成一主两翼一支撑的格局。2012 年积极落实研究所“创新 2020”发展战略和“一二四”发展规划。研究所“一二四”发展规划具体内容为一个定位：新能源与可再生能源领域的研究与开发利用；二个重大突破：生物质能源高值化转化与规模化利用，分布式可再生能源独立系统应用示范；四个重点培育：天然气水合物成藏理论与开发研究，海洋能/深层地热规模化发电关键技术，太阳能直接利用功能材料及关键技术，低碳发展及能源战略研究。部署了重大任务 14 项，重点任务 32 项；落实项目 30 项，总经费 35810 万元，任务落实比例达 71.5%。配合发展战略和规划，2012 年制定了“一二四”规划支撑机制，围绕重点任务调整配套岗位，明确重点任务的考核内容和指标，制定评估及奖励办法，确定专项经费配套支持方案。

广州能源所建有国家可再生能源综合技术国际研发中心、中国科学院可再生能源与天然气水合物重点实验室、广东省新能源和可再生能源研究开发与应用重点实验室、广东省生物质能工程技术研究开发中心、广东低碳经济技术研究中心、作为依托单位与其他单位共建的中国科学院广州天然气水合物研究中心、广东省新能源生产力促进中心、广东省清洁发展机制（CDM）技术研究服务中心、广东省可再生能源综合技术国际科技合作示范基地、广州市新能源工程技术研究中心、广东省低碳发展促进会等，是国家“生物质能源产业技术创新战略联盟”理事长单位。科研单元包括：生物质能研究中心，天然气水合物研究中心，节能环保集成技术研究中心，能源战略研究中心，以及地热能、海洋能、太阳能、先进能源系统、可再生能源发电微网技术、环境能源材料、有机能源材料、储能技术、燃烧与热流、制氢实验室。建有提供文献情报服务的图书馆，以及所级公共仪器分析测试平台，拥有大型仪器设备数 20 多台套。

截至 2012 年底，广州能源所共有在职职工 385 人。其中科技人员 297 人、科技支撑人员 49 人，包括研究员及正高级工程技术人员 38 人、副研究员及高级工程技术人员 95 人；全所进入创新岗位 128 人。共有中国科学院“百人计划”入选者 10 人（新增 1 人），百千万人才国家级人选 2 人，国家杰出青年科学基金获得者 1 人（新增 1 人），享受国务院政府特殊津贴 5 人（新增 1 人），“广东省领军人才”1 人（新增 1 人）。

广州能源所是 1978 年国务院学位委员会批准的硕士学位授予单位之一，2004 年获得博士学位授予权。现设有工程热物理与动力工程一级学科博士研究生培养点，化学工程与技术一级学科硕士研究生培养点，环境工程、材料物理与化学和海洋地质 3 个专业二级学科硕士研究生培养点，并设有动力工程及工程热物理专业一级学科博士后流动站。共有在学研究生161人（其中硕士生106人、博士生55人），在站博士后5人。

2012年，广州能源研究所共有在研项目402项（包括新增项目140项）。其中，承担国家重大科技专项课题1项（新增1项），主持国家重点基础研究发展计划（973计划）项目1项、承担课题6项（新增1项），承担国家高技术研究发展计划（863计划）项目12项（新增5项），承担国家支撑计划课题10项（新增3项）；承担国家自然科学基金重点项目2项、面上项目27项（新增10项）、国家杰出青年科学基金项目1项（新增1项），承担院重点部署项目2项（新增2项）、国家重大仪器研制项目1项；承担国际合作项目24项（新增16项）；承担地方科技项目122项（新增63项）。

2012年，广州能源所取得一系列科研成果。“生物柴油连续清洁生产新技术开发及其产业化应用”获国家能源科技进步二等奖；“太阳能利用型热电/光电功能材料的制备”获广东省科学技术奖三等奖。陈勇获何梁何利科学与技术进步奖——化学奖。全年发表论文395篇（期刊论文287篇、会议论文108篇），其中114篇论文被SCI收录（包括66篇同时被SCI和EI同时收录），91篇论文被EI收录；出版专著3部；全年申请专利106件（发明专利81件，PCT国际专利申请6件），107件专利获授权（发明专利66件）。被广东省知识产权局批准成为首个知识产权维权援助服务联系点。

加大与地方政府、企业等的合作力度，促进院地合作和成果转移转化。利用各类已有平台与企业、科研院所申报院地合作项目，获资助31项，经费1375万元。争取开发项目91项，合同额2078.2万元。实施专利技术转移7项，238万元。与企业、地方政府组建不同形式的成果应用、转化平台2个。截止2012年年底，我所产业化公司共18家。其中研究所直接持股的企业为13家，通过广州中科环能科技有限公司参股的二级企业为5家。持股公司营业收入总额为3571.76万元，资产总额为31 617.68万元（此数据为财务预计数，未含参股上市公司——天地科技股份有限公司）。

2012年新争取国际合作项目16项，经费达970万（外方经费占18.9%）。在执行和美国科学院合作开展的“中美合作智能电网咨询项目”、美国能源基金会支持的“省级低碳发展规划编制方法学研究项目”等的基础上，继续和英国气候战略中心、剑桥大学等合作开展“广东省碳排放权交易制度研究项目”和“广东省CCS技术可行性研究项目”。取得一批国际合作研究成果。天然气水合物研究中心申请中国科学院—外专局“创新团队国际合作伙伴计划”获支持。与韩国能源所在韩国联合承办“第六届中韩可再生能源技术研讨会”。年出访47批86人次，来访34批218人次。聘请6位客座研究员，“院外籍专家特聘研究员”以及高端外国专家1人。

广州能源所是中国可再生能源学会生物质能专业委员会、天然气水合物专业委员会以及广东省太阳能学会的挂靠单位。2012年，新获批研究所主办的《新能源进展》期刊（国内统一刊号CN44-1698/TK），由中国科学院主管。该刊主要内容是：主要报道我国新能源与可再生能源，包括太阳能、生物质能、风能、氢能、海洋能、地热能、天然气水合物、储能以及低碳节能等科学技术最新进展和研究成果。内部发行《能量转换利用研究动态》。

（撰稿：苏秋成　徐　超　审稿：赵黛青）

## 广州地球化学研究所

所　　长：徐义刚
地　　址：广东省广州市天河区科华街511号
邮政编码：510640
电　　话：020—85290702
传　　真：020-85290130
电子信箱：xuwenxin@gig.ac.cn
网　　址：http://www.gig.ac.cn

中国科学院广州地球化学研究所（以下简称“广州地化所”）成立于1993年7月。其前身是1987年4月由中国科学院地球化学研究所整建制搬迁部分学科、研究室和学术带头人与原中国科学院广州地质新技术研究所合并成立的中国科学院地球化学研究所广州分部。1994 年 9 月经国家编制委员会批准恢复现名。

广州地化所属社会公益类研究机构，2002 年整体进入中国科学院知识创新工程二期试点序列，2011 年进入中国科学院“创新 2020”整体择优支持研究所行列。其使命定位与战略目标是坚持面向国家战略需求，面向世界科学前沿，致力于推动有机地球化学、元素和同位素地球化学、环境科学、油气与矿产资源等重点学科的发展，在“资源与固体地球科学”和“环境科学与工程”两大领域开展基础性、战略性、前瞻性研究，解决国家和地方经济社会可持续发展所面临的资源和环境等重大科技问题，将广州地化所建设成为国内一流、国际知名的我国南方地球科学和环境科学研究中心。主要研究方向包括大陆动力学与岩石圈演化、深部地质过程与地球系统变化、成矿规律与油气成藏动力学、海洋地质与边缘海演化、环境污染与控制、环境管理与可持续发展和环保技术与工程等方向。

2012 年是研究所“一三五”规划执行开局年，根据研究所确定的使命定位和发展目标，以及三个重大突破项目和五个重点培育学科领域方向，研究所于年初分别组织所内战略委员会和所外同行专家对“一三五”规划重大突破和重点培育方向项目进行论证，制定了项目管理办法，所长与项目组签订了任务书。

2012 年 11 月 13-15 日，中国科学院邀请来自美国、澳大利亚、英国、德国、中国香港等国家和地区地球化学领域研究机构的 8 位有影响力的科学家，组成“一三五”诊断评估专家组，对广州地化所进行了专家诊断评估。专家组对研究所的科研水平、创新能力、管理模式和青年人才激励机制进行了详细评估，对广州地化所发展理念和重要研究领域的发展状态均给予了高度评价。广州地化所的“一三五”专家诊断评估，为资源环境领域研究所开展国际专家诊断评估积累了经验。

广州地化所拥有有机地球化学和同位素地球化学 2 个国家重点实验室，边缘海地质和矿物学与成矿学 2 个中国科学院重点实验室，资源环境利用与保护、矿物物理与矿物材料研究开发 2 个广东省重点实验室，以及国家大型科学仪器中心——广州质谱中心；2007 年中国科学院批准建立中国科学院珠江三角洲环境污染与控制研究中心；设有可持续发展研究中心，并建有“地学与资源科普教育基地”，主办有地学核心刊物《地球化学》和《大地构造与成矿学》。

截至 2012 年底，全所共有在职职工 299 人。其中科技人员 213 人、科技支撑人员 49 人，包括中国科学院院士 1 人、俄罗斯科学院外籍院士 1 人、研究员及正高级工程技术人员 58 人、副研究员及高级工程技术人员 96 人。共有中国科学院“百人计划”入选者 25 人（新增 4 人），国家杰出青年科学基金获得者 17 人（新增 1 人）。

研究所现设有地球化学，矿物学、岩石学、矿床学，构造地质学，环境科学和环境工程 5 个专业二级学科博士培养点，地球化学，矿物学、岩石学、矿床学，第四纪地质学，构造地质学，海洋地质，环境科学，环境工程，地图学与地理信息系统和人文地理学 9 个专业二级学科学术型硕士培养点，环境工程、地质工程 2 个专业二级学科全日制工程硕士培养点，并设有地质学专业一级学科博士后流动站，共有在学研究生 513 名（其中博士研究生 321 名、硕士研究生 192 名），在站博士后 46 人。

2012 年，广州地化所共有在研项目 424 项（包括新增项目 150 项）。其中，承担国家重大科技专项课题 2 项，主持（或承担）国家重点基础研究发展计划（973 计划）和国家重大科学研究计划项目 2 项、承担（或参加）课题 26 项；主持（或承担）国家自然科学基金重点项目 14 项、面上项目 120 项（新增 44 项）、国家杰出青年科学基金项目 5 项（新增 1 项）、国家自然科学基金重大研究计划重点项目 8 项（新增 4 项）；主持（或承担）中国科学院战略性先导科技专项课题 2 项，主持（或承担）院重点部署项目 1 项；承担重点国际合作项目 1 项（新增 1 项）；承担院地合作项目 4 项（新增 2 项）。

在中国科学院、国家科技部和广东省科技厅项目的支持下，经过 10 年研发，重大基础应用性科研成果污水处理技术研发与推广形成了高负荷地下渗滤污水处理复合技术，并且在9个省/自治区得到应用或推广。

理论研究　查明了高负荷地下渗滤污水处理复合系统不同处理单元的污染物去除机理以及不同处理单元之间的协同耦合作用及其受环境因子的影响。

技术研发　根据高负荷地下渗滤污水处理复合系统不同处理单元的污染物去除机理，通过结构创新和运行模式创新合理控制水分运移途径，通过集成创新充分发挥了不同处理单元之间的协同耦合功能，使高负荷地下渗滤单元的污染物负荷能力大幅度提升，彻底解决了因高负荷地下渗滤单元堵塞而失效的问题。

技术示范与推广　2012年采用本项目技术建成示范和应用工程40余项，新建工程案例分布于江苏、安徽、广东、浙江、福建、广西、湖南、四川、山西等9个省/自治区，以占地面积小（地表还可规划为公园绿地、旱地等）、投资较少、处理效果好、运行费用很低、管理维护简便、系统运行受气候影响小、无二次污染等多方面的综合优势，受到各级政府、主管部门和用户的重视和欢迎，技术影响力和市场份额不断扩大。政治局委员汪洋于2012年9月17日视察了广东省东源县锡场镇污水处理站，并给予高度评价。

2012年，广州地化所共发表学术论文595篇，其中国际SCI论文308篇，国内SCI论文42篇。申请专利25件，其中发明专利18件，实用新型5件，PCT 2件。授权专利26件，其中发明专利17件，实用新型9件。

广州地化所研发的高负荷地下渗滤污水处理复合技术、有机废气治理技术、中流量大气采样器、地质与找矿技术等多项技术成果得到转移转化，收入金额达281万元。成果转移转化后建设的环境工程项目达30个。为了支持国家环保部授权在佛山市南海区挂牌的“环境服务业华南聚集区”建设，在南海区政府的支持下，成立了佛山市中国科学院环境与安全检测认证中心有限公司。

2012年，广州地化所在研国际合作项目9项（新增3项），并与英国兰卡斯特大学环境中心联合建立了“国际环境研究与创新中心”。全年主办国际会议4个，出访95批163人次，来访75批248人次。8人在国际学术组织任职，3人获国际组织奖。

（撰稿：徐文新　审稿：夏　萍）

## 广州生物医药与健康研究院

**院　　长：** 裴端卿
**地　　址：** 广东省广州市科学城开源大道190号
**邮政编码：** 510530
**电　　话：** 020-32015300
**传　　真：** 020-32015299
**电子信箱：** wang_jiongkun@gibh.ac.cn
**网　　址：** http://www.gibh.cas.cn

中国科学院广州生物医药与健康研究院（以下简称“广州生物院”）由中国科学院、广东省人民政府和广州市人民政府三方共建，2003年7月签订共建协议，2006年3月获中央机构编制委员会办公室批准成立，是隶属中国科学院的具有独立法人资格的科学研究机构。

广州生物院的定位是以满足人类健康需求和探索生命科学前沿为导向，致力于疾病机制和生命过程机理研究，为人类健康和疾病防治提供创新与集成的解决方案，推动我国生物医药与健康产业创新发展，成为国家健康安全体系中的重要组成部分。其建设目标是建成在健康和生物医药领域具有自主创新和国际竞争能力的研究机构，成为吸引、培养和造就具有国际先进水平的中国生物医药业领军人才的平台，成为疾病的发生和致病机理的研究及生物医药核心技术的研发平台，成为面向国内外生物医药业的社会化服务并带动地区相关产业发展的平台。研究院以源头创新→产品技术开发→产业化为价值链，主要研究领域包括干细胞与再生医学、化学与合成生物学、感染与免疫学和公共健康学。

广州生物院建立了华南干细胞与再生医学研究所、化学生物学研究所、感染与免疫研究所和公共健康研究所4个非法人研究单位，并建有呼吸疾病国家重点实验室（共建）、中国科学院再生生物学重点实验室、粤港干细胞及再生医学研究中心（共建）、干细胞与再生医学联合实验室（共建）、广东省干细胞与再生医学重点实验室、药物研发中心、公用仪器中心、实验动物中心、信息情报中心及医用猪研究中心，建成了国内首个“中国南方干细胞库”以及临床前研究平台、非人灵长类动物疾病模型平台、RNA 干扰技术平台、抗体技术平台、药物化学技术平台、药物分子设计及结构优化技术平台、疫苗载体技术平台、分子诊断平台、药物毒理技术平台和天然药物发现技术平台 10 大技术平台。

2012 年，广州生物院围绕“创新 2020”发展目标，深入实施“一三五”发展规划，推进了绩效评估从重视 PI 小团队评估转变为以围绕重大产出为核心的团队评估，从重视目标管理向重视过程管理转变，从重视年度考核向重视聘期考核转变，从传统的论文专利评价向以创新实际贡献、创新发展态势、创新质量水平为主的评价转变，同时研究院的二期建设方案获得了中国科学院院长办公会审议通过。

截至 2012 年底，广州生物院共有在职职工 411 人。其中科技人员 327 人、科技支撑人员 23 人，包括研究员及正高级工程技术人员 35 人、副研究员及高级工程技术人员 16 人。共有“千人计划”入选者 4 人（新增 2 人）、国家中长期规划“干细胞研究”重大研究计划专家组召集人 1 人，863 领域专家 1 人，973 首席科学家 4 人（新增 1 人），国家杰出青年科学基金获得者 2 人，享受政府特殊津贴专家 3 人（新增 1 人），高端外国专家项目 3 人（新增 3 人），中国科学院“百人计划”入选者 19 人（新增 7 人），中国科学院“外籍青年科学家”2 人（新增 2 人），广东省领军人才 2 人（新增 1 人），广东省南粤百杰 2 人（新增 1 人），广州十大优秀留学人员 2 人。

广州生物院设有生物学一级学科及生物化学与分子生物学、细胞生物学、发育生物学、药物化学等二级学科博士研究生培养点；设有生物学一级学科及生物化学与分子生物学、细胞生物学、发育生物学、药物化学等二级学科，生物工程领域、化学工程领域专业学位硕士研究生培养点，并设有生物学一级学科博士后流动站，共有在学研究生 257 人（其中硕士生 152 人、博士生 105 人）。

2012 年，广州生物院共有在研项目 213 项（包括新增项目 109 项）。其中，承担国家重大科技专项课题 2 项（新增 1 项），主持（或承担）国家重点基础研究发展计划（973 计划）和国家重大科学研究计划项目 4 项（新增 1 项）、承担（或参加）课题 25 项（新增 6 项），主持（或承担）国家高技术研究发展计划（863 计划）项目 4 项（新增 3 项），主持（或承担）国家自然科学基金面上项目 22 项（新增 11 项）；主持（或承担）中国科学院战略性先导科技专项课题 19 项、中国科学院重大仪器研制项目 1 项；承担重点国际合作项目 9 项（新增 8 项）；承担院地合作项目 6 项。全年共发表论文 89 篇，其中 SCI 论文 86 篇，影响因子 20 以上的 2 篇；新增申请发明专利 44 项，其中 PCT 国际申请 2 项，新增授权发明专利 31 项。

2012 年，广州生物院取得一系列重要的科研成果。其中包括成功用人尿液细胞获得神经干细胞，为获得病人特异性的安全的神经干细胞用于临床治疗提供了一种新的平台技术；发现 H3K9 甲基化是阻碍诱导多功能干细胞形成的主要因素，并阐明了其形成原因和分子机理；发现一种可克服体内腺病毒中和抗体的新技术 AVIP，为提高腺病毒载体的使用效率和实用性提出了一个崭新的思路；发现新型抗阿尔茨海默氏病的药物氨基哒嗪类化合物 AD16，并与广东华南新药创制中心共同推进 AD16 的临床前研究。

2012 年，广州生物院院地合作和产业化工作取得重要进展。广州生物院与佛山共建的“佛山南海中国科学院生物医药科技产业中心”孵化和引进 40 个产业化项目，孵化了 20 家生物医药高科技企业，并获得省级孵化器授牌；与广州市开发区共建的“中国科学院广州生物医药产业技术创新与育成中心”正式挂牌“中国科学院育成中心”，并推进“1+N”大育成中心的建设工作；牵头推进珠三角（医药与健康领域）创新与转化集群建设；作为广州市生物医药“前孵化器”平台建设的 6 家主要单位之一，负责生物医药“前孵化器”平台筹建和运营工作；

全年共促成并签订重大转移转化项目合同6项，总合同金额达2.289亿元。

2012年，广州生物院与香港中文大学共建“干细胞与再生医学联合实验室”；与英国伯明翰大学、M.D.安德森癌症中心签订合作备忘录；获批国际科技合作项目12项，合同经费1328万；成功举办第五届广州国际干细胞与再生医学论坛；全年共有因公出访91人次，接待外事来访104人次，其中包括Johann Deisenhofer、Craig Mello和Erwin Neher 3位诺贝尔奖得主。

广州生物院是中国细胞生物学会再生细胞生物学分会的挂靠单位，与Biomed出版社合作出版期刊*Cell Regeneration*。

（撰稿：韩青海　王炯坤　审稿：邢雪荣）

## 深圳先进技术研究院

**院　　长：樊建平**
**地　　址：广东省深圳市南山区西丽深圳大学城学苑大道1068号**
**邮政编码：518055**
**电　　话：0755-86392288**
**传　　真：0755-86392299**
**电子信箱：info@siat.ac.cn**
**网　　址：http://www.siat.ac.cn**

中国科学院深圳先进技术研究院（以下简称“深圳先进院”）于2006年2月由中国科学院、深圳市共同建立，2009年7月22日获中央编制委员会办公室批准正式设立，2009年12月17日通过正式验收。

深圳先进院的使命和愿景是提升粤港地区及我国先进制造业和现代服务业的自主创新能力，推动我国自主知识产权新工业的建立，成为国际一流的工业研究院。

深圳先进院现已成立了面向智能系统与制造装备的“中国科学院香港中文大学深圳先进集成技术研究所”（由中国科学院、深圳市、香港中文大学三方共建）、面向低成本健康的“生物医学与健康工程研究所”、面向快速城市化和工业信息化的“先进计算与数字工程研究所”及“广州中国科学院先进技术研究所”、“生物医药与技术研究所”，形成多学科交叉、集成创新的特色与优势。

2012年，深圳先进院着眼未来发展，着力战略布局，突出抓办“几件实事”。创办特色学院，完善“科研+产业+资本+教育”四位一体发展模式；稳拓“北斗”、“低成本健康”、“机器人”三大产业创新联盟，抢抓机遇夯实基础；搭建大育成总部，网络型布局的育成体系持续扩大产业影响力；援引优质团队，人才高地再拔新高，保障科研进步发展；探索体制机制再创新，管理效率再提升。

深圳先进院继续坚持建设国际一流工业研究院的定位，“一三五”重点领域和方向取得阶段性的成果。重点突破1：低成本健康与高端医疗影像，低成本健康在海终端和云服务两方面取得多项领先性成果，产业化迈上一个新台阶；高端医学影像设备谱系化开发取得阶段性重大成果，2013年进入开发和产业并重阶段；重点突破2：机器人，手术机器人在全国率先迈入临床，服务机器人继续保持优势地位，工业机器人初露头角；重点突破3：电动汽车，电动车核心技术取得突破，与国内一流电动车厂家建立紧密合作关系。重点培育1：铜铟镓硒薄膜太阳能电池，铜铟镓硒薄膜太阳能电池研发目标明确，成果显著，铜铟镓硒太阳能电池效率达到19.08%，位列大中华区第一；重点培育2：大数据与数字城市，大数据与数字城市方向的研究获业界认可并广受关注；重点培育3：先进电子封装材料，先进电子封装材料制备与器件集成方面综合水平国内领先；重点培育4：纳米载药与神经工程，纳米载药与神经工程方向科研实力增强，逐步确立了国内的学术地位；重点培育5：单抗药物与骨关节材料，单抗药物与骨关节材料方向边招聘、边科研、边产业化成效明显。

围绕“创新2020”组织实施，深圳先进院创新管理举措，提高效率效益，加强体系、服务、特色三级支撑建设，为科研工作提供坚实保障。逐步规范考评及晋升体系，保持队伍创新活力；启动中层骨干及研究中心主任培训，提升队伍执行力及战斗力；加强过程管理，完善制度建设，规范管理支撑，提升管理效能；秘书桥管理日趋成熟。2012年新增重点实验室、工程中心、公共技术平台共8个（累计43个）；新增与企业共建联合实验室5个（累计19个），扩建实验场地2000m$^2$，新建实验室32个，提升改造实验室11个；全年完成科研设备、试剂耗材、实验动物等各类采购共1.12亿（累计仪器设备总价值超过2.52亿）。依托中国科学院仪器设备共享管理平台等5家共享服务平台共入网设备250台/套，为306家企业提供技术咨询服务；超算中心为用户提供应用服务支撑项目29项。新建SPF级动物房获《实验动物许可证》。一期工程完成房地产登记工作，竣工建筑面积61809平方米，6月完成决算审计工作，经深圳市审计专业局审定的总投资额为18477.87万元，获得肯定。二期工程由院市共建，在国家和地方分别立项，顺利完成前期审批手续16项，开始桩基础施工。

截至2012年底，深圳先进院人员规模已达1949人，同比增长23%。其中员工1192人，同比增长23%；中高级职称594人，同比增长36%，拥有博士学位408人。新入职海归90余人，拥有海外经历人才352名。新增“千人计划”入选者3人（A类+外专），“青年千人计划”6人，累计达19人；新入选中国科学院“百人计划”8人，累计达24人，引进杰出技术人才1人；新获批深圳市孔雀人才/领军人才29人，累计达97人。Daniel教授入选国家首批“外专千人计划”，被授予“国家友谊奖”，受到温家宝总理接见。在低成本健康与高端医学影像、电子封装材料方向新获批2支广东省创新团队，累计5支，占广东省总数10%、深圳市总数1/3；在单抗药物与骨关节材料方向新获批2支深圳市孔雀团队。全年共获批人才（团队）类项目经费1.2亿，到账经费8600万。

2012年，深圳先进院新增纵向科研项目407项，总经费3.79亿元（含人才项目经费），其中，广东省项目经费7070万元；深圳市项目经费17992万元。新增发表论文690篇，其中，有关骨质疏松治疗方面的成果发表在《自然-医学》杂志上；SCI论文从上年144篇增长至251篇。新增专利申请量675件（发明专利占90%），是2011年的近3倍，其中授权114件；“低成本健康专利布局项目”已完成对12个技术点的技术分析报告；启动“智慧城市及大数据”和“抗体药物”专利池，已申请专利近百件。

2012年，深圳先进院牵头建设创新联盟，引领协同创新，培育发展新兴产业，推动转型升级：①以产业联盟带动技术转移和产业化发展，拓宽产业服务范围，牵头组建“深圳市低成本健康产学研资联盟”、“深圳市机器人产学研资联盟”、“深圳市北斗卫星应用产业化联盟”，聚集140余家企事业单位，会员企业年产值逾千亿，与12家联盟企业合作开展了17项企业横向和产学研项目；②继续推动院地合作和协同创新，拓展与龙头企业的合作层次；③加强育成中心建设，拓展网络化育成体系和空间布局，大育成总部建设取得突破。入驻育成中心企业新增约50家，总计逾100家，其中持股超过40家；总注册资本逾15亿元，资产规模逾60亿元，深圳中科育成科技公司估值超过1亿元；④打造创业人才培养新模式，营造“微创新—大创业”的工研院文化，开办创业工场，邀请10名青年企业家担任项目导师，与专业管理咨询机构开办创业课程，引进天使投资早期介入，实现人才与技术的高效双转移。第一季共有6支队伍进入创业工场，其中3个项目在超过1万支参赛队伍的“2012国际青年创新大赛”中脱颖而出，入围创业实践类20强。完善资本引导体系，拓宽投融资渠道，推进成果转移转化。

落实科教结合。受深圳市委托成立“深圳先进技术学院”，学院联合境内外高校，致力于培养区域支柱产业和新兴产业急需的高端人才，设有“生命科学与生物工程系”、“智能系统与集成技术系”、“先进计算技术系”、“新能源与先进材料系”等特色院系。与香港大学、中国科学院大学、中国科学技术大学等知名高校开展合作办学；与中科大联合招生147人，在“电子与通信工程”等专业与香港大学联合培养50名博士研究生。承办由教育部示范性软件学院建设工作办公室主办的“全国创新软件高端人才培养模式研讨会”，着手与境内外知名高校及IT行业共建特色“软件工程学院”。经国家人力资源和社会保障部、全国博士后管委会批准，获批深圳市首个“计算机科学与技术”博士后科研流动站。继续扩大培养规模，加强留学生招生和管理，成为深圳市高层次创新型人才培养高地，不断提升教育的国际化程度。新增导师 34 名，共 161 人，其中博导 83 人，全职导师平均年龄 35.1 岁，83% 的导师有海外学习或工作背景。全年共培养学生 1062 人，其中留学生 23 人。累计培养学生 2952 人，其中包括来自美国、法国、俄罗斯、保加利亚、印度、巴基斯坦、伊朗、埃及、孟加拉国、越南等 12 个国家和地区的 48 名外籍留学生。

国际化水平持续提升。获批国家国际科技合作基地；推进“健康非洲”、“中意电子政务中心”等项目；主/承办了城市建模与可视化国际研讨会等大型学术会议、组织了学术讲座共 242 场；英美等来访交流逾 277 人次；《集成技术》发行了三期。

（撰稿：巨锁娥　王　冬　审稿：白建原）

# 亚热带农业生态研究所

所　　长：王克林
地　　址：湖南省长沙市芙蓉区马坡岭
邮政编码：410125
电　　话：0731-84615204
传　　真：0731-84612685
电子信箱：csiam@isa. ac. cn
网　　址：http://www. isa. ac. cn

中国科学院亚热带农业生态研究所（以下简称“亚热带所”）创建于 1978 年 6 月，其前身为中国科学院长沙农业现代化研究所，2003 年 10 月改为现名。

定位与目标。围绕亚热带区域农业与生态环境协调发展的国家战略需求，以探索区域复合农业生态系统过程调控机理与资源高效利用技术为基础，建设形成覆盖平原湖区-丘陵低山地区的亚热带农业生态系统长期研究平台与涵盖区域农业生态格局、生态系统过程和分子生态 3 个基本尺度的学科体系。成为具有区域特色鲜明、国内一流、国际影响的农业生态环境研究机构，以及农业生态环境科学高层次人才培养基地。

主要研究领域和方向。围绕亚热带区域农业与生态环境协调发展研究领域，设置了区域农业格局与生态系统过程、畜禽健康养殖与农牧系统调控、作物耐逆境分子生态机理及品种选育、流域环境健康控制理论与技术、农业功能微生物作用机理与调控五个研究方向。

2012 年是亚热带所“创新 2020”战略和“一二三”规划部署实施之年，该所深入学习贯彻落实《中国科学院“创新 2020”组织实施方案》，以“服务先进农业，建设有鲜明区域特色的强所”为主题，以“全面提高创新能力”为主线，各项工作以实施“一二三”规划为中心展开。实施发展战略转型，由争取经费为主的生存向学科可持续发展转型，由争取项目为主向系统的科学贡献转型；发展流域面源污染控制、环境微生物等新领域；狠抓重大科研项目争取，强力促进科技成果产出，大力加强人才队伍建设，着力推进体制机制创新，为全面完成规划目标任务开了个好头并打下了坚实基础。

为保障实现“创新 2020”与“一二三”规划目标，研究所加大对“一二三”科技创新活动目标任务的严格考核与管理；加大项目经费支持力度，提高项目支持比例。2012 年部署年度“一二三”科技创新活动经费 640 万元，其中：两个重大突破 240 万元，三个重点培育方向 240 万元。将领域前沿项目、平台建设均纳入“一二三”管理。依据 2011 年青年学术报告会评议结果，给予 8 位青年科研人员每人 20 万元的青年人才领域前沿项目资助。

亚热带所目前设有区域农业生态研究中心、畜禽健康养殖研究中作物耐逆境分子生态学研究中心 3 个研究部门，以及桃源农业生态试验站、广西环江喀斯特生态系统观测研究站、洞庭湖湿地生态系统观测研究站、长沙农业环境观测研究站、中国科学院亚热带农业生态过程重点实验室、期刊文献信息中心 6 个支撑部门。另还建有农业部中南动物营养与饲料科学观测实验站、湖南省畜禽健康养殖工程技术研究中心。

截至 2012 年底，亚热带所共有在职职工 241 人。其中科技人员 160 人、科技支撑人员 59 人、研究员及正高级工程技术人员 32 人、副研究员及高级工程技术人员47人。

共有中国科学院“百人计划”入选者8人，“西部之光”人才入选者11人（新增3人），国家杰出青年科学基金获得者1人，国家百千万人才1、2层次人选2人。

亚热带所是博士学位授予权单位之一，现设有生态学专业一级学科博士研究生培养点，生态学、畜牧学等2个专业一级学科硕士研究生培养点，以及环境工程硕士学位授予点。设有生态学专业一级学科博士后流动站。2012年有在学研究生128人（其中硕士生69人、博士生59人），与高校联合培养在读研究生52名。

2012年，亚热带所共有在研项目146项（新增65项）。其中，承担国家重点基础研究发展计划（973计划）课题10项（新增3项），主持国家科技支撑计划课题17项（新增11项）、国家重大专项课题1项、国家农业产业化专项1项，主持科技部国际科技合作计划2项（新增1项），主持国家自然科学基金重大项目1项、国际（地区）合作与交流项目1项、面上项目52项（新增16项），承担中国科学院战略性先导科技专项课题6项、重要方向项目14项，承担国际合作项目3项（新增2项），承担院地合作项目5项（新增2项），承担地方项目16项（新增5项），承担企业委托项目6项（新增1项）。

2012年获得1项湖南省自然科学二等奖和1项湖南省科技进步二等奖。受理申请发明专利19项，授权发明专利14项，与2011年比，申请减少20.8%，授权增加100%。SCI收录论文64篇，专著3部，获得的主要科研成果有：①重金属超标土壤的农业安全利用关键技术研究与应用获得2012年度湖南省科技进步二等奖；②爪哇稻及其亚种间杂种优势的研究获得2012年度湖南省自然科学二等奖；③反刍动物营养调控与饲料高效利用技术研究与应用于2012年11月通过湖南省科技厅组织的科技成果鉴定；④猪的碳水化合物与氨基酸营养调控关键技术研究及应用于2012年12月通过湖南省科技厅组织的科技成果鉴定；⑤桂西岩溶丘陵区石山综合治理与生态农业技术集成与示范课题通过验收。

科技合作平稳发展。以亚热带所为牵头单位的国家生猪产业技术创新战略联盟主办了2次国际学术研讨会：“促进猪群健康关键营养技术国际学术研讨会”3月22日举行，来自加拿大、美国、中国台湾地区的大学、科研机构和养猪企业的专家学者、企业家共300多人到会；“生猪优质健康养殖关键技术国际学术研讨会”6月20～25日在长沙举行，此次会议主要议题包括生猪品种优化、疾病防控、蛋白饲料利用、养猪业污染防控等。中国畜牧兽医学会理事长、中国工程院院士、华中农业大学教授陈焕春，以及来自美国、加拿大、新西兰等国的动物营养学专家与国家生猪产业技术创新战略联盟百余家单位的代表400余人参加会议。

院地合作向纵深发展。湖南省畜禽健康养殖工程技术研究中心11月通过湖南省科技厅组织的验收被评为优秀；与湖南湘丰茶业有限公司合作全面展开，6月与长沙县人民政府、湖南湘丰茶业有限公司签署合作共建长沙农业环境观测研究站协议，2012年被长沙市确定为首批“长沙市科技特派员工作示范点”，肖润林研究员获2012年“长沙市科技特派员工作突出贡献奖”；与广西区环江毛南族自治县合作向纵深推进，王克林研究员获全国优秀科技工作者称号，曾馥平研究员被授予“全国创先争优优秀共产党员”荣誉称号；与广东、贵州等地合作逐步加强，黄瑞林研究员继续选派到温氏集团任研究院副院长；一项发明专利“与水稻长粒卷叶相关的蛋白及其编码基因与应用”转让给成都市天源新谷生物技术有限公司并申请国外专利保护；组织6个实用成果参加长沙、西安、广州技术展示交流。参加2012中国（长沙）科技成果转化交易会。

亚热带生态所是湖南省生态学会、湖南省动物营养与生态环境学会、湖南省农业系统工程学会挂靠单位，主办《农业现代化研究》期刊。

（撰稿：林泽建　谢　聪　审稿：王克林）

## 成都生物研究所

**所　　长：赵新全**

**地　　址：四川省成都市人民南路四段九号**

**邮政编码：610041**

**电　　话：028-82890289**
**传　　真：028-82890288**
**电子信箱：swsb@cib. ac. cn**
**网　　址：http://www. cib. cas. cn**

中国科学院成都生物研究所（以下简称“成都生物所”）成立于1958年，当时定名为“中国科学院四川分院农业生物研究所”，1962年9月更名为“中国科学院西南生物研究所”，1971年1月更名为“四川省生物研究所”，1978年启用现名。

成都生物所的目标是：将研究所建成特色鲜明，具有持续科技创新能力、国际一流的研究机构。主要研究领域涉及人口健康与天然药物，生态建设与环境治理，工业生物技术及现代农业食品安全的研究等方面。2012年成都生物所大力推进“一三五”规划的组织实施，加强学科凝练、体制机制创新以及人才队伍和创新平台建设，以“全球变化背景下脆弱山地生物种群的适应与可持续管理”等3项重大领域突破和“两栖爬行动物的分子进化与神经生物学”等5个重点培育领域为核心的科技创新取得新进展。

成都生物所设有天然产物研究中心、生态研究中心、两栖爬行动物研究室、应用与环境微生物研究中心和农业生物技术研究中心5个研究机构，是国家天然药物工程技术研究中心、中国科学院山地生态恢复与生物资源利用重点实验室、中国科学院环境与应用微生物重点实验室的依托单位。

成都生物所两栖爬行动物、植物标本馆是全国青少年科技教育基地、全国青少年走进科学世界科技活动示范基地、四川省科普教育基地；馆藏两栖爬行动物标本10万余号，标本的种类和数量居同领域全国第一位、亚洲第二位；馆藏植物标本25万号。公共实验技术中心拥有600兆核磁共振波谱仪、流式细胞分选仪等价值约9000万元人民币的各类先进科研仪器设备，并对社会开放。该所在青藏高原东缘地区建立了覆盖高山草甸、高寒湿地、亚高山针叶林、山地人工林、干旱河谷、亚热带常绿阔叶林7个生态系统类型的野外生态定位研究站（点）。

截至2012年底，成都生物所共有在职职工303人。其中科技人员215人、科技支撑人员35人，包括中国科学院院士1人、研究员及正高级工程技术人员46人、副研究员及高级工程技术人员91人；全所进入创新岗位146人。

共有中国科学院“百人计划”入选者11人（新增1人），“西部之光”人才入选者64人（新增5人）；四川省百人计划6人（新增1人）；国家杰出青年科学基金获得者1人。

成都生物所是1981年国务院学位委员会批准的博士、硕士学位授予权单位之一，现设有植物学、动物学、环境科学和药物化学4个博士学位授权点；有植物学、动物学、微生物学、生态学、环境科学、环境工程和药物化学7个学术型硕士学位授权点；有生物工程、环境工程、制药工程和药学硕士4个硕士专业学位授权点；并设有生物学专业一级学科博士后流动站。共有在学研究生292人（其中硕士生153人、博士生139人），在站博士后30人。

2012年，该所共有在研项目344项（包括新增项目129项）。其中，承担国家重大专项课题1项（新增1项），承担国家重点基础研究发展计划（973计划）课题2项（新增1项），承担国家科技基础性工作专项1项（新增1项），承担国家自然科学基金重点项目2项，面上项目31项（新增14项），承担重点国际合作项目1项，承担院地合作项目70项（新增27项）。

2012年，成都生物所共发表科研论文270篇；其中SCI论文173篇；出版科技专著4部；申请专利27件，授权专利32件。

2012年共获省部级奖5项，其中一等奖2项（均为第一完成单位），二等奖1项，三等奖2项。“高黏度块根类非粮原料高效乙醇转化技术”获四川省科技进步奖一等奖，该成果通过高压$CO_2$定向选育乙醇酵母、自主知识产权的降黏酶系及相应的降黏预处理工艺，解决了影响薯类乙醇大型化发酵效率低的关键难题和薯类原料发酵黏度高不利于传质的技术瓶颈，经专家鉴定，该成果具有系统性、原创性、先进性。高效降黏技术体系的开发达到了国际领先水平。“芒苞草科的研究”获四川省科技进步奖一等奖，芒苞草（*Acanthlchlamys bracteata* P. C. Kao）因其重要的学术价值于1999年经国务院批准，列入《国家重点保护野生植物名录（第一批）》，国家Ⅱ级保护植物。该科的分类等级已得到国际植物学界的公认和同行的承认，其文献广泛被引证，现已写入国际植物分类学最高水平的 *The Families and Genera of Vascular Plants* 专著中（Kubitzki，1998）。该项成果对于研究被子植物的系统演化，中国乃至世界植物区系的起源，以及地史的演变、板块学说、大陆漂移说等有重要的学术价值和意义。成功解决了高纯度皂苷大规模提取、质量控制等关键技术，由此技术开发的产品“地奥心血康胶囊”获得荷兰 MEB 批准，取得上市许可，成为我国第一个进入发达国家主流市场的具有自主知识产权的治疗性药品，也是世界上第一个获准进入欧盟市场的非欧盟成员国植物药。

院地合作方面，2012 年，由中国科学院与四川省人民政府共建的“中国科学院四川转化医学研究医院”在成都揭牌，中国科学院和四川省人民政府签署了共建协议，同时，成都生物所作为依托单位，与成都分院、四川省人民医院共同签署了三方合作协议。2012 年该所继续发挥在生态、生物学科的传统优势，积极参与地方组织的生态评估、规划类项目，为我国长江上游地区的生态环境建设与生物多样性保护提供技术支撑与决策依据。与成都市退耕还林工程管理中心签订“开展成都市退耕还林成效监测”技术服务合同，对成都市退耕还林工程进行全面、系统地效益评估，为成都市创建城乡一体化、现代化生态田园城市提供生态建设方面的基础数据与决策依据，合同金额 215 万元。与中国长江三峡集团溪洛渡工程建设部签订“金沙江溪洛渡水电站初期蓄水阶段陆生生态监测”技术服务协议，合同金额 116 万元。与阿坝州茂县农业局签订“茂县特色农业产业规划”技术服务协议，合同金额 111 万元。

国际合作方面，成都生物所组织的“生态环境保护与资源可持续利用国际科技合作基地”获批授予“四川省国际科技合作基地”。签署国际合作协议 9 项，执行国际合作与交流项目 36 项。该所还通过举办国际会议、出访交流、项目合作等开展了多形式、多层次的国际合作交流。全年出访 32 批 46 人次，接待来访 144 人次。成功举办“第五届亚洲两栖爬行动物学术大会”，来自中国、美国、澳大利亚等 23 个国家及地区的 309 名代表参加了会议。会议收到英文摘要 200 余篇。组织报告 110 个。报告内容涉及系统学、生物多样性、生态、保护、行为、生理、遗传、进化、系统发育、生物地理、繁殖生物学、人工繁育等多个领域。会议还建立了亚洲两栖爬行动物学会的理事会和秘书处等常设机构的议案，同意将学会机构常驻成都生物所。同时还选举了学会的第一届理事长、副理事长和秘书长。

成都生物所主办的《应用与环境生物学报》是中国精品科技期刊、RCCSE 中国核心学术期刊，被 CA、BA、CSA、РЖ 及 CSCD、CSTPCD、CJFD、CBA 等众多国内外数据库收录。2011 年，成都生物所主办的英文学报 *Asian Herpetological Research*（《亚洲两栖爬行动物研究》）被 SCI 数据库收录。

（撰稿：舒　服　刘刚君　审稿：叶　彦）

## 成都山地灾害与环境研究所

**所　　长：邓　伟**
**地　　址：四川省成都市人民南路四段九号**
**邮政编码：610041**
**电　　话：028-85228816**
**传　　真：028-85222258**
**电子信箱：sdb@imde.ac.cn**
**网　　址：http://www.imde.ac.cn**

中国科学院·水利部成都山地灾害与环境研究所（简称“成都山地所”）由 1965 年成立的中国科学院地理研究所西南地理研究室发展而来，1966 年 2 月改为中国科学院地理研究所西南分所，1978 年更名为中国科学院成都地理研究所，1989 年实现中国科学院和水利部双重领导并采用现名，2002 年 4 月进入中国科学院知识创新工程。

成都山地所的基本定位是以“认知山地科学规律，服务国家持续发展”为使命，面向西部山区重大工程安全、生态环境建设、山区可持续发展的重大科技需求，以实现“三性”贡献为目标，不断探索破解山地科学重大问题，引领山地灾害学，创新山地环境学，培养山地科学研究领域高层次人才，为“增强我国防御山地灾害的能力、保障山区生态安全和促进经济社会发展”提供科学依据和技术支撑。

在实施“一三五”规划中，突破之一“重大泥石流减灾关键技术与示范”研究成果多次在宁南6·28特大泥石流、北京7·21特大山洪等减灾中得到应用，主持完成的小岗剑泥石流防治工程成功抵御了8次泥石流灾害；突破之二的“三峡库区水土流失与面源污染控制关键技术”研究成果被水利部推荐为长江上游坡耕地整治工程推广技术。2012年，成都山地所顺利启动实施了“一三五”方向性项目（一期），在泥石流灾害预警报系统技术、山地灾害链生机理与基于动力过程的风险评估、气候变化下的高山生态系统垂直带谱分异与适应机制、西藏生态安全屏障监测与评估、西部山区人地关系分异规律及对气候变化适应5个重点培育方向发布了项目指南并制定了项目管理办法。

成都山地所设有中国科学院山地灾害与地表过程重点实验室、中国科学院山地环境演变与调控重点实验室、山区发展研究中心和数字山地与遥感应用中心四大研究单元，设有四川省山区减灾工程技术研究中心和综合测试与模拟试验中心两大关键支撑平台；建有中国科学院东川泥石流观测研究站、中国科学院贡嘎山高山生态系统观测试验站、中国科学院盐亭紫色土农业生态试验站3个国家重点野外台站和其他3个所级野外观测台站，还新建了申扎高寒草原与湿地生态系统观测试验站和波密地质灾害综合观测研究站；研究所新建设1个480m$^2$的科技展馆。

截至2012年底，成都山地所共有在职职工292人。其中科技人员155人、科技支撑人员56人，包括研究员44人、副研究员及高级工程技术人员48人。共有中国科学院“百人计划”入选者6人（新增1人），“西部之光”人才入选者49人（新增9人），“新世纪百千万人才工程”国家级人选3人；国家杰出青年科学基金获得者3人（新增1人）。

成都山地所是1981年国务院学位委员会批准的博士、硕士学位授予权单位之一，现设有自然地理学、人文地理学、岩土工程和土壤学4个博士培养点；自然地理学、人文地理学、地图学与地理信息系统、岩土工程、防灾减灾工程及防护工程和土壤学6个学术型学位硕士研究生培养点和建筑与土木工程、环境工程2个专业型硕士学位培养点，并设有地理学博士后科研流动站，共有在学研究生192人（其中硕士生96人、博士生96人）、在站博士后9人。

2012年，成都山地所共有在研项目305项（包括新增项目163项）。其中，主持（或承担）国家重点基础研究发展计划（973计划）和国家重大科学研究计划项目2项、承担（或参加）课题3项（新增1项），主持（或承担）国家科技支撑计划项目1项，承担课题2项（新增1项）；主持国家自然科学基金重点项目3项（新增1项）、面上项目19项（新增2项）、国家杰出青年科学基金项目1项、国家自然科学基金重大研究计划重点项目4项（新增1项）；主持（或承担）中国科学院战略性先导科技专项课题3项，主持（或承担）院重点部署项目4项（新增2项）；承担重点国际合作项目5项（新增2项）；承担院地合作项目55项（新增32项）。主持的973项目“中国西部特大山洪泥石流灾害形成机理与风险分析”顺利通过项目结题验收，在甘肃舟曲、汶川地震区、金沙江下游等特大山洪泥石流灾害的减灾中发挥了重要作用；四川大熊猫栖息地世界自然遗产保护研究成果经四川省科技厅鉴定整体达到国际领先水平，确保了四川大熊猫栖息地世界自然遗产的申报成功。

2012年共发表论文286篇，其中，SCI收录论文76篇、EI/ISTP 72篇，CSCD138篇，SCI+EI总数和SCI（1区、2区、3区）数量均实现翻番；出版专著2部；获青海省科技进步奖一等奖1项、四川省科技进步奖三等奖1项；新获得授权专利22项（其中12项发明专利），获得软件著作权17项，2项国际发明专利进入美国专利局审查，1项国际发明专利通过pct申请。

2012年，成都山地所积极参与“中国科学院长江中上游生态环境保护及产业升级创新集群”和“西藏区域科技创新集群”建设，战略性地选择学科交叉、优势互补的高校和科研机构的协同；以野外观测台站为基地，加强与川、渝、藏、滇等省区行业部门和科研院校的合作，重点加强与中国长江三峡集团的科技合作，初步构建起完善的区域研究网络体系。

2012 年，成都山地所积极推进喜马拉雅地区国际合作项目，初步建立了南亚地区科学家伙伴关系。依托国际山地中心，“柯西河流域项目（Koshi Basin Programme）取得积极进展。全年出访 44 人次，接待来访 83 人次；主办（承办）了 6 次大型国际会议；1 名外籍科学家获得特聘研究员计划延期资助，新获批“外国专家特聘研究员”计划 4 项；引进外籍专家 8 名；新签署国际合作协议 4 项，与国外机构联合发表论文 17 篇。

成都山地所是中国地理学会山地分会、四川省地理学会、中国水土保持学会泥石流滑坡专业委员会、中国自然资源学会山地资源研究专业委员会、中国生态学学会生态水文专业委员会、中国土壤学会土壤地质分专业委员会、国际数字地球学会中国国家委员会数字山地专业委员会（筹）等的挂靠单位，设有中国地理学会西南代表处。出版英文双月刊 *Journal of Mountain Science*（SCIE 扩展版）和中国自然科学核心期刊《山地学报》。

（撰稿：蔡长江　张　坚　审稿：罗晓梅）

## 光电技术研究所

**所　　长：张雨东**
**地　　址：四川省成都市人民南路四段 9 号**
**邮政编码：610041**
**电　　话：028-85100341　85100099**
**85100112**
**传　　真：028-85100268**
**电子信箱：tdc@ioe. ac. cn**
**网　　址：http://www. ioe. ac. cn**

中国科学院光电技术研究所（以下简称“光电所”）创建于 1970 年，是中国科学院在西南地区规模最大的研究所。1997 年首批通过中国科学院科研基地型研究所定位评估；1999 年微细加工光学技术国家重点实验室、中国科学院光束控制重点实验室、中国科学院自适应光学重点实验室等 3 个重点实验室率先进入中国科学院知识创新工程试点一期；2001 年全所整体进入创新试点二期；2006 年在中国科学院创新试点二期总结及考核评议工作中被评为“优秀”研究所，进入创新三期；2011 年成为首批院“创新 2020”整体择优支持研究所。

光电所按照院党组的统一部署，2011 年明确了研究所“一三五”发展规划和“十二五”任务目标。重点开展应用基础性、前瞻性、战略性高技术研究与系统集成创新研究，成为不可替代的国家战略科技力量和国际著名研究所。在光束控制、天文目标观测、超高精度光学光刻系统、自适应光学、亚波长物理结构及其电磁效应、空间光电精密测量、轻量化光学、量子激光通信等多个研究领域，明确了“三个”重大突破和“五个”重点培育方向，建立从基础、应用基础到高技术应用的完整研究链条，形成多个领域、多个学科相互促进共同发展的学科布局和科研体系。在“创新 2020”重点跨越阶段，明确地把创新跨越、追求技术极致、重大项目积极争取与完成、人才队伍培养、关键技术突破和技术平台建设放在更加突出位置。坚持科研、产业两大块分类管理和运行的模式，建立和完善了以能力、贡献和绩效为主要依据的激励导向机制，进一步完善青年创新人才奖评选、设立研究生创新基金，鼓励开展创新探索项目研究、培养选拔青年英才，营造“公正、公平、公开”的内部竞争激励环境和创新文化氛围。

光电所以所机关、科研一部、科研二部为科研创新主体，建有 1 个国家重点实验室、2 个院级重点实验室、9 个重点学科研究室，2012 年微细加工光学技术国家重点实验室通过国家科技部评估，并评为良好类试验室。建有精密机械制造、先进光学制造、轻量化镜坯与新材料、光学总体集成、质量检测 5 个研制中心，以及制造保障中心、科技信息与情报中心 2 个技术保障中心；并投资创建了以产品与服务市场化、科技成果转移转化与产业化为宗旨的四川科奥达技术有限公司。

全所拥有大型仪器设备 191 台套，2012 年成立共用检测技术所级中心并通过中国科学院组织的专项验收。图书馆藏有中外文图书近8.5万册，同时开通了国内外重要的文献数据库。

截至2012年底，光电所共有在职职工1240人，其中包括科技人员621人、科技支撑人员327人。现有中国工程院院士2人、研究员和研究员级高工64人、副研究员及高级工程技术人员263人。目前已有中国科学院“百人计划”入选者7人，“西部之光”人才入选者62人（新增8人）；国家杰出青年科学基金获得者1人，国家“千人计划”入选者1人，国家重大科技专项专家1人，国家科技奖评审专家1人，国际标准化专业委员会委员1人，全国标准化技术委员会委员4人，四川省学术技术带头人11人，客座研究员和访问学者25人。

光电所现有“光学工程”博士后流动站1个，在站博士后3人；有光学工程、信息与通信工程、测试计量技术及仪器博士学位培养点3个；光学、机械制造及其自动化、光学工程、精密仪器及机械、测试计量技术及仪器、物理电子学、信号与信息处理、检测技术及自动化装置和计算机应用技术学术型硕士学位培养点9个；机械工程、光学工程、仪器仪表工程、电子与通信工程、控制工程、计算机技术全日制专业硕士学位培养点6个，全所在学研究生335人，其中博士生140人，硕士生195人。

2012年，光电所共有在研科研项目341项（新增项目183项）。其中，承担“NA0.75光学系统α样机攻关”等国家16个重大科技专项课题和项目14个；主持国家重点基础研究发展计划（973计划）项目（2011—2015）“表面等离子体超分辨成像光刻基础研究”1个；承担“超分辨光刻装备研制”等国家重大科学仪器设备研制专项3项；承担国家863计划项目76个（新增48个）；承担“基于非谐振原理的宽波段、低损耗人工结构材料研究”等国家自然科学基金项目30个（新增8个）。青年基金12个（新增4个），所自主部署前沿项目14个。与中国科技大学共同承担的院重大创新项目“空间尺度量子实验关键技术研究与试验”取得重大突破，该研究成果发表在2012年8月9日《自然》杂志上。

2012年，光电所发表学术论文340篇，其中SCI论文48篇，出版译著1本、专著2本。申请专利223件（发明专利221件，实用新型2件），获授权专利142件（发明专利137件，国外专利4件，实用新型1件）。获国家科技进步奖二等奖1项，获省部级科技进步奖一等奖6项、二等奖4项。

2012年，四川科奥达技术有限公司拥有5家控股公司、7家参股公司、3个公司直管部、1个产业园区，职工800余人。经营范围涉及光学、精密机械、生命科学仪器、光通信、激光应用技术、机电一体化、光学医用设备、计算机应用、光电传感、精密刻划技术、特种光学材料、高折射率玻璃维珠、精密光学元件、光电测量仪器等高技术领域。在光、机、电、计算机等综合应用技术及产品方面具有雄厚的科研、开发和生产实力。产业园已发展成为成都市光电产业集中发展的一个特色园区。通过了ISO9001-2000版质量体系认证，被成都市认定为“高新技术企业”。

2012年，光电所国际合作与交流工作取得了可喜的成果，外事来访29批75人次，出访（含港、澳、台地区）30批78人次。其中，参加国际学术会议17人次，学术技术考察及友好交流5人次，引进设备预验收40人次、培训7人次、科技合作8人次，外派1名访问学者和2名博士研究生到国外研究机构学习深造。光电所还与美国研究团队开展TMT钠导星系统设计合作研究。

光电所是四川省光学学会、中国光学学会光学制造技术专委会、中国光学学会情报专委会的挂靠单位。光电所主办的中文核心期刊《光电工程》是中国科学引文数据库来源刊物，为中国光学学会的一级学会刊物，2011年入选第二届中国300种精品科技期刊。

（撰稿：邓　明　王　倩　审稿：杨　虎）

## 重庆绿色智能技术研究院

**筹建工作组组长：袁家虎**

地　　址：重庆市渝北区金渝大道85号汉国中心B座9、10层
邮政编码：401122
电　　话：023-63063603
传　　真：023-63063616
电子信箱：yzxx@cigit. ac. cn
网　　址：http://cigit. cas. cn

2011年3月13日，中国科学院与重庆市人民政府在北京签署了《中国科学院　重庆市人民政府共建中国科学院重庆绿色智能技术研究院（筹）协议》，重庆绿色智能技术研究院（简称“重庆研究院”）正式开始筹建。2011年6月8日，重庆研究院搬迁至重庆市北部新区金渝大道85号汉国中心B座9、10层办公，举行了揭牌仪式，筹建工作进入实质阶段。

2012年7月26日，中央机构编制委员会办公室正式批复成立中国科学院重庆绿色智能技术研究院。

面向重庆及西部区域经济社会发展重大需求，面向世界科学技术发展前沿，以加快发展战略性新兴产业和提升传统产业为主线，坚持立足重庆、服务西南，坚持技术立院、需求牵引、创新驱动，按照“地方党委政府满意、合作企业满意、老百姓满意和科技界同行认同”的检验标准，把重庆研究院建设成为产业技术源头创新与科技资源聚集基地、技术集成创新与产业育成基地、高层次创新与创业人才培养基地和西部地区科技交流与合作的重要开放式平台。

一是通过原始创新和集成创新，通过工程化研发和成果转移转化，通过知识创新、技术创新和区域创新的有机融合，催生更多具有自主知识产权的科技成果，引领长江上游战略性新兴产业的培育和发展；二是改造和提升传统产业，育成高新技术企业，增强自主创新能力；三是建设符合重庆实际的科技与经济结合的体制机制；四是建设高层次创新与创业人才培养基地和西部地区科技交流与合作的重要开放式平台。

重庆研究院在电子信息、智能制造、生态环境3个领域展开研究，截至2012年12月31日，设立17个研究方向。

电子信息面向重庆和西部电子信息产业发展需求，突破智能感知与控制等核心技术，实现产业源头技术创新和系统集成创新，共设立了5个研究方向，分别是：高性能计算应用、北斗导航、智能多媒体技术、数据挖掘与认知、自动推理与认知。

智能制造面向重庆和西部装备制造业发展重点及技术需求，以绿色、智能为目标，突破共性技术和关键技术，助推产业升级，促进成果转化和产业化，共设立了6个研究方向，分别是：智能装备与仪器仪表、微纳制造与系统集成、机器人技术、表面功能材料及工程研发、智能工业设计、智能神经机械电子。

生态环境面向三峡库区生态环境建设与保护重大需求，以及重庆高速工业化、快速城镇化发展所产生的污染和排放治理需求，集成研发环境防治技术、装备与管理系统，共设立了6个研究方向，分别是：环境微生物与生态、环境友好化学过程、膜技术及应用、生态过程与重建、水污染过程与治理、页岩气开发技术。

重庆研究院“一三五”规划编制，参考国家相关规划，将定位、目标、研究内容与世界科学技术发展前沿、重庆及西部区域、三峡工程经济社会发展重大需求相结合，以加快发展战略性新兴产业和提升传统产业为主线，坚持立足重庆、服务西南，坚持技术立院、需求牵引、创新驱动，按照“地方党委政府满意、合作企业满意、老百姓满意和科技界同行认同”的检验标准，开展工作，以规划内容指引发展方向，促进创新跨越。通过组织科技骨干、管理人员研讨，听取了院机关和专家意见，对规划内容进行修改完善，形成了送审稿。

重庆研究院设立了战略咨询委员会，旨在发挥国内外著名院士专家对我院在学科建设、人才培养、科学研究、成果转化等方面的参谋咨询作用，促进我院又好又快发展。设有综合办公室、人事教育处、科技处、产业处4个职能部门，下设电子信息技术、智能制造技术、三峡生态环境3个研究所。

成功申报组建重庆市自动推理与认知重点实验室、中国科学院水库水环境过程重点实验室、重庆市三峡水环境安全保障工程技术研究中心、国务院三峡办三峡工程生态环境监测系统在线监

测中心。

截至2012年底，重庆研究院共有在职职工232人。其中科技人员188人、科技支撑人员13人，包括中国科学院院士1人、研究员及正高级工程技术人员22人、副研究员及高级工程技术人员21人。

共有中国科学院“百人计划”入选者3人（新增3人），“西部之光”人才入选者12人（新增7人），“青年创新促进会”会员入选者1人（新增1人），海外评审专家1人（新增1人）；国家“新世纪百千万人才工程”学术带头人2人（新增2人），外国专家局“高端外国专家项目”入选者1人（新增1人）；重庆市“留学人员科技活动项目择优资助”获得者2人（新增2人），重庆市杰出青年1人（新增1人）。

截至2012年底，重庆研究院挂靠中国科学院大学资源与环境学院、计算机与控制工程学院、材料与光电技术学院，共招收研究生20名，其中博士研究生6名，硕士研究生14名。

2012年，重庆研究院共有在研项目81项（包括新增项目66项）。其中，主持国家高技术研究发展计划（863计划）项目3项（新增2项），承担国家高技术研究发展计划（863计划）项目1项（新增1项），承担国家科技支撑计划2项（新增2项）；承担国家自然科学基金重点项目1项（新增1项）、面上项目1项（新增1项），承担面上项目1项（新增1项）；承担青年基金5项（新增5项）；主持院地合作项目1项（新增0项）。

重庆研究院科研工作进展与获奖情况如下。

（1）截至2012年底，投稿论文50余篇，其中27篇已经发表，有17篇被EI、SCI收录；申报专利47项，其中发明42项、实用新型5项，申报软件著作权2项目。

（2）参加第十届中国重庆高新技术交易会暨第六届中国国际军民两用技术博览会，荣获“特别贡献奖”和“优秀组织奖”。

（3）“大面积高质量石墨烯规模化制备”技术已成功将石墨烯转移至8英寸硅片和15英寸PET（聚对苯二甲酸乙二醇酯）。

（4）“多功能智能购物车”已完成样机试制。该智能购物车将集成人脸识别、视觉动作命令识别、语音命令识别、自动跟随、室内定位及导航、个性化智能导购、自动结账等多种功能，使超市购物更轻松便捷。

（5）VIP识别追踪系统，实现了实时捕获人脸进行目标人物的识别与追踪的功能，已被上海巨如网络公司、上海长宁区幸福小学、上海师范大学体育馆等使用。

重庆研究院与重庆市万州、巴南等10个区县签署了战略合作协议，与第三军医大学、中国科学院软件所、重庆市中药研究院等15个高校和科研机构，和四联集团、三一重工等近百个企业建立了产学研合作关系，共同推动区域协同创新体系建设。

全面开展“中国科学院重庆研究院服务企业”活动，组织科研人员400余人次，走出实验室，带成果、带技术，深入江北、涪陵、璧山等区县，为170余家企业开展科技服务，解决技术难题；与重庆富瑞机械制造公司、重庆海电风能集团公司等企业签署技术开发与服务合同62个，推动自润滑耐磨涂层材料、LED配光技术、智能工业设计等科研成果的转化应用，为企业新增产值超过5000万元，新增利润1800万元。

2012年12月7日，完成了院投资公司重庆德领科技有限公司的注册工作。

重庆研究院先后与美国、英国、德国、新加坡、匈牙利、加拿大等国的十余所高校和科研机构建立了合作关系，并与伊利诺伊大学、加州大学伯克利分校、新加坡国立大学组建了“多模态智能信息技术研究中心”，与加拿大Western Ontario大学签署科技合作协议，与芬兰赫尔辛基大学分子医药实验室、赫尔辛基工业大学能源技术系、法国萨瓦大学材料与机电系统实验室达成合作和交流意向。

2012年参团和自组团赴发达国家进行人才引进工作共计4次，活动均取得了一定的效果，吸引了一批海外学子回国工作并与一些高校和专家学者达成了合作意向。

此外，美国密歇根大学郭凌杰教授、奚传武教授，加拿大皇家科学院院士、Waterloo大学化学系教授Janusz Pawliszyn，美国工程院院士、国际著名环境工程学家、北卡罗来纳大学教堂山分校 Philip Singer 教授，新西兰科学院土地保护研究所 Dr. Colin Meurk 教授等来院学术交流。

（撰稿：王　智　杨　柳　审稿：唐祖全）

## 昆明动物研究所

**副所长（主持工作）：姚永刚**
**地　　址：云南省昆明市教场东路 32 号**
**邮政编码：650223**
**电　　话：0871-65130513**
**传　　真：0871-65130513**
**电子信箱：zhanggq@mail. kiz. ac. cn**
**网　　址：http://www. kiz. cas. cn**

中国科学院昆明动物研究所（以下简称“昆明动物所”）成立于 1959 年 4 月，其前身为昆虫研究所紫胶站，1963 年改名为中国科学院西南动物研究所，1970 年划归云南省后改名为云南省动物研究所，1978 年重归中国科学院，恢复原所名。

昆明动物所围绕“一三五”发展规划，确定了新时期的战略定位，立足西南及东南亚丰富的生物多样性资源，突出区域特色、国家战略需求和科学前沿，将研究所建成特色鲜明的国际著名研究机构，凝练了“重大疾病灵长类新型动物模型创制与新药研究”、“基因组进化的理论突破”、“家养动物及其野生近缘种基因资源发掘”三个重点突破方向，并部署“一三五”所级重大专项 35 项。

昆明动物所现有 31 个学科研究团组；有遗传资源与进化国家重点实验室、中国科学院和云南省动物模型与人类疾病机理重点实验室、中国科学院与云南省共建的“动物生殖生物学重点实验室”和“畜禽分子生物学重点实验室”；中国科学院—德国马普青年科学家小组 2 个；中国科学院—英国东安格里亚大学生态学与环境保护中心、与香港中文大学联合共建“生物资源与疾病分子机理联合实验室”、非法人研究单元“中国科学院昆明灵长类研究中心”；中国科学院生命条形码南方中心；中国科学院—云南省人民政府“西南生物多样性实验室”；昆明国家生物产业基地实验动物中心；中国科学院昆明生物多样性大型仪器区域中心等联合共建的研究平台；无量山黑冠长臂猿监测站和昭通大山包野生动物野外观测站 2 个野外台站。

中国科学院与云南省合作共建的“昆明动物博物馆”，馆藏各类动物标本 66 万余号，是我国热带、亚热带动物种类、数量收藏最多的标本馆；图书馆有中、外文科技藏书 3.8 万册，中外文科技期刊 16 万余册。100 万以上大型仪器装备总值 7696 万元。

截至 2012 年底，昆明动物所共有在职职工 338 人。其中科技人员 174 人、科技支撑人员 129 人，包括中国科学院院士 1 人、发展中国家科学院院士 1 人、研究员及正高级工程技术人员 31 人、副研究员及高级工程技术人员 54 人。

共有国家海外高层次人才引进计划（“千人计划”）入选者 1 人（新增 0 人），“青年千人计划”入选者 3 人（新增 2 人）；中国科学院“百人计划”入选者 17 人（2012 年以“青千”入选者 2 人），“西部之光”人才入选者 74 人（新增 10 人）；国家杰出青年科学基金获得者 7 人（新增 0 人）；云南省高端科技人才 8 人（新增 1 人），云南省引进海外高层次人才 10 人（新增 2 人）；云南省中青年学术和技术带头人 13 人，后备人选 8 人（新增 1 人）；昆明市学术和技术带头人后备人选 2 人。

昆明动物所是 1980 年国务院学位委员会批准的博士、硕士学位授予权单位之一，现设有动物学、遗传学、细胞生物学、神经生物学 4 个专业二级学科博士研究生培养点，动物学、遗传学、细胞生物学、神经生物学、生物化学与分子生物学 5 个专业二级学科硕士研究生培养点，并设有生物学专业一级学科博士后流动站，共有在学研究生 310 人（其中硕士生 169 人、博士生 141 人）、在站博士后 27 人。

2012 年，昆明动物所共有在研项目 355 项（包括新增项目 145 项）。其中，承担国家重大科技专项课题 4 项（新增 2 项），主持（或承担）国家重点基础研究发展计划（973 计划）和国家重大科学研究计划项目 2 项（新增 2 项）、承担（或参加）课题 15 项（新增 5 项），主持

（或承担）国家高技术研究发展计划（863 计划）项目 1 项（新增 1 项），主持（或承担）国家科技基础性工作专项 3 项（新增 2 项）主持（或承担）国家自然科学基金重点项目 5 项（新增 1 项）、重大项目 2 项、面上项目 21 项（新增 12 项）、国家杰出青年科学基金项目 2 项、国家自然科学基金重大研究计划重点项目 2 项，NSFC-云南省联合基金项目 5 项（新增 2 项）；主持（或承担）中国科学院战略性先导科技专项课题 8 项、院重要方向项目 12 项、院生命科学领域基础前沿研究专项 2 项、院战略生物资源的保存与可持续利用专项 2 项、中国科学院生命科学领域优秀青年科技专项 2 项、院地合作项目 5 项。

2012 年，昆明动物所“一三五”进展取得实效。在“重大疾病灵长类新型动物模型创制与新药研究”方向，抗抑郁 I 类新天然药物的研究，已在 33 个国家申请专利，并在澳大利亚、日本、墨西哥、新西兰、新加坡、俄罗斯获授权；奥生乐赛特胶囊目前已进入 I 期临床，并在人体药代学试验和药物耐受递增剂量试验进展良好；在“基因组进化的理论突破”方向，*PLoS Genetics* 杂志发表张亚平院士研究团队蝙蝠回声定位研究新进展，该研究第一次从分子水平揭示了大脑以及基因表达丰度的改变在回声定位起源上的重要作用，该文章被 Faculty of 1000 Biology 收录和评价；在“家养动物及其野生近缘种基因资源发掘”方向，*Nature Biotechnology* 杂志发表了王文研究团队联合深圳华大基因研究院等单位山羊基因组研究进展。该研究首次全面揭示了山羊绒囊、毛囊的在转录层面的差异，鉴定了 50 多个与山羊绒形成密切相关的基因，为提高绒品质和我国特有资源绒山羊的选育提供了参考基因资源。该研究组还搭建了山羊基因组数据库。

2012 年，研究所共发表论文 315 篇，其中 SCI（含 EI）论文 233 篇。其中，五年 IF>9 以上的论文 19 篇、*Nature Biotechnology* 1 篇，*Annual Review of Ecology* 1 篇，*Evolution and Systematics*、*Nature Genetics* 1 篇，Cell 2 篇，*Molecular Psychiatry* 1 篇，*Ecology Letters* 1 篇；申请专利 29 项，授权专利 12 项。“年轻新基因起源和遗传进化的机制研究”获 2012 年度国家自然科学奖二等奖。该项目首次在全基因组水平系统揭示了新基因起源的一般模式和各种分子机制的贡献；首次以实证了基因可以从头起源；开创性地系统研究了基因的基本单元—外显子的起源进化。该研究成果被 *The Scientist*、*Nature Reviews Genetics*、*Faculty*1000 等报道和推荐。本项目的新发现不仅解答了新基因如何起源这个长期悬而未决的生物学难题，而且为当前新遗传特征如家养动植物的新性状起源进化研究提供了坚实、系统的理论基础，具有重要的理论指导和实践意义。

2012 年，昆明动物所与美国健康中心（NIAID，NIH）签订技术服务合作项目协议；与美国杜兰大学灵长类研究中心、美国加州灵长类中心达成合作意向；在灵长类动物药代动力学对外技术能力方面达到国际标准，并与北京迈康斯德医药技术有限公司合作完成了两个不同药物不同剂量的灵长类动物药代动力学、两个灵长类急性毒性实验技术的培训实验；加入云南省民族药产业技术创新战略联盟、云南实验动物产业技术创新战略联盟。

2012 年，昆明动物所共有 46 批 56 人次前往 19 个国家和地区进行交流合作。接待国外来访学者 56 人次。新获中国科学院“外国专家特聘研究员计划”资助 1 项；国家外国专家局“高端外国专家”项目资助 2 项；中国科学院—发展中国家科学院（CAS-TWAS）奖学金计划项目 1 项；新签对外合作协议 2 项，续签 1 项；新争取国际合作项目 5 项。美国和英国 5 名专家全职在研究所工作；培养越南、加拿大、尼日利亚和孟加拉博士生 4 人。

昆明动物所是云南省动物学会、云南省昆虫学会、云南省细胞与生物学会、云南省免疫学会的挂靠单位，负责编辑出版动物学核心刊物《动物学研究》。

（撰稿：廖雷青　张刚强　审稿：郗建勋）

## 昆明植物研究所

**所　　长：李德铢**

地　　址：云南省昆明市盘龙区蓝黑路132号
邮政编码：650201
电　　话：0871-5223080
传　　真：0871-5223094
电子信箱：qianjie@mail.kib.ac.cn
网　　址：http://www.kib.cas.cn

中国科学院昆明植物研究所（以下简称“昆明植物所”）的前身是1938年成立的云南农林植物研究所，1950年4月隶属中国科学院并更名为中国科学院植物分类研究所昆明工作站，1959年4月由国家科委批准成立中国科学院昆明植物研究所。

昆明植物所以“原本山川 极命草木”为所训，旨在认识植物、利用植物、造福于民。研究所的使命定位是：立足云南和我国西南，面向东南亚和喜马拉雅，通过多学科的创新和集成，为植物科学发展、国家和区域生物多样性保护、生物资源持续利用和生物产业发展做出重大贡献。研究所的发展目标是：建设成为较强自主创新能力和持续发展能力、区域特色鲜明、贡献突出、具有重要国际影响的研究所，成为我国重要生物资源的战略储备基地、天然药物和资源植物产业化成果的原创与孵化基地，我国植物分类与生物地理学、植物化学、种质资源等研究领域高级人才培养和知识传播基地。

为进一步推进昆明植物所“一三五”目标任务的实施，研究所召开了战略研讨会，认真学习国家和院有关文件，客观全面地分析和总结了研究所创新以来的工作，进一步落实相关保障措施与重大举措，全面推进“创新2020”组织实施方案和“一三五”规划的顺利执行。以重大科技产出为导向，对研究、支撑和管理三大系统进行统一部署；以“重大项目”为牵引，重点部署“三个突破”任务，发挥各自特色和优势；以“稳定支持”的保障措施，开展重点培育方向的探索研究，促进重大科研产出和突破，为我国区域生态高值农业的发展提供理论和技术支撑，为生物多样性的科学保育与可持续利用提供理论依据和技术指导，为我国资源植物药和植物资源持续利用、生物地理学理论研究和生物多样性保护利用作出重大贡献。培养和凝聚一批高水平的科技、支撑和管理创新人才，发挥团队协同攻关的集群优势，全面提升研究所整体科技创新能力。

研究所“三室一库两园”的科技布局，即：植物化学与西部植物资源持续利用国家重点实验室、中国科学院生物多样性与生物地理学重点实验室、昆明植物所资源植物与生物技术重点实验室、中国西南野生生物种质资源库、昆明植物园和丽江高山植物园。中国西南野生生物种质资源库已收集保存野生植物种子8141种，57618份；保存的物种数已占我国野生有花植物物种总数的28%。2012年度共规范化开展了12批8600份常规种子萌发实验（活力检测），是2011年的两倍多。

截至2012年底，昆明植物所共有在册职工569人，岗位聘用人员400人，项目聘用人员169人。其中科技人员292人、科技支撑人员63人，包括中国科学院院士3人、研究员及正高级工程技术人员58人、副研究员及高级工程技术人员98人。

昆明植物所积极推进人才队伍建设，截至2012年底，共有国家杰出青年科学基金获得者8人，新世纪百千万人才工程国家级人选7人，享受国务院颁发政府特殊津贴人员15人（新增2人），“外专千人计划”入选者1人（新增1人），“青年千人计划”入选者2人（新增2人），中国科学院“百人计划”入选者25人，云南省高端科技人才引进计划入选者9人（新增3人），云南省百名海外高层次人才引进计划入选者8人（新增3人），云南省中青年学术和技术带头人后备人才37人（新增1人），中国科学院青年创新促进会会员11人（新增3人），中国科学院“西部之光”人才入选者71人（新增8人），中国科学院王宽诚西部学者突出贡献奖获得者7人（新增1人），中国科学院卢嘉锡青年人才奖获得者5人（新增1人），5人新获国家留学基金委、中国科学院公派出国留学计划资助。“北半球植物生物地理学与适应性演化机制研究团队”入选“创新团队国际合作伙伴”，“iFlora交叉与合作团队”入选“中国科学院科技创新交叉与合作团队”（新增1个），2个团队入选云南省创新团队。积极推进海外高层次人才引进工作，全年从美国、以色列等地引进杰出人才1人，优秀人才3人，副高级青年骨干人才2人。

昆明植物所是1979年国务院学位委员会批准的博士、硕士学位授予权单位之一，2006年增列药物化学二级学科博士培养点，2011年植物学和药物化学通过院级评审，列为中国科学院重点学科；2011年增列生物学和药学2个一级学科，在现有基础上增加了生物化学与分子生物学以及药理学2个新的博士研究生招生的二级学科。至此，昆明植物所共有生物学和药学两个一级学科博士培养点，植物学、生物化学与分子生物学、药物化学和药理学4个二级学科博士培养点，4个学术型和3个专业学位培养点，并设有生物学一级学科博士后流动站，目前涵盖植物学、微生物学、生物化学与分子生物学、药物化学等二级学科门类。

在册研究生规模达到338人，其中博士研究生168人，包括来自德国、尼泊尔、孟加拉国、斯里兰卡、朝鲜等国的留学生9人，硕士研究生170人。2012年共有78位研究生完成学业，通过学位论文答辩，准予毕业；77位毕业生获得学位。在站博士后16人，包括外籍3人。

2012年，共申报194项，新增纵向课题63个。其中，科技部来源新增课题包括1项科技部基础性工作专项重点项目、1项863计划子课题、1项重大新药创制专项子课题和1项农业领域国家科技计划子课题等。获得国家自然科学基金委员会资助40项，包括1项国家杰出青年基金、3项NSFC-云南省联合基金重点项目、面上项目19项（含1项青年—面上连续资助项目）、青年基金15项、1项重大国际合作与交流项目、1个外国青年学者研究基金。中国科学院重要方向项目新增3项，云南省科技厅来源项目新增8个，省其他厅局来源项目4个。2012年度共发表SCI论文351篇，第一作者单位217篇，领域前15%有87篇，领域前30%有173篇；CSCD文章共有120篇；出版专著、译著4卷册；申请专利39项，获授权专利38项，获国家植物新品种证书12项；获商标注册1项。

在奖励和成果方面，昆明植物所作为主要完成单位的“中国野生生物种质资源保藏体系与关键技术创新”获云南省科技进步奖一等奖，作为参与单位的“滇产中草药抗MRSA等药物筛选技术创建与应用”获云南省科技进步二等奖，“被子植物花器官发育相关基因的研究”获云南省自然科学三等奖，“林产品的全球化：中国西南地区云南省藏族村落松茸的商品化”获云南省第十五届哲学和社会科学优秀成果一等奖，“主要商品盆花新品种选育及产业化关键技术与应用”荣获国家科技进步二等奖。周忠玉等发表的《高等真菌色素》、任宗昕等发表的《毛瓣杓兰拟态霉菌感染的叶片吸引扁足蝇传粉》、于海英等发表的《冬季和春季增温导致青藏高原春季物候推迟》、骆世洪等发表的《米团花腺毛分泌防御性二倍半萜化合物》获“第十届云南省优秀科技论文奖一等奖”、郑国伟等发表的《植物适应高低温快速变化的一种模式：重组膜脂组成并保持不饱和度》获“第十届云南省优秀科技论文奖二等奖”。昆明植物所植物园茶花园全票通过了“国际杰出茶花园”认证。昆明植物所获“2011年中国科学院信息化工作优秀奖”、2011年度“盘龙区平安建设先进单位”称号。

昆明植物所进一步深化企业合作和推进成果转化。2012年共接待来访企业家和政府科技主管部门人员100余人次，合作洽谈近30次。2012年新增企业合同经费2232.8万元，年度到位经费达961.18万元。院地合作项目2项获得批准。通过成效统计，2012年共实现销售收入9.8亿元，其中药品与医学护肤品达7.7亿元，特色农业达2.1亿元，我所与地方合作的特色农业科技项目已经带动超过5万农户增收。由昆明植物所、嘉兴市人民政府、海盐县人民政府三方联合共建的“中国科学院昆明植物研究所海盐工程技术中心”成立。

在国内外合作交流方面，2012年，昆明植物所因公出访共计71个项目128人，涉及英、日、美、加拿大等22个国家。因公出访我国台湾地区参加学术交流4次共13人。接受因公来访外籍学者199人。聘任全职工作外国专家8人；培养留学生9人，联合培养外籍博士生2名。举办国际会议5次。

昆明植物所是云南省植物学会的挂靠单位。主办的学术期刊有《植物分类与资源学报》、《应用天然产物》（*Natural Products & Bioprospecting*，NPB）和《真菌多样性》（*Fungal Diversity*，FD）。

（撰稿：钱　洁　谢雪丹　审稿：甘烦远）

# 西双版纳热带植物园

**主　　任：陈　进**
**地　　址：云南省西双版纳勐腊县勐仑镇**
**邮政编码：666303**
**电　　话：0691-8715071**
**传　　真：0691-8715070**
**电子信箱：office@xtbg.org.cn**
**网　　址：http://www.xtbg.ac.cn**

中国科学院西双版纳热带植物园成立于1959年1月1日。1970年7月下放云南省管理，并经国务院批准更名为“云南省热带植物研究所”。1978年3月收回中国科学院管理，并经国务院批准更名为“中国科学院云南热带植物研究所”。1987年1月撤销“中国科学院云南热带植物研究所”，该所植物群落室与昆明分院生态室整合成立中国科学院昆明生态研究所，西双版纳热带植物园隶属中国科学院昆明植物研究所。1996年9月经中央机构编制委员会办公室批准，中国科学院昆明生态研究所与隶属于中国科学院昆明植物研究所的西双版纳热带植物园合并，组建中国科学院所级建制的中国科学院西双版纳热带植物园（以下简称“版纳植物园”），沿用现名。1998年底首批成为中国科学院知识创新工程试点单位之一。2011年7月荣膺国家5A级旅游景区。

版纳植物园是集科学研究、物种保存、科普教育和科技开发为一体的综合性研究机构和国内外知名的风景名胜区，占地面积约1125hm$^2$，收集活植物12000多种，建有植物专类区38个，保存一片面积约250hm$^2$的原始热带雨林，是我国面积最大、收集物种最丰富、植物专类园区最多的植物园。版纳植物园与50多个国家（地区、国际组织）有着广泛的交流与合作，其国际影响不断扩大。现已成为“国家知识创新基地”、“国家环保科普基地”、“全国科学普及教育基地”、“全国青少年科技教育基地”、全国“AAAAA级旅游景区（点）”、“全国文明单位”、“全国文明风景旅游区示范点”、“云南省精品科普基地”。

版纳植物园的定位是：立足云南热带、亚热带，面向我国西南地区和东南亚国家，以森林生态学、资源植物学和保护生物学为主要研究方向，开展科学研究、物种保存和科普教育，促进生物多样性保护和可持续发展。到2020年，把西双版纳热带植物园建设成为世界一流植物园和高水平植物多样性保护与生态学研究发展基地。2012年，版纳植物园讨论并制订“‘一三五’规划组织实施管理规定”，召开学术委员会会议，对三个重大突破和五个重点培育方向的实施方案进行咨询评议；成立相应的攻关团队和指挥部，签订责任书，做到责任到人、经费到位、阶段评估、动态调整。

版纳植物园有两个中国科学院重点实验室，即热带森林生态学和热带植物资源可持续利用重点实验室，设有综合保护中心，共有27个研究组；建有公共技术服务中心、热带植物标本馆、野生热带植物种质资源库、中国科学院西双版纳热带雨林生态系统研究站、中国科学院哀牢山森林生态系统研究站和西双版纳热带植物园元江干热河谷生态站等科学实验支撑系统。公共技术服务中心拥有原子吸收光谱仪、离子色谱仪、气质联用仪、基因测序仪、活体成像系统、基因枪系统、碳氮分析系统、共聚焦显微镜、扫描电子显微镜、人工气候室等大型仪器设备。热带植物标本馆现有植物标本147 098份。野生热带植物种质资源库现保存有种子数1227种7757份。

截至2012年底，版纳植物园共有在职职工337人。其中科技人员122人、科技支撑人员36人，包括研究员及正高级工程技术人员30人、副研究员及高级工程技术人员55人；全园进入创新岗位190人。共有国家海外高层次人才引进计划（“千人计划”）入选者1人（新增1人），中国科学院“百人计划”入选者9人，“西部之光”人才入选者49人（新增7人）；国家杰出青年科学基金获得者1人；中国科学院青年创新促进会会员3人（新增1人）。

版纳植物园现设有生态学1个专业一级学科博士、硕士研究生培养点，植物学和生态学2个专业二级学科博士、硕士研究生培养点，并设有生物学1个专业一级学科博士后流动站。在学研究生198人（其中硕士生121人、博士生77人，含外籍留学生14人）、在站博士后10人。

2012年，版纳植物园共有在研项目188项（包括新增项目73项）。其中，承担国家重大科技专项课题1项、承担（或参加）课题3项（新增1项），主持（或承担）国家高技术研究发展计划（863计划）项目1项，主持（或承担）国家科技基础性工作专项2项（新增2项）；主持（或承担）国家自然科学基金重点项目4项（新增3项）、面上项目27项（新增12项）；主持（或承担）中国科学院战略性先导科技专项课题4项，中国科学院重大仪器研制项目1项；承担重点国际合作项目3项（新增1项）；承担院地合作项目15项（新增6项）。累计到位科研经费3863万元，其中院内项目经费1496.93万元，院外争取经费2851.07万元。

2012年，版纳植物园发表论文239篇，其中SCI（EI）源刊论文146篇，SCI论文累计影响因子493.8；以第一作者单位发表SCI论文88篇（IF>10，2篇），领域Top10%的有17篇，领域Top30%的有46篇。在*Ecology Letters*、*Progress in Energy and Combustion Science*、*Global Ecology and Biogeography*、*Journal of Ecology*等世界著名学术期刊上发表多篇高水平的研究论文。曹坤芳等在*Ecology Letters*上发表文章，提出根压是竹类植物输道组织气栓修复的主要机制，进而控制它们最大生长高度。方真等合成一系列纳米催化剂并应用在微波协同纳米催化剂高效水解木质纤维素上，进行了深入系统的研究，研究成果在*Progress in Energy and Combustion Science*上发表综述。姜艳娟、余迪求等研究发现拟南芥转录因子WRKY57提高植物干旱耐受能力，研究成果发表在*Molecular Plant*上。森林群落结构、功能与动态研究组在热带森林树种共存机制研究取得新进展，研究成果在*Journal of Ecology*上发表。“氮分配的进化假说—解释外来植物入侵机制的新理论”顺利通过中国科学院昆明分院组织的成果鉴定，获云南省自然科学二等奖。出版专著1部，申请专利7项，其中申请发明专利6项。授权专利10项，其中发明专利8项，实用新型2项。新申请云南省西双版纳州植物新品种2项。新申请注册商标2个。

2012年，院地合作与成果转化工作稳步推进。与西双版纳职业技术学院签署全面合作框架协议，年产10万吨长效缓释复合肥料产业化生产与应用项目投产运营，与地方企业共建1万亩环境友好型橡胶园试验示范基地等项目进展顺利。通过“万种植物园及国家级科普旅游基地”平台、“咖啡高产稳产和病虫害综合防治配套技术集成示范与推广”项目与西双版纳州旅游局、思茅绿洲咖啡有限公司、云南龙生茶叶股份有限公司等合作，获得利税8544万元，产生社会效益152956万元，积极推动云南省旅游二次创业的发展。投资建立的西双版纳雨林制药有限责任公司，共有在职员工52人，2012年产值达1005.58万元。

2012年，高层次人才引进工作取得新成效，国际合作稳步推进。著名生物学家Richard T. Corlett教授入选中组部第七批“外专千人计划”。版纳植物园主办了“热带生物学与保护协会—亚太分会2012年会”、“发展中国家生物多样性与可持续发展国际培训班”等会议和培训班13次。全年出访人员67人次，来访人员365人次。与国外联合发表论文66篇，国际合作经费近300万元。

2012年，科普创收能力稳步提高，科普与旅游良性互动机制逐步形成。2012年，举行固定节假日活动共12次，参与者近4万人；举办冬、夏令营及亲子团体科普活动21批次，受惠学生2000余人。全年接待来宾63万人次。科普项目申请成效明显，共获得科普活动项目经费39万元；与云游网合作申请的《基于物联网的虚拟动漫数字景区技术研发与应用》项目获得120万元资助。科普交流与国内外合作逐步扩大，积极参与“植物花环竞赛”、“国际植物日”等多项跨国家和地区的科普活动。2012年荣获“国家环保科普基地”、“云南省精品科普基地”

及“云南十佳景区”称号。

2012年，物种保育取得新进展。全年完成植物引种698种次。加强植物专类园建设，藤本植物专类园与南药园扩建完成。藤本植物专类园收集保存热带藤本植物近500种；南药园收集保存少数民族药用植物170余种，保存各类药用植物资源近500种。新建成自动化保育温室、植物扦插简易棚、简易遮荫棚及水生植物繁育池等保育设施。

2012年，基本建设工作取得新进展。2月启动绿石林景区改造与提升项目，3月举行绿石林景区开工仪式，12月举行绿石林景区开放仪式。景东亚热带植物园筹建取得进展，完成《景东亚热带植物园总体概念规划图》，建设面积1.3万亩，10月举行景东亚热带植物园奠基仪式。版纳植物园成为中国科学院首批“3H工程”–人才流动公寓项目建设试点单位，获得立项和经费支持，12月举行开工奠基仪式。

2012年，挂靠版纳植物园的全国植物园联盟方案得到院党组的批准，联盟秘书处设在版纳植物园，11月初联合其他学术团体向全国植物园（树木园）发出建立“中国植物园联盟”的倡议，得到积极响应和支持。

版纳植物园是云南生态学会挂靠单位。2012年出版电子期刊《雨林故事》第8期兰花专题、第9期古茶园生态系统与文化专题、第10期蜘蛛侠专题。

（撰稿：黄加元　万金鹏　审稿：李宏伟）

## 地球化学研究所

**所　　长：胡瑞忠**
**地　　址：贵州省贵阳市南明区观水路46号**
**邮政编码：550002**
**电　　话：0851-5891962**
**传　　真：0851-5891721**
**电子信箱：huruizhong@vip. gyig. ac. cn**
**网　　址：http://www. gyig. ac. cn**

中国科学院地球化学研究所（以下简称“地化所”）成立于1966年2月，主体由中国科学院地质研究所的相关人员从北京搬迁至贵阳组建。

2012年，地化所全面推进“一三五”和“创新2020”方案的实施。总体思路是：①加强基础研究，注重原始创新，增强竞争力和可持续发展能力；②加强集成创新研究，形成“基础研究—技术研发—成果示范”为一体的完整创新价值链，提升解决国家和地方重大需求问题的能力；③强化优势，突出特色，力争在固体矿产资源与喀斯特生态环境等研究领域形成不可替代性。一年来体制机制建设取得新进展。改革了以往较单一的PI制主导的科学研究组织形式，建立了在PI制基础上以解决资源环境领域重大科技问题为主线的团队科研组织形式；初步建立了符合当代科技创新规律，以重大成果产出为导向的科技评价体系。

地化所现设有矿床地球化学国家重点实验室、环境地球化学国家重点实验室、地球内部物质高温高压实验室和月球与行星科学研究中心4个研究机构。截至2012年底，研究所共有在职职工330人，包括中国科学院院士2人，研究员57人（含正高级工程师2人），副研究员91人（含高级工程师37人），具有博士学位人员占科研人员的70%以上。国家杰出青年基金获得者4人，中国科学院“百人计划”入选者18人。

地化所是国务院学位委员会批准的我国首批博士、硕士学位授权单位，也是我国首批博士后流动站建站单位。现有地质学（矿物学岩石学矿床学、地球化学）、环境科学与工程（环境科学）2个一级学科博士、硕士培养点，以及地质工程、环境工程2个全日制专业学位硕士培养点，设有地质学和环境科学与工程2个博士后流动站。截止2012年底，共有在读研究生264人（其中硕士生121人、博士生143人），在站博士后25人。

2012年，地化所共有在研项目418项（包括新增项目133项）。其中，主持国家重点基础研究发展计划（973计划）项目2项，课题7项，主持国家高技术研究发展计划（863计划）课题2项，国家自然科学基金项目102项，主持中国科学院战略性先导科技专项课题3项。2012

年新增的主要项目包括主持国家973项目2项，国家杰出青年基金项目1项，国家重点基金项目1项，国家基金委重大国际合作项目1项，国家基金委其他项目32项。主持其他项目共80项。

2012年，研究所共发表论文334篇，其中SCI论文135篇，CSCD论文199篇，出版专著2部，授权专利3项；“大陆岩石圈伸展与成矿研究”获得贵州省科技进步奖一等奖；“云南澜沧银铅锌多金属矿床立体定位预测与增储研究”获得中国有色金属工业科学技术奖二等奖；“贵州省贵州省贞丰县水银洞金矿床综合勘察快速定位预测与示范”获得中国产学研合作促进会创新成果奖。

2012年，地化所结合地方需求，制定了相关发展规划和建设草案，包括中国科学院贵州现代资源技术研究与成果转化中心之“矿产资源综合利用工程技术研究中心”筹建方案；滇黔地区重要矿种勘查与增储协同创新平台实施方案。同时，积极联合地方政府和大型企业建立战略合作伙伴关系，与云南省科学技术厅、云南省环境保护厅、贵州省科学技术厅、贵州省环境保护厅、贵州省地质矿产勘查开发局、云南铜业和紫金矿业等单位的科技合作取得可喜进展。

2012年，完成了中国科学院普定喀斯特生态系统观测研究站主站址的建设。在已有技术平台的基础上，加强有特色的测试和实验平台建设。发展并完善了低含量PGE和Re-Os同位素分析技术、单个流体包裹体成分分析技术、高温高压原位分析技术、有机化合物单分子同位素分析技术、非传统同位素分析技术、计算地球化学模拟技术等；完成了一批大型仪器设备购置，基本建成了有特色优势的分析测试和实验模拟平台；为地化所科研工作提供了有力支撑。

2012年，地化所国际科技合作活跃，共派出96人次的科研人员前往英国、加拿大、法国等20个国家和地区进行学术交流与合作研究；邀请来自澳大利亚、美国、蒙古等10余个国家的60位国外专家学者到地化所访问及合作研究。同时，研究所继续选派科研人员出国参加国际会议并积极组织专题讨论，如国际地球化学界权威的Goldschmidt、AGU、EGU会议等。

2012年地化所成功主持（或共同主持）了“第十二届铜镍铂族元素矿床国际会议”、“第二届中国环境重金属研究网（MERC）研讨会”、“第十届全国矿床会议”等，并积极参加各类国际学术活动，科技人员在国际学术界的地位明显提升。刘丛强研究员担任国际SCI期刊 *Chemical Geology* 编委，胡瑞忠研究员担任国际矿床成因协会中国国家委员会副主席及国际经济地质学会会士，冯新斌研究员担任国际SCI期刊 *Environmental Toxicology and Chemistry*、*Journal of Environmental Sciences* 编委亚太地区环境地球化学与健康执行委员会委员，刘再华研究员担任国际水文地质学家协会地下水与气候变化委员会共同主席和国际SCI期刊 *Journal of Cave and Karst Sciences* 编委。

地化所是中国矿物岩石地球化学学会及中国科学报贵州记者站的挂靠单位，主办有四种学术刊物：*Chinese Journal of Geochemistry*、《矿物学报》、《矿物岩石地球化学通报》和《地球与环境》。

（撰稿：吴惠明　陈娟弘　审稿：胡瑞忠）

## 西安光学精密机械研究所

**所　　长：赵　卫**
**地　　址：陕西省西安市高新区新型工业园信息大道17号**
**邮政编码：710119**
**电　　话：029-88887711　029-88887717**
**传　　真：029-88887711**
**电子信箱：office@opt.ac.cn**
**网　　址：http://www.opt.ac.cn**

中国科学院西安光学精密机械研究所（以下简称“西安光机所”）于1962年3月由中国科学院所属原子能研究所大部、陕西分院光学研究所、机械研究所、自动化研究所合并组建而成。

西安光机所是一个以高技术创新与应用基础研究为主的综合性科研基地型研究所，2001年成为中国科学院知识创新工程试点单位之一。重要研究领域包括空间光学、光电工程、基础光学，主要研究方向包括高分辨可见光空间信息获取和光学遥感技术研究、干涉光谱成像理论与技术研究、高速光电信息获取与处理技术研究、瞬态光学与光子学理论与技术研究。设有瞬态光学与光子技术国家重点实验室、中国科学院超快诊断技术重点实验室、中国科学院光谱成像技术重点实验室、空间光学技术研究室、光电跟踪与测量技术研究室、光学定向与瞄准技术研究室、先进光学仪器研究室、飞行器光学成像与测量技术研究室等研究单元。建有“中/意超快光子网络与通讯联合实验室”，与西安高新区联建了“先进光电与生物材料研发中心”，与西安交通大学联合共建了“空间视觉联合实验室”。

2012 年，西安光机所认真贯彻落实中国科学院“创新 2020”方案，通过战略研究与学科规划，继承传统优势学科，面向国际前沿与国家战略需求，本着“特色、优势、不可替代”的发展思路，加强前瞻性研究和新学科建设，制定了符合研究所自身特点的发展战略和规划。部署了以“高的空间、时间、光谱分辨与灵敏探测”和“快的信息获取、传输、交换、利用”为研究方向，开展了光子学和光子技术应用基础研究，从理论、材料、器件、系统，加强源头创新，促进原理性、突破性科技变革，支撑与推进光电技术与工程的跨越发展和革命性突破，到 2020 年实现向光子技术与光子工程的转变。通过整合优势资源与积累，研究所建设了多个科研支撑保障平台，集中 90% 科研人员在“一三五”规划方向开展研究工作，现已在多个方向取得重要进展。

西安光机所坚持以高层次人才引进与培养统领人才队伍建设工作，依托国家和院（省）人才引进政策，凝聚了一批海内外杰出人才。截至 2012 年底，在职职工 839 人。其中科技人员 557 人、科技支撑人员 87 人，包括中国科学院院士 1 人，国际欧亚科学院院士 1 人，研究员及正高级工程技术人员 76 人、副研究员及高级工程技术人员 172 人。共有中国科学院“百人计划”入选者 14 人（新增 2 人）、“西部之光”人才入选者 36 人（新增 9 人）、“青年创新促进会”入选者 13 人（新增 4 人）。国家杰出青年科学基金获得者 1 人，国家“千人计划”入选者 3 人（新增 1 人），国家“青年千人计划”入选者 2 人。

西安光机所是 1981 年国务院学位委员会批准的博士、硕士学位授予权单位之一，现设有物理学（光学、等离子体物理专业）、光学工程、电子科学与技术（物理电子学、微电子学与固体电子学专业）、信息与通信工程（通信与信息系统、信号与信息处理专业）一级学科博士及硕士培养点；另有材料科学与工程（材料物理与化学专业）、控制科学与工程（控制理论与控制工程专业）一级学科硕士培养点，以及光学工程、电子与通信工程、控制工程、材料工程硕士专业学位培养点，设有物理学（光学专业）、光学工程博士后流动站。目前共有在学研究生 404 人（其中硕士生 236 人、博士生 168 人），在站博士后 15 人。

2012 年，西安光机所共有在研项目 441 项（包括新增项目 252 项）。其中，承担国家重大科技专项课题 22 项（新增 7 项）、主持（或承担）国家重点基础研究发展计划（973 计划）和国家重大科学研究计划项目 1 项，承担（或参加）课题 6 项（新增 3 项），主持（或承担）中国高技术研究发展计划（863 计划）项目 57 项（新增 27 项）；主持（或承担）国家自然科学基金重点项目 60 项（新增 18 项）、面上项目 29 项（新增 10 项）、国家杰出青年科学基金项目 1 项、国家自然科学基金重大研究计划重点项目 4 项（新增 2 项）；主持（或承担）中国科学院战略性先导科技专项课题 4 项，主持（或承担）院重点部署课题 6 项（新增 4 项），（科技部、国家自然科学基金委、财政部和院）重大仪器研制项目 5 项；承担院地合作项目 6 项（新增 3 项）。

2012 年全所发展态势良好，又取得了新的成绩与进步：全年发表论文 437 篇，被 SCI 收录 208 篇，被 EI 收录 79 篇；一篇论文发表在 *Nature* 子刊 *Scientific Reports*；两篇论文入选美国光学学会“Image of the Week”；一篇论文入选“中国百篇最具影响学术论文”；一篇论文入选“ESI 热点论文”；一篇论文被 *Nanotechnology* 选为封面论文，一篇论文荣获“中国物理学会最有影响论文奖”一等奖。申请专利238项，授权144项，其中发明专利67项，实用专利77项，软件著作权登记6项。西安光机所研制的箭载、船载摄像机成功见证了神舟九号与天宫一号的我国首次载人交会对接，“光学成像敏感期光学系统”成功完成了对接的精确导航。两项参研成果入选“中国十大科技进展新闻”，另有两项成果在我国航天领域应用取得了国内最好水平，参研的嫦娥二号工程获得国家科技进步特等奖；申报国家科技进步一等奖一项；“嫦娥一号探月卫星CCD立体相机”获陕西省科学技术二等奖。李英才研究员获“全国优秀科技工作者”荣誉称号；赵葆常研究员荣获第九届光华基金工程科技奖；李学龙研究员荣获中国青年五四奖章、入选美国光学学会会士。高分辨率光学遥感技术研究集体获中国科学院杰出科技成就奖，2人获陕西省“突出贡献专家”称号；

2012年研究所成功转移转化科研成果5项，实施专利6项，孵化企业5个，为孵化项目成功申请院地合作经费1360万，吸引社会投资1.22亿，研究所在投资企业中占有资产1.86亿，通过成果转化新增资产1514万，产业回报1330万。投资企业2012年销售额1.59亿元，纳税1197万元，向社会提供就业岗位超过850个。截止2012年底，西安光机所共有控股企业4家、参股企业17家，炬光、飞秒、中科中涵、中科梅曼、江苏航科、西安和其光电等高技术企业发展势头良好，不仅解决了国家高技术领域若干重大技术瓶颈，还创造了良好的经济效益和社会效益。西安光机所研制的T800高性能碳纤维成功产业化，产品性能达到国际先进水平；心血管实时3D内窥OCT样机实现分辨率优于10μm，创现有心血管临床诊断中分辨能力最高水平；成功研制医用眼科OCT影像仪，分辨率与诊断速度达到国内外先进水平；国际首次完成稠油热采水平井下温度、压力和蒸汽干度实时同步在线监测；国内首次完成大型变压器绕组热点温度实时在线监测，并实现产业化；研制出国内首台拥有自主知识产权的1000W工业级光纤激光器，打破国外垄断局面。在国家高新区建设20周年成就展、第14届中国国际工业博览会等展会上，西安光机所的高新技术转化产品都引起了高度关注，多位国家和地方领导现场观看并给予了高度评价。

在党建与创新文化方面，研究所紧密围绕中心任务，以十八大精神为指导，以加强思想教育、夯实组织建设、推行制度管理、促进廉政建设、营造优良文化为主线，谋划部署了各类学习与实践活动，在构建和谐、凝心聚力等方面卓有成效。2012年我所被陕西省委省政府授予“陕西省文明单位”和“陕西省先进集体”称号，瞬态国家重点实验室被评为“中国科学院创新文化先进团队”。

西安光机所是中国光学学会所属高速摄影光子学专业委员会、纤维光学和集成光学专业委员会、陕西省光学学会的挂靠单位，编辑出版EI刊源期刊《光子学报》，本刊入选了“2012中国最具国际影响力学术期刊”。

（撰稿：王智文　审稿：张岗峰）

## 国家授时中心

**主　　任：郭　际**
**地　　址：陕西省西安市临潼区书院东路3号**
**邮政编码：710600**
**电　　话：029-83890326**
**传　　真：029-83890196**
**电子信箱：office@ntsc.ac.cn**
**网　　址：http://www.ntsc.ac.cn**

中国科学院国家授时中心（以下简称“国家授时中心”）成立于1966年，当时命名为中国科学院陕西天文台，2001年3月27日，经中央机构编制委员会办公室批准改为现名。

国家授时中心承担着我国标准时间频率的产生、保持和发播任务。科研工作定位是以时间服务为本，开展与授时相关的研究，保证和满足国家日益发展对不同精度特别是高精度授时的需求，为国民经济持续发展、国防建设、国家安全等提供全方位、多层次、多手段、先进方便的授时服务；从国家战略需求出发，瞄准本学科前沿，开展高性能原子时、高精度时间传递与同步、授时新技术与新手段、高精度时间频率测量与控制、时间尺度和授时理论与方法、导航与通信、时间用户系统设计和开发等方面的研究工作，使我国在授时服务、时间频率研究领域整体跻身于世界先进行列，使国家授时中心成为我国较完善的、独立自主的时间频率研究和服务中心。

2012年，根据国家授时中心“十二五”发展规划和今后十年的发展目标，围绕“创新2020”对中心科技发展、人才队伍建设和体制机制等进行了规划调整，在确立了“一三五”目标规划的基础上，积极组织制定相应的实施措施，特别是针对三个重大突破，整合相关研究室科技骨干力量，明确了各项目责任人和学术带头人。以出成果出人才出思想“三位一体”为出发点和落脚点，立足于时间频率和卫星导航领域，紧紧围绕国家对时间频率和卫星导航领域的战略需求，积极有效地推进各项工作的持续发展。在机构设置方面，为了加强党建和纪检审工作，加强重大专项西安场区建设和对外协调，撤销了综合办公室，分别成立了所长办公室和党委办公室；根据质量工作需求，成立了质量管理处；成立了重大专项管理办公室，下设专家咨询组、综合计划组、技术组和质量组。2012年中心顺利通过了五年一次的国家二级保密资格的再次审查认证；通过了质量军品综合评议和民品监督审核。

国家授时中心主要研究单元有量子频标研究室、守时理论与方法研究室、高精度时间传递与精密测定轨研究室、时间频率测量与控制研究室、授时方法与技术研究室、时间用户系统研究室、导航与通信研究室、时间频率基准实验室和授时部，拥有时间频率基准、精密导航定位与定时技术2个中国科学院重点实验室。主要下属单位有国家授时中心授时部。

国家授时中心所拥有的长短波授时系统是国家不可或缺的基础性技术工程和社会公益设施，被列为由国家财政部专项运行维护费支持的国家重大科学技术设施之一。短波授时台（BPM），每天24小时连续不断地以4个频率交替发播标准时频信号，覆盖半径3000km，授时精度毫秒量级；长波授时台（BPL），每天24小时发播高精度长波时频信号，覆盖我国中部大部分地区和近海海域，授时精度为微秒量级；另外，低频时码授时台（BPC），每天连续发播21小时；网络授时系统年服务200多亿人次。

截至2012年底，国家授时中心有在职职工415人。其中科技人员211人、科技支撑人员167人，包括研究员及正高级工程技术人员20人、副研究员及高级工程技术人员43人。有中国科学院“百人计划”入选者4人，中国科学院“西部之光”人才入选者17人（新增9人），国家青年拔尖人才1人，国家“百千万人才工程”国家级人选1人，国家杰出青年科学基金获得者1人。

国家授时中心是1982年国务院学位委员会批准的博士、硕士学位授予权单位之一。现有信息与通信工程1个一级学科博士生培养点；天体测量与天体力学、测试计量技术及仪器2个专业二级学科博士研究生培养点；天体测量与天体力学、测试计量技术及仪器、通信与信息系统、仪器仪表工程、电子与通信工程等5个专业二级学科硕士研究生培养点；设有1个天文学专业一级学科博士后流动站。在学研究生146人（其中，硕士生91人、博士生55人），在站博士后2人。

2012年，国家授时中心有在研项目99项（包括2011年新增项目21项）。其中，承担国家重大科研仪器研制项目1项，承担国家自然科学基金重点项目2项、面上项目6项（新增1项）、国家杰出青年科学基金1项，承担院重点部署课题2项（新增2项），中国科学院装备研制项目1项（新增1项），中国科学院修缮购置专项4项（新增3项），承担院地合作项目4项（新增1项），以及卫星导航重大专项建设及关键技术攻关任务多项。

2012年，国家授时中心科研工作取得重要进展。除完成正常授时发播工作外，重点保证执行国家重大火箭、卫星发射和试验任务17次，任务期间实现了零阻断率；在守时工作方面，根据国际权度局（Bureau International des Poidset Measures，BIPM）公布的数据，国家授时中心所保持的独立原子时TA（NTSC）中长期稳定度指标综合评定排名在全球第四（共72个实验室），所保持的地方协调世界时 UTC（NTSC）与国际协调世界时 UTC 的偏差小于 20ns；对国际原子时 TAI 计算贡献的 6.25% 权重全球排名第四。

2012 年，国家授时中心共发表学术论文 93 篇，出版学术著作 1 部。申请专利 18 项，其中发明专利 13 项、实用新型专利 5 项，授权发明专利 8 项。“多通道数字化频率测量方法研究”项目获陕西省科学院一等奖、获陕西省科学技术三等奖。

2012 年，国家授时中心积极推动科研成果转化和产业化。由企业投资 2000 万元在河南商丘建立的 BPC 低频时码发播台发播运行连续可靠，连续多年被商丘市无线电管理委员会评先进单位，全年发播低频时码信号超过 7737 小时，合作企业的终端产品开发已逐渐形成完整的产业链。用户终端设备研制成果显著，承担了各种军民用户系统时间同步方案设计和技术研发工作，在定位设备、信号发生器、长短波接收机、精密天文钟等方面取得了显著成果。中心现有控股企业有骊天物业发展有限责任公司，参股企业有西安爱乐电子科技有限责任公司。

2012 年，国家授时中心与国际权度局（BIPM）、法国巴黎天文台（Observatoire de Paris，OP）、德国波茨坦地学中心（Geo Forschungs Zentrum Potsdam，GFZ）、美国麻省理工学院（Massachusetts Institute of Technology，MIT）、日本信息与通信技术研究所（National Institute of Information and Communications Technology，NICT）、澳大利亚计量研究所、德国物理技术研究院（Physikalisch Technische Bundesanstalt，PTB）等重要时频研究单位开展了多方面合作。参加各类国际学术活动 12 次，全年出访 35 人次，国外专家来访 15 人次。

国家授时中心是国际电信联盟（ITU）科学业务组 ITU-R7A 国内对口组单位、中国天文学会时间专业委员会负责单位、中国 GPS 技术应用协会授时与时间专业委员会负责单位、陕西省天文学会的挂靠单位；编辑出版的刊物有《时间频率学报》、《时间频率公报》。

（撰稿：宫勇敏　郐维国　审稿：张首刚）

## 地球环境研究所


**所　　长：曹军骥**

**地　　址：西安市高新区沣惠南路 10 号**

**邮政编码：710075**

**电　　话：029-88320990**

**传　　真：029-88320456**

**电子信箱：suoban@ieecas.cn**

**网　　址：http://www.ieexa.cas.cn**


中国科学院地球环境研究所（以下简称“地环所”）成立于 1999 年，是在 1985 年建立的中国科学院黄土与第四纪地质研究室基础上升格而成。

地环所是从事基础研究的研究机构，战略定位是致力于区域和全球不同时间尺度气候和环境变化过程、规律、发展趋势与对策研究，在国际地球科学前沿和面向国家需求方面取得了一系列高水平的成果，向中央和地方提出了有实际意义的建议，为我国西部经济社会可持续发展和生态环境修复服务。具体科学目标是围绕地球环境科学基础理论研究和国家需求，立足于国际前沿基础理论的创新以及国家对地球环境研究的紧迫需求，进行过去与现代相结合、区域与全球相结合的环境变化以及自然与人类相互作用过程等研究，发展独具特色的亚洲季风-干旱环境变化理论，建成国际一流全方位开放的我国西部地球环境研究平台，出成果、出人才，将地球环境所建设成为第四纪科学与全球变化科学相融合的亚洲大陆环境科学研究基地。

2012 年，地环所根据中国科学院党组的部署，在对国家中长期科技发展规划和院“创新 2020”战略规划进行详细分析和调研的基础上，结合研究所“十二五”发展规划，进一步落实研究所一个定位、二个重大突破、三个重点培育方向及完成“一二三”目标的保障措施与重大举措。

地环所现拥有 1 个黄土与第四纪地质国家重点实验室、1 个陕西省加速器质谱技术及应用重点实验室和1个陕西省环境保护大气细粒子重点实验室，有古环境研究室、现代环境研究室、粉尘与环境研究室、加速器质谱中心和生态环境研究室5个研究单元。同时有共建的3个联合研究中心：中瑞树轮研究中心、中美加速器质谱中心和中美气溶胶实验室。

地环所拥有先进的高精度实验设施及装置。大型仪器设备3MV加速器质谱仪（AMS）是长寿命放射性核素高灵敏度分析测量的一个重要工具，在地球科学、考古学、生命科学、材料科学等基础研究和应用研究中得到广泛应用，并为经济社会发展和国防安全提供科学服务。

截至2012年底，地环所共有在职职工108人。其中科技人员72人、科技支撑人员24人，包括中国科学院院士2人、发展中国家科学院院士1人、研究员及正高级工程技术人员26人、副研究员及高级工程技术人员24人。人才队伍中中国科学院“百人计划”入选者8人，“西部之光”人才入选者9人（新增1人）；国家杰出青年科学基金获得者5人（新增1人），国家“千人计划”入选者2人（新增1人）。

地环所是1990年国务院学位委员会批准硕士学位授权单位、1994年国务院学位委员会批准博士学位授权单位，现设有第四纪地质学二级学科和环境科学二级学科博士、硕士研究生培养点，以及环境工程二级学科硕士研究生培养点，并设有地质学专业一级学科博士后流动站，共有在学研究生99人（硕士生51人、博士生48人）、在站博士后11人。

2012年，地环所共有各类在研项目132项（新增64项）。其中，主持国家重点基础研究发展计划（973计划）和国家重大科学研究计划项目2项（新增1项）、承担课题6项（新增3项），主持国家科技“支撑计划”项目课题3项（新增1项），主持国家创新方法专项项目2项（新增1项）；主持国家自然科学基金重点项目2项（新增2项）、面上项目19项（新增8项）、国家杰出青年科学基金项目3项（新增1项）、国家自然科学基金重大研究计划重点项目1项（新增1项）、承担课题4项（新增3项），重大国际合作项目1项，重点实验室专项1项，青年科学基金项目21项（新增9项）；主持中国科学院战略性先导科技专项课题10项（新增4项），主持院重点部署项目1项（新增1项）、承担课题3项（新增3项），主持创新团队国际合作伙伴计划1项（新增1项）；承担院地合作项目2项（新增1项）。

2012年地环所发表论文共计238篇，其中SCI论文153篇（署名第一著作单位66篇），授权专利2项。获国家自然科学二等奖1项。

以安芷生、张小曳、曹军骥、李顺城、刘晓东为主要完成人完成的“黄土和粉尘等气溶胶的理化特征、形成过程与气候环境变化”，荣获2012年度国家自然科学二等奖。该成果系统揭示亚洲粉尘的源区、释放、输送、沉降和再改造的全过程，并在现代亚洲粉尘的理化特性、与黄土的关系、与人为气溶胶混合等方面取得系统科学认识，并提升了我国在粉尘及碳气溶胶与全球变化研究领域的国际地位，并为我国沙尘暴、城市颗粒物污染控制提供科学依据。

2012年8月31日，*Scientific Reports* 杂志发表地环所安芷生院士联合中外科学家获得的原创性成果 *Interplay between the Westerlies and Asian monsoon recorded in Lake Qinghai sediments since 32 ka*。该成果有助于认识西风气候和亚洲夏季风气候相互作用的历史，理解亚洲湿润与干旱过渡区域的气候变化，提高气候模式对全球变暖下亚洲夏季风和西风气候变化的预测能力。

2012年1月30日，*Nature Geoscience* 期刊以封面文章发表了地环所孙有斌研究员及其合作小组的重大研究成果 *Influence of Atlantic meridional overturning circulation on the East Asian winter monsoon*。该成果通过地质记录和数值模拟结果对比表明北大西洋经向环流变化对东亚冬、夏季风突变事件的动力驱动，而北半球西风环流则是北大西洋气候波动向东亚季风区传输的关键纽带。该研究揭示了北大西洋经向环流对东亚季风的影响。

地环所结合基础研究成果，服务于省市政府PM2.5污染防控工作，为编制《西安市大气细颗粒物PM2.5污染防治规划（2012年—2020年）》提供背景数据与工作思路，提交了2011年冬季严重灰霾事件有关的咨询建议，并得到陕西省主要领导的高度重视与批示。同时，研究所积极拓展合作渠道，共建协同创新中心。与兰州大学共同组建“干旱环境与气候变化协同创新中心”；与西安环境监测站开展科技合作并与宝鸡市气象局签订科研合作协议。

2012 年，地环所国际合作与交流在基础研究和人才培养与引进等方面开展了实质性的合作。国家基金委中美重大国际合作项目“亚洲季风—干旱环境演化与青藏高原北部的生长”，圆满完成 2012 年度新疆、青海野外科学考察任务，10 月在西安成功举办了中美双边工作会议。全年出访 35 人次，来访 81 人次，联合发表文章 55 篇；举办国际会议 2 个、海峡两岸会议 1 个，签署合作协议 2 个；12 人次在国际组织任职，11 人次在国际学术期刊任职。

地环所编辑并在国内外公开发行《地球环境学报》。

（撰稿：张　义　康贸易　审稿：刘晓东）

## 近代物理研究所

所　　长：肖国青
地　　址：甘肃省兰州市城关区南昌路 509 号
邮政编码：730000
电　　话：0931-4969220
传　　真：0931-4969800
电子信箱：office@impcas.ac.cn
网　　址：http://www.impcas.ac.cn

中国科学院近代物理研究所（以下简称“近代物理所”）是根据 1956 年周总理的指示在兰州设立的原子核科学点，其前身为 1957 年成立的中国科学院兰州物理研究室，1962 年与二机部“613 工程处”合并，正式使用现名。

近代物理所是一个依托大科学装置，开展重离子物理、先进离子加速器技术和重离子应用研究的基地型研究所，中长期发展目标是打造国际先进核裂变能技术研发中心，形成在国际上有重大影响的重离子科学研究基地。主要研究方向有：放射性束物理、重离子核物理、强子物理、核天体物理、高离化态原子分子和团簇物理、高能量密度物理、重离子惯性约束核聚变能源前期研究、重离子治癌研究、重离子辐照材料研究、辐照生物效应研究、核辐射探测器研制、先进加速器技术研究等。

近代物理所建有兰州重离子加速器国家实验室，甘肃省重离子束辐射生物医学重点实验室、中国科学院重离子束辐射生物医学重点实验室等，并作为共建单位参与兰州资源环境科学大型仪器区域中心建设。除重离子加速器及其配套终端外，还拥有 320kV 高电荷态综合研究平台、大功率电子加速器等重要科研设施及装置。目前，研究所有 45 个研究室（组）。

截至 2012 年底，近代物理所共有在职职工 852 人。其中科技人员 719 人，包括中国科学院院士 2 人、研究员及正高级工程技术人员 70 人、副研究员及高级工程技术人员 152 人。共有中国科学院“百人计划”入选者 20 人（新增 1 人），“西部之光”人才入选者 73 人（新增 7 人），973 项目首席科学家 2 人，“百千万工程领军人才”入选者 4 人，国家杰出青年科学基金获得者 7 人。

近代物理所是 1981 年国务院学位委员会批准的博士、硕士学位授予权单位之一，现设有物理学、核科学与技术 2 个专业一级学科和生物物理学专业二级学科博士研究生培养点，物理学、核科学与技术 2 个专业一级学科和生物物理学、材料学、控制理论与控制工程 3 个二级学科硕士研究生培养点，材料工程、控制工程、核能与核技术工程、生物工程 4 个工程硕士培养点，并设有物理学、核科学与技术 2 个专业一级学科博士后流动站，共有在学研究生 296 人（其中硕士生 138 人、博士生 158 人），在站博士后 5 人。

近代物理所是首批整体择优进入中国科学院“创新 2020”的研究所之一。2012 年，近代物理所围绕中心任务，大力推进人才队伍建设和创新文化建设，改革创新相关机制，优化资源配置，保障“一三五”规划的实施，取得了多项重要成果和进展。

2012 年，兰州重离子加速器装置全年运行状态良好，共加速 21 种束流，其中新离子 10 种，首次成功加速了 $^{112}$Sn 离子。科研人员基于兰州重离子加速器冷却储存环高精度质量测量实验，发现了原子核同位旋对称性破缺新现象，成果发表在物理评论快报（PRL）上，在国际上得到高度评价。加速器驱动次临界系统（ADS）项目的加速器系统取得突破性进展，半波长谐振（HWR）型超导铌腔加工完成并通过垂直测试，性能指标达到国际先进水平。自主研制了一种新型耐高温抗辐照耐液态金属腐蚀抗氧化核能结构材料 SIMP 钢，性能优异。发现电离辐射对线粒体 DNA 全序列造成的区域性损伤存在非随机性并阐明了其内在机理，成果发表在 *Nature* 新子刊 *Scientific Reports* 上。通过重离子等离子射线诱导细胞辐射应激中的作用，揭示了细胞辐射应激调控新机制等。

2012 年，近代物理所共有在研项目 435 项（包括新增项目 113 项）。其中，新承担国家重大科技专项课题 2 项，主持国家重点基础研究发展计划（973 计划）2 项、承担课题 12 项，主持（或承担）国家科技基础性工作专项 3 项（新增 3 项）；主持国家自然科学基金创新群体 1 项、重点项目 3 项、面上项目 33 项（新增 11 项），国家杰出青年科学基金项目 2 项、国家自然科学基金重大研究计划重点项目 3 项，培育项目 3 项（新增 1 项）；主持重大国际合作研究交流项目 1 项、一般项目 5 项（新增 2 项）；主持联合基金重点项目 5 项（新增 2 项）、培育项目 12 项（新增 4 项）；主持中国科学院战略性先导科技专项 1 项、承担课题 31 项，主持（或承担）中国科学院重点部署项目 1 项、课题 3 项（新增 1 项）；主持科技部重大仪器研制项目课题 2 项，财政部大型仪器设备修购专项 4 项（新增 2 项）；承担重点国际合作项目 1 项（新增 1 项）；承担院地合作项目 9 项（新增 1 项）。

2012 年，发表国际期刊论文 249 篇、国内期刊 133 篇，国际会议邀请报告 19 篇；获得发明专利授权 18 件、软件著作权 3 项、植物新品种认定 1 项。3 项成果获得省部级奖励。肖国青研究员获“全国优秀科技工作者”称号。

2012 年，近代物理所继续面向国家和地方经济社会发展需求，开展多渠道、多模式合作。签订 2 台重离子治疗装置合同，合同额 11 亿元，为武威市和兰州市两地的重离子治癌示范中心生产治疗专用装置，标志着我国重离子治疗装置正式进入示范和产业化阶段。目前重离子治癌设备加工生产顺利，重离子治疗装置企业标准和注册检测方案已完成。新核孔膜辐照终端建成，与多家单位联合开展了核孔膜的应用研究。甜高粱推广种植达到 5000 亩，与地方政府和企业签订推广种植协议，2013 年种植面积有望获得突破性增加。获得了高产酸率的新菌种和发酵工艺技术并成功签订技术转让合同，合同额 210 万元，走出了辐照育种应用转化的第一步，每年可为企业新增效益 4000 万元以上。

近代物理所现有投资公司 3 家，2012 年销售收入约 8500 万元。由于在产业化工作的多方面取得了突破，近代物理所获得了 2012 年中国产学研创新促进奖。

2012 年，近代物理所与瑞士、法国、俄罗斯、意大利、韩国等国的有关科研单位签署了 10 项国际科技合作备忘录。组织召开了 7 次国际会议，国外（境外）学者来访 167 人次，出访 253 人次。聘请了 4 名国外专家为客座研究员，执行 1 项国家外专局重点引智项目，6 项中国科学院“外国专家特聘研究员”项目。各国际科技合作项目进展顺利，国际原子核质量评估工作已移交近代物理所，最新一期的原子质量评估数据表 AME2012 已发布在中国物理 C 杂志上。

近代物理所是甘肃省物理学会、甘肃省核学会的挂靠单位；编辑出版《原子核物理评论》、《高能物理与核物理》的核物理部分、《中国科学院近代物理研究所和兰州重离子加速器国家实验室年报》（英文版）。

（撰稿：尹经敏　岳海奎　审稿：肖国青）

# 兰州化学物理研究所

**所　　长：夏春谷**

**地　　址：甘肃省兰州市天水中路 18 号**

**邮政编码：730000**

**电　　话：0931-4968114**

**传　　真：0931-8277088**

**电子信箱：licp@licp.cas.cn**

网　　址：http://www. licp. cas. cn

中国科学院兰州化学物理研究所（以下简称“兰州化物所”）始建于1958年6月，其前身是中国科学院石油研究所兰州分所，1962年6月启用现名。

研究所战略定位是“西部资源与能源化学和新材料高技术创新研究基地”，主要开展资源与能源、新材料、生态与健康等领域的基础研究、应用研究和战略高技术研究工作，力争将研究所建成具有“一流成果、一流管理、一流环境、一流人才”、特色鲜明、国内不可替代并具有可持续发展能力的国立研究机构。

2012年兰州化物所多次研讨和凝练“十二五”发展战略和“一三五”规划，深入分析研究所面临的机遇和挑战，进一步理清了发展思路，明确了所领导分工负责的3个重大突破项目的进展与目标；积极发挥所学术委员会的咨询作用，围绕5个重点培育方向进一步确定了所支持的8个课题，并积极组织和实施，抓好落实，为研究所健康、持续发展提供了战略保障。继续加强科研平台、人才队伍、基建资产财务、公共事务和质量、计量与科研生产保障体系建设，积极推进信息化建设，贯彻落实安全保密保卫政策和规章制度，体制机制改革与创新取得实质性进展。

兰州化物所拥有2个国家重点实验室、1个国家工程中心、1个中国科学院与甘肃省共建重点实验室和3个所级实验室，分别是：羰基合成与选择氧化国家重点实验室、固体润滑国家重点实验室，精细石油化工中间体国家工程研究中心（甘肃省污染物减排与环境控制工程实验室），中国科学院西北特色植物资源化学重点实验室（甘肃省天然药物重点实验室），先进润滑与防护材料国防创新工程中心，绿色化学研究发展中心、环境材料与生态化学研究发展中心、清洁能源化学与材料实验室。此外，研究所还与青岛市人民政府、崂山区人民政府联合共建了“兰州化物所青岛研发中心”；与盱眙县人民政府共建了“兰州化物所盱眙凹土应用技术研发中心”；与苏州纳米所联合共建了“纳米催化材料与技术联合实验室”。

截至2012年底，兰州化物所共有在职职工570人，包括科技人员425人，中国工程院院士1人、研究员及正高级工程技术人员83人、副研究员及高级工程技术人员150人；全所进入创新岗位290人。

共有中国科学院“百人计划”入选者24人（新增4人），“西部之光”人才入选者35人（新增4人），国家杰出青年科学基金获得者6人。

兰州化物所是国务院学位委员会批准的首批博士、硕士学位授予权单位之一。现设有物理化学、分析化学、材料学和有机化学4个专业博士研究生培养点，物理化学、分析化学、材料学、工业催化、有机化学、材料工程、化学工程7个专业硕士研究生培养点，并设有化学专业博士后流动站，共有在学研究生297人（其中博士生155人、硕士生142人），在站博士后11人。

2012年，兰州化物所共有在研项目247项（包括新增项目90项）。其中包括973课题/子课题5项、国家自然科学基金70项、科技重大专项2项、科技支撑课题/子课题5项、国际合作项目5项、科技部仪器研制项目1项、农业部项目2项、地方政府项目5项、中国科学院“百人计划”和“西部之光”人才培养计划25项、国防军工项目53项、院任务24项，以及企业合作50项。

科研工作取得重要进展。与山东辰信新能源有限公司合作开展聚甲氧基二甲醚（$DMM_{3-8}$）新技术万吨/年工业试验，已完成工业试验装置主体建设，并在山东菏泽开发区建立了“中国科学院兰州化物所能源化工新技术产业化示范基地”。完成甘油液相加氢工业中试，开发出生物基甘油氢解合成1，2-丙二醇的成套工业技术，形成万吨级工艺包。在战略高技术用系列润滑和防护先进材料方面，突破了涂层高承载、长寿命、室温固化等关键技术要求，研发的涂层达到相关美国标固体膜润滑剂要求；制备出各种规格自润滑滑动轴承、关节轴承、轴瓦、垫片、导轨等部件，解决了某型号发动机的润滑耐磨技术难题；开发了高性能聚脲工业润滑脂和系列纳米添加剂技术；发展了3大系列高硬度、低摩擦、长寿命薄膜材料，形成了12种器（部）件产品。

在西北特色药食两用植物资源高值化利用关键技术及质量控制标准方面，开展了活性成分的制备关键技术研究、油橄榄叶活性组分抗糖尿病中药新药临床前研究、中药配方颗粒研究工作。发展了多个高原子和高步骤经济性不对称催化反应，其中一步反应构建六个手性中心工作美国化学学会《化学与工程新闻》周刊评为“一项新的世界纪录”；发展了高效的非血红素仿生催化氧化体系；开展了海洋防污染涂层研制，目前已进入海试阶段。

全年发表科技论文725篇，其中国外论文542篇，国内183篇。影响因子大于3的论文202篇，大于5的81篇。2011年度兰州化物所SCIE、EI核心科技论文在国内研究机构分别排名10和12。科研人员编写中文专著1部、英文专著1部、参与编写英文专著2部。全年申请发明专利94件，授权中国发明专利33件。获甘肃省技术发明奖三等奖一项、甘肃省科技进步奖二等奖一项，甘肃省天然药物重点实验室获甘肃省基础研究工作先进集体。

院地合作及科技成果转移转化取得可喜成效，全年科技成果为社会企业新增销售收入25亿元，利税3亿元。中国科学院科技支甘项目“油橄榄叶中橄榄苦苷和总黄酮提取物制备技术及产业化”，在合作单位陇南田园油橄榄科技开发有限公司成功投产；与淄博等地企业签订了石墨烯、超级电容器制备及开发合同与协议。

积极开展国际交流合作。与日本、韩国、加拿大、新加坡、德国、西班牙、英国等国的研究机构开展了润滑材料、催化新材料、纳米光催化材料等方面的合作与交流；与美国乔治华盛顿大学、罗地亚（中国）投资有限公司、沙特科技院、Master Dynamic Ltd. 分别开展了实质性的科技合作；所内30多位科技骨干赴国外参加国际学术会议、进行学术访问与交流，30多位国外专家应邀来所作学术报告。

兰州化物所是甘肃省化学会、中国科学院兰州分院分析测试中心的挂靠单位；负责编辑出版《摩擦学学报》、《分子催化》、《分析测试技术与仪器》3种国内核心学术期刊。《摩擦学学报》和《分子催化》分别入选“2012年中国最具国际影响力学术期刊”和“2012年中国国际影响力优秀学术期刊”。

（撰稿：张长春　张慧玲　审稿：夏春谷）

## 寒区旱区环境与工程研究所

所　　长：马　巍
地　　址：甘肃省兰州市东岗西路320号
邮政编码：730000
电　　话：0931-8275129
传　　真：0931-8273894
电子信箱：wangjd@lzb.ac.cn
网　　址：http://www.careeri.cas.cn

中国科学院寒区旱区环境与工程研究所（简称“寒旱所”）是1999年6月在中国科学院知识创新工程试点工作中，由1958年成立的原兰州冰川冻土研究所、兰州沙漠研究和1959年成立的原兰州高原大气物理研究所整合而成，2007年进入中国科学院综合配套改革试点的单位。

寒旱所是我国专门从事干旱沙漠、高寒、极地环境与工程研究的国家级研究机构，是“西北资源环境与可持续发展研究基地”的核心组成部分。寒旱所瞄准21世纪国家发展的战略目标和学科发展的国际前沿，针对国家加快西部地区发展的重大决策和西北地区生态环境建设面临的重大科学问题开展西北地区特殊自然条件下环境与工程的基础性、战略性和前瞻性研究，为国家解决西北地区在资源、环境、重大工程和社会经济等领域的重大问题提供科学依据，为西部地区可持续发展提供技术支撑。

针对中国科学院“创新2020”和“一三五”规划整体部署，寒旱所以本所7大优势学科（冰冻圈与全球变化、冻土与寒区工程 、沙漠与沙漠化 、高原大气、寒旱区水土资源与利用、生态与农业、遥感与信息科学）为基础，以青藏高原、北方干旱区和内陆河流域为重点研究区域，力求在“高亚洲冰冻圈变化与影响”、“荒漠-绿洲水热过程研究与生态恢复技术示范”、“重大冻土工程稳定性机理及关键技术”等方面取得突破。将“全球变化与寒旱区环境演变”、“内陆河流域生态—水文集成研究”、“寒旱区重大工程的科学问题和关键技术与示范”、“寒旱区生态恢复的技术体系与优化模式”、“寒旱区多源遥感数据同化与信息综合集成”5个方向作为重点培育方向。重点加强了研究模式的探索和创新，继续探索适合资源环境研究特点的“所本部（实验室为主）+野外台站+试验示范区”的分布式管理模式，形成了相对完整的科技布局和监测、研究、试验、示范有序衔接的整体格局。

寒旱所重组与建设了7个研究室，包括冻土与寒区工程研究室、冰冻圈与全球变化研究室、沙漠与沙漠化研究室、高原大气物理研究室、寒旱区水土资源研究室、生态与农业研究室、遥感与地理信息研究室；技术支撑系统包括野外实验研究站、分析测试室、计算机网络室和图书情报室。设有2个国家重点实验室、3个院重点实验室和2个所级重点实验室，包括冻土工程国家重点实验室（国家开放）、冰冻圈科学国家重点实验室（国家开放）、中国科学院沙漠与沙漠化重点实验室、中国科学院寒旱区陆面过程与气候变化实验室、中国科学院内陆河流域生态与水文重点实验室、极端环境生物抗逆机理与生物技术实验室、寒旱区遥感与信息资源实验室。拥有野外站16个，其中5个国家野外台站（天山冰川观测试验站、沙坡头沙漠研究站、临泽内陆河流域综合观测研究站、奈曼沙漠化研究试验站和冰冻圈特殊环境与灾害国家野外科学观测研究站），3个中国科学院生态网络站（沙坡头沙漠研究站、奈曼沙漠化试验研究站、临泽水土与生态综合试验研究站），3个院地共建研究站（皋兰生态与农业试验研究站、阿拉善荒漠生态试验研究站、玉龙雪山冰川与环境观测研究站）。

截至2012年底，寒旱所共有在职职工613人，其中科技人员302人，科技支撑人员224人，包括中国科学院院士3人、发展中国家科学院院士1人、研究员及正高级工程技术人员92人、副研究员及高级工程技术人员144人；全所进入创新岗位432人。

共有中国科学院“百人计划”入选者34人，“西部之光”人才入选者74人（新增7人），国家杰出青年科学基金获得者10人。

2012年，获国家自然科学基金委杰出青年基金资助1人，获中国科学院“百人计划”择优支持5人，国家重大基础发展规划（973计划）项目首席科学家3人，国家自然科学基金重大、重点项目获得者资助2人、获国家自然科学基金重大研究计划资助1人、“西部之光”人才项目入选者7人。

寒旱所是1984年国务院学位委员会批准的博士学位授予权单位之一，1979年国务院学位委员会批准的硕士学位授予权单位之一。现设有自然地理学、人文地理学、地图与地理信息系统、大气物理学与大气环境、生态学和岩土工程、气象学7个专业一级学科博士研究生培养点，自然地理学、人文地理学、地图与地理信息系统、气象学、大气物理学与大气环境、生态学、岩土工程、环境工程、生物工程、环境工程、寒区工程与环境、防灾减灾工程及防护工程12个专业一级（或二级）学科硕士研究生培养点，并设有自然地理学、生态学2个专业一级学科博士后流动站。截至2012年底，共有在学研究生427人（其中硕士生180人、博士生247人）、在站博士后56人。

2012年，寒旱所共有在研项目610项（包括新增项目217项）。其中，主持国家重点基础研究发展计划（973计划）项目4项（新增2项）、承担（或参加）课题22项（新增8项），主持科技部科技支撑计划项目1项；主持国家自然科学基金重点项目11项（新增1项）、主持基金项目204项（新增87项），承担国家自然科学基金重大研究计划重点项目8项，主持知识创新工程重大项目2项、重要方向项目18项，承担国际合作项目22项（新增9项）。其中，成功申报国家973项目“植物固沙的生态-水文过程、机理及调控”及国家973项目“青藏高原沙漠化对全球变化的响应”。

2012年申报国家自然科学基金各类项目中共有87项获得资助，资助总额达5632万元。

2012，董治宝研究员等完成的“中国干旱区关键地表过程及其调控研究”获得甘肃省自然科学奖一等奖；刘发民副研究员完成的“黄河兰州段水污染评估和水安全研究”获得甘肃省科技进步三等奖。杨保研究员参与完成的“过去2000年中国气候变化研究”获得国家自然科学奖二等奖。寒旱所主要参与完成的“中国生态系统研究网络的创建及其观测研究和试验示范”获得国家科技进步一等奖。

2012年度全年共授权专利66项，其中发明专利32项，实用新型专利34项；授权专利32项，其中发明专利6项，实用新型专利26项。授权计算机软件著作权3项，登记计算机软件著作权2件，注册商标1件。

寒旱所是中国科学院减灾中心西北分中心、中国气象学会大气物理专业委员会雷电物理监测与防护分会、中国地理学会冰川冻土分会、中国地理学会沙漠分会、联合国环境规划署（UNEP）“国际沙漠化治理研究与培训中心”的挂靠单位；负责编辑出版《寒旱区科学》、《冰川冻土》、《高原气象》、《中国沙漠》、《生态经济学报》等学术期刊。

（撰稿：陈治理　审稿：王进东）

## 青海盐湖研究所

**所　　长：** 马海州
**地　　址：** 西宁市新宁路18号
**邮政编码：** 810008
**电　　话：** 0971-6303490
**传　　真：** 0971-6306002
**电子信箱：** wangyy@isl. ac. cn
**网　　址：** http://www. isl. ac. cn

中国科学院青海盐湖研究所（以下简称“青海盐湖所”）建立于1965年，是以中国科学院西北化学研究所为基础，与北京化学研究所、兰州地质研究所等单位的盐湖专业组合并搬迁组建而成。1966年6月，经国家科委批准，与在西宁毗邻组建的化工部盐湖化工综合利用研究所合并，隶属中国科学院。

青海盐湖所是资源环境类的公益性研究所，2002年成为中国科学院知识创新工程试点单位之一，是我国唯一专门从事盐湖资源环境科学应用基础研究、盐湖资源综合开发利用、培养盐湖科研高级人才的国家级科研机构，致力于攻克制约我国盐湖资源综合开发利用的关键技术，为盐湖资源的可持续发展提供科学基础，使我国盐湖科技走在世界前列。

2012年，青海盐湖所组织人员贯彻落实研究所“十二五”发展规划和“创新2020”组织实施等方面的工作，制定了相应的“一二三”规划。

青海盐湖所设有中国科学院盐湖资源与化学重点实验室、盐湖地质与环境实验室和盐湖资源综合利用工程研究中心3个研究平台，盐湖化学分析测试部和盐湖资源环境信息中心2个支撑平台。

青海盐湖所设有科技陈列室和图书阅览室，有以下大型仪器设备：电感耦合等离子体质谱仪、低真空扫描电子显微镜、气体稳定同位素质谱仪、气相色谱质谱联用仪、激光粒度分析仪、傅立叶变换红外光谱仪、X射线衍射仪、X射线荧光光谱仪、原子吸收光谱仪、原子吸收光谱仪、全谱直读等离子体光谱仪、热电离同位素质谱仪、元素分析仪、X射线单晶衍射仪、释光测年仪、原子吸收光谱仪。

截至2012年底，青海盐湖所共有在职职工230人。其中科技人员165人、科技支撑人员16人，包括中国科学院院士1人，研究员及正高级工程技术人员27人、副研究员及高级工程技术人员47人。中国科学院“百人计划”入选者8人，“西部之光”人才入选者16人（新增5人）。

青海盐湖所是1981年国务院学位委员会批准的硕士学位授予权单位之一，1997年国务院学位委员会批准的博士学位授予权单位之一。现设有化学、地质学2个专业一级学科博士研究生培养点，化学、地质学、化学工程与技术3个专业一级学科硕士研究生培养点，并设有化学、地质学2个专业一级学科博士后流动站。共有在学研究生108人（其中硕士生78人、博士生30人），在站博士后7人。

2012年，青海盐湖所共有在研项目152项（包括新增项目62项）。其中，主持（或承担）国家重点基础研究发展计划（973计划）和国家重大科学研究计划项目3项（新增1项）、承担（或参加）课题1项，主持（或承担）国家科技基础性工作专项1项（新增1项）；主持（或承担）国家自然科学基金重点项目1项、面上项目14项（新增5项）；主持（或承担）中国科学院战略性先导科技专项课题1项；承担院地合作项目4项。

2012年，申请国家自然科学基金面上项目51项，获批6项，资助国际会议1项，资助总经费350万元；申请并获批一项国家科技部973前期项目课题，资助经费68万元，并成为项目联络单位；申请青海省科技厅项目43项，获批14项，资助总经费380万元，承担的一批科研项目按时完成并顺利通过验收。

青海盐湖所承担的“青海高镁锂比盐湖提锂关键技术及应用”项目获青海省科技进步奖一等奖。参与中国科学院化学部盐湖资源综合利用院士咨询项目；“青海盐湖不完全脱水氯化镁电解制备稀土镁合金试验研究”取得阶段性成果，对于促进青海盐湖镁资源的综合与高值化利用具有重要意义；电合成法生产重铬酸钠关键技术获得重大突破，为铬盐化工提供了技术示范，技术成果达到了国际先进水平。

本年度共发表科研论文135篇，其中第一单位SCI收录34篇，EI收录15篇；出版专著《盐湖卤水资源开发利用》一部；本年度共完成专利申请28件（全部为发明专利），授权20件（其中发明专利18件）。

2012年，青海盐湖所在产学研结合方面主要针对盐湖资源产品市场需求和企业生产存在的问题设立主要研究方向，解决了多个企业生产中的问题：针对冷湖滨地钾肥有限公司在盐田补水及采卤问题进行工程研究；针对镁水泥制品在公路方面应用及作为代木材料的市场应用做产业化示范工程研究；针对西藏盐湖生产企业综合利用中低品位硼矿再利用提供工艺研究；为藏格钾肥公司盐湖镁资源的综合利用提供万吨级特殊形貌氢氧化镁生产工艺技术包和技术服务。

2012年，青海盐湖所在科技成果转移转化方面完成以知识产权收益投资入股云南中寮矿业开发投资有限公司的事宜；针对青海锂业有限公司使用青海盐湖所研发的“盐湖卤水提锂关键技术”知识产权转移转化的细节及转化方式进行协商。

青海盐湖所全额投资青海中科盐湖科技创新有限公司，公司科技开发人员10人，产值为43万元，效益约10万元。

2012年，实际执行出访只有13人次，来访60人次，主要是参加青海盐湖所承办的第15届溶解度现象及相关平衡过程国际会议。向青海省科技厅申请国际合作项目3项，均获得批准，总经费达60万元。

青海盐湖所于2012年7月18～27日承办了第15届溶解度现象及相关相平衡过程国际会议，国际纯粹与应用化学联盟代表Heinz Gamsjäger、溶解度平衡数据委员会主席M. ClaraMagalhães、青海省副省长高云龙等领导出席了开幕式。参加会议的代表共有120人，其中境外代表50余人，主要来自于美国、德国、加拿大、澳大利亚、俄罗斯、意大利、葡萄牙、捷克、斯洛伐克、日本、印度等20多个国家和地区。这是该类会议在世界上举办30年来首次在中国举办。

青海盐湖所是青海省化学会的挂靠单位。编辑出版科技期刊《盐湖研究》。

（撰稿：党小刚　白　花　审稿：王永晏）

## 西北高原生物研究所

**所　　长：张怀刚**
**地　　址：青海省西宁市新宁路23号**
**邮政编码：810008**
**电　　话：0971-6143530**
**传　　真：0971-6143282**
**电子信箱：nwipb@nwipb. cas. cn**
**网　　址：http://www. nwipb. cas. cn**

中国科学院西北高原生物研究所（以下简称“西北高原所”）成立于1962年，是以从事青藏高原生物科学研究（包括基础理论、应用基础和应用开发研究）为主的公益性综合研究所，其前身是中国科学院青海分院生物研究所。

西北高原所的战略定位是针对青藏高原生态环境和区域经济社会持续发展面临的重要问题，开展生态环境保护与建设、生物资源持续高效利用研究，为青藏高原生态安全和区域经济社会持续发展提供科学依据和技术支撑，推动区域经济社会持续发展。根据国家和地方中长期科技发展规划，围绕国际前沿科学问题和青藏高原生物资源与生态环境重大战略需求，开展高原生态学、特色生物资源学、高原生态农业三个重点领域方向基础性和前瞻性的战略研究及应用研究。

西北高原所2011年提出“一二三”发展规划。一个定位：立足青藏高原，发展高原生物学；二个重大突破：区域可持续发展—高寒草地生态系统可持续管理技术、藏药现代化—重金属安全性评价技术；三个重点培育方向：高原生物适应进化机制与分子育种、青藏高原生物资源持续利用、高寒草地对全球气候变化的响应。

2012年西北高原所启动实施“一二三”规划，按照“两个重大突破”和“三个重点培育方向”对25个学科组进行整合，组建了5个学科团组，建立了首席科学家制度并公开遴选了5位首席科学家。5个学科团组集中力量，2012年取得了一批阶段性成果。

研究所在原有规章制度的基础上，2012年修订了《职工差旅费及野外考察补贴标准》、《职工请假、休假制度（试行）》，制订实施了《岗位津贴发放办法》、《科研绩效奖励办法（暂行）》、《“十二五”规划实施办法（暂行）》、《“十二五”规划实施首席科学家遴选办法（暂行）》、《“十二五”学科团组组成名单》、《职工继续教育与培训管理办法》、《廉洁从业风险防控工作方案》等规章制度，不断完善机制体制。

西北高原所现有3个研究中心、4个野外台站（新增1个）、1个院重点实验室、4个省级重点实验室（新增1个）、2个工程研究中心和3个支撑机构，分别为高原生态学研究中心、特色生物资源研究中心、高原生态农业研究中心；中国科学院海北高寒草甸生态系统实验站、三江源草地生态系统观测研究站、平安生态农业实验站和武威绿洲现代生态农业试验站（新建）；中国科学院高原生物适应与进化重点实验室；青海省寒区区域恢复生态学重点实验室、青海省青藏高原特色生物资源研究重点实验室、青海省藏药药理学和安全性评价研究重点实验室、青海省作物分子育种重点实验室（新建）；青藏高原特色生物资源工程研究中心、中国科学院西北高原生物所湖州高原生物资源产业化创新中心；青藏高原生物标本馆、所级公共技术服务中心（分析测试中心）、信息与学报编辑室。

截至2012年底，西北高原所共有在职职工196人。其中科技人员126人、科技支撑人员42人，包括中国科学院院士1人、研究员及正高级工程技术人员33人、副研究员及高级工程技术人员42人。共有中国科学院“百人计划”入选者8人（新增3人），“西部之光”人才入选者54人（新增6人）。

西北高原所是1991年、1981年国务院学位委员会批准的博士、硕士学位授予权单位之一，现设有生态学、生物学2个一级学科博士研究生培养点，生态学、植物学、动物学、中药学4个专业硕士研究生培养点。设有生物学、生态学（新增）一级学科博士后流动站，共有在学研究生134人（其中硕士生84人、博士生50人）、在站博士后5人。

2012年，西北高原生物研究所共有在研项目227项（包括新增项目75项）。其中，参加课题7项（新增1项）；主持国家自然科学基金重点项目1项、面上项目39项（新增15项）；主持科技支撑计划课题8项（新增4项）、承担2项，主持星火计划项目1项；主持（或承担）中国科学院战略性先导科技专项课题2项，主持院重点部署项目1项、主持院西部行动计划项目1项、主持院重要方向项目2项、承担院地合作项目15项（新增5项），主持科学院其他项目32项，主持地方科技攻关项目7项、主持地方政府委托其他项目22项（新增4项）；主持知识创新工程领域前沿项目12项。主持或参与国家、地方及企业其他项目75项。

2012年度共组织申报青海省科技进步奖4项，其中2项获得青海省科技进步奖一等奖；制定地方标准6个，审定小麦新品种2个，发表研究论文227篇，其中SCI（E）79篇，CSCD136篇；出版或参加编写专著4部，申请专利25项，授权25项。提出三江源区生态保护与可持续发展院士咨询报告一份，温家宝总理作了批示。

西北高原所2012年申报中国科学院院地合作项目10项，与地方政府、科研院所和企业的合作进行的项目15项（新增5项）。广泛开展院地合作，分别与青海大学、甘肃农业大学、西南民族大学、甘肃中医学院协议共建“国家三江源生态与环境保护协同创新中心”、“西北旱作农业研究协同创新中心”、“青藏高原生态保护与畜牧业发展协同创新中心”和“西北中藏药协同创新中心”；分别与安捷伦科技有限公司、青海鲁抗大地药业、青海高健生物科技有限公司和青海紫阳生物科技有限公司共建中国科学院西北高原生物研究所与安捷伦科技有限公司联合实验室”、“中国科学院西北高原生物研究所与青海鲁抗大地药业有限公司联合实验室”、“西北高原生物研究所 & 高健生物科技联合研发中心”和“西北高原生物所 & 青海紫阳生物科技联合研发中心”。西北高原所参股企业1个，即青海唐古拉药业有限公司。据不完全统计，2012年与地方和企业合作实现销售收入46979.8万元。

2012年国际合作产出SCI文章9篇。组织执行中国科学院“外籍青年科学家”计划项目3项（跨年度），外国专家特聘研究员计划延续资助项目1项，国家外专局引智项目1项，东欧—独联体专项项目1项。组织申报2012年及2013年各类国际合作项目8项，其中院外专、外青项目3项；国家外专局高端专家项目1项，引智项目2项，东欧—独联体专项项目2项，已获批3项。全年共派出因公出访交流人员11批16人次，接待来访人员21批40人，组织外国专家学术报告8人次，签定国际合作协议2项。与美、英、德、俄、瑞士等国知名学术机构的科学家和研究人员合作，开展青藏高原生物多样性、全球变化生态学、动物生态学、植物系统分类学、流感病毒学、中药学等领域的合作与交流。

主办的《兽类学报》被列为中国科技核心期刊。

（撰稿：王文娟　杨勇刚　审稿：王彦东）

## 新疆理化技术研究所

**所　　长：李　晓**

**地　　址：新疆维吾尔自治区乌鲁木齐市北京南路40号附1号**

**邮政编码：830011**

**电　　话：0991-3835823**

**传　　真：0991-3838957**

**电子信箱：lhszhb@ms.xjb.ac.cn**

**网　　址：http://www.xjb.ac.cn**

中国科学院新疆理化技术研究所（以下简称“新疆理化所”），于2002年3月28日，在原中国科学院新疆物理研究所和新疆化学研究所（均于1961年成立）的基础上整合成立。

新疆理化所定位：紧紧围绕着国家、新疆战略需求，坚持以科技创新为中心，以提高关键技术创新和系统集成能力为主线，以对新疆社会和经济发展做出有显示度的贡献为目标。战略发展目标：围绕新疆特色资源的深度开发，结合新疆的地域优势和多语言文化特色，注重科技创新性与新疆经济发展的战略需求相结合，开展干旱区植物资源化学、多语种信息技术、清洁能源与环境治理、新型材料研发、油田化学与矿产资源综合利用等领域战略性、前瞻性高技术研究；在涉及国家安全领域，开展了辐射物理和特种敏感材料的研究。将研究所建设成为中国科学院服务新疆的“桥头堡”和技术创新、集成、转移的基地，建设成为西部乃至中亚一流的高技术研究所。

新疆理化所现设有资源化学、材料物理与化学、多语种信息技术、环境科学与技术4个研究室。已在可食植物资源、敏感材料与元器件、多语种信息技术、辐射物理，以及维吾尔药现代化等领域，形成了独具特色的优势，发挥着骨干引领的作用。

研究所现已建立“中国科学院干旱区植物资源化学重点实验室”，省部共建“新疆特有药用资源利用国家重点实验室培育基地”及“新疆植物资源化学”、“新疆电子信息材料与器件”2个省级重点实验室和2个省级工程技术中心；与中亚地区及我国东部有关研究机构共建了“中亚地区可食植物功能成分联合实验室”、“民族语音文字信息联合实验室”；与新疆公安消防总队成立了“火灾科学与消防工程合作实验室”。2012年，国家发改委“民族药关键技术及工艺工程研究中心”正式授牌，与航科集团八院共同组建了“宇航电子元器件辐射效应评估联合实验室”。建设了特种热、压敏研发平台，维吾尔药活性筛选技术平台，辐射效应评估技术平台，多语种软件测试平台，光电功能材料研发平台，药用植物组培与生物育种等科技平台，以及大型仪器分析测试中心、辐照中心、信息情报中心3个技术支撑平台；完成了修购专项“十二五”期间新疆大型仪器区域中心规划，首次获批2项院科研装备研制项目。

2012年是研究所“十二五”规划执行的第二年，“一三五”规划各项工作进展良好，在全所广大职工的共同努力下，全员参与，形成合力，完成和部分超额完成了“一三五”规划分类考核评价体系中的各项考核指标，并为2013年任务目标的实现提供了有力保证。

截至2012年底，新疆理化所共有在职职工293人。其中科技人员255人，包括研究员及正高级工程技术人员30人、副研究员及高级工程技术人员90人。共有国家杰出青年科学基金获得者1人，国家海外高层次人才引进计划“千人计划—新疆项目”入选者1人；中国科学院“百人计划”入选者17人（新增2人），“西部之光”人才入选者103人（新增13人），自治区百名高层次人才引进计划入选者9人（新增9人），24人入选新疆天山英才工程，国家级“新世纪百千万人才工程”候选人1名。

新疆理化所是1987年国务院学位委员会批准的硕士学位授予权单位之一，2004年经国务院学位委员会批准增列博士培养点，现设有微电子学与固体电子学、材料物理与化学、计算机应用技术、有机化学、无机化学、物理化学、物理电子学7个博士培养点，有机化学、无机化学、物理化学、药物化学、微电子学与固体电子学、物理电子学、材料物理与化学、计算机应用技术、计算机技术、材料工程等10个硕士研究生培养点，并设有化学、电子科学与技术2个专业一级学科博士后流动站。共有在学研究生202人（其中硕士生124人、博士生78人），在站博士后7人。

2012年，新疆理化所共有在研项目423项（包括新增项目123项）。其中，承担国家重点基础研究发展计划（973计划）课题1项（新增1项），主持（或承担）国家高技术研究发展计划（863计划）项目2项（新增1项），主持国家自然科学基金重点项目2项（新增1项）、面上项目9项（新增3项）、国家杰出青年科学基金项目1项，承担中国科学院战略性先导科技专项课题1项，主持中国科学院科研仪器研制项目3项（新增2项）；承担重点国际合作项目1项；承担院地合作项目8项（新增2项）。

2012年，研究所申请发明专利63项，授权发明专利43项；获批软件著作权3项，主持制定企业标准1项，参与制定企业标准6项；发表各类科技论文166篇，其中SCI收录91篇、EI收录15篇。“新型卤素硼酸盐 $K_3B_6O_{10}Cl$ 紫外非线性光学晶体材料研究”获2012年度新疆维吾尔自治区科技进步一等奖；9篇论文获得新疆维吾尔自治区第十二届自然科学优秀学术论文奖（其中一等奖1篇、二等奖5篇、三等奖3篇）。

2012年，研究所更加重视科研开发与区域经济社会发展的科技需求相结合，与地方企业开展了广泛的沟通与交流，巩固和发展了与新疆中泰化学股份有限公司、新疆紫晶光电技术有限公司、克拉玛依三达公司、新疆玛纳斯奥洋科技股份有限公司、新疆福克油品股份有限公司、新疆维吾尔药业有限公司、新疆中科天源生物科技有限公司等几十家企业的合作关系，与企业共同申请的各类项目近80项，获批项目近40项。所属5家企业稳步发展，实现营业收入1.4亿元，企业社会化改制工作阶段任务进展良好。

研究所确定了“立足新疆，面向中亚”的开放合作发展战略，同时，与欧美国家的合作正在逐年增加。全年人员出访15人次，来访67人次；举办了“第三届可食植物资源及活性成分国际研讨会”；国际合作项目立项16项。

新疆理化所是新疆物理、化学、自动化、生物化学、核学会的挂靠单位。

（撰稿：池景慧　冯　涛　审稿：崔旺诚）

## 新疆生态与地理研究所

**所　　长：陈　曦**
**地　　址：新疆乌鲁木齐市北京南路818号**

**邮政编码：830011**
**电　　话：0991-7885307**
**传　　真：0991-7885300**
**电子信箱：goff@ms. xjb. ac. cn**
**xjgi@ms. xjb. ac. cn**
**网　　址：http://www. egi. ac. cn**

中国科学院新疆生态与地理研究所（以下简称“新疆生地所”）成立于1998年7月7日，由中国科学院新疆生物土壤沙漠研究所（1961年成立）和中国科学院新疆地理研究所（1965年成立）合并而成。

2012年，研究所围绕“一三五”规划的制定，即立足新疆，面向中亚，放眼世界干旱区，在新疆新增百亿方水资源的关键技术及应用、中亚成矿域地质成矿机理与斑岩矿探测、中亚干旱区千万平方公里生态监测与生态系统管理3个研究领域实现重大突破。重点培养新疆城镇生态建设与工矿区生态修复、干旱区污染修复与废弃物利用、干旱区生物多样性保育与流域生态农业模式、特殊功能基因发掘与新品种培育、新疆自然灾害预警与应急管理5个研究方向。

新疆生地所建有荒漠与绿洲国家重点实验室，中国科学院干旱区生物地理与生物资源重点实验室，国家荒漠-绿洲生态建设工程技术研究中心，中国科学院与自治区政府共建的中国科学院新疆矿产资源研究中心；根据“一三五”规划的部署，下设8个研究室；与美国加州大学河滨分校、美国内华达大学共建了国际干旱区生态研究中心，日本静冈大学共建了中日干旱区生态研究中心，与德国国防大学、澳大利亚科工组织、中亚五国以及毛利坦尼亚、卢旺达共建了干旱区水与生态研究中心，在国际上建立了6个研究基地。

新疆生地所现有9个野外台站，即新疆阜康荒漠生态系统国家野外科学观测研究站、新疆阿克苏农田生态系统国家野外科学观测研究站、新疆策勒荒漠草地生态系统国家野外科学观测研究站（上述3个为国家野外观测站）、中国科学院吐鲁番沙漠（植物园）研究站、中国科学院塔克拉玛干沙漠特殊环境研究站、巴音布鲁克草原生态站、莫索湾沙漠研究站、木垒野生动物生态监测实验站、伊犁河流域生态系统研究站。另有文献信息中心、标本馆等科研支撑平台。

截至2012年底，新疆生地所共有在职职工365人。其中科技人员331人、科技支撑人员60人，包括研究员及正高级工程技术人员59人、副研究员及高级工程技术人员81人；全所进入创新岗位151人。共有“千人计划”入选者2人（新增2人），“青年千人计划”入选者3人（新增3人）；中国科学院“百人计划”入选者17人（新增5人），“西部之光”人才入选者39人（新增12人）；国家杰出青年科学基金获得者2人（新增1人）。

新疆生地所是1983年国务院学位委员会批准的博士、硕士学位授予权单位之一，现设有地理学、生态学2个专业一级学科博士研究生培养点，有自然地理学、人文地理学、地图学与地理信息系统、植物学、生态学5个二级学科博士研究生培养点，有自然地理学、人文地理学、地图学与地理信息系统、植物学、生态学、环境科学、水土保持与荒漠化防治、环境工程、测绘工程、生物工程10个专业一级（或二级）学科硕士研究生培养点，并设有地理学、生物学、生态学等三个专业一级学科博士后流动站，共有在学研究生362人（其中硕士生201人、博士生161人），在站博士后29人。

2012年，新疆生地所在研项目308项（包括新增项目110项）。其中，主持国家重点基础研究发展计划（973计划）项目2项、承担973课题9项（新增1项）；主持国家科技支撑计划项目1项、承担国家支撑计划课题8项（新增1项）；承担科技部基础性工作专项2项（新增2项）；承担国家级其他类型项目20项（新增5项）；承担国家自然科学基金重大研究计划重点项目1项；承担国家自然科学基金重点项目3项（新增1项）、面上基金78项（新增37项）；承担中国科学院战略性先导科技专项课题4项；承担院“西部之光”项目39项（新增12项）；承担院其他项目37项（新增10项）；承担自治区及其他省部级项目24项（新增12项）；承担院地合作项目43项（新增23项）；主持科技部国际科技合作项目5项（新增2项），承担国际合作课题24项（新增1项）；承担研究所自主部署项目16项（新增3项）。

2012年，新疆生地所共有4项科技成果通过鉴定。“玛纳斯河流域生态经济功能区划及生态损益补偿研究”提出了适宜于干旱、半干旱荒漠生态系统生态恢复与重建的生态补偿机制。“中亚增生造山演化与成矿预测应用研究”阐明了中亚成矿域内生矿产成矿规律与动力学机制，建立了中亚金属矿床成矿模式和找矿模型，在新疆圈定了5个大的战略性矿产资源靶区。“塔里木河流域适应气候变化的水热调节技术研究与示范”针对塔河流域气候变化影响关键科学问题，建立了山区水库代替平原水库联合调节技术、绿洲地表水—地下水联合开发技术、膜下滴灌的作物立体种植模式等大型原位可控的技术示范基地。“新疆天山自然遗产价值与保护管理研究”，以全球视野和联合国世界遗产委员会申遗指南和最高标准，提出了新疆申报世界自然遗产战略，确定了新疆天山优先申报策略。

全年发表论文535篇，其中SCI论文147篇，出版学术专著7部；申请专利45项，授权专利25项。获自治区科技进步奖7项，其中一等奖3项，二等奖1项，三等奖2项，突出贡献奖1项。

新疆生地所国际交流与合作总量为164批498人次，其中派遣出访79批206人次，接待来访85批292人次，交流国别涉及37个国家和地区。出访中，中亚49%。组织召开8个国际和双边学术研讨会，派出参加18个国际学术会议。引进4位“外国专家特聘研究员”，1位“外籍青年科学家”，招收2名外籍博士生。外国专家特聘研究员Geoffrey Wall教授获新疆“天山奖”。

2012年，新疆生地所承担的科技部重点合作项目“中非荒漠化防治合作研究”，初步掌握了毛里塔尼亚首都圈和外围区域的沙漠化现状，在试验示范点布置了防风固沙网格，编制了基础地理图、卫星影像图和首都圈土地利用分类图及沙漠化状况图等；科技部国际科技合作专项“垂直带生态系统对气候与土地利用变化的响应与适应”，派出3位博士赴新西兰土地保护中心进行模型构建、土壤呼吸系统的测试仪构造、安装、测试、分析等技术的学习。新西兰10人来疆开展动植物多样性、垂直带植被等的联合考察、研究工作；德国联邦教育与研究部（BMBF）项目“中德塔里木河流域绿洲可持续管理”，与德方签署了共建“中德干旱区生态系统管理与环境变化研究中心”的合作协议；与德国卡塞尔大学、蒙古国立大学联合承担的由国际农业发展基金会资助项目“应对阿勒泰—准噶尔区域土地利用强度增加、水资源减少的国家研究能力和政策发展战略支撑”获批并启动。

新疆生地所是新疆土壤肥料学会、新疆地理学会、新疆植物学会、新疆科学探险协会、新疆自然资源学会的挂靠单位；承办的英文刊物有《干旱区科学》（*Journal of Arid Land*），是新疆第一个SCI学术刊物；中文刊物有《干旱区研究》和《干旱区地理》，以及同名在国内发行的维文版刊物；拥有国家甲级水文水资源调查评价资质证书、国家乙级环评资格证书、国家乙级测绘资质证书、国家乙级旅游规划设计资质证书、乙级土地定级估价证书、农林行业（营造林）乙级工程设计证书。

（撰稿：张向军　蒋慧萍　审稿：陈　曦）

# 山西煤炭化学研究所

**所　　长：王建国**
**地　　址：山西省太原市桃园南路27号**
**邮政编码：030001**
**电　　话：0351-4041627**
**传　　真：0351-4041153**
**电子信箱：dangzb@sxicc.ac.cn**
**网　　址：http://www.sxicc.cas.cn**

中国科学院山西煤炭化学研究所（以下简称“山西煤化所”）成立于1954年10月15日，其前身是中国科学院煤炭研究室。1961年，煤炭研究室扩建为中国科学院煤炭化学研究所并迁往太原。1978年9月更名为中国科学院山西煤炭化学研究所并沿用至今。

山西煤化所的发展战略是：以满足国家能源战略安全、社会经济可持续发展及国防安全的战略性重大科技需求为使命，以协调解决煤炭利用效率与生态环境问题和重点突破制约国家战略性新兴产业发展的材料瓶颈为目标，围绕煤炭清洁高效利用和新型炭材料制备与应用开展定向基础研究、关键核心技术和重大系统集成创新，建设在国际相关领域具有重要影响力的现代化专业研究所。

山西煤化所主要学科方向为：煤化学和化工、催化化学与工程、新型炭材料和化学反应工程。主要研究煤基合成液体燃料、煤气化过程的集成优化、燃煤污染控制、能源环境新材料、高性能炭材料、煤深加工及下游产品、精细化工、超临界化工及萃取、特种气体制备及净化等。

“十二五”期间，山西煤化所以“创新2020”和“一三五”规划组织实施为契机，着重抓好中国科学院战略性先导科技专项落实，继续围绕科技自主创新和高新技术产业化两条主线，稳步推进能源、材料及化工等领域技术研发及产业化进程，继续为我国含碳资源高效洁净利用提供核心技术和解决方案，不断为国家能源安全和可持续发展做出重大贡献。

山西煤化所现拥有包括煤转化国家重点实验室、煤炭间接液化国家工程实验室、碳纤维制备技术国家工程实验室以及山西煤化工技术国际研发中心在内的4个国家级研发单元；中国科学院炭材料重点实验室、山西粉煤气化工程研究中心两个院、省级研发单元和应用催化与绿色化工实验室所级研发单元；与山西晋煤集团正在共建一个国家级研发单元——粉煤气化关键工艺及技术国家地方联合工程研究中心。全所设有战略研究与工程咨询、化工过程设计、环境影响评价、所级公共技术服务以及文献网络中心5大支撑系统。文献网络中心现有图书期刊20余万册，所级公共技术服务中心拥有大型仪器设备24台（套）。

截至2012年底，山西煤化所共有在职职工588人。其中科技人员368人、科技支撑人员85人，包括中国科学院院士1人、研究员及正高级工程技术人员60人、副研究员及高级工程技术人员130人。现有“千人计划”入选者2人；中国科学院“百人计划”入选者10人（新增1人）；国家杰出青年科学基金获得者2人。设有化学1个专业一级学科博士后流动站，在站博士后3人。

山西煤化所是1981年国务院学位委员会批准的首批博士、硕士学位授予权单位之一，现设有化学、化学工程与技术、材料科学与工程3个一级学科博士、硕士研究生培养点，物理化学、无机化学、有机化学、化学工程、化学工艺、生物化工、应用化学、工业催化、材料物理与化学、材料学、材料加工工程11个二级博士、硕士研究生培养点，环境工程、化学工程、材料工程3个全日制专业硕士学位培养点，共有在学研究生305人（其中硕士生135人、博士生170人）。

2012年，山西煤化所共有在研项目317项（包括新增项目128项）。其中，主持国家重点基础研究发展计划（973计划）项目首席1项、承担课题3项（新增1项）、子课题9项、计划前期研究专项2项（新增1项），承担国家高技术研究发展计划（863计划）项目5项（新增4项），国家科技支撑项目2项，国家重大科学仪器专项计划子课题1项；主持国家自然科学基金面上项目10项（新增8项）、国家自然科学基金青年基金18项（新增8项）、国家基金联合基金1项、国家基金专项基金1项、国家基金国际（地区）合作与交流项目1项；承担中国科学院战略性先导科技专项课题18项，院地合作项目57项（新增10项）。

2012年，山西煤化所科研工作取得了新进展。“年产16万吨铁基F-T合成油浆态床工业示范装置”实现“安稳长满优”运转，正在进行百万吨级煤制油项目基础设计；建成了万吨级褐煤分级液化中试装置，打通工艺流程；灰熔聚气化技术成功应用于劣质煤制燃料气，云南文山铝业3台气化炉正式投产，生产指标达到设计要求；完成了2.5 MPa加压灰熔聚流化床煤气化和2.0 MPa加压复合流化床技术中试研究；完成了干法一体化脱除烟气多种污染物中试用炭基催化剂制备，进行了工业中试移动床装置的调试和运行；完成了煤焦油加氢百吨级中试试验装置和催化剂中试工作，开发出符合中试工艺技术要求的煤焦油催化加氢专用催化剂和10万吨/年示范工程的工艺软件包；全年累计生产粗苯加氢精制技术预加氢催化剂和主加氢催化剂105吨，完成六套装置催化剂的装填、硫化和开车任务，并生产出合格产品；完成了 C4-C7 加氢吸附脱硫、脱烯烃芳烃技术的开发，国际上首次成功应用于工业装置；实现了合成气制低碳醇技术催化剂吨级工程制备放大，千吨级工业侧线装置正在建设中；完成了钴基费托合成催化剂的生产及含氧煤层气脱氧催化剂的定型；煤制乙醇关键技术配套催化剂与工艺、低成本石墨烯制备、纳米碳化硅制备等技术研究都取得一定进展。

2012 年，山西煤化所共发表期刊论文 260 篇，被 SCI 收录 190 篇，EI 收录 121 篇。获授权专利 61 项。“高效一氧化碳低温氧化催化剂与工艺”获山西省科学技术奖自然科学类二等奖；“一种酚醛树脂基微球的制备技术”获山西省科学技术奖技术发明类二等奖；“灰熔聚流化床劣质无烟煤粉煤气化技术开发与工业示范”获山西省科学技术奖科技进步二等奖。

2012 年，山西煤化所院地合作工作进一步深化，取得了丰硕的成果。全年与企业签订横向合同 45 项，合同总金额 16516.80 万元。

2012 年，山西煤化所以山西煤化工技术国际研发中心为载体，依托山西省国家科技合作基地，坚持分层次、有重点地开展合作。全年共计来访 50 人次、出访 31 人次。与韩国能源研究所签署了合作协议“ICC-KIER 合作备忘录”；获批一项山西省国际科技合作计划项目“中加合作燃煤烟气污染物干法脱除的炭基催化剂研究”；由国家自然科学基金委员会、英国工程与自然科学研究理事会共同资助的“用于 IGCC 过程中 CO2 捕获的下一代高性能活性炭吸附剂的研制”项目进展顺利。

山西煤化所主办有《燃料化学学报》和《新型炭材料》等刊物。根据《中国学术期刊影响因子年报》统计数据，《燃料化学学报》2011 年期刊影响因子为 0.963，居化学工程类期刊第一名；根据 JCR（SCI 的《期刊引证报告》）统计数据，《新型炭材料》2011 年期刊影响因子为 0.914，在 SCI 收录的中国材料类期刊中排名第一位。两刊均被中国科学文献计量评价研究中心评为 2012 年度中国最具国际影响力学术期刊。

（撰稿：熊志建　王　军　审稿：李晶平）

# 学校及公共支撑单位

## 中国科学院大学

校　　长：白春礼（兼）
地　　址：北京市石景山区玉泉路19号（甲）
邮政编码：100049
电　　话：010-88256030
传　　真：010-88256006
电子信箱：po@ucas. ac. cn
po@ucas. edu. cn
网　　址：http://www. ucas. ac. cn
http://www. ucas. edu. cn

中国科学院大学（以下简称“国科大”）是国家教育部正式批准成立的一所以研究生教育为主的科教融合、独具特色的新型高等学校。国科大的前身是中国科学院研究生院，成立于1978年，是经党中央国务院批准创办的新中国第一所研究生院。2012年9月正式更名为中国科学院大学。

国科大依托中国科学院各研究所的高水平科研优势和高层次人才资源，形成了由京内4个校区、京外5个教育基地和分布全国的117个研究所组成“大学校”。学校实行“统一招生、统一教育管理、统一学位授予”和“院所融合的领导体制、师资队伍、管理制度、培养体系”；完善了在集中教学校区完成为期一年的集中课程教学、进入研究所跟随导师在科研实践中开展课题研究并完成学位论文的“两段式”培养模式；形成了以国科大为平台和形象、以研究所为基础和延伸的完整教育体系。国科大校部设有数学科学学院、物理学院、化学与化工学院、材料科学与光电技术学院、地球科学学院、资源与环境学院、生命科学学院、计算机与控制学院、电子电器与通信工程学院、管理学院、人文学院、外语系、工程管理与信息技术学院、科技管理学院、中丹学院以及中国科学院虚拟经济与数据科学研究中心、科技资源管理研究中心等教学科研机构。

2012年，国科大进一步明确各基础学院的教育管理职能，制定并发布《中国科学院大学基础学院工作条例（试行）》，聘请中国科学院院士和知名学者担任学院院长，组建院务委员会，充分发挥院务会的作用，发挥基础学院在教学组织、管理、实施中的龙头和枢纽作用。启动专业院系的设置工作，制定并发布《中国科学院大学关于专业院系设置的指导意见》，面向中国科学院各研究所，设立专业学院、专业系，着手打造全院教育的统一格局。

2012年，国科大全面贯彻党的教育方针，深入贯彻落实科学发展观，以进入实施“创新2020”新阶段和落实“十二五”规划纲要为着手点，认真贯彻中国科学院“三位一体”的战略要求，积极探索“院所融合”，推进教育体制机制改革，进一步提升教育培养质量，各项工作取得新进展。

2012年，国科大校部有在职职工711人。其中教学科研人员354人，包括中国科学院院士3人、教授133人、副教授150人；管理支撑人员330人。有中国科学院“百人计划”入选者28人；“国家杰出青年科学基金”获得者4人，国家海外高层次人才引进计划（“千人计划”）入选者3人。设有物理学等9个专业一级学科博士后流动站，有在站博士后102人。

2012年，国科大共有研究生指导教师11526名（来自中国科学院所），其中博士生导师5759名。

2012年，国科大在学研究生39 591人，其中博士研究生19 402人，占49%，硕士研究生20 189人，占51%；毕业研究生8593人，其中博士毕业4880人；硕士毕业3713人，授予4951

人博士学位、4305 人硕士学位；在学外国来华留学生 272 人，在学港澳台学生 50 人；外国来华留学生毕业 20 人，结业 11 人，港澳台学生毕业 2 人。国科大迄今已累计授予 99 700 名研究生硕士、博士学位。

2012 年，国科大有 117 个研究所招收研究生，共录取研究生 7598 人。其中，博士招生专业涵盖哲学、教育学、理学、工学、农学、医学、管理学 7 大学科门类的 37 个一级学科共计 145 个专业，共录取 5800 名，其中普通招考录取 2197 名，硕博连读 3284 名，直博生 300 名，工程博士 19 名。学术型硕士招生专业涵盖哲学、经济学、法学、教育学、文学、理学、工学、农学、医学、管理学 10 大学科门类的 51 个一级学科共计 167 个专业，共录取 5855 名，其中普通招考 3813 名，推荐免试生 2042 名。硕士专业型招生专业涵盖应用心理、翻译、工程、农业推广、药学、工商管理、工程管理硕士 7 个专业学位类别 30 个招生专业领域，录取专业学位硕士研究生 1734 名，其中普通招考 1361 名，推荐免试生 373 名。合计录取硕士研究生 7589 名。

2012 年，国科大授予学位 9256 名，其中授予博士学位 4951 名，硕士学位 4305 名，其中哲学 22 名，经济学 5 名，法学 6 名，文学 22 名，理学 4924 名，工学 2932 名，农学 101 名，管理学 192 名，专业学位 1052 名。授予学术型学位 8204 名，其中学术型博士 4951 人；学术型硕士 3253 人，授予专业学位硕士 1052 人。

2012 年，国科大新增 3 个自主设置学科，保留 27 个自主设置学科；撤销 17 个自主设置学科。截至 2012 年底，国科大共有博士学位授权一级学科点 39 个，分布在教育、理、工、农、医、管理 6 个学科门类；硕士学位授权一级学科点 53 个，分布在哲学、经济学、法学、教育、文学、理、工、农、医、管理 10 个学科门类，覆盖了 54 个一级学科。此外，国科大还拥有应用统计、应用心理、翻译、工程、农业推广、药学、工商管理、工程管理 8 类专业学位授权点。国科大共 30 个自主设置学科，其中 3 个交叉学科，27 个目录外二级学科，覆盖 19 个一级学科。

2012 年，国科大完成新建研究所等培养点增列工作，共新增一级学科博士培养点 1 个、一级学科硕士培养点 2 个和 4 个全日制工程硕士培养点。撤销全日制工程硕士培养点 25 个。组织开展 2012 年度 69 个学科培养点评估工作；抽取学位论文 246 篇；启动校级一级学科简介编写工作，组织完成 128 个单位 176 个一级学科培养点、261 个二级学科培养点的学科简介的编写工作。

2012 年，国科大继续深化教育教学改革，启动组建国科大新一届教学委员会工作，提出国科大教学改革方案。进一步优化课程体系，适当提高部分难度过大、课堂内容浓缩性强课程的学分，进一步优化学生课内外学时比。更新教学内容，强化提高讨论课、实验课、文献阅读课的开设质量。开展教学研究活动，加强教学经验交流。组织青年教师岗位培训，开展教学研讨及教学观摩活动，培育良好的教育教学研究氛围。促进交叉学科建设，开展跨学科学术交流会，提高教师的学术水平。

2011～2012 学年共开设课程 1568 门，其中秋季学期 639 门，春季学期 668 门，夏季学期 261 门。另外，开设文献阅读课 12 门，高级强化课 98 门，系列讲座 116 门。2011～2012 学年参加公共必修课程学习的博士研究生 1029 人次；284 名学生参加“跨学科课程兼修计划”学习。2012～2013 学年共计 5516 位一年级全日制硕士生参加集中教学的学习。继续完善实验教学体系，依托北京集中教学园区的 17 个教学实验室，2011～2012 学年共开设实验课 41 门，选课人数 1771 人次。视频课程资源累计 1802 门，通过“空中课堂”累计发布视频课程 1157 门，用户数累计达 14 万人，访问量达 362 万余人次。2012 年度，按学科对课程进行团组式督导、督察 144 门；评选出 2011～2012 学年校级优秀课程 49 门、院系优秀课程 69 门、夏季学期优秀教学组织单位 7 个和夏季学期课程特别奖 4 门。完成首批精品课程中期考核工作。启动“精品数字课程”建设项目。国科大在 2010～2011 学年春季学期试点的基础上，2011～2012 学年秋季学期全面实施研究生思想政治理论课程统筹改革。对政治课程的授课内容、授课形式、组织方式等进行改革，强化学生在教学中的主体作用，增加社会调查等实践内容，将思想政治理论课与学生的思想政治工作和学生日常管理有机结合，得到绝大多数学生的肯定和好评。

2012年，国科大校部共有在研项目994项（包括新增项目302项）。其中，主持国家重大科技专项课题1项，主持国家重点基础研究发展计划（973计划）课题3项，主持国家高技术研究发展计划（863计划）项目1项，主持国家科技支撑项目课题1项（新增1项），主持国家公益性行业专项课题1项（新增1项），主持科技部国际合作项目1项（新增1项）；主持国家自然科学基金重点项目11项，面上项目116项（新增45项），国家杰出青年科学基金项目3项（新增1项），国家自然科学基金重大研究计划重点项目1项；主持中国科学院战略性先导科技专项课题1项。2012年，共申请专利22项，获得发明专利授权5项；申请软件著作权登记5项，获得软件著作权登记2项；5项专利获得北京市知识产权局的专利资助金。国科大2011年度发表SCI-E论文318篇，EI期刊论文214篇，CPCI-S论文80篇，中国科技论文与引文数据库论文378篇。申报北京市科技进步奖2项，其他省部级奖1项，国家自然科学奖1项。完成了2011年修购项目的验收工作，完成2012年修购项目（845万元）执行工作，2013年修购项目已获批复。

2012年，国科大与英国阿伯丁大学、澳大利亚墨尔本大学、新西兰奥克兰大学、巴基斯坦国家科学技术大学等高校签署和续签合作协议5项；申报并立项2013年度国际会议5项；成功申请“爱因斯坦讲席教授计划项目”4项、“外国专家特聘研究员计划项目”4项；申请“外籍青年科学家”计划项目1项；成功申报国际组织任职人员出国参加国际会议资助项目1项。因公派出211批254人次，接待境外来宾187批357人次。国科大首次被纳入到国家高水平大学公派研究生项目高校名单之列，有196名学生被国家留学基金委录取；有65名学生入选中欧联合培养博士研究生计划；12名学生赴美参加第八届国际学生论坛；9名学生入选国科大与格里菲斯大学联合培养博士生项目；25位学生获得2012年中国科学院大学——必和必拓奖学金。

2012年，国科大启动“科教结合协同育人”系列行动计划，组织18个暑期学校/夏令营，来自全国208所高校的2160名学生参加；组织10个学科的学术论坛。组织实施大学生科研实践计划，2155名高校大学生参加，184所高校的1000名优秀大学生获中国科学院大学生奖学金。

国科大充分发挥学校的办学优势，整合中国科学院的科技与人才资源，不断提升科技创新、管理能力，与各地方单位、高校积极合作，搭建合作平台，共创合作机会，完成了各类人员多层次的培训，并促进科研成果的转移转化。2012年，面向社会各阶层举办各类培训班71个，培训对象包括科研院所领导、科技中小型企业领导、项目经理、高层管理人员、专业技术人员等9526人次；为新疆地方培养在读硕士生59名、在读博士生15名；与海安软件科技园区建立“海安物联网应用示范基地”，与国务院国有资产监督管理委员会研究中心建立“国资企业联合学院”，与中国葛洲坝集团公司建立“中国科学院大学葛洲坝培训基地”三个共建基地。

国科大雁栖湖校区建设进展顺利，西区预计2013年9月1日正式投入使用，东区预计将在2014年秋季入学投入使用。随着新校区建设的逐步完成，国科大将为广大师生创造更好的学习科研环境。

国科大主办有《中国科学院大学学报》、《自然辩证法通讯》、《管理评论》和《工程研究》4个公开发行的学术期刊以及内部刊物《国科大》。

（撰稿：李　莉　李岳坦　审稿：苗建明）

## 中国科学技术大学

**校　　长：侯建国**
**地　　址：安徽省合肥市金寨路96号**
**邮政编码：230026**
**电　　话：0551-63602184**
**传　　真：0551-63631760**
**电子信箱：tzliu@ustc.edu.cn**
**网　　址：http://www.ustc.edu.cn**

中国科学技术大学（以下简称“中国科大”）1958年9月创建于北京，1970年迁至安徽合肥，是中国科学院所属的一所以前沿科学和高新技术为主、兼有特色管理和人文学科的综合性全国重点大学。

截至2012年底，中国科大有专职教研人员1520人。其中中国科学院和中国工程院院士38人，发展中国家科学院院士11人，教授（含研究员、教授级高级工程师）522人，副教授（含副研究员、高级工程师、高级实验师）668人，博士生导师505人，国家“千人计划”入选者36人、“青年千人计划”入选者69人，教育部长江学者33人，中国科学院“百人计划”139人，国家杰出青年基金获得者84人，国家级教学名师7人。

现有15个学院、30个系，以及研究生院等系、部、研究中心，在上海、苏州分别设有研究院，在北京设有教学管理部。有6个国家理科基础科学研究和教学人才培养基地、1个国家生命科学与技术人才培养基地，8个一级学科国家重点学科，27个一级学科博士学位授权点，4个二级学科国家重点学科，2个国家重点培育学科，20个安徽省重点学科。同时还拥有MBA、EMBA、MPA、金融、应用统计、工程管理、工程硕士（18个领域）、工程博士（2个领域）等专业学位授权点。建有国家同步辐射实验室、合肥微尺度物质科学国家实验室（筹）、火灾科学国家重点实验室、核探测技术与核电子学国家重点实验室、语音及语言信息处理国家工程实验室等10个国家级科研平台和38个省部（院）级重点科研机构。

现有本科生7170人，博士研究生2593人，科学学位硕士研究生4744人，专业学位硕士研究生4558人，另有中国科学院代培生1000余人。

校园总面积约165万 $m^2$，建筑面积104万 $m^2$，拥有资产总值12.7亿元的先进教学科研仪器设备，图书馆藏书197.1万册，已建成国内一流水平的校园计算机网络和若干高水平科研、教学公共实验中心。

2012年，中国科大继续坚持“全院办校、所系结合”，坚持“规模适度、特色鲜明、结构合理、质量优异”，坚持“学术优先、以人为本、科学管理、协调发展”，在“一三五”创新发展工作思路的指引下，全校师生员工紧紧围绕“改革、创新、发展”的战略主题和“育人、引人、用人”的办学主线，凝心聚力、开放协同，推进实施“十二五”规划，各项事业保持了良好的发展势头，人才培养质量、科研创新能力和队伍建设水平得到了进一步提升。

2012年，中国科大抓住国家推动“科教协同”、中国科学院构建“三位一体”发展架构、区域建设“大城名校”等各种发展机遇，通过开放协同做好谋篇布局，不断提升学校的办学水平和核心竞争力。3月2日，中国科学院院长办公会通过了“合肥物质科学技术中心”建设方案；3月13日，与安徽省立医院在北京签署全面战略合作框架协议，决定联合成立转化医学研究中心；7月28日，按照“省院合作、市校共建”的原则，省、院、市、校四方共同成立了中国科学技术大学先进技术研究院，并作为重要内容纳入到新一轮省院全面科技合作协议和市校全面战略合作协议中；加快一批“2011协同创新平台”建设，分别与国内外有关高校和科研院所共建了“量子信息与量子科技前沿协同创新中心”、“先进核聚变能和等离子体科学协同创新中心”等。

2012年，中国科大顺利通过国家“211工程”三期建设验收，各项指标均居全国高校前列；“985工程”三期建设进展顺利，计划总体执行情况和任务完成情况良好，各项建设工作取得了阶段性成果。

在人才培养方面，继续推进实施“科技英才班”的各项工作，目前已有201人顺利毕业，国内外深造率达92%，在读学生共计1047人，约占在校本科生人数的15%；继续实施“三学期”制，共开设课程71门，选修人数达到2983人次，有近700名本科生参加了大学生研究计划。

通过少年班、创新试点班、保送生、自主招生等形式录取了一大批优质生源，生源质量继续保持全国高校前列；新增优质生源基地中学24个，基地总数已达到49个。积极创新研究生招生形式，研究生生源质量稳步提高。2013年研究生报考人数达到11 000人，比2012年增长了

12.5%；接受的推免生人数比 2012 年增长了 16.4%。

新增 2 项教育部创新支持计划，全年批准立项创新计划共 160 项；获批 3 个“国家级工程实践教育中心”，探索建立与行业企业联合培养高层次应用人才的新机制。1 篇论文入选全国百篇优秀博士论文，14 篇论文获得提名奖，百篇优博论文总数已达 40 篇，并列全国高校第 5 名；16 篇论文入选中国科学院优秀博士论文，获奖论文总数达到 94 篇，居院属各单位之首；25 名博士生获得“国家级学术新人奖”，91 名博士生和 215 名硕士生获得首届“研究生国家奖学金”。全年累计授予 668 人博士学位、2207 人硕士学位、1680 人全日制本科学位。毕业生就业率和深造率继续保持较高水平。

在师资队伍建设方面，新聘院士 5 人，新增“长江学者”3 人、“国家杰青”8 人，引进“千人计划”11 人、“百人计划”13 人、其他各类人才 26 人；聘请“大师讲席”和“大师讲席Ⅱ”各 4 人；新增“青年千人计划”30 人，在前三批国家“青年千人计划”评选中，中国科大共有 55 人入选，名列全国高校第一；第四批“青年千人计划”评选中，有 14 人入选公示名单，并列全国高校第一；5 位教师入选国家首批“青年拔尖人才支持计划”。目前，高层次人才占教师总数的 24%。

在平台建设方面，国家同步辐射实验室光源升级改造工程实施顺利，预计 2013 年底开始试运行；与合肥物质科学研究院共建的国家大科学工程稳态强磁场实验装置运行稳定；与中国科学院高能物理研究所共建的核探测与核电子学国家重点实验室正式揭牌；与科大讯飞共建的语音及语言信息处理国家工程实验室建设进展顺利。此外，还新增中国科学院电磁空间信息重点实验室、空间信息处理与应用系统技术重点实验室两个省部级科研平台。

在学科建设方面，有数学、物理、化学、材料、工程、地学、生物/生化、临床医学、环境/生态、计算机 10 个学科进入 ESI 世界前 1% 学科领域，其中数学、物理、化学、材料、工程 5 个学科排名世界前 100，数量居全国高校第四；数学、物理、材料、工程、地学 5 个学科论文篇均被引次数超过世界平均水平，并列全国高校第一。

在科学研究方面，据中国科学技术信息研究所统计，2011 年以第一作者机构发表 SCI 收录论文 1663 篇，其中，“表现不俗”论文比例已连续 4 年保持 C9 高校第一；2002～2011 年发表的 SCI 论文篇均引用率达 9.81 次，继续保持全国高校第一；2012 年，在 CNS 上共发表论文 9 篇，在 *Nature* 子刊发表论文 16 篇，“自然出版指数”为 9.46，再次名列全国高校第一。2012 年国家自然科学基金获批经费首次突破 3 亿，在国内高校中名列前茅；新增 1 个国家自然科学基金委创新研究群体和 2 个教育部创新团队；共牵头承担国家重大科技专项、重大科学研究计划、ITER 计划、863 计划、国家自然科学基金、中国科学院战略性先导科技专项及重点部署项目等千万元以上重大项目 15 项；共获得国家自然科学奖、教育部高校自然科学奖和安徽省科技奖等各类重要科技奖励 18 项，其中国家自然科学二等奖 3 项；申请专利 307 件，获得授权专利 186 件，连续四年获得中国专利奖。

在国际交流方面，共签署海外合作协议 30 项，140 名本科生参加海外名校交流项目，89 名研究生赴国外进行联合培养和攻读博士学位，222 名研究生参加境内外的国际会议。

2012 年，中国科大有参股控股企业 24 家，提供就业岗位约 6350 个，年度参控股企业总销售收入 48.39 亿元，利税总额 8.77 亿元，其中缴纳各类税金 2.48 亿元。

中国科大是中国物理学会同步辐射专业委员会、中国自动化学会仿真专业委员会等 24 个学会的挂靠单位。主办的学术刊物有《中国科学技术大学学报》、《火灾科学学报》、《低温物理学报》、《化学物理学报》、《实验力学》、*Cellular & Molecular Immunology* 等。

（撰稿：刘天卓　牟　玲　审稿：陈晓剑）

## 中国科学院计算机网络信息中心

**主　　任：黄向阳**

**地　　址：北京中关村南四街四号**

**邮政编码：100190**
**电　　话：010-58812280**
**传　　真：010-58812290**
**电子信箱：webmaster@cnic.cn**
**网　　址：http://www.cnic.ac.cn**

中国科学院计算机网络信息中心（以下简称“网络中心”）成立于1995年4月，是中国科学院信息化持续建设、运行与服务的支撑单位，国家互联网基础资源的运行管理机构，先进网络与高端应用技术的研发基地，国内外先进科技网络的重要组成部分。

网络中心以中国科技网的发展、e-Science的环境建设与应用示范、ARP的运行维护和应用支持、中国互联网基础资源的管理等为支撑服务的主要方向，结合中国科学院信息化应用的需要，组织其他重点项目的建设。主要围绕着先进网络基础设施建设、高效能超级计算机基础设施建设、海量数据应用环境、管理信息化应用支撑环境、国家互联网基础资源服务环境推动信息化支撑环境的发展；围绕着创新信息化增值服务、创新知识服务推动信息化服务的发展；围绕着互联网技术研究与创新、先进计算技术的研究创新推动技术创新和引领领域发展。

现有7个业务中心和2个支撑部门。7个业务中心包括中国科技网网络中心、科学数据中心、超级计算中心、e-Science应用推进总体组、ARP运行支持中心、网络科普教育中心和中国互联网信息中心（CNNIC）。2个支撑部门包括：整体运维支撑中心和期刊编辑部。同时，面向中心成立了对外投资管理的资产经营公司北京中科北龙科技有限责任公司，负责科技成果转移转化，下设北龙中网（北京）科技有限责任公司、北京北龙超级云计算有限责任公司、北龙泽达（北京）数据科技有限公司、北京北龙云海网络数据科技有限责任公司、北京中科希望软件股份有限公司、北京中科互联优势数据科技有限公司。

截止到2012年底，现有正式在职职工668名，在岗职工硕士以上学历占59%。其中，正高级专业技术人员18名，副高级专业技术人员153名。

网络中心设有计算机科学与技术一级学科博士培养点，下设计算机软件与理论、计算机系统结构、计算机应用技术二级学科培养点；拥有计算机技术、软件工程全日制专业型硕士研究生培养点。共有在读研究生165名，其中博士生30名，硕士生135名。

2012年，网络中心共有在研项目194项包括新增项目96项）。其中973计划项目（课题）4项（新增2项），863计划项目（课题）4项（新增1项），国家自然科学基金项目（课题）11项（新增5项），国家支撑计划项目4项（新增3项），国家科技基础条件平台项目（课题）8项，国际合作项目2项（新增1项），国家发改委项目（课题）10项（新增4项），财政部修购专项项目2项（新增1项），国家其他项目（课题）11项（新增12项）。承担院知识创新重要方向项目2项，院先导专项课题5项（新增2项），院信息化专项项目42项（新增30项），院其他项目15项（新增9项）。与地方和单位合作项目39项（新增10项）。设立所级项目39项（新增16项）。

网络中心紧密围绕国家重大需求开展科研工作，以科研信息化和管理信息化手段助推中国科学院“创新2020”发展战略的实施。中国科技网完成IPv6全面升级工作，开通2.5G中欧科研网络连接，与中国教育网（CERNET）互联互通带宽升级至22G。中国科学院邮件系统用户数超过17万。研发Duckling云管理平台，发布“科研在线”系列云服务产品，其中国际会议平台服务了75%以上院内研究所。中国科学院超级计算环境三层架构由超级计算总中心、8家地区分中心、17家所级中心、11家GPU单位的计算系统共同组建而成。对外提供机时服务2000多万CPU小时，服务用户数近200个，已封装网格应用80多个。先后协助中国科学院力学研究所、中国科学院紫金山天文台、北京搜狗信息服务有限公司等单位完成多项大规模数据可视化处理与分析任务。e-Science应用推进总体组积极推进CNGI项目5个应用示范——青海湖、黑河、e-VLBI、上海光源和ChinaFLUX的软硬件环境建设和研发工作。科学数据中心依托CNGI“先进科研信息化基础设施建设”项目和“科技数据资源整合与共享工程”，完成了12个分院区域部署建设分布式海量存储环境，与13家合作伙伴达成共识，存储总容量达13PB，用户存储数据每月净增约30TB，已使用存储空间1.8PB。科学数据库全年访问下载量165TB、访问量超过1500万人次。ARP系统在中国科学院实施十周年，上线单位已达132家。系统获中国电子政务十年发展最佳实践评选活动“管理创新类奖”。中国科学院网站在中国政府网站综合影响力评估中，中文版连续第四次获得“优秀奖”，英文版也首次“优秀奖”。网络科普教育中心加快推动科普云和科研培训云业务发展，圆满完成2012年运维项目任务，正式发布中国科学院科研培训云服务平台。网络化科学传播平台访问量持续提升，日均访问量达225.56万，全年累计页面访问量82327.89万，其中中国科普博览日均访问量达到22.29万，全年累计页面访问量8135.8万。CNNIC截至2012年底，国家CN域名注册总量达到7 503 733个，中文域名注册总量为283 484个，中国反钓鱼网站联盟累积处理钓鱼网站26 672个；正式成立IPv6开放交换和应用验证中心，成功申办ICANN第46届大会以及APNIC第36次会议。

积极推进院地合作工作，有4项合作分别获得中国科学院佛山市院合作项目及中国科学院广东省省院合作项目支持，“大规模存储环境监控系统研发”项目获基地研发实验服务基金资助。网络中心获北京分院技术转移工作组织奖，黎建辉研究员获2011年度中国科学院院地合作先进个人和2012年度中国产学研合作创新奖个人奖。

2012年，网络中心在巩固与美国国家超级计算应用中心（NCSA）、德国于利希超级计算中心（JSC）等国际同领域顶级科研机构合作关系的基础上，积极推进“ITER国际高速专用数据网的测试、设计及构建”、“环球高速科研网络（GLORIAD-Taj）性能提升及其关键技术合作”等国际合作项目，重点拓展与发展中国家的交流与合作，包括援建苏丹国家网格、举办中-老互联网管理培训活动、参与中国科学院与巴基斯坦科学院的交流活动、选派在读研究生参加巴西e-Science培训班等。同时，网络中心深化了与微软研究院的交流与合作，组织召开了ODOS-Beijing 2012研讨会，并与微软研究院合作推进云资源计划。在国际组织任职方面，2012年度网络中心继续保持在“国际科学理事会世界数据科学委员会（WDS-SC）”、“环太平洋网格应用与中间件联盟（PRAGMA）”、APNIC、APIRA、IETF、APTLD等国际组织的任职，积极参与组织内各项会议及相关活动。

网络中心是国际科学数据委员会（CODATA）中国委员会秘书处、中国科学院科学数据库办公室的挂靠单位；编辑和出版《中国科学院信息化工作动态》、《科研信息化技术与应用》。

（撰稿：佟　钊　李超杰　审稿：陈　浩）

## 国家科学图书馆（筹）

**馆　　长：张晓林**
**地　　址：北京市中关村北四环西路33号**
**邮政编码：100190**
**电　　话：010-82626684**
**传　　真：010-82626600**
**电子信箱：office@mail.las.ac.cn**
**网　　址：http://www.las.ac.cn**

中国科学院国家科学图书馆（筹）（以下简称“国科图”）于2006年3月18日正式挂牌，由中国科学院所属的文献情报中心、资源环境科学信息中心、成都文献情报中心、武汉文献情报中心4个机构整合而成。总馆设在北京，下设兰州、成都、武汉3个二级法人分馆，并依托若干研究所（校）建立特色分馆。

国科图立足中国科学院、面向全国，主要为自然科学、边缘交叉科学和高技术领域的科技自主创新提供文献信息保障、战略情报研究服务、公共信息服务平台支撑和科学交流与传播服务，同时通过国家科技文献平台和开展共建共享为国家创新体系其他领域的科研机构提供信息服务。

2012年，国科图认真贯彻落实中国科学院第六次文献情报工作会议精神，全面推进“一三五”规划，在持续夯实基础性常规性服务基础上，积极推进全院一线文献情报服务转型、提升战略情报分析研究支撑力度、建设新型知识资源与知识服务基础设施、发展面向国家与区域的科技信息战略服务。

截至2012年底，国科图共有职工586人，其中科技人员154人、科技支撑人员364人。现设有图书馆学、情报学硕博士研究生培养点，设有图书馆学、情报学博士后流动站，共有在学研究生156人（其中硕士生97人、博士生59人）。

2012年，国科图大力推动一线知识服务能力建设。学科馆员继续坚持“常下所、长下所”，与研究所协同开展用户咨询与培训，全年本地下所1297次，外地下所257次，累计服务科研人员和研究生3万余人次，通过多种方式提供咨询服务3万余人次。启动“研究所情报分析可持续服务能力建设”，重点培育支撑研究所及其重大领域战略决策的所级学科情报服务体系，首批启动的15个研究所中大连化物所、昆明植物所、上海药物所、上海光机所、微电子所、沈阳生态所、南海海洋所、高能物理所已得到所领导及科研用户的好评。启动“研究所群组集成知识平台可持续服务能力建设”项目，重点支持实验室或课题组建设个性化知识平台并形成所级可持续服务能力，首批启动的15家研究所中软件所、上海生命科学院、近代物理所、武汉病毒所、上海天文台等个性化知识平台的应用效果突出。与中国科学院大学合作，将信息素质教育纳入其教学之中，累计达500余课时，选课人数2000余人次。截止2012年12月31日，已有101个研究所建成或在建机构知识库，其中78家提供开放服务，数据总量36.5万篇，全文达28.4万篇，已成为世界最大的公共资金资助科研成果共享系统之一。组织召开所级文献情报机构知识服务建设经验交流研讨会，全院85个研究所共131人参加，对推进科研一线知识服务发展起到显著促进作用。协助开展全院首次文献情报专业技术岗位任职能力认证。

在做好情报研究服务常规任务的同时，加强针对国家和院重大战略决策的战略情报服务。坚持开展针对宏观科技战略与决策、学科领域发展态势与政策的跟踪。完成《国际重要科技信息专报》36期，特刊11期；完成《科学研究动态监测快报》13个专辑共282期，许多监测分析成果被《中国科学报》、《学部通讯》以及专业刊物采用。继续支持院专业局职能局的科技规划与决策需求，提供专题情报调研服务，参与完成的中国科学院地学部咨询报告《三江源区生态保护与可持续发展咨询建议》获温家宝总理批示。继续支持国家部委的重大情报需求，完成科技部国家气候变化两个专项情报服务、完成基金委委托的学科发展态势评估系列研究。重点加强面对重大项目的嵌入式支持机制，承担了空间科学、应对气候变化碳认证及相关问题、低阶煤高效梯级利用关键技术与示范、感知中国等先导专项的战略研究任务，正在积极为信息科技、合成生物学、海洋科技、深部资源、高端医疗装备、材料基因组计划、水科学等拟启动的先导专项提供战略情报支撑服务，累计围绕先导专项共完成相关快报53期、各类分析调研报告61份。完成并公开出版《国际科技竞争力分析报告——聚焦金砖四国》、《2012科学发展报告》、《创新集群建设的理论与实践》、《国际科技前沿分析报告2012》、《科学结构地图2012》等一系列品牌报告。

在稳定提供基本数字文献资源保障和全院全国文献共享保障的同时，全面推进开放学术资源保障、数字文献资源长期保存等工作。共完成引进数据库150个，全院相关研究所可共享的外文电子全文外文期刊16 259种，外文图书39 748卷/册，外文工具书5102卷/册，外文会议录31 841卷/册，外文学位论文404 206篇，外文行业报告1 665 530篇；中文图书411 199种/426 250册，中文期刊14 000种，中文学位论文1 836 385篇。文献传递服务继续稳步推进，全年接受请求11万余篇，满足率92%，提供查新检索5000多项。中国科学引文数据库拥有机构用户217家，系统运行稳定。“综合科技信息资源登记系统”、“开放会议资源采集与服务系统”开始提供服务。启动了“开放教育资源采集与服务系统”和“开放社会经济信息集成揭示与服务系统”。新增自然出版集团（NPG）、英国皇家化学会（RSC）、施普林格（Springer）电子图书的长期保存，新增arXiv.org和BioMed Central全文数据库的中国本地长期保存，标志着国科图在科技文献长期保存资源类型上取得突破性进展。

持续加强对国家科技创新体系和区域科技创新与发展的科技信息服务，不断引领科技文献服务创新发展。主动发挥国家级文献情报公益服务平台的核心作用，与陕西、甘肃、江西、贵州、河北、河南6家省科学院签署战略合作协议，挂牌成立“国科图-省级科学院共享文献情报服务站”，共享和拓展国科图文献情报服务链。组织召开“全国科学院联盟-文献情报服务联席会议”，为深化面向省科院的服务打下基础。调整服务布局，总分馆分别建立区域信息服务团队，加强区域科技信息服务。总馆与中关村科技园区管委会达成信息服务协议并启动相关服务，为天津工生所育成中心和科技部中国农村中心提供产业技术与市场调研和战略研究分析产品。武汉分馆与“中国科学院湖北产业技术创新与育成中心”合作成立“产业技术分析中心”，已正式成为育成中心的公益性服务平台之一，正式入驻光谷生物城为高新技术企业提供信息服务和智力支持。兰州分馆承担“NST兰州镜像站科技援疆信息服务及推广”和科技部项目“科技支撑引领新疆跨越发展的实现途径和重点选择”，参与承担西北创新集群建设规划研究，承担兰州市科技局委托项目“科技引领支撑兰州率先跨越发展若干关键问题研究”，承担中国科学院与甘肃省院省合作项目“金川镍钴新材料产业发展路线图”。成都分馆与四川省经信委合作承担“基于移动互联网的科技信息聚合平台”建设，与成都物联网产业研究发展中心合作出版《物联网》快报，承担“成都物联网产业发展公共服务平台”。

在继续参加国家科技图书文献服务平台的数据加工、文献传递、用户培训与咨询服务等工作的同时，通过多种机制牵头承担国家科技文献服务体系战略发展任务。参与国家科技支撑项目“面向外文科技文献信息的知识组织体系建设与应用示范”，牵头承担“面向外文科技文献信息的知识组织体系建设与应用示范”和“科技知识组织体系共享服务平台建设”2个子课题。推动开放获取机制在中国的推广和发展，代表中国科学院作为中国首家机构参加“国际高能物理开放出版资助联盟”，牵头组织国内机构共同参与。举办首次中国开放获取推介周，发布了科技机构、出版商等支持开放出版政策调研报告，牵头联合图书馆组成了机构知识库推进工作组。

全年共组织各类科学文化传播活动290场，其中大型活动146场、其他各类活动144场，受众超过6万人次。承担院重要项目“创新驱动发展科技引领未来——科技创新年度系列巡展”的组织实施，集中展示科学院重要成就进展和科技前沿热点，并在京内外巡展，参观人数突破10万。承担院重要项目“院士文库建设”，征集到78位院士提供的资料，开始形成有规模的实物和数字资源体系。北京分院创新文化广场被评为“中央国家机关十大学习品牌”。国科图荣获中国科协“全国科普教育基地”称号。

全面启动馆藏档案数字化加工项目，初步建立了适用全院档案数字化工作的流程和规范。《图书情报工作》、《现代图书情报技术》获得中国图书馆学会优秀期刊，《化学进展》、《地球科学进展》被评为科技期刊类“2012中国最具国际影响力学术期刊”；《长江流域资源与环境》、《天然产物研究与开发》入选“中国国际影响力优秀学术期刊”。

国科图是中国科学院现代化研究中心、全国科学技术名词审定委员会事务中心、中国图书馆学会专业图书馆分会、中国科学院自然科学期刊编辑研究会、中国科学院科学传播研究中心的挂靠单位。总分馆主办的科技期刊有《图书情报工作》、《现代图书情报工作》、《化学进展》、《电子政务》、《中国生物工程杂志》、《高科技与产业化》、《科学观察》、《中国文献情报（英文刊）》、《中国科技期刊研究》、《黄金科学技术》、《世界科技研究与发展》、《天然气地球科学》、《地球科学进展》、《天然产物研究与开发》、《遥感技术与应用》、《长江流域资源与环境》和《中国数学文摘》共17种。

（撰稿：刘峻明　吕秋培　审稿：张晓林）

# 新闻出版单位

## 中国科学报社

社　　长：陈　鹏
地　　址：北京市海淀区中关村南一条乙3号
邮政编码：100190
电　　话：010-82614607
传　　真：010-82614609
电子信箱：office@stimes.cn
网　　址：http://www.csd.cas.cn

中国科学报社成立于1959年1月，是中国科学院所属唯一经国家新闻出版广电总局批准的新闻媒体单位，具有主办报纸和期刊的特许出版权和发行权、记者和记者站的管理权、广告经营权和新闻类网站的主办权等。54年来，中国科学报社秉承“科学眼光看世界，世界眼光看科学”的办报宗旨，恪守“求真、求实、求精、求是”的办报原则，坚持“科学性、权威性、思想性”的办报特色，在中国科技界和教育界享有较高声誉。

中国科学报社媒体产品有“两报”（《中国科学报》、《网络报》）、“两刊”（《科学新闻》、《科学新生活》、“两网”（主办科学网，承担中国科学院官方网站的内容编采工作）。《中国科学报》的前身是1959年创办的《科学报》，1989年更名为《中国科学报》，1999年更名为《科学时报》并确立由中国科学院主管，中国科学院、中国工程院和国家自然科学基金委员会主办，是我国最早的行业类媒体之一，2012年1月1日复名《中国科学报》。2012年《中国科学报》出版周期为周6刊，每日8版，彩色印刷，是面向全国发行的主流科技类媒体。同年底，《中国科学报》以“专业化的新闻传播、大众化的科学精神普及、多业态的全媒体发展格局、良好的读者评价和市场反馈”等优质品牌形象，获“品牌影响力专业媒体”称号。

截至2012年底，中国科学报社共有在职职工188人，其中采编人员147人。职工中研究生及以上学历人员70人，具有高级职称29人，中级及以下职称108人。建有28个记者站，覆盖全国绝大多数省、市、自治区。

*报道力建设取得新突破*　2012年1月1日，《中国科学报》出版元旦百版特刊，得到了广大读者和科技界的广泛认同；出色完成“两会”报道，《中国科学报》首次策划并刊发了十位省部级领导专访，收到了百余名代表委员呼吁加强科普的联名致信，引起了科技界的强烈反响；圆满完成两院院士大会、TWAS大会报道，形成报、刊、网（《中国科学报》、《科学新闻》杂志、科学网）多媒体全覆盖的立体报道格局，有关报道被人民网、光明网、新浪网等主流网站转载转发，正确引导和有效影响了舆论，得到了两院院士、广大读者和主办单位的高度评价。

除完成日常新闻报道任务外，报社着力加强策划，推出了一批社会影响广、舆论导向强的主题报道，形成正面舆论强势。刊发秦伯益、钟南山等30名院士的联名信，反对“中式卷烟”项目入围国家科技进步奖，得到科技部、卫生部、工信部的积极回应和各重点网站、知名纸媒的大幅转发，推动中式卷烟项目于5月初退出参评国家科技进步奖；推出“该死的奥数”系列报道，引起了包括学生家长、两院院士、社会名人在内的社会各界的强烈共鸣和支持，积极推动政府整治“奥数”的相应举措，该报道获中国报协2012年度“十佳精品案例奖”。

报社着力提高特稿和评论创作能力，采写了党的十八大、科技体制改革等一批重点报道，继续加强“科学时评”栏目建设；深入开展“走转改”活动，深化采编业务管理和机制建设，报道管理水平进一步提高。

《科学新闻》杂志2012年进行了新的改版尝试，6月刊、10月刊分别对两院院士大会和TWAS大会进行了两刊专题报道，得到了有关领导和与会院士们的高度好评。

《科学新生活》2012年实现了品牌效应、视觉包装形象、选题策划能力三个方面的提升。有145篇文章被新浪推荐；视觉包装整体风格趋于现代、简约、明快；世界戒毒日20年吸毒人成志愿者和一线明星范冰冰的独家深入采访等报道反响强烈。

*新媒体建设全面推进* 新媒体的舆论引导能力不断增强，市场占有率进一步提高，成为报社全媒体业态的重要组成部分和事业发展新的增长点。

2012年，科学网用户数量及信息发布量保持稳定增长，Alexa国际排名保持在1万位左右，国内排名保持在1000位左右。采编部门后台处理信息总量为198万余条，日均处理信息5400多条。全年发布学术专题31个，其中《舌尖上的科学》，《职称评审》等系列专题取得广泛好评，除本站点击量较高外，还被光明日报、人民网等多家媒体转载发布；专家在线访谈是科学网编辑部2012年度着力打造的精品栏目，全年共制作十三期，其中《2012基金放榜》、《大亚湾中微子实验》等引起学术圈广泛关注，年末推出的《逃离科研》访谈，带动了大众媒体的热情参与，成为社会关注的焦点话题。

中国科学院官方网站在保证中英文主站各类消息的更新发布外，中文主站发稿量较2011年上升10%，超过20 000条；英文主站发稿量与2011年基本持平，全年发布稿件1300余条。全年共制作17个专题对重大活动和重大科研成果进行了全方位多层次的深度报道，较好地扩展了报道的深度和广度，连续第三年获“优秀政府网站奖”。

2012年1月，科学网旗下定位于“海内外知识界的心灵驿站、教科文工作者的情感家园”的网络交友服务网站“88楼”正式上线，短时间内便吸引了青年单身科研人员的热情关注。

报社相继开通“科学网”APP移动客户端、“中国科学报”和“科学网”系列微博。其中科学网新浪官方微博粉丝达36 000多个，腾讯网官方微博粉丝数达24万，已拥有一大批核心用户。

*体制机制改革创新继续深化* 启动建设社属企业投资体系，北京科学网科技有限责任公司正式注册成立，科学网企业化运作方案逐步完善，社属企业产权、股权划转工作取得初步进展。

健全重大报道组织策划常态机制、重大报道新媒体同步发稿机制，健全优秀新闻作品评审奖励机制，调整完善采编、经营考核办法，调整记者站建设及考核机制，有效激发了全社职工的积极性、主动性和创造性。

*中国科学院科学新闻中心成立* 2012年成立的中国科学院科学新闻中心为院设非法人单元，以中国科学报社为依托单位，办公厅（党组办）为主管部门。该中心主任由中国科学报社社长、总编辑陈鹏同志担任。

*经营工作迈上新台阶* 加强全社经营工作统筹规划和组织管理，围绕重大活动创新经营体制机制，进一步加强新媒体营销，全社经营收入增长18%，新媒体经营收入占全社经营总收入比重超过20%。加大社办报刊发行力度，《中国科学报》发行量较上年增长50%。

*重大活动提升品牌价值* 报社积极发展优势项目，市场竞争力和整体实力进一步增强。2012年，报社举办第十九届“两院院士评选中国/世界十大科技进展新闻”活动、第四届“青年科学之星”评选、第三届青年科学博客大赛；与人民网、新浪网共同主办首次“中国科学年度新闻人物评选”；作为协办单位参与中央电视台、中国科学院、中国工程院、科技部等共同主办的“CCTV 2012科技创新人物评选”活动，负责人物评选的策划、组织；作为独家媒体单位继续与中国生物工程学会等19家全国性学会、协会主办第六届中国生物产业大会。此外，报社继续协办台湾吴大猷学术基金会主办的吴大猷科学普及著作奖，组织了大陆地区200余部作品参与角逐。

*高层战略专家库启动建设* 2012年3月，李政道、徐匡迪、袁隆平、闵恩泽、陈佳洱、欧阳自远受聘为报社科学大使，韦钰、王恩哥、旭日干、匡廷云等27位知名院士、科学家受聘为报社首席科学家。这是报社“开门办报、开门

办刊、开门办网”的一次尝试，今后将继续聘任高层次专家担任首席科学家或科学大使，覆盖科研各个领域，最终形成高层战略专家库。

**国际合作取得突破** 美国科学促进会（AAAS）及其主办的国际著名学术刊物《科学》杂志一直与报社保持着良好的合作关系。AAAS高层2012年访问报社，延续以往在《中国科学报》的合作基础上，与《科学新闻》杂志就版权合作事宜达成共识。

（撰稿：保婷婷　张赋兴　审稿：刘峰松）

# 其 他 机 构

## 行政管理局

**副局长（主持工作）、党委书记：顾　全**
**地　　址：北京市海淀区中关村南三街15号**
**邮政编码：100086**
**电　　话：010-62571850**
**传　　真：010-62560929**
**电子信箱：office@caseab. com**
**网　　址：http://www. caseab. com**

中国科学院行政管理局（以下简称“行管局”）始建于1955年，是中国科学院机关职能部门，1991年机构改革成为院直属事业单位。

行管局主要负责院京区的科研后勤保障和公共事务管理工作，已形成置业物业、学前教育和科学文化传播三大产业，并推进高新技术产业服务平台建设，为支撑科研院所科技创新、改善科研人员生活环境以及维护地区和谐稳定均发挥了重要作用。

行管局现有7个职能部门、1个下属单位和8个控股公司。截至2012年底，共有在职员工1426人，其中管理人员67人，服务和支撑保障人员1359人。

2012年，行管局在院党组的关怀和支持下，深入贯彻落实“一心为人民 全力谋发展”指导思想，继续发扬“志存高远 自强不息”传统和“高效做事 低调做人”作风，按照“十二五”发展目标，以经济发展为核心、以“三人”战略为抓手、以构建行管局精神家园为牵引、以京区“3H工程”为突破，汇聚人心、扎实工作、稳中求进，各项工作均取得了显著的成绩。

### 一、领导班子建设

2012年，局党政领导班子以构建“学习型、实干型、服务型、清廉型”班子为目标，扎实推进自身各项建设。认真学习贯彻落实党的十八大精神、全国科技创新大会和中央经济工作会议精神，自觉与党中央、院党组保持高度一致。顺利完成主要领导调整工作，继续加大班子成员轮岗锻炼和下基层联系群众工作力度。继续强化领导班子克己奉公、廉洁自律的意识，把党风廉政建设纳入班子任期考核目标，保持班子的先进性和纯洁性，提升班子的凝聚力和战斗力。

### 二、人才队伍建设

2012年，行管局深入推动全局员工岗位动态管理，优胜劣汰。全局人才队伍的学历、专业技术水平和年龄结构有了进一步的改善。一年来，新引进各类人才237人，招聘和选拔综合管理和业务管理岗位、40岁以下青年人才34人次，利用多种形式开展内部和外部培训3151人次，考取国家各类专业技术资格证书29人次，骨干队伍薪酬调整稳步推进，在岗职工的收入水平均达到所在系统或行业中同类同级人员的中等水平。

### 三、经济发展和产业推进

（一）经济运行继续保持健康稳定态势

2012年，行管局以完善两级法人治理结构为抓手，继续推进产业板块发展和主体产业链打造，经济收入继续实现15%的增长，收入总量增长35%，支出总量增长39%，经营性国有资产总量增值19.6%。

（二）主体产业发展不断取得可喜成绩

1. 物业置业产业。2012年，北京科住物业管理有限公司（以下简称“科住物业公司”）强化区域化管理，加大专业骨干人才引进培养，进一步提升品牌实力，荣获中国物业百强企业第68名。全年营业收入同比增长了27%，新增物业管理项目10个，新增服务面积38万平方米。目前，科住物业公司在管科研办公区项目54个，物业管理资产面积309万$m^2$，服务院内31家科研院所和院外9家单位，同时，代院管理200万平方米的老旧生活小区。

2012年，廊坊工厂拆迁工作顺利完成，中科紫峰家园项目荣获廊坊市首个“国家康居示范工程”住宅称号，项目前期销售顺利推进，同时完成廊坊科技谷项目一期建设。

2. 学前教育产业。2012年，中科启元教育科技投资有限公司（以下简称“中科启元公司”）完善模块化、差异化运行机制，加强执行力闭环管理，确立未来4年发展战略。全年营业收入同比增长21%。目前，中科启元公司共举办直营园15所，加盟园23所，开办专业亲子园6所，在园幼儿3407名。2012年，中国科学院幼儿园共接收京区院内系统995名职工孩子入园，占在园幼儿总数三分之一。中国科学院幼儿园荣获全国妇联2012年度“巾帼文明岗”荣誉称号。

3. 生活服务产业。2012年，海淀中关村生活服务公司已形成公寓宾馆、客运交通、生活服务为主业的多元化服务体系，为中关村地区的科技工作者和居民提供了优质的生活后勤服务。全年营业收入同比增长了17%。

4. 科学文化传播产业。中科国际广告有限公司和科学国际旅行社已形成了具有中国科学院文化和特色的科考旅游、科普实践、文化传媒等核心业务，积极参与推动科学知识、科学精神、科技成果的广泛传播，为广泛宣传我院科技创新成果发挥了积极作用。

## 四、深入推进“3H工程”

### （一）院“3H工程”试点工作

2012年，配合院基本建设局开展9家分院及部分研究所“3H工程”试点调研工作，共同起草了《人才周转公寓项目建设试点工作实施方案》和《人才周转公寓项目建设和管理暂行办法》，并牵头负责完成了《中国科学院后勤支撑规划》。

### （二）京区“3H工程”具体工作

以《中国科学院后勤支撑规划》总目标为指南，以保障和服务京区科技创新工作为抓手，制定京区“3H工程”具体实施方案，在HOUSING、HOME、HEALTH方面作出了积极贡献。

1. 京区首个“3H工程”人才公寓项目“中关村人才苑”顺利奠基开工，中关村北二条人才周转公寓项目和北郊科学园八区保障房项目顺利推进；

2. 围绕“科教融合”的教育理念，落实优势互补、资源共享工作机制，与中关村地区、奥运村地区，以及玉泉路地区的相关学校建立了共建合作关系，组织召开“中国科学院（京区）骨干人才子女入学工作专题会”基本解决了2012年度我院京区骨干人才子女入学需求；

3. 与地方卫生系统建立良好合作关系，制定《中国科学院高科技人才健康管理和医疗服务工作方案》，分阶段、分步骤、分内容、分医科地开展医疗保健服务。同时，在为院士提供特殊医疗健康服务的基础上，尝试为科研人员提供个性化医疗服务的绿色通道。

## 五、基本建设和基础保障

2012年，行管局继续进一步完善公共支撑和基础设施力度。

一是投资2800多万元，完成中关村地区电气改造项目一期建设任务，满足了中关村科研区的用电需求，全年无供电安全事故；二是完成投资修购专项资金5000多万元，实施中关村供热系统煤改气工程，改善供暖条件；三是部署北郊奥运园区供电、供暖等基础设施升级改造工作；四是投资400多万元用于大中修工程，对我院辖区内的科研区和生活区进行了涉及水暖电、房屋、道路等方面的、多达75项的维修改造。

## 六、党组织建设

2012年，行管局党委紧密围绕经济发展改革中心，以开展基层组织建设年活动、全面总结创先争优活动、学习宣传贯彻党的十八大精神为主线，进一步从思想、组织、作风、制度、廉政五个方面抓实基层组织建设，进一步加强党群共建，发挥工会、团委、青联、妇委等团体智慧和力量，努力营造和谐奋进的生态环境，为全局各项工作的健康顺利推进保驾护航。

一是紧密结合时事政治，紧跟时代主题，开展了“坚定理想信念”、“廉洁从业风险防控”等主题活动；二是深化思想理论学习，构建学习型党组织，提升全体党员思想理论水平；三是加强党员队伍的培养与发展，对基层党组织进行分类考核定级；四是强化廉洁从业教育，筑牢反腐倡廉防线，开展下属公司制度建设专项检查。五是组织党建专题学习活动100多人次，新发展党员8人，转正预备党员10人。

## 七、创新文化建设

2012年，行管局紧密围绕“构建精神家园”主题，进一步加强创新文化体系建设。

一是联合海淀区文委组织第三届“海之月”中秋综艺晚会暨走进中国科学院文艺晚会活动；二是协调整合中关村地区教育资源，制定“传播科学文化，共建区域文明”的主题，组织学生家长走进校园“学趣”科学实践教育活动；三是举办“春之韵”女性风采服装秀比赛、职工羽毛球比赛、团青联谊、工间操等活动；四是完成京区第五协作片职工文体比赛；五是完成《文化建设——铸就事业可持续发展的基石》。

（撰稿：蒙　俊　翟秋罡　审稿：黄从利）

# 青岛疗养院

**院　　长：万述鉴**
**地　　址：山东省青岛市南区珠海路1号**
**邮政编码：266071**
**电　　话：0532-85967888**
**传　　真：0532-85968780**
**电子信箱：swan@public. qd. sd. cn**
**网　　址：http://www. zylhotel. com**

中国科学院青岛疗养院始建于1956年，原址为青岛栖霞路12号、15号两处院落，时称中国科学院青岛休养所，由中国科学院海洋研究所代管。“文化大革命”前后，海洋研究所将栖霞路12号改为海洋所同位素实验室及职工宿舍，休养所停办。1978年5月18日，邓小平同志亲自圈阅了中国科学院《关于恢复中国科学院青岛疗养所和建立庐山疗养所的请示》（〔78〕科发计字0713号文），遂改为中国科学院直属事业单位。1983年改称中国科学院青岛疗养院。继之，中国科学院批准在青岛选址（辛家庄）征地扩建新院；但，几经波折，功亏一篑，1988年，在国家压缩基建项目形势下，终以“缓建”告结。

1992年，青岛市政府土地管理局以青土管字（1992）第49号文《关于收回科学院青岛疗养院征而未用土地的通知》“收回”新址土地。面对危局，时任副院长万述鉴抓住机遇，锐意进取，在科学院没有任何资金投入的情况下，果断提出“自行集资扩建新的疗养院”意见。1993年，中国科学院正式批复了《关于集资扩建中国科学院青岛疗养院协议书》。嗣后，历尽七年坎坷、磨难、曲折之路，1999年5月，疗养院新址竣工并投入使用。同年，根据中国科学院指示，将栖霞路15号旧址全部移交中国科学院海洋研究所管理使用。

青岛疗养院位于青岛市东部政治、经济、文化、商贸中心地带，园区占地100亩，康复中心楼高15层，建筑面积15 000m$^2$，绿化面积达19 000m$^2$；拥有海景山景标准间、商务间、普通套房、豪华套房等277套，客房硬件设施在青岛三星级酒店中名列首位，有会议室、餐厅、无柱多功能厅、商务中心等服务设施，还有能停放百余辆机动车的大型停车场及中心花园及灯光网球场，是一座闹中取静的田园式三星级涉外宾馆，是我国广大科技工作者温馨的家园，也是中国科学院后勤单位对外服务的窗口。

青岛疗养院与致远楼宾馆为一个单位两块牌子，设八部一室（总经理办公室、人事部、前厅部、客房部、餐饮部、财务部、保安部、工程部、营销部）。截至2012年底，有事业编在职职工9人，合同制员工百余人，其中中级技术职称6人、高级技术工人8人、中级技术工人20人。

青岛疗养院的经营方针是自力更生、艰苦奋斗、创新创业，经营方式是既为中国科学院服务，又面向社会赢利。为迎接2008青岛奥帆赛，疗养院自筹资金1000万元停业装修，2007年6月全新投入使用。2007年12月获得山东省卫生厅颁发的“餐饮业卫生信誉度A级单位”称号，2009年底获得青岛市卫生局卫生监管局颁发的“公共场所卫生信誉度A级单位”称号并在2012年通过了审核继续保持；继2008年、2010年竞标取得“财政部党政机关事业单位出差和会议定点饭店”资质后，2012年再次竞得“财政部2013～2014年党政机关事业单位出差和会议定点饭店”资质。

2012年青岛疗养院发挥为中国科学院各院、所提供会议及疗休养的后勤保障作用，成功接待了中国科学院北京分院、国科控股会议、院属单位知识产权培训、院离退休干部工作人员政策法规培训班及人教局干部疗养团、陕西水土保持所、院软件所及院国家天文台疗养团等，为参会、疗养的各位领导提供了热情周到服务，获得了主办单位的一致好评。同时积极开拓社会市场，广揽客源、联系各地旅行社及会议公司等700多家，截至年底与49家网络订房公司签订了网络合作协议。2012年我们加强成本控制，更新了空调换热器及部分管道采取一系列的有效节能措施节能，各项费用支出有了较大幅度下降。根据季节用工差别明显的特点，我们同莱芜市钢城福德饮食服务公司签订了人员季节置换协议并招聘实习生及短期工，多途径解决员工招聘难、费用高的问题。经过多年工作终于收回了被占用多年的“锅炉房”并建造了新的员工餐厅（原临时餐厅在4月被飓风吹倒）切实改善员工就餐环境，2012年我们制定了自筹资金对康复大楼全面装修、加建规划，业经院基建局批准，并通过了青岛市土地局土地预审和青岛市规划局选址及建筑设计方案（在《青岛日报》）公示、审批程序。

2012年度尽管受诸多不利因素的影响，但疗养院团结一心实现了营业收入952万元（2012年预算收入900万元，完成率105.78%）；经营净利润为16.01万元，上交国家税金89.90万元。

（撰稿：张建华　李　霞　审稿：万述鉴）

## 庐山疗养院

**院　　长：张纪文**

**地　　址：江西省庐山芦林52号**

**邮政编码：332900**

**电　　话：0792-8282529**

**传　　真：0792-8281412**

**电子信箱：hanpokoubinguan@sina.com**

**网　　址：http://www.hpkbg.com**

中国科学院庐山疗养院组建于1978年6月6日，其前身是著名的地质学家李四光先生的工作站。1970年修庐山山南公路时，民工烧火做饭为不慎失火，将工作站烧毁。1978年6月经邓小平、李先念、汪东兴、纪登奎、王震、谷牧等中央领导批示同意，在原址重建。1985年5月9日经中国科学院批准，更名为中国科学院庐山疗养院。2005年经中国科学院院长办公会研究决定，将疗养院定位为“中国科学院科技骨干休养基地和小型学术会议中心”

截至2012年底，庐山疗养院共有在职职工29人，管理岗位9人，技术岗位2人，工人18人；设有办公室、营销部、客房部、餐饮部、后勤部等管理机构。

庐山疗养院坐落在环境优美的芦林湖畔，与著名的含鄱口景区相邻，是游览五老峰、三叠泉、三宝树、毛主席旧居景点的好住处，并且是到含鄱口观日出、观鄱阳湖的最佳住处。疗养院内布局独特，为花园式庭院格局，环境典雅、舒适、宁静、空气清新。院内有天然矿泉水，经国家有关部门鉴定，该矿泉水含有10多种对人体有益的微量元素，尤其对心脑血管病人有显著疗效。

庐山疗养院园区面积有2万$m^2$，有4栋别墅疗养楼，拥有观景套房、豪华标间、豪华单间、普通标间等130套，设有宴会厅、小餐厅、贵宾厅、各式包厢，还配有大、小会议室数间等其他配套设施。

2012年，庐山疗养院共接待客人7986人次，其中中国科学院客人占总人次的49%，各网站客人占总人次的24%，其他客人占总人次的27%，每批疗养团和会议对我院周到、细致的服务感到十分的满意，在离开疗养院时纷纷留下热情洋溢的感言。2012年预算收入197.28万元，预算执行率为100%。实现经营收入269万元，比2010年增长60万元。

庐山疗养院热忱欢迎院内外的专家学者来院主办各类会议，同时欢迎各种形式的度假、休闲活动。

（撰稿：曹俊升　刘　莉　审稿：梅庐溪）

# 院直接投资的控股企业

## 中国科学院国有资产经营有限责任公司

**董 事 长**：施尔畏
**总 经 理**：王 津
**地　　址**：北京市海淀区北四环西路9号银谷大厦702
**邮政编码**：100190
**电　　话**：010-62800118
**传　　真**：010-62800120
**电子信箱**：casholdings@rose.cashq.ac.cn
**网　　址**：http://www.casholdings.com.cn

经国务院批准，中国科学院国有资产经营有限责任公司（以下简称国科控股）于2002年4月12日注册成立，代表唯一出资人——中国科学院统一管理院、所两级的经营性国有资产。国科控股统一负责对院属全资、控股、参股企业有关经营性国有资产依法行使出资人权利，承担相应的保值增值责任；根据《中国科学院章程》，对中国科学院所属事业单位占用的经营性国有资产的营运行使监管权。受中国科学院委托，代管中国科学院青岛疗养院、庐山疗养院和科技促进经济基金委员会；负责中国科学院联想学院日常组织管理工作。

国科控股主体业务划分为持股企业运营管理、基金投资与战略性直接投资、院属事业单位经营性国有资产监管三大板块，致力于成为国内优秀、国际知名、有鲜明科技特色的国有资产控股经营公司。

公司第四届董事会由8人组成，施尔畏任董事长，王津任执行董事；第四届监事会由5人组成，李志刚任监事会主席；经营班子由6人组成，王津任总经理；中共中国科学院企业党组由7人组成，王津任书记。截至2012年底，国科控股共有在册员工31人，兼职及返聘2人，设有综合管理部、财务与稽核部、股权管理部、资产营运部、资产监管部及中共中国科学院企业党组办公室等6个部门。

截至2012年底，国科控股注册资本51亿元，经预统计资产总额为120亿元，净资产118亿元。国科控股持股企业共35家，其中全资和控股企业21家（见下表）。

**国科控股持股企业及股权比例情况**

| 序号 | | 公司名称 | 成立日期 | 股权比例/% |
|---|---|---|---|---|
| 全资及控股企业 | 1 | 联想控股有限公司 | 1984-11-09 | 36 |
| | 2 | 中科实业集团（控股）有限公司 | 1993-06-08 | 67.5 |
| | 3 | 东方科学仪器进出口集团有限公司 | 1983-10-22 | 48.01 |
| | 4 | 中国科技出版传媒集团有限公司 | 2005-06-21 | 100 |
| | 5 | 中国科技产业投资管理有限公司 | 1987-10-17 | 60.67 |
| | 6 | 北京中科科仪股份有限公司 | 2000-12-28 | 50.68 |
| | 7 | 北京中国科学院软件中心有限公司 | 2001-09-17 | 65.25 |
| | 8 | 中国科学院建筑设计研究院有限公司 | 2001-10-24 | 51 |
| | 9 | 北京中科资源有限公司 | 2001-12-07 | 45.92 |
| | 10 | 中国科学院沈阳计算技术研究所有限公司 | 2001-06-25 | 60 |

续表

| 序号 | | 公司名称 | 成立日期 | 股权比例/% |
|---|---|---|---|---|
| 全资及控股企业 | 11 | 中国科学院沈阳科学仪器股份有限公司 | 2001-04-18 | 55 |
| | 12 | 南京中科天文仪器有限公司 | 2001-11-28 | 60 |
| | 13 | 中国科学院广州化学有限公司 | 2001-12-21 | 65 |
| | 14 | 中国科学院广州电子技术有限公司 | 2001-12-30 | 87.92 |
| | 15 | 中国科学院成都有机化学有限公司 | 2001-06-08 | 65 |
| | 16 | 中国科学院成都信息技术有限公司 | 2001-06-26 | 47.88 |
| | 17 | 成都中科唯实仪器有限责任公司 | 2001-10-16 | 81.20 |
| | 18 | 中国科学院科技服务有限公司 | 2002-12-25 | 65 |
| | 19 | 上海碧科清洁能源技术有限公司 | 2009-01-21 | 51 |
| | 20 | 深圳中国科学院知识产权投资有限公司 | 2009-02-03 | 85.70 |
| | 21 | 国科嘉和（北京）投资管理有限公司 | 2011-08-24 | 41.00 |
| 参股企业 | 22 | 北京中科普惠科技发展有限公司 | 2002-12-02 | 25 |
| | 23 | 北京东方阳光科学教育服务有限公司 | 2002-01-28 | 30 |
| | 24 | 北京中科创嘉人力资源咨询有限公司 | 2002-07-03 | 30 |
| | 25 | 北京中国科学院国际学术交流中心有限公司 | 2001-12-18 | 20 |
| | 26 | 北京中科国金工程管理咨询有限公司 | 2002-06-25 | 5.99 |
| | 27 | 北京中生可利检验医学技术有限责任公司 | 2006-10-13 | 33.33 |
| | 28 | 沈阳高精数控技术有限公司 | 2005-01-28 | 34.88 |
| | 29 | 长春国科彩晶光电有限公司 | 2004-11-01 | 35 |
| | 30 | 华建电子有限责任公司 | 1997-06-03 | 6 |
| | 31 | 中国技术交易所有限公司 | 2009-08-08 | 10.71 |
| | 32 | 中国科技出版传媒股份有限公司 | 1999-04-15 | 0.91 |
| | 33 | 国科瑞祺物联网创业投资有限公司 | 2010-07-22 | 16.67 |
| | 34 | 广东国科创业投资有限公司 | 2010-10-28 | 16.67 |
| | 35 | 上海联升创业投资有限公司 | 2010-04-09 | 16.33 |

2012年，中国科学院院、所投资企业努力克服宏观经济环境的不利影响，总体保持了相对平稳的发展。以“出产品、出人才、出效益”为目标，围绕“管理提升，上市突破”的年度工作主题，国科控股积极推动控股企业股改上市和战略协同，进一步加强研究所经营性国有资产监管体系建设，着力提升国科控股总部和持股企业经营管理能力，加大企业人才引进和培养力度，各项主要工作取得积极进展。

（一）2012年全院企业经营情况

经预统计，2012年全院纳入统计范围的444家（未含二级企业）院、所投资企业营业收入3，031亿元，同比增长11.6%；利润总额100亿元，同比下降3.8%；资产总额2719亿元，同比增长14.8%；院经营性国有资产权益为202亿元，同比增长6.9%。其中，国科控股31家持股企业实现营业收入2784亿元，同比增长11.6%；利润总额79亿元，同比下降4.9%；资产总额2241亿元，同比增长17.2%；国科控股权益138亿元，同比增长11.2%（以上数据包含神州数码）。截至2012年底，中国科学院院、所投资企业中共有20家上市公司。

（二）控股企业股改上市工作取得阶段性突破

科学出版社、东方集成分别于2012年6月和9月按计划完成IPO申报，科学出版社于12月21日收到证监会首轮《审查意见反馈通知书》；沈阳科仪于2012年底基本完成战略投资引入和高管层及核心骨干第二次增资，进一步优化了股权结构；成都信息完成高管层和核心骨干增资以及战略投资引入，并进入股改程序；沈阳高精数控完成高管层和核心骨干增资；广州化学稳步推进高管和核心骨干增资计划，为实施股改奠定基础。

（三）控股企业战略协同和资源整合成效显著

北京科仪与成都唯实的战略协同从初期真空核心部件及仪器生产、销售和研发提升到产权整合阶段，逐步形成了优势互补、共同发展的双赢格局，并将有利于北京科仪加快上市进程；广州电子与北京科仪的真空专用电源研发、生产合作取得成效，同时还积极开展与高能物理所大科学工程特种电源合作研制，为广州电子开辟新的主营业务创造了有利条件；组织出版集团积极推动中科印刷引入外部战略投资者，同时规范了员工持股，初步实现了中科印刷的股权社会化和多元化，为其深化改革、实现健康可持续发展奠定了基础。

（四）研究所经营性国资监管体系建设取得新进展

全院不良企业清理专项工作取得决定性成果，纳入清理计划的196家不良企业清理率达到95%，全面完成不良企业清理率达90%的预定目标，不良企业预警和处置进入常态化阶段；进一步完善国资监管制度体系，联合院计财局和国科大起草了《院属事业单位经营性国有资产监督管理实施细则》，并协同计财局修订《对外投资及股权变动管理办法》；建立更加科学有效的国资监管组织体系，引导、推动并帮助研究所设立资产管理公司，目前全院已设立所属资产管理公司26家，另有5家正在筹建中。

（五）投资业务进一步深化，实现投资回报

股权基金投资业务开始进入收获初期，截至2012年底，“上海联新一期”、“君联资本一期”两支基金已退出或部分退出三个被投项目，实现了较高的阶段性收益；国科控股参与的风险投资基金及国科控股持股企业直接投资的中国科学院产业化项目共14个，助力科技创新和科技成果转移转化的效果逐渐显现；进一步提出了完善资产配置和提高长期投资收益水平的工作思路。

（六）“管理提升”初见成效

在“注重实效，强化整改”的指导原则下，完成了对13家控股企业的财务诊断与稽核，进一步强化了控股企业内控体系建设，有效地改善了控股企业财务管理水平；广州化学、沈阳科仪、中科资源等一批控股企业结合公司战略转型和股改上市开展战略复盘，进一步提升了国科控股总部和控股企业的战略管理能力；系统梳理和优化国科控股总部管理与业务流程，自主开发了“全院企业经营预计数统计系统”、“全院企业经营情况年报系统”和“国科控股股权基金投资信息系统”，提升了国科控股系统管理水平和服务支撑能力。

（七）企业人才队伍建设成效显著

截至2012年底，国科控股企业人才引进基金共支持3批14家企业，引进经营管理和研发核心人才共计27人，支持资金总额达870万元，有力地支持了控股企业尤其是转制企业的人才队伍建设，促进了企业核心竞争力的提升；将院所企业高、中层人才培养逐步纳入中国科学院联想学院培训体系，先后实施了研究所经营性国有资产管理培训班、控股企业后备干部培训班、持股企业股权管理培训班、控股企业高管特训班和中层实训班等多个培训项目，共培训学员500余人次，切实加强了院、所企业经营管理人才培养，并逐步形成独具特色的培训体系和师资体系。

（八）中国科学院联想学院获得稳步发展

顺利完成年度12个班次的培训和2期创业大讲堂，累计培训逾3600人次；中国科学院联想学院江苏分院在镇江科技新城设立教学基地，与天津市、安徽省继续组织合作培训，有效助推院地合作工作；联想之星班天使投资累计支持了29个项目，投资额达1.9亿元，影响力和辐射面逐渐扩大。

（撰稿：周　湧　刘尚贤　审稿：王　琪）

# 联想控股有限公司

**董 事 长：柳传志**
**总　　裁：朱立南**
**地　　址：北京市海淀区科学院南路2号融科资讯中心A座10层**
**邮政编码：100190**
**电　　话：010-62509999**
**传　　真：010-62501056**
**网　　址：www. legendholdings. com. cn**

联想控股有限公司（以下简称“联想控股”）于1984年由中国科学院计算技术研究所投资20万元人民币，柳传志等11名科研人员创办。经过29年的发展，联想控股从单一IT领域，到多元化，到大型综合企业，历经三个跨越式成长阶段。2012年，联想控股综合营业额2266亿元，总资产1872亿元。目前，联想控股员工总数约为58 000人（含国际员工8300人）。

联想控股目前股东为中国科学院国有资产经营有限责任公司、北京联持志远管理咨询中心、中国泛海控股集团有限公司、联想控股的管理层和员工等。

联想控股先后打造出联想集团（Lenovo）（HK0992）、神州数码（HK0861）、君联资本（原联想投资）、弘毅投资和融科智地等在多个行业内领先的企业，并培养出多位领军人物和大批优秀人才。联想控股对企业机制体制有着深刻的理解，创造性地设计了公司治理结构，高度重视并充分发挥人的作用，为员工创造事业舞台，极大地激发了企业活力；同时，运用多年从事实业与投资所积累的对企业管理规律的认识、优秀的企业文化和良好的品牌声誉，正致力于打造出更多的卓越企业，实现产业报国的理想。

2010年，联想控股制定了中期发展战略：通过购、建核心资产，实现跨越性增长，2014—2016年成为上市的控股公司。

为了实现中期战略目标，目前联想控股采用母子公司的组织结构，业务布局包括核心资产运营、资产管理、“联想之星”孵化器投资三大板块。其中，核心资产运营是联想控股实现中期战略目标的支柱业务，包括IT、房地产、消费与现代服务、化工新材料、现代农业五大行业，它与资产管理板块（含君联资本、弘毅投资）、“联想之星”孵化器投资板块形成良好的互动。资产管理板块将持续创造现金流，为核心资产的运营和孵化器的投资提供资金保障；与此同时，资产管理还扮演了核心资产项目储备库的重要角色。

核心资产运营是联想控股实现中期战略目标的支柱业务，通过战略投资的方式，在具备长期发展潜力的行业，投资或建立有远大目标的企业，搭建更有利的资源平台，不断培育和提升企业竞争力，实现其更长远的发展，使之成为行业的领先企业。目前成员企业包括：联想集团、融科智地、丰联集团、苏州星恒、增益供应链、安信颐和、神州租车、弘基企业、联合保险经纪、拉卡拉、正奇金融、联泓集团、佳沃集团等企业。

联想集团在2004年成功并购IBM PC业务后发展迅速，2012/13全财年营业额达340亿美元，在《财富》世界500强中名列第370位。截至2012年底，联想集团在中国的市场占有率达36. 7%，稳居领导地位，在全球市场占有率已达15. 9%，成为全球第二大PC厂商。

融科智地于2001年成立，是一家专注于住宅开发和企业客户服务的房地产公司，目前拥有12家区域公司，布局19个城市，拥有800万平方米土地储备、40余万平方米优质物业资产，拥有总资产近300亿人民币。

在消费与现代服务领域，联想控股看好其长期增长，将其作为核心资产投资的重点方向，主要关注金融服务、消费性服务、生产性服务、消费品等领域。目前已经投资/创建了丰联集团、苏州星恒、增益供应链、安信颐和、神州租车、弘基企业、联合保险经纪、拉卡拉、正奇金融等企业。

联泓集团作为联想控股成员企业，是一家专事精细化工和化工新材料产业运营的公司，关注具有发展前景的新型化工产业，致力于打造有规模、有影响力、具有综合竞争力的化工产业集群。目前拥有神达化工、昊达化学、中银电化、郭庄矿业、天津联泓锦5家子公司和常州研发中心，员工近5000人。

佳沃集团是联想控股的现代农业板块公司，2012年正式成立并独立运营，主要从事现代农业领域的投资和相关业务运营。佳沃系统性寻找投资机会，有步骤地打造跨领域的行业领先企业，现阶段聚焦于水果、茶叶等细分领域进行投资和运营。佳沃以全产业链运营、全球化布局、全程可追溯为核心理念，全面构建了现代水果业务。目前，佳沃已成为中国最大的蓝莓全产业链厂商和中国最大的猕猴桃种植企业。

资产管理板块包括资金管理、基金投资、少数股权投资及投后管理、法务支持四大职能。资金管理职能包括公司总体融资和资金配备，以及母子公司日常资金管理；基金投资职能包括对旗下君联资本和弘毅投资及其他基金的投资和日常管理；少数股权投资职能为联想控股直接从事的财务性投资及投后管理工作；法务支持职能是为联想控股各类业务的法律规范性提供专业支持。

君联资本于2001年成立，是一家专注于创新投资的公司，目前管理的基金规模超过130亿人民币。君联资本已投资近170家公司，成功培育了20家上市公司。经过12年的发展，君联资本成为业内领先的创新投资机构，培育出了一批优秀创业企业，不仅为投资人创造了丰厚回报，同时为推动中国企业的创新与成长做出了贡献。

弘毅投资于2003年成立，是一家专事股权投资及管理业务的公司，目前管理的基金规模达450亿元人民币。弘毅投资累计投资超过70个项目，2012年弘毅所投资的企业的资产总额达1.6万亿元人民币，整体销售额达5200亿元人民币，利税总额360亿元人民币，提供就业岗位超过45万个。经过10年的发展，弘毅投资已成为中国股权投资行业的领先品牌，打造出了一批优秀企业，并在全球投资界建立了良好的声誉。

"联想之星"孵化器投资通过"创业培训、天使投资、开放平台"三位一体的创新模式，积极推动高科技成果产业化和早期科技企业的孵化，在科技成果转化的问题上寻求实质性突破，解决科技创业所面临的人才、资金、资源等困难。其中，创业培训包括"联想之星"创业CEO特训班（于2008年由中国科学院和联想控股共同发起）、区域短训班和"联想之星"创业大讲堂等多种形式；联想之星创业联盟则为结业后的学员提供持续和全方位的创业支持；天使投资首期基金4亿元人民币，以投资和专业增值服务助力初创期科技创业企业。

如今，联想控股已发展成为一家大型综合企业，经过29年的不断实践、探索和总结，在四个方面取得了一定的突破：①率先走出了一条具有中国特色的高科技产业化道路，不论是联想集团"贸-工-技"实践，还是联想控股后来开展的风险投资，以及"联想之星"，都在积极推动中国科技企业的更大发展；②成功实施了股份制改造，使员工成为企业的主人，为公司的长远发展奠定了坚实的基础，也为中国科研院所高科技企业的机制改革探索了一条道路；③立足中国本土市场，在与国际PC巨头的竞争中一举胜出，带动了一大批民族IT企业的发展。之后，联想集团国际化的成功，为中国企业"走出去"树立了信心，积累了宝贵经验；④总结出了以"管理三要素"为核心的企业管理的一般性规律，形成了联想的核心竞争力，培养出了一批领军人物。

29年来，联想控股始终为成为一家"值得信赖并受人尊重"的企业不懈努力：遵纪守法、照章纳税；提供高质量的就业机会，注重人才的培养和激励，为有能力的人提供广阔的事业发展舞台，打造优秀的企业文化；倡导良好的商业道德，在企业运营的多个层面持之以恒地践行社会责任；利用多年积累的资源与经验，扶助创业，助力更多的中小企业成长壮大，同时，也在支持教育、弘扬正气等方面进行了长期持续的关注与投入。联想控股坚信："做好人、做好事、为社会做出好样子"的精神将会在联想人中代代相传。

联想控股正在朝着愿景进发：以产业报国为己任，致力于成为一家值得信赖并受人尊重，在多个行业拥有领先企业，在世界范围内具有影响力的国际化控股公司。

（撰稿：王　谡　审稿：居劲松）

# 中科实业集团（控股）有限公司

董 事 长：周小宁
总　　裁：张国宏
地　　址：北京海淀区苏州街3号大恒科技大厦南座15层
邮　　编：100080
电　　话：010-82569888
传　　真：010-82569875
电子信箱：mud@csh.com.cn
网　　址：http://www.csh.com.cn

## 一、基本情况介绍

中科实业集团（控股）有限公司（以下简称中科集团）是中国科学院所属的大型高科技企业集团，成立于1993年，原名中科实业集团公司。1997年底，中科实业集团公司更名为中科实业集团（控股）公司。2008年6月6日，中科实业集团（控股）公司完成整体改制，名称变更为中科实业集团（控股）有限公司，成立了首届股东会、董事会、监事会。

20年来，中科集团在以下4个方面取得了重大进展：①完成了公司制改革，实现股权社会化；②基本完成向实业集团的转型，除了已有的新材料、房地产、光机电一体化产业外，能源环保产业从无到有，具有了良好的发展基础；③建立了融资平台，具有为产业服务的较低成本融资的功能；④有了职业化、市场化的企业文化。中科集团在新的起点上有新的战略思考。

中科集团秉承“安全、发展、富裕”的经营理念，突出主导产业，大力发展环保产业，积极开辟新领域。目前中科集团在新材料、能源环保、房地产开发与管理、光机电一体化及IT等领域拥有十余家具有相当规模的大型高技术企业。截至2012年底，中科集团的总资产规模约80亿元人民币，员工总数7020人（注：持股企业人员口径）。2012年度，中科集团稳中求进，取得了良好的经营业绩，全年实现营业收入56.87亿元。

## 二、企业发展情况

1. 管理情况

2012年，中科集团在环保产业定位于“以提供固体废弃物处置服务为主的专业运营商”，在完成环保资产结构调整基础上，继续调整完善环保板块的管理结构。中科集团将纳入环保板块的部门和公司独立运营、独立核算，同时引进高端人才，调整环保板块的组织结构和工作流程，并制定环保板块5年上市规划。通过一系列的规划和调整，进一步明晰和坚定了中科集团环保产业的发展战略。

2012年，中科集团融资领域取得阶段性成果。完成短融、中票注册和发行，发行维护工作有序推进，中科集团建立起了融资平台，充分应用了集团融资资源，发挥了低成本的融资优势，保证了骨干企业的生产经营资金，保障了主导产业的健康发展，进一步加强了核心企业的凝聚力。同时，通过强化资金预算，完善现金流分析，加强对关联企业借款的管理，在保证资金使用的前提下，提高资金使用效率和效益。

2012年，中科集团继续优化投资结构，进行战略结构调整。通过转让中科天伦物业公司的股权，调整中科集团经营中心所属的智能化技术分公司和丝普纶分公司，盘活了资产，锁定了收益，理顺了经营机制，更加聚焦主业，从治理结构上更加科学。

2012年，中科集团人才队伍建设取得较大进展，完成中科集团党委、纪委、经营班子换届，从外部引进了1位副总裁（兼总工程师）、1位财务总监，集团领导班子进一步向专业化转变。引进多名专业技术人才，在经营管理、市场开拓、工程管理、运营管理等方面初步建立起人才梯队，并建立完善人才评价体系，形成市场化用人机制。

在培训方面，积极探索有效培训方式，2012年开通中科集团网络商学院，扩充了员工培训的内容，打破了地域限制，提高了员工的学习主动性，效果显著。同时，积极参加国科控股组织的各项培训，提升管理人员和专业技术人员的素质和能力，提高人岗匹配度。

2012 年，中科集团党委按照京区党委和企业党组的要求，以支持、服务、保障企业经营工作为目标，以求真务实的精神开展基层党建工作，努力践行“报效祖国、回报股东、丰富人生”的企业文化，为中科集团持续健康发展提供有力的思想保障和组织保障。

2. 技术创新、经营管理及子公司情况

2012 年 7 月，成立了技术研发中心，旨在为环保项目投资、建设、运营、技改等提供技术支持，并对国内外先进的固废处理工艺技术开展研究和开发，培育环保产业核心技术，实现可持续发展。技术研发中心成立后，成立技术攻坚组，组织开展“提升生产技术和运营能力”攻坚活动，针对运营电厂现有设备提出并实施整改方案，提高了锅炉和烟气净化系统等设施的运行效率、性能和稳定性，为生产运行提供了有力技术支持。

2012 年，中科集团主导产业经营情况如下。

（1）新材料板块受益政策稳健发展

北京中科三环高技术股份有限公司进一步加大自主研发和技术创新力度和科技活动经费投入，承担、实施大量国家、地方及企业内部科技项目，巩固在稀土永磁领域的龙头地位。成功实施定向增发，发行2500 万股股票，募集资金为6 亿元（含发行费用），通过融资更好地支持主营业务稀土永磁材料的生产扩建和技术改造。2012 年主营业务收入约为 50 亿元。

北京中科用通减振技术有限公司面对激烈的市场竞争和行业利润空间的下降，加大市场开拓力度，完成了有轨电车减振块和轨底套靴的研发、中试和规模生产线的搭建，保持了较稳定的经营业绩。2012 年全年完成营业收入 2926.73 万元。

（2）房地产板块仍受调控政策影响

北京中关村科学城建设股份有限公司紫金新干线二期于 2012 年 12 月顺利开盘，中科创新项目一期按时开工。新盘销售较为顺利，为 2013 年业绩打下了基础，2012 年实现收入 1.52 亿元。

（3）能源环保板块迈入新阶段

能源环保产业经过十年的发展，已经进入一个新的发展阶段，具备了一定的市场开拓能力、工程建设能力和稳定运营能力。2012 年环保板块稳中有进，在巩固成果的同时，进行了结构调整，谋求更大发展。

宁波中科绿色电力有限公司向精细化管理要效益，严格控制设备大修审批程序，开展垃圾库垃圾堆积管理，超额完成年度经营目标。宁波中科通过资源综合利用电厂复审，基本完成150T/d 垃圾渗滤液处理工程。宁波中科完成发电量 0.99 亿千瓦时，处理生活垃圾 30.3 万吨。

慈溪中科众茂环保热电有限公司理顺劳动关系，为生产管理打下了基础。2012 年，慈溪中科运行状况良好，通过资源综合利用电厂认定复审，#4 炉按原定目标达产，垃圾渗透液系统工程按原定目标达产、达标。慈溪中科完成发电量 1.28 亿千瓦时，处理生活垃圾 50.9 万吨。

汾阳中科渊昌再生能源有限公司克服了工期、造价等方面的困难，加强经营管理、工程管理，积极组织开展工程建设、设备安装调试，各项工作均可控、能控、在控，确保按计划推进。

（4）光通讯板块业绩高于同业水平

上海中科股份有限公司继续围绕光通讯无源和有源器件及精密机械配套件的研发、生产和销售开展工作，培养核心竞争力，市场竞争力不断增强，业绩高于同业平均水平。2012 年实现营业收入 4.86 亿元，其中商贸业务营业收入 4.02 亿元。

（5）其他业务板块经营情况良好

中国大恒（集团）有限公司、北京中科天宁环保科技股份有限公司、成都地奥等其他持股企业经营稳定，盈利情况良好。

2012 年，中科集团探索创新投资方式，新领域投资业务取得较大进展。2011 年度投资的两家企业中科用通和中科基业在本年度内取得了较好的业绩。2012 年，中科集团积极探索通过参与设立股权投资基金的方式实现对目标公司的投资，通过参与设立苏州和达长兴投资合伙企业（有限合伙）实现对中钢集团新型材料（浙江）有限公司的投资。集团控股子公司中科天宁通过参与设立芜湖君华股权投资中心（有限合伙）实现对海南文盛矿业有限公司的股权投资，预计于 2013 年完成股改并递交 IPO 材料。

2013 年，中科集团迈入第三个 10 年，“产、投、融”三位一体的发展态势已经初具规模。我们将积极进取、稳中求成，提升主导产业的盈利能力，拓展新领域投资，探索融资平台、类金融业务，把中科集团打造成“产、投、融”三位一体的综合性控股集团。

（撰稿：史云峰　赵　威　审稿：张国宏）

## 东方科学仪器进出口集团有限公司


**董事长：王　津**

**总　　裁：王　戈**

**地　　址：北京市海淀区阜成路 67 号银都大厦十四层**

**邮　　编：100142**

**电　　话：010-68725599**

**传　　真：010-68726610**

**电子信箱：osic@osic. com. cn**

**网　　址：http://www. osic. com. cn**


东方科学仪器进出口集团有限公司（以下简称东方科仪，英文简称 OSIC）成立于 1980 年，是由中国科学院控股的大型专业外贸企业。经过 30 多年的经营发展，公司由单纯的代理进出口贸易发展成为集进出口代理和招标业务、高科技产品出口和项目承包业务、科技租赁业务、国内代理分销和运营业务、投资理财和资本运营业务五大板块为一体的大型技工贸集团公司。截至 2012 年底，公司所属控股、参股企业 21 家，共有员工 649 人，其中大专以上学历者约占 95%。

东方科仪的定位是：“以人为本，科学管理。以客户需求为导向，立足中国科学院，面向全国以“政、产、学、研”为核心的广泛客户，提供以进出口服务为核心，辅以招标、代理销售、成套出口、科技租赁、物流配送、实业运营、咨询等综合多元化服务，将实业经营和资本运营手段相结合，把公司建设成为“一业为主，相关多元”发展的企业集团，并成为中国科技进出口及综合服务领域的领导者。”

2012 年，东方科仪遵循“强化管理、重点突破”的管理理念，完善薪酬绩效考核体系、加强一线人员培养及储备、战略规划制定、创新业务板块布局等重点工作，全体员工的共同努力，围绕年初制定的各项指标，同心同德、开拓进取，使企业经营工作取得了较好成绩。2012 年集团完成进出口总额 6. 5 亿美元，实现销售总额 48. 2 亿元人民币，毛利总额 2. 4 亿元，净利润 4，895 万元，资本保值增值率为 112. 3%。

战略管理方面，在对上一个三年规划完成情况及存在的问题进行认真、详细回顾和评估的基础上，通过广泛调研和召开集团层面的战略务虚会进行认真研讨，完成了 2013 ~ 2015 新的三年战略发展规划的初稿的拟订工作。

业务创新方面，公司在报关、物流领域设立了嘉盛行物流公司；在医药及生命科学领域设立了国科恒泰（北京）医疗科技有限公司；在资本运营板块，正在筹建由东方科仪主导的专业投资平台；在所属企业——大连公司正式启动了以氨糖为主的保健品专业化营销工作。在主营业务区域扩张方面，集团公司通过在成都、沈阳筹备设立分支机构，以及由所属企业——上海公司在南京设立办事处，初步实现了主营进出口及招投标业务在西南、东北及华东地区落地的战略布局。

内控监管方面，东方科仪按照《公司法》的要求，对所属企业的管理、经营进行严格审计监督。通过完善内部管理机制、调整组织机构，提升服务水平等措施，使所属企业取得了较好的经营业绩，实现进出口总额 3. 5 亿美元，净利润比上年增长 8%。

人才培养方面，进一步强化人才培养机制，合理配置人力资源，为公司持续发展提供充足的人力资源供给与储备。公司加大了一线业务人员招聘甄选力度，为现有业务团队注入新鲜血液，通过吸引优秀人才形成良好的竞争机制；针对新员工组织了不同形式和内容的入职培训，使新员工在最短的时间内熟悉和了解公司情况并更好地融入公司企业文化；通过广泛征询中层干部及员工的建议与意见，继续完善薪酬绩效考核体系，提升管理效率，强化差异化奖惩机制，努力提高员工的工作积极性。

党群工作方面，集团公司党委认真学习贯彻“十八大”会议精神，在做好各项日常工作的同时，继续深入开展“创先争优”活动和“基层组织建设年群众评议活动”；落实党委中心组学习和领导干部民主生活会等学习活动，进一步提升了领导班子的综合素质；圆满完成了集团公司领导班子和党委、纪委的换届工作；在党委的统一领导下，公司工会积极健全和完善工作机制，以94.76分（企业片最高分）的成绩通过了创建“合格职工之家”的验收，进一步加强了工会组织科学化、规范化管理的基础上，也激发了工会的创新能力与生机活力。

（撰稿：金长琳　马　洁　审稿：闫海燕）

## 中国科技出版传媒集团有限公司

**董 事 长：柳建尧**
**总　　裁：柳建尧**
**地　　址：北京市东城区东黄城根北街16号**
**邮政编码：100717**
**电　　话：010-64002238**
**传　　真：010-64002238**
**网　　址：http://www.cspg.cn**

中国科技出版传媒集团有限公司（以下简称“集团”）是我国最大的综合性科技出版机构，经国务院批准于2011年7月19日正式成立，是国家三大出版传媒集团之一。集团是依托原中国科学出版集团组建而成，旗下拥有科学出版社、龙门书局等著名出版品牌。集团的主要业务包括组织所属单位出版物的出版、发行、印刷、复制、进出口相关业务；经营、管理所属单位的经营性国有资产（含国有股权）。集团成员单位包括中国科技出版传媒股份有限公司（以下简称股份公司）、北京中科印刷有限公司（以下简称“中科印刷”）、嘉田文化发展有限公司（以下简称“嘉田文化”）。截至2012年底，集团共有在职职工2100人。

按照集团成立大会上中央领导的指示，集团的发展要大胆探索，勇于创新，加快整合出版资源，加快产业转型升级，加快国际化的经营步伐，努力把集团打造成具有行业领导力、核心竞争力、国际竞争力的国家大型骨干出版集团，建设成为支撑学术研究、提升创新能力的重要平台。

2012年，集团经营保持稳健快速增长。截至年底，集团公司合并总资产为23.38亿元，同比增长15.04%；集团营业总收入14.18亿元，同比增长6.87%；实现净利润1.82亿，同比增长7.04%；归属于母公司的所有者权益13.18亿元，同比增长9%，较好地实现了国有资产的保值增值。

2012年，股份公司上市工作取得突破性进展。6月上旬，向中国证监会提交了首次公开发行A股申请材料，并获受理。12月21日，收到中国证监会下发的《中国证监会行政许可项目审查反馈意见通知书》，标志着股份公司上市项目取得了关键性的进展。

2012年，集团出版品牌影响力进一步提升。9月，股份公司被中宣部、文化部、国家广电总局、新闻出版总署联合评为“全国文化体制改革工作先进单位”。10月，股份公司被商务部、中宣部、财政部、文化部、国家广电总局、新闻出版总署评为“国家文化出口重点企业”。科学出版社出版的《“天”生与“人”生：生殖与克隆》荣获2012年国家科技进步二等奖，《中国科学技术史·数学卷》荣获第四届郭沫若中国历史学奖一等奖，《生活可以如此美好》一书入围新闻出版总署“2012年向全国青少年推荐百种优秀图书”。

2012年，集团重大项目建设再获佳绩。4个项目入选新闻出版总署改革发展项目库，其中，海外并购项目获财政部文化产业发展专项资金1000万元资金支持；“中国城市人居环境历史图典”、“信息与计算科学”和“国医大师临床研究”3个项目获国家出版基金资助；“科技文献动态数字出版技术研发与应用示范”项目获批科技部经费支持；获国家科学技术学术著作出版基金资助52项。

2012年，集团“走出去”工作再获佳绩。在4月份的伦敦书展中国主宾国活动中，集团成功举办“STM出版商业模式新探”出版论坛，获新闻出版总署表彰。集团核心企业科学出版社版权输出88项，35个项目获国务院新闻办“走出去”资助翻译费。集团积极创新“走出去”

模式，在第19届北京图书博览会上，东京公司与国内多家出版社举办合作签约仪式，共同策划选题，联手开发海外图书市场，走多文种出版、多介质发布、多地域销售的全球化经营之路。

2012年，集团推动中科印刷股权社会化工作取得重大进展。根据院党组、院企业党组推动企业股权社会化的指示精神，在国科控股的领导下，集团积极推动中科印刷股权社会化工作。11月12日，中科印刷增资扩股签字仪式正式签署，目前，增资方首批入资5000万元到位，中科印刷注册资本已增至1.7799亿元。

2012年，集团加快数字化转型与产业升级步伐。12月，股份公司成功收购北京万方数据股份有限公司15%的股份，迈出了并购技术提供商、整合产业链、实现数字化转型升级的关键一步，具有重要的战略意义。集团转型升级的目标是：成为中国最大的科技内容集成和科技信息服务机构，成为国家创新体系知识传播系统的骨干力量。

2012年，集团加快出版传媒及相关业务的开拓探索。11月，集团投资的嘉田文化完成注册，注册资本2000万元，集团出资比例占35%，公司以旅游、文化和科普节目制作起步，逐步开发科教视频产品和新媒体项目，发展目标是成为集旅游、科教、人文影视产品创意制作的领军企业。嘉田公司的成立，标志着集团在新增长点建设上迈出了实质性步伐。

改革创新，永无止境。2013年，集团将继续深化改革，大胆探索，勇于创新，在内涵发展的基础上，通过资产经营、联合重组、上市融资和出版资源并购等外延发展，为把集团打造具有行业领导力、核心竞争力、国际竞争力的，国际一流的科技“出版航母”而努力！

（撰稿：王贻社　孙红磊　审稿：柳建尧）

## 中国科技产业投资管理有限公司

**董 事 长：王　津**
**总 经 理：孙　华**
**地　　址：北京市海淀区北四环西路58号理想国际大厦1606室**
**邮政编码：100080**
**电　　话：010-82607629**
**传　　真：010-62137930转802**
**电子信箱：casim@casim.cn**
**网　　址：http://www.casim.cn**

中国科技产业投资管理有限公司（以下简称“国科投资”）的前身是1987年设立的国家经济贸易委员会、中国科学院科技促进经济发展基金会，1993年名称变更为中国科技促进经济投资公司，2006年1月改制为有限责任公司，并更名为中国科技产业投资管理有限公司。中国科学院国有资产经营有限责任公司是国科投资控股股东，国务院国有资产监督管理委员会和北京国科才俊咨询有限公司为参股股东。公司设置投资分析部、证券投资部、投资银行部、投后管理部、投资者关系管理部5个业务部门及财务部、综合部2个支持部门。

截至2012年底，国科投资在册员工31人，其中具有博士学位2人、硕士学位15人；高级专业技术职称7人；员工平均年龄35.2岁。

国科投资主要从事私募股权基金管理和投资银行业务。公司目前管理了国科瑞华和国科瑞祺两支私募股权投资基金，并受托管理了中国科学院研究生教育基金会部分资产。

2012年国科投资按照“稳中求进”的工作方针有序地开展工作。由国科投资担任基金管理人的国科瑞华基金管理团队针对外部经济环境的变化，调整了投资和项目退出的节奏；将投后管理的重点放在经营出现困难的公司上，将核心管理人员的调整作为主要抓手；完成了三个投资项目的IPO材料申报。由公司担任基金管理人的另一支基金——国科瑞祺基金经过艰苦的努力，将注册资本从3亿元增加到了4.25亿元，其中民营企业出资比例达到了50.3%，解决了所持股份划转社保的问题。2012年国科投资的证券投资业务，按照董事会的要求和资金运用的需要，逐步缩减了证券投资规模，但是经过不懈努力，仍然取得了较好的投资收益，跑赢了大盘。

2012年国科投资团队建设取得重要进展，年轻员工的成长令人鼓舞，已经逐步成长为公司的中坚力量。公司加强了企业文化建设，完成了公司网站形式及内容的改版，增加了公司的厚重感。在董事长和兄弟单位的大力支持下，国科投资进行了公司第一次职称评定，有六名员工被评为高级工程师，四名员工被评为工程师，这项工作不仅提高了员工的退休保障，还为员工提供新的上升通道，对公司业务的开展也产生了积极影响。

（撰稿：王红姝　审稿：孙　华）

## 北京中科科仪股份有限公司

董 事 长：张永明
总　　裁：陈　静
地　　址：北京市海淀区中关村北二条13号
邮政编码：100190
电　　话：010-82548182
传　　真：010-62564613
电子信箱：bangongshi@kyky. com. cn
网　　址：http://www. kyky. com. cn

北京中科科仪股份有限公司（简称“中科科仪”）始建于1958年，其前身是主要服务于中国科学院和国家重大工程的中国科学院北京科学仪器研制中心（原中国科学院科学仪器厂），曾在“两弹一星”、“正负电子对撞机”的研制和核工业的发展中做出了卓著贡献，并成功研制出我国第一台扫描电子显微镜、第一台商品化氦质谱检漏仪、第一台涡轮分子泵和第一台通过国家级鉴定的射频心脏消融仪。2000年12月28日，原北京科学仪器研制中心实现整体转改制，成立北京中科科仪技术发展有限责任公司，成为一家集科学仪器研制、开发、生产和经营为一体的综合性高新技术企业。2011年12月16日，完成股份制改造，整体变更为北京中科科仪股份有限公司，以公司治理结构完善、主营业务突出的现代高科技企业形象，进入了全新的历史发展时期。截至2012年12月31日，中科科仪在职员工386人。

2012年，在“紧抓机遇、抢占市场、提升管理、创新发展”的总体战略方针指引下，全体员工团结协作、爱岗敬业、攻坚克难，各项工作扎实推进。2012年度公司实现营业收入21392万元，净利润2636万元。

2012年，面对严峻的市场环境，各业务单元“紧抓机遇，抢占市场”，全力推进销售工作。在真空业务上，对产业用户坚持“重点行业、重点区域、重点客户、重在协同”的工作思路，抓住国家新兴产业、深挖产业链，特别是光电、新能源、新材料等行业。同时，根据各区域经济状况、国家政策导向以及国内产业分布特点，合理部署资源，以点带圈，全面发展。通过提供技术支持、价格政策、产品组合等营销策略全方位出击。在新兴产业签订分子泵单笔金额历史最大订单、在LOW-E市场下滑的情况下签订了19条分子泵生产线。2012年，在产业市场不景气的情况下，对科研院所领域比以往给予更多的关注，取得显著成效。例如北京大区科研院所所占比例由2011年的37%提高到2012年的50%；西部大区科研院所所占比例由2011年的30%提高到2012年的60%；真空工程聚焦大科学工程，提高产品科技含量，签订了公司成立以来单笔最大订单，真空排气台产品全年合同总额也创出历史最高水平。市场宣传与推广工作重点突出、动态调整、整合资源、统一管理，建立宣传管理体系。

2012年，在精益管理思想指导下，公司制定合理投产计划，降低库存数量，提升了库存结构合理性，主营产品分子泵库存同比下降22%。通过加大研发产品投入、自制外协加工零件、减员增效等措施，有效提高了生产效率。生产管控成效明显，制造费用实际为调整后预算的92.4%。强化质量管理，结合精益开展QC小组活动。激励员工参与产品质量改进工作，提升质量意识，培养员工分析、解决问题的能力，关注和解决公司在质量、成本和效率上存在的问题，取得了较好成效。

2012年，公司研发投入共计2469.68万元，有力确保公司产品核心竞争力的提升。国家科技重大专项“磁悬浮分子泵系列产品开发与产业化”项目进展顺利，2012年推出国内第一台磁悬浮分子泵；参与国家重大科学仪器设备开发专项“PEEM 工程化”项目，完成激光光发射电子显微镜总体方案设计。建设专业化的管理平台，加强战略支撑体系平台、流程和管理制度平台、组织和队伍平台建设。加快新产品开发及转化速度，仪器专用分子泵、干式检漏仪等真空标品及电镜项目的研发技改进展顺利；积极拓展对外技术合作，广州电子合作的一体化分子泵控制器项目、与美国合作的电镜电器项目、与中电集团38所合作的高端电镜研制项目顺利推进，进一步实现与国际主流接轨的目标。加强知识产权工作，完成软件著作权登记3项，审查专利数10项，获得专利授权11项，不断加大自主知识产权保护力度。

2012年，公司实施一体化运营体制下的战略管理。为突出发展主营业务，调整了组织结构，战略制订面向业务，更加关注业务成长性、盈利能力和风险控制，公司发展战略和业务战略融为一体。根据经营环境发生变化的实际，公司在认真复盘战略措施执行情况的基础上，组织战略研讨，提出应对市场波动的战略措施，调整业务主攻方向，通过战略措施的动态管理，促进业务发展。

2012年，内部管理持续加强。强化财务管理，加强对业务部门的财务监管工作；加强内部审计，进行内部专项审计，发现问题、持续改进；完成内控体系建设咨询项目，通过国科控股验收；全面推行精益化管理，开展全员培训、考核、检查与评比，使现场管理水平持续提升，精益管理深入人心。强化安全管理，调整安委会组织架构，有效落实安全责任制。

2012年，公司坚持“高要求、多渠道、多角度”，引进人力资源管理、财务管理、生产管理、研发等专业人才，管理团队结构更加健全，能力显著提升。培训坚持引进来与送出去相结合，推动向纵深发展。注重研发、生产、销售、管理等核心岗位专业技能培训，培训效率达近年最高。2012年，公司两批共4人荣获国科控股人才引进基金资助资金，为公司在高端人才队伍建设上提供了有力的支持。

2012年，公司党委完成换届选举工作，在新一届党委的领导下，公司党建工作坚持围绕中心、服务大局，认真落实中心组学习制度；作为院所控股企业廉洁从业风险防控试点单位扎实开展廉洁从业风险防控工作；积极开展“七一”井冈山主题党日活动；公司工会顺利通过了中国科学院基层工会“合格职工之家”的验收。高度重视企业文化建设，通过多渠道宣传以及丰富多彩的党日活动、工会活动、共青团活动和离退休活动，努力营造积极向上的企业文化，为公司的创新发展发挥了积极作用。

（撰稿：郭晓玲　许　晶　审稿：陈　静）

## 北京中科院软件中心有限公司

**董 事 长：** 索继栓
**总 经 理：** 奉旭辉
**地　　址：** 北京市海淀区中关村南四街四号4号楼南楼
**邮政编码：** 100190
**电　　话：** 010-62587492
**传　　真：** 010-62649248
**电子信箱：** market@sec.ac.cn
**网　　址：** http://www.sec.ac.cn

北京中科院软件中心有限公司（以下简称“软件中心”）成立于1986年，前身为中国科学院北京软件工程研制中心，是由原国家科委筹备，在原国家计委的支持下，以北京大学与美国联合培养的100名软件工程专业研究生为基础成立的软件产业基地，2001年9月在中科院知识创新工程中作为应用型研究机构整体转制为有限责任公司，由中国科学院国有资产经营有限责任公司绝对控股。

软件中心致力于自主软件产业的建立与发展，已逐步形成信息应用集成、IT服务管理和基础软件研发并重的业务格局，主营业务方向为：行业信息化建设、嵌入式操作系统与中间件平台、软件外包与定制开发和互联网/移动互联网应用服务。公司总部设有市场发展部、IT服务部、物业经营服务部、综合部和财务部等部门，旗下拥有北京凯思昊鹏软件工程技术有限公司、中科三方网络技术有限公司、北京思元软件有限公司等多家控股、参股公司。

软件中心现有员工近500人，科技开发人员占72%，40余人具有高级专业技术职称。迄今为止，软件中心共获得国家级、院部级科技进步奖及重大成果奖等奖项数十项，其中包括：国家科技进步二等奖、中国科学院科技进步一等奖、中国科学院科技进步二等奖、中国科学院科技进步三等奖、部级科技进步特等奖、部级科技进步一等奖、北京市科技进步一等奖等。

2012年，软件中心在公司领导班子和全体员工的共同努力下，在保持现有业务稳定发展的基础上，利用技术和品牌优势，不断挖掘市场需求，开拓新市场新领域；同时加强资源整合，强化各业务板块的协作能力，形成公司大市场的发展理念，在消费电子、云平台建设、移动互联网等多个领域取得较大进展。其中包括：软件中心研发的云家庭机顶盒成功入围北京电信；软件中心牵头实施的基于云计算技术的国家信息安全专项列入国家相关发展计划；软件中心研发的老年人健康服务支撑平台已开始深入北京社区建立试点等等。2012年新增承担国家科技重大专项《基于国产软硬件智能手机样机的研发》。

近两年来，软件中心努力拓展合作伙伴关系，与院内外各科研院所、各大中型企事业单位不断加强业务联系，形成越来越广泛的合作伙伴体系。2012年软件中心与中央党校顺利签署战略合作框架协议，合作将应用先进的科技手段，以干部数字化理论教育为主开展多通道数字化传播，建立多层次、高覆盖的远程培训，为全党特别是领导干部学习搭建平台，意义重大；在北京分院的支持下，软件中心与秦皇岛经济技术开发区合作建设“秦皇岛中科三方网络技术有限公司”，将面向秦皇岛及周边地区提供全方位的互联网基础服务、互联网应用服务、企事业信息化解决方案；软件中心培训中心也在安徽芜湖市挂牌成立。作为纽带和桥梁，外地分支机构作为软件中心的对外窗口，为本部及子公司提供区域客户的拓展及服务的同时，也有效促进了当地各行业的信息化建设水平。

2012年，在“整合资源、聚焦主业、强化内控、转型发展”的工作思想的指导下，软件中心组织了多次战略研讨。通过对公司整体资源优劣势、产业发展趋势及市场推进可行性等方面的深入分析和研讨，先后完成三个领域六个方向的调研报告，为做好下一步战略规划进行了充分的准备。

在内部管理方面，软件中心进一步提升管理，促进发展。2012年，软件中心根据业务发展的情况，将重点业务线单独设置了相对独立核算的二级部门，积极培育主营业务，调动员工积极性，努力开拓市场；实施全程财务预算管理，公司整体预算制定和预算管理水平都有所提高；根据业务发展实际，依据新的会计准则，重新构建了财务核算体系；规范合同管理流程，使整个合同管理过程责任明确，易于操作，便于执行，达到了提升管理、降低风险的目标。

在中国科学院京区党委和院企业党组的领导和大力支持下，软件中心于2012年11月完成党总支升级党委的工作，选举成立了软件中心第一届党委和纪委。软件中心工会顺利通过了由院工会组织的合格职工之家验收，获得“合格职工之家”的荣誉称号。2012年6月，软件中心完成了研发楼改扩建工程，改善了研发环境，对软件中心的主营业务发展提供了积极的支撑及服务作用。

软件中心现为中国软件行业协会副理事长单位，拥有国家高新技术企业资质、ISO质量管理体系和信息安全管理体系认证、“双软”企业认证，计算机信息系统集成资质；已登记135项软件著作权、19项注册商标，拥有2项授权发明专利；“面向IT服务的管理软件套件ITERP软件”、“HOPEN移动互联网中间件”及“HOPEN实时操作系统虚拟机软件”获国家重点新产品证书。

展望未来，软件中心全体员工将继续秉承“创新、融合、发展、共赢”的理念，积极进取，团结务实，为不断提升软件中心的核心竞争力而努力工作。

（撰稿：孙宇英　张文卉　审稿：奉旭辉）

## 中科院建筑设计研究院有限公司

**董 事 长：王全新**

**总 经 理：刘 峰**
**地　　址：北京市海淀区中关村北一街 4 号**
**邮政编码：100190**
**电　　话：010-62565107**
**传　　真：010-62550658**
**电子信箱：jiangu@adcas. cn**
**网　　址：http:// www. adcas. cn**

中科院建筑设计研究院有限公司（以下简称“中科院设计院”）前身为成立于1951年的中国科学院北京建筑设计研究院，是直属于中国科学院的唯一一家建筑设计及研究机构。2001 年整体转制为公司，更名为“中科建筑设计研究院有限责任公司”，2008 年 2 月启用现名。

中科院设计院拥有建筑行业建筑工程甲级、市政公用行业（热力）甲级资质、城乡规划编制乙级资质。目前有员工共 612 人，其中工程技术人员 532 人（高级以上职称 90 人，中级技术人员 122 人，一级注册建筑师 30 人、一级注册结构工程师 19 人、水暖电热力一级注册工程师 31 人）。除总部外，中科院设计院在广东、浙江、辽宁、四川、河南、上海、陕西、江苏、安徽、重庆设有分公司。

中科院设计院致力于提供建筑行业全专业设计总承包业务，能够实现全过程全专业的设计服务，包括小区规划、建筑设计、市政设计、园林景观设计、光环境设计、公共艺术（雕塑及 VI 标识等）设计、室内装饰装修设计（含配饰及家具选型）、智能化系统设计、节能减排咨询等。

作为国家级的建筑设计研究院，中科院设计院擅长大型科研、教育、文化、居住、办公、医疗、体育类建筑设计，完成了多项国家级大型项目的建筑设计，创作设计了一批具有社会影响力的建筑精品，如中国科学院文献情报中心（中国国家科学图书馆）、北京正负电子对撞机工程、国家天文台、LAMOST 天文望远镜项目、中科院研究生院怀柔校区、中国农业大学烟台校区、法国巴黎中国文化中心、泰国中国文化中心、中国驻埃塞俄比亚大使馆、中国驻贝宁大使馆、中国驻巴西圣保罗总领事馆、北京基督教丰台堂和朝阳堂、中国人民银行重点库、天津于家堡金融区、鄂尔多斯市委党校、苏家坨经济适用房、郑州隆福国际项目、北京及上海万科城市花园等十余项万科住宅项目、北京阜内大街历史文化保护区的保护规划等。

中科院设计院建筑创作水平在国内名列前茅，曾获得国家级奖励 10 余项，省部级奖励 70 余项。近年来，设计方案多次在国际、国内竞赛和投标中得奖、中选。1998—2012 年，在第 5 届到第 18 届首都建筑设计汇报展中，有 13 个项目获得 16 个奖项；在第 11 届到 16 届北京市优秀工程评选中有 12 个项目获奖，其中 3 项为一等奖；同期还获得部级优秀勘察设计奖 5 项，其中 1 项为一等奖。另外，“中国科学院文献情报中心”荣获全国优秀工程设计最高奖项“金奖”、部级优秀勘察设计奖一等奖；国家动物博物馆及中国科学院动物研究所科研实验楼、标本楼荣获全国优秀工程勘察设计银奖、全国优秀勘察设计行业建筑工程二等奖；中国科学院文献情报中心、九寨沟国际大酒店分别荣获“中国建筑学会建国 60 周年建筑创作大奖”；LAMOST 天文望远镜项目获 2010 年十七届首都规划汇报展优秀奖，2011 年北京市第十五届优秀建筑设计公共建筑二等奖；天津万科假日风景花园住宅、北京万科紫台家园、万科四季花城获得 2006 年、2008 年、2009 年詹天佑大奖优秀住宅小区金奖及双节双优杯住宅方案竞赛金奖；郑州隆福国际项荣获 2009 年全国人居经典建筑规划设计方案竞赛建筑金奖。

中科院设计院被国家评为首批“全国建筑设计行业诚信单位”，被中国建筑学会评为“当代中国建筑设计百家名院”，被地产界评为“北京地产十佳建筑设计机构”，被北京市评为“北京地区工程勘察设计行业诚信单位（建筑设计）”，被住建部中国建筑文化中心评为“中国最具影响力建筑设计机构”，获得万科集团最佳设计合作伙伴奖，并成为沿海集团的策略联盟——指定设计合作伙伴。

60 年来，中科院设计院始终坚持履行社会责任，重视社会效益。如在革命老区江西兴国县捐资建设“中科兴国希望小学”。汶川地震后，公司派专家到灾区做建筑安全鉴定，为灾后重建提供科学依据，并设计了北川抗震纪念园、央企办公区、十几所学校及医院等项目。在 2008 及

2009 年，参与奥运会残奥会环境建设工作及北京市对口援建新疆和田地区设计工作，受到北京市的表彰。2011 年，中科院设计院在成立 60 周年之际，捐资设立了“中科院设计院志愿者基金”，面向全国高校，倡导“奉献、友爱、互助、进步”的青年志愿者精神，培养志愿者队伍。志愿者基金至今已经陆续资助了中国科学院研究生院、清华大学、天津大学等 5 所高校。资助的项目包括“爱心行动”科院学子创新型支教、“关爱农民工子女圆梦逐梦行动”、“心心幼儿园关爱活动”等 18 项活动。中科院设计院将持续注资志愿者基金，让基金与设计院共同成长。

中科院设计院是北京市高新技术企业，特别注重国际学术交流及合作设计，依托中国科学院的专业科研院所，与美国 Perkins Eastman 建筑设计事务所、英国 BDP 建筑设计事务所、法国安东尼·贝叙建筑设计公司、西班牙 BIY 建筑师事务所等国际知名建筑师事务所签订了长期合作协议，具有丰富的国际合作经验，赢得了良好声誉。

中科院设计院设计专家团队相信物理环境对生活、工作及学习质量有重大的影响，而设计是关键。专业化的团队能够密切关注擅长专业领域的发展趋势，保持在创新中的领先地位。秉承“尽责、规范、协作、发展”的院训，精心设计，诚信守约，追求精品，锐意创新，充分利用实力和优势为业主提供无边界的服务。

（撰稿：谢　琨　刘晨光　审稿：田新建）

## 北京中科资源有限公司

**董 事 长：张　平**
**总　　裁：郭　强**
**地　　址：北京市海淀区中关村南三街 6 号**
**邮政编码：100190**
**电　　话：010-82648282**
**传　　真：010-62545879**
**电子信箱：postmaste@zkzy. com. cn**
**网　　址：http://www. zkzy. com. cn**

北京中科资源有限公司是中国科学院控股的国有企业，成立于 2001 年 12 月 7 日，是由原中国科学院科技物资中心整体转制设立的有限责任公司。2012 年底，公司注册资本 9200 万元，总资产 4. 55 亿元，净资产 3. 13 亿元，2012 年实现营业收入 3. 25 亿元，利润 1780 万元。公司主营业务涉及技术开发、技术服务；货物进出口、技术进出口、代理进出口；批发预包装食品；销售保健食品；销售家用电器、金属材料、日用品、机械设备、五金交电、电子产品；普通货运；出租商业用房。公司拥有北京恒源小额贷款有限公司、云南中科本草科技有限公司、南京中科电机有限公司、新疆中科传感有限责任公司、北京中科新视界科技有限公司 5 家参股企业。公司设有总裁办公室、人力资源部、资产财务部、行政办公室四个职能部门；大厦运营中心、生活区物业经营部、延庆项目部、仓储物流中心管理、设网络运营中心五个服务支撑部门，电视购物事业部、空调事业部、铜材经营部、铝材经营部、礼品与采购服务经营部、电工电子项目部等 6 个经营部门，并在上海、长沙等地设立办事处。2012 年底公司拥有在职职工 121 人，其中各类专业技术人员 39 人。

北京中科资源有限公司的前身最早可以追溯到 1949 年 11 月中国科学院成立之初的办公厅器材处，20 世纪 50 年代为保障和实施国家十二年科技规划任务的需求，升格为中国科学院器材局；60 年代相应职能划归为中国科学院新技术局；60 年代中期划归国防科工委领导，为保证“两弹一星”任务特殊材料设备的需求，被国务院和中央军委授予中国科学院军工 O 四单位代号；70 年代初复归中国科学院，70 年代末更名为中国科学院技术条件与进出口局；80 年代先后更名为中国科学院物资局、中国科学院技术条件局；90 年代更名为中国科学院科技物资中心；2001 年，根据科技部等 6 部委联合下发的国科发政字［2000］300 号等文件要求整体转制。历史上公司的前身曾为中国科技事业的发展做出贡献，一直承担着中国科学院所属机构的科研、生产、开发、基建所需的各类物资材料器材和进口物资设备的采购、仓储和供应业务。

2012 年是公司经过十年艰苦创业后，面向未来十年打造持续发展核心竞争力转型探索的一年。

在国科控股的大力支持下，基于对公司原有业态和新时期公司面临的机遇和挑战的分析，以及公司发展背景、我国科技事业迅猛发展势头和中国科学院知识创新工程需要，以为科技创新事业提供更加有力的支撑和服务作为崇高的使命和职责，公司对发展战略进行了认真梳理和研究，将公司商贸业务的重点聚焦于科技，致力于高科技产品的市场开拓，服务科技创新活动。即以中国科学院为代表的科研机构及其科技创新企业作为产品端，大力加强高科技产品的销售。同时，又以中国科学院为代表的科研机构作为市场端，努力打造科研、办公耗材的采购与配送平台，为中国科学院科研院所及相关科研机构的科技创新服务。

公司以建设无店铺销售体系为抓手，通过“建平台、树品牌”统筹原有业务并拓展新的业务领域和方向，以“实现共赢发展，成就优质生活”为核心价值观，以“促进科技产品市场化，彻底打通科技创新价值链的最后一公里；实现科技服务产业化，优质高效便捷服务科技创新最后一百米”为愿景，以“成为民用科技产品的专业代理商，成为科研办公耗材的专业供应与服务商，成为独具特色和有一定影响力的现代商贸服务企业”为目标，矢志不渝地践行“让科技成就你我”的伟大使命。

公司努力为中国科技产品市场化和科技服务产业化搭建服务平台、提供优质服务，与中国科学院及相关科研机构、高等院校合作建立“喀斯玛·中科商城”无店铺体系平台，代理销售民用高科技产品，让科技创新的成果从实验室进入市场；提供优质规范的科研、办公耗材采购等服务，让科研耗材及办公用品通过高效规范的平台和优质便捷的服务从市场进入实验室，让先进的服务成就科研机构的高效工作；让科技成就你我，实现共赢发展。

2012 年是公司战略制定及战略转型布局的一年。公司完成了喀斯玛中科商城产品销售、喀斯玛科苑商城科研耗材采购两个平台基础建设，与中国科学院 8 个所签订倡议书，组织相关所的管理人员进行了多次的探讨，生化试剂商城的运行服务模式得到了研究所和供应商的认可，并且顺利实现首批 10 余家供应商报名入驻平台；通过电话、网络、走访等渠道联系中国科学院企事业单位 684 家，搜集了 3218 款产品，经过评估筛选，共签订了 380 款产品的代理协议；同时积极探索与参股企业的销售合作，尝试参股企业的电工电子类产品代理销售。以电视购物、三方网购和礼品采购服务为代表的无店铺业务取得较大进展，突破历史最好水平。电视购物业务通过开发新的电视渠道上海东方 CJ、青岛中华美食等，加大原有电视频道的促销力度，销售收入增加 4808 万元；同时积极开辟淘宝、京东网销等渠道，借助第三方网络平台销售 1957 万元。空调业务退出传统卖场，借助第三方网络京东网、亚马逊、库巴网平台销售空调 1580 万元，同时开展工程大客户团购，如中标绿地、中海地产项目，实现近 2000 万元销售，无店铺销售收入占到其总体收入的 70% 左右。铜材业务开发天津大港工程项目，实现 401 万元销售收入，产生的毛利 226 万元。2012 年，以电视购物、网络销售、工程团购、直销等无店铺销售方式产生的收入已占公司整体收入的近六成，产生的利润占整体经营利润的九成以上，无店铺销售方式已成为公司的主要销售方式，无店铺销售业务已成为公司的核心业务及未来发展方向。

在未来 10 年里，公司将立足中国科学院，放眼全中国，聚焦商贸流通服务，坚持科技特色，依托于中国科学院的科技产品资源和科研服务需求，服务知识创新工程和科技成果转移转化事业；以科技产品市场化和科技服务产业化为导向，构建无店铺营销体系，完成平台和品牌建设；以电视、网络、电话等平台开展无店铺销售为经营特色，以现代物流、电子商务、科技产品、科研物资和地产管理为主要经营方向；整合社会商业资源，大力开展无店铺销售，服务终端客户，建设具有较大经营规模、较高经济效益、较强创新水平、较好发展能力以及股东放心、员工满意并独具特色的综合性现代商贸服务企业。

（撰稿：卢　震　王　安　审稿：张　平）

## 中国科学院沈阳计算技术研究所有限公司

**董事长：林　浒**

**地　　址：沈阳市浑南新区南屏东路16号**
**邮政编码：110168**
**电　　话：024-24696180**
**传　　真：024-24696179**
**电子信箱：wangp@sict.ac.cn**
**网　　址：http://www.sict.ac.cn**

中国科学院沈阳计算技术研究所创建于1958年8月30日。其前身是辽宁电子技术研究所。1960年7月在原计算机专业的基础上，成立中国科学院辽宁分院计算技术研究所，1962年12月与辽宁物理研究所、吉林大学计算数学研究所的主要部分合并为中国科学院东北计算中心，1967年10月划归国防科委第15研究院领导，1970年7月重归中国科学院，1972年8月更名为中国科学院沈阳计算技术研究所，2001年6月整体转制为高技术企业 。

沈阳计算公司是以计算机科学与技术为主要研发方向，以智能制造、IT技术产品与服务为主要业务方向的高技术创新和产业化综合性科研实体。下设有系统与软件、网络与通信、数控与先进制造、工业自动化、信息化工程技术、数控控制总线技术、计算机应用等研发部门。国家级创新平台高档数控国家工程研究中心、数控控制总线技术国家工程实验室（地方共建）和开放式数控系统支撑技术创新平台依托在本公司；还建有辽宁省IP通信工程技术研究中心、辽宁省环境污染监控信息工程技术研究中心及辽宁省远程医疗信息工程技术研究中心。与中国质量认证中心、辽宁出入境检验检疫局和辽宁省电子信息产品监督检验院联合成立中认北方实验室。与中国科技大学成立中国科学技术大学—中国科学院沈阳计算所联合通信实验室；公司投资企业有沈阳高精数控技术有限公司、沈阳新技术开发公司、常州数控技术研究所、台州中科自控技术有限公司、哈尔滨中科数控装备技术有限公司。公司拥有一批国际先进的仪器设备，如逻辑分析仪、集成电路测试仪、在线测试仪、快速瞬变噪声模拟仪、高性能数字示波器、电源测试仪、电压上升降落模拟仪、激光干涉仪、扭矩测试仪、快速瞬变脉冲群测试仪、静电放电测试仪、电压跌落中断测试仪、模拟雷击测试仪、浪涌模拟仪等。

截至2012年底，沈阳计算所公司共有在职职工456人。其中科技人员396人、科技支撑人员52人。

2012年，沈阳计算公司共有在研项目55项。其中国家科技重大专项7项，科技支撑计划项目1项、973项目1项，国家发改委项目2项，国家电子信息产业发展基金项目1项，院地合作项目10项，其他部委、省市政府科技攻关或产业化项目33项。

2012年，沈阳计算公司主持国家水体污染控制与治理科技重大专项“辽河流域水环境风险评估与预警监控平台构建技术示范”子课题通过验收。主持的国家科技重大专项“五轴联动加工中心可靠性设计与性能试验技术”子课题，通过专家组预验收；“开放式数控系统支撑技术创新平台”科技重大专项也顺利通过专家组中期评估，获得好评。承担的辽宁省信息产品制造业发展专项资金项目“基于国产‘龙芯’CPU芯片的高档数控装置”、“总线式全数字高档数控装置”等省市科技计划项目9项顺利通过验收。

2012年，沈阳计算公司在电力、数控与先进制造、安监、矿山、广电、社区医疗、铁路、环保、城市水务等领域业务得到良好发展。电力信息化系统继续在东北区域电力系统信息化建设中发挥着重要作用，重点实施了辽宁电网关口计量信息管理平台、基于D5000的OMS系统等重大项目；蓝天高档数控系统继续重点推进与沈阳机床集团、沈飞集团、成飞集团、桂林机床等行业骨干企业的合作，产品开始进入国内重点用户。同时在木工、激光切割、磨床等专用控制系统方面得到了应用；在安监、环保和城市水务领域继续开展沈阳市安监局安全生产应急救援指挥中心三期工程、沈阳市内及周边地区安监局信息化建设工程；同沈阳市环境监测中心站合作，开发了沈阳市环境空气预警监控平台和沈阳市环境空气质量实时发布系统，并承担国家十二五“水专项”课题“辽河流域水环境安全预警体系构建”的相关研究工作；城市自来水营业管理信息系统已在四个城市得到了应用；矿山领域开展调度通信系统、矿用运输设备管理与控制系统以及煤矿物联网示范应用工程，为数字矿山提供信息化支撑；面向广电领域，数字导播系统成为“三网融合”的典型应用。铁路道口安全监测系统在铁路领域已开展示范应用。无线远程健康监护系统及相关产品已完成了有关资质认证和系统注册。

2012 年，沈阳计算公司完成的“LT-GJS015ADZ 总线式伺服驱动单元”获辽宁省优秀新产品奖一等奖；“辽宁省科学技术奖励管理信息系统”获辽宁省科技进步奖二等奖；“LT-GJ401 数控系统”获辽宁省科技进步奖三等奖；“安全生产应急救援指挥平台”获沈阳市科技进步奖三等奖；“一种控制媒体传输路径的网状中继方法及 IP 通信系统”及“数控机床闭环虚拟系统”获沈阳市专利奖三等奖；沈阳计算公司荣获“国家工程研究中心优秀业绩奖”。“蓝天数控”在全国第三届数控系统用户调查中获用户满意品牌，中央电视台、沈阳电视台、《经济日报》、《沈阳日报》等多家中央级及地方新闻媒体也相继从不同角度对“蓝天数控”进行了专题报道。

2012 年沈阳计算公司共申请专利 58 件，其中发明专利 46 件，实用 12 件，获授权专利 14 件。完成国家标准报批 1 项、国家标准送审稿技术审查 1 项、国家标准立项 1 项；全国工业机械电气系统标准化技术委员会安全控制系统分技术委员会（SAC/TC231/SC3）依托我所成立；完成国际标准 IEC60204-34《机床电气设备及控制系统安全》的立项。

沈阳计算所是计算机技术应用博士学位 、电子与信息工程博士学位，计算机科技与技术硕士学位培养单位，并设有一个计算机应用技术博士后工作站，目前在学研究生 310 人，在站博士后 5 人。

沈阳计算所出版的《小型微型计算机系统》月刊，是中国计算机学会的学术专业刊物之一，是国内自然科学的核心期刊。辽宁省计算机学会依托在该所，并在 2012 年荣获辽宁省科学技术协会“创新创优”先进集体。

（撰稿：王　萍　审稿：林　浒）

## 沈阳科学仪器股份有限公司

**董 事 长：** 雷震霖
**总 经 理：** 李昌龙
**地　　址：** 辽宁省沈阳市浑南新区新源街 1 号
**邮政编码：** 110179
**电　　话：** 024-23826801
**传　　真：** 024-23826800
**电子信箱：** sales@sky.ac.cn
**网　　址：** http://www.sky.ac.cn

中国科学院沈阳科学仪器股份有限公司（以下简称“沈阳科仪”或“公司”）创建于 1958 年，前身为中国科学院沈阳科学仪器研制中心，2001 年 4 月整体转制为“沈阳中科仪技术发展有限责任公司”，2002 年 12 月更名为“中国科学院沈阳科学仪器研制中心有限公司”，2011 年 12 月整体变更设立为股份有限公司，公司名称为“中国科学院沈阳科学仪器股份有限公司”。

沈阳科仪以“引领真空技术、支撑科技创新、促进产业发展”为使命，以“成为客户首选的真空设备解决方案提供商”为战略愿景，面向工业与科研领域，以薄膜制备设备、生产晶体生长炉、太阳能光伏 PECVD 设备、真空部件等产品为主，是我国集成电路装备和高档科学仪器的研制、生产基地。

截至 2012 年底，沈阳科仪员工总数 309 人，其中高级职称人员 89 人，本科以上学历 138 人，逐步建设一支综合素质高，创新能力强的科技人才队伍。

2012 年受外部经济环境的影响，公司四大业务板块中的 LED 蓝宝石晶体生长炉产品和光伏 PECVD 产品受到较大冲击，面对变化的市场情况，公司在年中对年度经营指标进行了调整，迎艰克难，完成了年度销售收入、净利润指标和新签合同额指标。

公司全年共申请专利 17 项发明专利，获得专利授权 33 项，其中发明专利 9 项。公司的单晶炉获得沈阳市振兴奖，罗茨干泵获得省优秀新产品一等奖，太阳能制备设备获得沈阳市专利奖金奖，30MW平板式太阳能电池覆膜系统获得国家重点新产品称号。

“国家真空仪器装置工程技术研究中心”被国家科技部评估为优秀；“真空技术装备国家工程实验室”进行了建设运行信息调查等工作；“省级企业技术中心”、“省技术创新示范企业”完成了辽宁省企业技术中心总结材料、企业技术中心快报、工业企业科技项目情况表。

公司与中国真空学会真空冶金专业委员会、东北大学真空与流体工程研究所共同举办《真空技术》培训班，召开了咨询委员会全体委员大会，组织召开了第二届真空高层研讨会，举办了沈阳真空行业高层新春联谊会，完成了真空学会咨询委员会、真空工程专委会2012年总结和2013年计划。

2012年6月，公司开展了深化战略管理体系建设工作，经过深入的市场调研和多轮研讨，四大业务战略——LED业务战略、光伏业务战略、泵阀业务战略、真空应用业务战略已完成规划，同时制定了部门子战略，初步形成公司的总体战略、业务战略、部门子战略三级战略管理体系。

国家科技重大专项项目方面：“90-65nm等离子体增强化学气相沉积设备研发与应用”项目由拓荆公司完成的β机正在中芯国际进行在线测试，工艺结果显示各性能符合SMIC POR要求；“干泵与系列真空阀门产品开发与产业化”项目已完成5种干泵、3种阀门产品的批量化工作，其余4种干泵已满足用户的工艺要求；“建立黑色金属零部件表面处理及清洗试验线”项目已按照任务合同书规定的目标与任务，确定了黑色金属零件表面处理及清洗线平台方案，并已完成设计输出，正在进行平台实物采购。

内部管理方面：公司制订计划、采购、仓储、技术管理、加工制造、生产装配、质量控制、销售、绩效考核、供应商管理十大流程，提升了工作效率；公司对“三重一大”事项进行严格审核，及时上报重大事项信息披露报告；完成现金收入和现金付款的内部控制，保证公司资金的安全、高效运用；聘请会计师事务所对公司财务报表、公司项目进行严格审计；及时调整和完善公司薪酬制度；通过进一步完善制度和流程，加强公司内部控制。

党工团工作方面：公司党委加强党员的信念教育，强化党性观念，加强政治理论学习。公司党委组织支部召开了十八大报告学习会，讨论了“对中国特色社会主义的认识达到了新高度”等八个专题，并制定了党支部学习活动的具体计划。工会组织“合理化建议”大赛，策划劳动竞赛和各项文体活动，营造良好的企业氛围，组织撰写转制企业工会工作论文两篇，分获中国科学院三等奖和省直机关二等奖。公司团委积极组织青年团员参加“2012年度青年文明号号长培训班”和“青年电子演示文稿大赛”。董事长雷震霖荣获全国五一劳动奖章；总经理李昌龙荣获辽宁省直属机关工委五一劳动奖章。2012年公司获得省直属机关团工委“青年文明号荣誉集体”的称号。

离退休管理方面：公司始终关心离退休人员的生活待遇，解决离退休人员的实际生活困难，始终做到在政治上尊重老同志，思想上关心老同志，生活上照顾老同志。公司党委、工会定期看望离退休老员工，并多次组织离退休员工体检、旅游。

（撰稿：谭国威　审稿：李昌龙）

## 南京天文仪器有限公司

**董 事 长：王　永**
**总 经 理：严庆伟**
**地　　址：江苏省南京市玄武区花园路6-10号**
**邮政编码：210042**
**电　　话：025-85482007**
**传　　真：025-85411830**
**电子信箱：office@nairc.ac.cn**
**网　　址：http://www.nairc.com**

中国科学院南京天文仪器有限公司（NAIRC）（以下简称“南京天仪”）是中国科学院直属的科技型企业。其前身为1958年12月成立的中国科学院南京天文仪器厂，1991 年 10 月更名为中国科学院南京天文仪器研制中心。2001 年 11 月 28 日根据国家和中国科学院科技体制改革政策整体转制为企业，成立南京中科天文仪器有限公司，2013 年 1 月 8 日更名为“中国科学院南京天文仪器有限公司”。

公司注册资本 3856 万元，法人资产 2.4 亿元，占地面积 167 亩，总建筑面积 8.9 万平方米。下设耐尔思、天富、物业公司等 3 个全资或控股子公司和 9 个研发、销售、生产、管理等部门。

南京天仪是以研制大中型天文仪器为主，兼研制和生产其他光机电、计算机一体化仪器、设备的技术研发基地，主要研制生产三大类产品：①大精专仪器设备：大型天文专业仪器、空间观测仪器、大气环境监测仪器、大中型系列平行光管、军用光电仪器、光学制品、轻量化主镜、高精度大口径光学冷加工、离轴非球面光学加工、大中型转台等；②天文科普仪器设备：天文科普望远镜、天文圆顶、光学天象仪系列产品、数字天象仪、天幕、球幕影院、古典天文仪器模型及产品等；③专用电子产品：系列圆光栅编码器、系列燃气灶具电子脉冲点火控制装置等。

截至 2012 年底，南京天仪共有在职职工 222 人，其中科技人员 67 人，包括中国工程院士 1 人，副高级以上专业技术人员 23 人。南京天仪是国务院学位委员会批准的我国博士、硕士学位培养单位之一，现设有天文物理学科博士、硕士学位培养点。

2012 年是南京天仪全面实施新战略发展规划的第三年，也是迎接挑战，克服困难，艰苦奋斗的一年。一年来，在公司董事会的坚强领导和支持下，经营层和公司全体员工努力开拓，求真务实，力求创新，紧紧围绕三大板块，继续坚持“以市场需求为导向，以技术优势为核心，以用户要求为中心，以深化改革为动力，以提升效益为目标”的指导思想，积极开拓市场，强化生产管理，加强队伍建设，试点创新模式，完善内部管理，全面完成了全年经营目标，各项工作都取得较好的成果。

在公司三大业务板块中，大精专仪器板块依然是公司营业收入的绝对主力，平行光管、大气环境监测设备经过几年的技术积累和市场开拓，目前发展势头良好。

南京天仪不断进行技术创新，2012 年度公司累计投入研发经费 615 万元，新购置高端设备 12 台，共 880 万元。成功研发 30 米焦距真空平行光管、1 米口径车载激光雷达、高速磨镜机 4 个新产品；成功研发航天碳化硅镜面加工、蓝宝石镜面加工新工艺 2 个；申请专利 11 件，其中发明 6 件，登记计算机软件著作权 2 件；发表论文 2 篇；完成科研项目交付 65 项；高新技术产品、专利产品收入 8800 万元。

在产品品牌的建设上，南京天仪在 2012 年也进行了一系列卓有成效的创新尝试，公司市场部通过多种途径，开展多项活动，努力提升公司“耐尔思”品牌的影响力。包括借助网络媒体、开展天文月专题活动等。提升品牌影响力的同时，试点新的商业模式，采取 OEM 的方式及代理销售的方式，推广销售小型科普望远镜，一年下来，取得不错的成绩，在获得丰厚利润的同时，进一步提高了“耐尔思”品牌的影响力，曾连续被评为南京市著名商标。

公司在重视企业制度建立的同时，致力于企业高效运行机制的建立。自 2011 年试行全面绩效考核管理后，公司 2012 年全面实行新的薪酬制度，新版薪酬制度加大了考核因素对薪酬的影响力度。经营目标层层分解，考核层层负责，使个人的工作目标和公司的整体经营目标达到统一，通过绩效考核，在员工中形成正向激励作用，有效提高了员工积极性。

南京天仪坚持构建和谐企业环境，2012 年，公司围绕经营生产目标，扎实开展创先争优活动，树立典型，表彰先进，营造学先进当先进的良好氛围；响应市慈善总会号召，积极参加各类捐款捐物活动；开展迎元旦健步走、全民运动会等各种活动，加强了企业文化建设，营造了和谐稳定的良好氛围，促进公司健康持续发展。

（撰稿：郑　曾　审稿：王　永）

# 广州化学有限公司

**董 事 长：廖　兵**

**常务副总经理：胡美龙**
**地　　址：广东省广州市天河区兴科路368号**
**邮政编码：510650**
**电　　话：020-85231230**
**传　　真：020-85231119**
**电子信箱：xuanchuan@gic. ac. cn**
**网　　址：http://www. gic. ac. cn**

中科院广州化学有限公司（以下简称“广州化学”），前身为中国科学院广州化学研究所，成立于1958年10月，于2001年12月整体转制为由中国科学院直接控股的有限责任公司。

经过转制10余年的发展，广州化学已经成为集科研、研究生教育、绿色化工和新材料产品生产与销售、化工产品技术检测以及化工行业高新技术服务于一体的国家高新技术企业，为国家知识产权试点单位，目前已经形成了四大业务板块：化工产品板块、化灌工程板块、化学化工产品检测板块、技术创新与技术服务板块；拥有四家全资和控股公司：中科院广州化灌工程有限公司（国家高新技术企业）、广州中科检测技术服务有限公司、海南中科翔化工有限公司和嘉兴中科检测技术服务有限公司。广州化学的主要业务领域涉及建材化学品、胶黏剂、电子化学品、有机新材料以及化学灌浆和防水材料的研发、生产和销售，化灌工程施工以及化学化工产品分析检测服务等。

广州化学本部园区面积为27万平方米（400余亩），在广东省韶关南雄精细化工园投资建设的材料生产基地面积为6.67万平方米（100亩）。公司本部设有综合办公室、人力资源部、财务部、科技发展部、营销中心（含四个销售事业部）、南雄材料生产基地、采购部、研发技术部（三个）、网络信息中心、物业管理部等经营管理机构。现有中国科学院纤维素化学重点实验室、中国科学院嘉兴应用化学工程中心、中国科学院佛山功能高分子材料与精细化学品研发中心、中国科学院韶关技术育成中心、广东省电子有机聚合物材料重点实验室、广东省化学灌浆工程技术研究开发中心、广州市电子信息聚合物行业工程技术研究中心等省部级和地方研发机构。

截至2012年底，广州化学共有员工220人，其中研究员14人、副研究员及高级工程师15人。作为国家化学学科重要的高级人才培养基地，广州化学有博士生导师10人，硕士生导师15人；2012年，广州化学新增“化学”博士和“化学工程与技术”硕士两个一级学科培养点，共设有2个专业（有机化学、高分子化学与物理）的博士培养点和5个专业（有机化学、高分子化学与物理、应用化学、化学工程、材料工程）的硕士培养点，共有在读研究生82人，其中博士研究生33人、硕士研究生49人；2012年培养毕业博士研究生10人、硕士研究生17人。2012年，广州化学有1名导师获得“中国科学院朱李月华优秀导师奖”，研究生有1名获得“中国科学院朱李月华优秀博士奖”、2名获得国家奖学金；广州化学负责主编的专业学术期刊《广州化学》和《纤维素科学与技术》在国内外公开发行。

2012年，广州化学各项经营指标创历史新高，实现营业收入2.17亿元，同比增长42%；利润总额1476万元，归属于公司本部所有者的净利润992万元，同比增长19%。

2012年，广州化学承担在研纵向项目70项，其中新增32项，新增纵向项目经费约1264万元；申请并获得国家自然科学基金项目3项；发表科技论文96篇，其中SCI收录63篇；申请国家发明专利68项，获得授权发明专利48项；签订各类横向技术合作合同8个，合同额210万元，到款122万元。广州化学在重点重大项目方面取得突破，首次独立承担粤港招标项目（经费150万元），与其他单位联合申报并获得经费100万元以上项目2项。2012年，广州化学继续深化院地合作，积极推进与广东省、海南省和浙江省等地方的科技合作。

2012年，广州化学坚定落实公司发展战略规划，围绕“变革”的主题，圆满完成了年度经营任务。2012年，广州化学顺利完成换届，产生了新一届的董事会、监事会和经营班子；完成了广州化学南雄材料生产基地一期的基础建设并启动了南雄材料生产基地的设备安装工作；落实了营销体系改革，推进研发体系改革，积极布局新产品研发；进一步完善公司治理结构，积极构建内控体系，加强对经营活动的风险防范和成本控制；大力推行ISO9001质量管理体系，成立了标准化委员会，开展生产工艺标准化、原材料及产成品的质量检测工作，实现生产的规范化；推进了融资工作，丰富了向金融机构、供应商等的融资手段，构建了基于银行、大股东、公司本部、持股公司各级关系的融资平台。2012 年，公司坚持贯彻“厉行节约”的理念，规范政务管理。2012 年，广州化学两次提高职工薪资待遇，改革完善了研发体系、营销体系的薪酬制度；并建立了转制前退休职工重大疾病特困扶助基金，积极推进转制前退休原事业编制职工加入城镇职工基本医疗保险的工作。2012 年，广州化学完成了部分房屋的确权和权属人变更。2012 年，广州化学继续认真贯彻落实广东省“规划到户，责任到人”的扶贫任务，积极承担社会责任。广州化学不断推进企业文化建设，加大了对生活园区改造和景观整治的投入，开展形式多样的职工文体娱乐活动，充分展现公司广大员工积极向上的精神风貌，坚定公司健康发展的信心。

2013 年，广州化学将继续坚持“以人为本，和谐共赢”的核心理念，秉承“协同、创新、进取、求精”的企业精神，努力实现公司价值的最大化。

（撰稿：申智慧　张晓烽　审稿：胡美龙）

## 广州电子技术有限公司

**董 事 长：** 李耀棠
**总 经 理：** 黄　劲
**地　　址：** 广东省广州市先烈中路 100 号大院 23 栋
**邮政编码：** 510070
**电　　话：** 020-87682806
**传　　真：** 020-87683247
**电子信箱：** keji@giet.ac.cn
**网　　址：** http://www.giet.ac.cn

中国科学院广州电子技术有限公司（以下简称“广州电子公司”）创建于 1970 年，前身为广东省 701 研究所，1978 年划归中国科学院，更名为中国科学院广州电子技术研究所，2001 年 12 月整体改制为有限责任公司，更名为“中国科学院广州电子技术有限公司”。

截至 2012 年底，广州电子公司有在职职工 287 人（含子公司），其中科技人员 141 人，包括研究员 2 人、副研究员 1 人，高级工程师 19 人，高级实验师 1 人。

2012 年，广州电子公司推进实施《发展规划（2011-2015 年）》，继续实施业务聚焦，培育和发展五大核心业务，即以车载多媒体电脑核心板为核心的嵌入式电子产品，以分子泵电源控制器和磁场电源为核心的专用电源产品，以 3D 打印机和快速制造技术服务为核心的先进制造设备，以机房设计施工和会展多媒体互动工程为核心的系统集成工程、专用仪器与装备。广州电子公司持续深化管理体制改革，实施管理组织架构调整，围绕核心产品和业务设立全成本核算的事业部。目前公司主要产品有车载多媒体电脑核心板、3D 打印机、分子泵驱动电源、磁场电源、LED 恒流电源、洁具红外控制模块、光纤感温传感系统、激光防伪标签等。

在第 14 届中国国际高新技术成果交易会上，广州电子公司研制开发的 3D 打印机受到社会各界的广泛关注，被多家新闻媒体报道，并被高交会组委会评为“优秀产品奖”。十一届全国人大常委会副委员长路甬祥，全国政协副主席、科技部部长万钢，中国科学院广州分院、广东省科学院院长黄宁生，广东省外经贸厅副厅长郑建荣等领导亲临广州电子公司展位参观指导。路甬祥副委员长提出了殷切的期望，希望广州电子瞄准该领域的需求，在为地方经济作出卓越贡献的同时快速发展壮大自己。

广州电子公司通过了 ISO9001 质量体系认证，并获得高新技术企业认定，现具有计算机信息系统集成三级资质证书、广东省安全技术防范设计施工维修资格证、软件企业认定证书、信用等级“AAA”证书、“重合同守信用”证书。

2012 年，广州电子公司完成营业业务收入 7938 万元，同比上年下降 11.4%，利润总额 378 万元，同比上年增长 16.7%。全年获得专利授权 7 项，均为实用新型。

广州电子公司现有投资企业 2 个，其中持股企业 1 个、控股企业 1 个。

广州晶体科技有限公司（简称“广晶科技”）　广晶科技成立于2001年7月，广州电子公司持股比例为49%，主要从事人造金刚石工具开发及生产，产品有锯片、磨轮、钻头、树脂砂轮四个系列，广泛用于石材、陶瓷、玻璃、宝玉石、硬质合金加工。2012年，广晶科技实现收入1651万元，同比2011年下降17%，利润-26万元，同比2011年下降187%。

智诚科技有限公司（简称智诚科技）　智诚科技成立于1998年，是广州电子公司全资控股子公司，主要从事计算机网络信息系统工程监理、技术设计咨询、技术服务业务。2012年完成营业收入421万元，同比上年增长46%，利润24万元，实现扭亏。

（撰稿：陈　晖　审稿：李耀棠）

## 中国科学院成都有机化学有限公司

**董 事 长：熊成东**
**总 经 理：倪宏志**
**地　　址：四川省成都市一环路南二段16号**
**邮政编码：610041**
**电　　话：028-85222143**
**传　　真：028-85223978**
**电子信箱：bgs@cioc.ac.cn**
**网　　址：http://www.cioc.ac.cn**

中国科学院成都有机化学有限公司前身为成立于1958年的中国科学院成都有机化学研究所，于2001年6月8日整体转制为由中国科学院控股的有限公司。转制后的公司以中国科学院成都有机化学研究所40多年来积累的雄厚科技实力为基础，不断进取，在催化技术与绿色过程、手性技术与工程、功能高分子材料等领域形成了较高的创新水平和突出的应用特色，已成为以精细化工和新材料领域的技术创新和产业发展为重点的高新技术企业。公司生产的产品涉及手性药物中间体、工业催化剂、油田化学品、城市和工业污水处理化学品、皮革化工材料、新能源材料、功能高分子材料、纳米材料以及气体净化设备、能源环保工程等。

公司现有员工312人，科技及产业化人员占80%，具有副高以上职称科技人员100余人，其中研究员40人，博士生导师21人，员工中具有博士学位和硕士学位科技人员达106名，获国务院政府特殊津贴40余人，“西部之光”人才26人，四川省学术技术带头人6人，四川省突出贡献优秀专家4人。

公司是国家科技部认定的国家高技术研究发展计划成果产业化（863）基地，拥有手性药物国家工程研究中心、中国科学院皮革化工材料工程技术研究中心、不对称合成与手性技术四川省重点实验室、四川省企业技术中心、四川省节能及清洁生产催化工程技术研究中心等国家和省部级技术研发平台、中国科学院成都分院分析测试中心。现设有综合管理部、企业发展部、市场营销部、研发中心、财务部、条件保障部、物业服务部、催化剂产品事业部、新产品事业部以及3个分中心（常州、嘉兴和台州分中心）和4家控股高新技术企业，具有较强的科技创新能力和科研成果产业化能力。

公司是我国化学学科重要的高级人才培养基地，现设有有机化学、物理化学、分析化学、高分子化学与物理、应用化学、化学工程专业学位等6个硕士点，有机化学、应用化学、高分子化学与物理3个博士点，1个化学博士后科研流动站，2012年招收研究生54名，其中博士27名，硕士27名，毕业研究生38名，其中博士22名，硕士16名。目前公司在读研究生152名，其中博士生87名，硕士生65名。在站博士后4名。

公司编辑出版《合成化学》、《中国西部科技》2种学术刊物，向国内外公开发行，《合成化学》进入中文核心期刊及中国科技核心期刊。

2012年公司围绕主营业务培养、市场能力建设，积极调整组织构架，强化制度建设，规范工作流程，在提升公司盈利能力、经营管理能力、促进科研和产业融合、打造产业平台以及市场开拓等方面取得了明显成效。

2012年，在成都有机“致力成果转化和规模产业化”的战略指导下，公司通过培育本部产业，整合现有控股企业，加快发展药物中间体、工业催化剂、功能高分子材料、能源环保工程与设备等领域的重点产品，促进公司产业发展。获得国家自然科学基金项目3项，省科技厅、省经委等各类地方项目11项。公司2012年申请专利33件，获得授权专利8件，专利转让3件。

2012年1月注册成立中国科学院成都有机化学有限公司大邑分公司。

2012年1月注册成立成都中科能源环保有限公司。注册资本600万元，成都有机占有68%股份。公司主营业务：工业和环境气体、水处理工程、固体废弃物治理工程设计、施工；环保专用设备研发、制造、销售及技术咨询服务。

（撰稿：陈　勇　刘澧莹　审稿：熊成东）

## 成都信息技术股份有限公司

**董 事 长：王晓宇**
**总 经 理：付忠良**
**地　　址：四川省成都市人民南路四段9号**
**邮政编码：610041**
**电　　话：028-85217501**
**传　　真：028-85229357**
**电子信箱：bgs@casit.com.cn**
**网　　址：http://www.casit.com.cn**

中国科学院成都信息技术股份有限公司（简称“中科信息公司”）是由创立于1958年的中国科学院成都计算机应用研究所于2001年6月整体转制而来，是由中国科学院控股的高科技企业。1958年成立时，命名为中国科学院四川分院数学所；1960年更名为中国科学院四川分院计算所；1962年更名为西南电子所计算站；1968年更名为总字821部队西南计算站；1971年更名为四川省计算站；1978年更名为中科院成都计算站；1981年更名为中科院成都计算机应用研究所；2001年6月，整体转制为四川中国科学院信息技术有限公司；2005年1月更名为中国科学院成都信息技术有限公司；2013年4月更名为中国科学院成都信息技术股份有限公司。

中国科学院成都信息技术股份有限公司是中国软件行业协会理事单位、四川省计算机学会理事长单位。公司以高速机器视觉、智能分析技术为核心，为政府、烟草、油气、特种印刷等行业提供信息化整体解决方案、智能化工程和相关产品与技术服务。在计算机软件工程、办公自动化、工业计算机应用等领域具有较高的创新水平和突出的应用特色。公司以“服务客户、成就员工、回报股东、贡献社会”为使命，以科技创新为动力，聚焦行业信息化建设，努力成为我国软件产业内有突出贡献、受人尊敬的高科技股份企业（集团）。

现有员工357人，其中博士占3%，硕士占23%，本科占58%，平均年龄33岁。公司下设工业计算机应用事业部、图像视觉事业部、办公自动化事业部、软件与通信事业部、油气信息化事业部、智能工程事业部、自动推理实验室，与四川省计算机学会联合主办四川计算机应用杂志社有限公司，拥有深圳市中钞科信金融科技有限公司、成都中科石油工程技术股份有限公司两家合资子公司。公司还拥有计算机软件与理论博士学位授予点、计算机应用、计算机软件与理论、应用数学硕士学位授予点和计算机科学与技术博士后科研流动站。

2012年，公司圆满完成内部体系建设专项咨询工作，颁布并实施了一系列利于提升内部管理规范性的新规章制度，内控系统建设得到加强；顺利通过了ISO9001：（2008）质量体系监审和高新技术企业资质复评，获得新资质证书。取得15项专利、6件软件著作权。公司被评为四川省第六批建设创新型企业试点企业。

公司承担的973项目、国家自然科学基金项目均取得创新性成果；承办国内大型学术会议1次，发表学术论文64篇，其中SCI收录18篇，EI收录25篇，核心刊物发表21篇，张景中院士出版专著2本，主编教育丛书1套。

公司不断加大培训投入、创新培训模式、增大培训力度。开展了管理、技能、安全、资格认证、专业技术等多方面的培训，大大提升了人才队伍综合素质和技能。完成了省学术技术带头人、省突贡专家、省“中青年科技创新领军人才”相关评选申报。获得2012年“西部之光”人才培养专项资助1项，西部博士专项资助1项。

2012年，公司经营班子在董事会的指导和党委的帮助下，深化公司改革，面向行业不动摇，努力拓展市场领域，持续完善内部管理，经营业绩继续增长，综合优势不断提升。成都信息2012年母公司实现营业收入1.6亿元，净利润3200万元，年末资产总额为3.2亿元。

公司面向电子政务、烟草、特种印刷、石油行业提供优良的信息化整体解决方案，产品线不断丰富。2012年圆满完成“十八大”会议选举服务任务，得到了习近平总书记的高度评价，中办秘书局专门发来感谢信。公司在电子选举系统领域的中国第一品牌地位更加稳固，并成为“中国科学院一张靓丽的名片”；在烟草农、工、商传统行业市场进行的新产品拓展不断取得突破；基于机器视觉技术的钞票纸在线检测系统多项技术指标优于进口产品，确立了在印钞行业内的领先地位；油田和油气信息化系统及设备在行业内推广顺利。

公司坚持以市场需求为导向，大力开展新产品开发和新技术的应用研发工作，新型台式表决器即将上市销售，直选系统已进入样机生产阶段，什邡雪茄烟厂GIS管网系统顺利通过验收，经食道超声模拟教学系统成功销售到了华西医院和浙大附二院，烟叶标准化生产专家分析系统获得用户好评，基于ARM平台的通用终端成功用于烟叶收购，融合MES功能的新型数采系统得到杭州卷烟厂好评，银行守押电子交接管理系统在海南农行的试点通过验收。

（撰稿：尹邦明　吴琳琳　审稿：付忠良）

## 成都中科唯实仪器有限责任公司

**董 事 长：董成生**
**党委书记：葛丽佳**
**地　　址：成都市高新区科园南一路7号**
**邮政编码：610041**
**电　　话：028-85121820**
**传　　真：028-85121830**
**电子信箱：zjlbgs@cdzkws.com**
**网　　址：http://www.cdzkws.com**

成都中科唯实仪器有限责任公司（以下简称“成都唯实”）成立于2001年10月16日。其前身是中国科学院成都科学仪器研制中心，始创于1959年9月。

成都唯实位于成都市高新区科园南一路七号，占地五十亩。是一个以科研试制、技术开发、生产经营为一体的高新技术企业。成都唯实致力于提供优质的真空控制、检测仪器、非标真空设备、光机电一体化设备，以卓越的产品和服务为客户创造价值。以技术创新为手段，以产品专业化、规模化生产为基础，努力发展成为国内仪器设备，特别是在真空领域具有竞争力的生产、服务型企业。

2012年成都唯实生产经营较上年有一定幅度增长，合并营业收入、主营业务收入、利润总额、归属母公司净利润均实现稳步的增长，较好地完成了年初董事会提出的经营目标。

截至2012年底，成都唯实设有公司办公室、人力资源部、财务管理部、质量管理部、技术开发部、真空事业部、智能器具事业部、光电设备事业部、机加事业部共9个部门。现有在岗职工198人，其中：公司中高层管理干部25人；工程技术人员30人；工人97人。具有专业技术职称的人员51人，其中：高级职称13人、中级职称20人、初级职称18人。

2012年成都唯实经营班子以增强公司的核心竞争力，加快人才队伍建设为目标，以公司发展战略的有效实施为主线，抓住稳定、培养、吸引三个环节，通过努力，逐步建设一支管理骨干、工程技术骨干、技术工人骨干、销售骨干相对合理的人才队伍，为公司战略规划的实施提供人才支持。通过抓人才队伍建设，人才队伍结构有了明显改变，为企业的可持续发展打下了一定的基础。

2012年是成都唯实实施发展战略规划的第三年，也是整体发展战略第一阶段（转型发展期）的最后一年。成都唯实明确了真空业务、气阀业务和军品业务三块主营业务的发展方向和发展目标。放弃了高教仪器、砂轮修整器等产品的生产、销售，产品结构得到进一步优化。业务部门全面实行事业部管理，组织管理模式更加适应公司的发展。通过建立和完善事业部的绩效考核和薪酬激励制度，公司持续发展能力和盈利能力有了明显地提高，市场营销能力有了进一步加强。

2012 年成都唯实结合公司业务发展战略规划，继续加大对新产品研发的投入，新产品研发工作取得了新的成效。继续以真空产品、气阀产品、光电设备业务的发展为依托，加强新产品的研发。完成了多种真空计、真空阀门、小型真空镀膜机、溅射仪等标准产品研制，完成了高温卷绕镀膜机、高温卷绕镀膜设备等非标设备的研制，其中大部分新产品已经投入生产、销售，同时还争取到政府研发资金完成了全自动光学镀膜机、离子镀膜机两项新产品的大部分研制工作。光电设备也完成了多种型号的研制，结束了光电产品多年单品种的历史，新型号的问世，满足了客户的新要求，提升了产品的性能和技术水平，更好地为客户服务。气阀业务方面完成了对重庆建林公司的收购，实现了新结构产品的试样生产，为 2013 年批量生产打下了基础。

2012 年成都唯实共申请实用新型专利 4 项，新获得授权 3 项，均应用于真空产品。截止 2012 年底，公司共获得 14 项实用新型专利授权和软件著作权登记，其中：光电产品 4 项，真空相关技术 7 项，气阀 1 项，其他 2 项。

成都唯实于 2012 年 6 月开工建设三期科研、生产用房项目并在 12 月完成主体工程，预计 2013 年 5 月工程将全部结束。

（撰稿：谢　刚　杨文晴　审稿：葛丽佳）

## 中科院科技服务有限公司

**董 事 长：伊　兵**
**总 经 理：赵红岩**
**地　　址：北京市西城区三里河路 52 号**
**邮政编码：100864**
**电　　话：010-68597134、010-62578611**
**传　　真：010-68510698**
**电子信箱：zhengjun@cashq.ac.cn**

中科院科技服务有限公司（以下简称“中科服务公司”）是 2002 年 12 月 25 日由中国科学院机关服务中心（局）整体转制而成的现代服务企业。主要以为中国科学院机关后勤服务、餐饮经营、物业服务、宾馆接待等为主营业务。截至 2012 年底，公司共有职工 367 人。

2012 年是公司新一届领导班子上任后的第一年，在公司董事会的正确指导下，公司领导班子按照年初制定的工作计划，抓住重点、关注一般，努力支持和指导各单位围绕发展战略有效开展工作，依靠公司广大干部职工的积极努力，使公司各项工作紧密围绕“战略导向、目标拉动、全员培训、考核激励”的思路有序开展，积极推动公司年度经营目标的实现，积极推进绩效管理体系的建设，继续深化落实动态监管工作，继续做好企务公开工作，积极推进 ISO9001 质量体系建设工作，进一步做好后备干部队伍建设工作，关注职工利益诉求，职工队伍总体稳定。2012 年度，公司净利润实现度 117.50%，上缴国家、地方税金 505.65 万元。与此同时，公司始终将为中科院机关做好后勤服务保障工作当成政治任务抓紧抓好，机关服务业务在健全管理制度、规范工作流程，改进质量巡检，加强员工考核培训等方面入手，加强服务保障能力，年度测评综合分数比照上一年度进一步提高。公司高度重视党群工作，公司党委坚持“围绕中心、服务大局”的工作原则，做好党群工作的顶层设计。从制度建设、预防与教育入手，做好反腐倡廉工作；在京区党委组织的党建工作创新奖评比中获三等奖；在院工会组织的职工之家建设验收工作中取得了 91.6 分的优异成绩。

（撰稿：邓　月　审稿：岳爱国　赵红岩）

## 上海碧科清洁能源技术有限公司

**董 事 长：孙予罕**
**总 经 理：张小莽**
**地　　址：上海市浦东新区浦建路 76 号由由国际广场 2301-2303**
**邮政编码：200127**
**电　　话：021-61060100**

**传　　真：021-61060086**
**电子信箱：contact@cecc-tech. com**

上海碧科清洁能源技术有限公司（以下简称“上海碧科”）成立于2009年1月，是由中国科学院与英国碧辟（BP）公司共同出资设立的有限责任公司。公司注册资本为1.62亿元，其中中方持有上海碧科股权的51%，英方持股49%。上海碧科是一家专注于清洁能源产业链、具有自主知识产权创新技术和工程化能力的技术商业化公司。

上海碧科设有技术、工程、节能环保等项目部门和商业化、内控与财务、人事行政管理等支持部门，实施项目驱动的矩阵式管理机制。截至2012年底，共有从业人员35名，其中中科院派遣2名，英国碧辟派遣4名，社会招聘29名。公司员工中拥有硕士及以上学历者占50%，其中博士占30%。

2012年是上海碧科实现其技术商业化战略目标至关重要、也是卓有成效的一年。公司在董事会的正确指导下，管理团队和全体职工的共同努力，实干加巧干，积极推进技术研发、工业化试验以及项目和市场的开发拓展，获得了可喜的成绩。

2012年，上海碧科在技术开发方面成绩显著。完成了费托（FT）技术的中试设计、工艺包开发、预可研和项目建议书，申请了3篇相关专利。完成了丁二烯技术和CMTX技术催化剂开发放大、反应器设计和技术经济性比较，具备了千吨级规模示范的条件，并申请专利四篇。公司已就乙二醇技术与技术拥有方签订了独家代理合作协议框架。产业链项目开发进展喜人，产业链上游（天然气制甲醇）、下游（甲醇制烯烃）业务分别与海外和国内的潜在合作伙伴建立了密切联系和项目组合。工程化能力不断提高，公司成功签署了首个EPCM服务合同，合同总金额近百万；另外签署了总价值100万的4年工程服务合同。

基于全球能源发展趋势和能源组合结构的不断变化，上海碧科旨在将高环保、高储备、低价格的合成气转化为高附加值的炼油产品。公司将充分发挥自身独有的双方股东的优势，即中国科学院的技术研发优势及其国际影响力、碧辟公司的全球油气资源优势和市场开发应用能力，有效衔接国内和国际市场，为技术资源和市场应用搭建桥梁。公司不断强化自身的技术工程和商业化能力，以商业化的成功带动工程化和核心技术的开发推广。

（撰稿：张　梅　审稿：王国平）

## 深圳中科院知识产权投资有限公司

**董 事 长：索继栓**
**总 经 理：李　K**
**地　　址：广东省深圳市南山区高新南环路29号留学生创业大厦2308室**
**邮政编码：518057**
**电　　话：0755-86350111**
**传　　真：0755-86350180**
**电子信箱：info@caship. ac. cn**
**网　　址：http://www. caship. ac. cn**

深圳中科院知识产权投资有限公司（以下简称“深圳IP”）成立于2009年2月，由国科控股投资在深圳注册成立。公司依托中国科学院研究院所和重大研发项目的知识产权全流程服务，成为中国科学院知识产权创造、应用、保护和运营管理的服务平台；通过建立与社会有机结合的知识产权运营模式，促进科技创新成果的知识产权化和高效的转移转化，成为知识产权运营价值链的专业化、市场化的系统服务商和系统集成商。

深圳IP下设运营部、信息部、代理部、财务部与综合部五个部门。截至2012年底，深圳IP有在职职工22名，其中硕士及以上学历6名，本科14名，大专2名，具备知识产权、理工、法律、管理等行业背景。

深圳IP的主营业务为知识产权全流程服务、专利转让与授权、专利投资运营、待上市企业知识产权尽职调查与无形资产包装等。通过承接院所、中科院控股/持股企业和社会企业委托的知识产权服务，从前端的专利调研入手，通过深入的专利分析与规划，优化专利质量，实现后续专利许可、转让、拍卖等专利交易。截至2012年底，深圳IP服务中国科学院研究院所共33家；服务中国科学院参股、持股企业16家；与56家社会企业对接，实现知识产权服务与运营；共许可/转让院属专利137项，完成重大项目知识产权全流程服务项目3个。

2012年，深圳IP在深圳先进院全民低成本健康项目、苏州医工所PET-CT项目、理化所大型低温制冷系统项目、苏州医工所激光工聚焦项目、长春光机所新型角度传感器项目、成都信息技术有限公司上市前知识产权风险梳理项目等重大项目中取得了突破性进展。

深圳IP进一步建设并完善了中国科学院知识产权全流程服务与运营云平台——专利智能检索平台、专题数据库平台、智能分析和预警平台、知识产权管理体系标准及管理平台、交易平台、投资平台、培训平台以及中国科学院知识产权专员与企业交流平台；并在物理所、长春应化所、微电子所、院LED和OLED专利等项目中开展了专利运营工作。

深圳IP于2012年共主办知识产权培训11场，对研究院所及企业就知识产权基础知识、专利的价值、专利侵权分析与回避设计、商标基础、科技创新与知识产权管理、知识产权运营等内容进行了培训。

2012年，深圳IP获批第四批国家技术转移示范机构，为中国科学院在技术转移转化工作中又增添一个国家级服务平台。深圳IP参与了国家科学技术部火炬计划——中国科学院知识产权创新资源开发与运用平台建设项目，成为深圳市科技服务体系建设的重要成员单位。

深圳IP坚持党支部与工会活动相结合，多方联合，共建公司“敬、静、净、竞”的企业文化，通过创办内刊《CASIP风采》、交流培训、文体活动、公益活动、节日庆典等一系列方式推进企业文化落地，有效地调动了全体员工的积极性，发挥员工创新精神，实现员工价值升华与企业蓬勃发展的有机统一。

（撰稿：龚一闻　审稿：李　K）

## 国科嘉和（北京）投资管理有限公司

**董 事 长：王　琪**
**地　　址：北京市东城区东直门南大街11号中汇广场B座18层1803室**
**邮政编码：100007**
**电　　话：010-57636588**
**传　　真：010-57636599**

国科嘉和（北京）投资管理有限公司（以下简称“国科嘉和”）成立于2011年8月，是由中国科学院国有资产管理经营有限责任公司（以下简称“国科控股”）作为发起人设立的投资管理公司，主要通过管理私募股权投资基金的方式促进中小高技术企业的产业化发展，以及科研成果的转移转化工作。

通过发展创业投资，立足中国科学院有效开展资源整合和资本营运，实现资本和技术的高效结合，推动产业升级换代，促进院内外高技术企业的社会化、规模化发展，对国家创新体系的建设和落实中国科学院的战略定位具有重要的意义。过去十多年，中国多层次资本市场体系正逐步完善，创业投资相关的政策法规也在逐步健全，为创业投资机构的发展创造了良好的条件。正是在这种大的历史背景下国科控股作为主要发起人联合国内知名大型企业集团、政府基金等有限合伙人，发起设立国科鼎鑫基金，第一期基金规模5亿元人民币，其日常运作和投资管理委托国科嘉和（北京）投资管理有限公司负责管理。

国科鼎鑫基金专注于投资电子信息、生命科学、新能源新材料、节能减排等新兴产业。

（撰稿：郭　宇　审稿：王　戈　白建伟）

( G-2523.01 )
ISBN 978-7-03-039383-8